Der Stahlskelettbau

mit Berücksichtigung der Hoch- und Turmhäuser

Vom konstruktiven Standpunkte behandelt für
Ingenieure und Architekten

von

Dr.-Ing. **Alfred Hawranek**
ord. Professor des Brücken- und Stahlhochbaues
an der Deutschen Technischen Hochschule
in Brünn

Mit 458 Textabbildungen

Berlin und **Wien**
Verlag von Julius Springer
1931

ISBN 978-3-642-51263-6 ISBN 978-3-642-51382-4 (eBook)
DOI 10.1007/978-3-642-51382-4

Softcover reprint of the hardcover 1st edition 1931

Vorwort.

Der in den letzten Jahren einsetzende große Aufschwung im Stahlskelettbau, seine zahlreichen Anwendungen im Geschoß- und Hochhausbau und die aufwärts strebende Entwicklung in der systematischen Ausgestaltung dieser Bauweise haben den Wunsch nach einer geordneten und kritischen Darstellung derselben laut werden lassen.

Was bisher auf diesem Gebiete zusammenfassend erschienen ist, war vornehmlich von Architekten verfaßt, die diese Bauweise entweder vom Standpunkte ihrer mehr künstlerischen Einstellung oft unter Betonung der Anwendung des Stahlskelettes im Wohnhausbau oder vom Gesichtspunkte genereller Dispositionen behandelten, das rein Konstruktive oder die statische Behandlung der einschlägigen Aufgaben aber weniger eingehend oder gar nicht berührten.

Nun sind aber solche Bauten, besonders wenn es sich um größere handelt, eigentlich vornehmlich Ingenieurbauten, bei denen Statik und Konstruktion unter Berücksichtigung des wirtschaftlichen Momentes eine sehr große Rolle spielen, wobei die baukünstlerischen Belange natürlich nicht ausgeschaltet werden sollen.

Es war daher notwendig, eine Darstellung des Stahlskelettbaues zu geben, die dem Ingenieur jenes bringt, das er bei Entwurf und Ausführung benötigt und gleichzeitig dem Architekten einen Einblick in die vom Ingenieur bei solchen Bauten zu treffenden Maßnahmen vermittelt; andererseits sollte der Ingenieur auch alle jene, den Skelettbau ergänzenden Anordnungen kennenlernen, die zu dessen Vollendung führen, weil sie schon bei dem Entwurf der Konstruktion mit beeinflussend sind.

Deshalb wurde in diesem Buche darauf Wert gelegt, daß der Ingenieur alle Aufgaben, Erwägungen, Berechnungs- und Konstruktionsweisen darin finde, die er für den Entwurf von Stahlskelettbauten benötigt.

Was die Statik betrifft, so wurden nur jene Gebiete behandelt, die unmittelbar mit dem Stahlskelettbau zusammenhängen; umfangreiche Entwicklungen sind vermieden worden, dafür aber wurden in besonderen Fällen die einschlägigen Werke und sonstige Literaturquellen angegeben.

Etwas eingehender sind die Rahmenträger und Stockwerkrahmen behandelt. Für letztere sind auch Näherungslösungen gegeben. Auf die ausführliche Wiedergabe der Berechnung von Stockwerkrahmen wurde verzichtet, weil dies den vorgesehenen Umfang dieses Buches überschritten hätte und vielfach Vereinfachungen der Berechnung in der Praxis wegen der oft großen Zahl statisch unbestimmter Größen selbst bei Bauten mit nicht allzu großer Anzahl von Geschossen üblich sind. Immerhin sind aber noch für die Berechnung von Erkerträgern, der Kräfte der Unterzüge in den Kellergeschossen, der Verteilung der Windwirkung bei Turmhäusern und in anderen Abschnitten teilweise neue Entwicklungen mit aufgenommen worden.

In konstruktiver Hinsicht wurde der Stoff ausführlich behandelt, dabei sind gute Ausführungen der letzten Jahre sowie eine Anzahl von Entwurfseinzelheiten aus der Zivilingenieurtätigkeit des Verfassers herangezogen worden.

Bei der Auswahl der konstruktiven Einzelheiten ist vornehmlich die Darstellung einiger typischer Formen für die einzelnen Abschnitte maßgebend gewesen und eine Anzahl von Beispielen aus jüngster Zeit gebracht worden. Manche Ausführungen sind der Literatur entnommen. Viele stammen jedoch von einer Anzahl führender und bedeutender Stahlbaufirmen, die Planmaterial und Photographien in liebenswürdigster Weise zur Verfügung gestellt haben, wofür an dieser Stelle der besondere Dank ausgesprochen werden soll.

Die Herkunft solcher Abbildungen ist stets im Text oder in Fußnoten ersichtlich gemacht. Ich hoffe dabei nichts übersehen zu haben.

Bei der Darstellung der Ausführung von Stahlskelettbauten konnten eigene Erfahrungen des Verfassers mitsprechen. Auch hier war es nicht möglich, die zahlreichen verschiedenen Ausführungsweisen zu berücksichtigen. Es wurden deshalb nur einige, aber charakteristische ausgewählt. Das gleiche gilt für die Behandlung der neueren Baustoffe und der Stahlhausbauten.

Im großen und ganzen konnte es nicht vermieden werden, daß manches gesagt werden mußte, was bekannt ist; dies ist im Interesse der Geschlossenheit der Darstellung dieser Bauweise nötig gewesen. Dafür sind aber vielfach neue Untersuchungen, Berechnungen und Erwägungen einbezogen worden, die im Interesse einer Klarstellung gewisser Gebiete notwendig sind und dem Benützer des Buches Winke und Anhaltspunkte bei dem Entwurfe geben sollen. Dem Abschnitte über das Schweißen im Stahlskelettbau wurde ein besonderes Augenmerk geschenkt, da diese Arbeitsweise für die künftige Entwicklung des Stahlskelettbaues sehr wichtig ist.

Das umfangreiche Gebiet des Industriebaues wurde nur teilweise einbezogen, und zwar dort, wo die Berührung mit dem Skelettbau inniger ist; denn es sollte kein Buch über den gesamten Stahlhochbau geschrieben, sondern bloß das behandelte Sondergebiet herausgegriffen werden.

Die einschlägigen behördlichen Vorschriften sind immer in jenen Abschnitten ganz oder im Auszug angeführt worden, wo sie zur Anwendung kommen sollen.

Über die Kosten von Stahlskelettbauten konnten keine Angaben gemacht werden, da die Preise für die einzelnen Baustoffe in den verschiedenen Gebieten und Ländern zu stark voneinander abweichen und sich auch im Laufe der Zeit verändern. Es standen dem Verfasser wohl Kosten für Ausführungen zur Verfügung, sie waren aber zu lokal beeinflußt. Nur wo es sich um relative Vergleiche von Kosten handelt, wurden solche vereinzelt angeführt.

Die Wirtschaftlichkeit der Stahlbauten im Vergleich mit Eisenbetonbauten wurde mehrfach einer eingehenden Untersuchung unterzogen. Es sind auch jene Wege gewiesen worden, die vielleicht in der Zukunft ein Zusammenarbeiten mit dem Eisenbetonbau im Interesse der Wirtschaftlichkeit dort ermöglichen, wo derzeit die Preisunterschiede aus verschiedenen Gründen noch größere sind.

Bei der Behandlung der Turm- und Hochhäuser konnte auf die Berücksichtigung amerikanischer Ausführungen wegen der großen Bedeutung und Entwicklungsmöglichkeit bei uns nicht verzichtet werden. Von den Wolkenkratzern wurden nur die in der letzten Zeit ausgeführten größten berücksichtigt, behufs Gegenüberstellung zu europäischen Ausführungen von Hochhäusern und auch, um die neuen hinzukommenden Momente zu streifen, die eine weitere Steigerung der Geschoßzahl mit sich bringt.

Die Heizung, Lüftung, elektrische Strom- und Wasserversorgung sowie Kanalisierung wurde nicht behandelt, da dies, soweit es größere Ausführungen betrifft, Sonderfachmännern überlassen werden muß.

Die Literaturnachweise und einschlägigen Fußnoten sind ziemlich weitgehend gegeben worden, um das rasche Auffinden von Originalabhandlungen zu ermöglichen. Hierbei wurden vor allem die Veröffentlichungen der letzten Jahre besonders berücksichtigt.

Bei der ersten zusammenfassenden Darstellung des behandelten Sondergebietes ist es nicht ausgeschlossen, daß hier und da eine Lücke geblieben ist; die noch andauernde weitere Entwicklung des Stahlskelettbaues wird auch im Laufe der Zeit Neues bringen, so daß das vorliegende Buch vielleicht bald ergänzungsbedürftig sein dürfte. Für jede Anregung behufs Ergänzung bei einer etwaigen neuen Auflage wäre der Verfasser außerordentlich dankbar.

Ich kann nicht schließen, ohne meinen Assistenten, den Herren Ingenieuren Hans Petzny, Josef Schier und Erich Haulena, die mir bei der Auswertung mancher theoretischen Untersuchung, bei der Berechnung von Tabellen und bei der Zeichnung der Abbildungen wertvolle Dienste geleistet haben, besonders zu danken.

Endlich gebührt mein aufrichtigster Dank der Verlagsbuchhandlung Julius Springer, Berlin, die das Buch in gewohnt ausgezeichneter Weise herausgebracht hat, und besonders deren Chef, Herrn Dr. Julius Springer, der meinen Wünschen außerordentlich gern und im weitesten Maße entgegengekommen ist.

Brünn, im Januar 1931.

Dr.-Ing. **A. Hawranek.**

Inhaltsverzeichnis.

I. Entwurf der Stahlskelettbauten.

II. Ausführung der Stahlskelettbauten.

III. Wirtschaftliche Gesichtspunkte.

IV. Fundamente und Umfassungsmauern.

V. Turm-, Hochhäuser und Wolkenkratzer.

VI. Schluß.

I. Entwurf der Stahlskelettbauten.

1. Abschnitt.

Allgemeine Gesichtspunkte. Belastungen und Profile des Stahlskelettbaues.

1. Allgemeine Bedeutung des Stahlskelettbaues. Seine Vorteile.

Unter einem Stahlskelettbau im engeren Sinne versteht man eine Konstruktion von Stützen, Unterzügen und Deckenträgern in Stahl, die das tragende Gerippe eines meist mehrgeschossigen Hochbaues darstellt, in welchen dann Wände und Decken mit Zuhilfenahme anderer Baustoffe eingebaut werden. Natürlich können auch andere rahmen- oder konsolartige Konstruktionen hierbei Anwendung finden, um große Säle, Kinos, Theater usw. aufzunehmen. Im weiteren Sinne sind aber alle Bauten als Stahlskelettbauten anzusprechen, die nicht nur reine Geschoßbauten sind, sondern wobei manche Teile, beispielsweise Außen- oder Hauptzwischenwände, eine Auskleidung erfahren, andere Teile jedoch unverkleidet bleiben. Ein großer Teil der Industriebauten gehört dann hierher.

Der Beginn dieser speziellen Bauweise reicht in Europa nur wenige Jahre zurück, während sie in Amerika schon lange Zeit (Chicago 1883) besonders bei hohen Gebäuden und sogenannten Wolkenkratzern üblich ist. Während dieser Zeit haben diese Bauten dort schon einen einheitlichen, gut ausgeprägten, fast standardisierten Typus erhalten, der gewiß im Wesen ein Vorbild der neuen europäischen Bauten dieser Art geworden ist, sich aber bei uns in mancher Hinsicht von amerikanischen Ausführungen unterscheidet.

In Amerika war man infolge der steigenden Grundpreise in großen Städten, namentlich in den Zentren, genötigt, auf verhältnismäßig kleiner Grundrißfläche in die Höhe zu bauen und die Zahl der Geschosse immer größer werden zu lassen. Heute ist man schon bei 300 m Gesamthöhe des Gebäudes angelangt. Die notwendige Rentabilität der Gebäude erzwang diese Bauweise.

Ganz ähnlich, wenn auch noch nicht so scharf ausgeprägt, liegt der Fall in den großen Städten Europas. Selbst bei einer bescheidenen Anzahl von Geschossen kann man nicht mehr tragende Außenmauern verwenden, da sie unten schon zu starke Abmessungen erhalten würden. Dadurch und infolge des wesentlich größeren Platzbedarfes für die Mittelstützen wird in den unteren Geschossen der Nutzraum verkleinert, die Lichtverhältnisse werden verschlechtert. Die Herstellungskosten würden dann erheblich steigen. Andererseits erfordern solche Herstellungen größere Lagerplätze für das zu verarbeitende Baumaterial, die nicht immer in den verkehrsreichen Straßen vorhanden sind. Solche Ausführungen sind also unwirtschaftlich und bei einem Baugrund von geringer Tragfähigkeit unmöglich.

Man mußte also zum Skelettbau übergehen, dessen Einzelteile eben eine größere Trag kraft haben als Ziegelmauern und -pfeiler, und Eisenbeton oder Stahl verwenden. Die Ausmauerung der durch das Gerippe entstehenden Felder wurde vorerst mittels gewöhnlicher Ziegel vorgenommen. Wollte man die Stützenfußlasten noch mehr vermindern, mußten Leichtbaustoffe als Füllmauerwerk verwendet werden.

Die Decken der einzelnen Geschosse haben im allgemeinen häufig die gleichen bzw. vorgeschriebenen Lasten zu tragen, während die Säulen die von jedem Geschoß herrührenden Lasten neu zu übernehmen haben. In den Säulen liegt also vornehmlich die Notwendigkeit, die nach unten zunehmenden Lasten in einem verhältnismäßig kleinen Querschnitt zu übertragen. Dies ist natürlich bei einer Ausführung in Stahl oder hochwertigem Baustahl (St 48, St 52, Si St) viel leichter möglich als in Eisenbeton, da hierbei gedrungenere Querschnitte erzielbar sind.

Mit Rücksicht auf die Feuersicherheit solcher Bauten ist eine Ummantelung der tragenden Teile erforderlich, die jedoch bei zweckmäßiger Ausführung die vorhandenen Stahlquerschnitte nicht wesentlich vergrößern, so daß ein großer Gewinn an Nutzfläche in den einzelnen Räumen erzielt werden kann. Viele solche Bauten lassen deshalb infolge der Schlankheit der Säulen den Stahlbau gegenüber Ausführungen in Eisenbeton sofort äußerlich erkennen.

Mit dem Stahlbau Hand in Hand geht die rasche Herstellung solcher Bauten, da die einzelnen Teile in der Werkstätte verlegreif angearbeitet werden können, die Erzeugung somit unabhängig von der Baustelle erfolgen kann und die Montage sich auf die Aufstellung und Herstellung der Verbindungen beschränkt. In manchen Fällen war die Organisation so weit gedeihen, daß die einzubauenden Teile erst in dem Zeitpunkte zugeführt worden sind, als sie schon gebraucht wurden, eine Lagerung an der Baustelle daher nicht notwendig war.

Ein wesentlicher Vorteil der Stahlskelettbauweise ist die Möglichkeit, sofort nach Fertigstellung eines Geschosses die Ausmauerung beginnen zu können, was natürlich nur bei einem gut abgestimmten Zusammenklang der Planverfassung für die Ummantelung und Wandausfüllung erreichbar ist. Vielfach konnten bei richtiger Arbeitsanordnung Deckenkonstruktionen und Installationen unter dem Schutze einer früher fertiggestellten Decke in einem oberen Geschosse ausgeführt werden. Oft genügte eine kleine Phasenverschiebung der Arbeiten, den gleichen Vorteil zu erreichen.

Durch geeignete Maßnahmen lassen sich bei einem Stahlskelettbau auch alle sonstigen Forderungen, die an ein Gebäude gestellt werden (Isolierung, Schalldichtheit, zweckmäßiger Wärmedurchgang) erzielen.

Die Möglichkeit einer raschen Bauherstellung und an verschiedenen Stellen mit der Ausmauerung zu beginnen, hat dem Stahlskelettbau auch den Wohnhausbau erschlossen. Dabei sind, was die Fertigstellungszeit betrifft, wahre Rekorde aufgestellt worden. So war es möglich, in Berlin ein zweistöckiges Wohnhaus in 2½ Monaten fertigzustellen, was bei der Linderung der Wohnungsnot eine große Rolle spielte.

Aber selbst große Bauten, die in Eisenbetonbauweise unbedingt eine Überwinterung nötig gehabt hätten, sind samt innerer Einrichtung in Stahlbauweise in einer Bausaison fertiggestellt worden.

Wie sehr sich diese Stahlbauweise eingebürgert hat, kann man aus der Tatsache ersehen, daß in San Francisco im Jahre 1927 36%, in Philadelphia 29% aller Häuser in Stahl gebaut worden sind; nicht nur wegen der Wirtschaftlichkeit, sondern wegen des Zeit- und Interkalargewinnes. Dieser Zeitgewinn erreichte in Amerika und England 60 bis 70%.

Bei solchen Bauten ist es auch möglich, mit einer geringeren Arbeiterzahl auszukommen als bei anderen Bauweisen, da ein großer Teil der Arbeiten mit Arbeitsmaschinen bewältigt wird. Hierdurch werden nicht nur die Kosten für Regie, Aufsicht, soziale Abgaben und für Versicherungen herabgemindert, sondern auch die Frachtkosten per Bahn und zur Baustelle, da weniger Material einzubauen ist.

Einen weiteren Vorteil bietet die Stahlskelettbauweise wegen der Möglichkeit, leicht einen Umbau zu vollziehen, zum mindesten leichter als beim Eisenbetonbau. In großen Städten, zum Beispiel in Berlin mit dem großen jüngsten Aufschwung, hat es sich wiederholt gezeigt, daß der Verwendungszweck eines Gebäudes selbst in nicht allzu langer Zeit sich geändert hat. Der Stahlbau ist dann ein anpassungsfähiger Organismus. In Amerika wurden Theater in Speicher, Geschäfts-, Ausstellungs- und Warenhausbauten umgewandelt, Hotels in Bürohäuser, um bessere Verzinsungen zu erzielen. Vergnügungsstätten mit großer Aufmachung verlieren mit der Zeit die frühere Anziehungskraft und müssen eine andere Zweckbestimmung erfahren. Bei Banken war oft der Einbau von großen Schalterhallen im Erdgeschoß notwendig geworden. Noch häufiger erfolgte der Einbau von Kinos in bestehende Gebäude (Gloria-Palast, Haus Vaterland, Berlin und viele andere). Aber selbst kleinere Umbauten in Industriebauten, die durch Änderung der Betriebseinrichtung, durch Anschaffung neuer Maschinen oder anderer Betriebsgeräte notwendig sind, lassen sich im Stahlbau mit Leichtigkeit durchführen.

Es wurden ganze Decken gehoben, Zwischenwände beseitigt, vielfach ohne Störung des Betriebes, und manchmal ganze Gebäude verschoben.

Vielfach lassen sich auch sonst Einbauten in Stahl mit geringeren Bauhöhen ausbilden, als dies im Eisenbeton möglich ist. Kinobauten mit großen Rahmenkonstruktionen beweisen dies.

Man hat aber leider diese angenehme Eigenschaft der Stahlbauten ausgenützt und während des Entwurfes und sogar während der Ausführung oft durchgreifende Änderungen verlangt, die die Bauzeit unliebsam verlängert haben, die aber in einer anderen Bauweise nur außerordentlich schwierig gewesen wären.

Einen großen Vorzug besitzt diese Stahlbauweise darin, daß es sich um einen Baustoff handelt, der hinsichtlich der Festigkeit und auch sonst unveränderlich und gleichartig ist, der genau prüfbare Eigenschaften besitzt, bei Festlegung der zulässigen Inanspruchnahme und richtiger Berechnung eine ganz bestimmte Sicherheit hat, über die man völlig im klaren ist. Dies ist leider beim Eisenbetonbau nicht der Fall. Das bezeugen die Einstürze solcher Bauten oft katastrophaler Art, wo manchmal Festigkeiten des Betons vorliegen, die weit unter der rechnungsmäßig angenommenen liegen, weil viel zu viel Faktoren (Zuschlagstoffe, verschiedene Zementeigenschaften, Mischungsverhältnis, Wassermenge, Frostwirkung, Herstellungsweise, Schalungszeit), die nicht bei der Herstellung so kontrollierbar sind wie bei der Stahlerzeugung, dabei mitspielen. Es gibt natürlich auch sehr gute Ausführungen im Eisenbeton.

Schon die Kräfte übertragen sich im Stahlgerippe klar. Sie sind also genau bestimmbar, während der monolithische Charakter des Eisenbetons das Kräftespiel wohl teilweise verschleiert, dieses also nicht so genau erfaßbar ist.

Die Anarbeitung der Stahlbauten im Werk ist mit qualifizierten Arbeitern durchführbar, wobei jeder Fehler genau feststellbar ist. Oft jahrelange Erfahrungen solcher Arbeiter bieten eine Gewähr für stets sorgfältige Arbeit. Jedes Stück ist prüfbar, bevor es aus der Werkstätte herauskommt, ebenso wie der verwendete Baustoff. Weil der größte Teil der Arbeit in die Werkstatt verlegt ist, wird die Kontrolle erleichtert, die Aufstellungs- und Restarbeiten sind mit einer geringen Anzahl von Arbeitern, und zwar wiederum geschulten, ausführbar. Es werden also die fluktuierenden Elemente von Saisonarbeitern gänzlich ausgeschaltet.

Die Normierung von Trägeranschlüssen, Abstützungen, der Stützenfuß- und Kopfausbildung, der Stöße und Bindeblechanordnung macht die Planung und Anarbeitung übersichtlich und trägt zur Verkürzung von Fristen bei.

Die Aufstellung solcher Bauten ist von der Witterung — man kann sagen — unabhängig. Es wurden beispielsweise in dem strengen Winter 1928/29 Stahlbauten sogar bei — 20° C in großen Höhen montiert. Es sind dann also gegen Ende der Bausaison hier keine Arbeitsunterbrechungen nötig.

Die Einhaltung der Termine ist für Stahlbauten leichter, weil jedes Werk mit dem ständigen Stock an Arbeitern und Maschinen genau rechnen kann.

Teure und langwierige Stemmarbeiten in Wänden und Decken für die Verlegung und Umlegung von Rohrleitungen fallen hier weg.

Nicht vergessen darf man die Ersparnisse in den Fundamenten, da die Säulenfußdrücke im Stahlbau schon bei siebengeschossigen Bauten um ca. 10 bis 14% kleiner werden als bei Eisenbetonbauten gleicher Art, und außerdem der Entfall der Absprießung der Deckenschalungen, die einfach auf die Stahlträger aufgehängt werden, Ersparnisse bringt.

Was den fertigen Bau betrifft, so wäre noch hinzuzufügen, daß ein Stahlskelett für ungleiche Setzungen von Fundamenten viel weniger empfindlich ist, daher auch für Bauten in Bergbaugebieten vorteilhaft ist und eine viel geringere Hellhörigkeit besitzt als Eisenbetonbauten.

2. Anwendung des Stahlskelettbaues.

Über die zweckmäßige Wahl des Baustoffes für das Gerippe wird in den Abschnitten 19 und 22 Näheres gesagt.

Es muß aber auch unterschieden werden, ob sich für einen Verwendungszweck des Gebäudes beide Bauweisen, Stahl oder Eisenbeton, eignen, wo dann die Wirtschaftlichkeit im allgemeinen entscheiden wird, oder ob die Zweckbestimmung des Baues Eisenbeton von vornherein ausschließt.

Bei dieser Entscheidung hinsichtlich der Wirtschaftlichkeit ist natürlich objektiv vorzugehen; die Vorteile sind für beide Bauweisen, wenn sie in Betracht kommen, abzuwägen.

In holzreichen Gegenden und bei niedrigen Zement- und Baustoffpreisen können Eisenbetonskelette manchmal billiger sein. In Industriezentren, in Städten und Gebieten mit teurem Holz, Zement und mit hohen Löhnen wird im allgemeinen der Stahlbau wirtschaftliche Vorteile bieten, wie sich dies nicht nur in Amerika, sondern auch in Europa zeigt.

Um einen Stahlbau und seine Eigenschaften richtig werten zu können, darf man nicht nur die Kosten allein heranziehen. Kostenüberschreitungen sind ja wegen des fixen Einheitspreises im Gegensatz zur anderen Bauweise nicht gut möglich. Es müssen also auch alle anderen Vorteile des Stahlbaues dabei eingeschätzt werden, die bei einem rein ziffernmäßigen Vergleich zwischen beiden Bauweisen nicht zur Geltung kommen. Auch die Vorteilswerte, die sich während der ganzen Lebensdauer des Gebäudes auswirken, die man also kapitalisieren müßte, gehören hierzu.

Man muß vor allem den effektiven Gewinn an Grundrißfläche in Rechnung ziehen, der sich mit zunehmender Gebäudehöhe vergrößert, die Möglichkeit, wegen der geringen Deckenbauhöhe das Stahlgebäude bei gleicher Stockwerkzahl niedriger zu halten als im Eisenbetonbau, die Qualitätsarbeit berücksichtigen, die gewiß etwas geringeren Fundierungskosten und die Raschheit der Herstellung, die sich in Amerika, England und Deutschland in Geld auswirkt, was gern übersehen wird. Natürlich muß dabei alles bei der Ausführung klappen.

Auch die leichte Möglichkeit von Änderungen muß eingeschätzt werden bei Bauten, wo dies zu erwarten ist.

Außerdem muß noch manches Vorurteil beseitigt werden. Heute ist ein Stahlbau ebenso sicher wie ein Eisenbetonbau, und was in Amerika schon längst im Laufe der Zeit an Erfahrungen in diesen Punkten gesammelt wurde, soll bei uns nicht erst zum Durchmachen der gleichen Stadien zwingen, sondern wir sollen die dort gemachten Erfahrungen studieren und, soweit sie unseren Verhältnissen entsprechen, übernehmen. Wir würden, wenn wir dies nicht tun, nur Zeit und Geld verlieren, um zum gleichen Ergebnis zu gelangen.

Die Anwendungsmöglichkeiten des Stahlskelettbaues sind mannigfach, wie bisherige Ausführungen beweisen. Der Stahlbau hat sich vor allem im Büro-, Geschäftshausbau, bei Bankgebäuden besonders eingebürgert. Ein anderes Anwendungsgebiet liegt in Elektrizitäts-Wirtschaftsbauten, für welche Kesselhäuser, Umspann-Schaltwerkbauten ausgeführt worden sind.

Es finden sich aber in letzter Zeit auch Ausführungen von Schulen, Hotels in der Stahlbauweise vor.

Sonst wurden Lager-, Kühlhäuser und für industrielle Zwecke Schuhfabriken, Brotbäckereien, Zuckerfabriken, Spiritusraffinerien, Erzeugungsstätten für Manufakturwaren, dann Druckereien, Garagen und Gebäude für die Schwerindustrie in Stahl gebaut.

Abb. 1. Schaltwerk-Hochhaus der Siemens-Schuckertwerke in Berlin-Siemensstadt. Ansicht von Nordosten. Arch.: Dir. Hans Hertlein, Berlin (Hertlein, H.: „Der Industriebau" 1929).

Ein ganz besonderes Anwendungsgebiet liegt im Neubau sowie im Einbau von Kinos, von Vergnügungsstätten, dann von Museen, Ausstellungsbauten, Krankenhäusern, Sanatorien und Kirchen.

Abb. 2. Warenhaus Wertheim in Breslau. Arch.: Prof. Dernburg. Ausführung des Stahlskelettes: Carlshütte A. G., Waldenburg-Altwasser i. Schl.

Diese Aufzählung der verschiedenen Arten von Bauten aus Stahl könnte noch weiter fortgesetzt werden, immer werden neue Anwendungsmöglichkeiten erschlossen, die diese entwicklungsfähige Bauweise mit sich bringt.

Die Ausführung in Stahl empfiehlt sich nicht bei Bauten der Textilindustrie, wie bei Webereien, Spinnereien, Färbereien, wiewohl es auch solche Bauten aus Stahl gibt. Dies gilt namentlich für mehrstöckige Bauten wegen der allzu leichten Entzündlichkeit der Wollvorräte und der besonders raschen Ausbreitungsmöglichkeit eines Brandes, und bei Färbereien wegen der abwechselnden Trockenheit und Durchfeuchtung der Wände, die auf die

Ummantelung des Gerippes von schädlicher Wirkung sein kann, außer man umhüllt das Tragwerk mit Beton.

Zahlreiche und häufig vorkommende Brände in Fabriken großer Textilindustriebezirke,

Abb. 3. Warenhaus Wertheim, Breslau. Aufstellung des Stahlgerüstes. Außenrüstung. Ausführung: Carlshütte A. G., Waldenburg-Altwasser i. Schl.

wie in Brünn, rechtfertigen diese Stellungnahme, wenn auch gerade in Brünn kein einziger Textilfabrikbau in Stahl ausgeführt ist, aber an die ungestüm verheerende Wirkung solcher Brände gedacht wird.

Abb. 4. Hochhaus der Berg- und Hüttenwerksges., Prag. Seitenansicht vor der Fertigstellung. Entwurf des Stahlskelettes: Prof. Dr.-Ing. A. Hawranek. Arch.: J. Rziha. Ausführung: Brückenbauanstalt Karlshütte bei Friedek.

In Erdbebengebieten haben sich Stahlskelettbauten außerordentlich gut bewährt, wie die Berichte über Erdbebenkatastrophen in San Francisco, Tokio, Santa Barbara hervorheben.

Nun sollen einige Bauten vorerst im Bilde gezeigt werden.

Abb. 1 zeigt das Schaltwerkhochhaus der Siemens-Schukkertwerke in Berlin-Siemensstadt; der Entwurf stammt vom Architekten Hans Hertlein. Es ist ein 175 m langer und 16 m breiter Bau, der die Treppenhäuser und Nebenräumlichkeiten in vier angebauten Turmvorbauten, zwei vorne, zwei hinten, enthält. Der Bau ist elfgeschossig, hat eine Gesamthöhe von 45 m und zeigt eine einfache, wuchtige, aber schön abgestimmte Gliederung[1].

Abb. 5. Kaufhaus Schocken in Chemnitz. Arch. Dipl.-Ing. Erich Mendelsohn, Berlin. (Nach „Der Querschnitt" 1929.)

Als Beispiel eines Geschäftshauses sei das Warenhaus Wertheim in Breslau vorgeführt (Abb. 2). Es ist ein Bau mit 7 Obergeschossen und hat etwa 72,5 m vordere Frontlänge, eine einseitige schiefe Nebenfront von ca. 72 m und die andere von 60 m Länge. Bemerkenswert außer anderem sind die großen Stützenentfernungen von 9,2 m (auch 13,8 m in der Mitte). Die beiden oberen Geschosse sind abgesetzt[2]. Der Entwurf stammt vom Architekten Professor Dernburg, jener der Konstruktion von Geh. Baurat Dr. E. G. Friedrich, Berlin. Verwendet wurden 3500 t Stahl. Die Ausführung des Skelettbaues rührt von der Carlshütte A. G., Waldenburg-Altwasser, her. Die ruhige und doch monumentale Wirkung des Baues ist durch die sichtliche Übereinstimmung der großen zusammenhängenden Räume im Innern und die gleichartige einheitliche Fensterteilung bei Betonung der waagerechten Linie erzielt worden.

Abb. 6. Krankenhaus der Kinderstation in Danzig. Ausführung: J. Gollnow & Sohn, Stettin.

Die Abb. 3 gibt ein Bild der Seitenfront während der Montage, die bis zum 5. Obergeschoß gediehen ist.

In Abb. 4 ist ein Beispiel eines Bürohauses gezeigt. Es ist das Palais der Berg- und

[1] Hertlein, H.: Industriebau 1929, S. 42.

[2] Dr. Friedrich, E. G.: Das neue Warenhaus Wertheim in Breslau. Stahlbau 1930, S. 113.

Hüttenwerksgesellschaft in Prag, mit etwa 65 m Hauptfrontlänge und zwei Seitenfronten von 37 m. Es hat 3 Untergeschosse, 8 Obergeschosse und einen weiteren kleinen 9. Geschoßaufbau. Der Entwurf stammt vom Architekten I. Rziha, der Detailentwurf der Stahlkonstruktion vom Verfasser dieses Buches. Die Ausführung besorgte die Brückenbauanstalt Karlshütte in Liskovec bei Friedek. Das 7. und 8. Obergeschoß ist gegen die Hauptfront zurückspringend. Der Entwurf der Stahlkonstruktion war schwierig, da beide Nebenfronten unter schiefem Winkel verlaufen, eine starke Ausrundung einer Ecke nach einem Korbbogen und zwei Risalite zu berücksichtigen waren, außer vielen anderen Schwierigkeiten im Innern. Die Wirkung der architektonischen Gestaltung ist einfach und ruhig.

Abb. 7. Kaufhaus „Textilia" in Mähr. Ostrau. Montagebild. Ausführung: Eisenwerk Witkowitz.

Ein weiterer Kaufhaustypus ist in Abb. 5 wiedergegeben. Es stellt das architektonische Bild des Kaufhauses Schocken in Chemnitz vom Architekten Erich Mendelsohn dar mit der architektonischen Betonung der durchlaufenden Fensterbänder und der vorspringenden Hauptfront. Die Abbildung ist der Zeitschrift „Der Querschnitt" 1929 entnommen.

Ein Beispiel eines einfachen dreistöckigen Krankenhauses ist in Abb. 6 wiedergegeben, das die Kinderstation in Danzig vorführt. Das Stahlskelett des Gebäudes ist von der Firma J. Gollnow & Sohn in Stet-

Abb. 8. Europahaus in Leipzig. Architekt O. P. Burghardt, Leipzig. Ausführung des Stahlskelettes: Vereinigte Hüttenwerke Burbach-Eich-Düdelingen.

tin entworfen und ausgeführt und soll hier die Anordnung des Stahls im gewöhnlichen Hausbau zeigen.

Um einen Stahlskelettbau vorzuführen, der zwischen zwei Nachbargebäuden errichtet ist, wird das Montagebild des Textilia-Kaufhauses in Mähr.-Ostrau gebracht (Abb. 7). Die Ausführung wurde der Brückenbauanstalt des Eisenwerkes Witkowitz übertragen. Als Baustoff wurde Siliziumstahl verwendet.

Endlich sei noch als Typus ein Turmhaus vorgeführt. Abb. 8 veranschaulicht das Europahaus in Leipzig während der Montage.

3. Wesentliche Gesichtspunkte der Planung von Stahlskelettbauten.

Der Stahlskelettbau ist eine neuzeitliche Schöpfung der Ingenieure, der mit der neuen Veränderung unseres ganzen Bauschaffens innig verknüpft ist. Die Wirtschaftlichkeit tritt besonders in den Vordergrund und das organisatorische Moment muß dessen Planung begleiten. Struktur und Gliederung der Bauten muß straff sein im Sinne der wirtschaftlich-technisch organisierten Zeit. Wenn auch die Freiheit im Entwurf nicht geschmälert werden soll, eingeengt ist sie gewiß durch die Forderungen der strengen Zeit, die langsam, wenigstens beim Wohnhausbau, die Serienherstellung nach ordentlich durchdachten Typen verlangt. Gute Gliederung, edle Maßverhältnisse und einheitliche Wirkung von außen werden die Forderungen des Tages sein und diese stellen bei der Vereinfachung der Mittel größere Anforderungen an den Entwurf als früher, wo oft schrankenlose Phantasie und künstlerisches Ausleben Entwürfe von erschreckender Überladenheit gezeitigt haben. Der Hast und Unruhe im täglichen Leben muß die Ruhe der Bauformen gegenübergestellt werden, um den inneren Ausgleich der durch die Arbeit aufgewühlten Menschen wenigstens einigermaßen zu erzielen.

Der Architekt muß also, wo er an solchen Bauten mitarbeitet, den individuellen Schaffensdrang stark beschneiden und sich in der Gemeinsamarbeit, heute wenigstens, dem Ingenieur unterordnen, denn es gilt nicht, einer Teilarbeit den Stempel aufzudrücken, sondern ein einheitliches Werk zu schaffen.

Viele Architekten, und zwar oft sehr bedeutende, haben es verstanden, sich in diese neuen Forderungen bei solchen Bauten einzuleben, andere jedoch leider nicht. Der Architekt muß bei erwünschter Zusammenarbeit seine Tätigkeit auf die Verfeinerung der Gesamtgestaltung, auf die Verbesserung der Grundrisse, der Raumanordnung verlegen; das Zweckmäßige und Konstruktive ist Sache des Ingenieurs.

Der Architekt muß in diese Bauweise völlig eingedrungen sein, sonst ergeben sich, wenn dieser die Bauführung hat, oft sehr große Überraschungen. Dies gilt besonders dann, wenn die Stahlkonstruktion nicht nur aus einfachen Trägerlagen besteht, sondern wo Rahmen, Konsolträger, Gelenkträger, durchlaufende Träger, exzentrisch beanspruchte Säulen vorkommen, deren statisches Wirken im einzelnen und im gesamten den am Bau entscheidenden Faktoren genau bekannt sein muß.

Verfaßt ein Architekt den gesamten generellen Plan, so soll gleich vom Beginn der Entwurfsarbeiten ein Ingenieur herangezogen werden; letzterer hat vom konstruktiven Standpunkt alles genau zu erwägen, sonst kommt es vor, daß etwa Hoffassadenwände auf Konsolen gelagert werden müssen, weil keine Ecksäulen wegen durchlaufender Lichtbänder zugelassen werden, oder die schwersten Kassenschränke im obersten Geschoß untergebracht werden sollen.

Bei bestimmten Säulenentfernungen und Geschoßtiefen wird der Ingenieur allein über die Bauhöhe der Decken Auskunft geben können und der Architekt wird dann nicht mehr zu geringe Deckenstärken in den Plänen annehmen.

Wo Abfangungen größerer Lasten durch starke Unterzüge oder Rahmen erforderlich werden, wird der Ingenieur allein die notwendigen Bauhöhen oder die Art der oft sehr verwickelten Lösung angeben können, wenn ein bestimmter Baugedanke verfolgt wird und durchgeführt werden soll.

Nachträgliche Änderungen lassen sich manchmal schwer konstruktiv lösen, weil dann oft neue Konstruktionsglieder eingebaut werden müssen an Stellen, die der Architekt frei von solchen haben will, und die Berücksichtigung dieses Wunsches dann Änderungen in den Säulen- und Unterzuglasten bringen, die zu nachträglichen Verstärkungen führen.

Oder es sollen nachträglich Straßen- oder Hoferker angebracht werden, was die bestehenden Trägeranordnungen nur durch sehr komplizierte Zusatzkonstruktionen zulassen, oder wo bestehende Wandträger herausgeschnitten werden müssen oder es muß eine ganze Treppenkonstruktion außen angehängt werden. Es sind hier nur einige Fälle genannt, alle sind aber tatsächlich vorgekommen.

Wie man also sieht, muß der ganze Entwurf völlig ausgereift sein, bevor an die Ausführung geschritten wird.

Arbeitet der Ingenieur den Entwurf aus, so soll er gleichfalls, wenn dies überhaupt der Fall sein muß, den Architekten rechtzeitig heranziehen; es kann da eine später gewünschte kleine Abänderung des Architekten eine ganze statische Berechnung und die Konstruktion umwerfen.

Bei Ausführungen des reinen Ingenieurzweckbaues wird es meist möglich sein, ohne Architekten auszukommen.

Für den generellen Entwurf muß im Stahlskelettbau über nachstehende Einzelheiten der Ausführungsart vor Beginn der Entwurfsarbeit entschieden sein:

1. Die Art der zu verwendenden Deckenkonstruktion im Detail, die Art der Deckensteine, auch die Ausführungsweise der ebenen Untersicht und das Gewicht der gewählten Bauweise.

2. Die genaue Art der Ausführung der Dachdecke samt Isolierung, eventuelle Abdeckung (Steinfliesen, Estrich, Beton). Ihre Gesamtbauhöhe und das Gewicht.

3. Die Art der Umhüllung aller Träger und Unterzüge, um sie feuersicher zu machen, und zwar für leichte Träger, als auch für starke Unterzüge.

4. Die Art der Ausbildung der Fensterüberlagen in den Fassaden.

5. Die Art und Ausführungsweise der Ummantelung der Säulen, das hierbei zu verwendende Material, dessen spezifisches Gewicht, die Fugenstärken.

6. Der für die Wände zu verwendende Baustoff, die anzuwendenden Wandstärken und die prinzipielle Entscheidung, wenn mehrere verschiedenartige Ziegel oder Steine verwendet werden sollen, welche Wandausbildungen in den einzelnen Fällen vorgesehen sind.

7. Die Bauweise der Fensterparapete, ihre Stärke, Isolierungsmaßnahmen.

8. Die Fenster- und Türtypen und die Art ihres Einbaues oder ihrer Befestigung an das Stahlgerippe.

9. Die Bauhöhe der Kästen für Rolladen der Geschäftsauslagen und ihre Höhenlage.

10. Prinzipielles über die Führung von Leitungen (Wasserleitungsrohre, Heizrohre, Lichtkabel, Entwässerungsrohre) in Decken, Wänden und Säulen, sowie die notwendigen Abmessungen der erforderlichen Schlitze und ihre Lage.

11. Die Entscheidung über die Verkleidung von Fassaden mit Steinplatten, ihre Aufstützung und Gewichte.

12. Die Ausführungsweise von Treppenanlagen (Stein, Beton, Eisen).

13. Die Belastungen durch die Aufzüge und Ausführungsweise der einschließenden Wände.

14. Sonstige Anordnungen, soweit sie das Gewicht und die Befestigungsweise an dem Stahlgerippe betreffen.

Liegen diese grundsätzlichen Entscheidungen vor, so wird es möglich sein, alle Träger in die richtige Höhenlage zu versetzen und Säulen zweckmäßig auszubilden. Planänderungen werden dann nicht notwendig werden, die hauptsächlich Zeitverluste bringen und eine rasche Ausführung solcher Bauten verzögern können, wodurch einer der Vorteile des Stahlskeletthauses verlorengeht.

Im besonderen soll eine größere Belastung des Gerippes beim Baue vermieden werden, als der Rechnung zugrunde gelegt wurde, damit nicht nachträglich schwere und kostspielig durchzuführende Verstärkungen angebracht werden müssen.

Für die Planverfassung ist eine genaue geodätische Aufnahme des Bauplatzes erforderlich, ganz besonders wenn es sich um verwickelte Grundrisse handelt, bei Eckhäusern oder Gebäuden, deren Fassaden Ausrundungen erhalten sollen. Diese Aufnahmen sollen vor Baubeginn bereits durchgeführt sein, damit nicht etwa durchgeführte Bölzungen eine genaue Vermessung namentlich beim Nachbargrund vereiteln oder Teile des Bauplatzes unzugänglich werden. Jedenfalls sollen außerdem noch Kontrollmessungen für den Entwerfer des Stahlbaues leicht möglich werden, die nicht nur die Längen, sondern auch die Winkel umfassen müssen.

In diesen Vermessungsplan muß auch die genaue Baulinie eingetragen sein. Bei schiefen Winkeln sind die Angaben auf Sekunden erforderlich und bei Ausrundungen in den Fassaden die Angaben über die Halbmesser und genaue Lage der Mittelpunkte der einzelnen Bogenabschnitte mittels Koordinaten.

Schließlich ist ein Nivellement mindestens längs der ganzen Front durchzuführen und Längenprofile für etwaige Passagen, die in großen Gebäuden nicht immer horizontal durchgeführt werden können. Ist der Niveauausgleich bei Passagen durch Stufen auszugleichen, so muß vorher festliegen, wo dieser Höhenausgleich vorgenommen werden soll. Stufen mitten in Passagen sind nicht angenehm.

Auch die lichte einzuhaltende Breite solcher Passagen muß festliegen. Es ist jedenfalls zweckmäßig, das ganze Gebäude einheitlich in Stahl, auch in den Untergeschossen, durchzuführen. Nur für die Überwindung des seitlichen Erddruckes längs der Fassaden und der Nachbargrenzen sowie für die Fundamente ist Eisenbeton zu verwenden.

Viel unangenehmer und schwieriger ist der Entwurf und die Ausführung, wenn die Untergeschosse in Eisenbeton und erst der darüberliegende Hauptteil in Stahl ausgeführt werden soll.

Man soll von solchen Lösungen Abstand nehmen, da einmal die Einheitlichkeit der Bauweise und auch manche Vorteile des Stahlbaues verlorengehen und dann Schwierigkeiten bei der Säulenlagerung auftreten. Auf die Verankerungseisen der Stahlsäulen muß dann schon bei der Eisenbetonkonstruktion Rücksicht genommen werden; dort ist nicht immer Platz vorhanden, über den Eisenbetonstützen häufen sich die Unterzugeisen gerade an jenen Stellen, wo die Eisensäulen aufsitzen und eventuell verankert werden sollen.

Die Füße der Stahlsäulen können dann nicht gut verankert und verbreitert werden, weil sonst die Ummantelung im Erdgeschoß zu viel Platz wegnehmen würde. Schränkt man dagegen die Fußabmessungen ein, so wird wiederum die Fußpressung auf den Eisenbeton zu hoch, besonders bei exzentrischen Belastungen.

Noch größere Schwierigkeiten bereitet aber in solchen Fällen bei verwickeltem Grundriß die genaue Einhaltung der Säulenachsentfernungen im unteren Eisenbetonbauteil, damit das Aufsetzen der Stahlsäulen klaglos erfolgen kann. Die Eisenbetonbauweise arbeitet nicht auf Millimeter wie der Stahlbau, und es ergeben sich dann Differenzen, die bei der Montage oft schwer ausgeglichen werden können; das Ausrichten ist dann nicht einfach.

Unangenehm können dann auch die Beanspruchungen des unteren Eisenbetonteiles an der Nachbargrenze sein, wo die tunlichste Näherrückung der Stahlsäulen an die Nachbarseite, die wegen der Raumausnützung erwünscht ist, exzentrische Belastungen für die unteren Eisenbetonpfeiler bringen können, und zwar gerade durch die schweren Fußlasten.

Befinden sich in solchen Untergeschossen Kinoanlagen mit großen Rahmenträgern, so werden diese besonders schwer, wenn oberhalb große Säulenlasten des Stahlteiles sich absetzen.

Noch größer können dann die Schwierigkeiten in den Aufzugschächten werden, die sowohl durch die Stahl- wie die Eisenbetonkonstruktion hindurchgehen, wenn Unstimmigkeiten in der Ausführung des unteren Eisenbetonteiles vorkommen; das gleiche gilt für die Stiegenhäuser.

Man muß außerdem mit der Montage warten, bis der Beton erhärtet ist, was Zeitverluste bringt. Endlich werden die Säulenabmessungen in den Untergeschossen in Eisenbeton sehr groß und nehmen Platz weg.

Wie man aus den vorstehenden Darlegungen entnehmen kann, empfiehlt sich diese gemischte Bauweise nicht. Bei regelmäßigem Grundrisse und einfacher Säulenausteilung und außenliegenden Stiegenhäusern sind wohl die Schwierigkeiten geringer, aber auch da leidet die Einheitlichkeit, selbst wenn man von den Unannehmlichkeiten, zwei Bauunternehmungen an einer Stelle zu haben, absieht.

In der Tschechoslowakei sind solche Fälle vorgekommen, wo es üblich ist, unter dem Straßenniveau zwei bis drei Geschosse unterzubringen und den tiefgehenden, den Erddruck aufnehmenden Eisenbetonkonstruktionen an Front- und Nachbarseite auch oben noch eine Stützung durch Eisenbetonträger zu verleihen.

Vor Inangriffnahme des Entwurfes soll sowohl für die Ausbildung der Decken, der Verkleidungen der Säulen und Anschlüsse eine Normierung durchgeführt werden, die nicht nur die Projektierung, sondern auch die Ausführung wesentlich im günstigen Sinne beeinflußt. Sie bringt Zeitgewinn und Kostenersparnisse bei der Ausführung.

Ein nach diesen Gesichtspunkten vorbereiteter Entwurf wird, wenn sonst alles in Ordnung geht, gewiß im Sinne der Wirtschaftlichkeit günstig beeinflußt sein.

4. Anzunehmende Nutzlasten. Schnee- und Windbelastung, Wärmewirkung.

a) Nutzlasten. Die für die statische Berechnung von Stahlskelettbauten anzunehmenden Nutzlasten sind natürlich vom Verwendungszweck der Räume abhängig. Sie sind für gewöhnliche Bauten in den für die einzelnen Länder gültigen Vorschriften enthalten oder sind für besondere Zwecke fallweise zu bestimmen.

In Deutschland gelten hierfür die „Bestimmungen über die bei Hochbauten anzunehmenden Belastungen und über die zulässigen Beanspruchungen der Baustoffe", 5. ergänzte Auflage, Berlin 1925.

In der Tschechoslowakei gelten die Normen der tschechoslowakischen Normalisierungsgesellschaft ČSN 1050—1929: „Belastungen der Konstruktionen und Beanspruchungen der Baustoffe 1929".

In Tabelle 1 sind die in Deutschland und in der Tschechoslowakei vorgeschriebenen Nutzlasten in kg/m² auszugsweise und zum Vergleich wiedergegeben. Im besonderen Falle wären die bezüglichen Vorschriften heranzuziehen.

Tabelle 1. Nutzlasten der Decken.

	Räume	Deutschland kg/m²	Tschechoslowakei kg/m²
1	Dachbodenräume in Wohngebäuden	125	150
2	Wohngebäude, Kontorgebäude, Dienstgebäude, Läden	200	250
3	Räume in Schulen	300	300
4	Geschäftshäuser, Warenhäuser, Theater, Gastwirtschaften, Werkstätten und Fabriken mit leichterem Betrieb, Büchereien, Archive	500	450
5	Treppen, Balkone	500	550
6	Decken unter Durchfahrten	800	—

In Werkstätten und Fabriken mit schwerem Betrieb, bei stoßweisen Belastungen oder Erschütterungen durch Maschinen sind Zuschläge in Deutschland von 50 bis 100%, in der Tschechoslowakei bei Maschinen, die Schwingungen verursachen, Zuschläge von 30%, bei Maschinen, die Erschütterungen hervorrufen, von 50%, bei Stößen von 100% zu machen.

Für das Bürogebäude der Berg- und Hüttenwerksgesellschaft in Prag waren nachstehende Belastungen maßgebend:

Dächer	150 kg/m²
Kanzleien	300 „
Garderoben, Waschräume, Klosette	250 „
Gänge	400 „
Wohnungen und Zubehör	250 „
Stiegenanlagen	500 „
Geschäftsräume	800 „
Passage	500 „

In Österreich gelten die gleichen Deckennutzlasten wie die für das Deutsche Reich in Tabelle 1 angegebenen, nur für Treppen sind in Österreich bloß 400 kg/m² zu rechnen.

Für Stöße, Erschütterungen oder Schwingungen sind die ruhigen Verkehrslasten je nach der Stärke dieser Einflüsse auf das 1,2 bis 1,5fache zu erhöhen. Die Lastvermehrung ist für die unmittelbar betroffenen und leichten Bauteile größer anzunehmen als für die mittelbar beanspruchten und schwereren. ÖNORM-B 2101.

Für besondere Zwecke sind erhöhte Nutzlasten vorzusehen.

So hat das Schaltwerkhochhaus der Siemens-Schuckert-Werke in Berlin im ersten Flur 1000 kg/m², im zweiten bis siebenten Flur 750 kg/m², im achten bis zehnten Flur 500 kg/m², im Dachgeschoß 250 kg/m² für Nutzlasten vorgesehen.

In Fabrikbetrieben, wo Transporteinrichtungen an der Decke für leichte Lasten angeordnet werden, ist ein 50%iger Zuschlag gemacht worden.

Tabelle 2. Deckennutzlasten für einige amerikanische Städte (kg/m²).

Reine Nutzlasten	New York 1906	Chicago 1906	Philadelphia 1906	Boston 1906
Wohngebäude, Hotels	293	244	342	244
Geschäftshäuser, 1. Geschoß	732	488	488	488
Geschäftshäuser, über dem 1. Geschoß	366	488	488	488
Schulen, Unterrichtsräume	366	366	—	390
Gebäude für öffentliche Versammlungen	438	488	585	732
Werkstätten, Fabriken für Leichtmanufaktur	585	488	585	—
Fabrikgebäude, Warenhäuser	732	—	732	1220

Das Building Code Committee of the U. S. Departement of Commerce hat 1924 Mindestnutzlasten angegeben, die ohne Stoßzuschlag herangezogen werden können, und zwar für:

Wohnräume, Krankenhäuser, Hotels	195 kg/m²
Büros, Versammlungsräume wie Schulräume, Lehrräume, Kirchen	244 ,,
Versammlungshallen	488 ,,
Geschäftshäuser je nach dem Zweck, und zwar:	
Lagerraum des Großhandels (leichte Waren)	488 ,,
Lagerraum des Kleinhandels (leichte Waren)	366 ,,
Garagen (Last- und Personenwagen)	488 ,,
Garagen (nur Personenwagen)	392 ,,
Stallungen	366 ,,
Nutzlasten für Dächer 1 : 3 oder flacher für die waagerechte Projektion	146 ,,
Nutzlasten für steilere Dächer	98 ,,

Nutzlast für Garagen. Nach der Vorschrift für Gebäude zur Unterbringung von Personen- oder Lastkraftwagen ist für die Berechnung von Decken als Nutzlast

bei Wagen bis 2,5 t Gesamtgewicht einschl. Stoßzuschlag 400 kg/m²
für ,, ,, 9 t ,, ,, ,, 800 ,,

anzunehmen. Bei schwereren Wagen ist die Belastung entsprechend höher zu wählen.

b) Schneelast. Nach den deutschen Vorschriften ist die Schneelast einer waagerechten Fläche mindestens mit 75 kg/m² anzunehmen. Bei Dachneigungen über 45° ist keine Schneelast zu berücksichtigen, sonst ist die Schneebelastung geringer als 75 anzunehmen, ausgenommen bei möglicher Schneesackbildung.

Für 1 m² waagerechter Projektion ist die Schneelast S bei einer Dachneigung α von

	$\alpha = 20^0$	25^0	30^0	35^0	40^0	45^0	$> 45^0$
mit	$S = 75$	70	65	60	55	50	0 kg/m²

anzunehmen.

Die tschechoslowakischen Normen ČSN 1050—1929 schreiben gleichfalls 75 kg/m² Schneelast vor.

Bei Dächern von 40° bis 60° Neigung ist diese Belastung mit 40 kg/m² anzunehmen. Bei Dachneigungen über 60° entfällt die Berücksichtigung von Schneelasten.

Kann herabgerutschter Schnee sich ansammeln, so sind die betreffenden Tragwerkteile auf die Mehrbelastung zu berechnen.

In Österreich ist nach der ÖNORM-B 2101 die Schneelast einer waagerechten oder bis zu 25^0 gegen die waagerechte geneigten Fläche mit 75 kg/m² Grundrißfläche anzunehmen.

Bei einer Dachneigung von 30^0 35^0 40^0 45^0 50^0 und mehr ist die Schneelast auf 70, 65, 60, 50, 0 kg/m² Grundrißfläche zu vermindern. Zwischenwerte sind geradlinig einzuschalten. In Hochgebirgsgegenden sind die Schneelasten entsprechend höher anzunehmen.

Bei gleichzeitiger Berücksichtigung des Winddruckes und der Schneelast kann die Schneelast auf der Windseite auf ⅔ obiger Werte ermäßigt werden.

c) **Windlast.** Deutschland:

1. Wandteile bis zu einer Höhe von 15 m . . . . $w_0 =$	100 kg/m²
2. Wandteile in der Höhe von 15 bis 25 m und Dächer in weniger als 25 m Höhe	125 ,,
3. Über 25 m hoch liegende Wandteile und Dächer	150 ,,
4. Eisengitterwerk, Holzgerüste und Maste	150 ,,

Erhöhung um 25 bis 50% im Gebirge und an der Küste vorgeschrieben.

Gebäude, die durch Decken und Wände hinreichend ausgesteift sind, brauchen in der Regel nicht auf Winddruck untersucht zu werden. Für geneigte Flächen gilt $w = w_0 F \sin^2 \alpha$ als senkrecht zur Dachfläche gerichtete Komponente.

Tschechoslowakei. Für Wände, Dächer und Konstruktionen bis zu einer Höhe $h = 5$ m vom Terrain $w_0 = 75$ kg/m². Für Höhen von $h = 5$ bis 20 m $w_0 = 75 + 5\ (h - 5)$ kg/m² (h = Höhe des höchsten Punktes über Terrain). Für Wände, Dächer und Konstruktionen über 20 m Höhe $w_0 = 150$ kg/m². Die senkrechte Komponente zur Wandfläche ist anzunehmen mit $w = w_0 \sin^2 \alpha$ kg/m², wobei α die Neigung des Daches zur Waagerechten bedeutet. In Gegenden, wo starke Winde auftreten oder bei Teilen, welche besonders dem Winde ausgesetzt sind (emporragende Teile von Türmen und Kuppeln) ist der Winddruck, der den Gebäudehöhen entspricht, um 50% zu erhöhen.

Österreich. Der Winddruck auf die winkelrecht getroffene Fläche ist einschließlich der Saugwirkung im Windschatten für:

Wände und Dächer bis zu 7 m Höhe mit	$w =$	75 kg/m²
,, ,, ,, ,, ,, 15 ,, ,, ,,	$w =$	100 ,,
,, ,, ,, ,, ,, 25 ,, ,, ,,	$w =$	125 ,,

für höhere Bauwerke als 25 m Höhe mit $w = (125 + 0{,}6\,h)$ kg/m² zu berechnen, wenn h die Höhe des Bauwerkes über dem Erdboden in Metern bedeutet.

Für dauernd windgeschützte Lage kann die Baubehörde eine Verminderung des Winddruckes bis auf ⅔ der Regelwerte zulassen.

Für waagerechte und schwach geneigte Dächer ist mit einem lotrechten Winddruck von mindestens 25 kg/m² zu rechnen.

Amerika. Nach Building Code:

Winddruck für Gebäude bis 12 m Höhe	49 kg/m²
Gebäude über 12 m Höhe	98 ,,
Hoch herausragende Gebäude	147 ,,

Es kommen aber auch Abweichungen von diesen Zahlen vor. So wurde für den neuen Wolkenkratzer in Chicago, dem Wacker Drive Building, für die 171 m hohen Türme ein Winddruck von 210 kg/m² angenommen.

Sowjet-Rußland (USSR): Winddruck:

Höhe bis 15 m	120 kg/m²
Höhe 15 bis 25 m	150 ,,
Höhe über 25 m	180 ,,

d) Wärmewirkung. Diese kommt bei Hochhäusern in Stahl nicht in Betracht. Wo trotzdem größere Temperaturen in Räumen vorkommen können, sind diese entsprechend dem gegebenen Fall zu berücksichtigen.

Im allgemeinen gilt bei größeren Spannweiten und bei statisch unbestimmten Konstruktionen in der Tschechoslowakei die Bestimmung der Wärmewirkung mit $t = \pm 30^0$ C, die Elastizitätsziffer für Stahl 2150000 kg/cm², die Ausdehnungsziffer 0,0000125 für 1^0 C. In Österreich ist die Wärmewirkung t von -20^0 C bis $+30^0$ C zu berücksichtigen In Deutschland ist in den Vorschriften diesbezüglich nichts enthalten.

In Amerika sind Wärmewirkungen von 150^0 Fahrenheit zu berücksichtigen.

5. Profile für den Stahlskelettbau.

Alle in den Walzprogrammen vorhandenen Profile lassen sich im Stahlskelettbau verwenden.

Als Deckenträger werden I-Profile genommen, für Unterzüge gleichfalls I-Träger, wenn nicht vollwandige genietete Träger oder sogar doppelstegige angewendet werden müssen; auch Breitflansch- und Fachwerkträger kommen in Betracht.

Die deutschen Normalprofile sind bei gleichem Trägheitsmoment leichter als die österreichischen und tschechoslowakischen und geben ab Profil I 26 auch eine reichlichere Abstufung. Da die tschechoslowakischen Walzwerke auch deutsche Profile walzen, wird es zweckmäßig sein, für Bauten in der Tschechoslowakei und in Österreich deutsche Profile zu verwenden.

Für Stützen kommen I, C-Eisen und ihre Kombinationen, auch samt Verstärkungsplatten, in Betracht, dann die Breitflanschträger und im besonderen die Peine-Träger IP mit parallelen Flanschen.

Die Peine-Träger sind besonders günstig, die nach dem Profilbuch 1929 von $h = 20$ cm bis $h = 80$ cm Höhe vorgesehen sind und derzeit bis 65 cm Höhe geliefert werden können. Auch das Profil $h = 75$ cm ist bereitgestellt. Solche Profile können für weitgespannte Unterzüge verwendet werden. Ihre Tragfähigkeit für Balken und Stützen für verschiedene Stützweiten und Stützenhöhen, gelocht und ungelocht, sind in dem neuen Profilbuch tabellarisch enthalten. (Mittlerweile werden auch 80 cm hohe P-Träger gewalzt.)

Die Erfahrungen bei Stützen im Stahlskelettbau mit den Stößen von aus zwei I- oder C-Profilen zusammengesetzten Querschnitten und das Bestreben, zu sparen, hat zur Verwendung neuer breitflanschiger Profile, allerdings mit Anzug im Flansch I 100 × 85, I 100 × 100, I 120 × 120 und C 105 × 65 geführt (Abb. 9, 10).

Sie sind für den Stahlskelett-Wohnungsbau bestimmt. Die bezüglichen statischen Werte finden sich in der nachstehenden Tabelle 3[1].

Tabelle 3. Stützenprofile für den Stahlhausbau.

	Profil-bezeichn.	Abmessungen in mm							F	G	Für die Knickachse x—x			y—y			Knickw	e
		h	b	d	t	r	r_1	r_2	cm²	kg/m	J_x cm⁴	W_x cm³	i_x cm	J_y cm⁴	W_y cm³	i_y cm	k	cm
1	I 100·85	100	85	7	9	7	4,5	—	20,8	16,4	343	68,7	4,01	75,1	17,7	1,90	5,78	—
2	I 100·100	100	100	7,5	10,25	10	3	1,5	26,8	21,0	447	89,4	4,09	151	30,1	2,37	4,75	—
3	I 120·120	120	120	8	11	11	3	1,5	34,6	27,2	852	142	4,96	276	46,0	2,82	4,34	—
4	[105·65	105	65	8	8	8	4	—	17,3	13,6	287	54,7	4,07	61,6	13,2	1,88	4,88	1,88

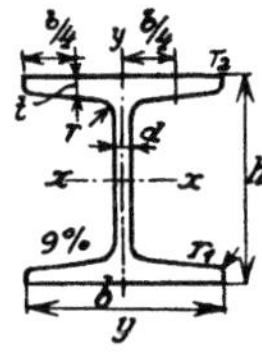
Abb. 9.

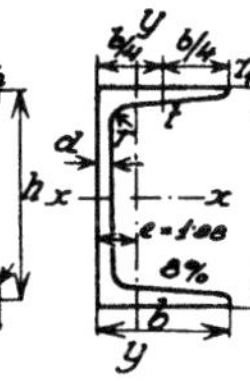
Abb. 10.

Außerdem sind nun für Deckenträger im Wohnungsbau Leichtprofile aus Bandstahl in Verwendung, die schon früher in Amerika in Gebrauch waren und nun auch bei uns erzeugt werden.

Diese Profile in C-Form haben die Flanschenden noch gegeneinander parallel zum Steg auf je 15 mm Länge abgebogen. Sie werden gewöhnlich gekuppelt, mit den Stegrücken zu

[1] Stahlbau 1928, S. 84.

Tabelle 4. Leichtprofile aus Bandstahl. a) Einfaches Profil.

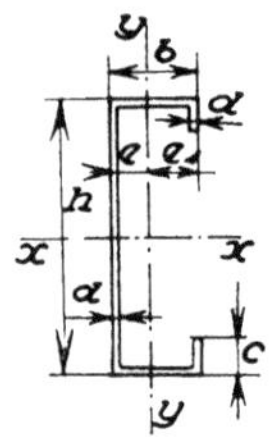

Abb. 11.

Profil Nr.	Abmessungen h mm	b mm	c mm	d mm	Voller Querschnitt F cm²	Gewicht G kg/m	Schwerpunktsabstände e mm	e_1 mm	Für die Biegeachse x—x J_x cm⁴	W_x cm³	i_x cm	Für die Biegeachse y—y J_y cm⁴	W_y cm³	i_y cm
80	80	40	15	2,00	3,64	2,86	1,48	2,52	36,89	9,22	3,18	8,52	3,38	1,53
				2,25	4,07	3,20	1,48	2,52	41,01	10,25	3,17	9,39	3,72	1,52
				2,50	4,50	3,53	1,48	2,52	45,02	11,25	3,16	10,22	4,06	1,51
				3,00	5,34	4,19	1,48	2,52	52,73	13,18	3,14	11,80	4,68	1,49
100	100	40	15	2,00	4,04	3,17	1,34	2,66	62,20	12,44	3,92	9,20	3,46	1,51
				2,25	4,52	3,55	1,34	2,66	69,24	13,85	3,91	10,14	3,81	1,50
				2,50	5,00	3,92	1,34	2,66	76,12	15,22	3,90	11,05	4,16	1,49
				3,00	5,94	4,66	1,34	2,66	89,43	17,89	3,88	12,76	4,81	1,47
120	120	40	15	2,00	4,44	3,49	1,23	2,77	95,58	15,93	4,64	9,76	3,52	1,48
				2,25	4,97	3,90	1,23	2,77	106,51	17,75	4,63	10,76	3,89	1,47
				2,50	5,50	4,32	1,23	2,77	117,22	19,54	4,62	11,76	4,25	1,46
				3,00	6,54	5,13	1,23	2,77	138,00	23,00	4,59	13,54	4,90	1,44
140	140	40	15	2,00	4,84	3,80	1,14	2,86	137,85	19,69	5,34	10,23	3,57	1,45
				2,25	5,42	4,26	1,14	2,86	153,73	21,96	5,32	11,28	3,94	1,44
				2,50	6,00	4,71	1,14	2,86	169,33	24,19	5,31	12,29	4,30	1,43
				3,00	7,14	5,60	1,14	2,86	199,66	28,51	5,29	14,19	4,97	1,41
160	160	40	15	2,00	5,24	4,11	1,06	2,94	189,79	23,72	6,02	10,63	3,61	1,42
				2,25	5,87	4,61	1,06	2,94	211,80	26,47	6,00	11,72	3,98	1,41
				2,50	6,50	5,10	1,06	2,94	233,43	29,18	5,99	12,77	4,35	1,40
				3,00	7,74	6,08	1,07	2,93	275,60	34,45	5,97	14,75	5,03	1,38
180	180	40	15	2,00	5,64	4,43	0,99	3,01	255,22	28,02	6,69	10,98	3,65	1,40
				2,25	6,32	4,96	0,99	3,01	281,61	31,29	6,67	12,09	4,02	1,38
				2,50	7,00	5,50	0,99	3,01	310,54	34,50	6,66	13,18	4,39	1,37
				3,00	8,34	6,55	1,00	3,00	367,02	40,78	6,63	15,22	5,08	1,35

b) Verbundenes Profil.

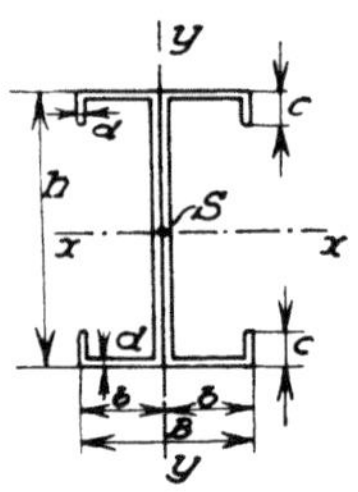

Abb. 12.

Profil Nr.	Abmessungen h mm	B mm	b mm	c mm	d mm	Voller Querschnitt F cm²	Gewicht G kg/m	Für die Biegeachse x—x J_x cm⁴	W_x cm³	i_x cm	Für die Biegeachse y—y J_y cm⁴	W_y cm³	i_y cm
80	80	80	40	15	2,00	7,28	5,72	73,78	18,45	3,18	32,93	8,24	2,13
					2,25	8,15	6,37	82,01	20,50	3,17	36,57	9,14	2,12
					2,50	9,00	7,07	90,03	22,51	3,16	40,14	10,03	2,11
					3,00	10,68	8,38	105,46	26,36	3,14	47,00	11,75	2,10
100	100	80	40	15	2,00	8,08	6,34	124,39	24,88	3,92	32,94	8,24	2,02
					2,25	9,06	7,10	138,47	27,69	3,91	36,58	9,15	2,01
					2,50	10,00	7,85	152,24	30,45	3,90	40,16	10,04	2,00
					3,00	11,88	9,33	178,85	35,77	3,88	47,04	11,76	1,99
120	120	80	40	15	2,00	8,88	6,97	191,16	31,86	4,64	32,95	8,24	1,93
					2,25	9,97	7,81	213,02	35,50	4,63	36,60	9,15	1,92
					2,50	11,00	8,64	234,45	39,07	4,62	40,18	10,04	1,91
					3,00	13,08	10,27	276,01	46,00	4,59	47,07	11,77	1,90
140	140	80	40	15	2,00	9,68	7,60	275,69	39,38	5,34	32,96	8,24	1,84
					2,25	10,88	8,51	307,46	43,92	5,32	36,61	9,15	1,83
					2,50	12,00	9,42	338,66	48,38	5,31	40,20	10,05	1,83
					3,00	14,28	11,21	399,32	57,05	5,29	47,11	11,78	1,82
160	160	80	40	15	2,00	10,48	8,23	379,58	47,45	6,02	32,97	8,25	1,77
					2,25	11,79	9,22	423,60	52,95	6,00	36,63	9,16	1,76
					2,50	13,00	10,21	466,86	58,36	5,99	40,22	10,05	1,76
					3,00	15,48	12,15	551,20	68,90	5,97	47,15	11,79	1,75
180	180	80	40	15									
					2,25	12,70	9,93	563,22	62,58	6,67	36,64	9,16	1,70
					2,50	14,00	10,99	621,07	69,01	6,66	40,24	10,06	1,70
					3,00	16,68	13,09	734,04	81,56	6,63	47,18	11,80	1,68

einem Doppelprofil aneinander gelegt, elektrisch angeschweißt verwendet und in Stärken von $d = 2$; 2,25; 2,5; 3 mm und Höhen $h = 80$, 100, 120, 140, 160, 180 mm erzeugt (Abb. 11 u. 12).

Die statischen Werte dieser Profile und die Gewichte finden sich in der Tabelle 4 Seite 16.

Die Gewichtsersparnis gegenüber den deutschen Normalprofilen beträgt von 5% bei kleinen bis 30% bei den größten Profilen.

In Amerika sind die ganz ähnlichen Berloy „I"-joists-Leichtprofile im Stahlwohnhausbau in Anwendung, außerdem kommen von den Jones & Laughlin-Stahlwerken in Pittsbourgh leichte I-Profile heraus, die bei gleicher Höhe etwa ein Drittel der normalen Profile wiegen sollen und sowohl im Steg wie im Flansch dünner sind. Die bezüglichen Abmessungen dieser Profile, ihre Gewichte und Widerstandsmomente finden sich in der Zeitschrift Bautechnik[1] angegeben.

2. Abschnitt.

Gesamtanordnungen und Querschnitte von Stahlskelettbauten.

1. Entwicklung des Grundrisses.

Wir haben drei wesentliche Typen von Stahlskelettbauten zu unterscheiden.

a) Der Bau befindet sich in völlig freier Lage, die Grundrißlösung läßt sich in einem völlig regelmäßigen rechteckigen Bereich oder in Kombinationen solcher Rechtecke oder sonstiger regelmäßiger Formen finden, natürlich unter voller Erfassung des Bestimmungszwecks des Gebäudes und des wirtschaftlichen Ganges der Fertigung bei Industriebauten. In solchen Fällen ist bei der Entwurfsverfassung die größte Freiheit vorhanden.

b) Der Bau ist zwischen bestehende Gebäude einzubauen oder an solche an einer Straßenecke anzuschließen. Die Grundrißausbildung ist durch Nachbargrenzen, durch die Baulinie, durch unregelmäßige Begrenzungen und baupolizeiliche Vorschriften wesentlich beeinflußt.

c) Umbauten, Einbauten in bestehende Gebäude und Aufstockungen.

Für alle Arten von Gebäuden werden nachstehende Grundsätze bei der Ausarbeitung des Grundrisses maßgebend sein müssen.

Übersichtlichkeit der Gesamteinteilung, Erzielung eines Maximums an rentablem Raum, Konzentration der Nebenräume auf einen Punkt oder an mehrere Stellen bei ausgedehnten Gebäuden, Vermeidung unnützer Gänge, kürzeste Erreichbarkeit aller Treppenanlagen und Aufzüge, einwandfreie Belichtung der Räume und Gänge, Anordnung der Räume mit großem Menschenverkehr in den unteren Geschossen, leichtmöglicher Zugang und Abgang für Räume mit größeren Menschenansammlungen (Kinos, Theater, Versammlungs- und Konzertsäle). Alle diese Grundsätze sollen sich zu einer klaren Einheit des Entwurfes zusammenfinden. Vom konstruktiven Standpunkte ist eine, wenn möglich regelmäßige Austeilung der Säulen erwünscht, damit tunlichst viele mit gleicher Belastung einheitlich entworfen werden können; daher sollen die schweren Nutzlasten in den untersten Geschossen vorkommen. Die Deckenfelder sollen möglichst gleiche Spannweite haben. Weiter muß verlangt werden: Möglichkeit einer guten Längs- und Queraussteifung des Gebäudes, Berücksichtigung der Auswirkung von Niveauunterschieden in den Fronten auf den Grundriß.

2. Stützenstellungen.

Die Stützenstellungen sollen vor allem systematisch angeordnet werden. Die Stahlskelettbauweise gibt dabei die Möglichkeit, mit viel größeren Stützenabständen zu

[1] Dr. Schachenmeier, W.: Bautechnik 1926, S. 618.

rechnen, da im Eisenbetonbau die Vergrößerung der Stützenentfernung sofort zu viel höheren Unterzügen führt als im Stahlbau, wo durch Nebeneinanderlegung von zwei Trägern oder bei Verwendung von Breitflanschträgern (P-Trägern) noch sehr geringe Unterzugshöhen erreicht werden können. Die Überlegenheit des Stahlbaues in diesem Punkte wirkt sich noch weiter aus, als die Gesamtkosten einer ummantelten Stahlkonstruktion mit größerer Stützenentfernung kleiner werden. Wenn auch hierbei die Tragkonstruktion etwas schwerer wird, so werden die Ummantelungskosten von Stützen, weil ihre Zahl kleiner ist, geringer. Auch die Fundierungskosten werden besonders bei Einzelfundamenten kleiner. Man hat anläßlich eines Baues in New York[1] die Gesamtkosten für mehrere Stützenteilungen vollständig ermittelt und gefunden, daß eine Stützenentfernung von ca. 7,40 m die günstigste ist. Dabei sind natürlich amerikanische Preise maßgebend gewesen, so daß sich dieses Ergebnis nicht unmittelbar auf unsere Verhältnisse anwenden läßt; groß kann aber der Unterschied nicht sein.

Die großen Stützenentfernungen sind aber gerade in der modernen Bauweise, wo man im Erdgeschoß bei Geschäfts-, Büro-, Bankgebäuden möglichst wenig Stützen in der Front und auch im Innern haben will, sehr erwünscht. In der Tat finden sich heute bei vielen Bauten mit umfangreicherem Grundriß oft sehr große, weit über das oben angegebene Maß reichende Stützenentfernungen. Bei Langbauten mit fehlenden Zwischenstützen tritt dies besonders zutage.

Wächst die Zahl der Geschosse, so werden die Stützenlasten nach unten immer größer, der Stützenquerschnitt braucht aber nicht wesentlich zu wachsen, weil man mit mehreren Kopfplatten bei den Stützen arbeiten kann, daher auch der von der Stütze samt Ummantelung erforderliche Raum nur wenig zunimmt, was im Eisenbetonbau nicht in dem Maße möglich ist.

Bei Wolkenkratzern ist dies natürlich etwas anders. Da werden die Stützenlasten oft sehr groß (Telephon-Ges.-Bau New York, max. Stützenlast 2130 t), und wegen der schwierigen Ausführung solcher Stützen mit vielen Kopfplatten sowie wegen der zulässigen Bodenpressung kleinere Stützenentfernungen notwendig. Es sind aber selbst bei solchen Bauten vereinzelt auch Stützenentfernungen von 7 bis 8 m ausgeführt worden.

Die Freiheit der Wahl der Stützenentfernung wird vornehmlich in den Fronten vorhanden sein, während in der Querrichtung die gegebene Grundrißbreite für die Entfernungen der Stützen mitbestimmend ist.

Da bei den üblichen Ausführungen für Stützen zwei I-Träger, zwei C-Eisen oder P-Trägerprofile samt nötigen Verstärkungen und Kombinationen in Frage kommen, ist die Lage der Hauptachse des Stützenquerschnittes gegen die Frontwand wichtig.

Gewöhnlich legt man bei Außensäulen die „freie" Achse des Querschnittes senkrecht zur Wand, weil man, wie später gezeigt wird, eine gute Aussteifung des Gebäudes durch die durchlaufenden Unterzüge erzielt. Jedenfalls wird man diese Anordnung in der Längsfront treffen. Man hat dabei auch die Möglichkeit, die längeren Abmessungen der Stützenfußkonstruktionen in die Richtung der Frontwände zu legen, deren Ummantelung bequemer ist und gar nicht oder nicht tief in das Gebäudeinnere hineinreicht. In den anderen Außenwänden wird zweckmäßig der gleiche Grundsatz verfolgt.

Ist einmal die Wahl der Lage der „freien Achse" des Stützenquerschnittes erfolgt, so soll man sie konsequent bei allen Stützen beibehalten. Querwände und sonstige Unregelmäßigkeiten zwingen leider oft zu einer Änderung der Lage dieser Achse.

Als weiterer Grundsatz soll gelten, nur nach zwei Richtungen durchlaufende Unterzugstränge, also ein Netz von zueinander senkrecht stehenden Strängen anzuordnen, damit möglichst viele gleiche Träger erhalten werden, um die Arbeit zu verbilligen. Bei geringen Abweichungen der Außenwände vom rechten Winkel wären die Unregelmäßigkeiten bloß in die letzten Felder zu legen, sonst aber alle rechtwinklig zu halten.

[1] Stern, E. W.: Eng. Record 1915/I, S. 177.

Die große Regelmäßigkeit der Stützenstellung, die bei rechteckigem Grundriß möglich ist und in Amerika vielfach zu völlig gleichen Stützenentfernungen in den Fronten führt, bei uns aber leider oft starke Verschiedenheiten zeigt, gilt als oberster Grundsatz der Wirtschaftlichkeit der ganzen Konstruktion. Diese Regelmäßigkeit sichert auch durchweg gleiche Bauhöhen der Träger und Decken.

Einige grundsätzliche Anordnungen im Grundriß sollen nun besprochen werden. In Abb. 13 ist eine regelmäßige Anordnung der Stützen in einem rechteckigen Grundriß einer amerikanischen Ausführung wiedergegeben, die die konsequente Stützenquerschnittslage in allen Außenmauern zeigt. Ähnliches bringt Abb. 14, die nur für die Haupteingänge etwas auseinander gerückte Stützen aufweisen. Die Stützenquerschnitte sind in beiden Fällen nur schematisch eingetragen. Abb. 15 gibt die übliche Anordnung der Stützen eines 12-geschossigen Baues mit schweren Mittelstützen und ungefährer Einhaltung der günstigsten Stützenentfernungen.

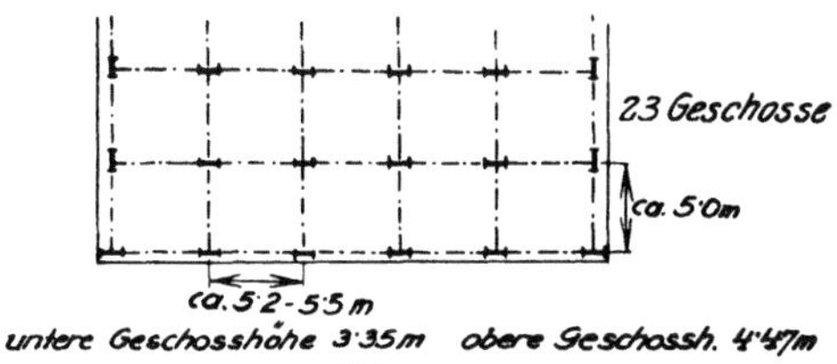

Abb. 13.

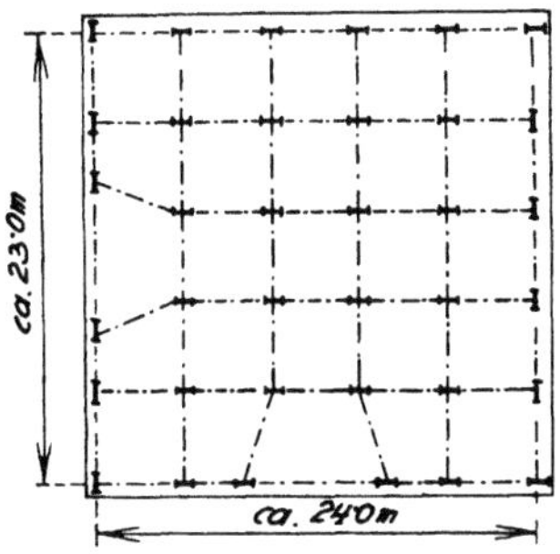

Abb. 14.

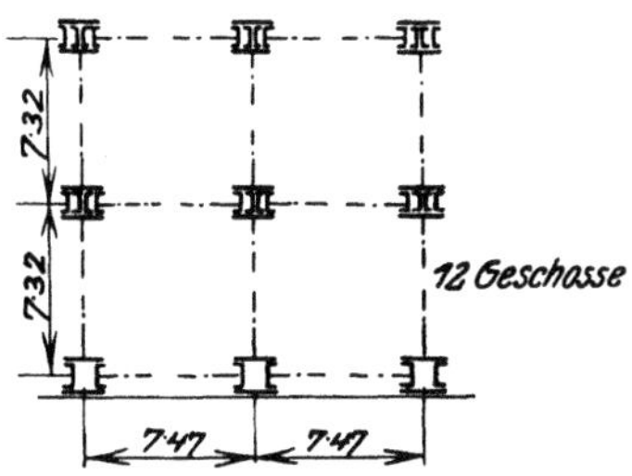

Abb. 15.

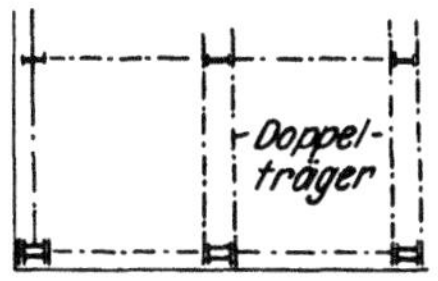

Abb. 16.

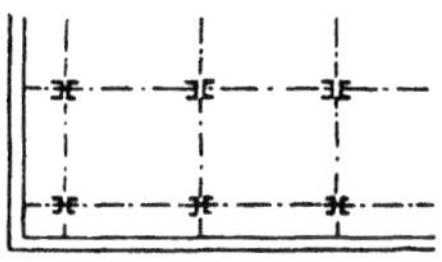
Abb. 17.

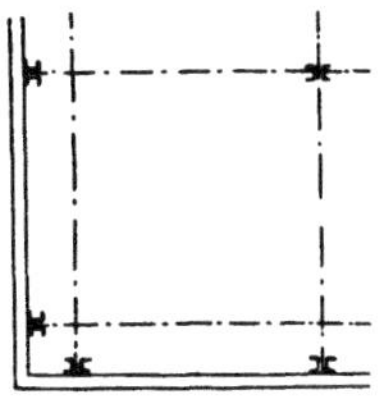
Abb. 18.

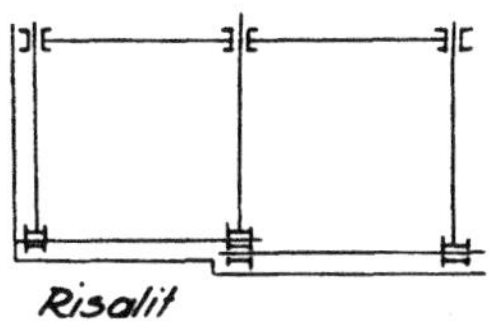

Abb. 19.

Abb. 13 bis 19. Säulenstellung im Grundriß.

In Abb. 16 wiederum sieht man die Anordnung von Doppelunterzügen für schwere Belastungen und die durch die günstige Anschlußmöglichkeit an die Stützen bedingte Stellung ihrer Querschnitte. Die Außenquerwand hat bloß einfache Träger.

Springen obere Stockwerke über die unteren vor, welche Lösung bei modernen Bauten manchmal anzutreffen ist, so werden die Stützen der untersten Geschosse hochgeführt, sie treten also in den oberen Geschossen gegen die Frontwand zurück, lassen Räume dazwischen frei und ermöglichen in der Fassade durchgehende Fensterstreifen (Abb. 17). Die Frontmauern stützen sich dann auf die Kragarme der Unterzüge und auf Konsolen mittels eigener Wandträger ab.

Sollen Ecksäulen vermieden werden, wie dies manche Architekten verlangen, dann kann eine Lösung nach Abb. 18 gewählt werden. Die Unregelmäßigkeit zeigt sich nur im Eck, an Stelle einer Stütze sind dort zwei.

Manchmal wird im Interesse einer Fassadengliederung die Anordnung von Risaliten verlangt, wiewohl dabei nutzbare Grundrißfläche verlorengeht. Dann kann man zweckmäßig bei kleineren Vorsprüngen dreiteilige Stützen verwenden (Abb. 19).

Ist der Vorsprung größer, so muß eine neue Stütze in das vorspringende Eck eingestellt werden.

In den einzelnen Trägersträngen versetzte Stützen führen immer zur Anordnung höherer Träger, weil dann Deckenlasten nicht unmittelbar an die Stützen, sondern an Zwischenträger abgegeben werden müssen.

Stiegenhäuser und Aufzugschächte bringen vielfach Unregelmäßigkeiten in den Stützenstellungen oder neue Stützen mit sich; ebenso durch mehrere Geschosse durchgehende Eckerker.

3. Trägerausteilung.

Bei einfachen Grundrissen ist die Trägerausteilung durch die Lage der Unterzüge bestimmt. Über ihre Entfernung folgt im Abschnitt 4 Näheres. Die Abb. 20, 21 mit Trägerausteilungen benötigen keine weitere Erklärung.

Eine schöne Lösung des ganzen Grundrisses gibt das Europahaus in Berlin[1] (Abb. 22). Der Grundriß ist im wesentlichen rechteckig mit einem ebensolchen unten überdachten Hof. Die Stützen bestehen aus zwei I-Trägern mit der früher dargelegten Querschnittstellung zu den Frontwänden. In den Hofecken sind Stützen angeordnet. Die Stützenentfernungen betragen 4,5 bzw. 9,0 m, nur in den Endfeldern 5,56 m. Die Deckenträger sind 2,25 m weit entfernt, mit geringen Ausnahmen. Die Unterzüge laufen senkrecht zu den Frontwänden. Die Frontwandträger sind doppelt angeordnet, so daß die Wandausmauerung sehr einfach erfolgen kann. Teilweise sind sie beiderseits an die Stützenflanschen angeschlossen, teilweise nur ein Träger an den Flanschen, der andere in der Stützenachse befestigt. Abb. 23 und 24 zeigen diese Träger in Verbindung mit der Ausmauerung und die Anordnung der Stiegenträger.

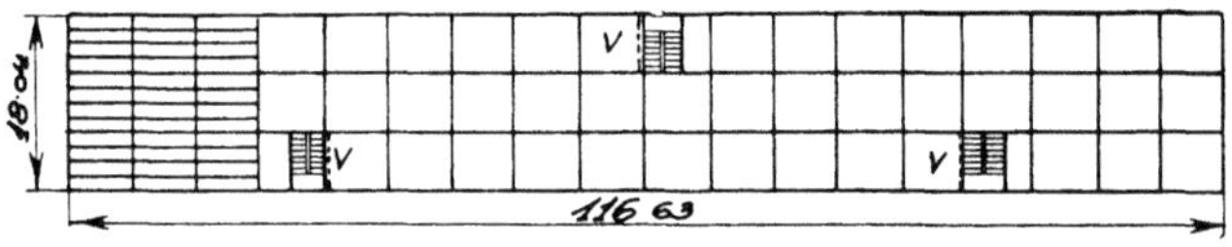

Abb. 20. Lagergebäude der Oberpostdirektion Stettin, nach J. Gollnow & Sohn: Bauing. 1929.

Als Beispiel einer weniger einfachen Lösung sei der Grundriß des Hochhauses der Berg- und Hüttenwerksgesellschaft Prag[2] (Entwurf des Verfassers, Abb. 25) angeführt. Es handelt sich um ein rund 66 m langes, 37,6 m breites Gebäude mit einer nahezu rechteckigen Ecke, drei Risaliten, einer Ausrundung nach einem Korbbogen und einem schiefen Anschluß an das Nachbargebäude. Außer dem nicht verbauten Teile sind noch zwei Höfe von 9,40 × 11,10 m, ein Haupttreppenhaus, zwei Nebentreppen, eine halbkreisförmig frei herausgebaute und ganz aufgehängte Treppenanlage, vier Aufzuganlagen und eine durchgehende Passage in der Steigung anzuordnen gewesen. Außerdem beachte man die vom Architekten vorgeschriebene sehr ungleichmäßige Entfernung der Stützen, die nur zum Haupteingang und zu den zwei Passageöffnungen symmetrisch angeordnet sind. Die größte Stützenentfernung beträgt 7,90 m.

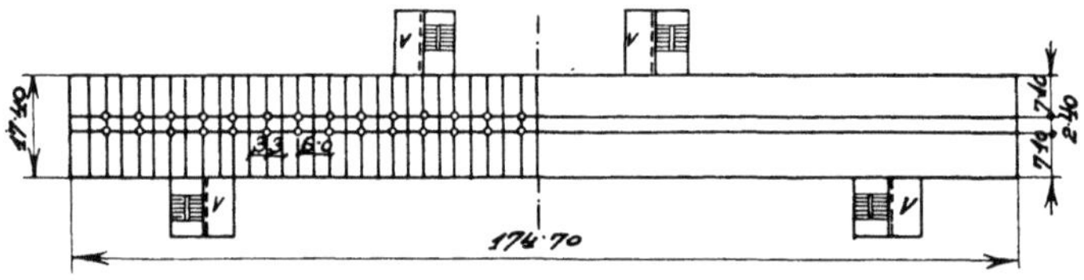

Abb. 21. Schaltwerk-Hochhaus der Siemens-Schuckertwerke in Berlin. Grundriß. Nach Hertlein, H.: Industriebau 1929, S. 43.

Da die Wände zwischen den Gängen und den Büroräumen parallel mit den Außenwänden laufen, waren in diesen Richtungen schwere Blechträger erforderlich, die in die Wände dann einbezogen worden sind, so daß damit die Stellung der größtenteils aus zwei I-Trägern bestehenden Stützenquerschnitte gegeben war.

Mit Rücksicht auf das in den drei Kellergeschossen untergebrachte Theater und der vorerst vorgesehenen Anordnung von ringsherum durchgehenden Fensterflächen in den Höfen war in einem der Höfe (rechts) keine Eckstütze möglich.

Auch bei dem links befindlichen Hof waren nur in zwei Ecken Stützen zugelassen. Die Deckenträger laufen an den geraden Fronten normal zu diesen. Sie mußten teilweise gegen die Höfe zu als Kragträger ausgebildet werden. Im ausgerundeten Teil liegen die Decken-

[1] Ausführung: Breest & Co., Berlin. [2] Ausführung: Brückenbau Karlshütte.

träger parallel zur Außenmauer. Im ganzen sind 71 Stützen vorhanden, von denen nur sehr wenige als gleiche Paare durchgebildet werden konnten. Außerdem war für lange zwischenwandlose Büroräume eine durchwegs ebene Untersicht der Decke ohne Vorstehen eines Unterzuges verlangt.

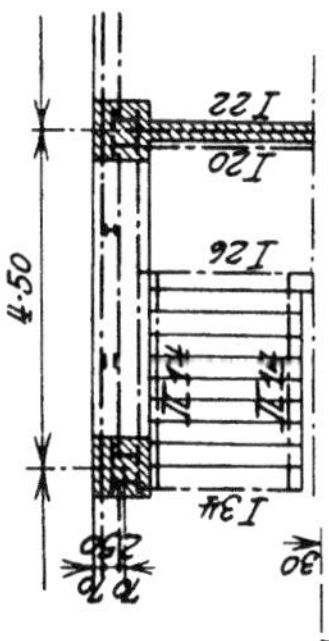

Abb. 24. Treppenhausträger.

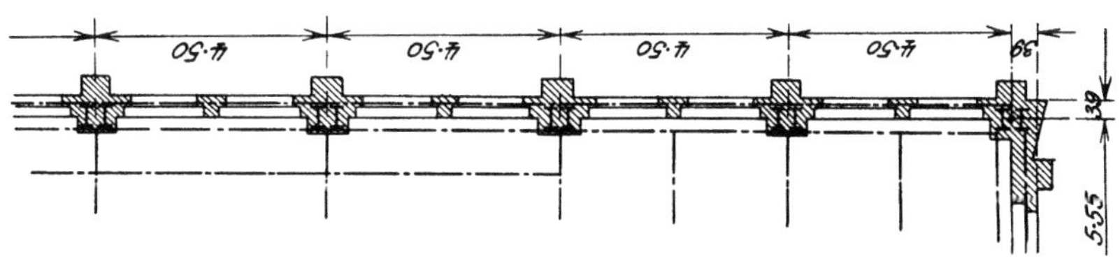

Abb. 23. Europahaus Berlin. Träger der Wandausbildung.

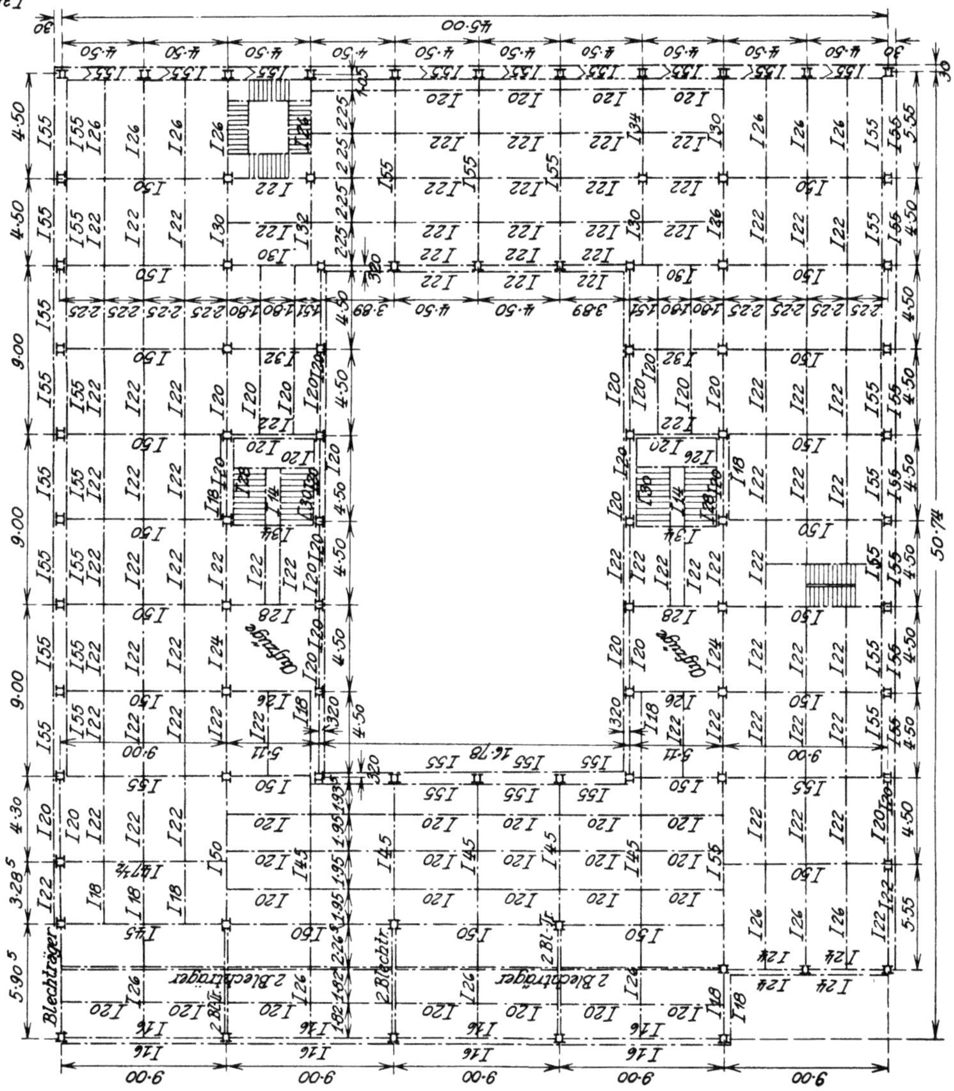

Abb. 22. Europahaus in Berlin. Grundriß. Trägerausteilung. Ausführung: Breest & Co., Berlin.

Unter diesen erschwerten Bedingungen ergab sich die ganze Anordnung der Träger und Stützen. Zu dieser kamen noch weitere Schwierigkeiten, die sich durch Maßnahmen in vertikalen Querschnitten und im Grundriß auswirken.

Eine eigenartige Anordnung zeigt der Grundriß der Radiosendestation Prag[1]. Über

[1] Ausführung: Eisenwerk Witkowitz, Brückenbau.

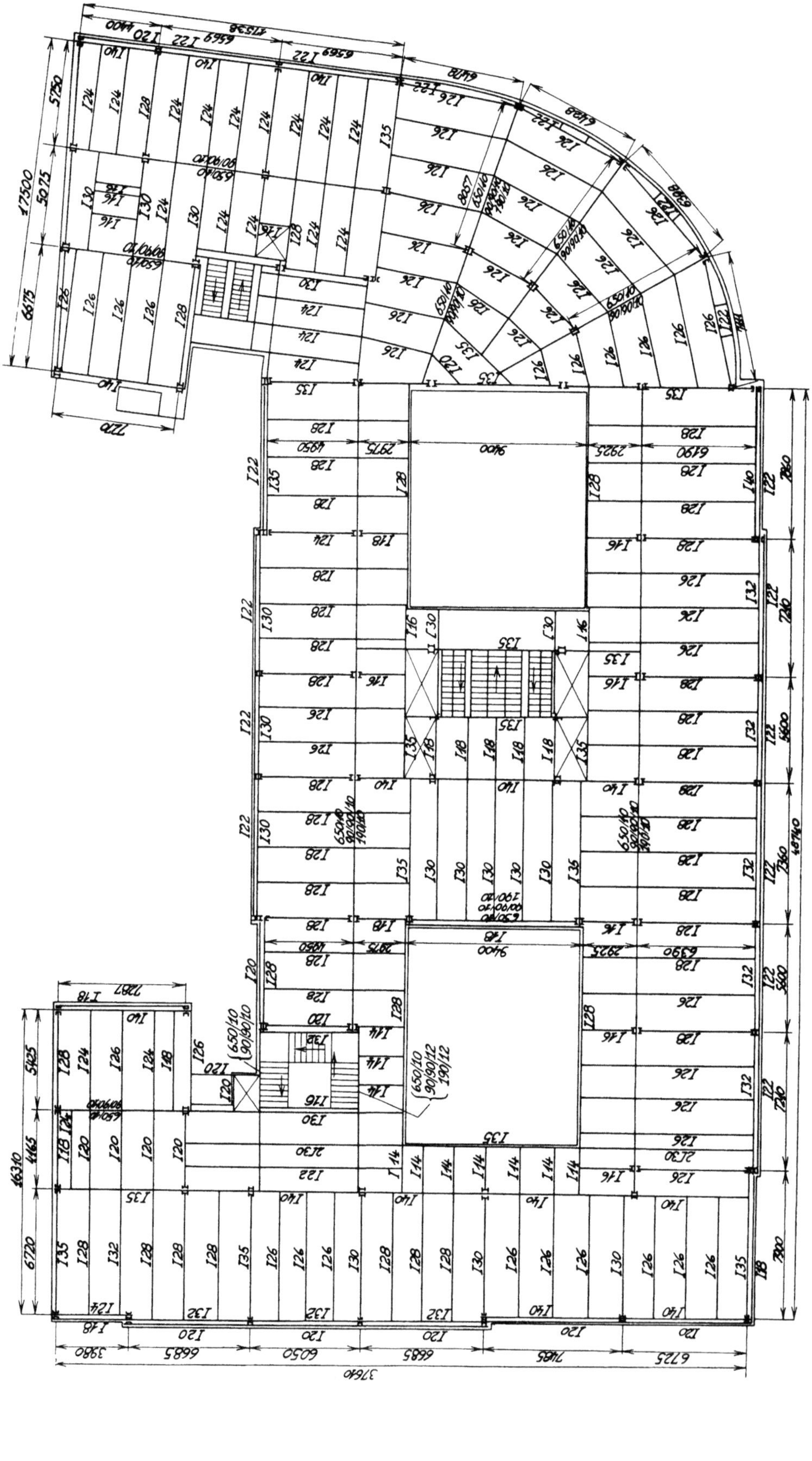

Abb. 25. Hochhaus der Berg- und Hüttenwerks-Gesellschaft in Prag. Grundriß. Trägeraustellung I. Stock. Entwurf: Dr.-Ing. Hawranek.

einem unregelmäßigen Viereck von 59,1 × 54 m ist ein Baublock entstanden, der mit Rücksicht auf die ungestörte Sendung von Vorträgen und musikalischen Darbietungen aus 12 voneinander völlig getrennten Gebäudeteilen *A, B, C, D, E, F, G, H, I, K, Q* und dem Rest, dem Verwaltungsgebäude besteht (Abb. 26). Selbst das Treppenhaus ist ganz isoliert. Es mußten an manchen Stellen drei, ja sogar vier Säulen unmittelbar nebeneinander angeordnet werden, was in Eisenbeton praktisch ohne viel Raumverlust unmöglich gewesen wäre. In einigen dieser Räume sind die Studios untergebracht. Die sonstige Trägerausteilung ist aus der Abbildung 26 ersichtlich.

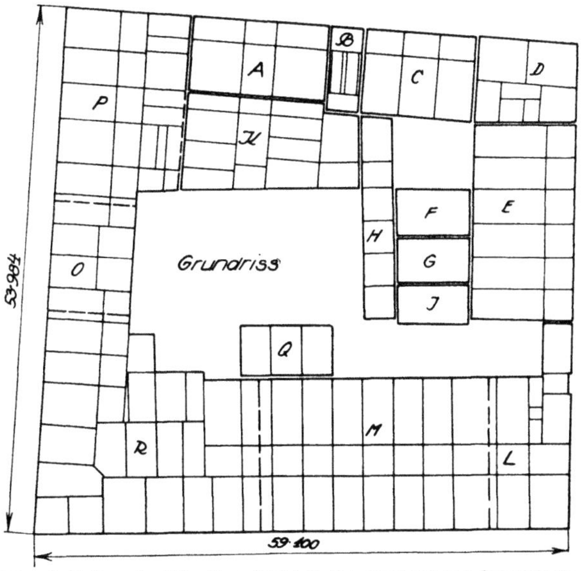

Abb. 26. Radiosendestation Prag. Grundriß. Trennung einzelner Gebäudeteile. Ausführung: Eisenwerk Witkowitz.

Eine sehr einfache und übersichtliche Lösung bringt das 17-stöckige künftige Hochhaus in Wien, Währingerstraße[1] (Abschn. 24, Pkt. 4 g). Ein rechteckiger Mitteltrakt von 23,64 m Länge und 11,26 m Breite wird beiderseits von zwei rechteckigen, um rund 3,0 m rückspringenden Seitenblöcken flankiert, die 18,13 m Länge und 11,20 m Breite haben. In jedem der Trakte ist eine Mittelstützenreihe angeordnet. Die Deckenträger liegen senkrecht zu den Fronten und haben 1,97 m Abstand. Die zwei Treppenhäuser sind in den äußersten vorderen Ecken des Gebäudes angeordnet, die Aufzüge nahe den vorderen einspringenden Ecken. Mit Ausnahme von zwei schweren und den Eckstützen sind die „freien Achsen" der aus zwei I-Trägern zusammengesetzten Stützenprofile senkrecht zu den Frontwänden angeordnet.

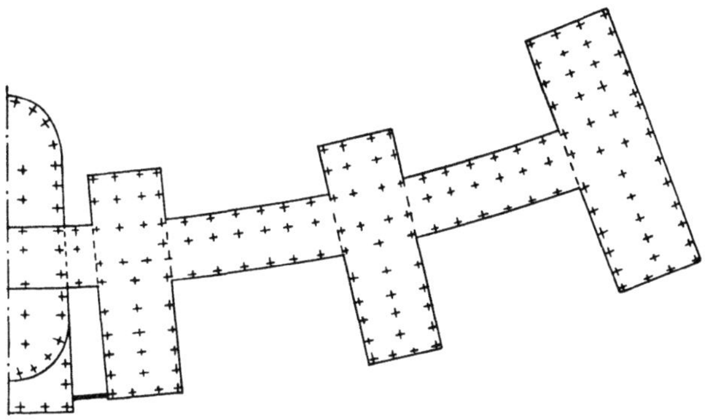

Abb. 27. Zentralverwaltungsgebäude der I. G. Farbenindustrie A. G., Frankfurt a. M. Grundriß. Nach Lackmann, H. u. H. Vierkorn: Die Brücke 1929.

Originell ist die Anordnung des Grundrisses des Verwaltungsgebäudes der I. G. Farbenindustrie A. G. in Frankfurt a. M. von Architekt Dr. e. h. H. Poelzig[2] (Abb. 27), das in einem Kreisbogen angeordnet ist. Sechs rechteckige Baublöcke ohne Mittelstützen von 16,4 bzw. 14,2 m Breite werden durch bogenförmig gekrümmte, 10,9 m breite Verbindungsflügel zusammengeschlossen und geben ein Bauwerk mit der imposanten Länge von 252,4 m. Nur die Verbindungsflügel haben Mittelstützen. Durch die gewählte Anordnung ist für alle Bauteile für sehr gute Belichtung und Luftzufuhr gesorgt und eine sehr günstige Winddruck-

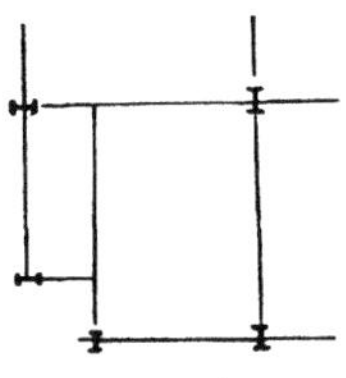

Abb. 28.

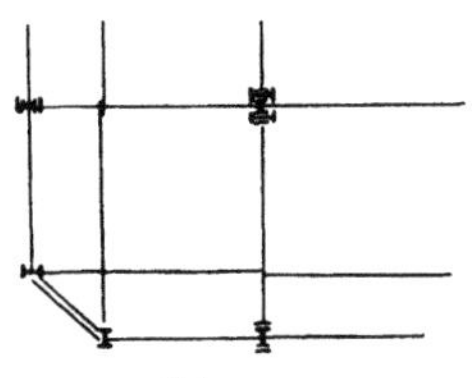

Abb. 29.

[1] Entwurf des Stahlskeletts: Waagner-Biró A. G., Wien.
[2] Ausführung: C. H. Jucho, Dortmund, und Flender A. G., Benrath.

übertragung gesichert. Die Deckenträger laufen alle senkrecht zu den Außenwänden. In der Mitte schließt sich an den Verbindungsflügel noch ein beiderseits halbkreisförmig begrenzter Zubau in den unteren Geschossen an.

Abb. 28 zeigt die Lösung der Stützenanordnung an einer einspringenden Gebäudeecke, Abb. 29 an einer abgeschrägten Ecke. In beiden Fällen sind an der Ecke zwei Säulen nötig. Die Achslagen der Stützenquerschnitte sind aber in beiden Fällen in der Front gleichartig angeordnet.

4. Ersparnisse an Säulengrundrißfläche im Stahlskelettbau.

Selbst mit der Ummantelung der Stahlstützen sind die von ihnen in Anspruch genommenen Grundrißflächen kleiner als im Eisenbetonbau. Es wirkt sich diese Tatsache namentlich in den unteren Geschossen aus, wo auch die Räume höhere Mietzinse, die ja im allgemeinen nach der nutzbaren Grundrißfläche bemessen werden, abwerfen, daher eine Ersparnis beim Stahlbau in doppeltem Sinne erzielt werden kann.

Von der Erwägung ausgehend, alle Ersparnisse zu untersuchen, die eine Förderung der Stahlbauweise ermöglichen, soll auch der Gewinn an nutzbarer Grundrißfläche bei Anwendung von Stahl behandelt werden.

In einer Zusammenstellung finden sich für eine Anzahl von 7 bis 22 Geschosse hohen ausgeführten Gebäuden, die für ein Stützenfeld in Prozenten entfallende, von der Stütze in Anspruch genommene Fläche eingetragen (Abszisse). Als Ordinate ist die Zahl der Geschosse aufgetragen (Abb. 30). Es sind sowohl Bauten aus Stahl (St) wie auch aus Eisenbeton (E) dabei berücksichtigt. Man kann beispielsweise beim Vergleich der Bauten Nr. 5 (Stahl) und 7 (Eisenbeton), die die gleiche Zahl von je 8 Geschossen haben, sehen, daß im unteren Geschoß die Ersparnis an Fläche für den Stahlbau 1,86% beträgt.

Dieser Unterschied wird mit steigender Geschoßzahl noch größer. Dies zeigt deutlich der Vergleich von Bau Nr. 6 (Stahl) und Bau Nr. 3 (Eisenbeton) mit je 12 Geschossen. Hier ist in den vier untersten Geschossen die Ersparnis beim Stahlbau 2,26% und beträgt noch im achten Geschoß 1,9%.

Man sieht also, daß die Ersparnisse dieser Art beim Hochhaus hinsichtlich der Verzinsung der Anlagekosten sehr in die Waagschale fallen.

Diese Unterschiede in den Stützenquerschnitten lassen sich beim Eisenbeton nur künstlich herabdrücken, indem man umschnürte Stützen, gußeisenbewehrte Betonsäulen verwendet. Diese Maßnahmen sind aber mit wesentlich erhöhten Kosten verquickt. Man kann annehmen, daß die Kosten für umschnürte Gußeisenbetonstützen bei etwa

150 t	Säulenlast	um	49%
300 t	,,	,,	36%
450 t	,,	,,	29%

größer sind als gewöhnliche Eisenbetonstützen. Diese gußeisenbewehrten Eisenbetonstützen werden dabei der Fläche nach um 49, 57, 57% in den drei Fällen kleiner.

Daß bei solchen Anwendungen von gußeisenbewehrten Stützen die reine Stahlstütze noch immer im Vorteil bleibt, ohne daß deren Kosten sich erhöhen, zeigt der Vergleich des Stahlhochhauses in Wien und des für Brünn projektierten Eisenbetonhochhauses mit 19 bzw. 22 Geschossen, wo durch diese teure Maßnahme im letzteren Falle in den untersten Geschossen noch 0,83% Mehrfläche beim Eisenbeton benötigt wird und außerdem noch zu berücksichtigen ist, daß der Stahlbau mit 300 kg/m², der Eisenbeton mit 250 kg/m² Nutzlast gerechnet ist und die Säulenentfernungen im Stahlhaus größer als im Eisenbetonbau sind.

Diese Deckenfelder betragen beim Stahlhaus 5,63 × 6,90 m, beim Eisenbetonbau 5,31 × 5,80 m.

Um einen unzweifelhaften Vergleich der nutzbaren Grundrißfläche für beide Bauweisen zu erhalten, wurde eine genaue Rechnung des Stützenstranges für einen Stahlbau und einen Eisenbetonskelettbau unter sonst ganz gleichen Bedingungen durchgeführt.

Es ist ein 9-Geschoßbau mit 75 kg/m² Dachnutzlast und 500 kg/m² Nutzlast in den übrigen Geschossen; 1000 kg/m² sind für das unterste Geschoß zugrunde gelegt. Die Stützenentfernungen betragen bei beiden Gebäuden 6,0 m; die Geschoßhöhen betragen 3,5 m, im Erdgeschoß 4,5 m, im Keller 3,0 m.

Für die Bemessung wurden die bestehenden Vorschriften der tschechoslowakischen Republik berücksichtigt und außerdem bei den Stahlstützen eine Ummantelung von 5 cm

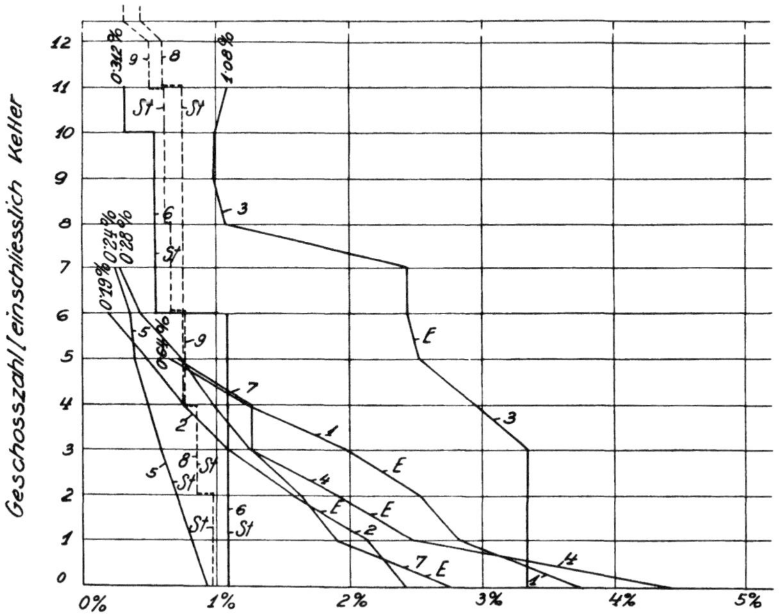

Abb. 30.

1 Speicher, Tempelhofer Feld, Teltowkanal, Eisenbetonbau, *2* Teubner, Geschäftshaus, Leipzig, Eisenbetonbau, *3* Wilhelm-Marx-Haus, Düsseldorf (Hochhaus), Eisenbetonbau, *4* Bau Compaß, Wien, Eisenbetonbau, *5* Brotfabrik Wittler, Berlin, Stahlhaus, *6* Kühlhaus, Hamburg (Hochhaus), Stahlhaus, *7* Speicher, Stettin, Eisenbetonbau, *8* Hochhaus, Währinger Str., Wien, schwere Säule, Stahlhaus, *9* Hochhaus, Währinger Str., Wien, leichte Säule, Stahlhaus.

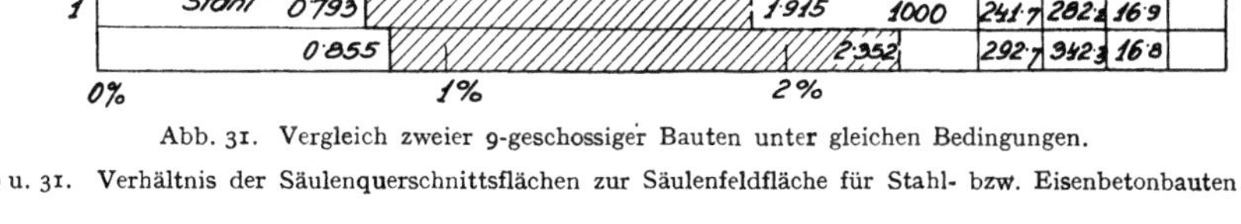

Abb. 31. Vergleich zweier 9-geschossiger Bauten unter gleichen Bedingungen.

Abb. 30 u. 31. Verhältnis der Säulenquerschnittsflächen zur Säulenfeldfläche für Stahl- bzw. Eisenbetonbauten in %.

nach allen Seiten in Beton angenommen. Die Stützenquerschnitte bestehen aus zwei I-Profilen von 16 cm lichtem Abstand der Flanschenden, so daß selbst noch ein I-Nr. 40-Unterzug hindurch kann. Die Eisenbetonstützen sind nicht umschnürt.

Die prozentualen Beträge der Stützenquerschnittsflächen, bezogen auf das Deckenfeld 36 m², sind in der Abb. 31 eingetragen. Im untersten Geschoß beträgt dieser Anteil beim Stahlbau 0,855 %, beim Eisenbetonbau 2,352 %, also um 1,495 % mehr, welche Fläche beim Stahlbau erspart wird. Die Ersparnis beim Stahlbau ist durch Schraffierung gekennzeichnet. Außerdem zeigt die Abbildung noch eine Zusammenstellung der Stützenlasten für beide Fälle in allen Stockwerken und die Mehrlasten pro Stütze in Prozent bei der Ausführung in Eisenbeton. Danach ist im untersten Geschoß eine Stützenfußlast von 292,7 t beim Stahl-, von 342,3 t beim Eisenbetonbau vorhanden, bei letzterem also um 16,8% größer, was für die Fundierung von Einfluß sein kann.

5. Querschnitte von Stahlskelettbauten.

Der Stahlskelettbau bereitet der mannigfachsten Ausbildung des Gebäudequerschnittes keine Schwierigkeiten und läßt sich allen Anordnungen gut anpassen. Immerhin haben sich schon manche Typenformen solcher Querschnitte im Laufe der raschen Entwicklung herausgebildet, von denen einige vorgeführt werden. Vor allem sei die Anordnung von Gebäudequerschnitten ohne Mittelsäulen erwähnt. Es handelt sich dabei um zweistielige Stockwerkrahmen, die durchweg steif angeschlossene Querriegel aufweisen oder bei denen eine Anzahl von übereinander aufgesetzten Zweigelenkrahmen angeordnet wird. Diese können ohne Anzug in den Stützen, wie in Abbildung 32 gezeigt, ausgeführt werden, oder mit einem inneren Anzug (Abb. 33), der aber bei der Stützenverkleidung Nachteile bringt, weil

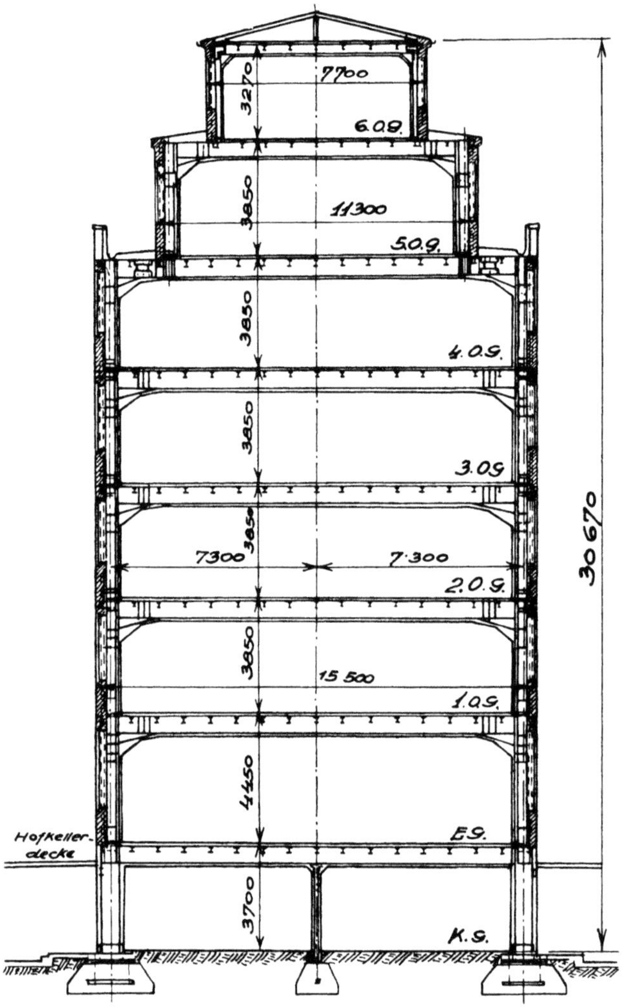

Abb. 32. Geschäftshaus der Firma „Samt und Seide G. m. b. H.", Mannheim. Querschnitt des Gebäudes aus übereinanderliegenden Zweigelenkrahmen bestehend. (Nach Wolff, L.: Stahlbau 1928.)

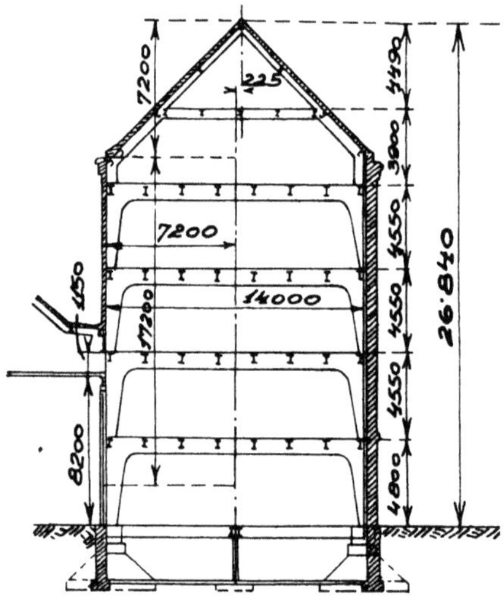

Abb. 33. Fabriksgebäude in Kiel. Querschnitt aus mehreren Zweigelenkrahmen zusammengesetzt. (Nach Schneider, W.: Stahlbau 1928.)

mehr Platz als im ersteren Falle für die Stütze benötigt wird. Abb. 32 ist dem Geschäftshaus der Firma Samt und Seide Mannheim[1], Abb. 33 einem Fabrikgebäude in Kiel[2] entnommen. Bei ersterem ist das 7. und 8. Geschoß mit der Front zurückgesetzt, bei letzterem ein Dreieckdach mit Zwischendecke angeordnet. In den Kellergeschossen ist eine Zwischenstütze angeordnet, die infolge der im Erdgeschoß zu berücksichtigenden größeren Nutzlasten sich als zweckmäßig erwiesen hat. Alle Deckenträger laufen parallel mit der

[1] Ausführung: Eisenwerk Kaiserslautern. Wolff, L.: Geschäftsgeb. Samt u. Seide, Mannheim. Stahlbau 1928, S. 46.

[2] Ausführung: Gebrüder Andersen, Kiel-Hasse. Schneider, W.: Geschäftshausbauten in Stahl. Stahlbau 1928, S. 120.

Längsfront der Gebäude. Die Geschoßhöhen sind aus den Abb. 32, 33 zu entnehmen. Für das Fabrikgebäude sind größere Geschoßhöhen gewählt. Die Frontstützenabstände betragen 15,5 m bzw. 14,0 m. Die Stützen sind auf Einzelfundamente gelagert.

Eine andere Lösung zeigt Abb. 34 vom Verwaltungsgebäude der Frankfurter Farbenindustrie A. G.[1], dem derzeit größten Stahlskelettbau Deutschlands, dessen Querschnitt

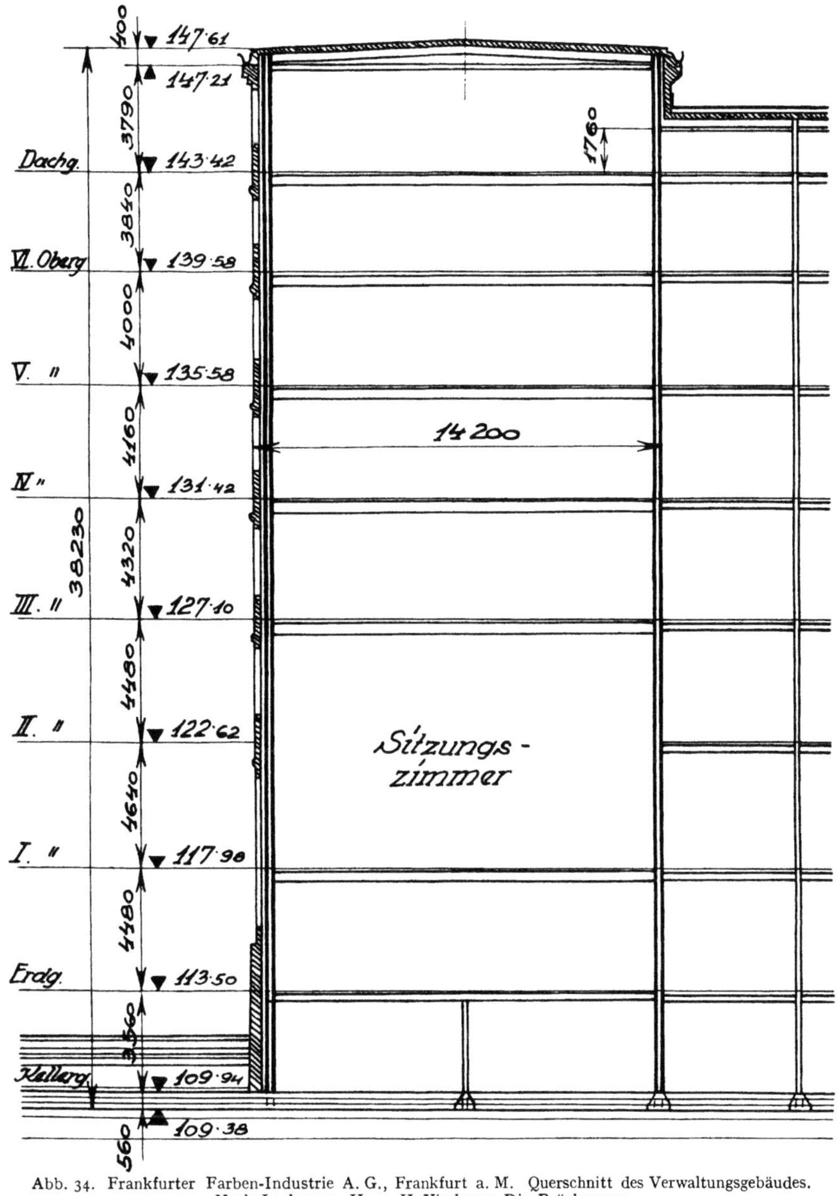

Abb. 34. Frankfurter Farben-Industrie A. G., Frankfurt a. M. Querschnitt des Verwaltungsgebäudes. Nach Lackmann, H. u. H. Vierkorn: Die Brücke 1929.

9 Geschosse mit 38,23 m Gesamthöhe umfaßt, wobei eine neue Anordnung der Riegelanschlüsse an die Stützen verwendet worden ist, die im Abschnitt 6 eingehender beschrieben ist und die Anordnung von Vouten an den Rahmenecken entbehrlich machte. Die Frontstützen haben im Querschnitt 14,20 m Abstand; im Kellergeschoß ist auch bei dieser Ausführung eine Zwischenstütze vorgesehen. Die Geschoßhöhen sind reichlich gewählt und schwanken zwischen 3,79 und 4,64 m. In einem der Trakte, dem der Querschnitt

[1] Ausführung: C. Jucho, Dortmund, Flender, Dortmund. Zimmermann: Dt. Bauzg. 1930, Heft 1.

entnommen ist, wurde ein durch zwei Geschosse durchgehendes Sitzungszimmer geschaffen.

Außer diesen Anordnungen sind bei diesem Bau solche mit einer Mittelstützenreihe ausgeführt worden.

Abb. 35 zeigt den Querschnitt des Schaltwerkhochhauses der Siemens-Schukkert-Werke in Berlin-Siemensstadt[1] mit einer Gesamthöhe von 46,3 m Höhe und 11 Geschossen. Bei diesem Hochhaus sind zwei Mittelstützenreihen im Abstand von 2,4 m angeordnet, an die sich die je 7,1 m breiten Felder anschließen, so daß eine Gesamtbreite von 16,5 m vorhanden ist. Die beiden obersten Geschosse haben nur je eine Mittelstütze und sind gegen die Hauptfront zurückversetzt, und zwar um etwa 2,4 m.

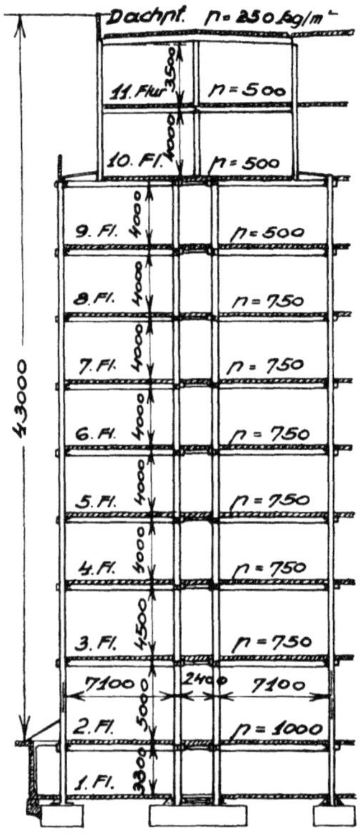

Abb. 35. Schaltwerk-Hochhaus der Siemens-Schuckertwerke A. G., Berlin. Querschnitt des Hochhauses. (Nach Stahlbau 1929.)

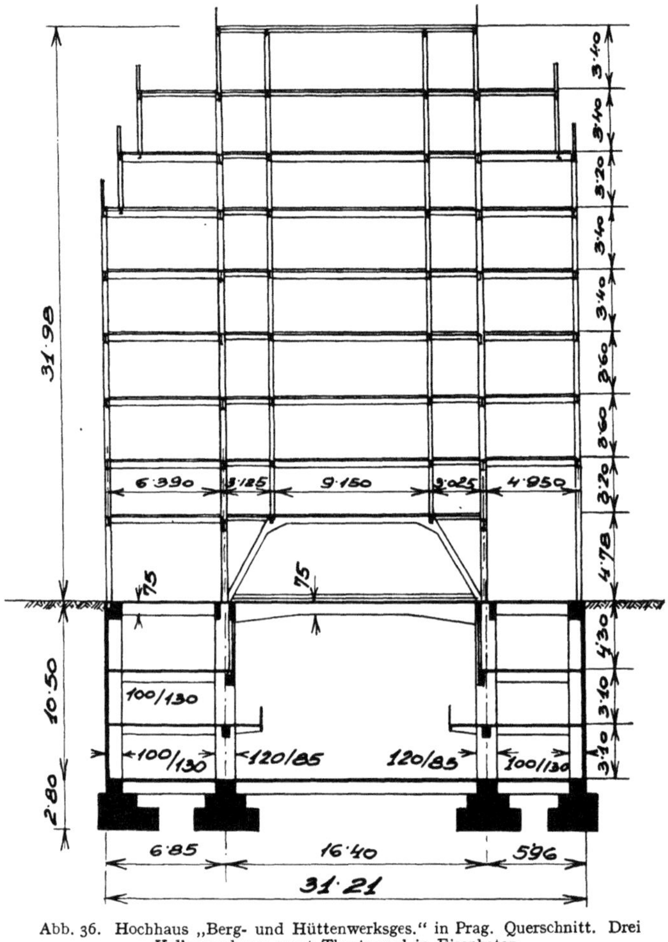

Abb. 36. Hochhaus „Berg- und Hüttenwerksges." in Prag. Querschnitt. Drei Kellergeschosse samt Theatersaal in Eisenbeton.

Da sich zwischen den Mittelstützen ein Gang hinzieht, dessen Nutzlasten geringer sind als die der anschließenden Felder, so erleiden die Mittelstützen starke Biegungsbeanspruchungen. Diese sind auf gemeinsamen Fundamenten gelagert.

Alle bisher angeführten Gebäude weisen nur ein Kellergeschoß auf. Eine eigenartige Lösung gibt Abb. 36 wieder, die der Verfasser beim Bau des Hochhauses der Berg- und Hüttenwerksgesellschaft in Prag[2] ausgeführt hat.

Es sind 12 Geschosse bei einer Gesamthöhe des Gebäudes von 45,20 m untergebracht. Die drei Kellergeschosse von 10,50 m Gesamthöhe sind in Eisenbeton ausgeführt und weisen einen Theatersaal von 16,4 m Mittelstützenentfernung auf, der Eisenbetonrahmen

[1] Vereinigte Stahlwerke A. G. Dortmund, Dortmunder Union. Stahlbau 1928, S. 178.

[2] Ausführung: Berg- und Hüttenwerksgesellschaft Prag, Brückenbauanstalt Karlshütte.

mit eingespannten Füßen und 10,5 m Höhe erhielt, die Seitenfelder sind dreigeschossig. Auf diese Eisenbetonkonstruktion setzt sich das neungeschossige Stahlhaus auf, das an dieser Stelle vier Mittelstützenreihen zeigt.

Um die an sich schweren Eisenbetonrahmen zu entlasten und um dessen Riegelhöhe nicht zu vergrößern, sind die innersten zwei Säulenstränge auf einem trapezförmigen Stahlrahmen abgesetzt, der die Lasten unmittelbar auf die Eisenbetonrahmenstützen überträgt. Der Horizontalzug ist durch ein Zugband aufgenommen. Die Gesamtbreite des Hochhauses an dieser Stelle beträgt 31,21 m.

Die zwei vorletzten Geschosse sind um je 1,10 m gegen die Straßenfront zurückversetzt, das letzte um etwa 4,50 m.

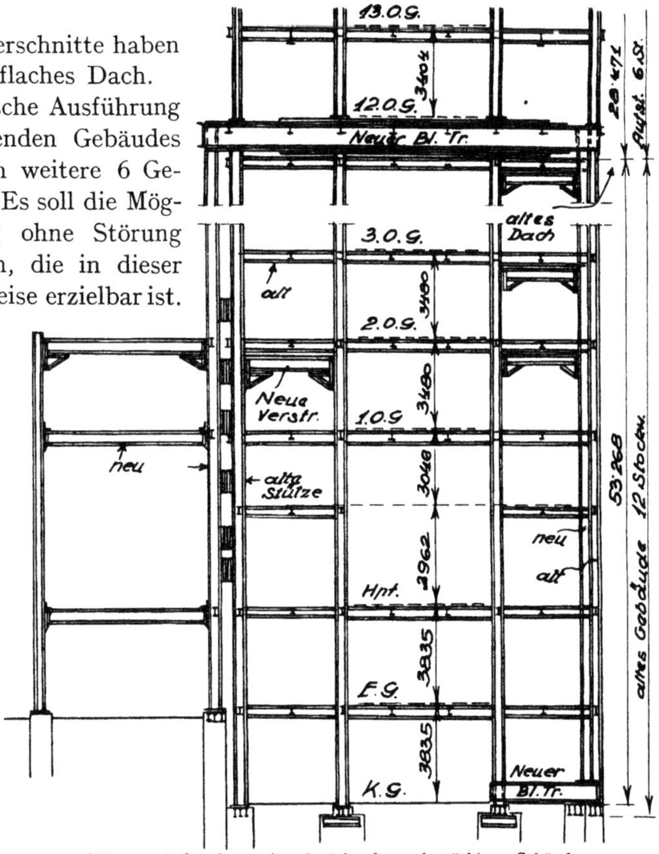

Abb. 37. Aufstockung eines bestehenden sechsstöckigen Gebäudes. (Nach Reiner: Stahlbau 1928.)

Alle bisher besprochenen Querschnitte haben mit Ausnahme der Abb. 33 ein flaches Dach.

Abb. 37 gibt eine amerikanische Ausführung einer Aufstockung eines bestehenden Gebäudes von 6 Geschossen, auf das noch weitere 6 Geschosse aufgebaut worden sind[1]. Es soll die Möglichkeit einer Gebäudeerhöhung ohne Störung des Betriebes im alten darlegen, die in dieser Weise wohl nur in der Stahlbauweise erzielbar ist.

An der einen Front wurden außen unabhängig vom bestehenden Gebäude neue Stahlstützen bis zur alten Dachtraufe hochgeführt, auf der anderen Gebäudeseite war es möglich, die neuen Stützen im Innern einzubauen, und zwar im Treppenhaus, im Aufzugschacht und anderen Schächten. Diese Stützen wurden oben über dem bestehenden Gebäude, nachdem das Dach abgenommen worden war, durch schwere Blechträger der Quere nach verbunden, auf welche sich die neuen Stützen der oberen Geschosse lagern.

Die dicht an der Frontmauer liegenden Stützen wurden mit der alten unmittelbar an mehreren Stellen verbunden, auf der anderen Seite sind einige neue Unterzüge behufs Verbindung der alten und neuen Bauteile eingelegt worden.

Anschließend an diese bisher besprochenen reinen Stockwerkbauten seien noch zwei typische Ausführungen von Rahmenstahlbauten angeführt, wie sie im modernen Kesselhausbau vorkommen. Abb. 38 gibt eine Ausführung wieder, die der Verfasser für die Überlandzentrale in Oslawan bei Brünn entworfen hatte. Es ist für etwa 20 m hohe Kessel, die symmetrisch angeordnet sind, eine Rahmenkonstruktion von 40,84 m Gesamtstützweite und 21 m Höhe vorgesehen worden, die sich auf einer Eisenbetonunterkonstruktion abstützt. Der Zweigelenkrahmen weist noch zwei Zwischenstützen in 10 m Entfernung auf, die als Pendelstützen ausgebildet sind und die Bunkeranlagen tragen. Etwa in halber Höhe ist ein Horizontalrahmen eingebaut, um die großen Windkräfte zu übertragen.

[1] Reiner, W.: Aufstocken großstädtischer Geschoßbauten. Stahlbau 1928, S. 56; Engg. News Rec. 1927/II, S. 356.

Eine andere Ausführung zeigt Abb. 39 für das Kesselhaus des Großkraftwerkes Klingenberg in Berlin[1], das gleichfalls dreischiffig ist, nahezu die gleichen Breitenabmessungen aufweist, dessen Tragwerk jedoch in eine Anzahl von Einzelrahmen zerlegt ist.

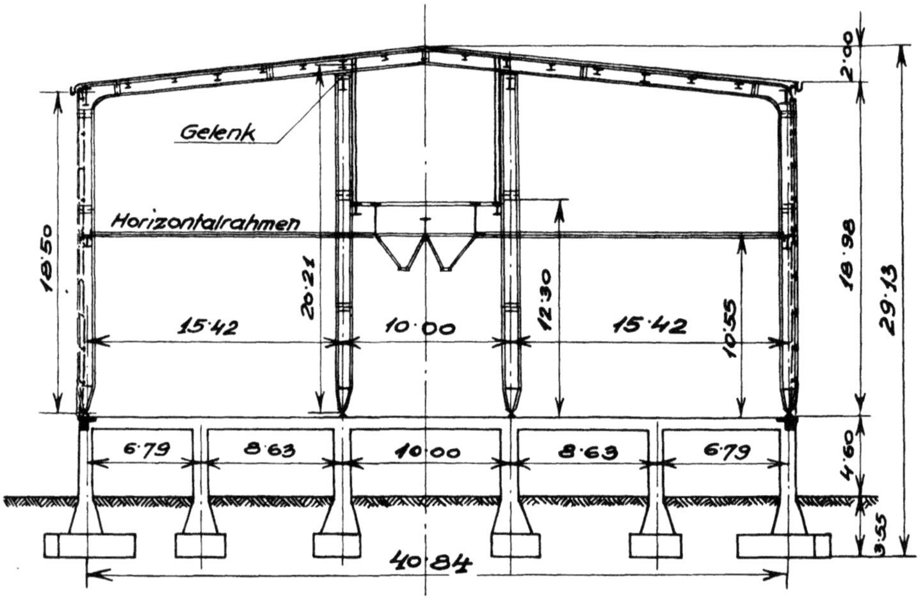

Abb. 38. Kesselhaus Überlandzentrale „Oslawan". Querschnitt. Zweigelenkrahmen mit zwei Pendelzwischenstützen. Entwurf: Dr.-Ing. A. Hawranek.

Im untersten Geschoß sind zwei einhüftige Winkelrahmen (Rahmen *I*) angeordnet, auf welche sich zwei Zweigelenkrahmen *II* aufstützen. Diese tragen zwei obere Zweigelenkrahmen *III*, die gegen die Mitte kleine Kragträger aufweisen, auf welche sich die Bunker und die Oberlichte abstützen.

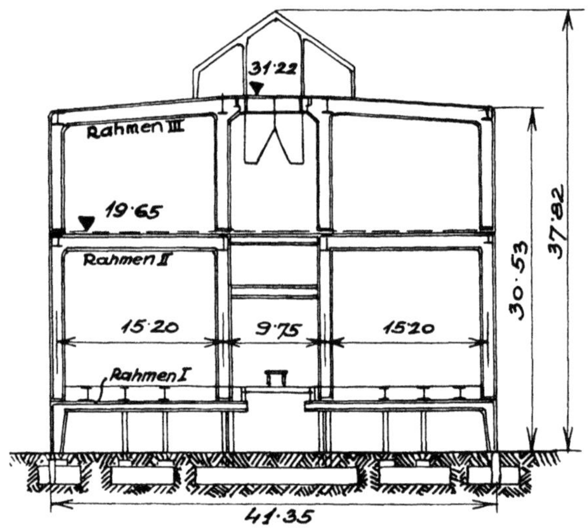

Abb. 39. Großkraftwerk „Klingenberg" (Kesselhaus), Berlin. Querschnitt. (Nach Laube, R.: Z. V. d. I. 1927.)

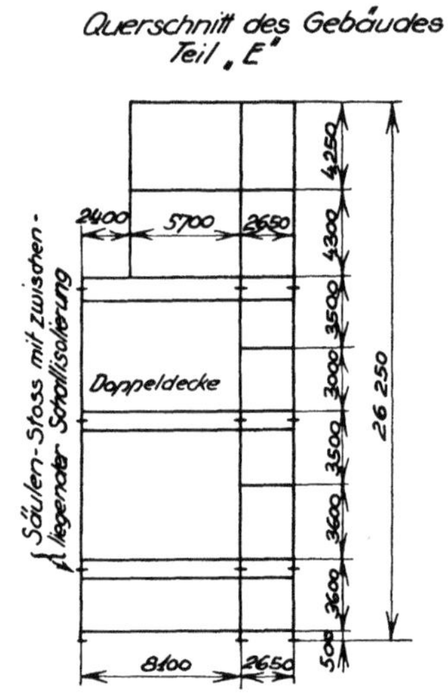

Abb. 40. Radiosendestation in Prag. Querschnitt des Gebäudeteiles „E". Anordnung von Doppeldecken.

Außer diesen mehr oder weniger regelmäßig gestalteten Gebäudequerschnitten, die als Typen etwa anzusehen sind, gibt es zahlreiche andere Ausführungen mit Unregelmäßigkeiten, wie Zubauten, Auskragungen, versetzten Fußbodenhöhen.

[1] Laube, R.: Die Bauanlagen des Großkraftwerkes Klingenberg. Z. V. d. I. 1927, S. 1841.

Eine eigenartige Anordnung im Querschnitt war durch die geforderte erhöhte Isolierung gegen Schallfortpflanzung beim Bau der Radio-Sendestatien in Prag[1] getroffen worden (Abb. 40). Hier sind die Stützen nicht durchgehend, sondern in jedem zweiten Geschoß durch Einlage einer Schallisolierung völlig getrennt bzw. ohne weitere Verbindung nur aufgesetzt. Außerdem sind an diesen Stellen Doppeldeckenkonstruktionen ausgeführt worden, die einen Luftraum freilassen. Diese Ausführungsweise ist wohl in dieser Form zum erstenmal erfolgt. Einzelheiten folgen im Abschnitt über Stützen.

Manchmal ist man genötigt, besondere Maßnahmen im Querschnitt des Gebäudes anzuwenden. Ein solcher Fall liegt beim Bau des Geschäftshauses „Ara" in Prag vor[2]. Es handelt sich um einen Bau mit zwei Kellergeschossen, sieben Obergeschossen und zwei weiteren kleineren Geschoßaufbauten.

In der Gassenfront sollte im Erdgeschoß die Front um 5,935 m zurückspringen, in den oberen Geschossen jedoch nicht. Es mußte daher die ganze obere Frontmauer oben an einem Fachwerkträger aufgehängt werden (Abb. 41). Dieser auskragende Fachwerkträger stützt sich auf drei Säulen ab. Infolge der Lasten der vorspringenden Geschosse sowie der Außenwand ist die erste Stützenreihe sehr stark belastet.

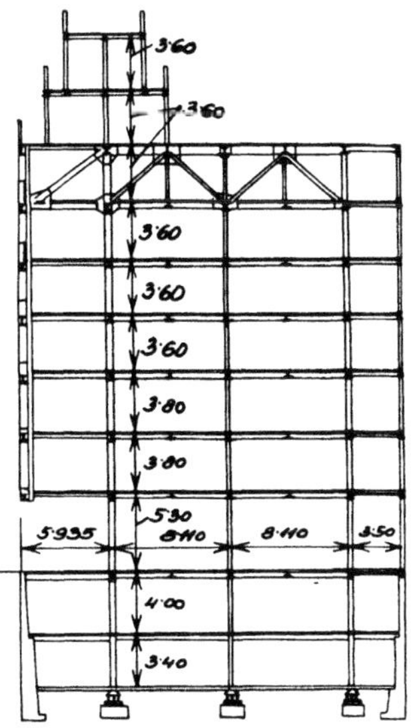

Abb. 41. Geschäftshaus „Ara", Prag. Querschnitt. Frontteil überhängend.

Als Vorteil ist nur die Möglichkeit anzusehen, daß die Kauflustigen vor Regen geschützt die Besichtigung der Verkaufsläden vornehmen können, wenn nicht bei einer in späteren Jahren vorgesehenen Verbreiterung der Straße die überhängenden Teile des Baues abgetragen werden müssen.

Bei einem nicht zuverlässigen Baugrund dürfte eine solche Ausführung wegen der starken Verschiedenheit der Stützenlasten auf Schwierigkeiten stoßen.

Die Anwendung von Fachwerkträgern in Stahlbauten wird aber auch in Fällen notwendig sein, wo die sonst regelmäßige Stockwerkteilung durch den Einbau größerer Säle unterbrochen werden muß, was in Hotels, in Bankgebäuden oder auch in Geschäftshäusern vorkommen kann.

Solche Einbauten haben immer besonders schwere Stützen zur Folge.

3. Abschnitt.

Geschoßausteilung von Stahlskelettbauten.

1. Zahl der Geschosse und ihre Höhen.

Die Zahl und Höhe der Geschosse ist durch die Vorschriften der Bauordnungen über die größte zulässige Gebäudehöhe bis zur Dachtraufe im verbauten Gebiet bedingt. Sonst wird wohl die Zahl der Geschosse bzw. die Gebäudehöhe bei besonders hohen Bauten von Fall zu Fall bestimmt. Das Streben nach einer wirtschaftlichen Ausnützung des Baugrundes, dessen Preise im Stadtinnern und in den Geschäftsvierteln außerordentlich gestiegen sind durch Erzielung einer möglichst großen nutzbaren Fläche führte einmal zu einer Verkleinerung der Geschoßhöhen gegenüber früheren Ausführungen und damit zur Erhöhung der Stockwerkzahl. (Es soll beispielsweise im Innern Berlins ein Preis von 7000 RM. pro m² vor kurzem gefordert worden sein.)

[1] Entwurf und Ausführung: Eisenwerk Witkowitz, Brückenbau.

[2] Ausführung von A. Ippen, Königgrätz.

Die gesetzliche größte Fronthöhe beträgt in Deutschland wie in der Tschechoslowakei (nach dem neuen Bauordnungsentwurf) leider nur 24,0 m. Will man in verbauten Stadtteilen höhere Gebäude errichten, so müssen die weiteren Geschosse zurückspringen, wobei eine Staffelung bis zu einem Winkel von 67 Grad zulässig ist. Meistens ist aber die Gesamtzahl der Geschosse einer besonderen Genehmigung seitens der maßgebenden Baubehörde vorbehalten.

Wiederholt haben die Behörden in dieser Hinsicht Baubeflissenen schwere Hindernisse in den Weg gelegt, so daß Entwürfe, deren Wirtschaftlichkeit von einer großen Geschoßzahl abhing, gar nicht zur Ausführung kommen konnten. Dies bedeutet für die aufstrebende Entwicklung des Stahlskelettbaues aber eine arge Einschränkung.

Die Gründe des Widerstandes der Behörden für eine größere Geschoßzahl liegen in der Befürchtung, daß bei Bränden Katastrophen eintreten könnten, daß bei Geschäftsschluß in Bürohäusern oder Fabriken oder nach Schluß von Lichtspielvorstellungen plötzlich durch die ausströmende Menschenmenge Verkehrsstockungen und Störungen in den Straßen oder sonst Paniken entstehen können. Nicht weniger wird der etwa entstehende Zustrom von Menschenmassen in Geschäftshäuser an bestimmten Tagen besonderer Kauflust als gefahrbringend und verkehrstörend angesehen. Auch die Rücksicht auf die Höhen und Bedeutung benachbarter Gebäude ist bei einer solchen Stellungnahme von ausschlaggebender Bedeutung gewesen. Ebenso war die mögliche Unzulänglichkeit der Feuerlöschaktion ins Treffen geführt worden, wenn es sich um Städte mit geringem Wasserleitungsdruck oder um einen schlechten Baugrund handelt. Diese und ähnliche Gründe, die auch in der Forderung nach möglichst stark verbauten Flächen gelegen sind, geben dem oft ablehnenden Verhalten der Behörden Rückhalt.

Solche Gründe mögen vielleicht in Amerika mit den viel höheren Gebäuden, die außerdem oft dicht aneinander stehen, bei dem viel größeren Straßen- und Autoverkehr und den enormen Grundpreisen besonders in den Großstädten berechtigt sein. Dort liegt das Problem anders, und es ist durch die Anhäufung und Verstopfung des Verkehrs tatsächlich ein Problem.

Bei uns liegt jedoch die Sache anders. Wir sind mit der Verkehrsdichte und der Verbauung mit hohen Häusern noch nicht so weit. Es wäre gewiß ein sehr arger Fehler, solchen Verhältnissen zuzustreben, wie sie sich in Amerika in großen Städten in diesem Belange herausgebildet haben, deren Übelstände jetzt nur schwer oder mit immensen Kosten gemildert werden können. Das muß natürlich vermieden werden. Aber engherzig darf dabei nicht vorgegangen werden.

Licht und Luft sind heute nicht nur vom hygienischen und sozialen Standpunkte in erhöhtem Maße bei Räumen in Gebäuden nötig, und deshalb ist es nur eine natürliche Forderung, daß die Gebäudehöhe von der Straßenbreite abhängig gemacht wird. Dies bedeutet aber keine Rücksichtnahme auf die neu zu bauenden, sondern auf die bestehenden Gebäude, die doch über kurz oder lang auch einmal höher gemacht werden müssen.

Was man einem bewilligt, muß dem andern auch zugestanden werden, auch wenn es der Nachbar ist, und so könnte eine ganze Straße von sehr hohen Gebäuden entstehen. Dieser Umstand ist vielfach der bremsende Faktor bei behördlichen Überlegungen und Entscheidungen. Nun, sehr hohe Gebäude kosten Geld, und das haben im allgemeinen nicht alle Hauseigentümer einer Straße. Es könnten, wird man einwenden, in einer bevorzugten Straße die alten Gebäude nach und nach von kapitalkräftigen Personen oder Gesellschaften aufgekauft werden, um Hochhäuser zu bauen, ohne Zweifel wäre dies möglich. Es ist aber unwahrscheinlich, daß alle früheren Häuser Hochhäusern Platz machen würden, selbst wenn man solche bauen dürfte. Diese Gefahr besteht also nicht; im Gegenteil, bisher wurde in Städten Europas beobachtet, daß sehr hohe Gebäude stets vereinzelt an dominierenden Stellen, auf großen Plätzen gebaut worden sind, ausnahmsweise Gebäude, deren Zweck die Nähe des Stadtzentrums verlangt, mitten in diesen Vierteln zu stehen.

Der Drang, in großen Städten hohe Häuser zu bauen, ist wegen der in vielfacher Hinsicht gewünschten Konzentrierung großer Ämter, Behörden, Banken auf einem Platz, und zwar auf einem guten Platz, nicht aufzuhalten. Das Problem muß von einer anderen Seite angegangen werden. Die Baulinien für die Zukunft und die Vorschriften für die Treppenanlagen müssen für solche Straßen, die aus mehreren Gründen für hohe Bauten in Frage kommen, abgeändert werden. Für Gebäude oder Räume mit großen Menschenansammlungen sind eben derzeit Zugänge, Gänge (Schläuche) und Treppen nicht ausreichend bemessen, meist viel zu klein und wurden dennoch baupolizeilich bewilligt. Tritt hier eine wesentliche Änderung durch die Forderung nach ausreichend breiten Zugängen, Gängen, nach gut verteilten und genügend breiten Treppen mit den sonst noch notwendigen, unseren Verhältnissen angepaßten Sicherheitsmaßnahmen, die hohe Gebäude in Amerika haben, sowie eine richtige Verteilung und Zugänglichkeit nicht verbauter Teile des Gebäudes hinzu, so steht der Zulassung besonders hoher Bauten nichts im Wege.

Dabei hat es die Behörde immer in der Hand, vom Standpunkt der verlangten Sicherheit und vom architektonischen und städtebaulichen Standpunkt die Hochhäuser im Stadtganzen richtig zu verteilen. Man muß sich langsam an andere Silhouetten im Städtebau gewöhnen, einigen Plätzen oder Straßen markante Monumentalbauten geben, um die öden und langweiligen Dachtraufenlinien zu unterbrechen und das Ganze auf einen modernen Rhythmus zu stimmen.

Glücklicherweise gibt es Ausnahmen in manchen Städten, die schon ihre Hochhäuser haben.

Hält man sich an die vorgeschriebenen größten Frontwandhöhen, so läßt sich die Erhöhung der Geschoßzahl durch Verminderung der Geschoßhöhen erzielen. Man begnügt sich schon in Deutschland mit einer Mindesthöhe von 3,30 m, selbst 3,20 m. Diese niedrigen Räume lösen, besonders wenn sie breit und lang sind und keine Längs- und Querwände aufweisen, also für Übersicht bietende Büros verwendet werden, neue Aufgaben aus, die vornehmlich in der richtigen Entlüftung bestehen.

Überall können die Mindestgeschoßhöhen nicht angewendet werden. Im Erdgeschoß sind je nach dem Zweck Höhen von 4,0 m bis 5,75 m zu finden. Und selbst das erste Obergeschoß wird oft höher gemacht als die weiter oben liegenden Geschosse. Was das Kellergeschoß betrifft, so sind je nach den dort unterzubringenden Räumen für Kesselanlagen, Ventilatoren, Höhen von 3,0 m bis 4,0 m üblich.

In Deutschland ist in den weitaus meisten Fällen nur ein Kellergeschoß angeordnet, selten zwei. In der Tschechoslowakei haben aber alle bisherigen Hochhäuser zwei oder drei Kellergeschosse.

In Deutschland ist nach Runderlaß vom 3. Januar 1921 bzw. 29. September 1921 der Begriff „Hochhaus" zum erstenmal festgelegt, wenn mehr als 6 Geschosse vorhanden sind.

Im Vorentwurf zu einer Reichsbauordnung 1929[1] hat das Verhältnis der zulässigen Gebäudehöhen zur Straßenbreite zwischen den Baufluchten in Großstädten, in Hauptstraßen der Mittelstädte und im Zentrum (Geschäftsviertel der Großstädte) nicht ungünstiger zu sein als 1 : 1,5 (Zone IV und V). Eine 24 m hohe Frontwand eines Gebäudes kann also nur in einer Straße von 36 m Breite stehen oder auf einem großen Platz.

In der Tschechoslowakei ist nach dem neuen Bauordnungsentwurf (1929) 24 m als höchste Gebäudehöhe zulässig.

In nachstehender Tabelle 5 sind die Geschoßhöhen und ihre Abstufung für einige neuere Hochhäuser angeführt, wobei in den letzten vier Spalten auch solche in Eisenbeton aufgenommen worden sind.

Über 24 m muß bei Gebäuden in Straßen die Staffelung der Geschosse eintreten, wobei sich ein Zurückspringen der Front um ca. 1,0 bis 1,20 m ergibt. Die Folge davon ist, daß

[1] Zentralbl. Bauverw. 1929, H. 35, S. 569.

Tabelle 5. Geschoßhöhen in m.

Geschoß	Farben-Industrie A. G. Frankfurt	Schalt-werk Siemens-stadt	Berg u. Hütte Prag	Sušicky-bau Prag	Hoch-haus Währin-ger Str., Wien	Waren-haus Kar-stadt Berlin	Hansa-hof Köln	Chile-haus Ham-burg	Wilhelm Marx-Haus Düssel-dorf
III. Keller. . .	—	—	4,30	—	—	—	—	—	—
II. „ . . .	—	—	3,10	3,04	2,80	3,35	—	—	—
I. „ . . .	3,60	3,30	3,10	4,00	3,70	3,45	3,30	4,00	3,50
Erdgeschoß . .	4,48	5,00	4,78	4,32	5,88	4,90	5,75	4,75	4,80
Obergeschosse:									
1.	4,64	4,50	3,20	4,16	3,35	4,40	3,40	3,30	3,80
2.	4,48	4,00	3,60	3,52	15 à 3,35	4,30	3,40	3,30	3,40
3.	4,32	4,00	3,60	3,36		4,30	3,40	3,30	3,40
4.	4,16	4,00	3,40	3,36		4,30	3,40	3,30	3,40
5.	4,00	4,00	3,40	3,20		4,50	3,30	3,60	3,55
6.	3,84	4,00	3,20	3,20		3,60	3,30	3,30	3,40 T
7.	4,19	4,00	3,40	3,20		4,00	3,30 T	3,30	3,40
8.		4,00	3,40	3,00			3,00		3,40
9.		3,50					3,00		3,40
10.							3,40		4,75
11.							3,20		3,80
12.							3 à 3,30 1 à 3,50 1 à 5,00		
Gesamthöhe. .	38,23	46,30	42,48	35,16	67,07		65,85		48,85 T 24,80 G
Höhe üb. Pflaster			31,98	28,12	61,67				

G = Gebäude, T = Turm.

die Säulen nicht nur die Gewichte der zurückspringenden Frontwände und darüberliegenden Decken und Nutzlasten teilweise zu tragen haben, sondern auch die Deckenunterzüge und somit schwerer und höher werden.

2. Turmhäuser.

Wird eine größere Anzahl von Stockwerken gestattet, als bei Einhaltung der sonstigen Vorschriften oder Staffelung von ein bis zwei Geschossen möglich ist, so darf nur über einem Teil der unterhalb verbauten Fläche der Turm in die Höhe gehen. Eine Vorschrift über das höchstens zulässige Verhältnis der Grundfläche von Turm und Gebäude gibt es nicht. So wurde bei dem in Stahl gebauten Lochnerhaus in Aachen[1] der Turm mit 12 Geschossen auf 26,4% der gesamten verbauten Grundfläche hochgeführt. Er ist rund 40 m, das Gebäude ca. 20 m hoch. Beim Wilhelm-Marx-Hochhaus in Düsseldorf (Eisenbeton) nimmt der Turm mit zwölf Geschossen 373 m², das sind 24,3% der verbauten Fläche ein, beim Hansahof Köln (Eisenbeton) der 17-geschossige Turm von 360 m² Fläche bloß 14,7% der verbauten Fläche ein und ist außerdem in den letzten zwei Geschossen einmal gestaffelt. Der Hauptbau hat 7 Geschosse.

Solche Forderungen nach einer nur teilweisen Ausnützung der verbauten Grundrißfläche für den Turm sind, abgesehen von architektonischer Gesamtwirkung und Gliederung des Baues, begründet, weil Nachbargebäude durch Licht- und Luftentzug weniger betroffen werden und diese bei etwaigem Neubau, wenigstens vom konstruktiven Standpunkte, durch den vorhandenen Turm nicht behindert werden. Allerdings sollten für die Ausmaße der Turmgrundflächen nicht so harte Einschränkungen gemacht werden wie bisher, denn es sollen sich doch neben den Baukosten der Türme auch die kostspieligen Einbauten von Aufzügen und sonstigen Leitungen noch rentieren.

[1] Teichmann, E.: Das erste deutsche Hochhaus mit vollständig eiserner Tragkonstruktion. Dt. Bauzg. 1926. Beilage: Konstruktion und Bauausführung S. 41.

In Amerika ist diese Gliederung des ganzen Baublockes bei Wolkenkratzern in jüngster Zeit schon zur Regel geworden, eine reichlichere Gliederung im vertikalen Sinne in Anwendung gekommen und die Betonung der waagerechten Gesimslinien einer solchen der lotrechten Pfeiler gewichen.

4. Abschnitt.

Decken und Wände.

1. Berechnungsgrundlagen für das Stahlgerippe der Decken und Wände.

Die Berechnung der Decken- und Wandträger erfolgt je nach der Wirkung, die die konstruktive Ausbildung der Auflagerart kennzeichnet, als freiaufliegende, durchlaufende und als Gelenkträger.

Bei auf Mauern gelagerten Trägern wird als Stützweite die Entfernung der Mitten der Auflager angenommen.

Sonst gilt der Erlaß vom 25. Februar 1925 der Bestimmungen von Hochbauten, der in Punkt D 1 bis 4 für Geschoßbauten bei Trägern gleicher Richtung, die an Unterbrechungs- oder Lagerstellen durch besondere konstruktive Hilfsmittel eine teilweise Einspannung aufweisen unter nachstehenden Bedingungen:

1. Die Träger sind bei Anschluß an andere Träger außer durch die übliche Stegverlaschung noch auf der Zugseite durch aufgelegte Platten von dem 0,8-fachen Nutzquerschnitt des Trägerflansches und durch Schrauben von einer Anzahl und Dicke, die der zu übertragenden Zugkraft entsprechen, untereinander zu verbinden.

Bei Anschluß an durchgehende Stützen ist die erforderliche teilweise Einspannung noch durch gut angeschlossene Winkel oberhalb und unterhalb der Trägerflanschen möglichst mit Versteifungsblechen konstruktiv sicherzustellen.

2. Die Kräfte im Druckflansch müssen durch eingelegte und der Zwischenfuge angepaßte Druckplatten oder durch Ausfüllung der Zwischenfuge mittels Schweißung nach neuzeitlichem Verfahren oder bei Stützen durch fest angeschlossene versteifte Winkel übertragen werden.

3. Die konstruktive Durchbildung und Ausführung derartiger Trägeranschlüsse darf nur von als zuverlässig geltenden Baufirmen und bei ständiger Überwachung der Bauführung durch geeignete Ingenieure vorgenommen werden.

4. Die größten Biegungsmomente können bei gleichmäßig verteilter Last Q in den Mittelfeldern bis zu $\frac{Q \cdot l}{16}$, in den Endfeldern bis zu $\frac{Q \cdot l}{11}$ herabgesetzt werden. Bei anderen Belastungsarten dürfen die größten Feldmomente mit Hilfe des bei freier Auflagerung im Felde entstehenden größten Biegungsmomentes M_0 und der bei völliger Einspannung an den beiden Enden entstehenden Einspannungsmomenten M_a und M_b nach der Formel

$$M_x = M_0 - \frac{7}{10}\left[+ M_b \frac{x}{l} + M_a \frac{(l-x)}{l}\right]$$

berechnet werden.

Die Regelanschlüsse von Trägern an Säulen mittels einfachen Doppelwinkeln und Vernietung bzw. Verschraubung im Steg können nicht als eingespannte Anschlüsse angesehen werden. Die Einspannung ist wohl teilweise vorhanden, wird aber gewöhnlich nicht berücksichtigt.

Übrigens kann man sich überzeugen, daß selbst für höhere Profile der Grad der Einspannung bei solchen Anschlüssen, auch wenn man theoretischerweise mit der Beanspruchung der obersten Schraube einer solchen Verbindung bis zur Streckgrenze ginge, gering ist und im günstigsten Falle höchstens etwa 20% des größten Momentes eines freiaufliegenden

Trägers beträgt. Eine eingehendere Untersuchung des Einspannungsgrades von Trägern folgt später.

Es kann aber vorkommen, wenn sehr hohe Blechträger an Stützen angeschlossen werden, daß der Einspannungsgrad groß und nahe der völligen Einspannung liegt. Die Größe dieser Einspannung kann nach der Theorie der Stockwerkrahmen ermittelt werden.

a) Entfernung der Deckenträger. Die anzunehmende Entfernung der Deckenträger richtet sich nach dem gewählten Deckensystem, der verfügbaren Bauhöhe, nach dem Baustoff der Träger und natürlich nach den Kosten.

Wird vorerst der gesamte Stahlaufwand für ein Deckengerippe bei der Entscheidung über die Entfernung der Träger berücksichtigt, so wird dieser pro m² Deckenfeld mit zunehmendem Abstand geringer.

Da man selbst für größere Entfernungen der Deckenträger das Deckengewicht nahezu oder ganz konstant für eine bestimmte Nutzlast der Decke annehmen kann, und sich eigentlich nur das Gewicht der Bewehrungseisen und damit die Kosten der Decke erhöhen, so kann man leicht einen Überblick über die Gewichte der Deckenträger pro m² Deckenfeld erhalten.

Nimmt man ein Deckengewicht von 350 kg/m², eine Nutzlast von 500 kg/m² bei einer zulässigen Spannung von $s = 1200$ kg/cm² und ein Deckenfeld von 6,0 × 6,0 m an, so erhält man für österreichische (tschechoslowakische) Profile bei Annahme freiaufliegender Stützung der Träger nachstehendes Bild (Tabelle 6):

Tabelle 6. Gewichte der Deckenträger samt Anschlüssen pro m² bei 6 m Stützweite und 500 kg/m² Nutzlast.

Entfernung der Deckenträger a in m	Profil I	Gewicht der Deckenträger pro m² kg	Anschlüsse pro m² kg	Unterzüge pro m² kg	Gesamtträgergewicht der Decke pro m² kg
1,0	Nr. 23	37,45	1,58	22,0	58,9
1,5	Nr. 25	29,00	1,23	22,0	52,2
2,0	Nr. 30	30,20	1,14	22,0	53,4
2,5	Nr. 32	27,30	0,99	22,0	50,3
3,0	Nr. 35	26,70	0,94	22,0	49,6
3,5	Nr. 40	29,40	0,95	22,0	52,4
4,0	Nr. 40	25,80	0,84	22,0	48,6

Die Unstetigkeit der Angaben der letzten Spalte liegt in der Sprunghaftigkeit der erforderlichen Profile, die nicht immer ausgenützt werden können, aber die Abnahme der Deckenträgergewichte mit wachsender Entfernung ist deutlich. Um also das Minimum an Trägergewicht zu erzielen, sind große Entfernungen der Deckenträger zu wählen.

Werden andere Stützweiten von Deckenträgern nachgerechnet, so ist das Ergebnis das gleiche.

Man kann auch theoretisch jene Entfernungen der Deckenträger für gegebene Felder rechnen, die einem Kleinstwerte des Gewichtes oder der Kosten entsprechen. Es ist aber nicht immer möglich, sich dieser so ergebenden Trägerausteilung praktisch anzupassen.

Um für generelle Gewichtsangaben rasch die Gewichte der Deckenträger ermitteln zu können, sind diese pro m² Grundrißfläche für Spannweiten von 6,0 m und für Trägerentfernungen von 1,0 m bis 5,0 m für 350 kg/m² Deckeneigengewicht gerechnet und in zwei Graphikons aufgetragen worden, und zwar getrennt für deutsche Profile (Abb. 42) und für österreichische Normalprofile (Abb. 43). Hierbei sind Nutzlasten von 400, 500, 600, 800 und 1000 kg/m² berücksichtigt. Die zulässige Inanspruchnahme des Stahls ist mit 1200 kg/cm² angenommen worden. In den Abbildungen sind sowohl die Eisengewichte pro m² als auch die Profile angegeben. Man sieht auch aus diesen Abbildungen, daß die deutschen Normalprofile Ersparnisse gegenüber den österreichischen geben. Die bisherigen Zahlenangaben gelten für Deckenträger allein.

Will man die kleinsten Gesamtkosten der Decke einschließlich Deckenträger erzielen, so liegt die günstigste Trägerentfernung bei den heutigen Kosten der Decken etwa

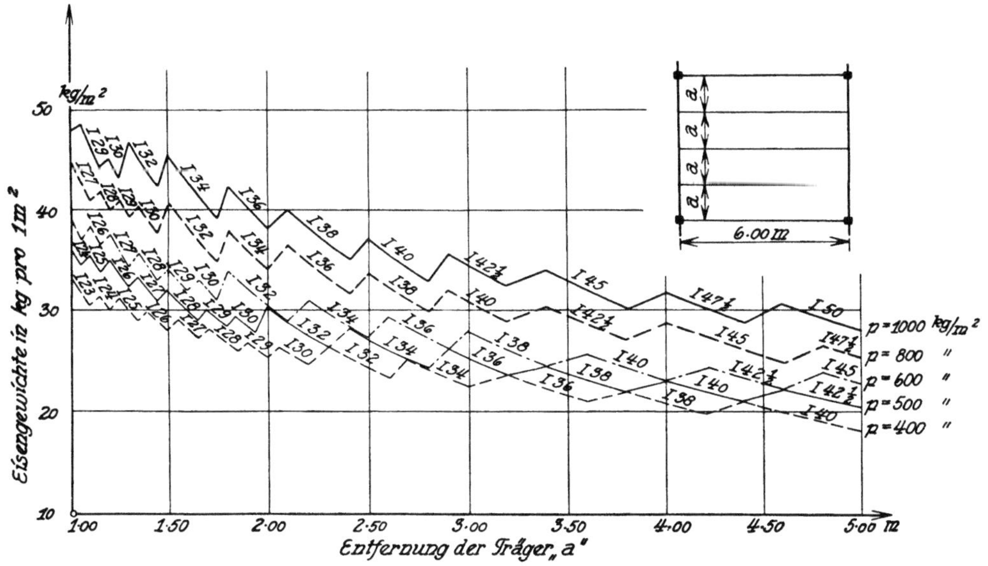

Abb. 42. Deutsche Profile.

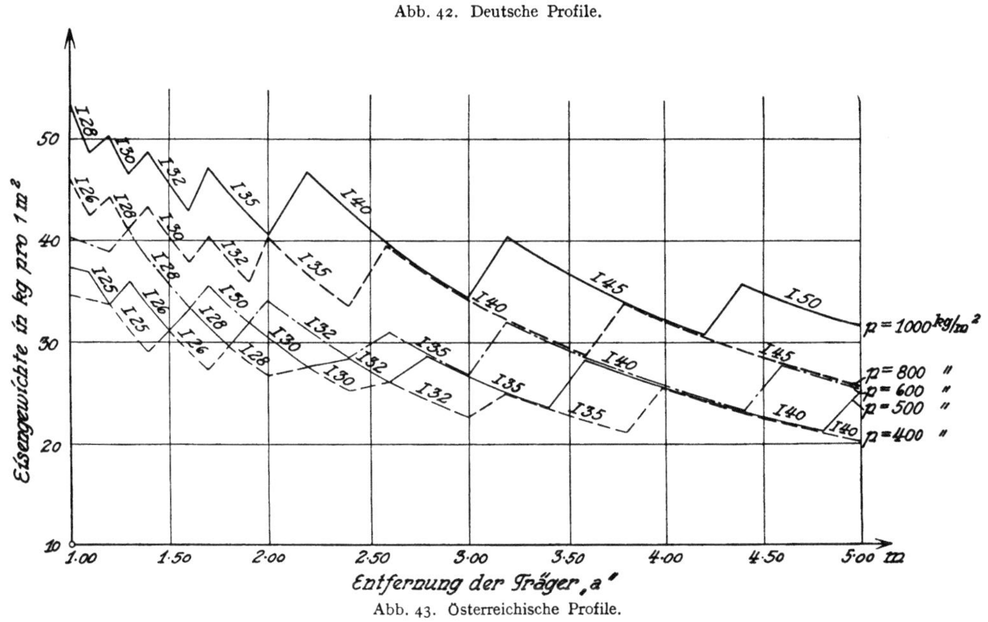

Abb. 43. Österreichische Profile.

Abb. 42 u. 43. Eisengewichte von Deckenträgern für 1 m² Grundriß in Abhängigkeit vom Trägerabstand „a". Annahme: Deckeneigengewicht 350 kg/m² und Nutzlasten „p" von 400 bis 1000 kg/m² bei $s_{zul} = 1200$ kg/cm², Stützweite der Deckenträgerteilung 6 m.

zwischen 1,50 m und 2,50 m. Nur bei hohen Stahlpreisen sind größere Deckenträger-Entfernungen wirtschaftlicher.

Diese günstigste Trägerentfernung wird man nicht immer einhalten können, weil gewöhnlich die Stützenentfernungen durch die Gesamtgrundrißanordnung und die Austeilung der Räume gegeben ist.

Um nun Anhaltspunkte für die Gewichte der Deckenträger und Unterzüge zu haben, wurden diese für verschiedene Säulenentfernungen gerechnet.

Angenommen wurden in nachstehendem quadratische Deckenfelder von $l = 5{,}0 \times 5{,}0$ m, $6{,}0 \times 6{,}0$ m und $7{,}0 \times 7{,}0$ m. Jedes Feld erhält drei Zwischenträger (Abb. 44).

Das Deckengewicht ist mit 350 kg/m² angenommen worden, was für normale Ausführungen im allgemeinen ausreicht, ausgenommen bei sehr schweren Nutzlasten. Als Nutzlasten sind 400, 500, 600, 800, 1000 kg/m² berücksichtigt und die zulässige Inanspruchnahme für Baustahl $s = 1200$ kg/cm² angenommen; die Walzprofile sind nach den österreichischen bzw. tschechoslowakischen Normen gewählt.

In der Tabelle 7 sind die erforderlichen Stahlgewichte pro 1 m² Decke eingetragen, und zwar für die freiaufliegend gerechneten Deckenträger allein (a), für die Abschlüsse dieser Träger (b), wobei die freiaufliegende und durchlaufende Lagerung berücksichtigt wurde. Schließlich ist eine Zusammenstellung der Gewichte für letztere beiden Fälle getrennt angegeben und die Trennung des Gewichtsanteiles für Deckenträger beibehalten und außerdem in Prozenten angegeben.

Will man den Gewichtsanteil des Deckentragwerks für 1 m² umbauten Raum haben, so sind die bezüglichen Endzahlen durch die Geschoßhöhe in m zu dividieren.

Hierbei wurden die Gewichte der Regelanschlüsse von Trägern berücksichtigt und keine Montage-Sitzwinkel angenommen.

Aus dieser Tabelle ist auch zu entnehmen, daß die Gewichte der Deckenträger samt Anschlüssen im Mittel a) bei freiaufliegenden Unterzügen ca. 60,2%, b) bei durchlaufenden Unterzügen 64% der Gesamtgewichte der Stahldeckenkonstruktion ausmachen, während der Rest von 39,2 bzw. 36% auf die Unterzüge entfällt. Angaben über die Gewichte der Deckenkonstruktion bei Anwendung hochwertigen Baustahls — Si St und die hierbei erzielten Gewichtsersparnisse finden sich im Abschnitt 19.

b) Durchbiegungen. Im allgemeinen ist die Einhaltung eines bestimmten Höchstmaßes der Durchbiegung von Trägern in Baustahl oder hochwertigem Baustahl nicht vorgeschrieben.

In besonderen Fällen wird sie aber verlangt, wenn es sich um stark beanspruchte Transmissionsträger handelt oder bei den über 7 m langen Trägern und Unterzügen, die ein Gebäude aussteifen und an Stelle der sonst vorhandenen Quer- und Längswände treten. In solchen Fällen soll die Durchbiegung $^1/_{500}$ der Stützweite nicht überschreiten[1].

In der Tschechoslowakei sind nach den Normen ČSN 1051 die Berechnungen der Durchbiegungen, falls ihre Größe vorgeschrieben ist, vorzulegen; bei Deckenträgern und Unterzügen darf dann die Durchbiegung infolge der Nutzlast höchstens $^1/_{500}$ der Stützweite betragen.

Es ist also der Träger in letzterem Fall sowohl auf die Durchbiegung hin als auch auf die zulässige Inanspruchnahme zu rechnen. Ist für den freiaufliegenden Träger M_p das Moment für die Nutzlast, M_q jenes für Eigengewicht und Nutzlast, so ist die Durchbiegung $\delta = \frac{5}{48} \cdot \frac{M_p l^2}{E J}$ und mit $\frac{\delta}{l} = \frac{1}{500}$ das erforderliche Trägheitsmoment $J = \frac{625}{12 E} M_p l$, die Spannung $\sigma = \frac{M_q h}{2 J} = s$ (zul. Spannung).

Es wird daher die Trägerhöhe h, die sowohl der Einhaltung der größten Durchbiegung wie der zulässigen Spannung s entspricht,

$$h = \frac{625}{6 E} \cdot \frac{M_p}{M_q} s l .$$

Ist hingegen vorgeschrieben, daß für die Gesamtbelastung die Durchbiegung höchstens $^1/_{500} l$ betragen dürfe, dann muß

$$h = \frac{625}{6 E} s l ,$$

[1] Preuß. Erlaß vom 25. Februar 1925, Punkt A, 6.

Normalprofile der Tschechosl. Rep. St. 37 $\sigma_{zul} = 1200$ kg/cm².

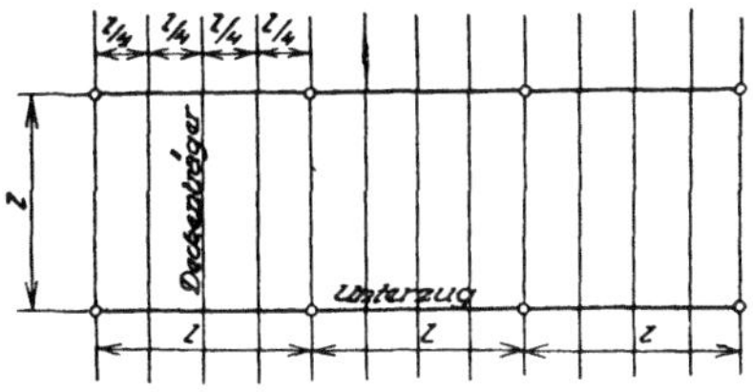

Abb. 44.

Tabelle 7. Eigengewichte von Deckenträgern und Unterzügen.

	Belastung		Deckeneigengewicht 350 kg/m²					Verhältnis (a) : (b)				
	Nutzl. =		400	500	600	800	1000	400	500	600	800	1000
	Eisengewicht	l	kg/m²	kg/m²	kg/m²	kg/m²	kg/m²	%	%	%	%	%
Deckenträger	Deckenträger (a)	5	25,8	27,7	30,2	32,7	35,2	96	96,3	96,3	96,6	96,1
		6	28,9	31,1	35,5	40,3	45,4	96	96,3	96,2	96,6	96,8
		7	34,6	39,0	39,0	45,9	58,8	97	97,2	97,2	97,5	97,7
	Deckenträger-(b) anschlüsse	5	1,06	1,06	1,16	1,16	1,44	4,0	3,7	3,7	3,4	3,9
		6	1,21	1,21	1,41	1,41	1,53	4,0	3,7	3,8	3,4	3,2
		7	1,03	1,13	1,13	1,17	1,35	3,0	2,8	2,8	2,5	2,3
	Deckenträger samt Anschluß	5	26,86	28,76	31,36	33,86	36,64					
		6	30,11	32,31	36,91	41,71	46,93	100%				
		7	35,63	40,13	40,13	47,01	60,15					
Unterz. freiaufl.	Unterzüge	5	16,25	20,90	20,90	20,90	26,0	96,6	97,0	97,0	97,0	97,3
		6	21,4	21,4	26,1	26,1	31,3	97,5	97,5	97,5	97,5	97,9
		7	22,4	26,8	26,8	28,5	32,3	98,0	98,2	98,2	98,2	96,9
	Unterzug-anschlüsse	5	0,57	0,66	0,66	0,66	0,73	3,4	3,0	3,0	3,0	2,7
		6	0,56	0,56	0,63	0,63	0,68	2,5	2,5	2,5	2,4	2,1
		7	0,46	0,50	0,50	0,78	1,05	2,0	1,8	1,8	2,7	3,1
	Unterzüge samt Anschl.	5	16,82	21,56	21,56	21.56	26,73					
		6	21,96	21,96	26,73	26,73	31,98	100%				
		7	22,86	27,30	27,30	29,28	33,35					
Unterz. durchl.	Unterzüge	5	13,8	16,25	16,25	20,9	20,9					
		6	17,3	17,3	21,7	21,7	26,4	100%				
		7	18,2	22,3	22,3	26,7	28,4					
	Unterzug-anschlüsse	5										
		6										
		7										
	Unterzüge samt Anschl.	5	13,8	16,25	16,25	20,9	20,9					
		6	17,3	17,3	21,7	21,7	26,4	100%				
		7	18,2	22,3	22,3	26,7	28,4					

Zusammenstellung.

		l	400	500	600	800	1000	400	500	600	800	1000
Unterz. freiaufl.	Deckenträger samt Anschl.	5	26,86	28,76	31,36	33,86	36,04	66	57	59	61	57
		6	30,11	32,31	36,91	41,71	46,93	58	60	58	61	60
		7	35,63	40,13	40,13	47,07	60,15	60	60	59	62	64
	Unterzüge samt Anschl.	5	16,82	21,56	21,56	21,56	26,73	34	43	41	39	43
		6	21,96	21,96	26,73	26,73	31,98	42	40	42	39	40
		7	22,86	27,30	27,30	29,28	33,35	40	40	41	38	36
	Summe	5	43,68	50,32	52,92	55,42	63,37					
		6	52,07	54,27	63,64	68,44	78,91	100%				
		7	58,49	67,43	67,43	76,35	93,50					
Unterz. durchl.	Deckenträger samt Anschl.	5	26,86	28,76	31,36	33,86	36,64	66	64	66	62	63
		6	30,11	32,31	36,91	41,71	46,93	63	65	63	65	64
		7	35,63	40,13	40,13	47,07	60,15	66	64	64	64	68
	Unterzüge samt Anschl.	5	13,80	16,25	16,25	20,9	20,9	34	36	34	38	37
		6	17,3	17,3	21,7	21,7	26,4	37	35	37	35	36
		7	18,2	22,3	22,3	26,7	28,4	34	36	36	36	32
	Summe	5	40,66	45,01	47,61	54,76	57,54					
		6	47,41	49,61	58,61	63,41	73,33	100%				
		7	53,83	62,43	62,43	73,77	88,55					

danach ergibt sich die notwendige Trägerhöhe für

$$s = 1200\,\text{kg/cm}^2\ \text{St}\,37\ h = \frac{1}{16{,}7}\,l,$$

$$s = 1400\ \text{,,}\ \ \text{St}\,37\ h = \frac{1}{14{,}4}\,l,$$

$$s = 1560\ \text{,,}\ \ \text{St}\,48\ h = \frac{1}{12{,}9}\,l,$$

$$s = 1800\ \text{,,}\ \ \text{St}\,\text{Si}\ h = \frac{1}{11{,}2}\,l.$$

Bei solchen Forderungen ist also die Anwendung hochwertigen Baustahls unwirtschaftlich.

2. Anschlüsse von Deckenträgern.

Die konstruktive Ausbildung der Anschlüsse von Deckenträgern ist in den verschiedenen Ländern normalisiert. Für diese Anschlüsse gilt im allgemeinen die Berechnung der Träger als freiaufliegend gestützt. Will man jedoch sparen, so kann jener Grad der Einspannung berücksichtigt werden, der nach den in diesem Abschnitt folgenden Erwägungen höchstens erreichbar ist.

Von der Wiedergabe dieser Regelanschlüsse wird Abstand genommen, weil sie in den Profilbüchern der Walzwerke und in Hilfsbüchern (Stahl im Hochbau) enthalten sind.

Wo beiderseitige Trägeranschlüsse anzuordnen sind, kann eine Kontinuität bzw. teilweise Einspannung in der Richtung der Träger durch Anwendung von Kopfplatten auf der Zugseite und Druckstücke erzielt werden, wie sie Geheimrat Dr.-Ing. S. Müller, Berlin zuerst angewendet hat und die nun auch genormt sind. Auf diese Weise wird die Verbindung an der Anschlußstelle für die Aufnahme von Momenten befähigt (Keil- oder Kontaktanschluß).

Abb. 45 gibt den Anschluß von zwei verschieden hohen Trägern auf Sitzwinkeln an, die für die Montage sehr zweckmäßig sind. Die Oberkanten aller Träger sind flüchtig. Die Zuglasche der beiden anzuschließenden Träger geht über den Unterzug hinweg und ist mit diesem vernietet oder verschraubt, die Druckstücke an den Träger-Unterflanschen werden an den Unterzugsteg fest angekeilt und an den niedrigeren Träger noch Futter angenietet, um den Höhenunterschied der Träger auszugleichen und außerdem, um genügende Druckflächen zu schaffen.

In Abb. 46 ist die gleiche Anordnung wiedergegeben, wobei der Höhenunterschied der Anschlußträger jedoch größer ist, und um die gute Druckübertragung zu sichern, der höhere Träger noch zwei aufgenietete Winkel erhält. Dabei ist der untere Sitzwinkel einerseits umgekehrt angeordnet, um Nieten zu sparen.

Abb. 47, 48 geben eine ähnliche, aber symmetrische Anordnung wieder, wobei noch auf eine zentrische Abstützung des Unterzugs auf eine Stütze Wert gelegt worden ist, die Druckplatten breiter gehalten und außerdem vernietet sind, um auch Stoßwirkungen aufzunehmen. Um Längsverschiebungen des Unterzugs zu vermeiden, sind in den Stützenkopfwinkeln Schrauben eingezogen, die auch durch die Unterzugflanschen gehen[1].

Eine andere Anordnung, die jedoch im Brückenbau schon lange üblich ist, findet sich in Abb. 49. Sie stammt von der Halle der Baumesse in Leipzig[2]. Hier sind die Dachpfetten an den T-Gurtsteg des Dachbinders angeschlossen, wobei eine sogenannte „durchschießende" Zuglasche durch einen waagerechten Schlitz des Gurtsteges hindurchgesteckt und an den Trägeroberflanschen beiderseits angeschlossen ist. Im Druckteil dieser Träger sind Futter als Druckstücke verwendet und außerdem eine Drucklasche angeordnet. Endlich sind noch zur Übertragung der Stützendrücke Anschlußwinkel vorhanden.

Auch Einzelträger können über Unterzügen oder sonstigen Abstützungen gelascht und

[1] Dr. Bernhard, E.: Haus des Verbandes der deutschen Buchdrucker zu Berlin. Dt. Bauzg.

[2] Ausführung: Breest & Co., Berlin. Schmuckler: Z.V.d.I. 1929, S. 1639.

mit Druckkeil versehen werden, um eine teilweise Einspannung bzw. eine Momentenwirkung zu übertragen (Abb. 50).

Was die Berechnung solcher Anschlüsse mit teilweiser Einspannung betrifft, so sind die eingangs dieses Abschnittes angegebenen Bestimmungen maßgebend. Man soll sich aber überzeugen, ob bei sehr verschieden großen benachbarten Spannweiten oder bei schweren Einzellasten, die in nur einzelnen Feldern vorhanden sind, nicht ungünstigere Momentenwerte auftreten.

Jedenfalls ist es in solchen Fällen besser, durchlaufende Träger zu verwenden.

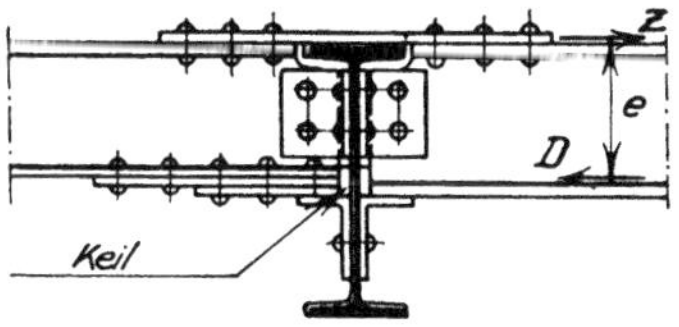

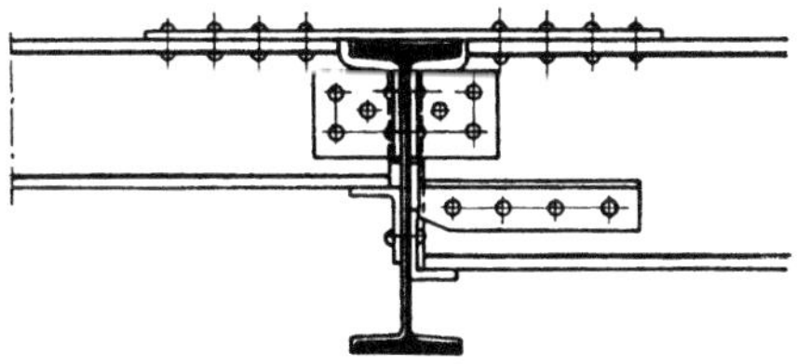

Abb. 45. Regelanschlusse. Abb. 46.

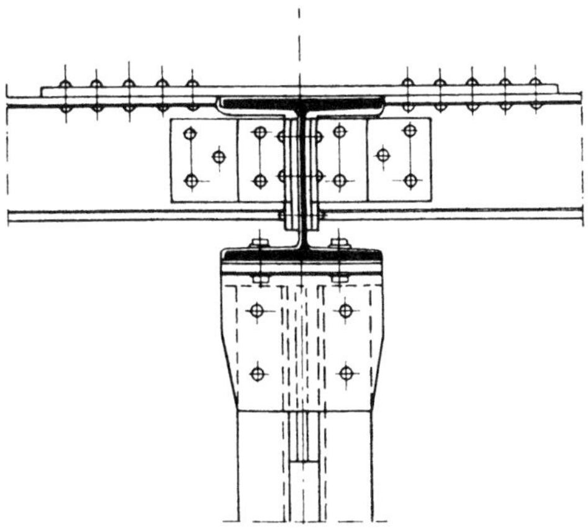

Abb. 47.

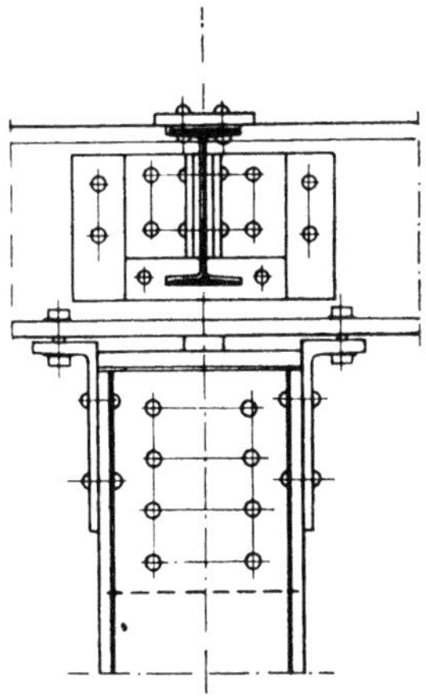

Abb. 48.

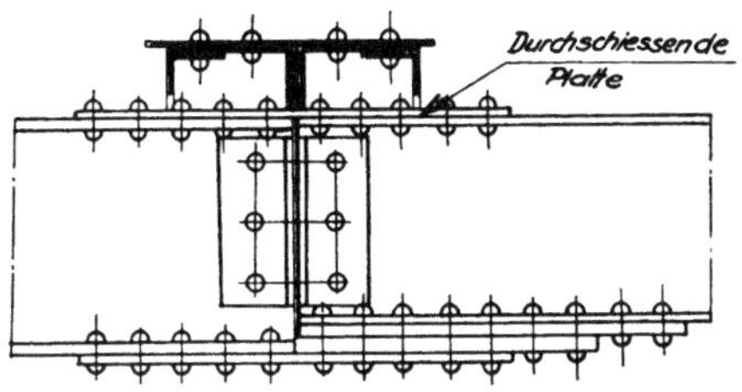

Abb. 49. Kontaktträger.

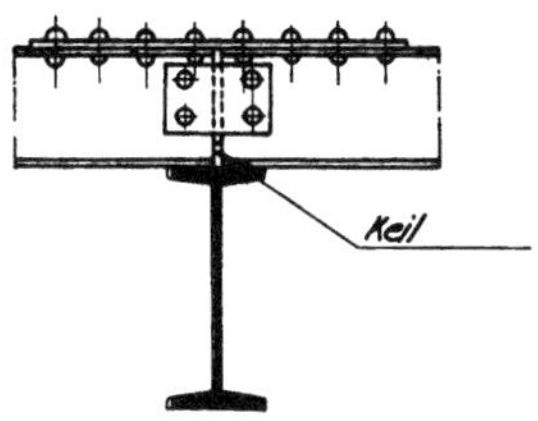

Abb. 50.

Abb. 45 bis 50. Anschlüsse von Deckenträgern mit Einspannung.

Von der Mitwirkung der Anschlußwinkel der Träger bei der Momentenübertragung wird man gewöhnlich absehen und das Moment $M = Ze = De$ (Abb. 45) in der Weise übernehmen, daß die Zugkraft Z der Zuglasche, die Druckkraft D dem Keil zugewiesen wird. e = Abstand der Schwerpunkte dieser beiden Bauglieder.

Außerdem ist zu beachten, daß gewöhnlich bei der Bemessung für $\frac{Ql}{16}$ im Mittelfeld und $\frac{Ql}{11}$ im Endfeld die Zuglaschen, deren Querschnittsflächen bloß 0,8 der Querschnittsfläche des Trägerflansches betragen, stark überlastet sind und sich daher die Verwendung größerer Zuglaschenflächen empfiehlt.

Es darf nicht vergessen werden, daß die rechnungsmäßige Wirkung solcher teilweiser Einspannungen eine genaue Arbeit bei der Montage zur Voraussetzung haben. Die Keile müssen deshalb gut angetrieben und die Zuglaschen, namentlich bei Verwendung von Anschlußschrauben, schon wirksam sein. Kleine Drehungen der Träger an den Anschlußenden werden nicht zu vermeiden sein, außer man verwendet gut sitzende Schrauben.

Die Trägerenden müssen genau senkrecht zu der Längsachse geschnitten, bei wichtigen Anschlüssen gefräst sein. Werden wie in Abb. 46 angenietete Winkel mit ihrem Ende als Druckstellen benützt, so müssen diese einige Millimeter über das Trägerende vorstehen.

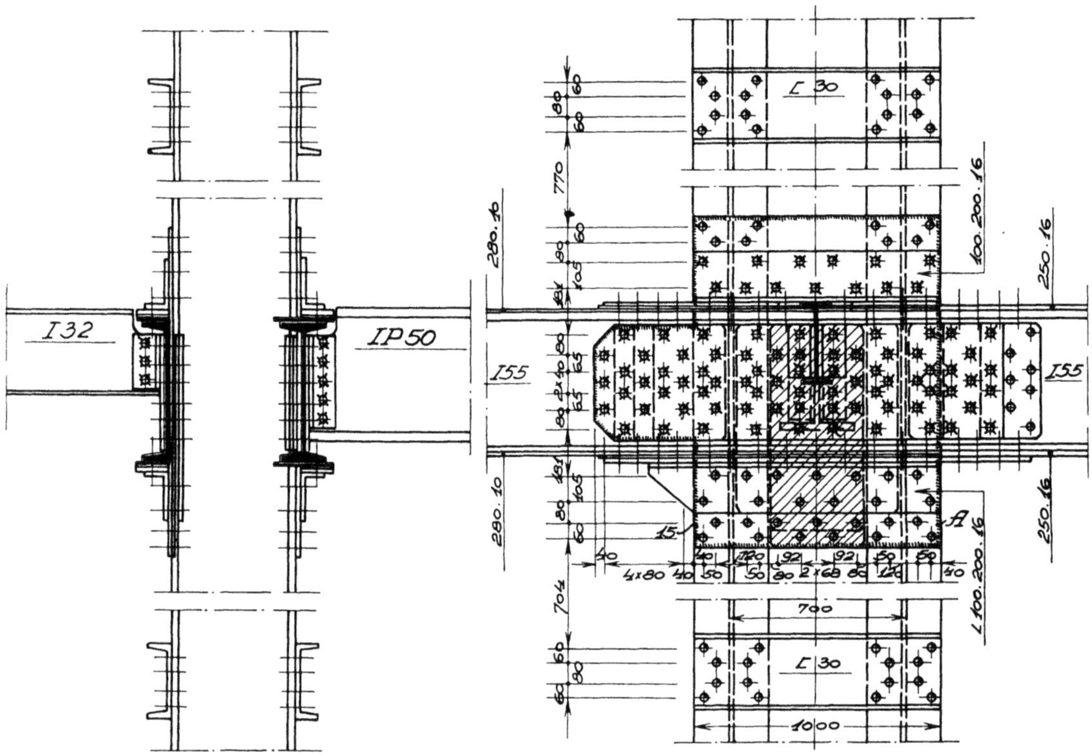

An Stelle der Keile kann auch eine gute Schweißung an den Druckstellen treten, die mit den neueren Schweißapparaten schon am Bau möglich ist; es können aber bei belangreicheren Verbindungen auch die eingetriebenen Keile noch angeschweißt werden, um deren Lockerung zu verhindern, die man etwa bei stark und häufig wechselnden Belastungen anschließender Felder befürchtet.

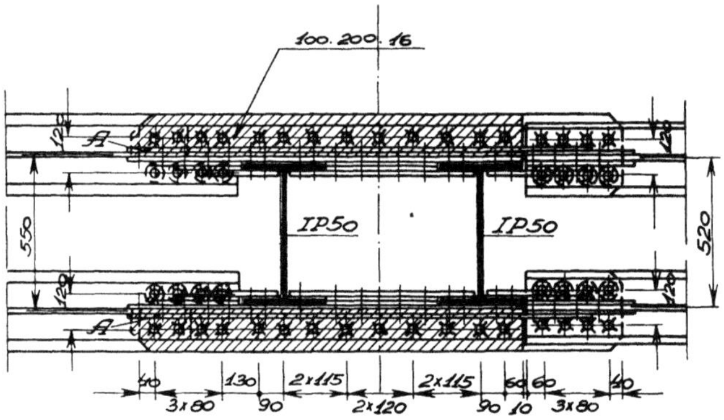

Abb. 51. Europahaus, Berlin. Unterzuganschluß.

Vorschläge für die Normung solcher Anschlüsse verschiedener Art finden sich in einer Arbeit von Gregor[1], die auch die Normung der Zugplatten bringt. Außerdem sind auch einige kritische Bemerkungen und Auslegungen der einschlägigen „Bestimmungen" darin enthalten.

Ein Beispiel eines biegungssteifen Anschlusses für einen schweren Doppelunterzug an eine Stütze sei in Abb. 51 gegeben. Er stammt vom Europahaus in Berlin[2].

Die Unterzüge bestehen aus zwei I-Profilen Nr. 55 mit je zwei Kopfplatten. Ihre Stege

[1] Gregor: Betrachtungen zu den neuen „Bestimmungen". Bauing. 1925, S. 822.
[2] Ausführung: Breest & Co., Berlin.

sind mit einem Zwischenraum außen an die Stützenprofile herangeführt, von einer Seite reichen sie über die ganze Stützenbreite; was von den Unterzügen im Wege steht, ist abgeschnitten. Von der anderen Seite laufen die Unterzüge bis zur Stütze. Damit der Anschluß und Stoß biegungssteif durchgeführt werden kann, sind in den vorher erwähnten Zwischenräumen große Platten, deren Umrisse in Abb. 51 schraffiert sind, eingebaut, die über und unter den Unterzügen noch an den Stützen befestigt sind. Außen sind an den Unterzügen noch lange durchgehende Laschen angeordnet. Außerdem befinden sich noch innen Verbindungslaschen der Stützenprofile mit Futtern und unten noch einerseits ausladende Winkel. Alles übrige ist aus der Abbildung zu entnehmen.

Ein anderer Unterzuganschluß an eine Stütze, gleichfalls vom Europahaus herrührend, wobei die Unterzüge an die Stützenprofile stumpf stoßen, ist in der Abb. 52 in drei Projek-

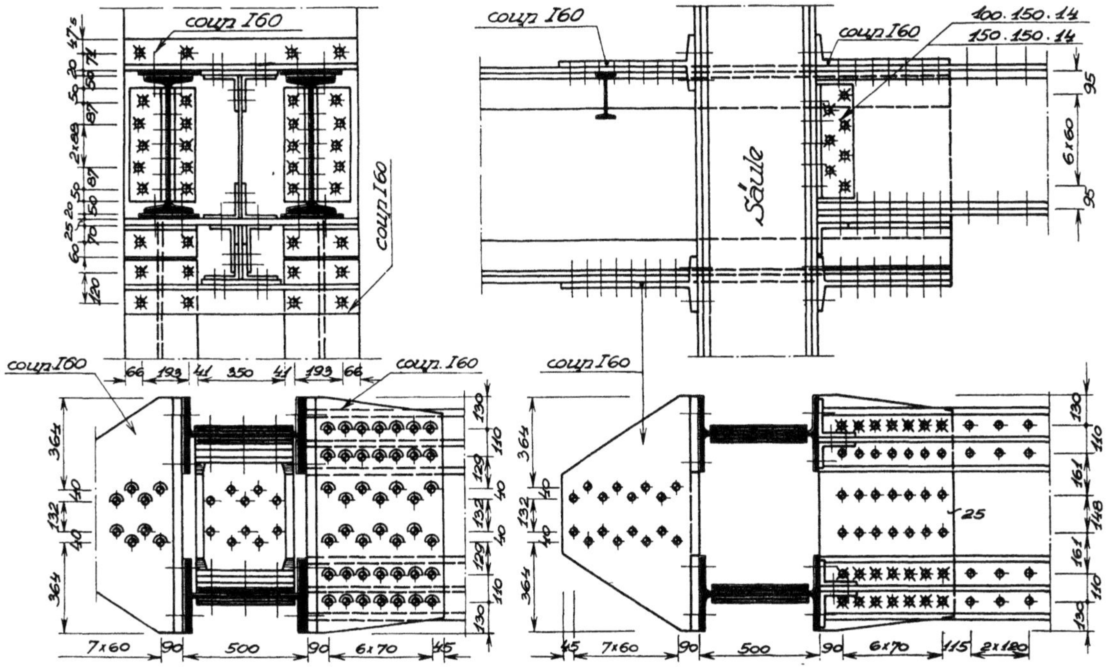

Abb. 52. Europahaus, Berlin. Trägeranschlüsse bei waagerechter Rahmenwirkung.

tionen gegeben. Bei diesem Anschlusse ist gleichzeitig auch in horizontalem Sinne eine kleine rahmenartige Aussteifung bewirkt.

Von einer Seite kommt ein Blechträger heran, der durch den Zwischenraum der Stützenprofile hindurchgeht und außerdem ein Stück darüber hinaus. Von der anderen Seite stoßen zwei I-Profile Nr. 55 an die Stütze, die dort mit gewöhnlichen Anschlußwinkeln befestigt sind.

Außerdem sind jedoch noch vier waagerecht liegende abgeflanschte I-Profile Nr. 60 auf der Ober- und Unterseite des Blechträgers an die Stütze angeschlossen.

Das Stützenprofil und die Verbindungen sind aus Abb. 52 zu ersehen.

Den Stoß einer Stütze, die an einer Risalitecke gelegen ist, führt Abb. 53 vor. Er ist beim Palais der Berg- und Hüttenwerksgesellschaft, Prag, ausgeführt; gleichzeitig sind dabei auch die Trägeranschlüsse in drei Projektionen ersichtlich gemacht.

Die Stütze ist dreiteilig ausgeführt; ihr Querschnitt besteht aus einem I-Träger und zwei U-Eisen Nr. 28. Der Stoß der Stütze ist 600 mm über Fußbodenoberkante durchgeführt. Es sind sowohl die Stege wie die Flanschen gedeckt. Erstere bei den U-Eisen einseitig, bei dem I-Träger doppelseitig. Für die Stoßdeckung der Flanschen sind dort zwei

Futter jederseits erforderlich gewesen. Es wurde, wie ersichtlich, der früher angegebene Typus einer Stoßdeckung konsequent wieder verwendet.

Was die Anschlüsse der Unterzüge betrifft, so sind die beiden Zwischenräume zwischen den Stützenprofilen zum Einführen je eines Unterzuges von einer bzw. der anderen Seite

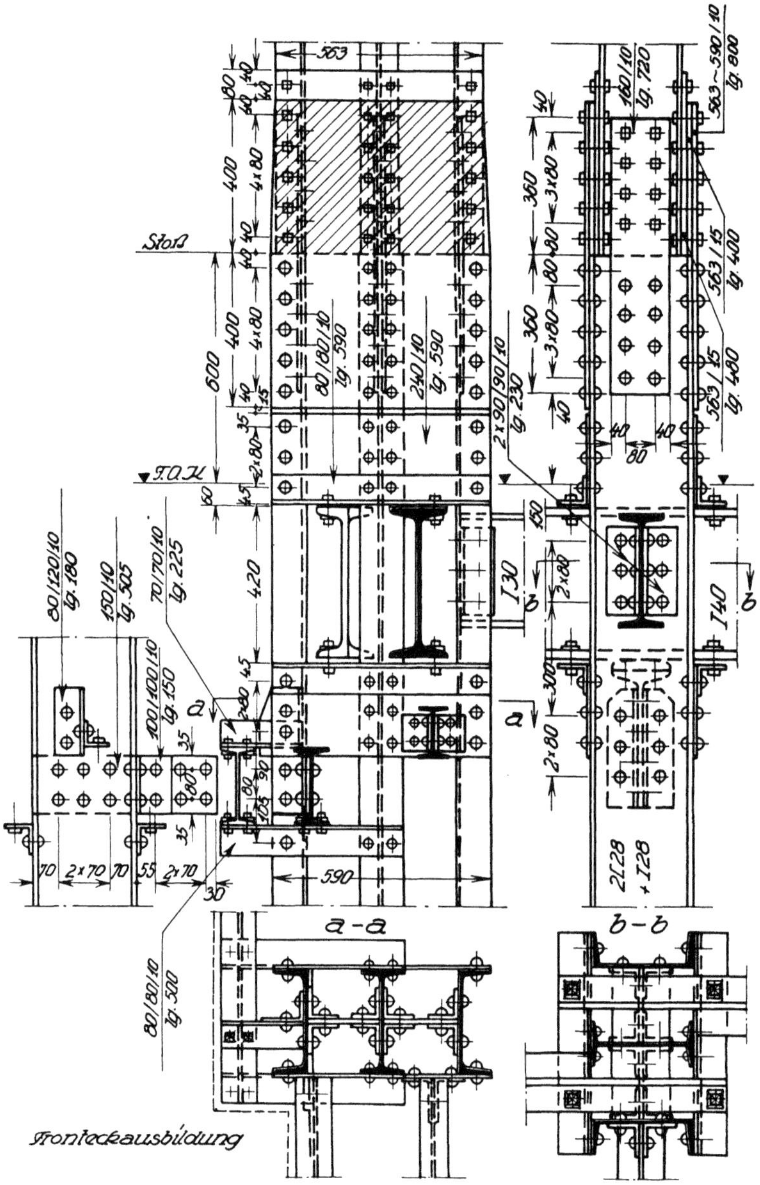

Abb. 53. Hochhaus Berg- und Huttenwerksges., Prag. Entwurf: Dr.-Ing. A. Hawranek. Säulenstöße und Befestigung der Frontwandträger.

ausgenützt. (Grundriß *b—b*.) Diese Träger stützen sich auf Quersättel behufs zentrischer Lastübertragung auf. Diese Quersättel sind aus abgeflanschten I-Trägern hergestellt.

Außerdem sind noch die Anschlüsse der Frontwandträger, die etwas tiefer liegen, mittels Konsolwinkeln und oberen Haltediaphragmen in den Abbildungen ersichtlich gemacht und im Grundriß (*a—a*) herausgezeichnet.

Zur Veranschaulichung eines Trägergerippes sei die Abb. 54 mit dem Einblick in ein Geschoß des Postlagergebäudes in Stettin (Ausführung: J. Gollnow & Sohn, Stettin) wiedergegeben.

Abb. 54. Postlagergebäude in Stettin. Blick in eines der Geschosse. Ausführung: J. Gollnow & Sohn, Stettin.

Außerdem das Bild des montierten Skelettes des Kaufhauses Suschitzky in Prag (Ausführung: Eisenwerk Witkowitz), Abb. 55, das unten die Abstützung der oberen Säulen auf Rahmenträgern zeigt. An der Leichtigkeit des ganzen Stahlskelettes ist die Ausführung in Si St zu ersehen.

Abb. 55. Stahlskelett des Kaufhauses Suschitzky in Prag. Rahmenträger des Theatersaales. Ausführung: Eisenwerk Witkowitz.

3. Der Einspannungsgrad der Anschlüsse der Deckenträger und Unterzüge.

Um über den Einspannungsgrad von Trägern ein Bild zu gewinnen, sollen einige Erwägungen in diesem Belange hier angeführt werden. Träger, die an andere bloß mit einfachen Winkeln und Schrauben angeschlossen werden, sind gewöhnlich als freiaufliegende Träger zu berechnen, wenn sie auch eine teilweise Einspannung aufweisen. Sie werden dann eine geringere Durchbiegung und eine geringere Spannung erhalten, die diesen Trägern eine etwas größere Sicherheit verleiht.

Man darf sich aber über den Einspannungsgrad nicht täuschen, wenn er berücksichtigt werden soll, um die Konstruktion voll auszunützen.

Deshalb wurde für die Normalanschlüsse von Trägern II der Einspannungsgrad ermittelt, und zwar von dem Gesichtspunkte aus, daß in den obersten am stärksten auf Zug beanspruchten Anschlußschrauben höchstens die zulässige Beanspruchung von 1000 kg/cm² eintritt und unter der weiteren Voraussetzung, daß die Anschlußwinkel an den Anschlußträger I im unbelasteten Zustand gut anliegen. Für die Beurteilung des Einspannungsgrades solcher Anschlüsse sind sowohl die Anschlußschrauben in Träger I wie die Nieten in Träger II zu untersuchen (Abb. 56 bis 59).

Bei der Belastung des Trägers II wird sich der untere Teil der Anschlußwinkel an den Steg von Träger I anpressen, wobei er bis zur Nullinie gedrückt wird (Abb. 56, schraffierte Fläche). Es entsteht das in Abb. 56 wiedergegebene Spannungsbild, wobei Z_1 die Zugkraft der obersten Schraube bedeutet.

Sind in der Reihe A bei kleinen Walzprofilen nur eine oder zwei Schrauben vorhanden, so lassen sich die Schraubenzugkraft, die Druckspannung und der Nullinienabstand genau wie für einseitig bewehrte Eisenbetonbalken berechnen. Sind drei oder mehr Schrauben in einer Reihe A, so kann man für die Nullinienabstände x und die Einspannungsmomente des Anschlusses M_I mit den Bezeichnungen der Abb. 56 bzw. 58 nachstehende Formeln anwenden:

a) Drei Schrauben in einer Reihe A.

$$x = -\frac{2f}{b} \pm \sqrt{\frac{4f^2}{b^2} + 2f\frac{3a+2c}{b}},$$

$$M_I = \frac{2\sigma_z}{y}\left\{\frac{b\,x^3}{3} + f\left[y^2 + (y-a)^2\right]\right\},$$

wobei

$$y = 2a + c - x.$$

b) Vier Schrauben in einer Reihe A.

$$x = -\frac{3f}{b} \pm \sqrt{\frac{9f^2}{b^2} + 6f\frac{2a+c}{b}},$$

$$M_I = \frac{2\sigma_z}{y}\left\{\frac{b\,x^3}{3} + f\left[y^2 + (y-a)^2 + (y-2a)^2\right]\right\},$$

wobei

$$y = 3a + c - x.$$

In diesen Formeln ist f die Querschnittsfläche einer Schraube der Reihe A, y der Abstand der äußersten oberen Schraube von der Nullinie.

In zwei Tabellen 8 und 9 sind für die verschiedenen Regelanschlüsse einmal für drei, dann für vier Schrauben in einer A-Reihe die Tragmomente M_T der Träger II und die Einspannungsmomente M_I eingetragen. Die Tragmomente M_T sind für eine zulässige Inanspruchnahme von 1200 kg/cm² gerechnet. Außerdem sind darin die Einspannungsgrade $\varkappa = \frac{M_I}{M_T}$ wiedergegeben.

Man ersieht daraus, daß der Einspannungsgrad $\varkappa$ bei einem Dreischraubenanschluß für Träger I Nr. 32 bis 55 von 21,6 auf 6,2% sinkt, bei dem Vierschraubenanschluß für I P 40 bis 55 von 16,2 auf 8,9%.

Nun müssen noch die Einspannungsgrade bei Träger II selbst ermittelt werden. Nach den Abb. 57, 59 und der darin gezeichneten Spannungsverteilung ergibt sich für drei Nieten in einer Reihe B und einer Nietkraft Z das Trägeranschlußmoment ${}_1M_{II}$

$${}_1M_{II} = 2\,Z\,a,$$

für sechs Nieten in zwei Reihen

$${}_2M_{II} = 4\,Z\,a.$$

Einspanngrade von Trägeranschlüssen.

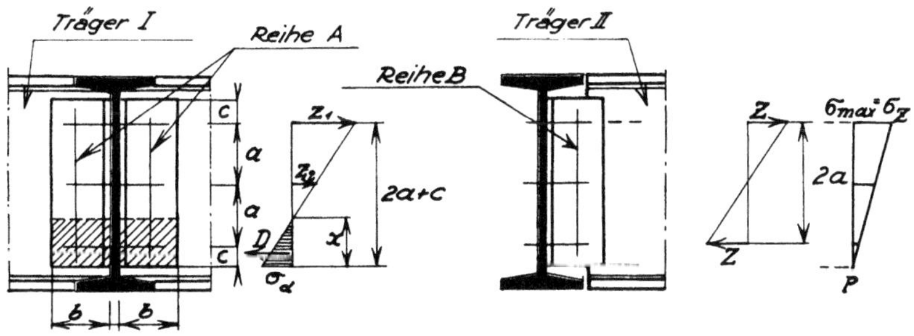

Abb. 56.   Abb. 57.

Abb. 56 u. 57. Anschluß mit 3 Schrauben.

$f = 4{,}15\ \text{cm}^2, \qquad \sigma_Z = 1000\ \text{kg/cm}^2.$

Allgemein

$$\Sigma H = 0, \qquad D = Z_1 + Z_2,$$

$$x = -\frac{2f}{b} \pm \sqrt{\frac{4f^2}{b^2} + 2f\,\frac{3a+2c}{b}},$$

$$\Sigma M = 0.$$

Moment für den Anschluß an Träger I (Reihe A) $= M_I$

$$M_I = \frac{2\sigma_Z}{y}\left\{\frac{b\,x^3}{3} + f\,[y^2 + (y-a)^2]\right\},$$

wobei

$$y = 2a + c - x.$$

Moment für den Anschluß an Träger II (Reihe B) $= M_{II}$

für eine Reihe $\quad {}_1M_{II} = 2\,Z\,a,$

für zwei Reihen $\quad {}_2M_{II} = 4\,Z\,a.$

Tragmoment des Trägers

$$M_T = W\sigma_{zul}, \qquad \sigma_{zul} = 1200\ \text{kg/cm}^2.$$

Tabelle 8. Zusammenstellung der Einspanngrade von Trägeranschlüssen.

Profil		I 32	I 35	I 40	I 45	I 50	I 55
a	cm	9,0	9,0	9,0	13,0	13,0	13,0
b	cm	11,0	11,0	11,0	11,0	11,0	11,0
c	cm	4,0	4,0	4,0	4,0	4,0	4,0
x	cm	4,39	4,39	4,39	5,24	5,24	5,24
M_T	kgcm	1 032 000	1 340 000	1 940 000	2 700 000	3 645 000	4 780 000
M_I	kgcm	216 000	216 000	216 000	298 100	298 100	298 100
$x = \frac{M_I}{M_T}$ 100	%	21,6	16,1	11,1	11,0	8,2	6,2
${}_1M_{II}$	kgcm	96 700	104 000	119 000	172 500	172 500	172 500
$x' = \frac{{}_1M_{II}}{M_T}$ 100	%	9,3	7,7	6,1	6,4	4,7	3,6
${}_2M_{II}$	kgcm	193 400	208 000	238 000	345 000	345 000	345 000
$x'' = \frac{{}_2M_{II}}{M_T}$ 100	%	18,6	15,4	12,2	12,8	9,4	7,2

Einspanngrade von Trägeranschlüssen.

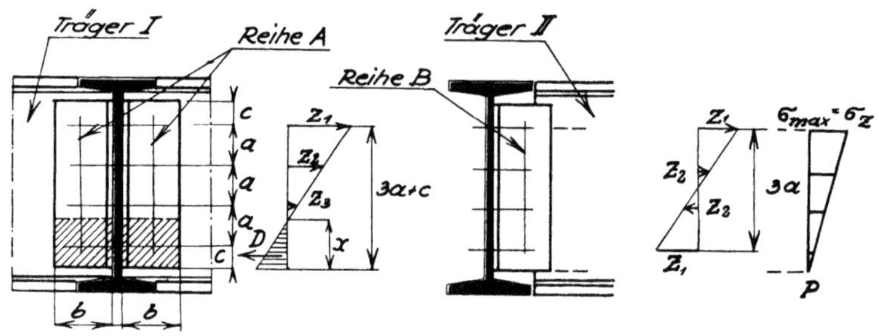

Abb. 58. Abb. 59.

Abb. 58 u. 59. Anschluß mit 4 Schrauben.

$$f = 4{,}15\ \text{cm}^2, \qquad \sigma_Z = 1000\ \text{kg/cm}^2.$$

Allgemein

$$\Sigma H = 0, \qquad D = Z_1 + Z_2 + Z_3,$$

$$x = -\frac{3f}{b} \pm \sqrt{\frac{9f^2}{b^2} + \frac{2f}{b}(6a + 3c)},$$

$$\Sigma M = 0,$$

Moment für den Anschluß an Träger I (Reihe A) $= M_I$

$$M_I = \frac{2\sigma_Z}{y}\left\{\frac{b x^3}{3} + f[y^2 + (y-a)^2 + (y-2a)^2]\right\},$$

wobei

$$y = 3a + c - x.$$

Moment für den Anschluß an Träger II (Reihe B) $= M_{II}$

für eine Reihe $\quad {}_1M_{II} = a(3Z_1 + Z_2)$,

für zwei Reihen $\quad {}_2M_{II} = 2a(3Z_1 + Z_2)$.

Tragmoment des Trägers

$$M_T = W\sigma_{zul} \qquad \sigma_{zul} = 1200\ \text{kg/cm}^2.$$

Tabelle 9.

Zusammenstellung der Einspanngrade von Trägeranschlüssen.

Profil		I 40	I 45	I 50	I 55
a	cm	7,5	8,0	9,0	10,0
b	cm	11,0	11,0	11,0	11,0
c	cm	4,0	4,0	4,0	4,0
x	cm	5,54	5,87	6,20	6,49
M_T	kgcm	1 940 000	2 700 000	3 645 000	4 780 000
M_I	kgcm	315 300	356 300	391 000	427 500
$x = \frac{M_I}{M_T} 100$	%	16,2	13,2	10,7	8,9
${}_1M_{II}$	kgcm	165 600	177 600	198 000	220 200
$x' = \frac{{}_1M_{II}}{M_T} 100$	%	8,6	6,6	5,5	4,6
${}_2M_{II}$	kgcm	331 200	355 300	396 000	440 400
$x'' = \frac{{}_2M_{II}}{M_T} 100$	%	17,2	13,2	11,0	9,2

Sind vier Nieten in einer Reihe B, dann wird mit den Bezeichnungen der Abb. 59, wobei Z_1 die Nietkraft in der äußersten Reihe bedeutet,

$$_1M_{II} = a\,(3\,Z_1 + Z_2) = \frac{10}{3}\,Z_1\,a\,,$$

für acht Nieten in zwei Reihen

$$_2M_{II} = \frac{20}{3}\,Z_1\,a\,.$$

Diese Einspannmomente wurden gleichfalls für die verschiedenen Fälle gerechnet und in die Tabellen eingetragen. Außerdem die Einspannungsgrade für einreihige Nietanschlüsse

$$\varkappa' = \frac{_1M_{II}}{M_T}\,100$$

und für zweireihige Anschlüsse

$$\varkappa'' = \frac{_2M_{II}}{M_T}\,100\,.$$

Wie man sieht, sind diese Einspannungsgrade für einreihige B-Nieten sehr gering. Will man daher tatsächlich eine Einspannung berücksichtigen, so müssen zweireihige Nietanschlüsse der Träger II vorgenommen werden, wobei sich deren Einspannungsgrade $\varkappa''$ den Einspannungsgraden $\varkappa$ der A-Reihe nähern. Man wird dann den kleineren der $\varkappa$-Werte berücksichtigen.

Es darf aber nicht vergessen werden, daß in den vorstehenden Erwägungen die Verdrehung der Träger I nicht berücksichtigt ist. Diese wird den Grad der Einspannung noch weiter herabsetzen, was namentlich bei einseitigen Anschlüssen und einseitigen Belastungen in erheblicherem Maße der Fall ist, als bei zweiseitigen Anschlüssen.

Außerdem ist zu beachten, daß in einem Deckenfeld die Anschlüsse von Trägern, die in der Nähe der Auflager der Unterzüge I angeordnet sind, infolge der Verdrehung keinen solchen Einspannungsabfall erhalten wie jene gegen die Mitte zu gelegenen. Der Einspannungsgrad solcher Trägerroste wird also außerdem verschieden sein. Bei Anschlüssen von Trägern an Stützen werden deren Verbiegungen gleichfalls den Einspannungsgrad etwas herabmindern, aber nicht in solchem Maße wie die Verdrehung von Trägern.

Es ist aber noch ein Umstand zu berücksichtigen. Trifft die eine der Voraussetzungen dieser Untersuchung nicht zu, daß die Anschlußwinkel im unbelasteten Zustand an den Stegen der Träger I satt anliegen, was bei der Montage vorkommen kann, selbst wenn sie noch so sorgfältig durchgeführt wird, so ändert sich das Spannungsbild. Die früher in Rücksicht gezogene Druckfläche wird kleiner werden oder ganz verschwinden, so daß sich dann bei der Belastung die untersten Winkelkanten an den Steg anpressen und alle Schrauben Zug erhalten.

Die hierbei auftretenden Spannungsbilder b (Zustand II) sind in Abb. 57 und 59 angegeben. Es erfolgt eine Drehung des Trägers um das untere Anschlußwinkelende P.

Solange das geradlinige Spannungsverteilungsgesetz gilt, läßt sich das in diesem Falle vorhandene Einspannungsmoment M_I' nachstehend rechnen: Bedeutet auch hier f die Querschnittsfläche einer Schraube, σ_z die zulässige Inanspruchnahme der Schrauben auf Zug, so wird

für zwei Schrauben in Reihe A

$$M_I' = \frac{a^2 + 2\,a\,c + 2\,c^2}{(a + c)}\,2\,f\,\sigma_z\,,$$

für drei Schrauben in Reihe A

$$M_I' = \frac{(5\,a^2 + 6\,a\,c + 3\,c^2)}{(2\,a + c)}\,2\,f\,\sigma_z\,,$$

für vier Schrauben in Reihe A

$$M_I' = \frac{(7\,a^2 + 6\,a\,c + 2\,c^2)}{(3\,a + c)}\,4\,f\,\sigma_z\,.$$

Die ziffernmäßige Ausrechnung für die Regelanschlüsse ergibt, daß die Momente M_I' etwas größer sind als die Momente M_I.

Endlich sind noch die durch Nietlöcher geschwächten Stege der ausgeklinkten Enden der Träger II hinsichtlich ihrer Übernahmsfähigkeit für Momente M_T' zu untersuchen.

Von allen errechneten Momenten M_I, M_I', M_T' und ${}_1M_{II}$ bzw. ${}_2M_{II}$ ist das kleinste für den Einspannungsgrad bei Einhaltung der zulässigen Inanspruchnahme als maßgebend anzusehen.

Zur Ergänzung dieser Untersuchungen des Verfassers sei auf eine Arbeit Dr. Gabers[1] über den Anschluß von vollwandigen Längs- und Querträgern hingewiesen.

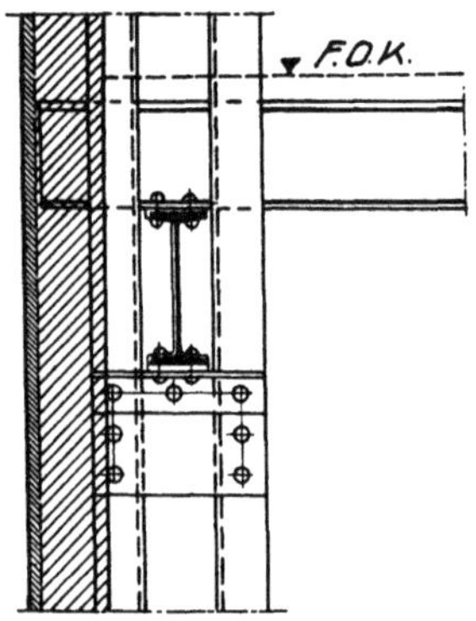

Abb. 60. Ausladender Deckenträger.

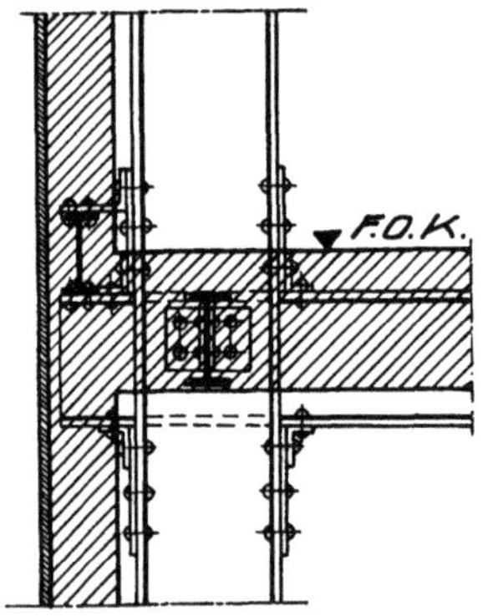

Abb. 61. Frontwandträger außen auf dem Unterzug gelagert.

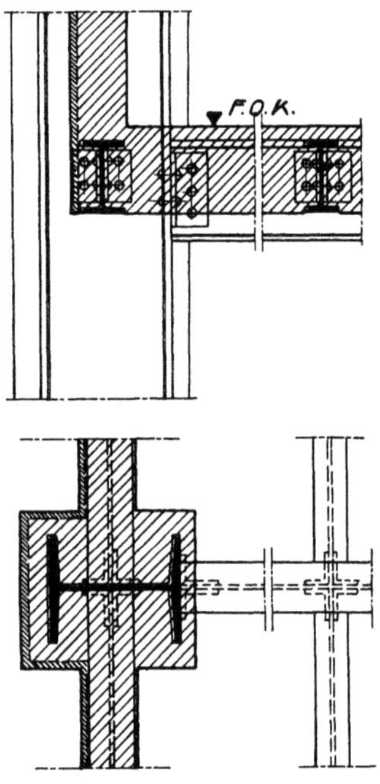

Abb. 62. Frontwandträger zentrisch gelagert (Säulenumhüllung außen vorstehend).

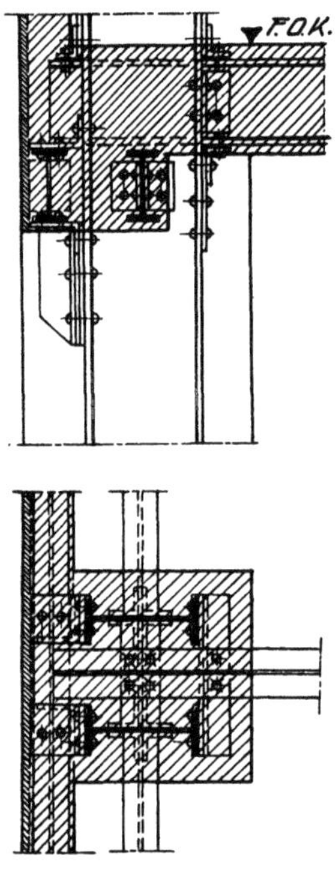

Abb. 63. Frontwandträger außen auf der Säule gelagert.

Abb. 60 bis 63. Frontwand-Ausbildungen.

4. Frontwandträger.

Die Frontwände können entweder in die durch die umhüllten Stützen und Unterzüge entstehenden Gefache eingebaut werden, so daß die Stützen außen in der Fassade sichtbar werden, oder sie stehen ganz außerhalb der Stützen und bilden eine glatte Wand. In letzterem Falle greifen die Stützenquerschnitte in die Nutzräume tiefer ein. Die Wahl der Anordnung der Frontwandabstützung ist für die Stellung der Außenwandstützenachsen im Grundriß entscheidend, da die Bauflucht eingehalten werden muß. Die Frontwände können exzentrische Stützenbeanspruchungen geben, auf deren Größe und Einfluß noch zurückgekommen werden soll. Es sind jedoch auch zentrische Stützenbeanspruchungen möglich.

Ein solcher Fall liegt in Abbildung 60 vor. Die Deckenträger laufen senkrecht zur Außenwand und sind auf den Frontlängsunterzügen gelagert. Die Deckenkonstruktion wird hierbei bis an das außen überstehende Ende der Deckenträger ausgeführt, auf welche dann die Frontmauer aufgesetzt werden kann. Diese Bauweise erfordert allerdings noch eine Ummantelung der Längsunterzüge, wenn die Frontmauer diese nicht einbeziehen kann, wobei allerdings die Mauerstärke und das Gewicht wächst. Die Fenster können außerdem oben nur bis zur Unterzugunterkante reichen. Da-

[1] Gaber, Dr.: Über den Anschluß von vollwandigen Längs- und Querträgern. Bauing. 1925, S. 170.

für haben aber die Stützen nur zentrische Lasten zu übertragen; die Querversteifung des Gebäudes ist hingegen bei dieser Anordnung geringer.

Eine andere Anordnung zeigt Abb. 61, die eine gute Aussteifung des Stahlgerippes in der Querrichtung gibt, weil die Querunterzüge durch die Stützen durchgeführt und mit ihnen verbunden sind, so daß Momente übertragen werden können. Sie ragen außerdem noch außen heraus und können die Frontwandträger aufnehmen. Sie sind durch an die Stütze angeschlossene Winkel gegen Umkanten geschützt und ermöglichen den Frontwandaufbau. Die Deckenträger laufen hier parallel mit der Außenflucht, einer liegt in der Stützenachse und gibt dadurch die Längsverbindung. Die Fenster können bis zur Deckenträgerunterkante geführt werden. Die Ausmauerung des Eckes zwischen Frontträger und Längsverbindung bereitet Schwierigkeiten.

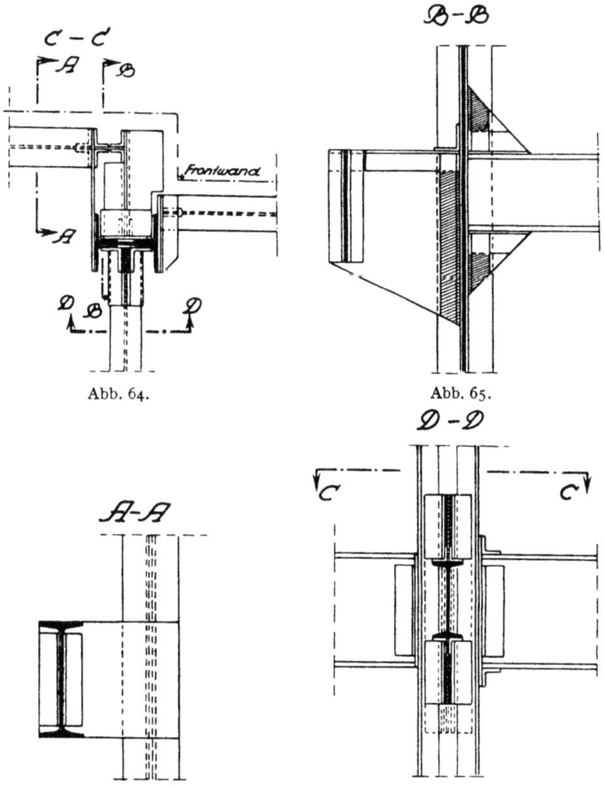

Abb. 64. Abb. 65. Abb. 66. Abb. 67.

Abb. 64 bis 67. Frontwandträger-Ausbildung, Eckanschlüsse. Curtis Building, Philadelphia. (Nach Am. Bridge Co. Eng.-Rec. 1910.)

Ist der Unterzug im Stützeninnern auf einem Sattel gelagert, so ist die Stütze auch bei dieser Ausführungsweise zentrisch belastet, sonst aber nicht.

In Abb. 62 findet sich eine Lösung mit unmittelbar zentrischem Anschluß der Frontwandträger an eine aus einem Breitflanschträger bestehende Stütze. Die Stützenumhüllung ist außen sichtbar, aber manchmal vom architektonischen Standpunkte aus erwünscht. Der Frontträger ist gleichzeitig Deckenträger. Die Decken und ihre Nutzlasten belasten jedoch infolge des Anschlusses der Unterzüge die Stütze exzentrisch. Die Fenster können hierbei sehr hoch geführt und gut am Längsträger angeschlossen werden. Die Ummantelung der Stütze ist ungehindert möglich und kann durch Aufnietung von Winkeln an das Stützenprofil stockwerkweise auch außen abgefangen werden.

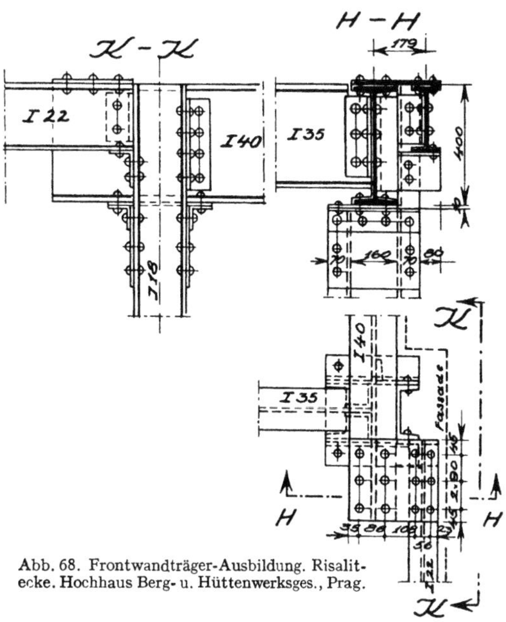

Abb. 68. Frontwandträger-Ausbildung. Risalitecke. Hochhaus Berg- u. Hüttenwerksges., Prag.

Abb. 63 stellt einen ausgesprochen exzentrischen Frontwand-Trägeranschluß mit lotrechten Stütz- und waagerechten Anschlußwinkeln dar, wobei wiederum Quer- und Längsunterzüge zentrisch an die Stütze angeschlossen sind. Die Querunterzüge sitzen auf einem Sattel, der zwischen die Stützenprofilstege eingebaut ist. In allen vier Fällen ist die Frontwandmauerung in jeder beliebigen Stärke und Ausbildung an den Fensterparapeten möglich.

Sind in den Frontwänden Risalite auszubilden, so beeinflußt die vorher zu wählende Anordnung der Frontwandträger die Entfernungen der Stützenachsen von der Fassade in besonderem Maße, da es sich hierbei immer um die Einhaltung der Baulinie handelt.

Diese Wahl der Entfernung der Stützenachse von der Baulinie entscheidet außerdem noch der größte Stützenquerschnitt im untersten Geschoß.

In Abb. 64 ist eine Risalitausbildung in einem oberen Geschoß wiedergegeben. Die Stütze, aus Stehblech und vier Winkeln bestehend, trägt eine in der Achse angeordnete Hauptkonsole (Abb. 65) und eine Nebenkonsole (Abb. 66), an die sich der eine Frontwandträger unter Zuhilfenahme einer Zwischensteife anschließt; der eine gegen die Außenwand zu liegende Winkel der Hauptkonsole ist so groß gewählt, daß die Eckausmauerung möglich ist, während der Träger der zurückgesetzten Frontwand exzentrisch angeschlossen werden mußte. In Abbildung 67 ist außerdem noch der Unterzuganschluß mit beiderseitigen Eckblechen zu sehen. Eine Ansicht dieser Verbindung ist in Abb. 65 zu sehen. Die Nebenkonsole ist ohne Winkel, um die Ummantelung der Stütze wenigstens auf einer Seite nicht weiter hinausrücken zu müssen.

Eine Ausbildung einer solchen Risalitecke, die der Verfasser beim Bau des **Hochhauses der Berg- und Hütten-**

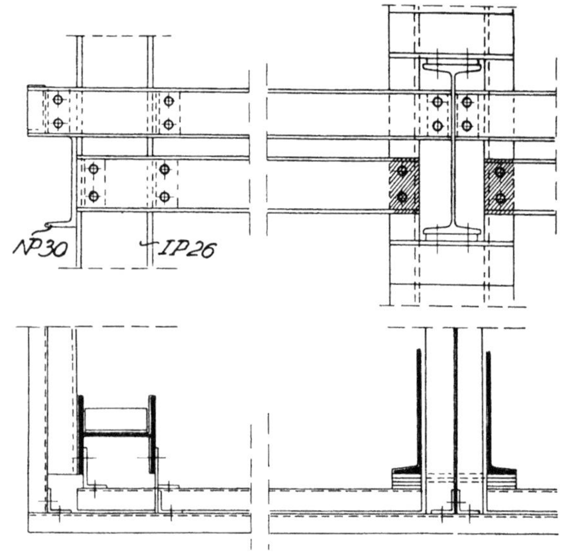

Abb. 69. Farbenindustrie-A. G. Frankfurt. Eckausbildung.

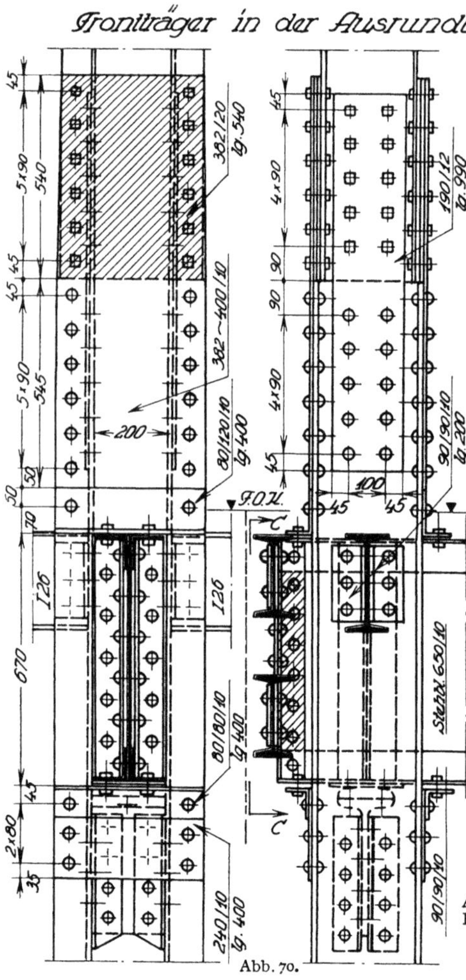

Abb. 70.

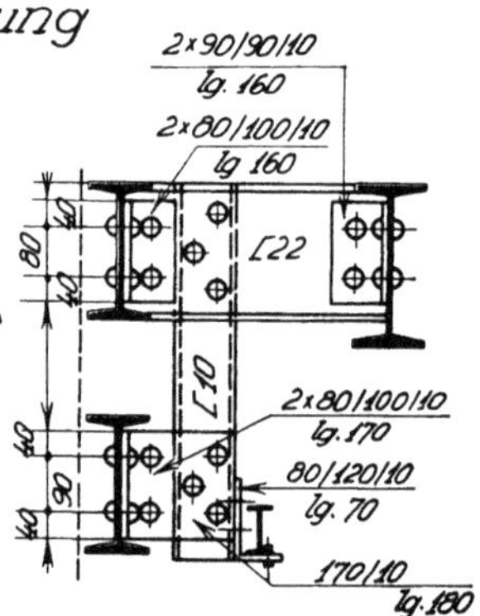

Abb. 72.

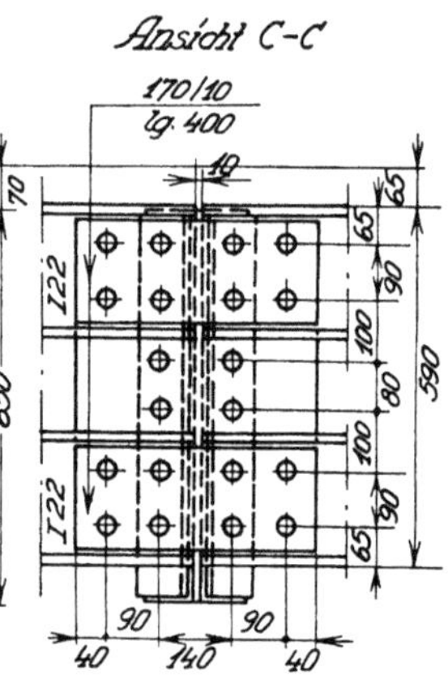

Abb. 71.

Abb. 70 bis 72. Hochhaus Berg- und Hüttenwerksges., Prag. Frontwandausbildung.
Entwurf: Dr.-Ing. A. Hawranek.

werksgesellschaft in Prag ausführte, gibt Abb. 68. Hier ist der schwerere Frontwandträger zentrisch auf der Stütze gelagert und übergreift sie, ein C-Eisen der Stütze ist höher geführt, an das der anschließende und um den Fassadenrücksprung versetzte Frontwandträger mit Stütz- und Anschlußwinkel befestigt ist. Eine über beide Träger laufende Platte versteift den Anschluß auch in der Querrichtung.

Außerdem sei noch eine reine Eckausbildung des Gebäudes der Farbenindustrie A. G. in Frankfurt in Abb. 69 vorgeführt, wo Anschlüsse sowohl von Frontwand wie Fensterträgern, die tiefer liegen, mittels Konsolblechen und Winkeln ersichtlich sind und außerdem die Anschlüsse bei der Nachbarstütze an dem vorkragenden Unterzug für den Frontträger, der hier die Stütze zentrisch belastet.

Schließlich soll ein Beispiel für eine im Grundriß gekrümmte Frontwand gegeben werden, die gleichzeitig auch eine Stoßausbildung der Stütze zeigt. Diese Anordnung hat Verfasser beim Hochhaus Prag getroffen. Die Stützen tragen die bis zur Fassade ausladenden, in diesem Falle schweren Unterzüge mit zentrischer Lagerung und dann achsial angeschlossene gerade Längsträger (Abb. 70).

Es sind mit Rücksicht auf die Verdrehungsbeanspruchung zwei übereinander liegende, gekrümmte und gekuppelte Frontträger an den Unterzug angeschlossen, wobei die Abb. 71 auch ihre Stoßdeckung zeigt. Diese gekrümmten Träger sind nach Abbildung 72 einerseits durch C-Eisen mit den geraden Längsträgern waagerecht verbunden, andererseits untereinander, allerdings mittelbar durch lotrechte C-Eisen, die außerdem noch kleine Fensterträger aufnehmen. Solcher Verbindungen sind in einem Feld drei Stück angeordnet.

Eine andere Fronteckausbildung vom gleichen Bau ist aus Abb. 53 zu ersehen, die in Abschnitt 4 beschrieben ist.

Beim Bau des Hochhauses in Wien, Währinger Straße, sind Frontwandträger aus gepreßten Leichtprofilen, 500 mm hoch, 5 mm dick in Aussicht genommen worden, die bei der Ausbildung der Wände in Leichtbaustoffen sehr zweckmäßig und wirtschaftlich sind.

5. Anordnung ausgekragter Wandkonstruktionen.

Abb. 73. Turmhaus Debewa, Mannheim. Architekt: Fritz Nathan, Frankfurt a. M.

Es wird manchmal verlangt, Wände aus den straßenseitigen Fassaden vorkragen zu lassen, während unterhalb einige Geschosse in der Bauflucht bleiben. Es kann aber auch der Fall vorkommen, daß ganze Gebäudeteile einem bestehenden Bau ausweichen müssen und erst über demselben beim Neubau eine breitere Konstruktion angeordnet wird. Ein Beispiel für die erstere Lösung wird in der Abb. 73 gegeben, die das Bild des Geschäftshauses der DEBEWA in Mannheim darstellt[1]. Es ist eine Ausführung des Architekten F. Nathan, Frankfurt. Der Eckturm kragt vom ersten Obergeschoß in einer Straßenflucht um 4½ m vor.

Eine bedeutsame Ausbildung in dieser Hinsicht findet sich beim Roanoke-Tower Building in Chicago[2],

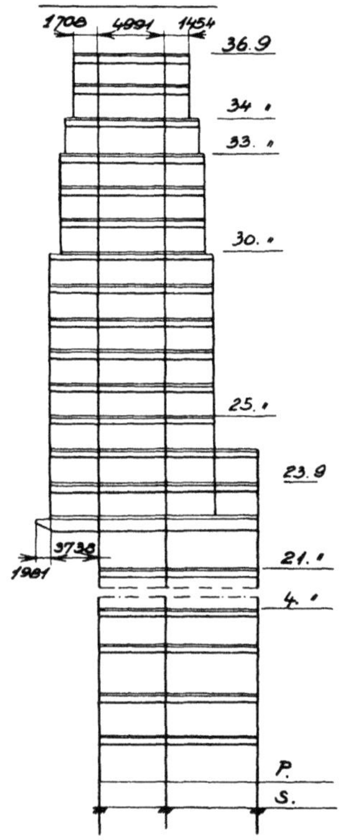

Abb. 74. Gesamtschnitt des Turmes.

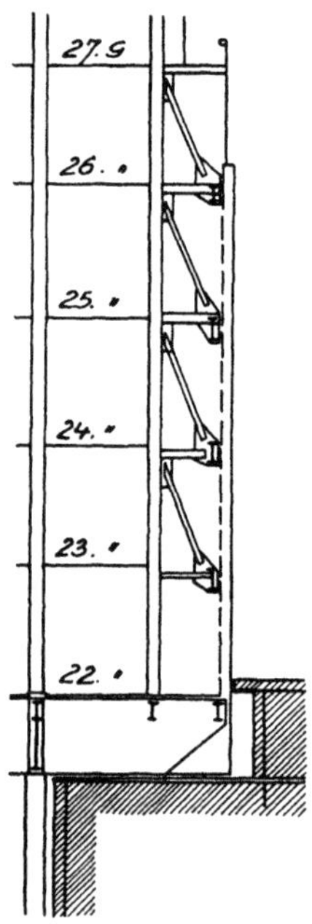

Abb. 75. Einzelheit an der Kragstelle.

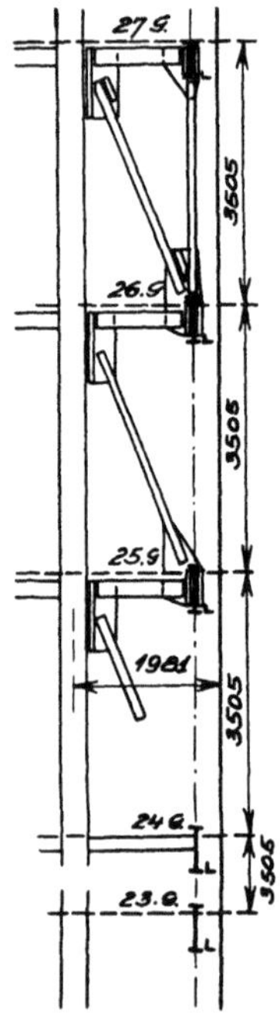

Abb. 76. Ausfachung.

Abb. 74 bis 76. Auskragen von 16 Geschossen um eine Feldweite. Roanoke-Tower-Building, Chicago.

bei welchem 16 Stockwerke um das Maß von 3,74 m über ein bestehendes Gebäude auskragen. In Abb. 74 ist der Querschnitt des Gebäudes und die Auskragung ersichtlich gemacht. Was die Ausführung betrifft, wurde ein schwerer doppelter Unterzug von 2,10 m Höhe in der 22. Geschoßdecke bei jedem Säulenstrang eingebaut, an dessen Ende sich ein Säulenpaar abstützt, das einen eigenen Windverband erhält (Abb. 75). In Abb. 76 ist diese Einzelheit noch etwas deutlicher ersichtlich gemacht. Beim sonst schmalen und nahezu 140 m hohen Gebäude ist dies eine kühne Ausführung.

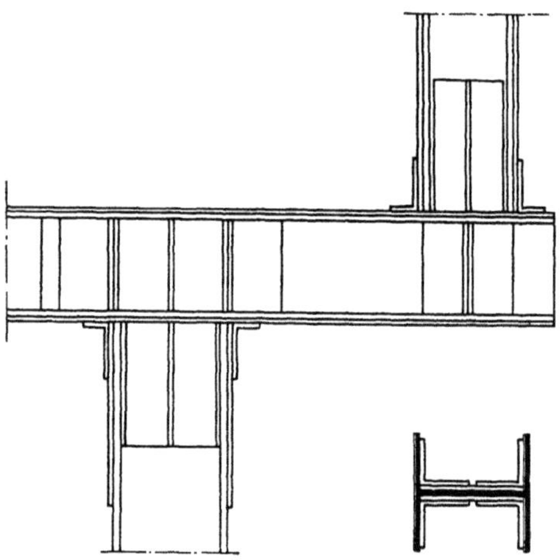
Abb. 77. Abb. 78.

Abb. 77 u. 78. Verwaltungsgebäude Handlungsgehilfen-Verband Hamburg. Auskragung.

Bei dem Bau des Verwaltungsgebäudes des Deutschnationalen Handlungsgehilfenverbandes in Hamburg[3] ist die Frontwand durch 12 Geschosse hindurch gegen jene der Baulinie vorkragend angeordnet worden. Die Einzelheit dieser Auskragung ist aus Abb. 77 zu entnehmen. Die aus Peine-Trägern bestehenden Stützen der ersten beiden Geschosse enden über dem zweiten Geschoß und nehmen die auskragenden Unter-

[1] Ausführung: M. Lavis Söhne, Offenbach. Moosbrucker, R.: Stahlbau 1929, S. 172.

[2] Engg. News Rec. 1926/II, S. 993.

[3] Timm, G.: Der P-Träger 1930, S. 6.

züge, gleichfalls aus P-Trägern bestehend, auf. Die Stützen der Frontwände setzen sich auf dem Kragende dieser Träger mit Zuhilfenahme von Anschlußwinkeln auf. Sowohl an den Kopfenden der unteren Säulen als auch an den Kragenden des durch zwei Beilageplatten am Steg verstärkten Unterzuges sind Aussteifungen mit Doppelwinkeln angeordnet worden. Der Querschnitt der Wandstütze ist in Abb. 78 wiedergegeben.

Als weiteres Beispiel einer Auskragung sei noch eine Konstruktion vom Northwestern-Mutual Life-Insurance Building, Milwaukee[1] angeführt. Es handelt sich um einen

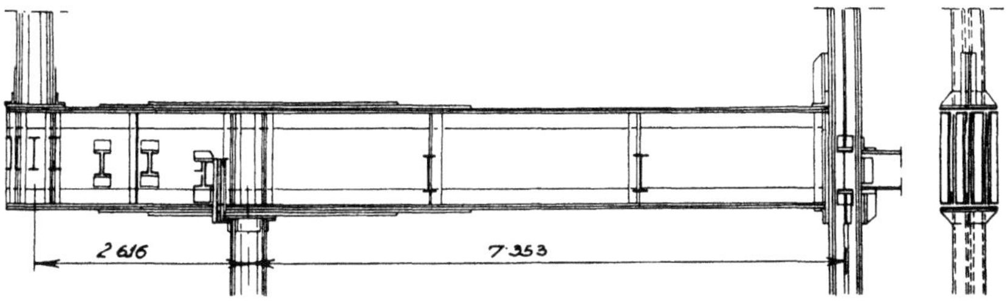

Abb. 79. Insurance Building, Milwaukee.

dreiteiligen Unterzug von 7,35 m Stützweite, der um 2,62 m auskragt. Auch in diesem Falle ist die Abstützung der durch Kopfplatten verstärkten Unterzüge am Kopfende der darunterliegenden Säule erfolgt. Am Kragende setzt sich eine Säule der Wandkonstruktion ab. An diese Träger schließt sich noch eine Reihe anderer Träger an. Rechts in Abb. 79 ist gleichzeitig noch der Anschluß der Unterzüge am zweiten Ende an die Säulen gekennzeichnet.

Bei der Umhüllung der ins Freie auskragenden Trägerteile muß mit besonderer Vorsicht vorgegangen werden, damit diese den Witterungseinflüssen vollkommen standhalten können. Es wird sich empfehlen, diese Teile völlig auszubetonieren.

6. Gewichte der Decken.

Von ausschlaggebender Bedeutung für vielstöckige Bauten hinsichtlich der den Stützen zuzuweisenden Lasten sind die Eigengewichtslasten der Decken. Jede zulässige Ersparnis an Deckeneigengewicht bringt Ersparnisse in der gesamten Stahlkonstruktion. Deshalb muß die Art der Deckenausbildung schon vor der Projektbearbeitung entschieden sein.

Im nachstehenden sollen für einige Deckenarten die Eigengewichte pro 1 m² Grundrißfläche angegeben werden. Die zahlreichen verschiedenen Deckensysteme lassen sich hierbei leider nicht berücksichtigen, es wurden nur jene Deckensysteme angeführt, welche heute im Stahlskelettbau vornehmlich verwendet werden.

1. Hohlziegeldecke für 300 bis 500 kg/m² Nutzlast:

Hohlziegel mit 3 cm Betonsteg dazwischen	117 kg
Eiseneinlagen	20 „
4 cm Aufbeton	88 „
2½ cm Xylolithfußbodenbelag	30 „
Holzlatten	25 „
Stelzung	10 „
Putz	20 „
	310 kg/m²

ohne Träger

2. Hourdis-Leichtsteindecke:

Leichtstein, Leichtbeton, Zementestrich, Linoleumbelag . . . . . . 370 kg/m²
ohne Träger

[1] Engg. Rec. 1915/I, S. 205.

3. Spiegelsche Decke, die vorwiegend für Stahlrahmenhäuser[1] Verwendung findet:

a) Bimsbetonplattendecke:

0,22 cm	Linoleum	3,6 kg/m²
2 „	Estrich mit Drahteinlage	44,0 „
7 „	Bimsbetonstegplatten	65,0 „
0,3 „	Isolierfilz	1,0 „
14 „	Leichtprofilbalken Stahl	9,9 „
3 „	Lignitplatte auf Holzleiste	10,0 „
26,52 cm	Höhe	133,5 kg/m²

b) Agri-Decke

0,22 cm	Linoleumbelag	3,6 kg/m²
5 „	Beton einschl. Stege	150,0 „
	Holzschalkörper 16 cm	5,0 „
14 „	Leichtprofilbalken Stahl	9,9 „
	Isolierfilz 0,3 cm	1,0 „
2 „	Putz auf Rohrdecken	24,0 „
21,22 cm	Höhe	193,5 kg/m²

c) Terrast-Decke:

0,22 cm	Linoleum	3,6 kg/m²
5 „	Beton auf Staußziegelgewebe oder Drahtgewebe	133,0 „
14 „	Leichtprofile	9,9 „
2 „	Putz auf Staußziegelgewebe	32,0 „
21,22 cm	Höhe	178,5 kg/m²

Die Preise dieser drei Decken liegen heute für Düsseldorf etwa zwischen 15,2 bis 16,5 Mark pro Quadratmeter. Die Agri-Decke stellt sich am billigsten.

4. Remysche Stegplattendecke:

0,36 cm	Linoleum	5,0 kg/m²
6 „	Schlackenbeton	72,0 „
14 „	Stegplatte	130,0 „
	Betonleisten	2,9 „
2 „	Putz	10,0 „
	Mörtel	15,0 „
	I Nr. 16	20,0 „
22,4 cm	Höhe	254,9 kg/m²

Andere Ausführungen dieser Art mit Remyschen Platten schwanken im Gewicht zwischen 222 bis 256 kg/m². Die Preise bewegen sich für Ausführungen Neuwied zwischen 12,25 bis 15,30 M/m² ohne Träger.

5. Eisenbetondecken zwischen Stahlträgern.

Für 3 m Trägerabstand und 10 bzw. 15 cm starke, über den Trägern liegende Eisenbetonplatten, Stelzung an den Trägern, bei einem Fußbodengewicht von 50 kg/m² beträgt das Deckeneigengewicht einschließlich der Träger:

bei einer Nutzlast von 1000 kg/m²	450 kg/m²
„ „ „ „ 750 „	430 „
„ „ „ „ 500 „	370 „

6. a) die in Österreich angewendete bewehrte Platzeldecke erfordert bei 1,9 bis 2,0 m Trägerentfernung einschließlich des Gewichtes der Stahlträger (ca. 14 kg/m²) und der 8 cm starken Überschüttung samt Blind- und Brettelboden . . . . . 270 kg/m²
dieselbe Decke bei Vorräumen von Stiegenhäusern und Pflasterung . . . . . . 350 „

b) für eine Dachdecke der gleichen Ausführung einschließlich Dachhaut, Isolierung 350 „

c) Ast-Moulin-Decke in Eisenbeton (Kasteldecke) für Kellergeschosse einschließlich Pflasterung . . . . 340 „

Hierbei sind keine Stahldeckenträger verwendet.

[1] Dr. Spiegel, H.: Vom wirtschaftlichen Bauen, VII. Folge, S. 114.

5. Abschnitt.

Stützen.

1. Berechnungsgrundlagen.

a) Zulässige Inanspruchnahme, Knicklänge. Nach den in Deutschland geltenden Bestimmungen über die bei Hochbauten anzunehmenden Belastungen und zulässigen Beanspruchungen der Baustoffe Berlin 1925 D. I. Pkt. 5 ist für Stützen, die durch mehrere Geschosse durchgehen und durch anschließenden Deckenträger unverrückbar gehalten werden, die Geschoßhöhe als freie Knicklänge anzunehmen. Liegt exzentrischer oder quergerichteter Kraftangriff vor, so sind auch die größten Kantenpressungen der Stütze zu berechnen. Nur dann darf der untere Wert der zulässigen Spannungszahlen überschritten werden.

In besonders wichtigen Fällen ist die Durchbiegung zu rechnen und diese als Exzentrizität in die Rechnung einzuführen, oder es ist das Angriffsmoment um den Wert $P\frac{l}{200}$ zu vermehren (P = Längskraft).

Die zulässige Inanspruchnahme für Stützen beträgt bei St 37 1200 kg/cm², bei genauer Berechnung der durch die ungünstigste Laststellung (Winddruck, Einzellasten, z. B. Kranbahnträger, exzentrischen Lastangriff u. dgl.) darf die größte eintretende Kantenpressung von 1400 kg/cm² nicht überschritten werden. Sie müssen ferner nach der Eulerschen Formel mit fünffacher Sicherheit gegen Knicken gerechnet werden ($I_{\min} = 2{,}38\,P\,l^2$ oder auch rund $2{,}5\,P\,l^2$, I in cm⁴, P in t und l in m).

Für die zulässigen Beanspruchungen bei hochwertigem Baustahl gelten die Bestimmungen Erlaß II. 9. 156 vom 25. Februar 1925. Für hochwertigen Baustahl St 48 gilt als Grundzahl der zulässigen Inanspruchnahme 1560 kg/cm², bei Berücksichtigung aller sonstigen Kräfte einschließlich Wind und Wärme $^1/_6$ mehr, das ist 1820 kg/cm². Die bezüglichen Knickzahlen ω finden sich im Erlaß.

In der Tschechoslowakei ist nach den Vorschriften für Eisenkonstruktionen im Hochbau, ČSN 1051 — 1929, als freie Knicklänge l allgemein die Entfernung zweier gegen Ausweichen gesicherten Punkte einzuführen. Auch hier ist für die Berechnung der Stützen auf Knickung die Geschoßhöhe als freie Knicklänge anzunehmen.

Die zulässige Beanspruchung für Flußstahl C 38 (= St 37) beträgt wie in Deutschland 1200 kg/cm² bzw. bei Berücksichtigung aller anderen Wirkungen einschließlich Wind 1400 kg/cm².

Diese Beanspruchungen sind für andere Stahlsorten zu erhöhen, und zwar

für Stahl C 50	um	30 %
für Stahl C 55	um	37,5%
für St Si	um	50 %

Bei auf Knicken beanspruchten Stäben mit dem Schlankheitsgrad $\lambda = \frac{l}{i} > 10$ ist die Kraft mit den Knickzahlen c zu multiplizieren.

Es gelten nachstehende c-Werte für die verschiedenen Stahlsorten:

Stahl Cc, C38 für $\lambda \leqq 100$ $c = \frac{1{,}15}{1 - 0{,}00411\,\lambda}$, für $\lambda > 100$ $c = \frac{\lambda^2}{5120}$,

Stahl C50 für $\lambda \leqq 87{,}5$ $c = \frac{1{,}15}{1 - 0{,}00467\,\lambda}$, für $\lambda > 87{,}5$ $c = \frac{1{,}3\,\lambda^2}{5120}$,

Stahl C55 für $\lambda \leqq 85$ $c = \frac{1{,}15}{1 - 0{,}00479\,\lambda}$, für $\lambda > 85$ $c = \frac{1{,}375\,\lambda^2}{5120}$,

Stahl Si48 für $\lambda \leqq 80$ $c = \frac{1{,}15}{1 - 0{,}00483\,\lambda}$; für $\lambda > 80$ $c = \frac{1{,}5\,\lambda^2}{5120}$.

b) Belastung der Stützen. Die Belastungen der Stützen bestehen aus dem Eigengewicht der Stützen samt Umhüllung, eventuell der Wände, der Dachdecke, der Decken und Nutzlasten. Bei Außensäulen kommt noch das Frontwandgewicht dazu. Die Lasten können zentrisch und auch exzentrisch wirken.

Bei hohen Gebäuden mit vielen Geschossen kann im allgemeinen, wenn es sich nicht um Bauwerke handelt, die eine Vollbelastung in allen Geschossen zeitweise oder ständig erhalten, eine Ermäßigung der Nutzlasten für die Stützenberechnung vorgenommen werden.

In Warenhäusern, Geschäftshäusern und selbst in solchen Gebäuden, wo Versammlungen größerer Menschenmengen vorkommen, wird eine Vollbelastung nicht in allen Stockwerken gleichzeitig eintreten.

Die Säulen des obersten Geschosses haben die Gesamtlast der Dachdecke einschließlich Schnee- und Windbelastung zu tragen. In dem unmittelbar darunterliegenden Geschoß kann schon eine Ermäßigung der Stützenlasten eintreten, die mit jedem weiter unten liegenden Geschoß zunimmt, so daß im ganzen eine etwa 20%ige Ermäßigung der Nutzlasten angenommen werden kann. In besonderen Fällen kann die Ermäßigung noch größer angenommen werden, etwa bis 25%, darüber hinaus soll man aber bei Stahlbauten mit 8 bis 10 Geschossen nicht gehen, höchstens bei Turmbauten.

Bei Bauten mit weniger als sechs Geschossen wären die Stützen für die volle Nutzlast zu rechnen.

Verfasser hat beim Bau des Bürohauses der Berg- und Hüttenwerksgesellschaft in Prag die Abstufung um je 4% pro Geschoß vorgenommen, so daß im obersten Geschoß 100% der Nutzlast, in den weiteren 96, 92, 88, 84, 80% der Gesamtnutzlasten in dem betreffenden Geschoß berücksichtigt worden sind, die weiteren unteren Geschosse wurden durchweg mit 80% der Gesamtnutzlast berechnet. Für die Berechnung der Fundamente wurden neben Eigengewicht die vollen Nutzlasten für alle Geschosse berücksichtigt. Bei gutem Baugrund wird diese Maßnahme nicht notwendig sein.

Saliger[1] schlägt für Eisenbetonbauten beispielsweise vor, die Stützen des unter dem Dachgeschoß liegenden Stockwerkes mit 90% der Deckennutzlast zu rechnen und die darunter liegenden Stützen der Reihe nach mit 85, 80, 75 bis auf etwa 60% der Summe der über ihnen liegenden Nutzlasten zu berechnen, sofern nach Lage des Falles nicht zweifellos die volle Nutzlast einzusetzen ist.

Das ist vielleicht etwas zu weitgehend und wird nur bei sehr hohen Gebäuden mit vielen Stockwerken Berechtigung haben, wenn man berücksichtigt, daß das Eigengewicht einer Eisenbetonkonstruktion ein größeres ist als bei einer Ausführung des gleichen Bauwerkes in Stahl, und Stützen in Eisenbeton schon bei sechsstöckigen Gebäuden je nach den Nutzlasten 15 bis 18% schwerer sind als ummantelte Stahlstützen.

In Österreich (ÖNORM-B 2101) ist unter Voraussetzung, daß die Bauart und Gründung des Bauwerkes den strengsten Anforderungen genügt, eine nach unten wachsende Ermäßigung der Verkehrslast in mehrgeschossigen Gebäuden zulässig.

Bei Verkehrslasten aus 2 Geschossen ist die volle Belastung
,, ,, ,, ,, 3 ,, sind 0,9 der Verkehrslasten
,, ,, ,, ,, 4 ,, sind 0,8 der Verkehrslasten
,, ,, ,, ,, 5 ,, und mehr sind 0,7 der Verkehrslasten

zu rechnen.

In Amerika[2] ist nach dem Building Code New York für Wohngebäude, Amts- und Geschäftshäuser und bei öffentlichen Bauten eine Ermäßigung der Nutzlast bei Stützen in Gebäuden von mehr als fünf Geschossen um je 5%, beginnend vom zweiten Geschoß unter Dach zulässig, bis diese Ermäßigung 50% erreicht. Diese ist bei den weiter unten liegenden Geschossen beizubehalten.

---

[1] Dr. Saliger, R.: Der Eisenbeton. 4. Aufl., S. 385. 1920.

[2] Schneider, C. C.: The structural design of buildings. Transactions of the american society of civil Engs. Bd. 54, S. 377. 1905.

Dabei sollen Stützen für eine Minimal-Nutzlast von rund 10 t berechnet werden; der Schlankheitsgrad soll nicht größer als 125 sein.

Diese Abnahme bis auf 50% wird durch Erhebungen von Blackall und Everett begründet, die für amerikanische Verhältnisse festgestellt haben, daß die Deckennutzlasten in Geschäftsräumen ein mittleres Maximum von 196 kg/m² und ein durchschnittliches totales Maximum für alle Stockwerke des Gebäudes von bloß 83 kg/m² erreichen.

In St. Louis ist hingegen das oberste Geschoß mit der vollen, die Stützen über dem Fundament mit 80% der gesamten Nutzlast zu berechnen, dazwischen ist geradlinig einzuschalten.

Eine andere Art Abstufung der Nutzlasten gestattet Milwaukee Building Law bis zu zwölfgeschossigen Bauten.

Für Hotels, Amtsgebäude, Wohnhäuser sind im Dachgeschoß 147 kg/m² Nutzlast zu rechnen, im obersten Geschoß 244 kg/m², dann jedes weitere Geschoß nach abwärts 171, 122, 98, 73, 49, 49, 24, 24, 24, 0, 0 kg/m².

Dies gilt auch für die Fundamente. Für Gebäude mit weniger Geschossen als zwölf gelten von oben beginnend die gleichen Zahlen, so daß die gesamten Nutzlasten für die Stützenfußberechnung von 1030 kg/m² bei zwölf Geschossen auf 880 kg/m² bei sechs Geschossen abnehmen.

Solche Werte sind für unsere Verhältnisse nicht annehmbar.

Andererseits ist es von Interesse, zu verfolgen, wie die in hohen Gebäuden der Rechnung zugrunde gelegte Nutzlast aufgebracht werden kann. So hat z. B. Crowell[1] sehr lehrreiche Vergleiche gezogen.

In ein 16-stöckiges Gebäude von 2160 m² nutzbarer Grundfläche müßten 24000 Personen hineinkommen, um die rechnungsmäßige Nutzlast zu erreichen. Bei acht vorhandenen Aufzügen, die je 12 Personen fassen, benötigt man bei ununterbrochener Fahrt zum Aufbringen der Last 10 Stunden, ohne daß jemand das Haus verlassen hätte. Dabei wurde die halbe Nutzlast für die Einrichtung der Räume, Lager usw. gerechnet.

In einem zehnstöckigen Gebäude von 30 × 30 m Grundfläche mit vier Aufzügen und zwölf Personen Fassungsraum, das bloß $^1/_5$ Nutzfläche des früher erwähnten Baues umfaßt, können 5760 Personen in vier Stunden zur Füllung der Räume befördert werden.

Man sieht aus diesen beiden Beispielen, daß eine Vollbelastung aller Geschosse schon bei zehn Stockwerken schwer möglich ist und daß bei einer mäßigen Vermehrung der Stockwerkzahl von 10 auf 16 die Unmöglichkeit der Vollbelastung aller Geschosse klar auf der Hand liegt.

Es würde beim 16-stöckigen Gebäude die Auffüllung und Entleerung ohne Aufenthalt in den Räumen schon 18 bis 20 Stunden benötigen, während selbst bei ununterbrochenem Betriebe eines Geschäftes höchstens 9 bis 10 Stunden zur Verfügung stehen. Nach diesen Tatsachen könnte man ganz gut die Nutzlasten für die Stützen bei sehr hohen Gebäuden oder Turmbauten über 12 Geschosse noch mehr gegenüber der vollen in allen Geschossen herabsetzen, so daß höchstens 50 bis 60% der Gesamtnutzlasten in Rechnung gestellt werden.

Es fragt sich aber auch, ob die bisher übliche Aufteilung der Nutzlasten belassen werden soll, wenn man diese Ermäßigung von oben nach abwärts rechnet.

Es wird gewiß zweckmäßigerweise in Warenhäusern die meistgefragte Ware in die untersten Geschosse verlegt, der Parteienverkehr der Geschäfte, Banken gleichfalls, während sonst die oberen Geschosse bei richtiger Austeilung vom starken Zustrom entlastet werden sollen, schon vom Geschäftsinteresse aus. Immer geht dies nicht, aber bei sehr hohen Gebäuden bestimmt.

Es wäre also richtiger, die Stützen in den unteren Geschossen, soweit ein großer Andrang von Personen zu erwarten ist, mit der vollen Nutzlast in diesen Geschossen zu rechnen

[1] Discussion. Transactions of civ. Engineers Bd. 54, S. 468. 1905.

und in den weiter oben liegenden eine stufenweise Ermäßigung eintreten zu lassen, die dann weiter betrieben werden kann, bis etwa 50%. Dadurch bekäme man oben leichtere, unten schwerere Säulen. Es ergeben sich dann nachstehende Nutzlasten der Säulen in den einzelnen Geschossen:

Tabelle 10. Säulennutzlasten bei verschiedenartiger Abminderung in den Geschossen.

Geschoß	Säulennutzlast in t ohne Abminderung	Berücksichtigte Nutzlast in %	Geminderte Säulennutzlasten in t	Berücksichtigte Nutzlast in %	Geminderte Säulennutzlasten in t
10	18	100	18,0	55	9,9
9	36	95	34,2	60	21,6
8	54	90	48,6	65	35,1
7	72	85	61,0	70	50,3
6	90	80	72,0	75	67,5
5	108	75	81,0	80	86,5
4	126	75	94,5	85	107,1
3	144	75	108,0	90	129,8
2	162	75	121,8	95	154,0
1	180	75	135,0	100	180,0

In diesem Falle würden die nach oben abnehmenden Nutzlasten der Säulen etwa 12% mehr betragen als im umgekehrten Fall und bei den in der Tafel berücksichtigten Abstufungen, gewänne aber oben leichtere Säulen mit kleineren Abmessungen, da außerdem die Windkräfte dort noch nicht groß sind, während man (bei gleichlautender Vorschrift für den Eisenbetonbau) im Stahlbau auch unten günstiger abschneiden würde, was die Säulenabmessungen betrifft, gegenüber Ausführungen im Eisenbetonbau.

Außerdem wird unten die Steifigkeit des Gebäudes bei dieser Annahme größer.

Zusammen mit den Eigengewichtslasten ergeben sich im Stahlbau in den unteren Geschossen keine Vergrößerungen der umhüllten Stützenquerschnitte; im Eisenbeton müßten hingegen Stützenverbreiterungen Platz greifen.

Eine andere Frage betrifft die Stützen bei Stiegenhäusern, Aufzügen und Gängen. Hier ist bei einem Ausbruch eines Brandes oder einer Panik gewiß eine erhöhte Vollbelastung gerade in den untersten Geschossen vorhanden, aber auch in den oberen Geschossen, selbst wenn diese normal nicht vollbelastet sind, werden die Treppen und Gänge wegen der augenblicklichen Verdichtung der örtlichen Belastung mit durchwegs voller Nutzlast zu rechnen sein. Ganz besonders in Geschäfts- und Warenhäusern.

Bei Festsetzung solcher Lasten, soweit sie nicht vorgeschrieben sind, soll man nicht vergessen, daß bei einem Menschengedränge von 380 kg/m² sich ein Mann nur mit allergrößter Mühe noch durchdrängen kann.

Erfolgt die Ummantelung der Stützen mit Beton und wird auch das Innere der Stütze gleichzeitig mit Beton ausgefüllt, so läßt sich bei einwandfreier Herstellung der Betonierung und bei einem guten Zusammenhang zwischen dem Innen- und Außenbeton der Stütze der Beton zur Übertragung eines Teiles der Stützenlasten heranziehen.

Es entsteht dann eine Eisenbetonsäule mit steifer Bewehrung. Voraussetzung ist allerdings, daß ein Beton verwendet wird, der sonst den Vorschriften für die Herstellung von Eisenbetonkonstruktionen entspricht, und daß auch die nötige Zahl von Bügeln oder eine Umschnürung angeordnet wird.

Bei dieser Ausführungsweise, die allerdings einem aufgestellten strengen Arbeitsplan entsprechen muß, wird das Stahlgerippe der Stützen für jene Lasten zu berechnen sein, die vor ihrer Einbetonierung auf die Stützen wirken. Das werden wohl alle Deckenlasten sein, auch das Gewicht der Betonumhüllungen der Stützen ist dazu zu zählen, da Beton erst nach der Erhärtung tragend in Funktion tritt.

Für jene Eigengewichtslasten, die zur Zeit der erhärteten Stützenbetonierung noch nicht aufgebracht worden waren, sowie für die Nutzlasten ist die Stütze als Eisenbetonstütze zu rechnen.

Diese Art der Ausführung ist wohl für den Stahlbau etwas Unorganisches, wenn sonst alle Wände und Decken in Ziegeln hergestellt werden.

Entschließt man sich aber, auch die Decken in Beton herzustellen, so könnte die obige Ausführungsweise der Stützen empfohlen werden. Sie erfordert allerdings eine Schalung, die bei der Ummauerung der Stützen fortfällt. Für das Stahlgerippe

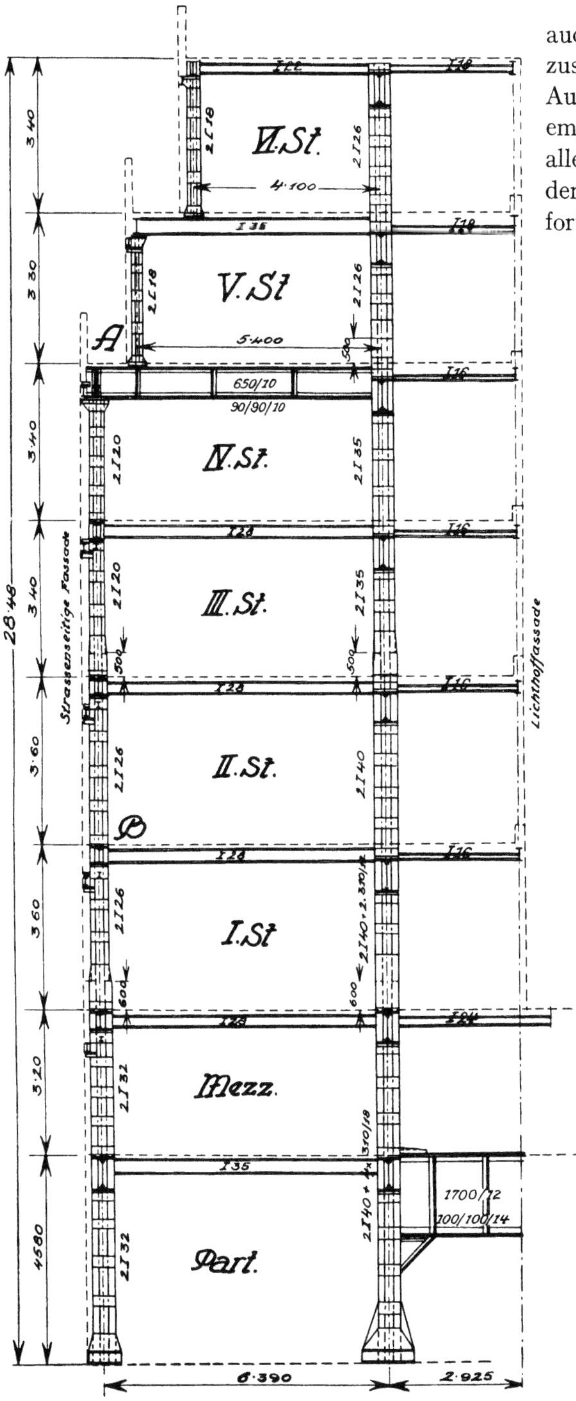

Abb. 80. Querschnitt.

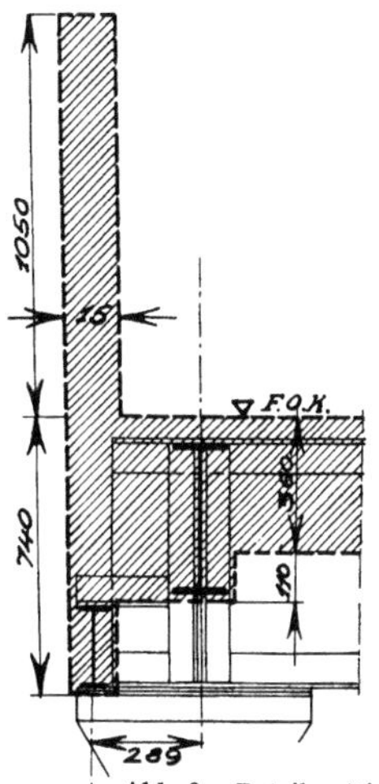

Abb. 81. Detail „A“.

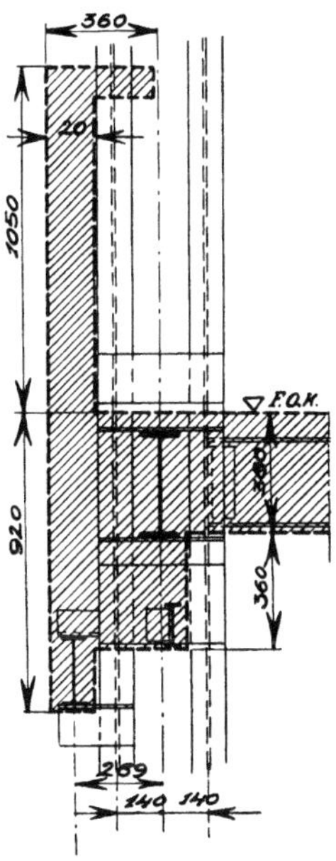

Abb. 82. Detail „B“.

Abb. 80 bis 82. Stahlskelettbau Palais Berg- u. Hüttenw.-G., Prag. Entwurf: Dr.-Ing. A. Hawranek.

der Stütze wird man dann keine geschlossenen Querschnittsformen verwenden, sondern durchbrochene, so daß der Beton den Querschnitt gut durchsetzt.

Ein Nachteil bleibt aber dabei immer noch bestehen, und das ist die Schwierigkeit der

Betonierung des Stützenkopfes, wenn die Decken schon hergestellt sind. Dieser Umstand soll nie vergessen werden, denn gerade die Erdbebenkatastrophen haben bei zerstörten Eisenbetonbauten die Mängel der Betonierung an den Stützenköpfen deutlich gezeigt.

Wenn für die Stützenschalungen Typen Verwendung finden und wenn viele gleiche Stützen herzustellen sind, können bei dieser Ausführungsweise und bei billigen Schalungskosten Ersparnisse in den Kosten der Stützen erzielt werden.

Exzentrische Beanspruchung der Stützen. Soweit es geht, soll man Stützen zentrisch belasten. Unterzüge, die zwischen die Profile des Stützenschaftes eingeschoben und dort auf Sätteln gelagert werden, erfüllen die Bedingung für die Lasten, die diese übertragen. Es entstehen also in der Vertikalebene der Unterzüge keine Säulenmomente. Stumpf an die Stützen anschließende Unterzüge mit verschiedenen Stützweiten und Belastungen beanspruchen jedoch die Stützen exzentrisch.

Auf solche ausmittige Lastangriffe wird oft im Eisenbetonskelettbau keine Rücksicht genommen, was natürlich unrichtig ist, oft aber den Grund für ein billigeres Angebot darstellt. Im Stahlbau ist selbstverständlich diese Exzentrizität zu berücksichtigen.

Es sei ein Beispiel vorgeführt, und zwar vom Palais der Berg- und Hüttenwerksgesellschaft in Prag. Da in einem Traktteil die Unterzüge parallel mit der Straßenfront laufen mußten, waren die querliegenden Unterzüge stumpf anzuschließen. Abb. 80 gibt den Querschnitt eines Teiles des Gebäudes mit den Stützenprofilen, Unterzügen und den Frontwandträgern. In dieser Querschnittsebene sind die Stützen exzentrisch belastet. Die Frontwandträger liegen in 289 mm Abstand von den Stützenachsen, wie aus den Abb. 81, 82 ersichtlich ist. Abb. 81 bezieht sich auf die Stelle der Fassade, wo die weiteren Geschosse zurückspringen; Abb. 82 gibt die Konstruktion des Fensterparapets und der Überlage in den unteren Geschossen an.

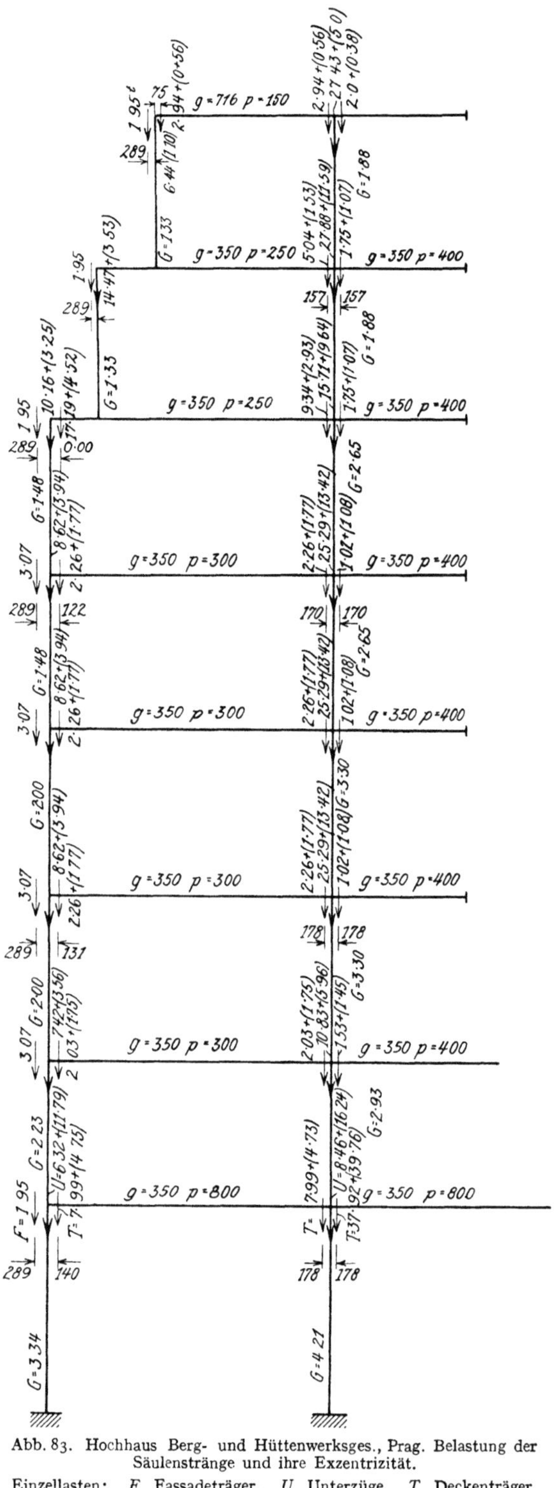

Abb. 83. Hochhaus Berg- und Hüttenwerksges., Prag. Belastung der Säulenstränge und ihre Exzentrizität.

Einzellasten: *F* Fassadeträger, *U* Unterzüge, *T* Deckenträger, *G* Säuleneigengewicht, (...) Nutzlast. Deckenlasten: *g* 350 kg/m² Eigengewicht, *p* 250 bis 800 kg/m² Nutzlast, Unterzüge als durchlaufende Träger gerechnet, Belastungsteife $\frac{1}{2}$ (7·210 + 5·600).

Um die Stützenberechnung nun systematisch durchzuführen, wurden Querschnitte gezeichnet, in denen die Belastungen der Stützen in den einzelnen Geschossen und ihre Exzentrizität übersichtlich zusammengestellt und hier in Abb. 83 gezeigt sind. Darin sind

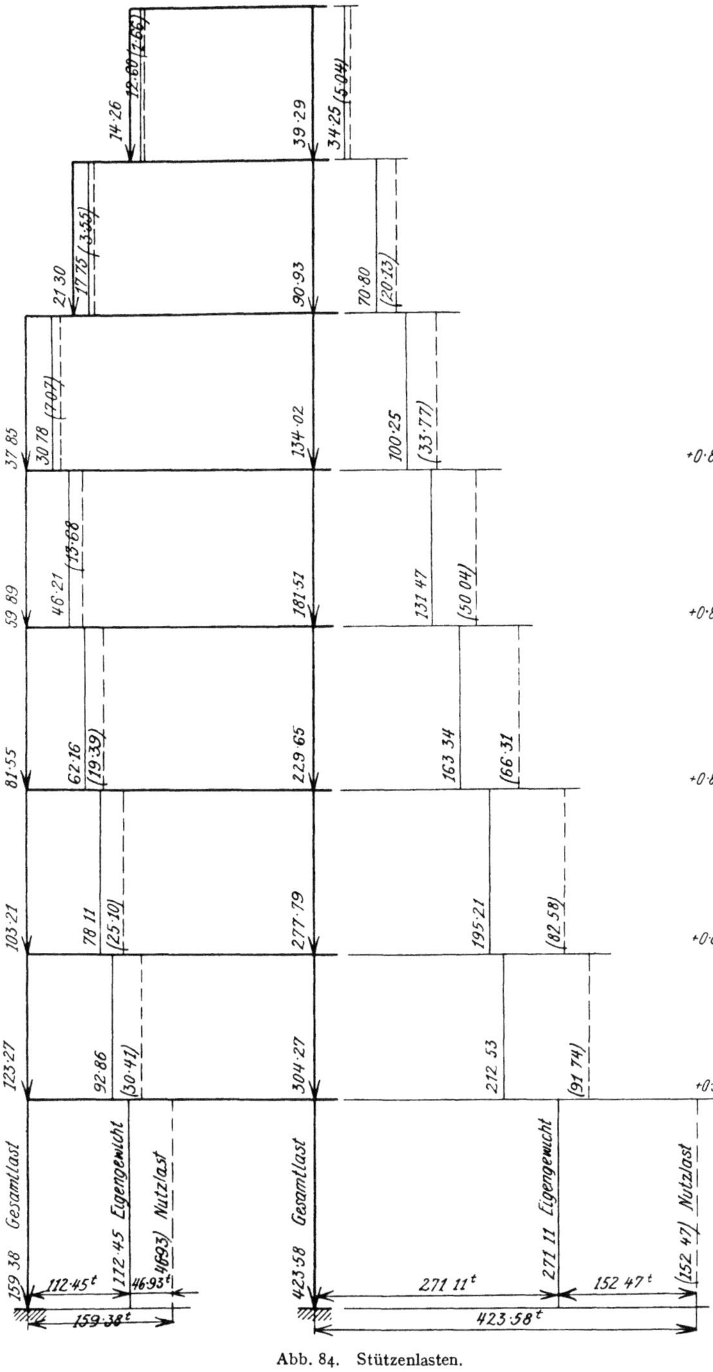

Abb. 84. Stützenlasten.

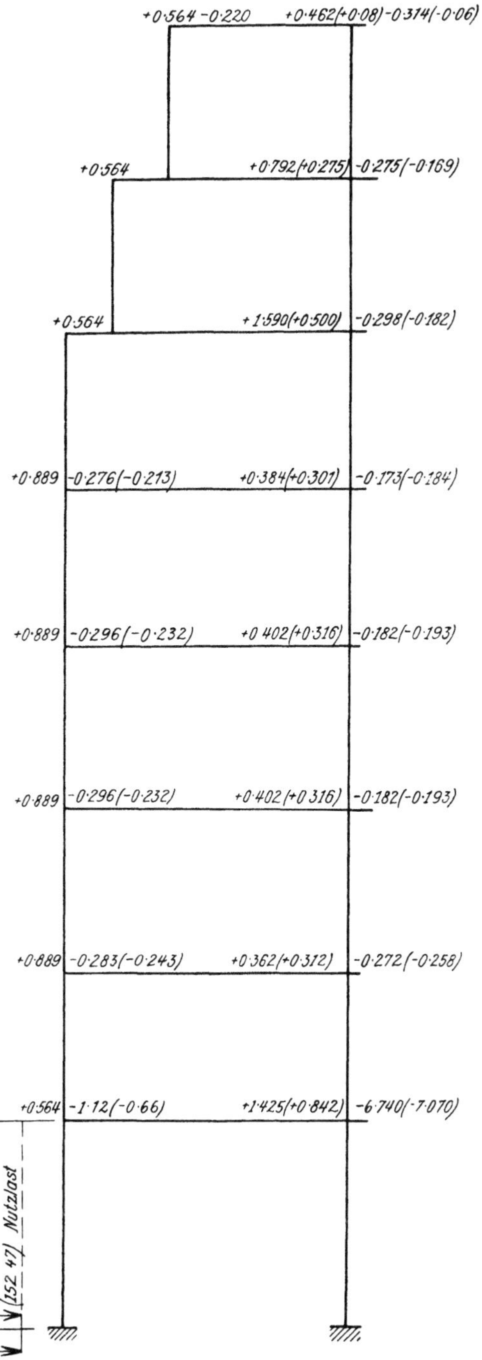

Abb. 85. Momente infolge exzentrischen Lastangriffes für Eigengewicht u. (...) Nutzlast.

Abb. 84 u. 85. Hochhaus Berg- und Hüttenwerksges., Prag. Stützenlasten und Angriffsmomente.

alle Einzellasten stockwerkweise angegeben für die Fassadenträger F, die Unterzüge U, die Deckenträger T und das Säulengewicht G. Außerdem finden sich noch die Deckeneigengewichte (360 kg pro m²), das Dachgewicht (716 kg pro m²) und die verschiedenen

Deckennutzlasten p (250 bis 800 kg pro m²) angegeben. Die Maße der Exzentrizität sind in in mm ersichtlich gemacht. Die von den Nutzlasten herrührenden Einzellasten sind in Klammern gesetzt. Der herausgegriffene Gebäudequerschnitt hat in der Längsrichtung beiderseits anschließende Felder von 7,21 m bzw. 5,60 m.

In Abb. 84 sind nun für die beiden betrachteten Stützenstränge die Belastungen für Eigengewicht, Nutzlast und die Gesamtlasten eingetragen und ihre Größe graphisch ersichtlich gemacht, während die Angriffsmomente der Stützen in Abb. 85 beiderseits jedes Stranges angeführt sind.

Auf diese Weise läßt sich, ohne etwas zu übersehen, die Berechnung der Stützen systematisch gestalten.

2. Stützenquerschnitte.

Für die Stützen von Stahlskelettbauten kann man im allgemeinen alle Querschnittsformen anwenden, welche für Druckglieder üblich sind. Immerhin haben sich jedoch wenigstens für kleinere und mittlere Stützenbelastungen Standardprofilformen entwickelt. Als sehr zweckmäßiges Profil für Stützen hat sich der P-Träger (Peine-Träger, Breitflansch-Träger) erwiesen, da er vielfach ohne Nietung angewendet werden kann. Bei größeren Säulenlasten ist die Verstärkung der Flanschen, aber auch der Stege möglich (Abb. 86a).

Die Abstufung der schwächeren Querschnitte in höheren Geschossen kann entweder zentrisch erfolgen wie in Abb. 86b, dies ermöglicht jedoch nur die Stoßdeckung im Steg, oder an den äußeren Seiten der Flanschen. Es ist die übliche Anordnungsweise, weil die Säule eine durchgehende Längsachse in allen Geschossen aufweist.

Es kann aber auch vorkommen, und es sind solche Ausführungen vorhanden, daß man bei den Stützenprofilen in den höheren Geschossen die nach der Straßenseite liegenden Flanschen flüchtig anordnet, so daß man bei der Umhüllung dieser Säulen an der Außenseite immer die gleiche Mauerungsstärke anwenden kann (Abb. 86c). Dafür ist jedoch eine exzentrische Kraftübertragung von dem oberen Stützenteil auf den unteren vorhanden. Dieser exzentrische Anschluß kann manchmal erwünscht sein, wenn man beispielsweise das Gewicht der Frontmauern, das sich auf diese Säulen abstützt, als Kragbelastung für die Unterzüge benützen kann. Die Stoßdeckung solcher exzentrisch übereinander liegenden Säulen ist jedoch etwas schwieriger und erfordert auf der Innenseite eine Häufung der Futter, so daß die Stoßschrauben oder Nieten stark auf Biegung beansprucht werden. Solche Anordnungen können aber auch an anderen Stellen notwendig werden, wie etwa bei Aufzugschächten, kurz dort, wo man auf große Höhen eine einheitliche Wandflucht benötigt. Die unterhalb einer solchen absatzweisen Stoßverbindung liegenden Säulenteile sind auf exzentrischen Druck bzw. auf Knickung zu rechnen.

Eines der häufigsten Säulenprofile ist die Kombination zweier U-Eisen (Abb. 86d) oder zweier I-Träger (Abb. 86e), die auch in den meisten Fällen normalisiert sind. Die lichte Entfernung der U-Eisenstege im ersten Fall oder jene der Flanschenden im zweiten Fall wird so bemessen werden müssen, daß man mit dem schwersten, beim Bau verwendeten Unterzug-Träger noch hindurch kann. Handelt es sich nur um die Verwendung von Walzträgern für Unterzüge, so wird die lichte Entfernung solcher Stützenprofile mit 200 mm ausreichend bemessen sein. Die freien Flanschen werden dann durch Bindebleche verbunden, deren Entfernung nach der Knicktheorie zu berechnen ist. Im allgemeinen reichen jedoch in Geschoßhöhen von 3,30 bis 3,60 m drei bis vier zweinietige Bindebleche aus. Gute Ausführungen weisen heute dreinietige Bindebleche auf. Es kann die Verbindung der Flanschen jedoch auch mit einer Diagonalverkreuzung erfolgen. In der Abbildung sind nun mehrere Querschnittsformen für Stützen angegeben, die bei Bauten Verwendung gefunden haben. Es sind die Formen der Abb. 86f, g, h, welche allerdings nicht mehr die Anordnung durchgehender Unterzüge ermöglichen. Für schwerere Säulen und für verschiedene Ortlagen derselben sind kastenförmige (Abb. 86i), winkelförmige (Abb. 86k) und U-förmige (Abb. 86l) in Verwendung. Abb. 86m zeigt das Profil einer sehr schweren Säulenkonstruktion. Wenn drei oder mehrere Stegbleche oder Gurtplatten bei solchen Stützenprofilen Verwendung finden müssen, so ist bei der Formgebung besonders auf die Möglichkeit einer guten Stoßdeckung zu sehen. Heute wird auch für schwere Stützen der durchgehende Stoß bevorzugt. Abb. 86n und o geben die Querschnittsformen von Stützen beim

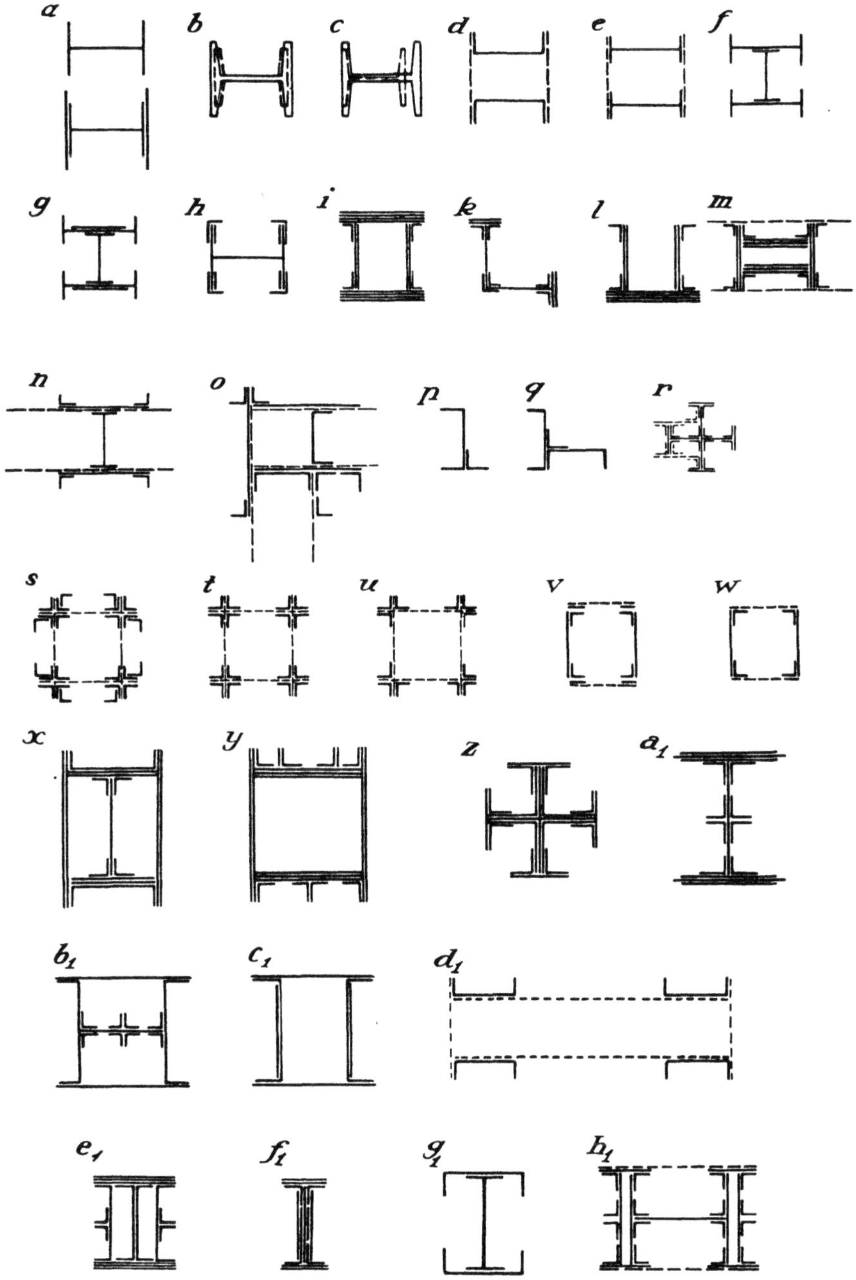

Abb. 86. Stützenquerschnitte.

Lochnerhaus in Aachen an, wobei die strichlierten Geraden die Lage der Knotenbleche bzw. der die Winkel aussteifenden Eckbleche andeuten. Besondere Beachtung verdient die Lösung der Ecksäule (Abb. 86o). In Abb. 86p und q sind Säulenquerschnitte gezeigt, die sich sehr gut bei Stiegenhäusern und Aufzugschächten anwenden lassen und doch die Anschlußmöglichkeiten nach zwei und auch drei Richtungen geben. In Abb. 86r ist ein Kreuzquerschnitt aus Stehblech, Winkeln und Kopfplatten angedeutet, der außerdem noch eine benachbart liegende Nebensäule zeigt und gute Verbindungsmöglichkeiten mit der Hauptstütze aufweist. Die Abb. 86s, t, u, v und w geben ein Bild der Abstufungen von Säulenquerschnitten in einem hohen Stützenstrang eines japanischen Hochhauses für verschiedene Stockwerke. Als Grundprinzip kann man bei Verfolgung der von oben nach unten zu hinzukommenden neuen Querschnittsverstärkungen ersehen, daß diese immer die Möglichkeit eines guten und steifen Anschlusses und gleichzeitiger Stoßdeckung geben. Die Abb. 86x, y, z, a_1, e_1 und h_1 sind für schwere Säulen gebräuchlich, die Querschnittsverminderung in oberen Geschossen ist durch Fortlassen oder durch Schwächerhalten von Kopfplatten und Winkeln möglich. Der Säulenquerschnitt 86f_1 ist nur bei kurzen Längen und starken Drücken empfehlenswert, wenn die Stützen nur geringen Raum wegnehmen sollen, da ihr Trägheitsmoment nicht groß ist. Die Formen 86b_1, c_1 geben geschlossene Profile unter Zuhilfenahme von U-Eisen, g_1 zeigt eine Form, die eine gute und leichte Ummantelung gestattet, wie alle quadratisch und rechteckig begrenzten Profile. In Abb. 86d_1 ist das Bild eines Doppelsäulenquerschnittes gegeben.

Bei der Wahl einer Querschnittsform für die Stützen soll man trachten, behufs Erzielung eines großen Trägheitsmomentes die Querschnittselemente so weit als möglich vom Schwerpunkt entfernt zu halten, um wirtschaftliche Lösungen zu bekommen. Auch der Grundsatz, nach beiden Richtungen ungefähr das gleiche Trägheitsmoment zu erhalten, soll verfolgt werden, sobald nicht durch entsprechende Anordnung von stärkeren Knotenblechen an den Säulenenden der Einspannungsgrad in einer Richtung größer ist als in der anderen. In manchen Fällen wird auch die Größe des Umrisses der Säule eine Rolle spielen, um den ummantelten Querschnitt innerhalb gegebener Grenzen zu halten. Ist dies der Fall, so muß man auch auf die Stärken der Stoßdeckungen der vorstehenden Bindebleche und Nietköpfe beim Entwurf Rücksicht nehmen. Ein weiterer Grundsatz, der immer im Auge behalten werden muß, ist die gute Anschlußmöglichkeit nach allen Richtungen.

Über Querschnittsformen von Stützen, die geschweißt werden, sind im Abschnitt 20 die nötigen Anhaltspunkte gegeben.

3. Stoß der Stützen.

Von besonderer Wichtigkeit bei der Konstruktion der Stützen ist der Stützenstoß. Es soll nicht nur die Kontinuität der Steifigkeit, sondern auch die Montage leicht und ungehindert möglich sein.

a) Anordnung der Stöße. Die Stöße werden oberhalb der Geschoßdecken durchgeführt, damit durch den noch möglichen Anschluß der Deckenträger und Unterzüge eine seitliche Verspannung möglich ist. Sie sind derart anzuordnen, daß die Stoßlaschen schon oberhalb der Anschlüsse von Deckenträgern liegen und durch letztere nicht gestört werden, aber auch so weit, daß man zu allen Schrauben der Deckenträgeranschlüsse wie zu jenen der Stöße selbst bequem mit der Hand und dem Werkzeug gelangen kann.

Je nach der Stärke, der Länge der Trägeranschlüsse und der Decklaschen wird es notwendig sein, den Stoß etwa 60 bis 100 cm über der Oberkante der Geschoßdecke anzuordnen und das Maß für alle Säulen durchwegs gleich zu halten. Wenn einmal der Normaltypus für Trägeranschlüsse und Säulenstoß festgelegt ist, was vorher zu geschehen hat, ist diese Höhenlage ein für allemal zu fixieren. Da es aber namentlich bei sehr verwickeltem Grundriß und anschließenden Feldern von sehr verschiedener Stützweite leicht vorkommen kann, daß erst beim Konstruieren Platz für besondere Aussteifungsmaßnahmen benötigt wird, soll diese Höhe nicht zu klein gewählt werden. Außerdem nähert man sich, wenn der Abstand des Stützenstoßes etwa 1 m beträgt, den Momentennullpunkten der Stützen bei Windbelastung, hat also dort auch kleinere Momente zu übertragen.

Der Stützenstoß erfolgt bei den üblichen Geschoßhöhen am besten über jeder zweiten, oder über jeder dritten Decke. Maßgebend hierfür ist natürlich auch die Tragkraft des für die Montage vorgesehenen Kranes. Sind aber durchwegs schwere Stützen einzubauen, so wird man, um die Zahl der Stöße herabzumindern, schwere Krane wählen; kommen hingegen schwere Stützen vereinzelt vor, so kann man an diesen Stellen Hilfskrane hinzufügen oder zwei ohnehin vorhandene Krane gemeinsam arbeiten lassen. Was die Verteilung der Stöße über das ganze Gebäude betrifft, so sind etwa drei verschiedene Anordnungen möglich.

1. Die Stöße aller Säulen liegen jeweils in einer waagerechten Ebene (Abb. 87).

2. Die Stöße in den einzelnen Strängen sind versetzt, jedoch gegen die Mittelachse des Gebäudes symmetrisch (Abb. 88).

3. Die Stöße in den Strängen sind abwechselnd versetzt (Abb. 89).

Die beiden ersten Anordnungen haben bei sonstiger Symmetrie der Anlage den Vorteil, daß wenigstens Paare von Stützen gleich konstruiert und angearbeitet werden können, was die Herstellungskosten herabsetzt.

Die Anordnung 3 wird höchstens bei völlig unsymmetrischer Anlage (verschiedene Feldweiten und Stützenprofile) anzuwenden sein.

Sie gibt die Möglichkeit, wenn die Stützenstränge mit tieferliegendem Stoß zuerst ausgeführt werden, die dann montierten Nachbarstützenschüsse gleich durch die Unterzüge zu verbinden, so daß vorübergehende Verspannungen gegen Wind leichter entfallen können. Ist die Anlage der Stöße nicht symmetrisch, so werden allerdings die Kosten wegen der

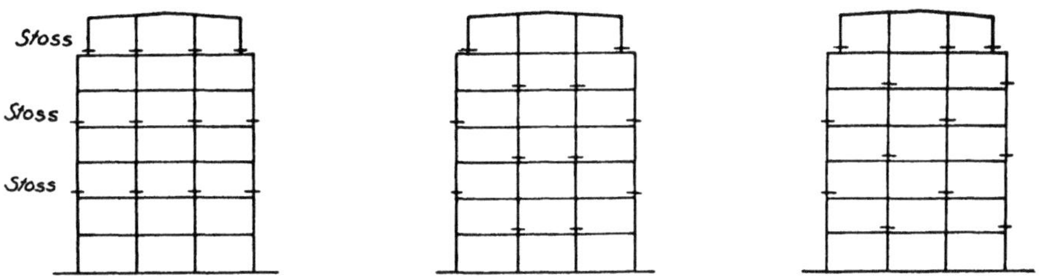

Abb. 87. Abb. 88. Abb. 89.
Abb. 87 bis 89. Stoß der Stützen.

Verschiedenheit der Säulen gleichen Querschnittes höhere sein. Die Art der Ausführung nach Abb. 88 wurde von den Skodawerken in Pilsen für ein Hochhaus in Prag gewählt.

Die Steifigkeit des Stahlgerüstes wird auf diese Weise unzweifelhaft etwas erhöht, wenn die Stege der Stützenprofile ebenfalls gedeckt werden.

Sonst bieten aber die am häufigsten ausgeführten durchgehenden Stützenstöße größere Vorteile.

Die Wandstützen in den obersten zurückspringenden Geschossen sind auf die Unterzüge zu lagern. Die Stoßanordnung wird man auch bei den in die Keller hineingebauten Mittelsäulen, wenn es geht, konsequent durchführen.

Unregelmäßigkeiten können sich bei weitgespannten Rahmenkonstruktionen ergeben, die über mehrere Felder und Geschosse reichen, wie sie bei den oft in den Kellergeschossen angeordneten Konzert-, Theater- und Kinosälen vorkommen.

b) Konstruktive Durchbildung der Stöße. Grundsätzlich werden schon mit Rücksicht auf die leichtere Montage die Stöße jeder Stütze, auch die aus mehreren Profilen zusammengesetzten, in einem Querschnitt durchgehend gestoßen. Ausnahmen kommen vor.

Es sind dabei zwei Bauweisen zu unterscheiden:

1. Alle Teile jedes Elementes (Flanschen, Stege, Winkelschenkel usw.) eines Stützenquerschnittes werden durch Laschen gedeckt.

In diesem Falle können die zusammenstoßenden Stützenstücke unbearbeitet bleiben. Die in den Decklaschen einerseits angeordneten Verbindungsschrauben oder Nieten müssen dann die ganze Stützenlast übertragen bzw. auch die Momente an der Stoßstelle übernehmen.

2. Die zusammenstoßenden Enden der beiden Stützenstücke werden gefräst, eine starke Druckplatte aus dem gleichen Baustoff wie die Stütze dazwischen geschoben und die Ver-

laschung nur bei einem Teil jedes Querschnitt-Elementes (Flanschen von C- und I-Trägern) durchgeführt. Hierbei wird auf eine teilweise direkte Druckübertragung im Querschnitte an der Stoßstelle gerechnet. Die Zahl der Schrauben für die Stoßdeckung wird dann geringer. Die Momente der Stützen bringen aber eine Ungleichmäßigkeit in die Druckübertragung, die nicht vergessen werden darf.

Handelt es sich um Stützen aus Breitflanschträgern „Peine", so betragen die Querschnittflächen der Flanschen gegenüber dem Stegquerschnitt bei Profil

P 20	79,7%
P 30	79,4%
P 40	76,7%

Man wird also bei dieser Stoßausbildung mit einem Zuschlag, bei kleineren P-Profilen 85%, bei großen 80% der Gesamtquerschnittsfläche durch Laschen und Schrauben decken.

Selbstverständlich setzt dies eine gute Anarbeitung und eine richtige Montage der Stützen voraus.

Für die Stoßverbindungen wird man gedrehte Schrauben verwenden, die in genau passend gebohrte Löcher einzubringen sind.

Von der Verwendung gepreßter Schrauben (sog. schwarzer Schrauben) soll man absehen; sie können höchstens für untergeordnete Zwecke angewendet werden.

Diese zwei erwähnten grundsätzlichen Ausbildungen der Stöße können auch sinngemäß bei der Ausbildung der Köpfe und Stützenfüße Anwendung finden.

Man wird sich für eine oder die andere Ausführungsweise entscheiden und die gewählte konsequent durchführen.

Bei der Festlegung der Nietzahl auf einer Seite des Stoßes soll man nicht zu knapp sein. Von einer gleichmäßigen Verteilung der Kräfte auf die einzelnen Niete, die Stab und Laschen starr voraussetzt, ist natürlich keine Rede, und je mehr Nieten in einer Reihe hintereinander liegen, desto größer ist der Unterschied. Und dieser Fall einer größeren Nietzahl ist gerade bei Stützenstößen vorhanden. Die äußersten Nieten übernehmen mehr, die mittleren der Reihe am wenigsten. Schon die den äußersten Nieten benachbarten tragen weniger, als der gleichmäßigen Verteilung entsprechen würde, während die äußersten Nieten viel mehr an Kraft zu übernehmen haben, als dem Durchschnitt entspricht. Die Abnahme der Kraftanteile der Nieten vom äußersten gegen die Mitte der Reihe erfolgt etwa nach dem parabolischen Gesetz, wie die Versuche Hertwigs und Petermanns für zweischnittige Nietverbindungen gezeigt haben[1], wobei der Laschenquerschnitt gleich dem des gestoßenen Stabes war.

Nach diesen Versuchen übernimmt der mittlere Niet einer Reihe bei auf einer Seite des Stoßes angeordneten Gesamtnietzahl von

	3	4	5	6	7	8	Nieten
	83%	72%	53,5%	43 %	30,5%	23,8%	der Nietkraft des äußersten Nietes
und	88%	83%	70 %	63,5%	51 %	45 %	der Nietkraft bei gleichmäßiger Kraftverteilung.

während die äußersten Nieten einer Reihe, bei

3	4	5	6	7	8	Nieten
106%	116%	131%	148%	167%	188%	

der Nietkraft bei gleichmäßig angenommener Kraftverteilung übernehmen.

Es liegen also bei Ausführungen in Si St, da man mit einer geringeren Zahl Si St-Nieten auskommt, die Fälle günstiger, wenn man nach wie vor mit einer gleichmäßigen Kraftaufteilung rechnet.

Für die rasche Bestimmung der Nietzahl bei Annahme einer gleichmäßigen Verteilung kann man mit Vorteil die Tabelle der reduzierten Nietflächen für den Eisenhochbau von Dr. Hauer verwenden[2].

---

[1] Dr. Hertwig und Dr. Petermann: Über die Verteilung einer Kraft auf die einzelnen Niete einer Nietreihe. Stahlbau 1929, S. 289.

[2] Dr. Hauer, R.: Tabelle der reduzierten Nietfläche für den Eisenhochbau. Bautechnik 1927, S. 680.

Um das Einschieben der oberhalb des Stoßes liegenden Stützenteile bei der Montage zu erleichtern, pflegt man manchmal noch in der unmittelbar unterhalb der Stoßstelle liegenden Reihe Schrauben statt Nieten zu verwenden, weil das vorübergehende Öffnen der am unteren Stützenteil schon sonst angenieteten Decklaschen leichter möglich wird.

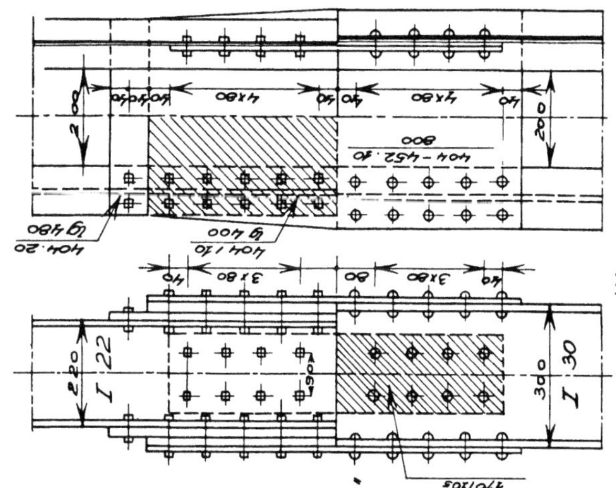

Abb. 92.

Es ist ein Unterschied bei der Stoßausbildung der Stützen zu machen, ob es sich um I-Träger oder Breitflanschträger handelt, die an der Stoßstelle eine gemeinsame Stegmittelebene haben, oder ob dieses nicht der Fall ist.

Man wird stets trachten, sobald die Stütze bloß aus einem I-Querschnitt besteht, die gestoßenen Teile mit gemeinsamer Stegmittelebene übereinander zu setzen, weil damit eine zentrische Lagerung entsteht. Die verschiedenen Stegdicken der übereinanderliegenden Stützenprofile erlauben keine Steglaschen. Deshalb legt man an der Stoßstelle eine 15- bis 20-mm-Platte ein (Abb. 90) und setzt die gefrästen Enden der Stützenteile so übereinander, daß bei richtiger Anarbeitung eine direkte Druckübertragung im Steg erfolgt. Die dort angeordneten Winkel sind eigentlich bloß wegen der Montage vorhanden, wiewohl sie einen wenn auch geringen Anteil an der Stegkraftübertragung haben. Zwei übereinanderliegende Winkel sind verschraubt. Der Stoß der Flansche erfolgt durch Außenlaschen. Hierzu sind zum Ausgleich der verschiedenen Höhen der Stützenprofile Futter erforderlich, von denen man jedes mit einer Nietreihe (Schraubenreihe) mehr anschließen wird, als die Lasche zu enthalten hat. In dem vorgeführten Beispiel sind für die Stütze Peiner Breitflanscheisen von P 24 und P 22 verwendet. Oberhalb des Stoßes sind Schrauben, deren Zahl der gedeckten Flanschfläche zu entsprechen hat.

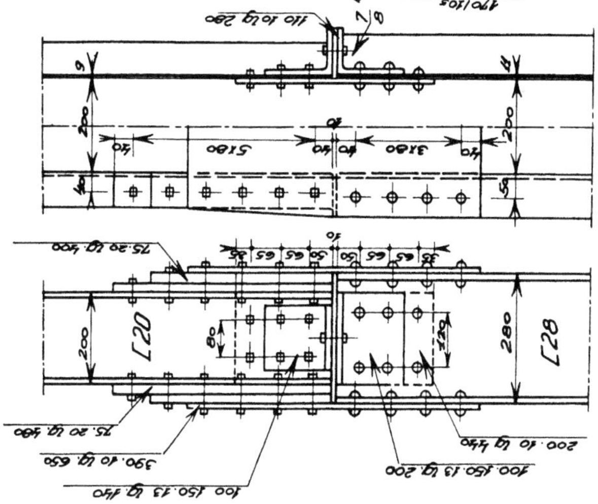

Abb. 91. Abb. 90 bis 92. Stöße von Stützen.

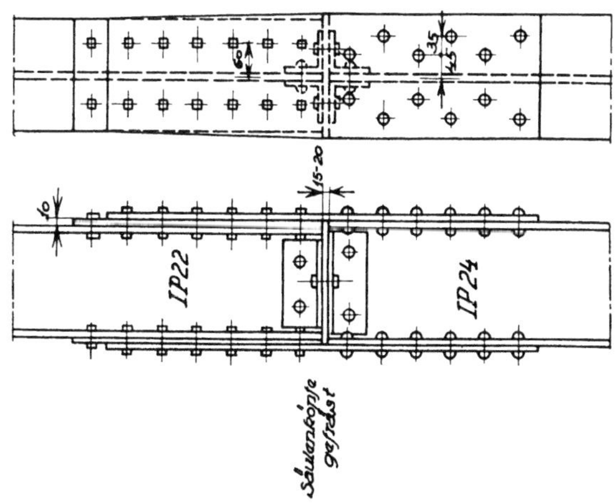

Abb. 90.

Ein ähnliches Prinzip der Stoßdeckung, jedoch für aus zwei C-Eisen bestehende Stützen, ist aus Abb. 91 zu ersehen. Es ist eine Ausführung in Si St des Hochhauses S u s c h i t z k y, Prag. Unterhalb des Stoßes sind C Nr. 28, oberhalb C Nr. 20 vorhanden. Diese Profile haben beiderseits des Stoßes eine gleiche lichte Stegentfernung von 200 mm, so daß Innenlaschen angeordnet werden können. Zwischen die Profile sind Druckbleche von 10 mm Stärke an die Stoßstelle geschoben, die über die ganze Höhe des größeren reichen, auf welchen oben und unten ungleichschenklige Winkel sitzen, die samt der Druckplatte verschraubt sind.

Diese Anordnung gibt eine gute Entlastung der Beanspruchung der Innenlasche, wenn sie auch nicht als eine Doppelverlaschung gewertet werden kann. Die Flanschen erhalten über die ganze Säulenbreite reichende Außendecklaschen, oben mit Beilagen, die der Flanschbreite und dem Zwischenraum entsprechen.

Man wird auch in diesem Falle die Enden der Stützenstücke fräsen, damit die Schrauben nicht allzu viel Biegung bekommen. Die Wurzelmaße der Verbindungswinkel in den waagerechten Schenkeln müssen auf den Unterschied der Profilstegdicken Rücksicht nehmen.

Abb. 92 führt eine Stoßdeckung nach dem Entwurf des Verfassers für das Hochhaus der Berg- und Hüttenwerksgesellschaft in Prag vor; eine der Stützen besteht aus zwei I-Profilen (I Nr. 30, oben I Nr. 22). Bei dieser Anordnung war der Grundsatz maßgebend, den lichten Abstand der Flanschen in allen Stockwerken konstant mit 200 mm wegen der Durchführung von Unterzügen zu halten. Infolgedessen waren die Stegebenen versetzt. Hier wurden Steginnenlaschen gegeben, die unterhalb der Stoßstelle ein Futter nötig machten, was jedoch günstig ist, da dort eine Vernietung in der Werkstätte erfolgen kann, während in den früheren Fällen gerade dort, wo Füllbleche angeordnet werden müssen, Schrauben sitzen.

Sonst sind die Flanschen mit über die ganze Breite reichenden Decklaschen und ebenso breiten Futtern versehen. Es ließe sich sparen, wenn die Futter bloß so breit gewählt worden wären wie die Flanschen der Stützenprofile.

4. Normung von Stützen, Stößen und Auflagern für Unterzüge.

Wichtig für Entwurf und Ausführung ist die Normung der Stützenprofile, der Stöße, der Verlaschung, sowie der Auflagerungen der Unterzüge und der übrigen Einzelheiten, die sich wiederholen, weil nicht nur die Entwurfsarbeiten erleichtert, sondern auch die Herstellungskosten herabgesetzt werden.

Es wird sich sogar manchmal empfehlen, für Stützen mit etwas kleinerer Belastung Profile der unterhalb liegenden Stützenteile nach oben weiterzuführen.

Mit Rücksicht auf die vorliegenden Stützenlasten und zur Verfügung stehende Profile wird man die Querschnittsform der Stützen wählen sowie die Art ihrer Verstärkungen bzw. Querschnittsabstufungen.

Für einen Bau von sehr unregelmäßiger Grundrißausteilung (Bau des Hochhauses der Berg- und Hüttenwerksgesellschaft, Prag) wurde vom Verfasser eine Säulennormung aufgestellt, die als Beispiel angeführt werden möge, auch deshalb, weil für österreichische bzw. tschechoslowakische Normalprofile solche Zusammenstellungen, wie sie für deutsche im Werke „Stahl im Hochbau" vorliegen, sonst nicht zur Verfügung stehen.

Dabei sind in den nachfolgenden Tabellen 11 die Stützen aus 2 I-Trägern zusammengesetzt, die grundsätzlich einen lichten Flanschabstand von 16 cm aufweisen, um auch die Zugänglichkeit für Verschraubungen zu sichern.

Für diese Stützenprofile in Baustahl St 37 ($s_{zul} = 1200$ kg/cm²) ist für Geschoßhöhen von 3,10 m bis 5 m nach Tetmayer die Tragkraft, das theoretische Gewicht G, das Gewicht einschließlich der Bauziffer $G_1 = 1{,}3\,G$, sowie das Gewicht der Umhüllung der Stützen berechnet.

Die Umhüllung wurde derart bemessen, daß von ihrer Außenbegrenzung jede Flanschecke 10 cm entfernt ist, also eine Ziegelflachschicht um die Stützen allseits gelegt werden konnte. Das Gewicht wurde für das volle Rechteck ohne Abzug der Profilquerschnitte mit 1,6 spez. Gewicht ermittelt.

Tabelle 11. Tragkraft von Säulenquerschnitten.

$\sigma_e = 1200$ kg/cm².

l = Knicklänge, i = Trägheitsradius, ω = Abminderungskoeffizient,
g = Eisengewicht, 1,3 = Konstruktionskoeffizient.

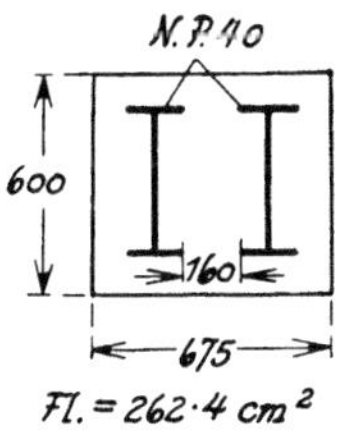

l	l/i	ω	Tragkraft in t	g	$g \times 1,3$	Umhüllung kg
5,00	31,9	1,389	227,0	1029	1338	3240
4,90	31,[illegible]	1,385	227,2	1010	1312	3170
4,80	30,6	1,381	227,8	989	1283	3120
4,70	30,0	1,378	228,1	970	1261	3040
4,60	28,3	1,365	230,5	947	1232	2980
3,60	23,0	1,338	235,0	742	965	2340
3,50	22,3	1,334	235,8	720	939	2270
3,40	21,7	1,332	236,0	702	913	2200
3,30	21,0	1,328	236,8	680	885	2140
3,20	20,4	1,325	237,5	657	856	2080
3,10	19,7	1,322	238,0	640	832	2012

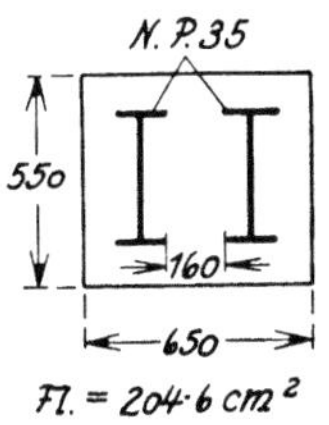

5,00	36,3	1,415	173,5	805	1048	2861
4,90	35,6	1,411	173,8	787	1022	2805
4,80	34,8	1,406	174,0	772	1002	2748
4,70	34,1	1,402	174,5	755	980	2692
4,60	33,4	1,398	175,5	740	963	2638
3,60	26,1	1,359	180,2	578	754	2059
3,50	25,4	1,350	181,0	566	736	2005
3,40	24,7	1,348	181,5	546	711	1947
3,30	24,0	1,345	182,5	531	689	1886
3,20	23,2	1,339	183,0	514	668	1829
3,10	22,5	1,335	183,5	497	647	1773

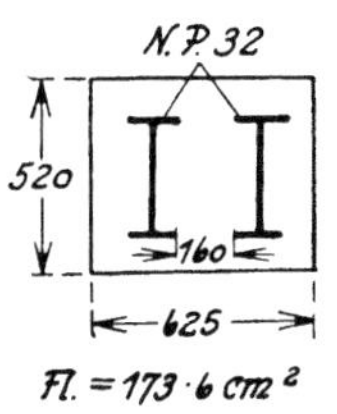

5,00	39,7	1,435	145,0	682	886	2610
4,90	38,9	1,431	145,4	668	869	2543
4,80	38,1	1,425	145,8	655	851	2492
4,70	37,4	1,423	146,0	640	832	2440
4,60	36,5	1,415	147,2	627	816	2390
3,60	28,5	1,368	152,1	491	638	1870
3,50	27,8	1,366	152,7	477	623	1816
3,40	27,0	1,361	153,0	464	604	1768
3,30	26,2	1,356	153,4	450	585	1714
3,20	25,4	1,353	153,8	436	567	1663
3,10	24,7	1,348	154,2	423	550	1610

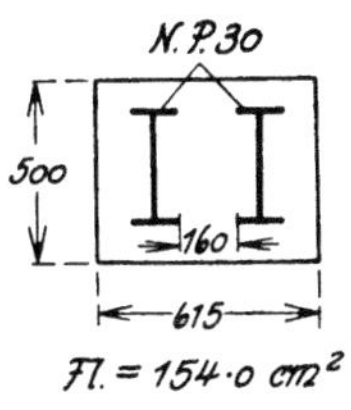

5,00	42,1	1,451	127,2	604	786	2462
4,90	41,2	1,445	127,8	591	767	2415
4,80	40,4	1,440	128,2	580	754	2385
4,70	39,5	1,432	129,9	568	740	2318
4,60	38,7	1,429	130,0	556	723	2265
3,60	30,3	1,378	134,1	435	566	1772
3,50	29,4	1,375	134,5	423	550	1724
3,40	28,6	1,371	135,0	411	535	1673
3,30	27,8	1,363	135,6	399	518	1625
3,20	27,0	1,361	135,9	387	503	1572
3,10	26,1	1,356	136,2	375	492	1528

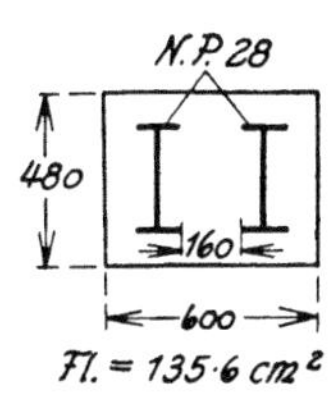

5,00	44,7	1,468	110,2	532	690	2300
4,90	43,9	1,462	110,5	522	679	2258
4,80	43,1	1,457	111,1	512	665	2210
4,70	42,2	1,451	111,9	499	649	2162
4,60	41,3	1,445	113,0	489	635	2119
3,60	32,3	1,392	116,5	383	497	1658
3,50	31,4	1,386	117,0	372	484	1613
3,40	30,5	1,378	117,8	364	473	1565
3,30	29,6	1,377	118,0	351	456	1520
3,20	28,7	1,371	118,2	340	442	1473
3,10	27,8	1,363	119,0	329	428	1427

Tabelle 11. Tragkraft von Säulenquerschnitten. (Fortsetzung.)

	l	l/i	ω	Tragkraft in t	g	$g \times 1,3$	Umhüllung kg
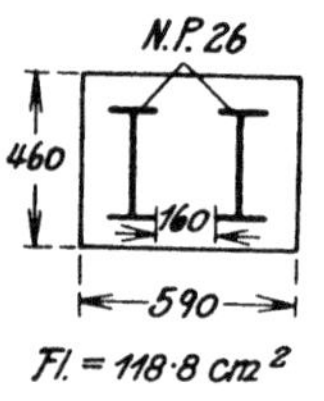	5,00	48,4	1,493	95,4	465	605	2172
	4,90	47,5	1,486	96,0	457	594	2125
	4,80	46,5	1,479	96,2	448	584	2082
	4,70	45,5	1,473	96,8	437	567	2040
	4,60	44,6	1,467	97,3	428	556	1998
	3,60	34,8	1,406	101,3	335	435	1562
	3,50	33,9	1,401	101,7	326	424	1520
	3,40	32,9	1,396	102,1	317	412	1476
	3,30	31,9	1,390	102,5	307	399	1432
	3,20	31,0	1,384	103,0	298	387	1390
	3,10	30,0	1,378	103,2	289	376	1347
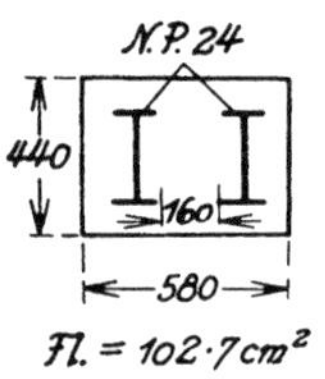	5,00	52,2	1,517	80,8	402	523	2040
	4,90	51,1	1,510	81,1	394	512	2000
	4,80	50,0	1,502	81,5	386	501	1960
	4,70	48,9	1,495	81,7	378	490	1920
	4,60	48,0	1,489	82,3	370	480	1880
	3,60	37,5	1,413	86,5	290	376	1470
	3,50	36,5	1,412	86,8	282	366	1430
	3,40	35,4	1,410	87,0	274	356	1390
	3,30	34,3	1,403	87,2	266	346	1350
	3,20	33,3	1,397	87,6	258	336	1308
	3,10	32,2	1,391	87,9	250	325	1267
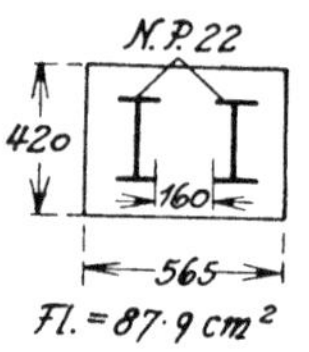	5,00	56,9	1,551	68,0	346	450	1900
	4,90	55,8	1,541	68,4	339	440	1860
	4,80	54,6	1,533	68,8	332	431	1822
	4,70	53,5	1,526	69,2	325	422	1785
	4,60	52,4	1,519	69,7	318	413	1746
	3,60	41,0	1,443	73,1	248	322	1366
	3,50	39,8	1,437	73,5	242	314	1330
	3,40	38,7	1,430	73,8	235	305	1290
	3,30	37,5	1,423	74,1	228	296	1252
	3,20	36,4	1,416	74,6	221	288	1215
	3,10	35,3	1,410	74,8	214	279	1178
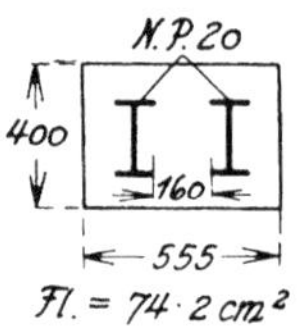	5,00	62,2	1,590	55,9	291	379	1776
	4,90	61,0	1,581	56,2	285	372	1740
	4,80	59,7	1,572	56,6	279	363	1703
	4,70	58,5	1,561	57,1	274	356	1670
	4,60	57,3	1,554	57,3	268	349	1633
	3,60	44,7	1,465	60,7	210	273	1280
	3,50	43,5	1,460	60,9	204	266	1243
	3,40	42,5	1,452	61,3	198	258	1209
	3,30	41,1	1,443	61,7	192	250	1172
	3,20	39,8	1,437	62,0	186	242	1136
	3,10	38,6	1,429	62,3	180	234	1100
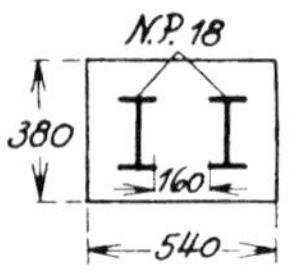	5,00	68,5	1,639	45,0	242	315	1640
	4,90	67,1	1,628	45,3	238	309	1610
	4,80	65,8	1,618	45,7	233	303	1575
	4,70	64,4	1,607	46,0	228	297	1540
	4,60	63,0	1,596	46,3	223	290	1510
	3,60	49,3	1,498	49,4	174	226	1180
	3,50	47,9	1,488	49,7	169	220	1150
	3,40	46,6	1,479	50,2	164	214	1116
	3,30	45,2	1,461	50,6	160	208	1080
	3,20	43,8	1,459	50,8	155	202	1050
	3,10	42,5	1,452	50,9	150	195	1020

Tabelle 11. Tragkraft von Säulenquerschnitten. (Fortsetzung.)

	l	l/i	ω	Tragkraft in t	g	$g \times 1{,}3$	Umhüllung kg
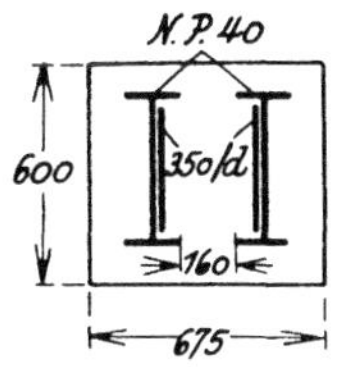	1 Lamelle 350 × 10, $J_{xx} = 72564$ cm⁴, $f = 336$ cm², $i_{xx} = 14{,}7$ cm.						
	4,56	31,0	1,384	291,0		1564	
	4,26	29,0	1,373	293,0		1461	
	3,60	24,5	1,348	299,0		1236	
	3,20	21,8	1,333	302,0		1100	
	1 Lamelle 350 × 15, $J_{xx} = 76118$ cm⁴, $f = 375$ cm², $i_{xx} = 13{,}52$ cm.						
	3,20	22,4	1,335	337		1223	
	3,60	25,3	1,352	333		1377	
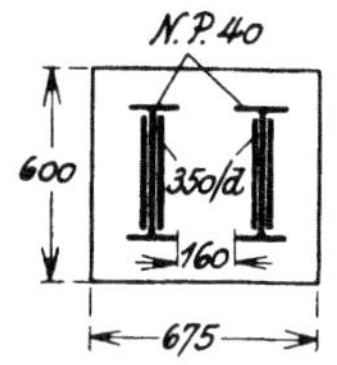	2 Lamellen 350 × 10, $J_{xx} = 79700$ cm⁴, $f = 406$ cm², $i_{xx} = 14{,}0$ cm.						
	3,70	2,64	1,345	362,0		1533	
	3,26	2,33	1,335	364,0		1350	
	3,20	2,29	1,336	364,0		1324	
	2 Lamellen 350 × 15, $J_{xx} = 86819$ cm⁴, $f = 476$ cm², $i_{xx} = 13{,}52$ cm.						
	4,56	33,7	1,400	409		2215	
	4,49	33,2	1,397	411		2185	
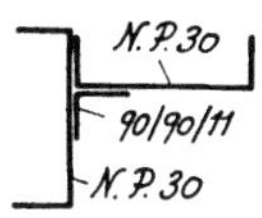	Winkel 90 × 90 × 11, $J_{xx} = 11271$ cm⁴, $f = 147{,}0$ cm², $i_{xx} = 8{,}7$ cm.						
	3,20	36,8	1,414	125			
	2,50	28,4	1,368	137			
	Winkel 120 × 120 × 12, $J_{xx} = 12000$ cm⁴, $f = 156$ cm², $i_{xx} = 8{,}8$ cm.						
	3,20	36,4		133			
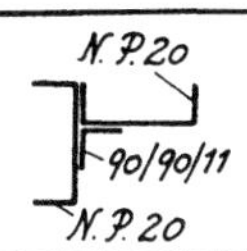	$J_{xx} = 3011$ cm⁴, $f = 90{,}2$ cm², $i_{xx} = 5{,}76$ cm.						
	3,30	57,2	1,553	69,8			
	3,40	59,0	1,566	69,2			
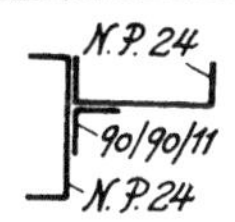	$J_{xx} = 5317$ cm⁴, $f = 111{,}6$ cm², $i_{xx} = 6{,}93$ cm.						
	3,40	49,0	1,495	89,5			
	3,60	51,8	1,509	88,7			
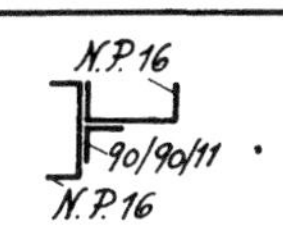	$J_{xx} = 1516$ cm⁴, $f = 71{,}6$ cm², $i_{xx} = 4{,}6$ cm.						
	3,40	74,0	1,686	51,0			

Außerdem ist für eine Reihe von Stützen, die neben Treppenhäusern und Aufzugschächten liegen und aus zwei C-Eisen und Winkeln bestehen, so daß dabei eine rechtwinklige Ecke frei bleibt, die Tragkraft berechnet.

Bei nahezu 70 verschiedenen Stützen war diese Maßnahme der Normung eine wesentliche Erleichterung.

Außerdem wurden die Auflager der Unterzüge auf den Stützen normiert. Die Belastung der Stütze erfolgt zentrisch durch Einbau eines Sattels. Dieser Sattel besteht aus einem I Nr. 40, dessen Flansch weggeschnitten und auf den anderen verbleibenden aufgesetzt und vernietet worden ist. Der Steg dieses Sattels ist mit vier Winkeln an die Stützenprofile angenietet. Es sind drei Typen vorgesehen, deren Tragkraft und Gewicht für verschiedene Profilabstände l angegeben ist (Type I, II, III in Abb. 93a, b, c).

Als weiteres Beispiel sei die Normung von Stützenstößen angeführt (Abb. 94), die für eine Ausführung von Stützen in St Si festgelegt wurde. Die Stützen bestehen aus zwei C-Eisen. In der Abbildung ist bloß eine Type wiedergegeben, die die Einschaltung einer waagerechten Zwischenplatte an der Stoßstelle, in den Stegen Innendecklaschen, an den Flanschen Außenlaschen und außerdem Verbindungswinkel samt nötigem Futter vorsieht.

Normierung von Stützen, Stößen und Auflagern für Unterzüge.

Normierte Auflager für Unterzüge bei Stützen in St 37.

Type I
Tragkr. = 48 t
a)

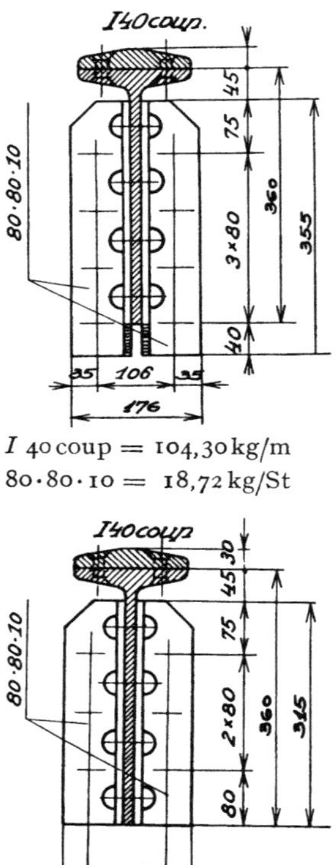

I 40 coup = 104,30 kg/m
4 × ∢ 80·80·10 = 18,72 kg/St

Type II
Tragkr. = 30,16 t
b)

I 40 coup. = 104,30 kg/m,
4 × ∢ 80·80·10 = 16,26 kg/St.

Type III
Tragkr. = 20,11 t
c)

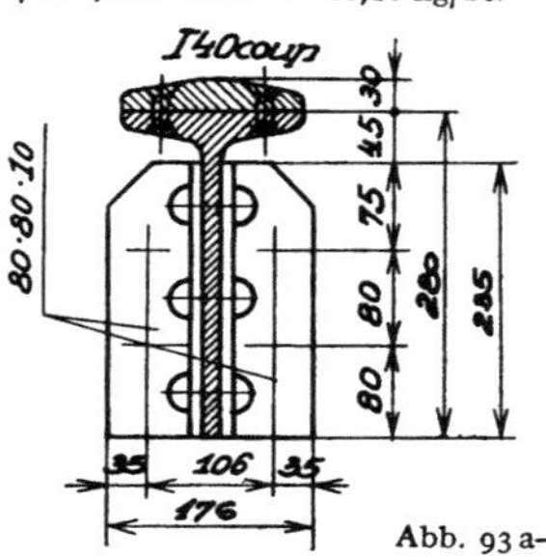

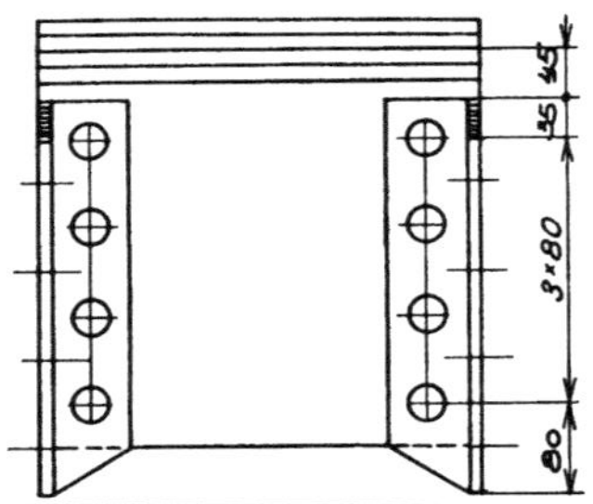

l = mm	Gewicht eines Aufl. in kg Type I	Type II	Type III
200	39,6	37,1	30,8
220	41,6	39,2	32,7
240	43,7	41,3	34,5

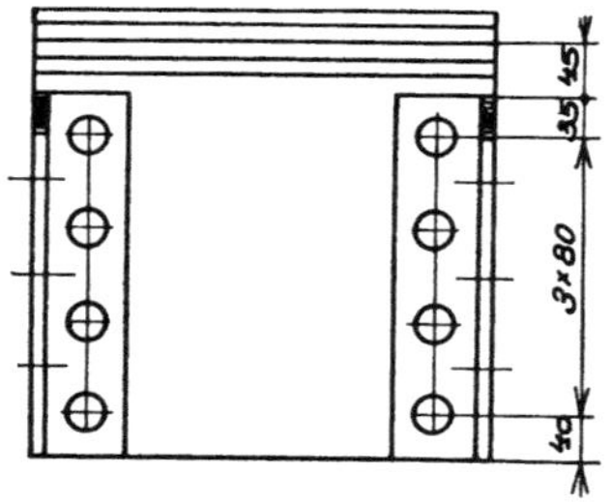

260	45,8	43,4	36,4
280	47,9	45,4	38,3
300	50,0	47,5	40,2
320	52,1	49,6	42,0
340	54,1	51,7	43,8

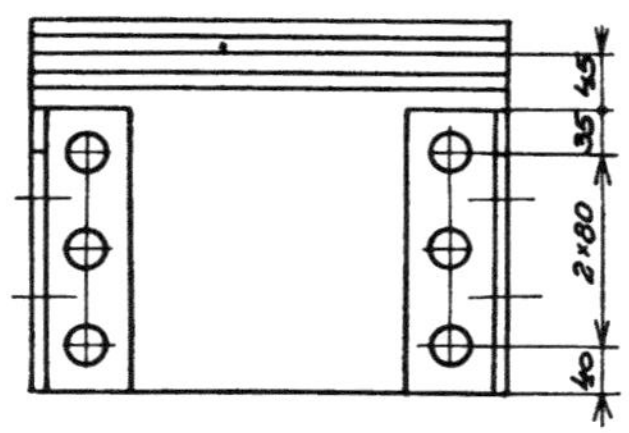

I 40 coup. = 93,82 kg/m,
4 × ∢ 80·80·10 = 12,07 kg/St.

Abb. 93 a—c.

Normierung der Stoßdeckung von Stützenprofilen in Si-Stahl Nieten in Si-Stahl.

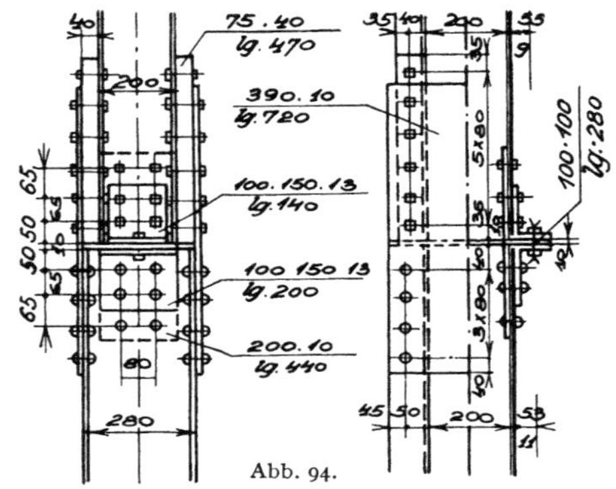

Abb. 94.

unten	oben	Gew. einer Stoßdeckung kg
][NP 18	][NP 14	69
][NP 20	][NP 14	76
][NP 22	][NP 20	86
][NP 24	][NP 14	98
][NP 24	][NP 16	92
][NP 24	][NP 18	96
][NP 28	][NP 18	122
][NP 28	][NP 20	123
][NP 28	][NP 22	130
][NP 28	][NP 24	115
][NP 28	][NP 28	90

Tabelle 12. Normierung der Stützenanschlüsse für die Lagerung der Unterzüge und der Bindebleche. Si St.

			[14	[16	[18	[20	[22	[24	[28
	l		320	330	340	360	360	370	390
	Φ		16	20	20	20	20	23	23
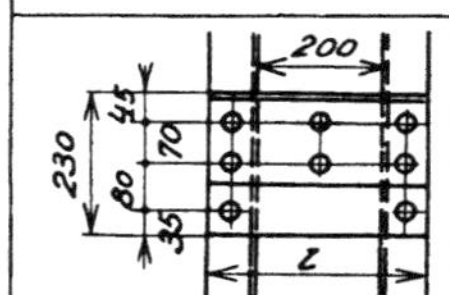		230·10 100·150·13	kg 27,9	kg 29,5	kg 30,4	kg 31,2	kg 32,0	kg 33,7	kg
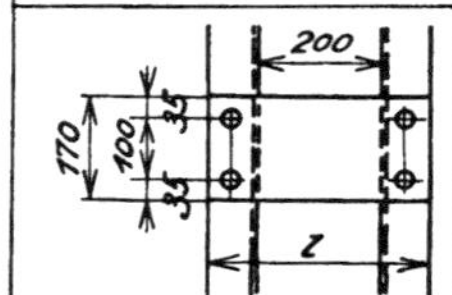		170·10	8,9	9,6	9,9	10,1			
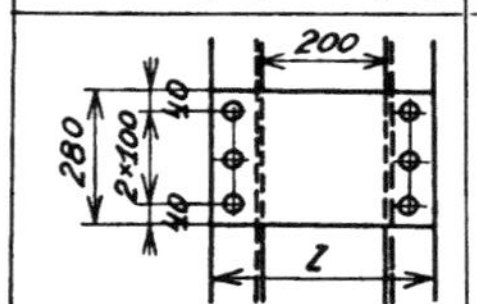		280·10					17,0	18,1	19,9
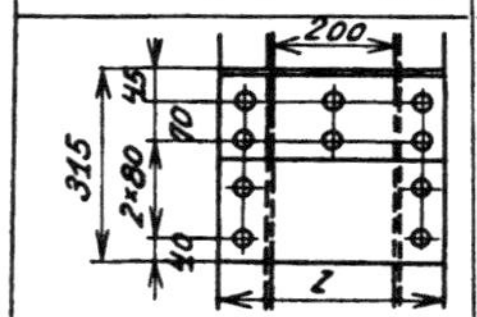		315·10 100·150·13			35,2	36,2	37,2	39,1	41,1

Für verschiedene Kombinationen von Stützenprofilen sind die Gewichte der ganzen Stoßdeckung angegeben.

Endlich sind noch für die gleichen Stützen in St Si die Stützenanschlüsse für die Lagerung der Unterzüge und die Bindeblechanordnungen normiert und die erforderlichen Gewichte ermittelt (Tabelle 12).

Diese Art der Normierung und ihre Tabellenwerte ermöglichen jederzeit die Gewichtskontrolle für die statische Untersuchung und eine rasche Überprüfung der Wirtschaftlichkeit der gewählten Profile während des Entwurfes. Man kann aus der Normierung der Stützenstöße leicht ersehen, daß das Gewicht der Stoßausbildung bei sehr verschiedenen übereinander stehenden Profilen wegen der starken Futter so groß wird, daß es manchmal wirtschaftlicher ist, das obere Stützenprofil stärker zu wählen, als rechnungsmäßig notwendig.

Außerdem gestatten die Tabellenwerte, zuzüglich jener hier nicht gegebenen für die Stützenkopf- und Fußausbildung, die Bauziffer der Stütze zu kontrollieren.

5. Ausbildung der Stützenfüße und -köpfe.

Im Stahlbau werden die Stützenfüße entweder in normaler Weise ausgeführt, indem an das Stützenprofil zwei Knotenbleche, dann Fußwinkel und die Fußplatte angeschlossen werden. Anstatt der Fußwinkel können auch U-Eisen angewendet werden. Diese Ausbildung wird für kleinere Stützenlasten ausreichen. Die Größe der Fußplatte ist nach der zulässigen Inanspruchnahme des Fundamentkörpers zu bemessen.

Wesentlich bei der Konstruktion des Stützenfußes ist, daß die Zahl der Anschlußnieten im Knotenblech und in den Fußwinkeln derart bemessen wird, daß sowohl der Übergang der Stützenkraft wie die Überleitung der Momente vom Stützenschaft in die Knotenbleche und gesondert die Übertragungen von den Knotenblechen in die Fußwinkel einwandfrei gesichert sind. In diesem Falle rechnet man nicht mit einer unmittelbaren Druckübertragung des Stützenschaftes auf die Fußplatte. Erstere muß dann auch nicht am unteren Ende bearbeitet werden.

Der gleiche Grundsatz ist am Stützenkopf zu berücksichtigen. Bei kleineren Stützenlasten wird man die Fußplatten nur mit Steinschrauben in das Fundament verankern. Diese Verankerung wurde aber in der letzten Zeit bei Stahlskelettbauten von nicht allzu großer Höhe gänzlich weggelassen. Die Stützen wurden auf die Fundamentsockel einfach aufgesetzt und nach der Ausrichtung untergossen.

Wird diese Verankerung auf einer Eisenbetonkonstruktion des Kellergeschosses durchgeführt, so müssen zwischen ihren Bewehrungen Aussparungen für die Stein- oder Ankerschrauben freigelassen werden, was immer sehr mißlich ist, da Eisenbetonkonstruktionen nie mit der Präzision ausgeführt werden wie Stahlkonstruktionen und dann oft Löcher nachträglich gestemmt werden müssen, die auf Hindernisse stoßen und eine gute Verankerung erschweren.

Stützenfüße für Randsäulen, die neben dem Nachbargebäude zu liegen kommen, haben oft nicht genügend Platz für eine gute Ausbildung. Man muß dann schon vorher die Abmessungen der Fußplatten abschätzen und die Stützenachsen entsprechend weit vom Nachbargebäude halten.

Auch bei der Ausbildung von Stützenfüßen, die in Ecken der Aufzugschächte zu liegen kommen und deren Lagerung höher liegt als die Schachtsohle, ergeben sich Schwierigkeiten, so daß die Fußplatte dann oft ausgeschnitten werden muß.

Ein Beispiel einer schwereren Stütze ist in Abb. 95 bis 99 wiedergegeben. Sie stammt vom Verwaltungsgebäude des Wernerwerkes X in Berlin[1].

Sie besteht aus zwei Stegblechen 550 × 20, vier Winkeln 150 × 150 × 18 und 8 Lamellen 170 × 18. Die 40 mm starke Fußplatte ist 2,00 × 1,30 m groß, darüber liegt noch eine 25 mm starke Platte. Hierbei ist die Druckübertragung sehr zweckmäßig durch-

[1] Ausführung: Vereinigte Stahlwerke A.-G., Dortmunder Union, Dortmund.

geführt, indem auf der Innenseite als Stützenstege 1,13 m hohe, trapezförmige, 20 mm starke Knotenbleche angeordnet sind. Außerdem sind in der Querrichtung noch je vier Querstege mit Winkeleisen befestigt.

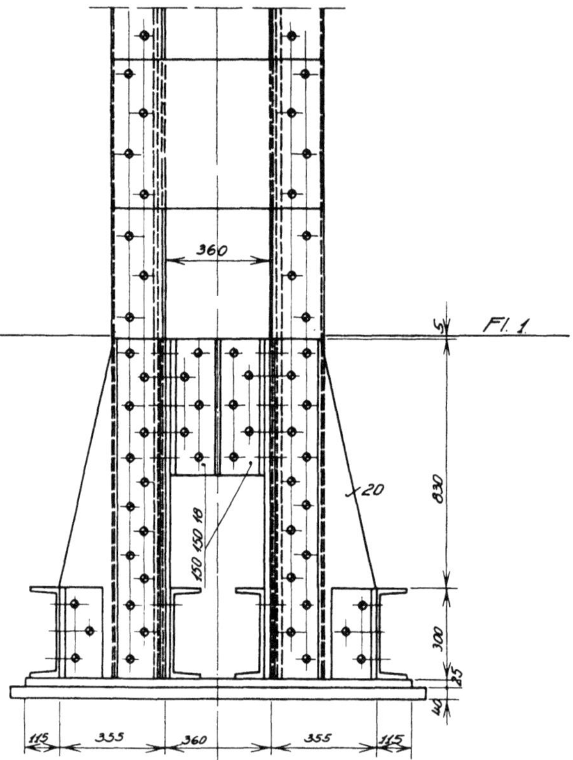

Abb. 95.

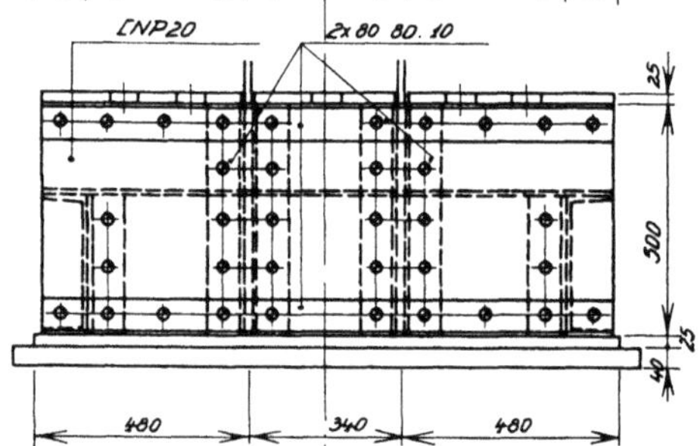

Abb. 97.

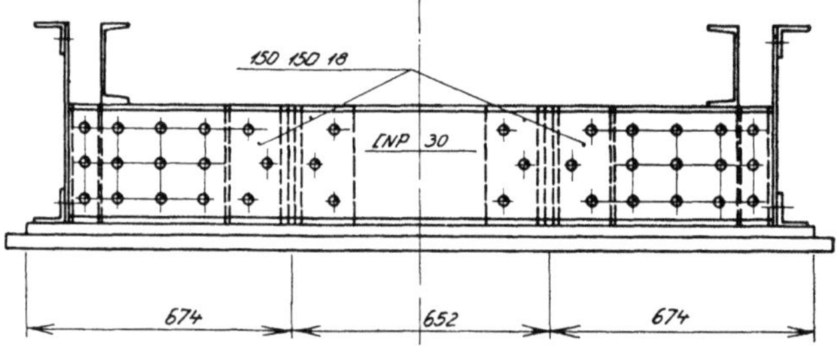

Abb. 98.

Abb. 95 bis 99. Säulenfuß. Verwaltungsgebäude „Wernerwerk X", Berlin.

Die Überleitung der Kräfte erfolgt mittels Winkeln und teils unmittelbar in vier längslaufende U-Eisen Nr. 30, während an den Enden, querliegend, noch 500 mm hohe Verankerungsdoppelträger angeschlossen sind, die je fünf Ankerschrauben aufnehmen können.

Die Außenansichten dieses unteren Stützentroges sind in Abbildung 98, 99 ersichtlich gemacht.

In den Fußplatten befinden sich Luftlöcher für das Vergießen.

Es ist im ganzen eine durchsichtige gute Ausführung.

Ein anderer Stützenfußtypus, der den amerikanischen Ausführungen ähnlich ist, sei nun vorgeführt.

In Amerika ist es üblich, selbst sehr schwere Stützen unten zu fräsen und auf eine starke, oft 10 bis 15 cm starke, ausladende Platte einfach aufzusetzen, die wiederum auf einem Trägerrost von 1 oder 2 Lagen dicht nebeneinander liegenden und durch Schrauben verbundenen I-Trägern liegt.

Dieser Trägerrost soll die Druckverteilung auf das Fundament bewirken. Er ist auf Biegung beansprucht. Solche Roste laden oft sehr weit aus.

In manchen Fällen hat man unter einer Stützenreihe vorerst querliegende I-Träger für jede Stütze angeordnet und darüber drei bis vier nebeneinander liegende, über alle Felder laufende I-Träger gelegt, die eine Art Bankett bilden. Sie haben den Zweck, bei nicht ganz sicherem Baugrunde eine druckverteilende Wirkung zu übernehmen, damit ungleiche Setzungen womöglich verhindert werden. Solche Ausführungen sind aber kostspielig.

In Abb. 100 bis 103 ist eine Stütze vom Europahaus in Berlin[1] gezeigt. Sie besteht

[1] Ausführung: Breest & Co., Berlin.

aus zwei I-Trägern Nr. 50, die durch U-Eisen verbunden sind. Am Fuße sind zwei abgeflanschte I-Träger angeschlossen. Das Fußende ist gefräst. Mittels einer Zwischenplatte stützt sich der Fuß auf einen Rost, bestehend aus zwei I-Trägern unter den Stützenprofilen und außerdem noch drei I-Trägern Nr. $42\frac{1}{2}$ und ist mit diesen verschraubt. Der Quere nach sind randseits noch zwei IP-Träger angeordnet. Das Ganze stützt sich auf eine 20 mm starke Fußplatte. Der Zementmörtelverguß ist 35 mm stark. In den Abbildungen ist die Verbindung der einzelnen Teile des Rostes zu ersehen. Man beachte auch die Absteifung der Stege der Breitflanschträger an vier Stellen.

Eine Verankerung der Stütze ist nicht erfolgt. Die Fußplatte hat die Abmessungen 1,50 × 1,60 m.

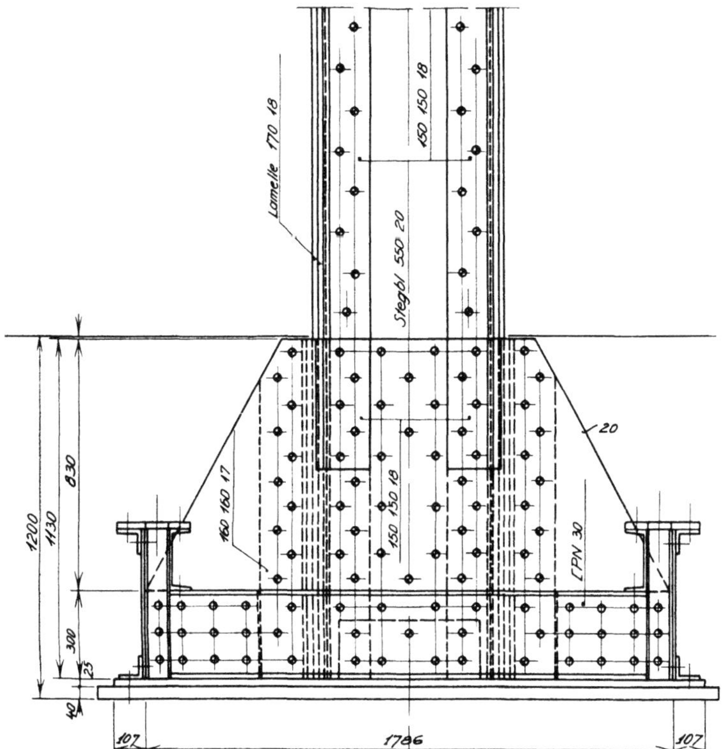

Abb. 96.

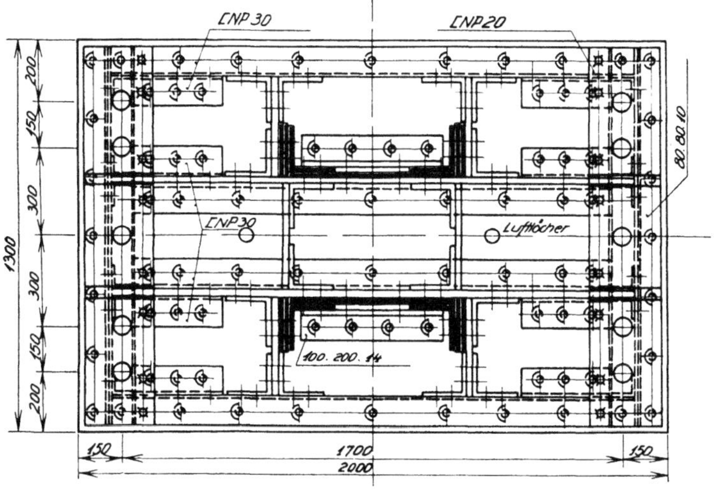

Abb. 99.
Ausführung: Vereinigte Stahlwerke A.-G. Dortmunder Union.

6. Besondere Stützenausbildungen.

Es wurde schon die besondere Anordnung der Stützen für die Radiosendestation Prag[1] erwähnt, deren Kopf- und Fußausbildung im Interesse einer schallsicheren Konstruktion mit isolierenden Zwischenschichten versehen wurde. Wie aus dem Querschnitt des Gebäudes hervorgeht, sind die Stützen über und unter den Senderäumen völlig unterbrochen und die Fußbodenkonstruktionen von der unterhalb liegenden Deckenkonstruktion vollständig getrennt.

In Abb. 104 ist der Stützenfuß mit dem Fußbodenträger wiedergegeben, Abbildung 105 gibt die entsprechende Queransicht. Das trapezförmige Knotenblech ist für den Unterzug ausgenommen und erhält unten noch zwei etwas darüber hinaus verlängerte C-Eisen, eine Fußplatte, auf die aber noch eine 23 mm starke, mit versenkten

[1] Ausführung: Eisenwerk Witkowitz.

Nieten befestigte, etwas kleinere Platte angeordnet ist. Diese Platte kommt unmittelbar auf die Isolierschicht zu liegen. Der Kopf der unteren Säule ist ähnlich ausgebildet (Abb. 106, 107) wie der eben beschriebene Fuß. Auch hier ist eine Kopfplatte angeordnet, welche jedoch an den schmalen Rändern noch zwei Rechteckeisen 43 × 60 mm aufgeschweißt erhielt, an den breiten Rändern ebensolche Rechteckleisten 43 × 20 mm, so

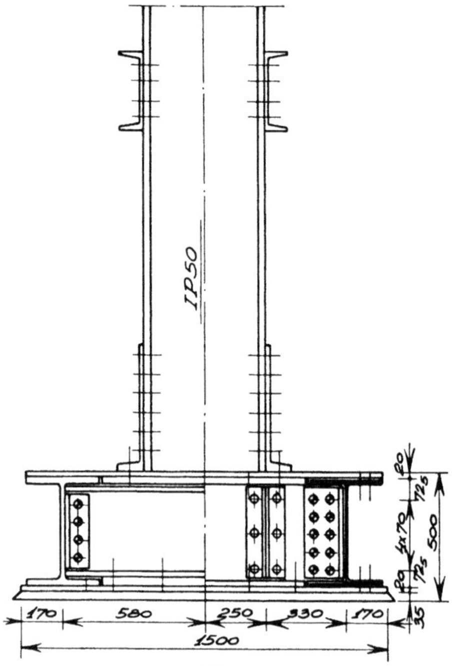

Abb. 100.

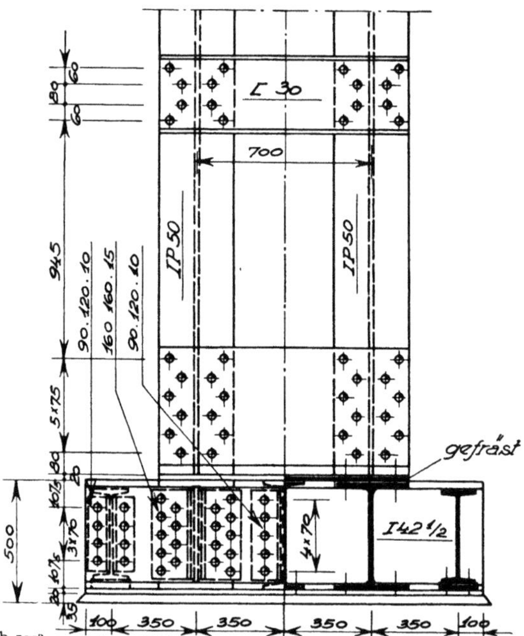

Abb. 101.

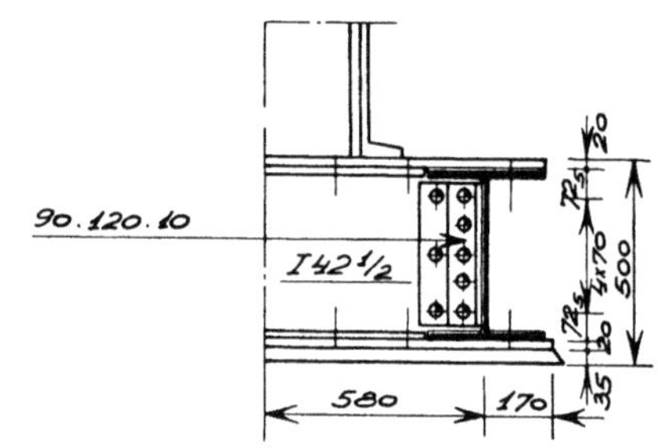

Abb. 102.

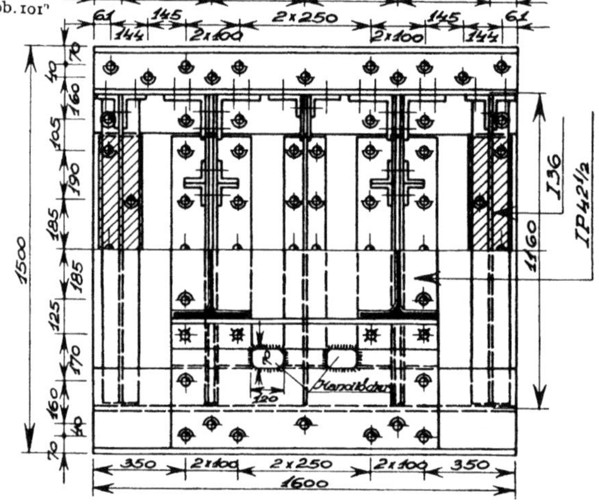

Abb. 103.

Abb. 100 bis 103. Ausbildung eines Säulenfußes, Europahaus, Berlin. Ausführung: Breest & Co., Berlin.

daß innerhalb dieser ringsumlaufenden Leisten eine rechteckige Vertiefung von 43 mm entstand, die die Isolierung aufnehmen konnte.

Der Anschluß des Deckenunterzuges *D*, der gleichfalls durch eine Ausnehmung in den oberen Stützenknotenblechen hindurchgeführt ist, kann in Abb. 108 ersehen werden.

Die Grundrisse der Kopf- bzw. Fußausbildungen sind in den Abb. 109, 110 zu finden.

Die Einzelheiten der Schallisolierung sind in den Abb. 111, 112 ersichtlich gemacht. Sie besteht vor allem in einer Auskleidung der inneren Flächen der Randleiste mit je einer 10 mm starken Antivibritlage, die oben mit den Leisten flüchtig ist, dann wurde sowohl der Boden der Vertiefung sowie die ringsherumlaufenden inneren Seiten mit einer 7 mm

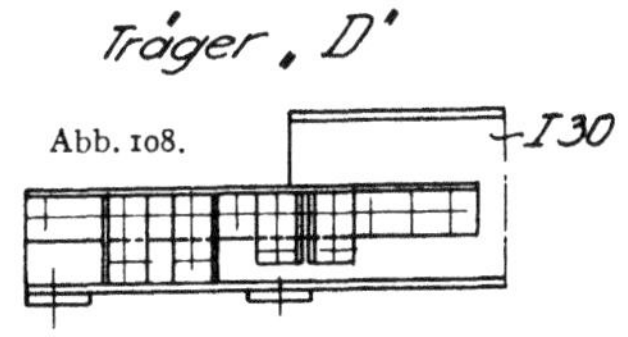

Abb. 108.

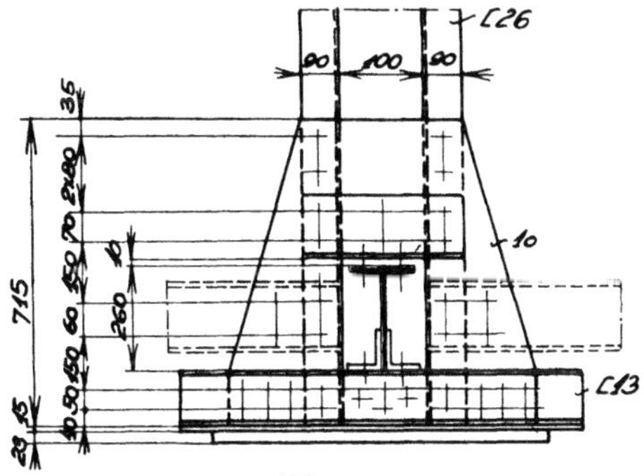

Abb. 104.

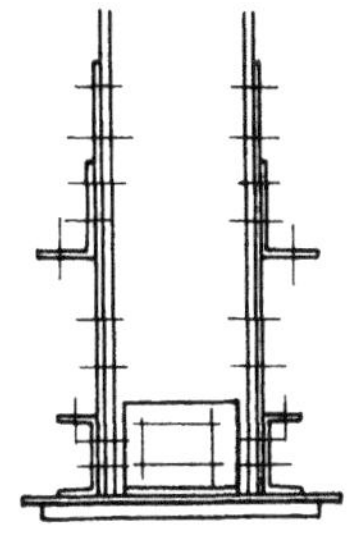

Abb. 105.

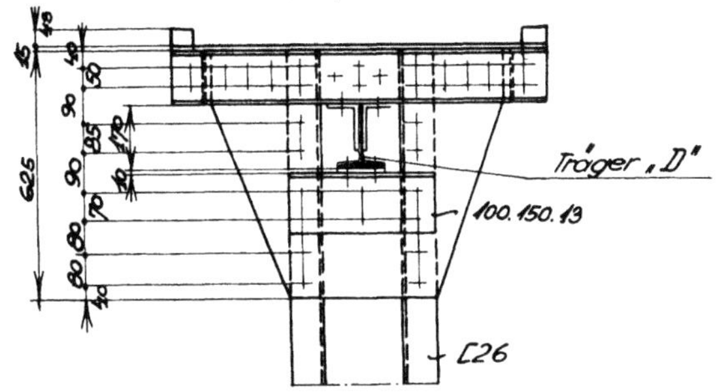

Abb. 106.

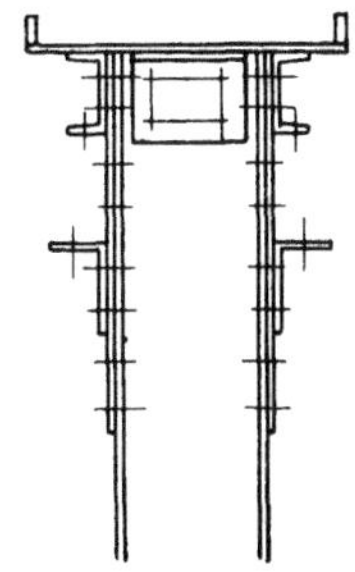

Abb. 107.

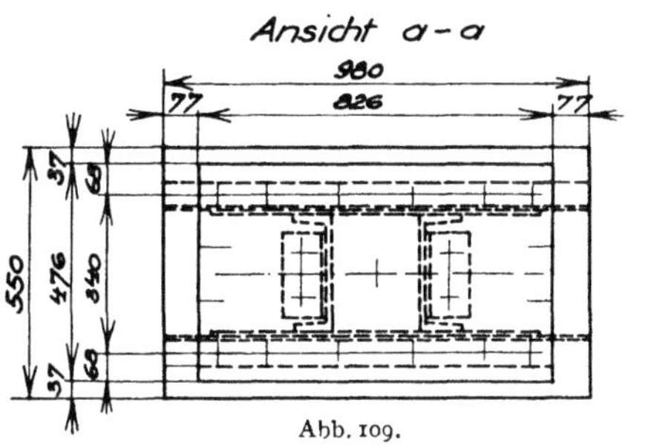

Abb. 109.

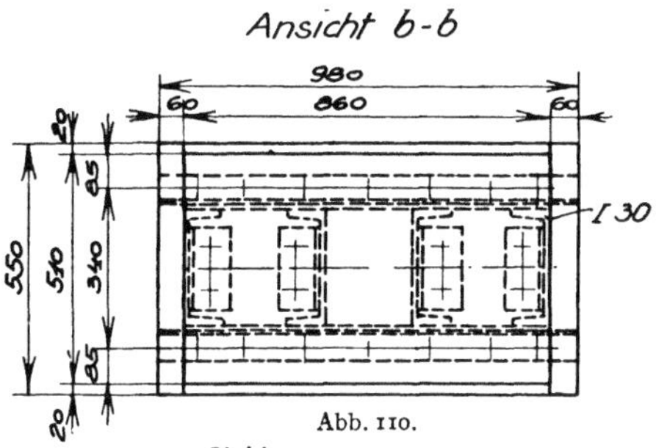

Abb. 110.

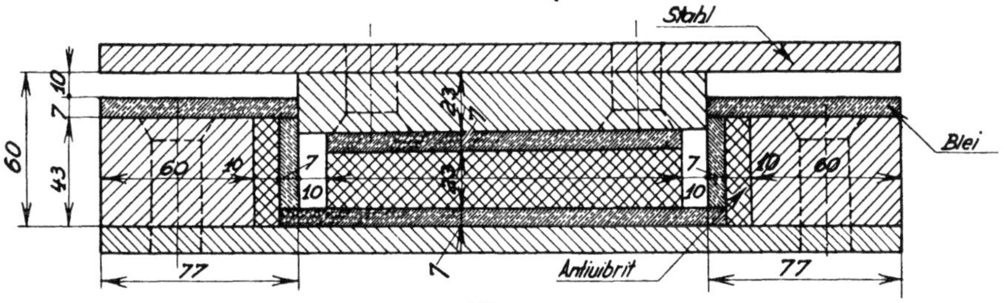

Abb. 111.

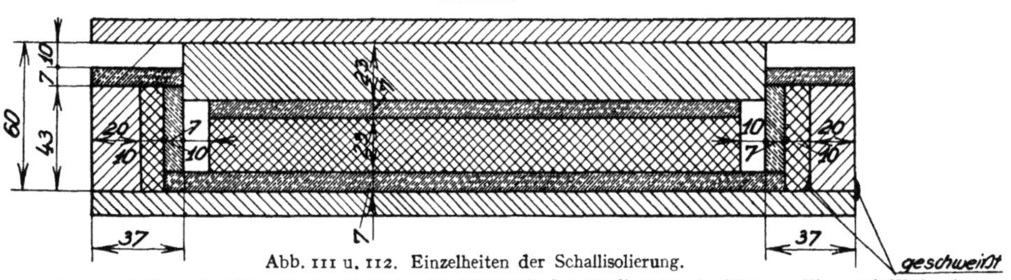

Abb. 111 u. 112. Einzelheiten der Schallisolierung.

Abb. 104 bis 112. Radiosendestation Prag. Säulenkonstruktion mit Schallisolierung. Ausführung: Eisenwerk Witkowitz.

starken Bleidichtung versehen, die außerdem noch über die Leistenoberflächen hinübergezogen ist.

Die inneren Lichtweiten dieser nun ausgekleideten Vertiefung sind gerade so groß wie die Abmessungen der unteren 23 mm starken Platte am Fuße der oberen Säule, sie paßt also gerade hinein.

Außerdem ist noch unter diese Platte eine etwas kleinere Bleiplatte von 7 mm eingebaut und die Resthöhe von 23 mm noch mit einer Antivibritschicht ausgefüllt. Diese beiden letzteren Schichten müssen die Säulendrücke übertragen.

Auf diese Weise berühren sich die Stahlteile beider Säulen an keiner Stelle.

7. Bauziffern von Stützen.

Die Bauziffern von Stützen sind von den Stützenprofilen und ihrem Wechsel in den Geschossen, von der Zahl und der Art der Stöße, von der Geschoßhöhe, von der Gesamthöhe des Gebäudes und der sonstigen Einzelheiten abhängig. Sie sind für schwere Stützen kleiner als für leichte. Allgemeine Ziffern lassen sich daher nicht angeben. Die Normung der Einzelheiten erleichtert ihre Bestimmung und die rasche Ermittlung des Gesamtgewichtes.

Um aber doch einen Anhaltspunkt für die Bauziffern zu haben, sollen einige Angaben über ausgeführte Stützen gemacht werden (St 37).

1. Stütze, durch neun Geschosse laufend, 38,2 m hoch, Farbenindustriewerke Frankfurt, bestehend aus

2 C Nr. 38 + 2 × 440 × 10 in den 6 oberen Geschossen, aus
2 C Nr. 38 + 4 × 440 × 10 in den 3 unteren Geschossen

mit drei Zwischenstößen.

Theoretisches Gewicht 8376 kg, tatsächliches 11578 kg.
Bauziffer 1,383.
Kopfausbildung 81 kg, Fuß 575 kg.

2. Mittelstütze, durch acht Geschosse laufend, 30,39 m hoch, Hochhaus Berg und Hütte, Prag, bestehend aus

2 I Nr. 40 + 4 × 310 × 18	im untersten Geschoß,
2 I Nr. 40 + 2 × 310 × 18	im zweiten und dritten Geschoß,
2 I Nr. 40	im vierten, fünften und sechsten Geschoß,
2 I Nr. 24	im siebenten und achten Geschoß.

3 Stöße.

Theoretisches Gewicht 6476 kg, tatsächliches 9304 kg.
Bauziffer 1,442.
Fuß 619 kg.

Werden die hier eingerechneten Zentrier-Lagerungssättel 8 Stück mit 404 kg nicht ausgeführt, so wird die Bauziffer 1,37.

3. Leichte Außenstütze durch sechs Geschosse laufend, 21,8 m hoch, Hochhaus Berg und Hütte, Prag, bestehend aus

2 I Nr. 30 im ersten und zweiten Geschoß,
2 I Nr. 26 im dritten und vierten Geschoß,
2 I Nr. 20 im fünften und sechsten Geschoß.
2 Stöße.

Theoretisches Gewicht 2067 kg, tatsächliches 3385 kg.
Bauziffer 1,637.
Kopf 52 kg, Fuß 190 kg.

In diesem Gewicht sind fünf Stück eingebaute Sättel zur Unterzuglagerung mit 211 kg Gewicht inbegriffen. Werden solche zentrische Lagerungen nicht gemacht, so beträgt das tatsächliche Gewicht bloß 3174 kg und die Bauziffer 1,53.

Außerdem sind in den Gewichtsangaben unter 3 die Winkelanschlüsse für die Frontwandträger einbezogen (49 kg).

6. Abschnitt.

Rahmenkonstruktionen.

A. Theorie der Rahmen.

1. Stockwerkrahmen. Allgemeines.

Kann in einem Stahlskelettbau wegen der Freihaltung von Tür- und Fensteröffnungen oder wegen Auslassung von Wandfüllungen zur Erhaltung großer Räume ein Windverband nicht eingezogen werden, so sind die Kopf- und Fußmomente der Säulen und die Anschlußmomente der Träger durch steife Eckausbildungen zu übertragen, welche dann einen steifen Geschoßrahmen bilden.

Die Methoden zur genauen Berechnung solcher Stockwerkrahmen sind bekannt, und man wird sie in einfachen Fällen, wenn es sich um nur zweistielige Rahmen handelt, selbst bei einer größeren Anzahl von Geschossen anwenden. Ein Verzeichnis der einschlägigen Literatur findet sich am Schluß dieses Abschnittes.

Für diese genaue Berechnung ist die vorherige Kenntnis der Trägheitsmomente der Unterzüge und Stützen in den einzelnen Geschossen notwendig, die man wohl näherungsweise berechnen oder zweckmäßig annehmen wird. Anhaltspunkte hierfür gibt vorerst die Bemessung aller Träger und Stützen für den normalen Fall ohne Momentenwirkung. Änderungen bzw. Verstärkungen solcher Querschnitte können aber den tatsächlichen Verlauf der Momentenlinien stark beeinflussen, besonders wenn in den ersten Geschossen größere Höhen vorliegen als in den darüber befindlichen, oder wenn sonst keine Gesetzmäßigkeit in den aufeinanderfolgenden Geschoßhöhen vorliegt. Ausgeführte Bauten werden die zuerst zu wählenden Annahmen erleichtern. Einige Winke und Rechnungsvorgänge werden später behandelt.

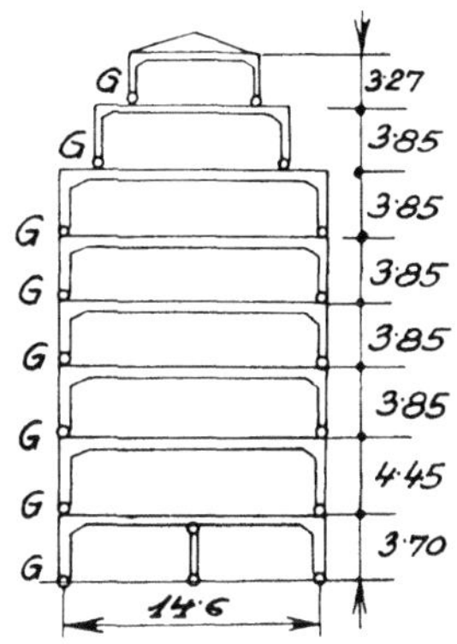

Abb. 113.

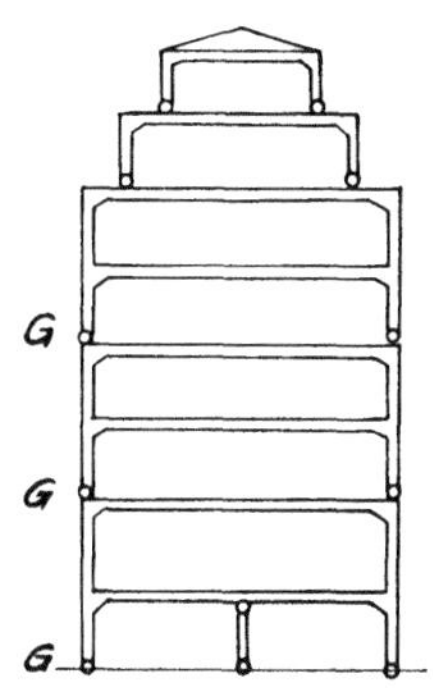

Abb. 114.

Ist jedoch die Zahl der Geschosse groß und sind außerdem mehrstielige Rahmen mit unregelmäßigen Stützenentfernungen vorliegend, dann wird die genaue Berechnung wegen der großen Zahl der Unbekannten praktisch ein Ding der Unmöglichkeit. Man begnügte sich deshalb, die Rahmenberechnung vielfach näherungsweise durchzuführen oder vereinfachende Annahmen zu machen, die auch konstruktiv berücksichtigt worden sind.

Beispielsweise wurde bei dem achtgeschossigen Geschäftshaus[1] Samt und Seide, Mannheim (Abb. 113), das bei 14,6 m Abstand der Außenwandsäulen keine Mittelstützen aufweist, mit Ausnahme des Kellergeschosses, der ganze Bau in eine Anzahl von Zweigelenkrahmen zerlegt, berechnet und mit Fußgelenken konstruiert. Die darunterliegenden Rahmenriegel bildeten das jeweilige Zugband. Die Stützendrücke der Rahmenfüße wurden als Angriffslasten für den darunter liegenden Rahmen angenommen.

Auf diese Weise ist der Kraft- und Momentenverlauf völlig klar, diese Ausführungsweise bringt aber ein größeres Gewicht mit sich, weil die Eckmomente größer werden, gegenüber der Berücksichtigung einer Einspannung, und außerdem die Lagerung an den Gelenkfüßen etwas teurer ist.

Man kann aber eine Berechnung nach Abb. 114 durchführen, die gleichfalls keine besonderen Schwierigkeiten bereitet, da es für diesen Fall geschlossene Formeln gibt[2], ermäßigt hierbei die Größe der Eckmomente und die Zahl der Gelenkausbildungen.

[1] Wolff, L.: Stahlbau 1928, S. 45. Ausführung: Eisenwerk Kaiserslautern.

[2] Kleinlogel: Mehrstielige Rahmen.

Eine ähnliche Zerlegung eines Stockwerkrahmens in einzelne Rahmen erfolgte beim Bau des **Großkraftwerkes Klingenberg** (Abb. 39) oder beim Bau eines Fabrikgebäudes in Kiel (Abb. 33). Bei ersterer Ausführung fanden auch einfache Winkelrahmen sowie Rahmen mit Kragarmen Verwendung.

2. Berechnung der Stockwerkrahmen.

Wenn auch die Anordnung von Stockwerkrahmen im Stahlskelettbau außerordentlich mannigfach sein kann, weshalb eine erschöpfende Behandlung ihrer Berechnung Spezialwerken überlassen sein muß, so sollen doch einige Winke für die Berechnung und die zutreffenden Annahmen gegeben werden.

a) Der zweistielige Stockwerkrahmen. Dieser oft ausgeführte Rahmen ist bei n Feldern im allgemeinen Belastungsfall und bei Einspannung der Füße $3\,n$-fach statisch unbestimmt. Die Lösung kann nach der gemischt graphisch-rechnerischen Methode durchgeführt werden oder rechnerisch.

In letzterem Falle werden alle Querriegel in ihren Mitten durchschnitten gedacht und läßt dort je zwei Kräfte H, V und ein Moment M angreifen (Abb. 115).

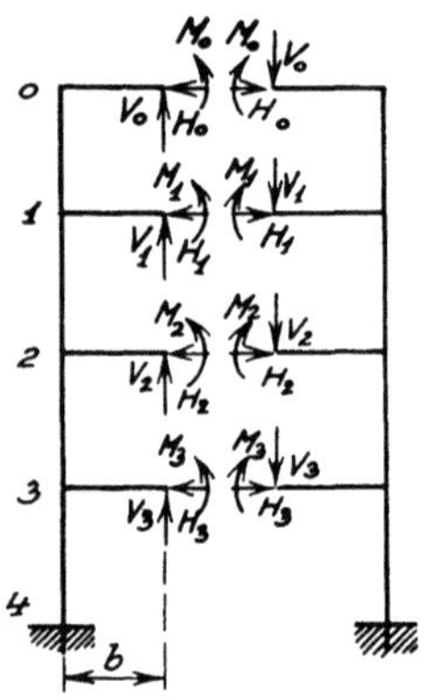

Abb. 115.

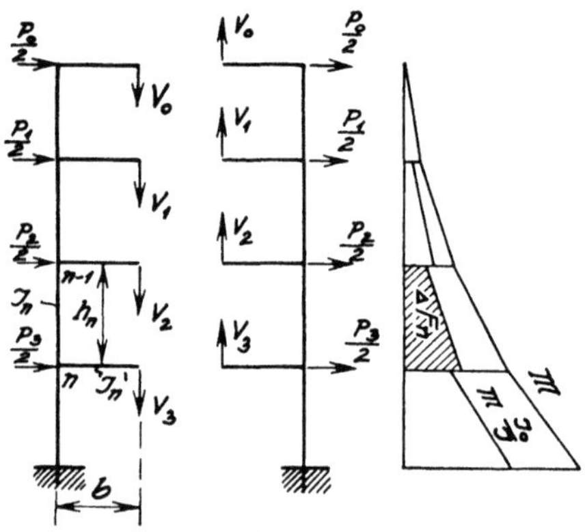

Abb. 116.

Ist wie hier das Tragwerk symmetrisch ausgebildet, so zerfallen die $3\,n$ Elastizitätsgleichungen für beliebige Belastungen in zwei Gruppen: Die erste Gruppe enthält $2\,n$ Gleichungen, die nur die n waagerechten Kräfte H und die n Momente M als Unbekannte enthalten, während die zweite Gruppe von n Gleichungen nur die Riegelquerkräfte V als Unbekannte aufweist. Liegt außerdem Belastungssymmetrie vor, so bleibt bloß die erste Gruppe von Gleichungen bestehen, da dann alle Riegelquerkräfte Null werden.

Man erhält die Elastizitätsgleichungen, indem man für jede der Rahmenhälften, die einen unten eingespannten Träger darstellen, die waagerechten, lotrechten Verschiebungen der Schnittstellen und die Winkeländerungen der Riegelstücke rechnet; und zwar einmal für die gegebene Belastung und dann bei Beseitigung aller Lasten und Unbekannten bis auf eine. Die Summe aller Verschiebungen für eine Schnittstelle nach den beiden Kraftrichtungen und die aller Verdrehungen an jeder Schnittstelle muß Null sein.

Man kann die Berechnung für lotrechte und waagerechte Lasten hierbei getrennt durchführen.

Für waagerechte Lasten (Abb. 116) wird die Rechnung vereinfacht, wenn man die Windkräfte in die Knotenpunkte konzentriert annimmt. Verzichtet man auf die Zusammendrückung der Riegelquerschnitte durch ihre Längskraft, verlegt also je eine Hälfte der Windkraft auf die linke bzw. rechte Rahmenhälfte, so liegen die Momenten-Nullpunkte der Riegel in ihren Mitten, und es sind dann n Gleichungen mit je n Unbekannten aufzulösen. Mit den errechneten Unbekannten sind dann alle Momente der Riegel und Stielecken bestimmbar.

In Wirklichkeit liegen aber die Momenten-Nullpunkte der Stiele im allgemeinen nicht in der halben Geschoßhöhe, sondern in den oberen Geschossen tiefer, in den unteren höher als die Mitten der Stiele, was bei einer Näherungslösung berücksichtigt werden kann.

Die Berechnung solcher zweistieliger Rahmen bei Kraftangriff in den Knotenpunkten läßt sich jedoch nach einem Gedanken Dr. Hartmanns[1] insofern vereinfachen, daß in den n Gleichungen nur je drei Unbekannte (statt n) erscheinen, wenn nicht die Riegelquerkräfte V, sondern die in den Stielen wirkenden Normalkräfte X als Unbekannte gewählt werden. Zerschneidet man alle Riegel in ihren Mitten, so entstehen die beiden unten eingespannten Stiele, die einschließlich der Riegelhälften als statisch bestimmtes Grundsystem angenommen werden.

J_n ist das Trägheitsmoment der Ständer,

J'_n jenes der Riegel,

F_n die Querschnittsfläche des Ständers.

Es ist $V_n = X_{n+1} - X_n$.

Man rechnet in den einzelnen Knotenpunkten für die gegebene Belastung die Momente $\mathfrak{M}$ aus und trägt die Momentenlinie auf (Abb. 116), wählt ein Vergleichsträgheitsmoment J_0 eines Stielquerschnittes, rechnet die verzerrten Momente $\mathfrak{M}\frac{J_0}{J}$ aus, und trägt sie gleichfalls auf.

Bezeichnen

τ_n die Verdrehungswinkel der Stielachsen in den Punkten n für die Belastungen mit den verzerrten Momentenflächen $\mathfrak{M}\frac{J_0}{J}$,

φ_n die Verdrehungswinkel für die Wirkung der V und F_n die Flächen der verzerrten Momente von 0 bis n,

f_n die Flächen der nicht verzerrten Momente im Felde n,

so wird:

$$\tau_n - \tau_{n-1} = \frac{F_n - F_{n-1}}{E J_0} = -\frac{\Delta F_n}{E J_0}.$$

ΔF_n ist die verzerrte Momentenfläche im Felde n (schraffiert in Abb. 116)

$$\Delta F_n = f_n \frac{J_0}{J_n} \quad \text{und} \quad \tau_n - \tau_{n-1} = -\frac{f_n}{E J_n},$$

außerdem ist

$$\varphi_n - \varphi_{n-1} = -\frac{X_n b h_n}{E J_n},$$

die lotrechte Verschiebung δ_{nx} der Schnittstelle infolge der Riegelbiegung ist

$$\delta_{nx} = (X_{n+1} - X_n) \cdot \frac{b^3}{3 E J'_n}.$$

Die Elastizitätsgleichung lautet bei Berücksichtigung der Zusammendrückung der Stiele

$$-X_n \frac{b^2 h_n}{E J_n} + (X_{n+1} - X_n)\frac{b^3}{3 E J'_n} - (X_n - X_{n-1})\frac{b^3}{3 E J'_{n-1}} + X_n \frac{h_n}{E F_n} = -\frac{1}{2} \cdot \frac{f_n b}{E J_n},$$

und zusammengezogen erhält man die Gleichung Clapeyronscher Art

$$-X_{n-1}\frac{J_n}{3 J'_{n-1}} + X_n\left(\frac{h_n}{b} + \frac{J_n}{3 J'_n} + \frac{J_n}{3 J'_{n-1}} + \frac{h_n J_n}{b^3 F_n}\right) - X_{n+1} \cdot \frac{J_n}{3 J'_n} = \frac{1}{2}\frac{f_n}{b^2}. \qquad \text{(A)}$$

Vernachlässigt man die Zusammendrückung der Ständer, so entfällt das letzte Glied im Klammerausdruck bei X_n in Gleichung (A).

Eine andere Berechnungsweise des zweistieligen Stockwerkrahmens für waagerechte Kräfte rührt von Dr. Pirlet her[2]. Abb. 117 gibt das Schema des Grundsystemes für den Turm der Kölner Messeanlagen[3]. Das Grundsystem besteht aus einer Reihe übereinandergesetzter Zweigelenkrahmen, in deren Fußpunkten die unbekannten Einspannungsmomente

[1] Hartmann, F. Dr.: Statisch unbestimmte Systeme, 2. Aufl., S. 164. Berlin: Ernst & Sohn 1922.

[2] Pirlet, Dr.: Berechnung von Stockwerkrahmen. Bauing. 1922, S. 18.

[3] Pirlet, Dr.: Stahlbau 1928, S. 74.

X angreifen. Wegen der symmetrischen Anlage sind für die waagerechten Knotenlasten und bei Vernachlässigung der Normal- und Querkräfte die Momente in zwei gegenüberliegenden Fußpunkten gleich groß und von entgegengesetztem Vorzeichen. Man kann deshalb auch in jeder Riegelmitte ein Gelenk annehmen und erhält so viel Unbekannte, als Geschosse vorhanden sind. Auf diese Weise wird die Zahl der Unbekannten auf ein Drittel reduziert.

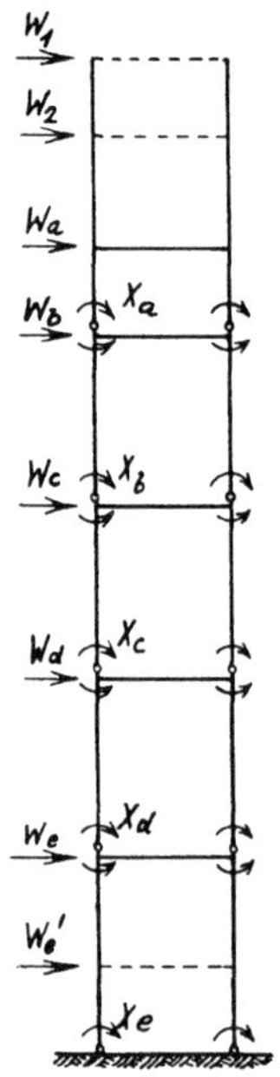

Abb. 117.

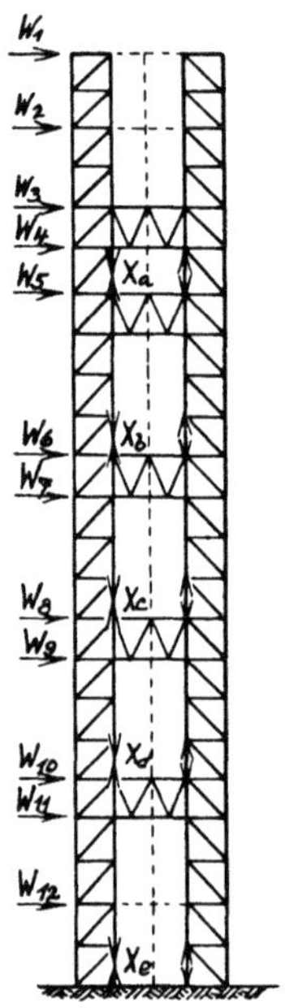

Abb. 118.

Nun sind die Verschiebungen des Grundsystems infolge der äußeren Belastung und jene bei Weglassen der äußeren Lasten und Angriffe durch die Unbekannten $X = 1$ zu ermitteln. Hierauf erfolgt der Ansatz der Elastizitätsgleichungen, die nur je drei aufeinanderfolgende Unbekannte enthalten. Diese Gleichungen sind aufzulösen.

Über zweckmäßige Lösungsverfahren sei auf den angeschlossenen Literaturnachweis verwiesen.

Der gleiche Grundsatz für die Bestimmung der Unbekannten ist bei der endgültigen Ausführung des Turmes in ausgefachter Konstruktion verfolgt (Abb. 118). Hier erfolgte die Einschaltung der Fußgelenke und Verwandlung in eine Zweigelenkrahmenkette, indem die inneren Fachwerkstiele des Turmes unmittelbar über den Riegeln durchschnitten und dafür die Stabkräfte X angebracht wurden. Der übrige Rechnungsweg ist der gleiche.

In Abb. 119 ist die Wahl der Unbekannten für die Berechnung des zwölfstöckigen Turmes des Lochnerhauses in Aachen wiedergegeben.

Eine Erweiterung des obigen Verfahrens ist von Mols gegeben[1], der für symmetrische zweistielige Stockwerkrahmen für beliebige Lasten, Elastizitätsgleichungen Clapeyronscher Art aufgestellt und dabei vom gleichen statisch bestimmten Grundsystem ausgeht.

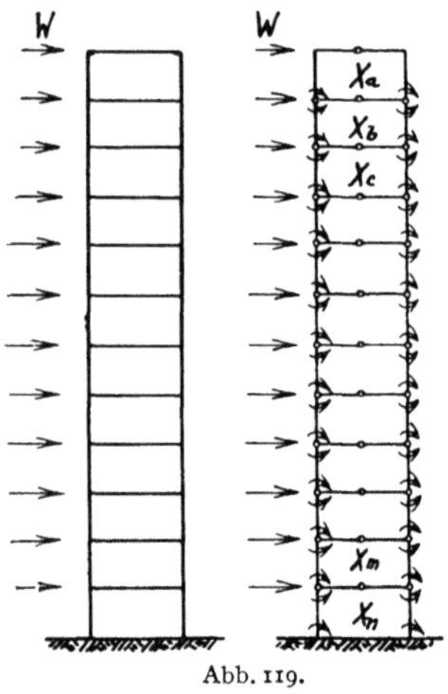

Abb. 119.

Als Unbekannte werden nicht die überzähligen Fußmomente gewählt, sondern Gruppen dieser, und zwar einmal die Gruppe zweier gleicher und im gleichen Sinn im Rahmen wirkender Momente, das andere Mal die Gruppe zweier gleicher, aber in ungleichem Sinne wirkender Momente. Es läuft diese Wahl auf die Kombination der Summe bzw. Differenz zweier Unbekannten hinaus; deshalb erfolgt natürlich der Zerfall in zwei unabhängige Gleichungssysteme mit je n Unbekannten (Gesamtzahl der Unbekannten $2n$).

Bei symmetrischen lotrechten Lasten verschwinden alle gewählten Unbekannten der zweiten Gruppe, bei waagerechten Lasten in den Knotenpunkten alle Unbekannten der ersten.

Das Verfahren von Pirlet läßt sich auch bei mehrstieligen, symmetrisch gebauten Stockwerkrahmen anwenden. Die Fußmomente sind in symmetrisch gelegenen Ständern gleich groß und mit entgegengesetztem Vorzeichen anzunehmen.

b) Mehrstielige Stockwerkrahmen. Näherungsberechnung. Waagerechte Lasten. Es sei ein vierstieliger Stockwerkrahmen mit Geschoßhöhen h_1 bis h_m angenommen. Die Stielanordnung ist symmetrisch. Die Abstände der Stiele sind a, b, a. Der Stockwerkrahmen wäre durch waagerechten Lasten P_0 im obersten Knotenpunkte, durch P_k in den übrigen Knotenpunkten belastet (Abb. 120).

[1] Mols: Bauing. 1922, S. 377.

Näherungsweise sei angenommen, daß die Momentennullpunkte in den Riegelmitten und den Mitten der Stützen in jedem Geschosse liegen. Weiter sei angenommen, daß die Stielkräfte XY in jedem Geschoß proportional dem Abstande von der Mittellinie M des Stockwerkrahmens sind.

Als weitere Voraussetzung sei die Gleichheit der Trägheitsmomente aller Riegel und Stiele angenommen, was allerdings eine einschneidende Vereinfachung gibt.

Wir untersuchen vorerst zwei Schnitte I und II (Abb. 120), die durch die Stielmomentennullpunkte geführt sind, zwischen welchen der Knoten n gelegen ist, und bestimmen dort die Momente und Querkräfte M, Q in I und M_1, Q_1 in II. Vor allem besteht die Beziehung

$$X : Y = \left(a + \frac{b}{2}\right) : \frac{b}{2}$$

und

$$Y = X \frac{b}{(2a+b)},$$

die Momente:

$$\left.\begin{aligned} \text{in } I \quad M &= P_0 h (n - \tfrac{1}{2}) + \sum_1^{n-1} P_k y_1, \\ \text{in } II \quad M_1 &= P_0 h (n + \tfrac{1}{2}) + \sum_1^{n} P_k y_2, \end{aligned}\right\} \quad (1)$$

die Querkräfte:

$$\left.\begin{aligned} \text{in } I \quad Q &= P_0 + \sum_1^{n-1} P_k, \\ \text{in } II \quad Q_1 &= P_0 + \sum_1^{n} P_k. \end{aligned}\right\} \quad (2)$$

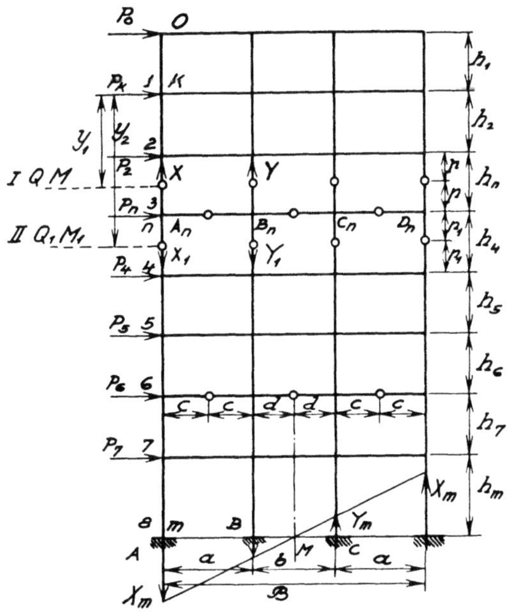

Abb. 120.

Diese Werte M und Q sind für jeden Querschnitt aus den gegebenen Lasten errechenbar, werden also als bekannt vorausgesetzt.

Mit Rücksicht auf die Symmetrie der Anlage ergeben sich zwölf unbekannte Kräfte, für die nun die entsprechenden Gleichungen abgeleitet werden sollen.

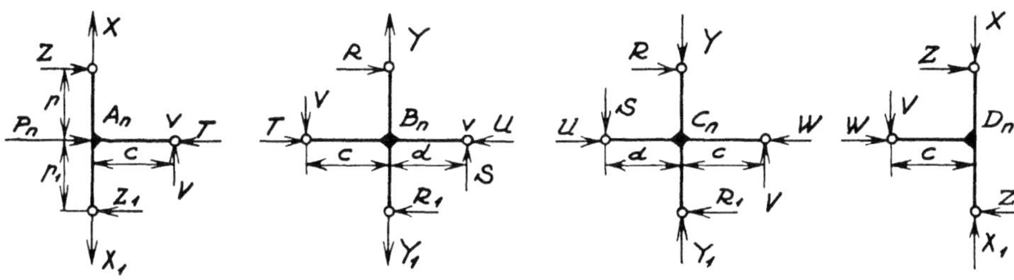

Abb. 121.

Wir betrachten nun den zwischen den Schnitten I und II gelegenen Teil der Knotenreihe n, durchschneiden auch die Riegel in den Momentennullpunkten und betrachten jede der Rahmenecken A_n, B_n, C_n, D_n mit ihren anschließenden Stabhälften gesondert.

Durch Anbringung aller Kräfte in den Stabenden entsteht obenstehendes Kräftebild (Abb. 121).

Berechnung der Ständerkräfte.

Es ist

$$X\,(2a+b) + Y\,b = M\,, \qquad Y = X\frac{b}{2a+b},$$

$$X_1(2a+b) + Y_1 b = M_1, \qquad Y_1 = X_1\frac{b}{2a+b},$$

woraus sich ergibt mit $2a + b = B$

$$\left.\begin{aligned} X &= M\frac{2a+b}{(2a+b)^2+b^2} = M\frac{B}{B^2+b^2}, \\ X_1 &= \phantom{M\frac{2a+b}{(2a+b)^2+b^2}} = M_1\frac{B}{B^2+b^2}, \\ Y &= M\frac{b}{B^2+b^2}, \quad Y_1 = M_1\frac{b}{B^2+b^2}, \end{aligned}\right\} \tag{3}$$

mit $M_1 - M = \Delta M$ wird

$$V = X_1 - X = \frac{B}{B^2+b^2}\Delta M, \qquad Y_1 - Y = \frac{b}{B^2+b^2}\Delta M. \tag{4}$$

Berechnung der übrigen Unbekannten.

Unbekannt sind noch die Kräfte Z, Z_1, R, R_1, T, U, W, S. Wir betrachten das Gleichgewicht der Reihe nach in jedem Knoten A_n bis D_n.

Knoten A_n:

$$Z + P_n = T + Z_1. \tag{a}$$

Moment in v:

$$M_v = Vc - Zp - Z_1 p_1 = 0 \tag{b}$$

mit der Beziehung

$$Z : Z_1 = Q : Q_1 \quad \text{und} \quad Z_1 = Z\frac{Q_1}{Q},$$

aus Gl. (a)

$$T = P_n + Z - Z_1 = P_n - \frac{Z}{Q}(Q_1 - Q),$$

aus Gl. (b)

$$Vc - Zp - Z\frac{Q_1}{Q}p_1 = 0$$

ergibt sich

$$\left.\begin{aligned} Z &= \frac{VcQ}{pQ + p_1Q_1}, \\ Z_1 &= \frac{VcQ_1}{pQ + p_1Q_1} \\ T &= P_n - \frac{Vc(Q_1 - Q)}{pQ + p_1Q_1}. \end{aligned}\right\} \tag{5}$$

und

Knoten B_n:

$$Y + S = V + Y_1, \tag{a}$$

$$T + R = U + R_1, \tag{b}$$

$$R : R_1 = Q : Q_1, \tag{c}$$

$$M_v = -(Y_1 - Y)d + Rp + R_1p_1 - V(c+d) = 0, \tag{d}$$

aus Gl. (c), aus Gl. (a), aus Gl. (b)

$$\left.\begin{aligned} R_1 &= R\frac{Q_1}{Q}, \\ S &= V + (Y_1 - Y), \\ U &= R - R_1 + T, \end{aligned}\right\} \tag{6}$$

aus Gl. (d)

$$-(Y_1 - Y)d - V(c+d) + \frac{R}{Q}(pQ + p_1Q_1) = 0$$

erhält man

$$R = \frac{Q}{pQ + p_1Q_1}\left[(Y_1 - Y)d + V(c+d)\right], \tag{7}$$

Knoten C_n: Aus der Summe der waagerechten Kräfte

$$W = U + R - R_1 = 2(R - R_1) + T. \tag{8}$$

Aus den Gln. (3) bis (8) können am besten der Reihe nach alle unbekannten Kräfte ermittelt werden, nachdem die Querkräfte und Momente nach Gln. (1) und (2) gerechnet worden sind. Sind die Geschoßhöhen alle gleich, so ist $p = p_1$; sind die Stielabstände alle gleich, so wird $a = b$ und $c = d$.

Diese Formeln sollen noch umgebaut werden, um alle Unbekannten unmittelbar berechnen zu können.

Mit den für den Stockwerkrahmen konstanten Hilfswerten

$$\left.\begin{aligned} \varkappa_1 &= \frac{B}{B^2+b^2}, & \varkappa_2 &= \frac{b}{B^2+b^2}, \\ \lambda_1 &= \frac{Q}{pQ+p_1Q_1}, & \lambda_2 &= \frac{Q_1}{pQ+p_1Q_1}, \end{aligned}\right\} \tag{9}$$

und

$$\Delta M = M_1 - M,$$

von denen die drei letzteren Hilfswerte für jedes Geschoß zu berechnen sind, ergeben sich nachstehende Formeln:

$$\begin{aligned} X &= \varkappa_1 M, & X_1 &= \varkappa_1 M_1, \\ Y &= \varkappa_2 M, & Y_1 &= \varkappa_2 M_1, \\ V &= \varkappa_1 \Delta M, & S &= (\varkappa_1 + \varkappa_2)\,\Delta M, \\ Z &= \varkappa_1 \lambda_1 c\,\Delta M, \\ Z_1 &= \varkappa_1 \lambda_2 c\,\Delta M, \\ R &= \lambda_1 \Delta M\,[\varkappa_2 d + \varkappa_1 (c+d)], \\ R_1 &= \lambda_2 \Delta M\,[\varkappa_2 d + \varkappa_1 (c+d)], \\ T &= P_n - \varkappa_1 c\,(\lambda_2 - \lambda_1)\,\Delta M, \\ U &= P_n - \Delta M\,(\lambda_2 - \lambda_1)\,[d(\varkappa_1+\varkappa_2) + 2\varkappa_1 c], \\ W &= P_n - \Delta M\,(\lambda_2 - \lambda_1)\,[2d(\varkappa_1+\varkappa_2) + 3\varkappa_1 c]. \end{aligned} \tag{10}$$

Die in der Gleichungsgruppe (10) in eckigen Klammern befindlichen Ausdrücke sind für alle Geschosse konstant und sind bloß einmal zu berechnen.

Aus diesen Gleichungen ist zu ersehen, daß unter den getroffenen Annahmen die Riegelquerkräfte V und S dem jeweiligen Momentenzuwachs ΔM proportional sind, da

$$V = \frac{B}{B^2+b^2}\,\Delta M \quad \text{und} \quad S = \frac{B+b}{B^2+b^2}\,\Delta M,$$

die Faktoren von ΔM also konstante Werte sind. Da $\frac{dM}{dx} = Q$, wird $\Delta M = Q\,(p + p_1)$ und bei **konstanter** Geschoßhöhe $\Delta M = Qh$, somit werden dann sowohl V wie S proportional der Querkraft Q sein. Da aber diese infolge der dann gleichen Knotenlasten P nach abwärts geradlinig zunimmt, ist dies auch für V und S der Fall. Genaue Berechnungen selbst bei nach unten zunehmendem Trägheitsmoment der Stützen haben ergeben, daß dies sehr annähernd der Fall ist, besonders wenn am obersten Knoten $P/2$ angreift.

3. Berechnung der Spannungen in Rahmenecken.

Die Berechnung der Spannungen in den Rahmenecken wurde von Grüning[1] gegeben und kann sinngemäß für Stockwerkrahmen Anwendung finden.

Grüning behandelte vorerst die Spannungen in einer Platte von obigen Formen (Abb. 122), sah von den Ausrundungen ab und betrachtete das Flächenstück $b\,c\,b'\,c'$. Er

[1] Grüning, M. Dr.: Die Spannungen im Knotenpunkt eines Vierendeelträgers. Eisenbau 1914, S. 162.

leitete den Spannungsverlauf aus einer Airyschen Spannungsfläche ab und erhielt strenge Formeln für die Normal- und Schubspannungen. Bei Vernachlässigung höherer Potenzen von y sind nachstehende Näherungsformeln für die Spannungen abgeleitet worden.

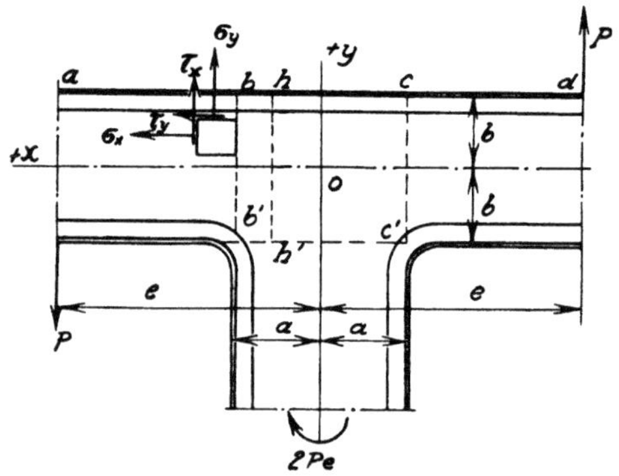

Abb. 122.

Mit den Bezeichnungen der Abb. 122 ist:

$$\sigma_x = \frac{3\,P}{4\,a^3 b^3}\, x\, y\,[2\,a^2 (e - a) - e(x^2 - a^2)]\,,$$

$$\sigma_y = -\frac{3\,P}{4\,a^3 b^3}\, e\, x\,(b - y)^2 (2\,b + y)\,,$$

$$\tau = \frac{3\,P}{8\,a^3 b^3}\,(b^2 - y^2)\,[2\,a^2 (e - a) - e(3\,x^2 - a^2)].$$

Für praktische Ausführungen bei symmetrischer Anordnung der Ständer und Pfosten sind nachstehende Formeln maßgebend; wir folgen dabei den Ableitungen Grünings.

Bezeichnet J_v das Trägheitsmoment des Querschnittes $b'\,c'$ und S_v das statische Moment des halben Querschnittes für eine Achse senkrecht zur Tragwandebene, J_g und S_g die entsprechenden Momente des beliebigen Querschnittes hh' mit der Abszisse x_0, so ist die Spannung σ_y im Querschnitte $b'\,c'$

$$\sigma_y = -\frac{2\,P\,e}{J_v}\, x.$$

Für den Querschnitt mit der Abszisse x_0 ist

$$M_{x_0} = -P(e - x_0) + \frac{2\,P\,e}{J_v}\left[\int_{x_0}^{a} x^2\, d F_v - x_0 \int_{x_0}^{a} x\, d F_v\,\right],$$

$$Q_{x_0} = +P\left[\frac{2\,e}{J_v}\int_{x_0}^{a} x\, d F_v - 1\right].$$

dF_v ist das Flächenelement des Querschnittes $b'\,c'$. Ist dF_g das Flächenelement des Querschnittes hh' und y' der Abstand der neutralen Achse dieses Querschnittes von der x-Achse, dann sind die Spannungen:

$$\sigma_x = -\frac{M_{x_0}}{J_g}\,(y - y'),$$

$$\tau = \frac{Q_{x_0}}{J_g}\int_{y_0}^{b} (y - y')\, d F_g.$$

M_{x_0} wird zum Maximum für ein x_0', das die Gleichung

$$\int_{x_0}^{a} x\, d F_v = \frac{J_v}{2\,e}$$

befriedigt.

Im Punkt O wird $M_{x_0} = 0$. Die Querkraft ist für $x_0 = 0$ ein Maximum.

$$Q_{\max} = P\left(2\,e\frac{S_v}{J_v} - 1\right)$$

und mit δ = Stehblechstärke

$$\tau_{\max} = P\left(2\,e\frac{S_v}{J_v} - 1\right)\frac{S_g}{J_g \cdot \delta}.$$

Die Anschlußniete der oberen Gurtung übernehmen bei einem Abstand t die größte Schubkraft

$$T_{\max} = P\left(2\,e\frac{S_v}{J_v} - 1\right)\frac{S_w}{J_g}\, t,$$

wobei S_w das statische Moment des Gurtquerschnittes auf die neutrale Achse bedeutet.

Bei solchen Rahmenecken soll man besonders auch die Schubspannungen nachprüfen, da sie von bedeutendem Einfluß sind.

Wie weit die Spannungen an einer Ecke vom Geradliniengesetz abweichen können, zeigen die Versuche von Dr. E. Preuß[1]. Es wurden rechtwinklig geformte Probestücke aus Flacheisen mit einer inneren scharfen Ecke sowie mit Ausrundungen durch zwei entgegengesetzt gerichtete gleiche Kräfte P beansprucht, die auf der Innenseite Zug erzeugten.

Die Messungsergebnisse sind in den beiden Abb. 123, 124 wiedergegeben, wobei Linien gleicher Spannung eingetragen sind. Außerdem sind für Querschnitt I in den Symmetrieachsen die Spannungen in einer Schaulinie gegeben, die von einer Geraden sehr abweicht. Der Spannungsnullpunkt rückt gegen die innere Ecke, und zwar um so mehr, je kleiner die innere Ausrundung ist. Man kann die Häufung der spannungsgleichen Linien in der Nähe der Ecke ersehen und die damit verbundene hohe Inanspruchnahme.

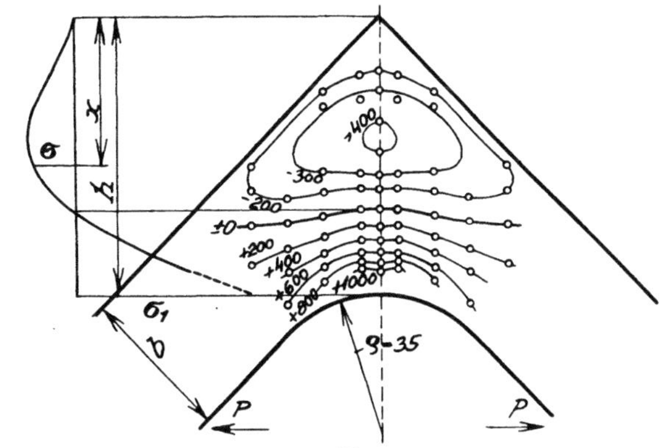

Abb. 123.

Auch für einen etwas schrägen Schnitt II ist der Verlauf des Bildes ähnlich I. Für den durch den Krümmungsmittelpunkt senkrecht zu dem Winkelschenkel gezogenen Schnitt III ist eine weite Verlagerung des Spannungsnullpunktes nach der Außenseite hin ersichtlich.

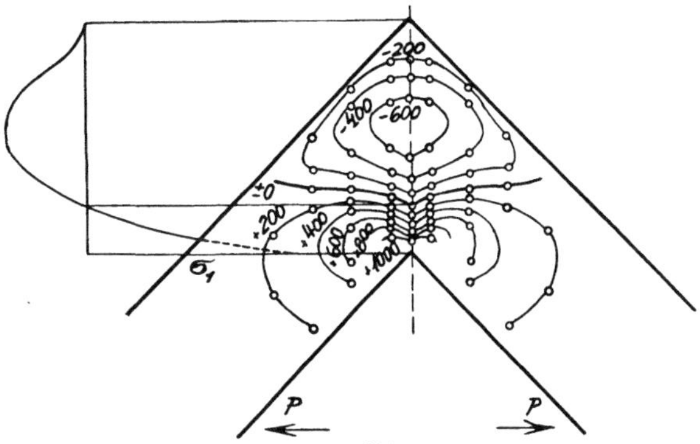

Abb. 124.

Leider sind noch keine Versuche mit Walzprofilen oder Blechträgern gemacht worden außer jenen von Mecklenbeck und Ehrlich[2], so daß man für solche Querschnitte keine unmittelbaren Schlüsse ziehen kann. Die Mecklenbeckschen Versuche haben eine andere Konstruktion als Grundlage, es ist also der unmittelbare Vergleich nicht möglich. Die Winkeleisen oder die Flanschen werden gewiß auf der Innenseite der Ecke eine Entlastung der Spannungen bringen, um wie viel, kann aber noch nicht gesagt werden.

Jedenfalls mahnt das bisherige Ergebnis der Versuche und auch der Rechnung zu großer Vorsicht.

Zur Ermittlung der größten Spannungen in Ecken, die dem von Preuß versuchstechnisch gefundenen Verlauf entspricht, hat Dr. H. Marcus[3] eine Lösung angegeben.

Er bringt die Spannung σ in der Entfernung x von der äußersten Rahmenecke mit der größten Randspannung σ_1 an der Innenseite der Ecke in der Entfernung h in nachstehende Beziehung (Abb. 123):

$$\sigma = \sigma_1 \frac{x}{h} - \varkappa\left[\frac{x}{h} - \left(\frac{x}{h}\right)^4\right].$$

$\varkappa$ ist ein noch zu ermittelnder Spannungswert. Mit der Blechdicke δ und den Gleich-

[1] Preuß, E. Dr.: Versuche über die Spannungsverminderung durch die Ausrundung scharfer Ecken. Mitteilungen über Forschungsarbeiten auf dem Gebiete des Ingenieurwesens, H. 126, S. 18. Berlin 1912.

[2] Preuß, E. Dr.: Eisenbau 1913. [3] Marcus, H. Dr.: Brückenbau 1913, S. 4.

gewichtsgleichungen ergibt sich unter Anwendung der Beziehung $df = \delta d_x$

$$P = \int_{x=0}^{h} \sigma\, df = \frac{\delta h}{10}(5\sigma_1 - 3\varkappa).$$

$$M_a = \int_{x=0}^{h} \sigma x\, df = \frac{\delta h^2}{6}(2\sigma_1 - \varkappa),$$

woraus

$$\sigma_1 = \frac{18 M_a}{\delta h^2} - \frac{10 P}{\delta h},$$

$$\varkappa = \frac{30 M_a}{\delta h^2} - \frac{20 P}{\delta h}.$$

Mit Einführung der Fläche F und des Widerstandsmomentes W des Querschnittes wird bei Berücksichtigung des auf die Querschnittsmitte bezogenen Biegungsmomentes M

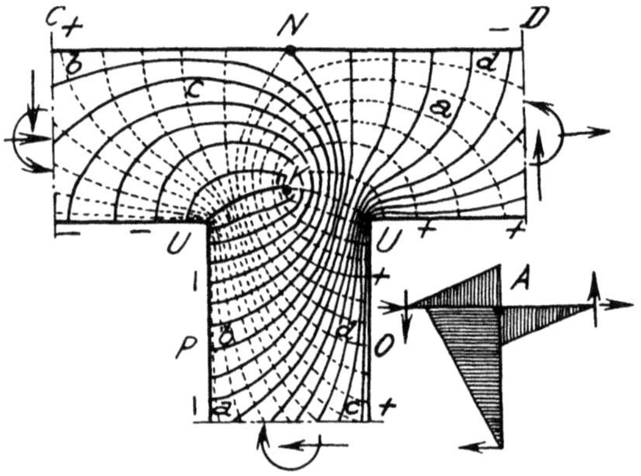

Abb. 125.

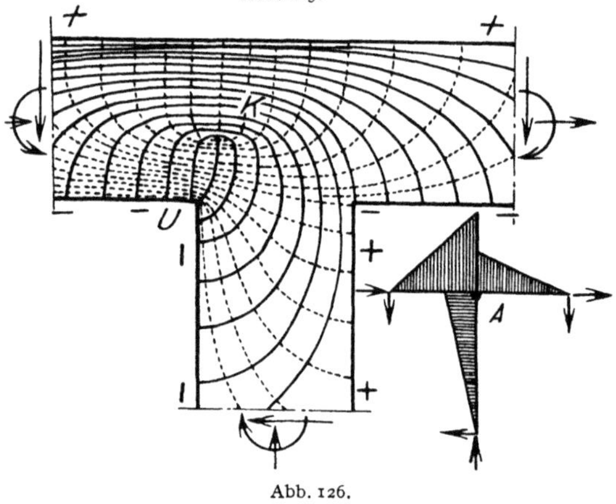

Abb. 126.

Abb. 125 u. 126. Kraftfelder in Rahmenecken.

$$M = M_a - \frac{Ph}{2}$$

die größte Randspannung

$$\sigma_1 = \frac{3M}{W} - \frac{P}{F},$$

$$\varkappa = -5\left(\frac{P}{F} - \frac{M}{W}\right).$$

Ziffernmäßige Auswertungen dieser Formeln haben mit den Versuchsergebnissen eine gute Übereinstimmung gezeigt.

Es darf nicht vergessen werden, daß diese Formeln sich auf Bleche beziehen und nicht auf mit Winkeln gesäumte Eckausbildungen.

Über den Spannungsverlauf in Stockwerkrahmenecken geben die Kraftfelder, die Wyß untersucht hat, ein anschauliches Bild[1].

Aus dem Momentenbild des Ausschnittes der Rahmenecke (Abb. 125) infolge der an den Stützen- bzw. an den Riegelnullpunkten angreifenden Kraft ist das Auftreten der Druckecke links, der Zugecke rechts erklärt. Die Momente der Stützenabschnitte sind gleich groß und von entgegengesetztem Vorzeichen, daher die Symmetrie der Drucklinien rechts und der Zuglinien links und umgekehrt. Es treten zwei singuläre Punkte K und N auf. Die Vorzeichen der Randspannungen sind in der Abb. 125 eingetragen.

Einen anderen Fall der Belastung zeigt Abb. 126, wobei an den Enden der Stützenabschnitte gleichgerichtete Querlasten wirken und durch das Riegelmoment eine völlig exzentrische Anordnung des Kraftfeldes hervorgerufen wird, dessen singulärer Punkt K nun nicht mehr in der Symmetrieachse liegt. In der rechten Ecke ist ein Wechsel des Vorzeichens der Spannung, links ist die Druckecke.

[1] Wyß, Th. Dr.: Die Kraftfelder in festen elastischen Körpern, S. 322. Berlin: Julius Springer 1928.

4. Zusatzspannungen in Rahmenecken bei zweiwandigen Querschnitten.

Infolge der Ausrundung an den Rahmenecken werden die Richtungen der Normalkräfte N in zwei um ein Differential ds entfernten Punkten (Abb. 127) einen Winkel einschließen. Die zwei Kräfte N setzen sich zu einer resultierenden Kraft D zusammen.

Ist nun der Rahmenquerschnitt doppelwandig und mit Deckplatten geschlossen, so erhalten letztere außer der Normalspannung noch Biegungsspannungen, die sich auf den von der Unterstützung dieser Deckplatte freien Teil auswirken[1]. Diese Platte ist daher in der Querschnittsrichtung als eine teilweise eingespannte Platte für diese zusätzliche Beanspruchung anzusehen.

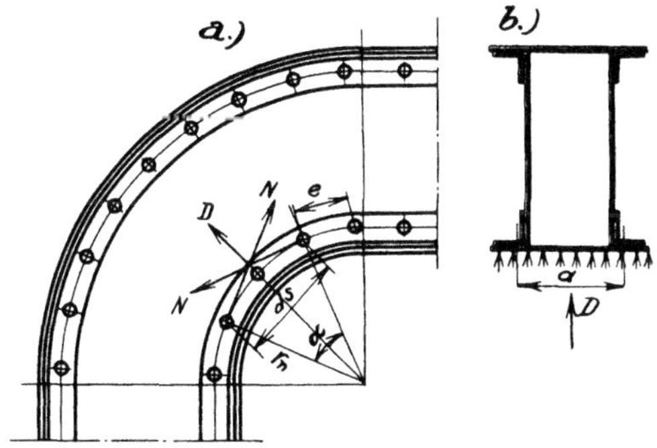

Abb. 127. Rahmenecke.

Für das Längenelement ds, dem der Zentriwinkel α zugehört, und bei der Faserspannung σ an der betreffenden Stelle ist

$$D = 2\,N \sin\frac{\alpha}{2} = \frac{\sigma F\,ds}{r}.$$

Für einen Niet mit der Entfernung e und dem Halbmesser r_n der Wurzellinie ist diese Kraft

$$D_n = \frac{\sigma F e}{r_n}.$$

Die Zusatzspannung in der Gurtplatte ist dann

$$\sigma = \frac{M}{W},$$

dabei ist der Wert D für einen Längenzentimeter der Platte mit der Dicke δ einzuführen

$$D = \frac{\sigma F}{r}, \qquad W = \frac{\delta^2}{6}$$

und das Moment je nach dem Grad der Einspannung. Bei völliger Einspannung der Kopfplatte auf die freie Einspannlänge a ist

$$M = \frac{1}{12}\,\frac{\sigma F a}{r}$$

die zusätzliche Biegungsbeanspruchung der Platte $\sigma_z = \frac{\sigma F a}{2\,r\,\delta^2}$, die resultierende Spannung σ_r in der Deckplatte ist dann

$$\sigma_r = \sqrt{\sigma^2 + \sigma_z^2}.$$

5. Einspannungsgrad und Durchbiegung der Riegel von Zweigelenkrahmen.

Beim Entwurf von Rahmenbauten und für rasche Querschnittsbemessung und Gewichtsermittlungen, sowie für die Beurteilung der Wirtschaftlichkeit wird die Kenntnis des Einspannungsgrades der Riegel sehr erwünscht sein, um die Entscheidung der Wahl zwischen freiaufliegendem Balken und Rahmen im Geschoßbau leichter zu treffen. Ebenso wird die Kenntnis der Durchbiegung für diese Entscheidung maßgebend sein. Deshalb folgen einige einschlägige Erwägungen.

[1] Nitzsche, H. Dr.: Gekrümmte Biegungsgurte mit kastenförmigem Querschnitt. Brückenbau 1912, S. 62.

a) Einspannungsgrad des Querriegels. Sind bei einem Zweigelenkrahmen mit der Stützweite l, der Stielhöhe h, den Trägheitsmomenten J_1 bzw. J_2 für Riegel und Stiel die Momente M_1 im oberen Rahmeneck, M_0 in Riegelmitte, $\mathfrak{M}$ das Moment des freiaufliegenden Trägers gleicher Stützweite, H die Horizontalkraft im Fuß, so wird bei stetiger Vollbelastung des Riegels mit p

$$H = \frac{1}{12} \cdot \frac{p l^2}{h} \nu, \tag{1}$$

$$\nu = \frac{1}{1 + \frac{2}{3} \cdot \frac{h}{l} \cdot \frac{J_1}{J_2}}, \tag{2}$$

$$M_1 = \frac{p l^2}{12} \nu, \qquad \mathfrak{M} = \frac{1}{8} p l^2; \tag{3}$$

$$M_0 = \frac{1}{24} p l^2 (3 - 2\nu). \tag{4}$$

Der Einspannungsgrad $\varkappa$, das ist das Verhältnis des Eckmomentes M_1 zum Moment $\mathfrak{M}$ des freiaufliegenden Trägers

$$\varkappa = \frac{M_1}{\mathfrak{M}} = \frac{2}{3} \nu = \frac{2}{3 + 2 \frac{h}{l} \cdot \frac{J_1}{J_2}}. \tag{5}$$

Um einen Überblick über den Einspannungsgrad von Rahmen zu gewinnen, sind für verschiedene, den praktischen Bereich umfassende h/l und J_1/J_2 (Abb. 128) die $\varkappa$-Werte bei stetiger Vollbelastung ausgerechnet und sowohl in Tabelle 13 vereinigt als auch durch eine Kurvenschar (Abb. 129) wiedergegeben.

In der Tabelle 13 scheidet die stark ausgezogene Stufenlinie die Einspannungsgrade $\varkappa < 0{,}5$ (rechts) mit $M_0 > M_1$ von $\varkappa > 0{,}5$ (links), wobei $M_1 > M_0$. In der Kurvenschar ist die durch $\varkappa = 0{,}5$ gezogene Gerade die Grenze. In den weitaus meisten praktischen Fällen beim Geschoßbau wird der Einspannungsgrad $\varkappa > 0{,}5$ sein und kann sogar bis nahe an die völlige Einspannung $\varkappa = 0{,}667$ herankommen.

b) Durchbiegung der Querriegel. Die Durchbiegung eines Rahmenriegels ist bei über die ganze Stützweite konstanter Höhe und Ausnützung der zulässigen Spannung immer kleiner als die eines gleich belasteten, völlig ausgenützten, freiaufliegenden Balkens gleicher Höhe. Deshalb wird man einen Rahmen wählen, wenn Durchbiegungen von freigelagerten Trägern ein vorgeschriebenes Maß überschreiten und eine Vergrößerung der Trägerhöhe nicht möglich wird. Man kommt dann mit wesentlich kleineren Trägerhöhen aus, was bei großen Stützweiten von Ausschlag sein kann.

Um nun die Beziehungen zwischen den Durchbiegungen von freiaufliegend gelagerten Trägern und Rahmenträgern zu zeigen, seien nachstehende Untersuchungen für eine stetige Vollast angestellt.

J_0 bedeute das Trägheitsmoment eines freiaufliegenden Trägers von der Stützweite l.

Die sonstigen Werte für den Zweigelenkrahmen sind die gleichen wie unter (a).

h_1 und h_2 sind die Trägerhöhen für den freiaufliegenden Balken bzw. Rahmenquerriegel.

Die Durchbiegung des freiaufliegenden Trägers bei stetiger Vollast p ist

$$\delta_1 = \frac{5 p l^4}{384 E J_0}. \tag{6}$$

Die Durchbiegung des Querriegels eines Zweigelenkrahmens bei gleicher Belastung ist

$$\delta_2 = \frac{p l^4}{384 E J_1} (5 - 4\nu), \tag{7}$$

wobei ν den Wert in Gl. (2) bedeutet.

Bei Ausnützung der zulässigen Spannung s und allgemein $J = \frac{M\,h}{2\,s}$ wird für den freiaufliegenden Träger

$$J_0 = \frac{p\,l^2\,h_1}{16\,s}$$

und in Gl. (6) eingesetzt

$$\delta_1 = \frac{5\,l^2\,s}{24\,E\,h_1}.$$

Für den Zweigelenkrahmen wird, wenn $\varkappa > 0{,}5$, also das Eckmoment für die Be-

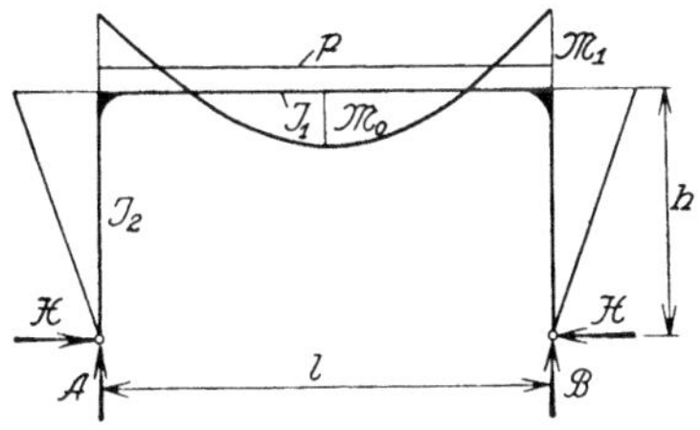

$$H = \frac{p\,l^2}{8}\,\varkappa\,,$$

$$\varkappa = \frac{2}{3 + 2\,\frac{h}{l}\cdot\frac{J_1}{J_2}}.$$

Abb. 128.

Tabelle 13. Einspannungsgrad $\varkappa$ des Riegels von Zweigelenkrahmen.

$h/l =$	$^1/_{10}$	$^1/_8$	$^1/_6$	$^1/_4$	$^1/_2$	1	1,5	2
$J_1/J_2 = {}^1/_{10}$	0,663	0,662	0,659	0,656	0,645	0,625	0,605	0,587
$J_1/J_2 = {}^1/_8$	0,662	0,659	0,657	0,652	0,639	0,614	0,592	0,571
$J_1/J_2 = {}^1/_6$	0,659	0,657	0,654	0,649	0,631	0,599	0,572	0,545
$J_1/J_2 = {}^1/_4$	0,656	0,652	0,649	0,640	0,614	0,571	0,533	0,499
$J_1/J_2 = {}^1/_2$	0,645	0,637	0,631	0,614	0,571	0,499	0,443	0,399
$J_1/J_2 = 1$	0,625	0,614	0,599	0,571	0,499	0,399	0,333	0,286
$J_1/J_2 = 1{,}5$	0,605	0,592	0,572	0,533	0,443	0,333	0,266	0,222
$J_1/J_2 = 2$	0,587	0,571	0,545	0,499	0,399	0,286	0,222	0,182

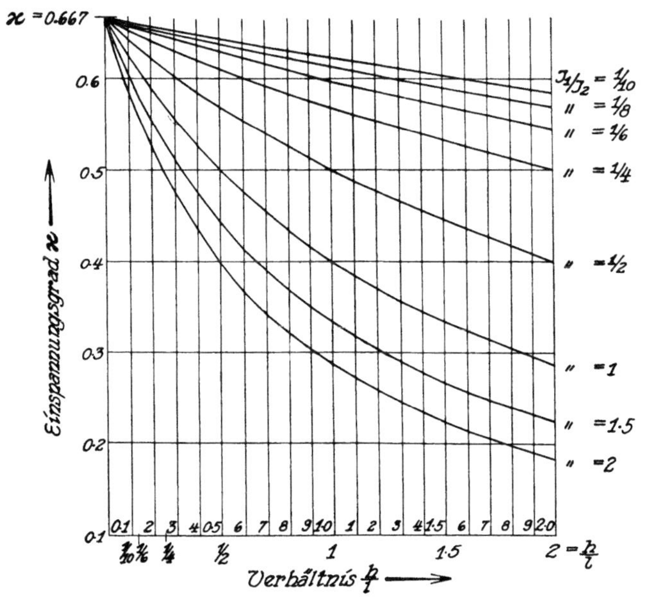

Abb. 129.

messung maßgebend ist,

$$J_1 = \frac{p l^2 h_2 \nu}{24 s}$$

und in Gl. (7) eingesetzt

$$\delta_2 = \frac{l^2 s}{16 E h_2} \cdot \frac{5 - 4\nu}{\nu}.$$

Wir berechnen nun das Verhältnis der Durchbiegung des Rahmenriegels zu der des Balkenträgers und führen den Einspannungsgrad $\varkappa = \frac{2}{3}\nu$ ein

$$\frac{\delta_2}{\delta_1} = \frac{3 h_1}{10 h_2} \cdot \frac{5 - 4\nu}{\nu} = \frac{1}{5} \cdot \frac{h_1}{h_2} \cdot \frac{5 - 6\varkappa}{\varkappa}. \qquad \text{(A)}$$

Ist hingegen $\varkappa < 0{,}5$, also das Moment in Riegelmitte für die Bemessung maßgebend, so wird

$$J_1 = \frac{p l^2 h_2}{48 s}(3 - 2\nu),$$

$$\delta_2 = \frac{l^2 s}{8 E h_2} \cdot \frac{(5 - 4\nu)}{(3 - 2\nu)},$$

woraus

$$\frac{\delta_2}{\delta_1} = \frac{3}{5} \cdot \frac{h_1}{h_2} \cdot \frac{(5 - 4\nu)}{(3 - 2\nu)} = \frac{1}{5} \cdot \frac{h_1}{h_2} \cdot \frac{(5 - 6\varkappa)}{(1 - \varkappa)}. \qquad \text{(B)}$$

Solange also $\delta_2/\delta_1 < 1$, ist die Durchbiegung des Rahmenriegels k l e i n e r als jene des freiaufliegenden Balkens.

Um nun die Abhängigkeit dieses Durchbiegungsverhältnisses bei verschiedenen Einspannungsgraden zu zeigen, sei diese für einige Werte $\varkappa$ von 0,667, d. i. völlige Einspannung, bis $\varkappa = 0$, das ist keine Einspannung (frei aufliegender Balken) nach den Formeln (*A*) bzw. (*B*) angeführt.

Es ist für

$\varkappa = 0{,}667$	$0{,}6$	$0{,}5$	$0{,}4$	$0{,}3$	$0{,}2$	0
$\frac{\delta_2}{\delta_1} = 0{,}3\frac{h_1}{h_2}$	$0{,}46\frac{h_1}{h_2}$	$0{,}8\frac{h_1}{h_2}$	$0{,}886\frac{h_1}{h_2}$	$0{,}914\frac{h_1}{h_2}$	$0{,}950\frac{h_1}{h_2}$	$1{,}0\frac{h_1}{h_2}$.

Man ersieht aus diesen Zahlen, daß bei gleichen Trägerhöhen von Balken bzw. Riegel $h_1 = h_2$ in dem Bereich der praktisch im Geschoßbau vorliegenden Einspannungsgrade die Durchbiegungen des Riegels w e s e n t l i c h kleiner sind als im Balkenträger.

Will man veränderliche Trägheitsmomente für diese Untersuchung berücksichtigen, so kann man bei Stielen das in etwa 0,65 bis 0,7 h vom Fußgelenk vorhandene Trägheitsmoment als k o n s t a n t e s in die Rechnung einführen und für den Riegel ein mittleres.

6. Bemerkungen über die Näherungsberechnung von mehrstieligen Stockwerkrahmen mit großer Geschoßzahl auf Winddruck.

Der Grad der Genauigkeit solcher Näherungsberechnungen hängt von den getroffenen Berechnungsannahmen ab.

α) Lage der Momentennullpunkte.

Am häufigsten wird die Annahme gemacht, daß der Wind in den Riegelanschlußpunkten der Stockwerkrahmen als Einzellast wirke, gegenüber einer tatsächlich über die Stielhöhe gleichmäßig verteilten Windlast. Die Momentennullpunkte der Stiele auf der Windseite liegen im letzteren Falle etwas tiefer als bei der Einzelkraftwirkung. Der Unterschied ist aber im allgemeinen und bei gleich hohen Geschossen nicht groß, deshalb ist die Annahme von Einzellasten zulässig.

Die Annahme der Lage der Momentennullpunkte in halber Geschoßhöhe entspricht nicht der wirklichen Lage.

Bei zweistieligen Stockwerkrahmen üblicher Ausführung ist der Abstand des Nullpunktes im obersten Geschosse je nach den Längenabmessungen und Trägheitsmomenten von Stielen und Riegeln 0,35 bis 0,4 h (h = Geschoßhöhe) vom Ständerfußpunkt und nimmt in den tiefer liegenden Geschossen selbst bei einer geringen Stockwerkzahl zu. In dem untersten Geschosse liegt der Nullpunkt über der Höhenmitte, etwa 0,58 bis 0,6 h.

Haben die Erdgeschosse eine größere Höhe als die darüberliegenden, so kann der Nullpunkt noch höher rücken.

Die Nullpunkte der Riegel kann man ohne weiteres in den Mitten annehmen.

Bei mehrstieligen Rahmen sind die Verhältnisse bezüglich der Stiele ähnlich, die Riegelnullpunkte liegen in den Außenfeldern der oberen Geschosse etwa in 0,52 bis 0,54 l (l = Riegellänge), von außen gezählt; in den unteren Geschossen nähern sie sich der Riegelmitte.

Außergewöhnliche Anordnungen, wie sehr schwere Unterzüge, können diese Nullpunktslagen stärker beeinflussen.

β) Sonstige Annahmen für Näherungsberechnungen.

Für eine sehr große Geschoßzahl sind die genauen Berechnungen schon sehr umständlich, deshalb sind in Amerika Näherungsmethoden in Gebrauch, die mehr oder weniger von den Ergebnissen genauer Berechnungen mehrstieliger Stockwerkrahmen abweichen.

a) **Ausleger-Methode (Cantilever-Method).** Hierbei wird angenommen, die Nullpunkte der Stiele und Riegel liegen in den Mitten, die Stützenkräfte sind den Abständen von der Schwerachse des Stahlskelettes proportional, der Wind wird ganz vom Stahlgerüst übernommen, Stiele und Riegel wirken als durchlaufende Träger.

b) **Rahmen-Methode (Portal-Method).** Das Tragwerk wirkt als eine Reihe voneinander unabhängiger Rahmen, die Nullpunkte liegen in den Mitten der Stiele und Riegel, die Scherkräfte werden auf alle Felder gleichmäßig verteilt, dabei erhalten die Außenstiele halb so große Scherkräfte als die Innenstiele. Die Biegungsmomente aller Riegel bei gleicher Feldteilung sind gleich groß, jene der Randstiele halb so groß wie die der Innenstiele.

c) **Durchlaufende Rahmen-Methode (Continuous Portal Method).** Diese verteilt die Querkräfte gleichmäßig auf alle Stützen. Die Stützenkräfte sind dem Abstand der Stützen vom Schwerpunkte des Gebäudes proportional.

Keine der drei Rechnungsmethoden nimmt auf die Steifigkeit der Stützen und Riegel Rücksicht.

d) Diese Näherungsberechnungen sind durch die „Slope-Deflection-Methode" ersetzt worden, da erstere starke Unterschiede gegenüber einer genauen Rechnung zeigen.

Die Annahmen für die letztgenannte Methode sind:

Die Anschlüsse der Riegel an die Stützen sind steif. Die Längenänderungen der Stäbe werden vernachlässigt, die Stablängen entsprechen den Abständen der neutralen Stabachsen. Die Formänderungen der Stäbe infolge der Querkräfte werden vernachlässigt. Der Wind wird vom Stahlgerippe allein aufgenommen.

Für ein 20stöckiges Gebäude mit sechs Frontstützen wurde von W. A. Ross und C. T. Morris[1] festgestellt, daß die Momente der Außenstützen bei Berücksichtigung der ersten Methode um 25 bis 30% zu klein, der zweiten Stützenreihe um 18 bis 20% zu klein und bei der mittleren Stützenreihe um 25 bis 30% zu groß waren. In der Mezzaninhöhe, wo inmitten des Gebäudes zwei Mittelriegel ausgelassen waren, betrugen die Fehler sogar bis 100%. Die Stielkräfte waren nahezu durchwegs zu klein, besonders in dem Mittelstiele etwa um 66%. Bei Wind in der Querrichtung des Gebäudes (vier Stützen) sind die Fehler kleiner gewesen.

---

[1] Proc. Am. Soc. Civ. Engs. May 1928.

Die Riegelmomente waren in der Längsfront des Gebäudes in den vier Außenfeldern etwa um 17 bis 28% zu klein, in den Mittelriegeln um 54 bis 75% zu groß.

Auch hier waren in der Querrichtung des Gebäudes die Fehler geringer, dort war eine Stützenentfernung von 6,60, 5,40, 6,60 m vorhanden, in der Längsfront 4,40, 3,40, 6,50, 3,40, 4,40 m.

Deshalb ist bei der Anwendung von Näherungsrechnungen bei sehr verschiedenen Stützenabständen ganz besondere Vorsicht nötig.

B. Konstruktion der Rahmenträger.

1. Zweigelenkrahmen.

Rahmenträger werden vorwiegend als Zweigelenkrahmen ausgeführt. Die Höhe des Riegelquerschnittes kann je nach der Belastung und dem Verhältnis der Stützweite zur Stielhöhe zwischen $^1/_{12}\,L$ bis $^1/_{25}\,L$ schwanken, ausnahmsweise auch darüber. Die Stielbreiten schwanken innerhalb der gleichen Grenzen. Handelt es sich um übereinander aufgesetzte Rahmen, so wird die Forderung nach einer geringen Bauhöhe des oberen Riegels maßgebend sein, um die verbleibende lichte Höhe in den Geschossen nicht zu klein zu erhalten.

Um dies zu erreichen, muß man oft zum zweistegigen Profil greifen.

Die Rahmen können mit einstegigen Blechträgern, I-Walz- und Breitflanschträgerquerschnitten gebaut werden, oder man verwendet zweistegige Querschnitte. Diese müssen aber entweder auf einer Seite (gewöhnlich unten bzw. innen) offen sein, damit die Herstellung der Stoßdeckungen möglich ist und die dann in diesem Gurt Bindebleche erhalten. Aber es sind auch zwei nebeneinanderliegende, mit Zwischenräumen versehene einstegige Profile, also Doppelträger verwendet worden, die streckenweise gemeinsame Kopfplatten erhalten können, aber oft völlig unabhängig für die ihnen zugewiesenen halben Momente und Kräfte ausgebildet sind und nur Querlaschen zur Verbindung erhalten.

Derart ausgebildete Rahmenkonstruktionen ermöglichen infolge der Zwischenräume einen günstigen Anschluß von Konsolarmen, wie sie für Galerien in Kinos oder in Theatern notwendig werden, oder nach außen hin ausladende Konstruktionen und Aufhängungen von Zwischenbühnen oder Decken am Querriegel.

Bei der Montage schwerer Rahmen kann die Zweiteilung Vorteile bieten, indem man jeden Einzelrahmen unabhängig versetzt und dann verlascht.

Will man, um an Bauhöhe zu sparen, geschlossene kastenförmige Querschnitte verwenden, dann müssen Mannlöcher angeordnet werden, damit die Nietung der Stoßdeckungen erfolgen kann. Diese wird man an Stellen eines kleinen Momentes etwa in $^1/_6\,L$ bis $^1/_7\,L$ von der Rahmenecke entfernt anordnen. Bei Haus „Potsdam" in Berlin befindet sich ein Mannloch im Stehblech der Ecke selbst[1].

Die für den Riegel gewählte Querschnittstype wird zweckmäßig auch im Stiel beibehalten.

Schließlich können die Rahmen als Fachwerk ausgebildet sein.

Die Rahmenecken werden bei vollwandiger Ausführung entweder nach einem ¼ Kreis ausgerundet oder mit einer Anzugschräge versehen oder ohne eine solche ausgebildet. Im ersteren Falle ist die Arbeit teuer, weil alle Winkel und Kopfplatten gebogen werden müssen. Diese Ausführungsart gestattet aber gewissermaßen einen allmählichen Übergang des Kraftflusses aus dem Riegel in den Stiel. Allerdings sind dann die Anschlüsse von oberen Aufbauten in den Rahmenecken unangenehmer durchzuführen. Bei der Ausbildung der Rahmenecken mit und ohne Schrägen entfällt das teure Biegen; die Arbeit ist leichter.

Die Rahmenstiele können parallel begrenzt sein oder gegenüber der Stielachse symmetrisch oder einseitig, außen oder innen mit einem Anzug durchgeführt werden. Beim Vermauern haben die parallel begrenzten Stiele einen Vorzug.

[1] Leitholf, O.: Haus Potsdam. Dt. Bauzg. 1912/I, S. 145.

Innen wird gerne eine lotrechte Begrenzung gewählt, weil die Ummauerung die lotrechte Flucht einhalten kann und daher dort nicht viel Raum weggenommen wird. Manchmal hat man außen schräg begrenzte Stiele in der Fassade ohne Ummantelung gelassen.

Hohe Stiele müssen auch auf Knickfestigkeit untersucht werden. Wurde hierbei ein einstegiges Profil gewählt, so ergibt sich oft die Notwendigkeit, auf den Steg ein quergestelltes I-Profil mit den Flanschen behufs gemeinsamer Wirkung anzunieten, eventuell beiderseits, so daß ein Kreuzquerschnitt entsteht.

Die Lagerung der Rahmen erfolgt auf Stahlgußlagern (Punktlager werden bevorzugt) oder auf einfachen Linienkipplagern aus Stahl, und zwar vornehmlich zentrisch. Es können aber auch exzentrisch zur Stielachse liegende Lager verwendet werden, die manche Vorteile bieten, auf die noch zurückgekommen wird. Es sind aber auch reine Flächenlager ausgeführt worden, die bei großen Stielhöhen und kleinen Belastungen die Momente nur wenig gegenüber einer Kipplagerung beeinflussen. Die Horizontalkraft wird entweder unmittelbar in die Fundamente geleitet oder wird sie von einem eigenen Zugband aufgenommen oder bei aufgesetzten Rahmen in den unteren Rahmenriegel geleitet.

Sind noch Zwischengeschosse vorhanden und Unterzüge, die über den Rahmenlagern liegen, so können diese Unterzüge auch als Zugband benützt werden, wobei ein zweifach statisch unbestimmtes System entsteht, das dann die Fußhorizontalkraft entlastet, und zwar um einen Betrag, der von der Höhenlage dieses Zugbandes abhängig ist.

In Dachgeschossen kommen dann auch oft Rahmen mit geknicktem Riegel oder Dreiecksrahmen und trapezförmige Rahmen vor, sowie Kombinationen solcher Formen in Anpassung an die Dachform.

Die Stöße der Stege erfolgen bei ausgerundeten Ecken an jenen Stellen, wo die dort gekrümmte Rahmenachse in die Gerade übergeht, so daß die an das Eck anschließenden Stege des Riegels und Stieles aus Flach- oder Breiteisen bestehen können.

In diesem Falle und auch sonst wird man die Stöße des Riegels in die Nähe der Momentenkleinstwerte verlegen, ausnahmsweise in Riegelmitte.

Die Zahl der durchgehenden Stöße richtet sich nach der Länge und dem Gewicht der Teile, so daß sie noch transportiert und mit den vorhandenen Kranen eingebaut werden können. Die Art des Stoßes selbst richtet sich auch nach dem gewählten Arbeitsvorgang bei der Montage, über den also schon bei der Entwurfsbearbeitung entschieden sein muß.

Die Einhaltung der Durchbiegung der Riegel im Betrage von höchstens $^1/_{500}\,L$ wird meist verlangt, namentlich wenn die Riegel über die ganze Gebäudebreite gestützt sind und ihnen die aussteifende Wirkung des Baues überwiesen wird.

Es mögen nun einige Ausführungsbeispiele von Rahmenkonstruktionen besprochen werden.

In Abb. 130 ist ein Rahmen für einen Theatersaalbau im Hochhaus Suschitzky, Prag, wiedergegeben. Der Rahmen ist in Si St ausgeführt, und zwar vom Eisenwerk Witkowitz. Er hat eine Stützweite von 13,1 m bei 12,514 m Höhe, eine Riegelquerschnittshöhe von 1,0 m, ausgerundete Ecken und Stiele mit nach unten verjüngten Breiten. Die Rahmen sind zweiteilig und erhielten bei jeder zweiten Stehblechaussteifung des Stieles eine durchgehende Querschotte (Abb. 131). Die Stegbleche der Querriegel sind alle Meter versteift, bei den Lagerungen oberhalbliegender Stützen sind doppelte Aussteifungen und in den Ecken sowie bei den Aufhängestellen der Zwischendecke noch Querschotten. Das Rahmeneck ist durch beiderseits aufgenietete Bleche und durch radial angeordnete Außenwinkel versteift (Abb. 132). Sonst sind die beiden Trägerteile durch Bindebleche verbunden. Die Stehblechstöße sind in Abb. 130 und Abb. 132 ersichtlich. Die Abb. 133 bis 135 geben die Anordnung einer Aufhängung, einer Säulenabstützung und eines Unterzuganschlusses wieder.

Die Lagerung des Rahmens erfolgt auf einem aus drei I Nr. 50 bestehenden Rost, der über mehrere Rahmenstützen durchläuft und den Zweck hat, ungleichmäßige Fundamentsetzungen auszugleichen (Abb. 136 bis 138). Der Rahmenfuß ist gefräst und unmittelbar auf die Rostträger aufgesetzt, bildet also ein Flächenlager. Aus Abb. 132 ist außerdem die Lagerung einer Außenkonsole zu ersehen.

In Abb. 139 ist die montierte Rahmenkonstruktion wiedergegeben.

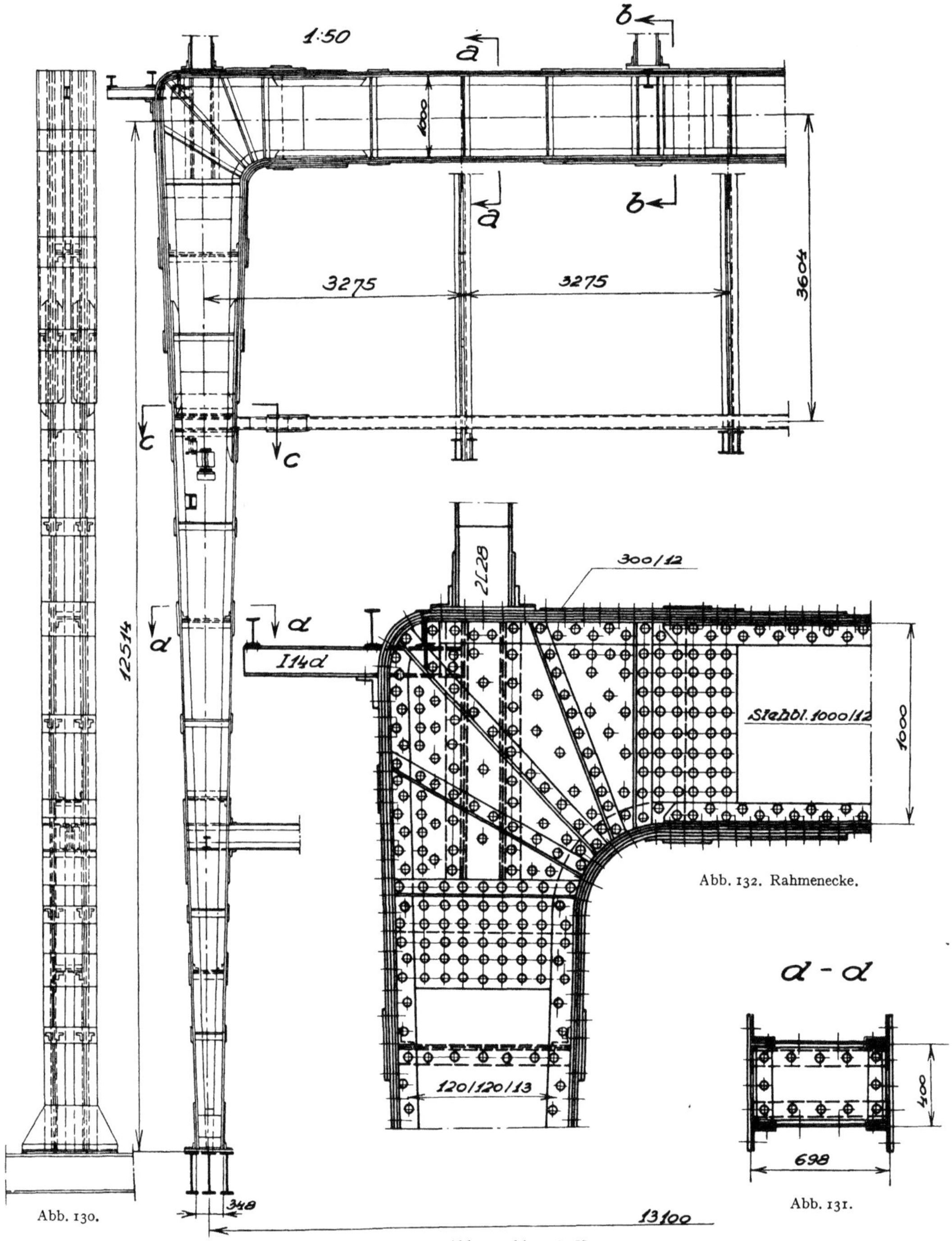

Abb. 130. Abb. 131. Abb. 132. Rahmenecke.

Abb. 130 bis 138. Hochhaus „Suschicky", Prag. Rahmenträger des

Eine andere Ausführung eines Rahmens von der Seeflugzeughalle in Travemünde[1] ist in Abb. 140 bis 144 gezeigt[2]. Die Stützweite beträgt 8,22 m, die Höhe 4,17 m und die

[1] Leo: Seeflughalle bei Travemünde. Bautechnik 1928, S. 294.

[2] Ausführung: Aug. Klönne, Dortmund.

Riegelhöhe 0,6 m. Der Rahmen weist nur auf der Innenseite eine Ausrundung beim Übergang vom Riegel zum Stiel auf mit einem Halbmesser von 750 mm und besitzt einen kastenförmigen Querschnitt, beiderseitige Verstärkungen der Stehbleche im Rahmeneck und in der Zugwirkung unter 45° Stiel und Riegel verbindende Doppelwinkel. Dagegen sind keine Druckaussteifungen dort vorhanden, die sich empfehlen.

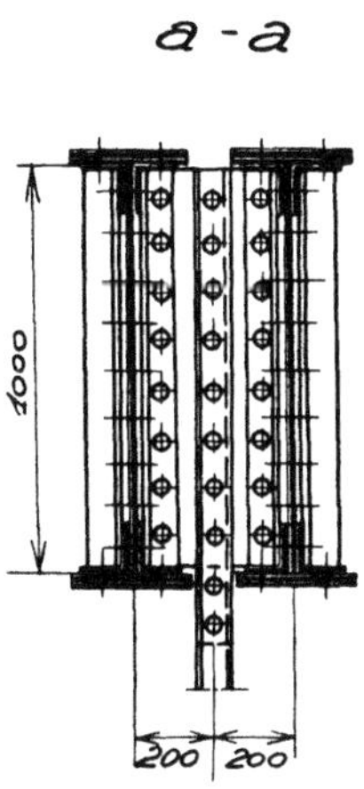

Abb. 133.

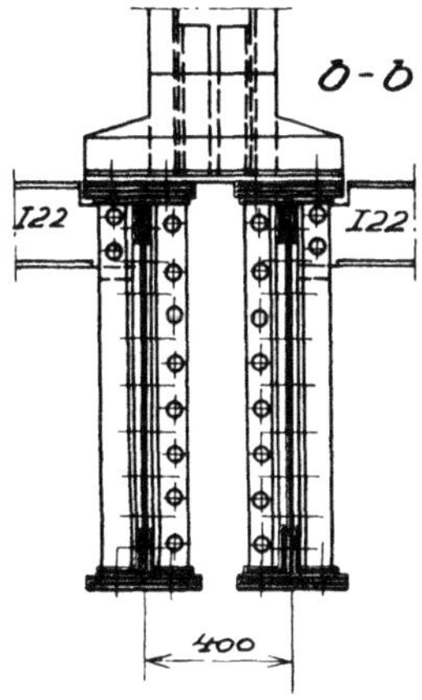

Abb. 134.

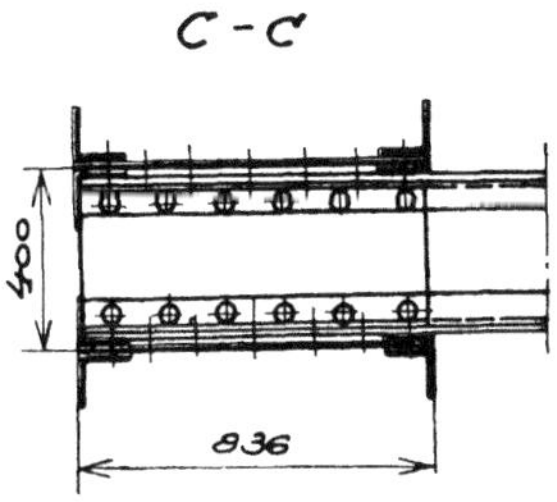

Abb. 135.

Der Stielfuß ruht auf einem Stahlkugellager und ist mittels zweier Ankerstangen vom Durchmesser 51 mm mit dem Fundament verbunden, die seitlich der Lager laufen.

Auf diesen Rahmen stützt sich ein zweiter mit Hilfe eines zentrisch angeordneten Druckstückes. Außerdem sind diese beiden Rahmen miteinander gleichfalls und in der gleichen Weise durch zwei Rundeisenanker zusammengehalten. Der Sitz dieser Ankerstangen ist auch im Querschnitt ersichtlich.

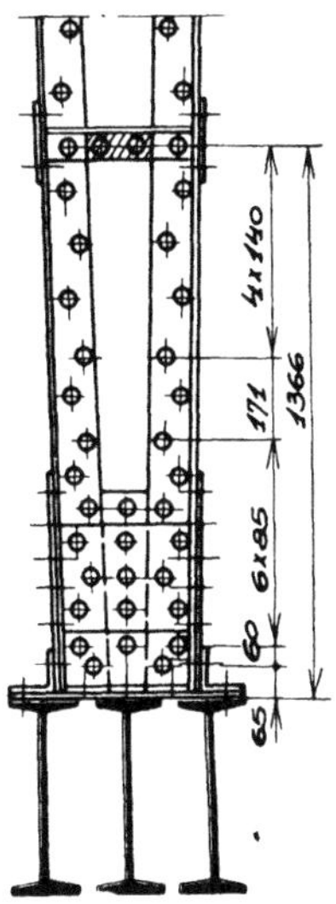

Abb. 136. Rahmenfuß.

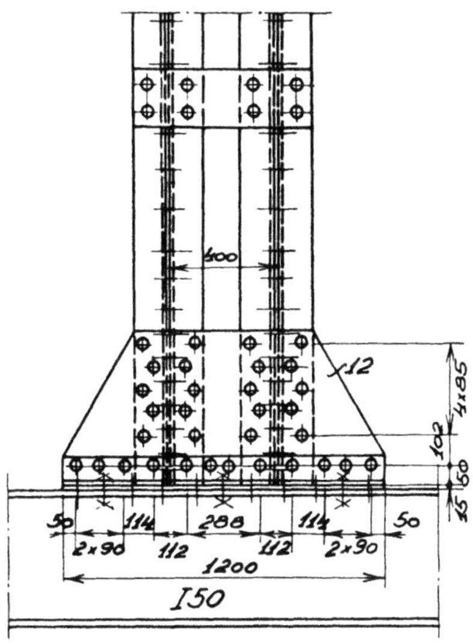

Abb. 137.

Eine besondere Anordnung zeigt Abb. 144. Es ist der Lagerpunkt des Binders der Flugzeughalle, der sich auf den rechten Stockwerkrahmenstiel abstützt, wiedergegeben. Der obere Riegel des letzten Rahmengeschosses, der als Dreigelenkbogen mit einem elastischen Gelenk ausgebildet ist, stützt sich mittels eines Druckstückes an den Stiel. Die lotrechten Kräfte werden durch waagerechte Winkel aufgenommen.

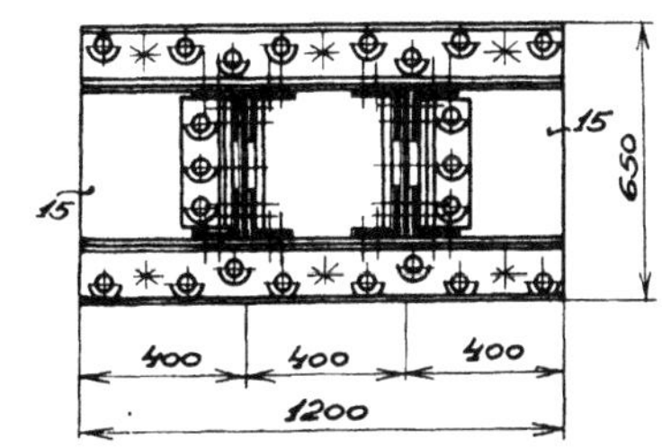

Abb. 138.

Kinos (Si-Stahl). Ausführung: Eisenwerk Witkowitz.

Dieser Stockwerkrahmen hat den ganzen Winddruck auf die Halle aufzunehmen, da ihre Binder auf der anderen Seite auf Pendelstützen aufruhen.

Ein einfaches Beispiel einer Rahmeneckausbildung bei Anwendung von Walzprofilen für Stiel und Riegel zeigt Abb. 145 vom „Haus Vaterland“[1] nach der Ausführung der Firma Steffens & Nölle, Berlin.

Die Walzprofile sind im Eck auf Gehrung geschnitten, beiderseits mit Blechen gedeckt, die eine kleine Schräge innen bilden, auf welche beiderseits bis auf die Außenflanschen reichende Winkel aufgebracht sind. Die Flanschdeckungen erfolgen außen und innen durch über die Ecke und Schräge gebogene Flacheisen.

Man muß bei dieser Ausführung einigen Materialabfall in den Kauf nehmen, aber die Arbeit ist wesentlich vereinfacht. Es handelt sich hierbei um einen Rahmen von 8,5 m Stützweite und 4,09 m Höhe, der die Dachdecke trägt.

Abb. 139. Hochhaus Suschitzky, Prag. Ansicht der Rahmenträger. Ausfuhrung: Eisenwerk Witkowitz.

Eine ähnliche Ausbildung zeigt der Rahmen von der Aufstockung des Geschäftshauses „Scherl“ in Berlin[2], die von der Firma Breest & Co., Berlin ausgeführt wurde. Der Rahmen hat eine Stützweite von 12,53 m bei 3,80 m Geschoßhöhe (Abb. 146).

Es sind im Abstande von 0,340 m liegende Doppelrahmen, aus Peineträgern IP 50 bestehend. Die Ecke ist außen dreieckig abgekantet. Der Stoß der Stege ist schräg geführt, durch Doppellaschen gedeckt, aber nicht vollkommen. Die äußeren Flanschen sind mittels eines in die Abschrägungen eingefügten Winkels durch Flacheisen gedeckt, während die Deckung der Flanschen auf der Innenseite der Rahmenecke mit Hilfe eines Peineträgerstückes erfolgt, dessen Steg dreieckig ausgenommen ist und um 90° zu einem Winkel zusammengebogen ist, bis sich die Ausschnittbegrenzungen zusammengeschlossen haben. Diese so entstandene Stoßfuge ist beiderseits durch abgeflanschte U-Eisenstücke gedeckt, deren Flanschen noch ein über Riegeleck und Stiel laufendes Flacheisen aufgenietet erhielten. Auf diese Weise ist innen eine aussteifende Schräge entstanden, die für Schrägschnitte eine wesentlich vergrößerte Trägerhöhe aufweist.

Der Stielfuß erhielt eine exzentrische Lagerung (Abb. 147, 148), indem der Lagerpunkt gegen die Stielaußenseite um 105 mm verschoben ist. Der Stielfuß ist in der Richtung der Außenwand durch schräge U-Eisen verbreitert und ein Flacheisenzugband angeordnet, dessen Anschluß auf der Fußplatte aus Abb. 149 zu entnehmen ist.

Die Auflagerung des gegen die Front zurückgesetzten Stielfußes des oberen aufgesetzten Rahmens ist in Abb. 150 wiedergegeben, die gleichzeitig die Anschlüsse der Deckenträger mit oberer Zuglasche und die Riegelaussteifung zeigt.

Eine sehr sorgfältige Rahmenausbildung ist bei dem Neubau des Geschäftshauses „Samt und Seide“ in Mannheim vom Eisenwerk Kaiserslautern angewendet worden, dessen Querschnitt in Abb. 32 wiedergegeben ist[3]. Es handelt sich um einen Rahmen von 14,6 m Stützweite und 3,8 m Geschoßhöhe (Abb. 151), wobei diesmal der Riegel mit

[1] Gottfeldt, H.: Haus Vaterland. Stahlbau 1930, S. 6.

[2] Peine-Ilseder Werkzeitung 1928, Nr. 50.

[3] Wolff, L.: Stahlbau 1928, S. 45.

Walzträger Nr. I 60, der Stiel als Vollwandblechträger ausgebildet und eine innere Schräge angeordnet ist. Der Walzträger reicht bis zum Ende der Schräge, daran schließt sich ein trapezförmiges Eckblech bis zur Außenkante des Stieles, das beiderseitig durch Bleibleche verstärkt ist, wobei noch Platz für die Stoßdeckung des Riegels gelassen wurde. Dieser Stoß ist sowohl durch Steglaschen wie auch durch die auf die Winkel gelegten Hilfslaschen gedeckt (Abb. 152). Die Flanschen des I-Trägers sind durch Winkel gedeckt und wegen der Hohlkehle und der Flanschschräge dieses Profils mit einem keilförmigen Futter versehen (Abb. 153). Diese Winkel laufen oben als Gurtwinkel bis zur Außenkante des Stieles, die unteren bis zur Innenkante desselben als Aussteifung weiter. Die Eckschräge des Rahmens ist durch Winkel gesäumt.

Der Stiel besteht aus Stehblech, Winkeln und je zwei Kopfplatten, wobei aber zwischen Winkel und Stehblech noch ein Flacheisen liegt (Abb. 154), damit die Stielwinkel umgekröpft über das beiderseits verstärkte Eckblech und damit über die ganze Stielhöhe laufen können. Auch die Kopfplatten sind über den ganzen Stiel beiderseits ausgeführt, was eine außerordentliche Versteifung gibt.

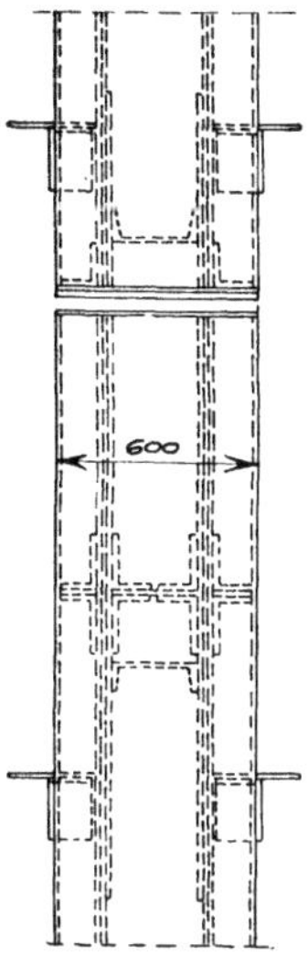

Abb. 140.

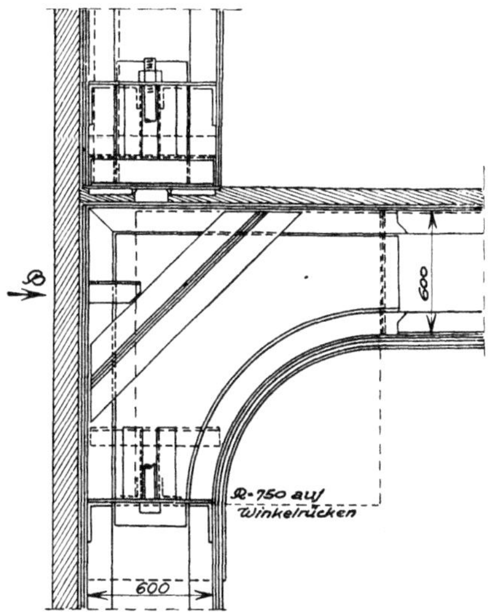

Abb. 141.

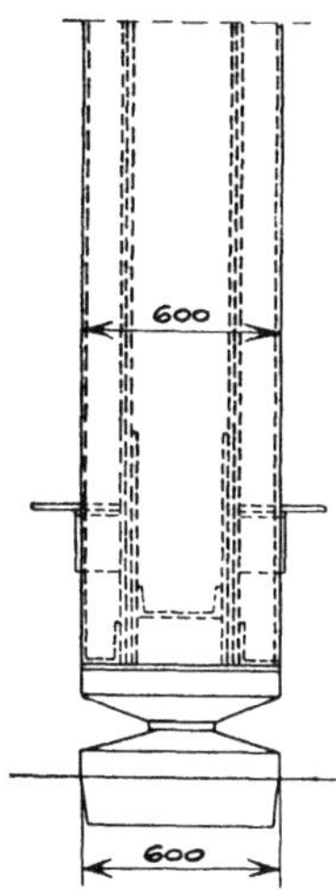

Abb. 142.

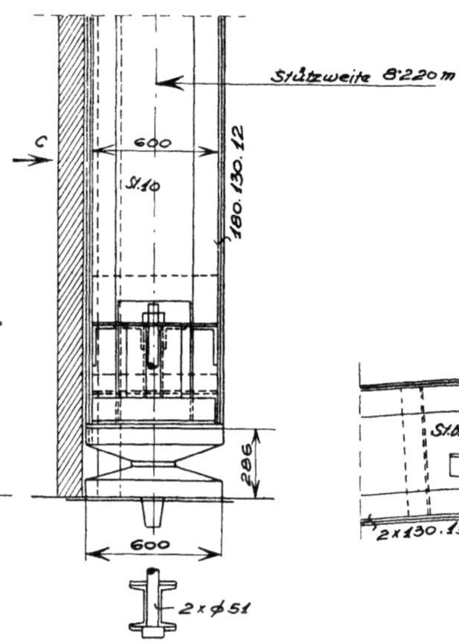

Abb. 143.

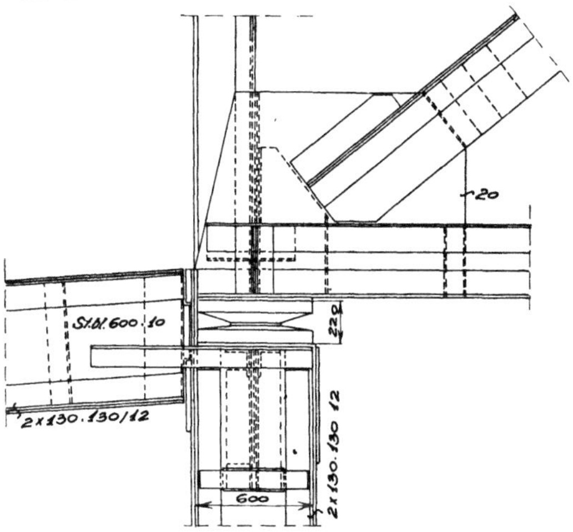

Abb. 144.

Abb. 140 bis 144. Rahmenträger-Ausbildung. Flugzeughalle bei Travemunde. Ausfuhrung: Aug. Klönne, Dortmund. (Nach Leo: Bautechnik 1928.)

Die Lagerung des Rahmens erfolgt zentrisch auf breiter Platte mit vorragendem, herausgehobeltem Druckstück, das zwischen beiderseitigen Anschlägen auf dem darunter befindlichen Rahmen aufsitzt. Eine von unten über das Lager heraufreichende, mit dem oberen Rahmenstiel vernietete Kopfplatte macht seitliche Verschiebungen unmöglich und ist mittels Schrauben in Langlöchern angeschlossen, ebenso wie die Innenwinkel.

Abb. 155 zeigt noch die Deckenträgeranschlüsse, wobei durchwegs kleine Montagestützwinkel verwendet worden sind. Außerdem ist noch in Abb. 151 die Abstützung der oberen Rahmenfüße und die Stegaussteifung der Riegel an dieser Stelle zu sehen.

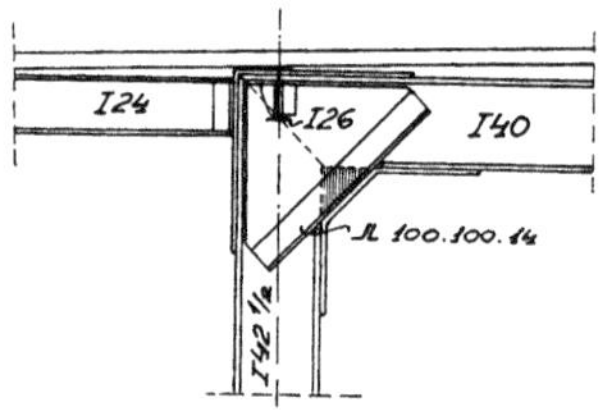

Abb. 145. Rahmeneck Haus „Vaterland". (Nach Gottfeldt, H.: Stahlbau 1930.)

Das Beispiel eines Fachwerkzweigelenkrahmens ist in Abb. 156 bis 158 vorgeführt. Es ist ein 1904 ausgeführter Entwurf des Verfassers für einen Zubau im Landhaus in Brünn. In zwei Höfen ist durch Einbau je eines Rahmens die Möglichkeit zur Erweiterung der Landesparlamentsräume gegeben worden, wobei eine Abstützung nur auf die bestehenden, allerdings starken Mauern erfolgen konnte, aber nur nahe an der Mauerflucht. Durch Erzielung eines Horizontalschubs bei Anordnung eines Bogenträgers war es möglich, die

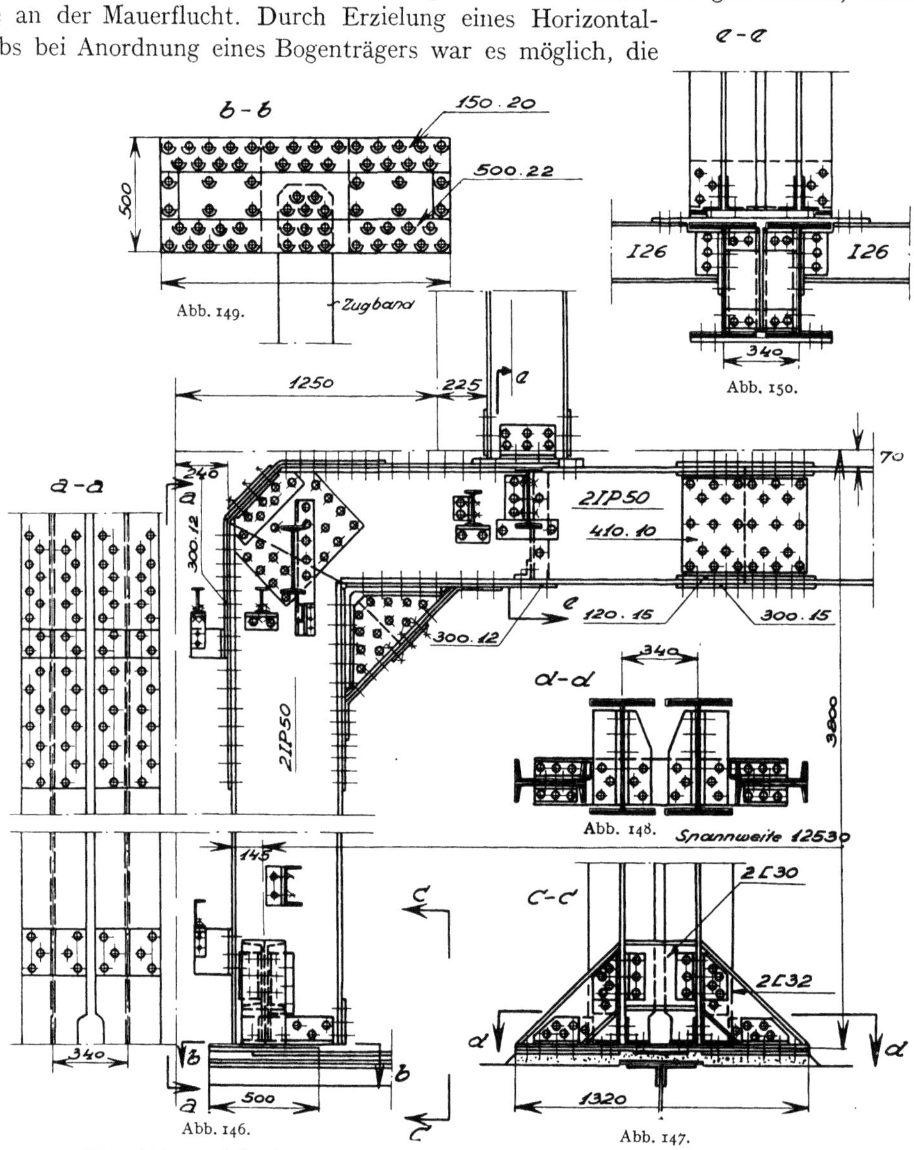

Abb. 146 bis 150. Aufstockung Geschäftshaus „Scherl", Berlin. Ausführung: Breest & Co., Berlin.

Gesamtresultierende in den Mauerfundamenten nicht weit vom Mittelpunkt in die Fundamentfläche hineinzubringen.

Der Rahmenfuß ist unten gespreizt und die beiden Teile durch ein Zugband verbunden, so daß wegen der besseren und notwendigen Druckverteilung zwei Lager mit Vollkugeln von 100 mm Durchmesser eingebaut worden sind. Diese Lager konnten auf einer 1,60 m langen Gußeisenplatte bei der Montage gut eingestellt werden (Abb. 157). Zur Erhaltung der lotrechten Stellung des Rahmens und behufs Übernahme seitlicher Kräfte ist beim oberen Rahmeneck ein in die Mauer versetztes Gleitlager mit beiderseitiger Führung eingebaut, in das ein kleiner Rahmenfortsatz derart eingreift, daß der Rahmen in lotrechter Ebene seine Formänderungen ungehindert ausführen kann.

Der Obergurt des Rahmens ist in Fensterbrüstungshöhe gerade geführt, um die Aufmauerung über dem zweistegigen Profil zu ermöglichen, der Untergurt gekrümmt und so hoch gehalten, um die Belichtung vorhandener Räume nicht wesentlich herabzusetzen.

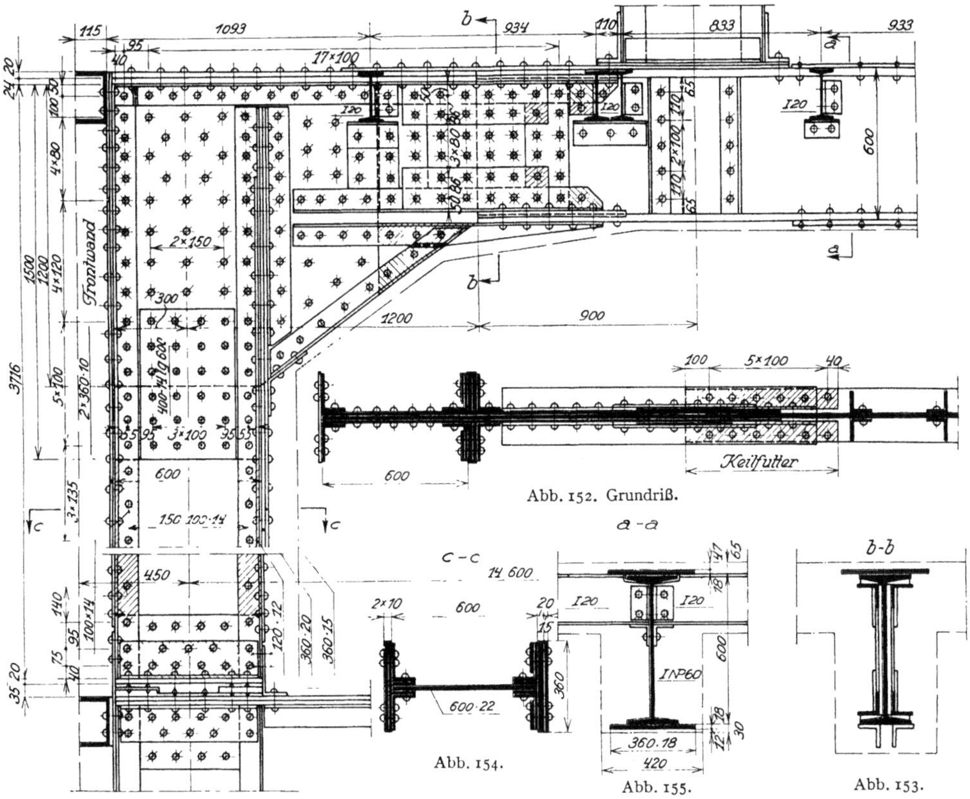

Abb. 152. Grundriß.

Abb. 154.

Abb. 155.

Abb. 153.

Abb. 151.

Abb. 151 bis 155. Rahmenträger. Neubau „Samt und Seide“, Mannheim. Ausführung: Eisenwerk Kaiserslautern.

Die Stützweite des Rahmens beträgt 10,35 m, die Höhe 8 m. Die Decke ist auf Hängesäulen am Obergurt aufgehängt (Abb. 158).

Der ganze Rahmen ist mit einer Rabitzkonstruktion verkleidet worden. Er trägt außer der Decke die einstöckige Wand und die Dachkonstruktion.

Weiter sei noch ein Trapezrahmen besprochen, der nach dem Entwurf des Verfassers bei dem Hochhaus der Berg- und Hüttenwerksgesellschaft in Prag ausgeführt wurde (Abb. 159 bis 164). Wie aus dem Querschnitt des Hochhauses (Abb. 36) zu ersehen ist, befindet sich in den drei Kellergeschossen ein Theater, dessen Saalbau aus Eisenbetonrahmen besteht. Diese Rahmen durften durch die Mittelsäulen des Stahlbaues, von denen jede 175 t Last brachte, nicht belastet werden. Es wurde deshalb der Trapezrahmenträger von 15,3 m Stützweite und 4,78 m Höhe, 9,15 m oberer Riegellänge mit einem Zugband angeordnet, welcher die Säulenlasten, die in den oberen Knickpunkten des Rahmens angreifen, nach den Fußpunkten leitet.

Abb. 159 gibt das generelle Bild des Rahmens, dessen Querschnitte zweistegig ausgebildet worden sind, wobei die Winkel nach innen gelegt wurden, um nach der Ummantelung eine geringe Wandbreite zu erhalten; oben waren noch Kopfplatten aufgelegt, unten

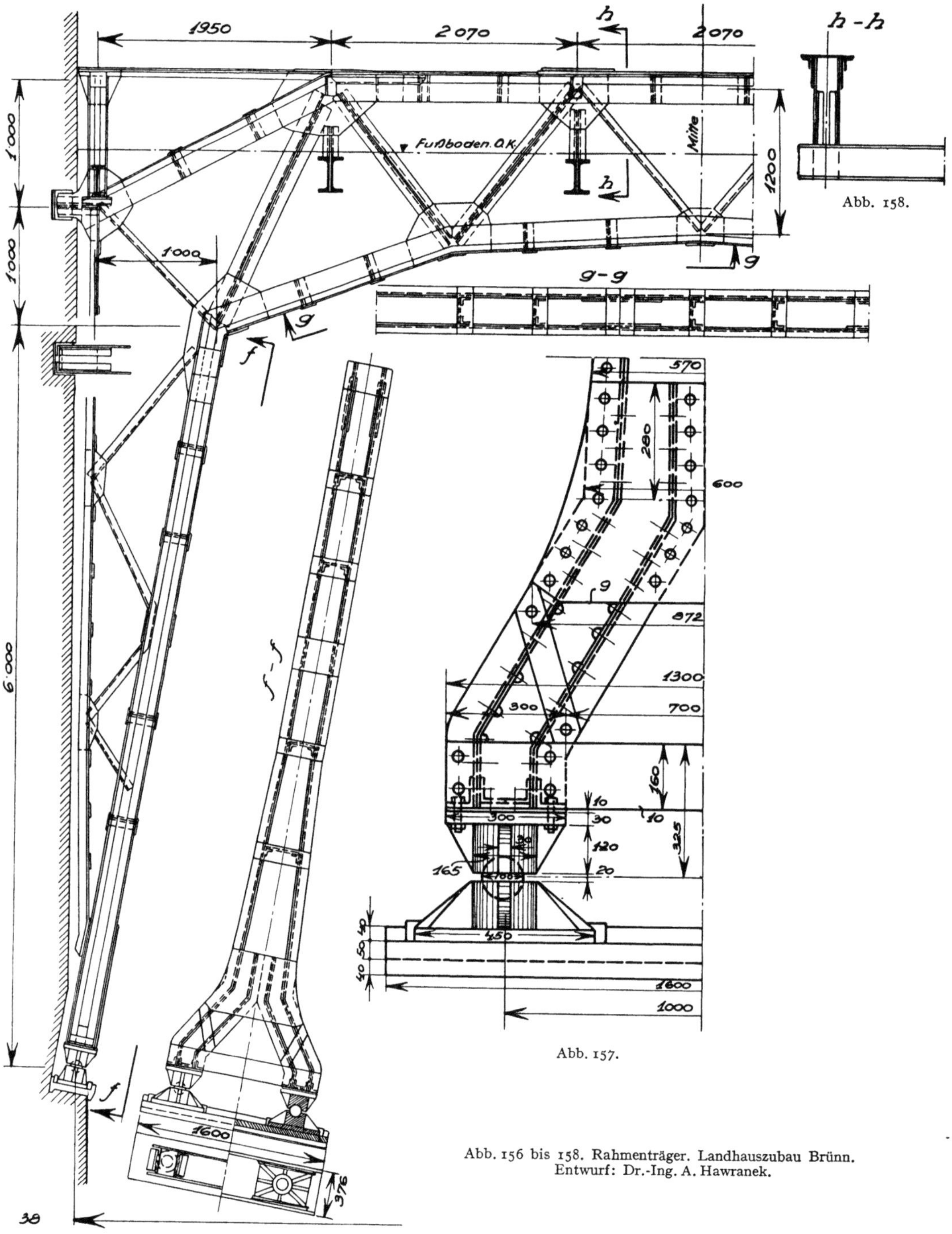

Abb. 158.

Abb. 157.

Abb. 156 bis 158. Rahmenträger. Landhauszubau Brünn. Entwurf: Dr.-Ing. A. Hawranek.

Abb. 156.

jedoch wegen der Zugänglichkeit zwischen den Winkelschenkeln noch ein freier Zwischenraum von 150 mm gelassen. Die Steghöhe des Riegels beträgt 500 mm, jene der Schrägen 600 mm (Abb. 160). Die Querschnitte von Riegel und Schrägstab sind auf Abb. 161, 162 zu ersehen. Sie sind durch Querschotten innen ausgesteift und durch Bindebleche auf der Unterseite verbunden.

In den oberen Rahmenecken sind die Stehbleche durch „Figurenbleche" ersetzt und gedeckt. Die Knotenbleche für die Aufnahme der oberen Stützen sind außen angeordnet und unter jedem Stützenstrang eine Aussteifung zwischen den Stegen des Rahmens vorgesehen. Die oberen Kopfplatten laufen um das Rahmeneck herum. Der Rahmenfuß ist mit den dort auch aufstehenden zweiten Mittelsäulen und dem Zugband zu einem Knotenpunkt vereinigt, der außenliegende Knotenbleche von 16 mm Stärke besitzt. Das Zugband aus zwei Stegen von 300 × 16 mm und zwei Innenwinkeln 100 × 100 × 12 bestehend, läuft 75 mm über der Kellergeschoßoberkante (Abb. 163, 164), um es gut montieren und die Anschlußnieten anbringen zu können. Es ist in der Mitte gestoßen. Den Übergang zur Fußplatte bilden zwei C-Eisen Nr. 28 von solcher Länge, daß die Belastung der darunter befindlichen Eisenbetonpfeiler innerhalb der zulässigen Grenzen von 50 kg/cm² liegt. Die Verbindung des Rahmens mit den Eisenbetonpfeilern geschah mit Hilfe von Steinschrauben.

Noch ein Beispiel eines Zweigelenk-Rahmenbinders sei vorgeführt, der einen gekröpften Riegel aufweist. Er stammt vom Verwaltungsgebäude des „Wernerwerkes X" in Berlin und ist von der Vereinigte Stahlwerke A. G. Dortmunder Union, Dortmund ausgeführt. Die Stehblechstöße sind in die Winkelhalbierenden der Kröpfstellen verlegt, außerdem sind noch Stöße an den oberen Enden der Stiele und in Riegelmitte. Die Wandkonstruktion ist auf Konsolen aufgesetzt. Die konstruktive Durchbildung ist sehr zweckmäßig durchgeführt, wenn auch der Baustoffaufwand wegen der gekröpften Riegelform größer ist als bei gewöhnlichen waagerechten oder gesprengten Riegeln; auch die Arbeit ist teurer. Hier mußte wohl einem Wunsche des Architekten Rechnung getragen werden.

Die Spannweite des Rahmenbinders beträgt 15,64 m, die Höhe bis Dachdecke 5,10 m. Die Konstruktion ist aus Abb. 165 zu ersehen.

Bei übereinander angeordneten Zweigelenkrahmen kann man, wenigstens in den Stielen, Gewichtsersparnisse erzielen, wenn man diese nicht symmetrisch ausbildet, die erforderlichen Kopfbleche nach innen verlegt und die Lagerung der Stiele in den Fußpunkten symmetrisch in ihrer Mittellinie anordnet (Abb. 166). Das Stielmoment unmittelbar unter der Schräge im Querschnitt $I—I$ wird dann

$$M_I = -Hh + Ae,$$

also um den Betrag Ae kleiner als bei symmetrischer Anordnung.

Auch der Riegel des Rahmens erhält infolge der am Fuße des aufgesetzten Rahmens II angreifenden Horizontalkraft H_1 eine exzentrische Zugkraft, die infolge des Hebelarmes e_1 ein Zusatzmoment gibt, das die positiven Riegelmomente infolge der eigenen Belastung um den Betrag $H_1 \cdot e_1$ entlastet, dagegen die negativen Momente des Riegels um das gleiche Maß erhöht.

Das gleiche wird bezüglich des Riegels bewirkt, wenn der Stützpunkt a des oberen Rahmens gegen die Mittellinie des unteren Rahmenstiels nach außen geschoben wird, was sich konstruktiv wegen der leichteren Lasten des oberen Geschosses ergeben kann und die äußere Fluchtlinie in allen Geschossen eingehalten werden soll.

Es kann aber auch die gleiche Entlastung in den Stielmomenten bei symmetrischer Ausbildung seines Querschnittes erfolgen; man braucht nur die Stützung des Fußes gegen die Stielachse nach außen zu verlegen, was auch tatsächlich ausgeführt worden ist.

2. Stockwerkrahmen.

a) Rahmenecken mit Auskeilung. Die Firma C. H. Jucho, Dortmund, hat beim Bau der I. G. Farbenindustrie-Werke in Frankfurt am Main eine neuartige Ausbildung der Rahmenecken ausgeführt. Sie besteht im wesentlichen darin, daß die Riegel der Stockwerkrahmen, aus I-Trägern bestehend, in den Zwischenraum der aus zwei C-Eisen gebildeten Stützen geschoben werden. An dieser Stelle sind beiderseits auf die Flanschen

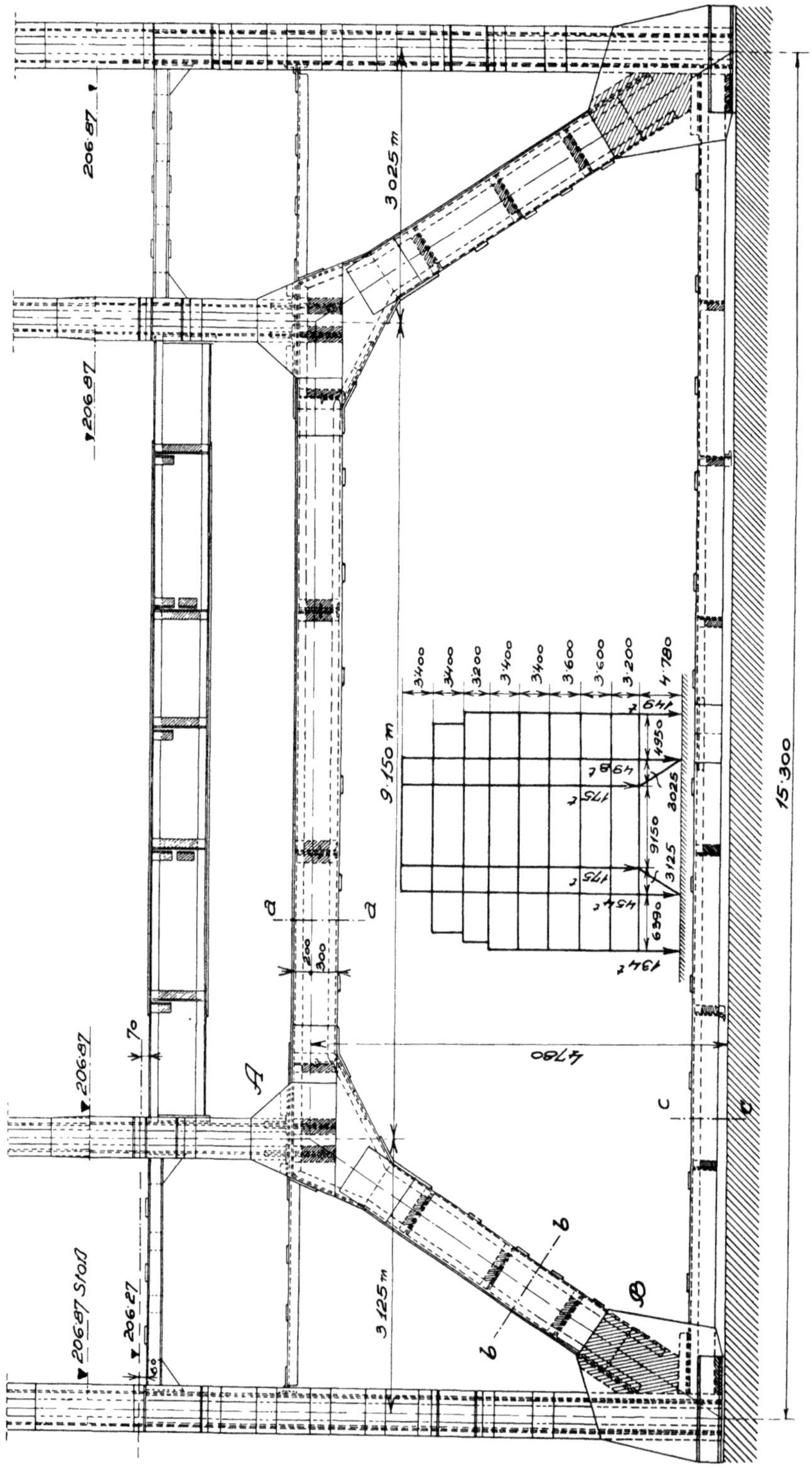

Abb. 159. Generelles Bild.

dieser C-Träger Bleche *B* aufgenietet (Abb. 167), die eine rechteckige Ausnehmung erhalten, um den Riegel durchzustecken. Diese Bleche reichen sowohl nach aufwärts wie nach abwärts. Der Ausschnitt dieses Bleches ist so hoch, daß sowohl oberhalb wie unterhalb je ein etwa 20 mm starkes Blechstück mit sehr geringem Anzug zwischen

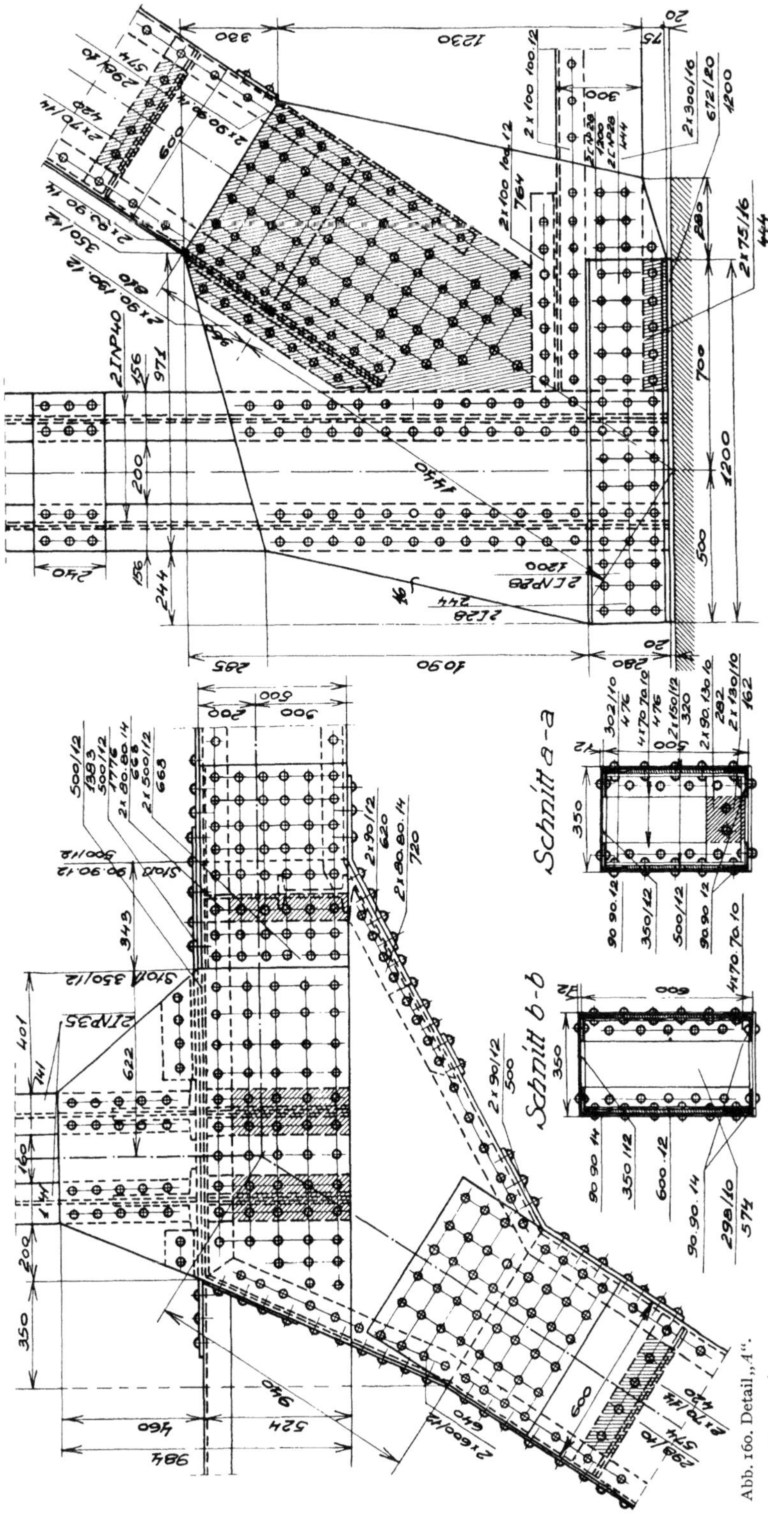

Abb. 160. Detail „A“. Abb. 161. Abb. 162. Abb. 163. Detail „B“. Abb. 164.

Abb. 159 bis 164. Rahmenträger, Erdgeschoß „Palais Berg- und Hüttenwerksges.“, Prag. Entwurf: Dr.-Ing. A. Hawranek.

Riegelflansch und Blech *B* geschoben werden kann. Es sind also im ganzen vier Keilstücke vorhanden.

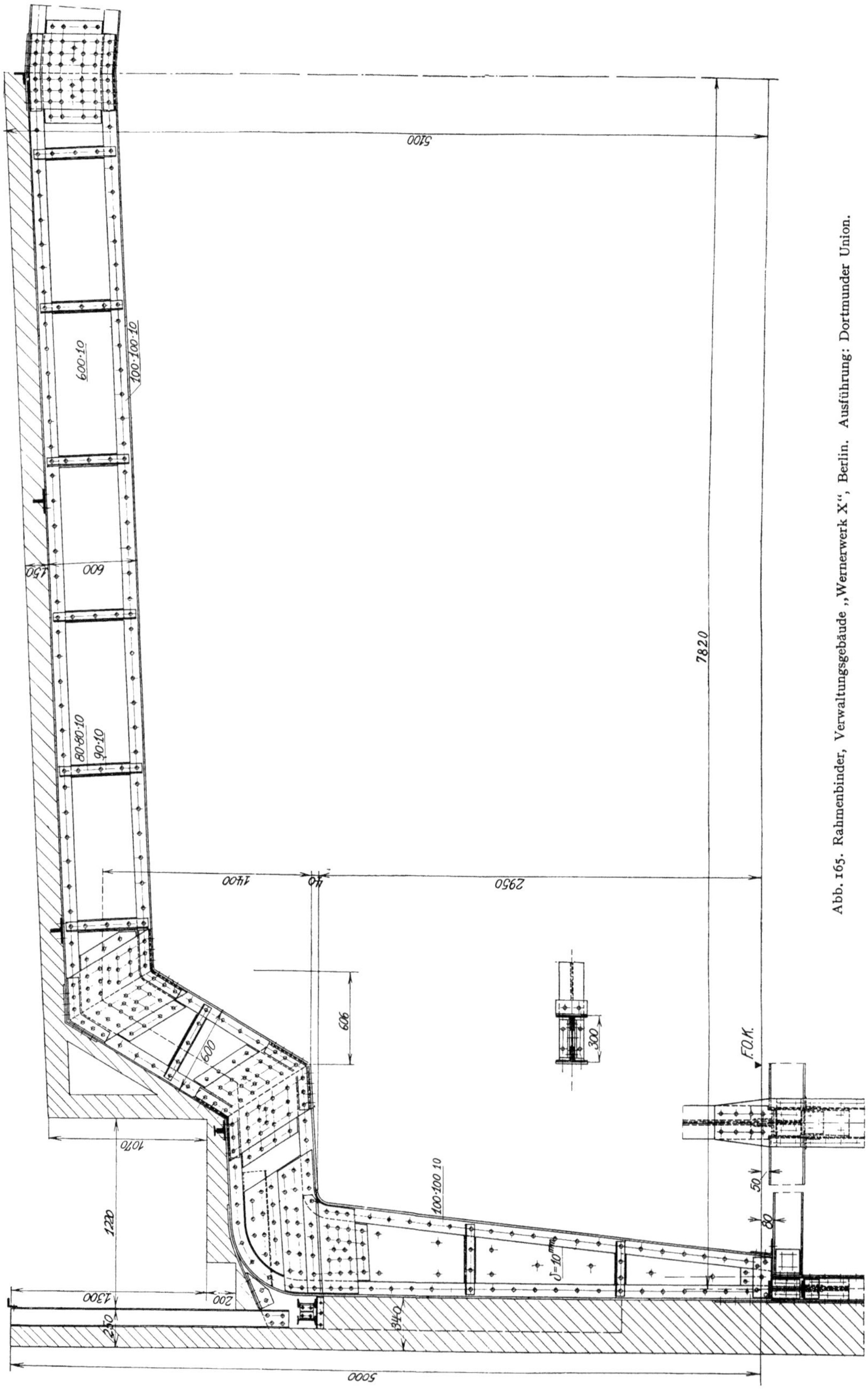

Abb. 165. Rahmenbinder, Verwaltungsgebäude „Wernerwerk X“, Berlin. Ausführung: Dortmunder Union.

Damit der Druck besser übertragen werden kann, sind noch vier Verstärkungsbleche V und vier Winkel an die Säule genietet. Alle Teile, welche die Keile berühren, sind oben bearbeitet. Bei Stützen, die außer den C-Eisen noch Kopfplatten erhalten, sind auch diese für das Durchführen des Riegels ausgenommen.

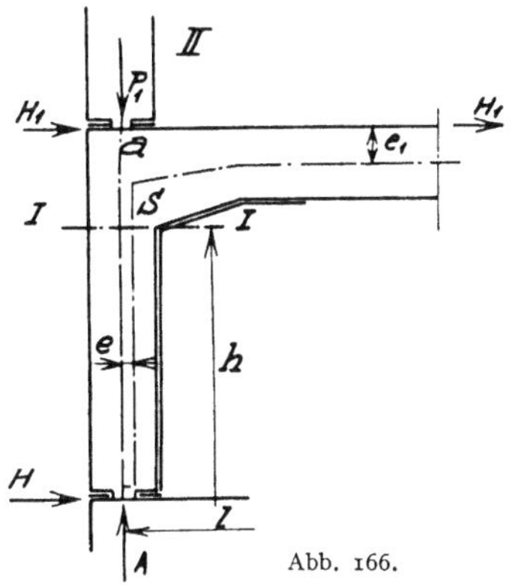

Abb. 166.

Auf diese Weise ist eine Einspannung des Riegels in die Stütze durchgeführt, die imstande ist, das Eckmoment des Riegels in die Stütze zu überführen, während die waagerechte Riegelkraft durch Schrauben in den vier Winkeln und Riegelflanschen übertragen wird. Diese Schrauben sind erst nach vollständiger Ankeilung und Bohrung der Löcher in die Keile einzuziehen.

Für die Momentenübertragung können nur die Kopfplatten der Stützen, die Bleche B, die Verstärkungsbleche V und die lotrechten Winkelschenkel herangezogen werden, die waagerechten Winkelschenkel jedoch nicht, wenn sie auch Teile der Kräfte übernehmen. Sie können sich aber leicht abbiegen und außerdem bei Windbelastung entlastet werden, so daß ihre Mitwirkung Schwankungen unterworfen ist. Deshalb kann mit den waagerechten Winkelschenkeln nicht gerechnet werden.

In Abb. 168 ist die Spannungsverteilung an den druckübertragenden Stellen von der Dicke d eingetragen. Diese Spannungsverteilung wird nicht gleichmäßig sondern von der Größe des Eckmomentes abhängig sein, soll aber gleichmäßig verteilt angenommen werden. Der Abstand ihrer Schwerpunktslagen ist a und die Druckkraft auf einer Seite P.

Ist das Eckmoment, das der Riegel übertragen kann, M, so ist $P = \frac{M}{a}$ und bei der Breite b der Keile, die spez. Druckspannung an der Übertragungsstelle

$$\sigma = P/bd = M/abd.$$

Nun kann der Anteil der Kraft P bestimmt werden, der je nach der Dicke den Blechen B, V, dem Winkel und den Kopfplatten entspricht; auch die Nietzahlen

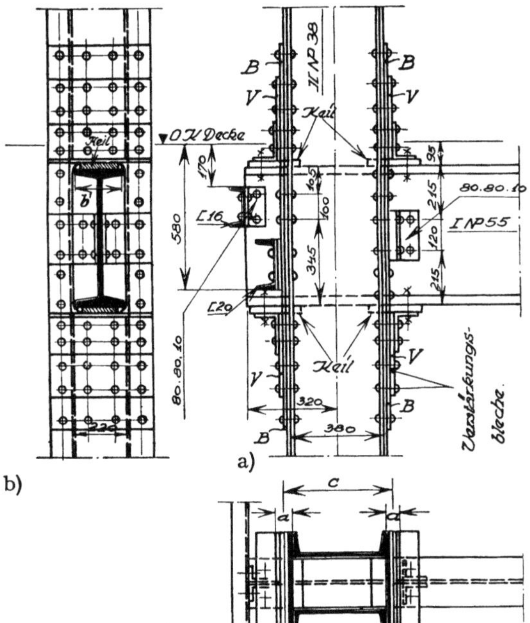

Abb. 167. Rahmenecken mit Auskeilung.

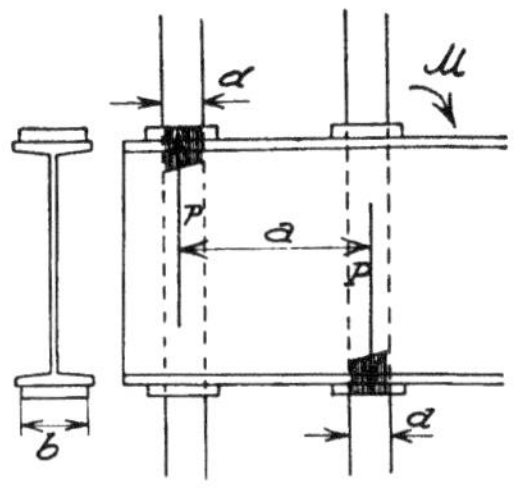

Abb. 168.

können ermittelt werden, die zum Anschluß an die Stütze dienen. Die tatsächliche Spannung σ wird wegen der Ankeilung etwas größer sein, was bei der Nietzahlberechnung nicht vergessen werden darf.

Um ein Bild über die Beanspruchungen zu erhalten, sei die Berechnung der Eckverbindung in Abb. 167 ohne Rücksicht auf Wind durchgeführt.

Das Tragmoment M des Riegels INP 55 bei einer zulässigen Inanspruchnahme $s = 1200$ kg/cm² und einem Widerstandsmoment $W = 3610$ cm² bei völliger Ausnützung der zul. Inanspruchnahme ist $M = 3610 \times 1200 = 4332000$ kgcm, $a = 42{,}2$ cm, $P = M/a = 102600$ kg.

Der spez. Druck auf die wirksame Berührungsfläche: bei $b = 18$ cm ist

$$\sigma = \frac{102600}{4{,}2 \times 18} = 1360 \text{ kg/cm}^2 .$$

Auf einen lotrechten Winkelschenkel von 12 mm Dicke entfallen

$$18 \times 1{,}2 \times 1{,}360 = 29{,}37 \text{ t},$$

es sind acht Nieten vorhanden, daher pro Niet 3,68 t. Ein Niet ⊖ 23 mm mit $s_s = 1000$ kg/cm² trägt 4,15 t. Die Zahl reicht also aus.

Auf die je 10 mm starken Bleche B, V und die Winkel zusammen entfallen

$$18 \times 3{,}2 \times 1{,}36 = 78{,}1 \text{ t}$$

und erfordern 19 Nieten; vorhanden sind 20 Nieten.

Die Kopfplatten der Stützen erhalten jedoch außer den in der Stütze schon vorhandenen Spannungen noch die zusätzlichen der Keilpressung, sobald beide zusammen die zulässige Inanspruchnahme nicht überschreiten, kann man solche Kopfplatten zur Mitwirkung der unmittelbaren Druckübertragung heranziehen, sonst aber nicht. Man erreicht dies, wenn die Ausnehmung der Kopfplatten höher gemacht wird, so daß die Keile diese nicht berühren.

Die Lasten der Außenmauer, die an den herausstehenden Enden der Riegel, also exzentrisch angreifen, bewirken ein entgegengesetzt drehendes Moment, entlasten also die Eckverbindung, was zweckmäßig ausgenützt werden kann.

Die Windlasten auf der Seite der zu berechnenden Stützen entlasten die spez. Keildrücke; der Wind von der Gegenseite vergrößert sie jedoch.

Eine Entlastung der Nieten tritt teilweise auch dadurch ein, daß die Bleche B auch nach unten geführt und angeschlossen sind, so daß die im unteren Teil angeordneten Nieten mittragen. Von den Blechen V und ihren Nieten gilt dies nicht.

Diese sehr zweckmäßige Anordnung der Eckausbildung von Stockwerkrahmen hat einige Vorteile; sie liegen in dem Fehlen von Eckblechen, so daß die rechtwinkligen Anschlüsse von Unterzügen und Stützen nach der Umkleidung erhalten bleiben, in der raschen und einfachen Montage, da hier außerdem eine Normalisierung der Anschlüsse erreicht ist und die Arbeit nach Einziehen der Riegel sich auf die Keileinbringung, auf einige Lochbohrungen beschränkt, in die acht Schrauben einzusetzen sind.

Die Ausnehmungen müssen aber etwas breiter gemacht werden, als der Trägerbreite entspricht, um das Einschieben der Unterzüge bei beiderseits schon stehenden Säulen ohne Hindernis zu bewältigen.

Eine ähnliche, aber sparsamere Ausbildung als die vorhin besprochene sieht man in Abb. 169, die beim Verwaltungsgebäude des Deutschnationalen Handlungsgehilfenverbandes in Hamburg Anwendung fand[1]. Dort erfolgte die Ankeilung der eingebauten Unterzüge bloß an zwei Stellen, und zwar oben und unten.

Die Stütze besteht aus einem P-Träger Nr. 40, die Unterzüge sind doppelt, kommen von beiden Seiten an die Stütze heran und überkragen diese. Die Verkeilung geschieht außen an einem oben angenieteten Knotenblech samt Winkel.

Auf der Innenseite ruhen die Unterzüge gleichfalls auf einem durch ein Blech und zwei Winkel gebildeten Sattel auf. Die Unterzüge sind auf einer Strecke durch zwei aufgenietete C-Eisen Nr. 30 verstärkt und die Verkeilung auch noch zwischen Unterzugflansch und Unter-

[1] Timm, G.: Verwaltungsgebäude des Deutschnationalen Handlungsgehilfen-Verbandes Hamburg. Der P-Träger 1930, H. 1.

flansch der Beilage C-Eisen durchgeführt. In den anderen zwei Ecken befindet sich keine weitere Verbindung. Eine solche Bauart ist vornehmlich für die Eigengewichts- und Nutzlastwirkung wirksam. Bei einem Windangriff von links (Abb. 169) wird jedoch diese Verbindung entlastet, hingegen wird für Wind von rechts diese Verbindung eine wirksame Einspannung aufweisen. Man muß also das ganze Windmoment, wenn sonst an den Mittelstützen keine Ankeilung erfolgen sollte, an der Frontsäule übertragen, was bei hohen Gebäuden sicher zu größeren Keilflächen und zu einer größeren Zahl von Nieten in den Stützblechen führt.

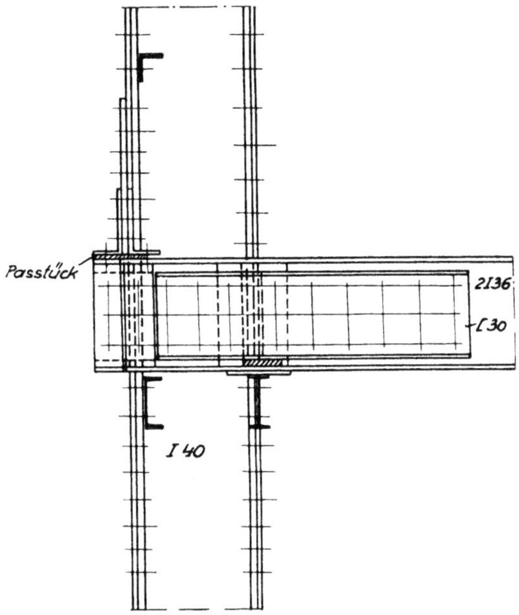

Abb. 169. Verwaltungsgebäude des Deutschnat. Handlungsgehilfen-Verbandes in Hamburg. (Nach Timm, G.: Der P-Träger 1930.)

b) Rahmenecken mit Verankerung. Die Übertragung der Einspannungsmomente von Unterzügen in die Stützen läßt sich aber auch in anderer Weise durch eine Art Verankerung durchführen. In den Abb. 170 bis 172 ist diese Bauweise dargestellt. Die Ausführung rührt vom Bau des Gebäudes der Spinnereizentrale in Prag her[1]. Der Unterzug wird zwischen die beiden C-Eisen der Stütze eingeschoben und auf einem dazwischen als Sattel eingebauten kurzen I-Trägerstück gelagert (Abb. 172). Die Enden des Unterzuges reichen bis an die Außenflucht der Stützenprofile, erhalten dort zwei Anschlußwinkel, die mit einer außen auf der Stütze aufgenieteten Platte durch Schrauben verbunden werden. Es wird hierbei die aus der Momentenwirkung herrührende Kraft durch die Scherkräfte der Schrauben bzw. Nieten übernommen; allerdings ist der Hebelarm der Einspannkräfte in diesem Falle kleiner als in den früher besprochenen Fällen einer Ankeilung.

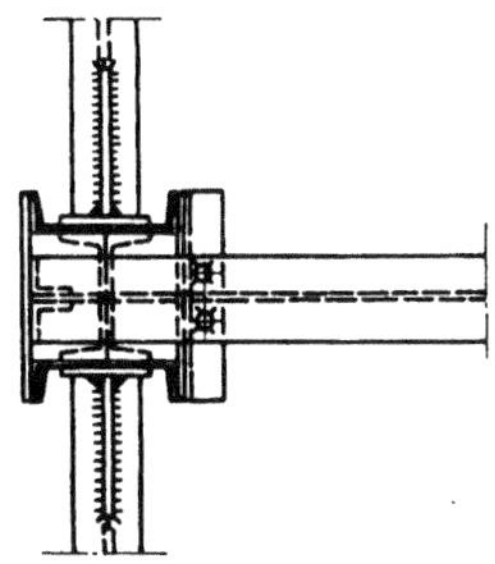

Abb. 171.

Durch Anheben des Unterzuges in der Mitte und Versetzen der Bohrlöcher in dem Ankerblech oder in den Anschlußwinkeln läßt sich auch dem Unterzug eine beliebige Vorspannung geben, die zu Ersparnissen an Trägergewicht führen kann.

In den Abb. 170 bis 172 ist noch die Eckaussteifung der Frontwandträger durch angeschweißte, dreieckige Abschnitte von Walzträgern ersichtlich, die in die Wandebene fallen, also im Gebäudeinnern nicht stören und die Frontwand aussteifen. (Ausführung: Skodawerke Pilsen).

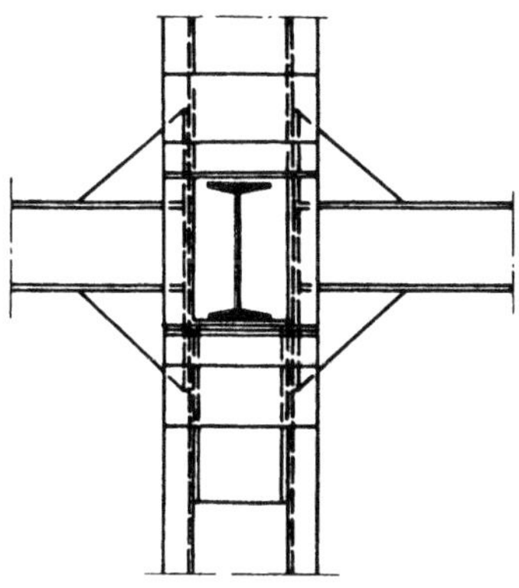

Abb. 170.

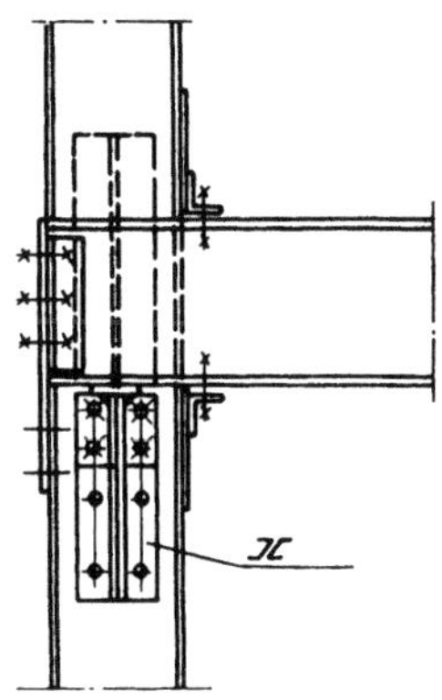

Abb. 172.

Abb. 170 bis 172. Anschluß des Unterzuges an die Stütze. Spinnerei-Zentrale, Prag. Ausfuhrung: Skodawerke, Pilsen.

c) Rahmenwerke mit steifen Anschlüssen. Die bisher vorgebrachten Ausbildungen der Anschlüsse von Trägern an Stellen mit Einspannungs-

[1] Ausführung: Skodawerke A. G., Pilsen.

momenten reichen für die gewöhnlichen Fälle bei nicht zu großer Stockwerkzahl und mehreren Feldern in der Querrichtung der Gebäude aus.

Handelt es sich jedoch um sehr hohe Gebäude, oder um die Übertragung starker waagerechter Kräfte und der bezüglichen Momente in schmalen zweistieligen Stockwerk-

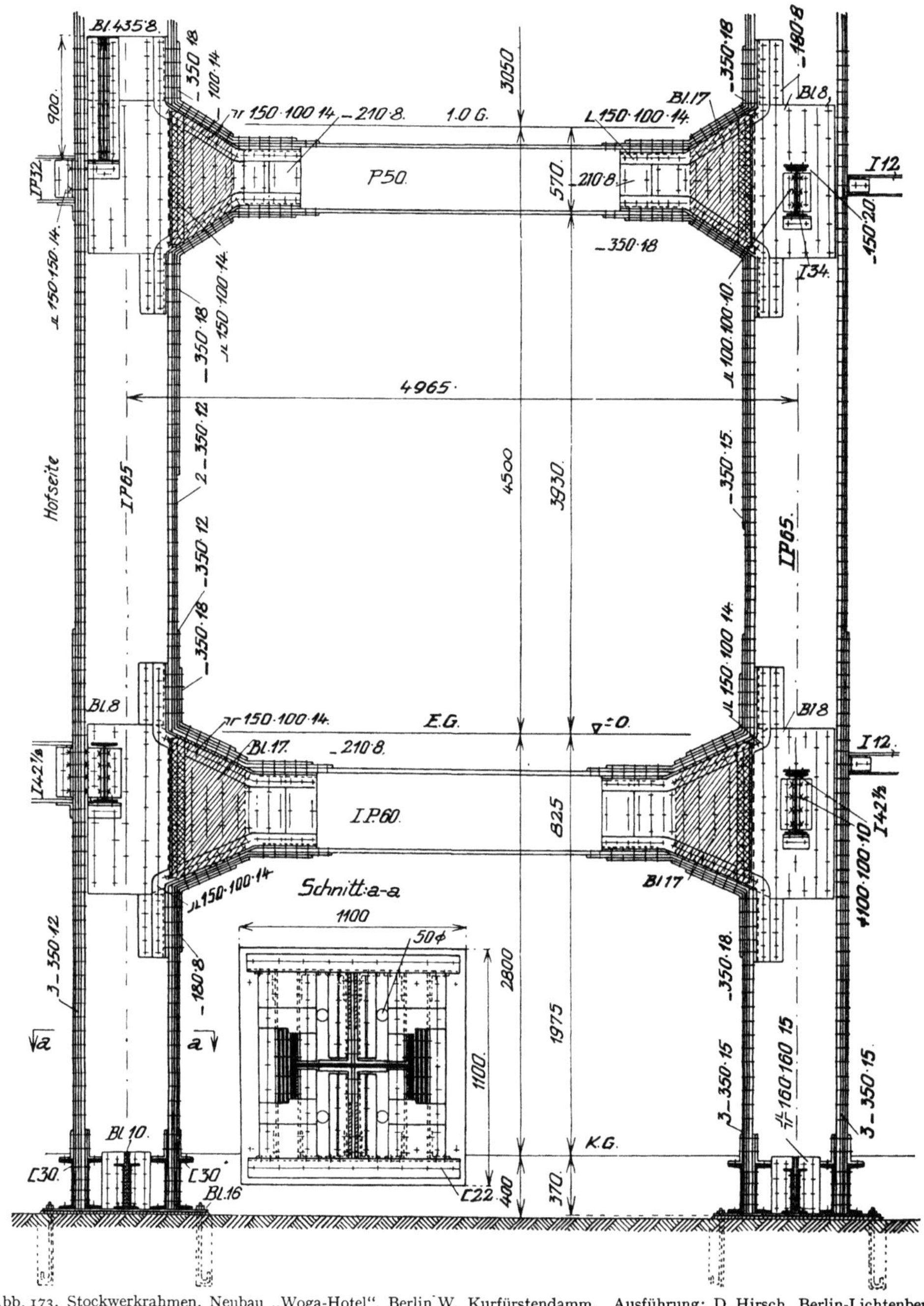

Abb. 173. Stockwerkrahmen. Neubau „Woga-Hotel", Berlin W, Kurfürstendamm. Ausführung: D. Hirsch, Berlin-Lichtenberg. (Nach A. Dürbeck: Stahlbau 1930, S. 261.)

rahmen, so wird man mit den bisher erläuterten Eckausbildungen nicht das Auslangen finden.

Es ist dann notwendig, die Riegelanschlüsse an die Rahmenstiele, etwa wie in Abb. 173 gezeigt ist, vorzunehmen, die dem Neubau des „Woga-Hotels", Berlin W, Kurfürstendamm, entstammt[1]. Die Rahmenstiele bestehen aus IP 65 und je zwei Kopfplatten 350 × 12 mm. An den Riegelanschlußstellen sind die Flanschen der P-Träger weggeklinkt, die inneren Kopfplatten der Stiele unterbrochen, dann sind trapezförmige Eckbleche eingesetzt und oben wie unten beiderseits innere Saumwinkel von den Riegeln zu den Ständern herumgeführt. Außerdem sind noch oben und unten Verstärkungskopfplatten in den Ecken angebracht. In der Abb. 173 sind noch die Verstärkungen der Stegbleche vom Ständer und Riegel an den Anschlußstellen und die Stoßdeckungen ersichtlich.

Ein Grundriß zeigt auch die Ständerfußausbildung.

Literatur.

Quellen für die Lösung von Elastizitätsgleichungen.

Seidel: Münchner Akademie. Abhandlung 1874, 3. Abt., S. 81.

Jürgens: Zur Auflösung linearer Gleichungen und numerischer Berechnung von Determinanten. Aachen 1886. Festgabe der Universität Heidelberg.

Jordan, W.: Über die Berechnung der Nebenspannungen in Fachwerken mit steifen Knotenverbindungen. Diss. Hannover 1904 (Gauß-Verf.).

Lewe, V. Dr.: Die Berechnung durchlaufender Träger und mehrstieliger Rahmen nach dem Verfahren des Zahlenrechteckes. Leipzig: R. Noske.

Müller, S. Dr.: Zur Berechnung mehrfach statisch unbestimmter Tragwerke. Zentralbl. Bauverw. 1907, S. 23.

Pirlet, Dr.: Die Berechnung statisch unbestimmter Systeme. Eisenbau 1910, S. 332.

Hertwig, Dr.: Über die Berechnung mehrfach statisch unbestimmter Systeme und verwandte Aufgaben in der Statik der Baukonstruktion. Z. Bauw. 1910, S. 109.

— Die Lösung linearer Gleichungen durch unendliche Reihen und ihre Anwendung auf die Berechnung hochgradig statisch unbestimmter Systeme. Müller-Breslau Festschrift 1912, S. 37.

Ostenfeld, Dr.: Rechnerische Auflösung von fünfgliedrigen Elastizitätsgleichungen. Eisenbau 1913.

Hertwig, Dr.: Die Berechnung des Trägers auf mehreren Stützen mit gleichem und veränderlichem Querschnitt, mit frei drehbaren oder eingespannten Stützen. Armierter Beton 1913.

Pirlet, Dr.: Die Berechnung statisch unbestimmter Systeme. Eisenbau 1914.

Müller-Breslau: Zur Auflösung mehrgliedriger Elastizitätsgleichungen. Eisenbau 1916, S. 111, 299.

Lewe, V. Dr.: Die schematisch rechnerische Auflösung der allgemeinen sowie der drei- und fünfgliedrigen Elastizitätsgleichungen. Eisenbau 1916, S. 175.

Hertwig, Dr.: Einige besondere Klassen linearer Gleichungen und ihre Auflösung in der Statik der durchlaufenden Träger und Rahmengebilde. Eisenbau 1917, S. 69.

— Die Fehlerwirkungen beim Auflösen linearer Gleichungen und der Berechnung statisch unbestimmter Systeme. Eisenbau 1917, S. 110.

Engesser: Die Berechnung von Stockwerkrahmen. Eisenbau 1920, S. 81.

Kriwoschein: Ein neues Verfahren zur Berechnung der statisch unbestimmten Fachwerke. Bautechnik 1923, Nr. 6, 7, 9.

Worch, Dr.: Beispiel zur Anwendung des Reduktionssatzes. Beton Eisen 1924, S. 39.

Biezeno, V.: Z. ang. Math. Mech. 1924, S. 93.

Worch, Dr.: Über Rechenproben bei der Berechnung vielfach statisch unbestimmter Systeme. Bauing. 1925, S. 554.

David, L. Dr.: Beitrag zur Auflösung von allgemeinen linearen Gleichungen bei der Berechnung von mehrfach statisch unbestimmten Systemen (Konstruktion und Bauausführung). Dt. Bauzg. 1925, S. 70.

Bornemann: Rechenvorschriften zur Auflösung symmetrischer Elastizitätsgleichungen. Bautechnik 1926, S. 455.

Pasternak. Dr.: Berechnung vielfach statisch unbestimmter biegefester Stäbe und Fachwerksbalken. Zürich 1927.

Hertwig, Dr.: Zur Berechnung symmetrischer statisch unbestimmter Gebilde. Bauing. 1928, H. 10 u. 11.

Pollaczek-Geiringer, Dr.: Zur Praxis der Lösung linearer Gleichungen in der Statik. Z. ang. Math. Mech. 1928, S. 446.

Quellen für die Berechnung von Stockwerkrahmen.

Wuczkowski, R.: Zur Statik der Stockwerkrahmen. 2. Aufl. Berlin: Ernst & Sohn 1912.

Straßner: Beitrag zur Theorie kontinuierlicher Eisenbetonkonstruktionen, besonders mehrstöckiger Rahmen. Näherungsrechnung für Winddruck, S. 24. Berlin: Ernst & Sohn 1912.

[1] Dürbeck, A.: Neubau des „Woga-Hotels", Berlin. Stahlbau 1930, S. 261. Ausführung: D. Hirsch, Berlin-Lichtenberg.

Novák, Jos. Dr.: Berechnung von zweistieligen Stockwerkrahmen. Allg. Bauzg. 1912.
Hartmann, F. Dr.: Genauere Berechnung eines zweigeschossigen Doppelrahmens. Allg. Bauzg. 1913, H. 3.
— Statisch unbestimmte Systeme, 1. Aufl. 1913, S. 123; 2. Aufl., S. 153.
Leitner, H.: Ein Beitrag zur Theorie der Stockwerkbinder. Armierter Beton 1913, S. 14.
Grüning, M. Dr.: Die Spannungen in Knotenpunkten eines Vierendeel-Trägers. Eisenbau 1914, S. 162.
Ostenfeld, A. Dr.: Der zweistielige Stockwerkrahmen. Z. Betonbau 1914, S. 20.
Heidinger, J. Dr.: Die Berechnung zweistieliger Stockwerkrahmen unter symmetrischer Belastung. Öst. Wochenschr. Baudienst 1915, H. 37.
Buchwald: Winkelrahmen für Hochbauten zur Übertragung von Seitenkräften. Dt. Bauzg. 1916, S. 438.
Herzka, L.: Die Berechnung des zweistieligen symmetrischen Stockwerkrahmens für beliebigen Kraftangriff. Z. Betonbau 1916.
Bleich, F. Dr.: Die Berechnung statisch unbestimmter Tragwerke nach der Methode des Viermomentensatzes. Berlin: Julius Springer 1918.
Paeplow: Berechnung eines zweigeschossigen Stockwerkrahmens über drei Felder. Für lotrechte Lasten. Armierter Beton 1919, S. 272.
Melan, E. Dr.: Berechnung der Stockwerkrahmen mit beliebiger Felderzahl. Beton Eisen 1920, S. 230.
Pirlet, Dr.: Berechnung der Stockwerkrahmen. Bauing. 1922, S. 18.
Mols, Dr.: Berechnung der Stockwerkrahmen. Bauing. 1922.
Fritsche, Dr.: Die Berechnung des symmetrischen Stockwerkrahmens mit geneigten und lotrechten Ständern mit Hilfe der Differenzengleichungen. Berlin: Julius Springer 1923.
Kleinlogel, A. Dr.: Mehrstielige Rahmen. Berlin 1924.
Gehler, W. Dr.: Der Rahmen, 3. Aufl., S. 169, 183. Berlin 1925.
Unold, G. Dr.: Statik für den Eisen- und Maschinenbau, S. 222. Berlin 1925.
Lutz, D. Dr.: Beitrag zur Auflösung von allgemeinen linearen Gleichungen bei der Berechnung von mehrfach statisch unbestimmten Systemen. Dt. Bauzg. 1925, Beilage Konstruktion S. 70.
Grüning, M. Dr.: Die Statik des ebenen Tragwerkes. S. 469. Zwei-, drei- und vierstielige Stockwerkrahmen. 1925.
Enyedi, Dr.: Statische Untersuchung der Stockwerkrahmen. Bauing. 1925, S. 550.
Santorini: Die Berechnung von Stockwerkrahmen (zweistielig). Bauing. 1925, S. 223.
Worch, G. Dr.: Studien zur Berechnung und Konstruktion mehrstieliger Stockwerkrahmen. Bauing. 1925, S. 679.
Loeser, B.: Berechnung von Stockwerkrahmen für senkrechte Lasten. Bauing. 1925, S. 615.
Goeldel, P.: Experimentelle Lösung statisch unbestimmter Systeme für den Gebrauch der Praxis. Dt. Bauzg. 1925, Beilage Konstruktion S. 148.
Bernhard, Dr.: Beispiel. Dt. Bauzg. 1926/I, S. 79.
Mann, L. Dr.: Theorie der Rahmenwerke auf neuer Grundlage. Berlin: Julius Springer 1927.
Bleich, Melan: Die gewöhnlichen und partiellen Differenzengleichungen der Baustatik, S. 188. Berlin: Julius Springer 1927.
Beliakow, Th.: Die Anwendung des B.M.F.-Verfahrens zur Berechnung von Stockwerkrahmen. Bauing. 1930, S. 294.
Takabeya, F. Dr.: Rahmentafeln. Berlin: Julius Springer 1930.

7. Abschnitt.

Verbände, Streben- und Eckaussteifungen.

1. Winddruck.

Die für Wind anzunehmenden Belastungen sind im Abschnitt 1 enthalten. Als Größtwert des Winddruckes ist in Deutschland und in der Tschechoslowakei 150 kg/m^2 angesetzt; auch Amerika hat fast den gleichen Höchstwert.

Es erscheint aber immerhin notwendig, über die Windkräfte bei höheren Bauwerken, bei Turmbauten, Hochhäusern und Wolkenkratzern einiges zu sagen.

Es genügt nicht, die Standfestigkeit des Gebäudes gegen Wind im fertigen Zustand zu untersuchen, es muß vielmehr auch das Stadium während der Montage berücksichtigt werden und das Trägergewicht allein muß samt den etwa obenstehenden Kranen vor einer Formänderung oder Umsturz gesichert sein. Es muß als selbständiges Ganzes untersucht werden.

Wenn der Wind unter einem Winkel zur Waagerechten einfällt, kann er alle Deckenträger oder Unterzüge jeder Decke treffen und sich in den Ecken verfangen. Er kann auch von unten auf fertige Decken wirken, bevor die Wände ausgekleidet sind.

Es sind Fälle in Amerika vorgekommen, wo sich hohe Stahlgerippe durch Wind vollständig von ihren Lagern verschoben oder sich von den Lagerfüßen abgehoben haben. In einem Falle war das Stahlgerüst nach einem Sturme so wacklig, daß der Unternehmer sich nicht mehr traute, die Rekonstruktion vorzunehmen. Es sind auch bleibende Formänderungen und Verbiegungen der Stützen vorgekommen und schließlich wiederholt vollkommene Einstürze während der Montage.

Das waren gewiß zum Teil unfachgemäße Ausführungen. Bei kleineren Bauten kann man sich durch provisorische Verankerungen oder Einziehen von Windstreben helfen, ein hohes Stahlgerippe soll jedoch solche provisorische Maßnahmen nicht kennen und für sich allein dem Winde standhalten. Man kann dabei mit der zulässigen Inanspruchnahme höher gehen, etwa bis 0,66 der Streckgrenze des betreffenden Baustoffes. Die Vorschriften enthalten für diesen Fall keine Bestimmungen.

Leider sind bis jetzt noch keine Versuche mit Stahlskeletten im Windkanal durchgeführt worden, die den Einfluß des Deckengerippes bei etwas schräg einfallendem Wind und die Wirkung der vorstehenden Flanschen, in denen sich der Wind verfängt, klären würden. Es dürften gerade an den Hohlkehlen zwischen Steg und Flansch starke Verdichtungen der Luft, die schwer und höchstens mit Wirbelbildung ausweichen kann, eintreten und die Windwirkung verstärken. Auch für hohe Gebäude, Türme, sind noch keine Versuche vorliegend, und wäre es nicht ausgeschlossen, daß bei der heute häufig vorkommenden kubischen Gliederung moderner Hochhäuser und einer Staffelung der Höhen geradezu Luftsäcke entstehen könnten, deren Wirkung größer ist, als den anzunehmenden Windlasten entspricht. Man vergleiche das Gebäude der Telephon-Gesellschaft in New York[1] mit den zwei flankierenden Prismen, dem hochgeführten zurückspringenden Turm und vor ihm zwischen den Prismen den niedrigeren Bau.

Unbekannt für solche Bauformen vom Hochhaus bis zum Wolkenkratzer ist auch die Größe der Windsaugwirkung, die für andere Bauformen schon teilweise geklärt ist. Eine sehr gute Übersicht über die bisherigen Versuche dieser Art gibt ein Aufsatz von Dr.-Ing. R. Sonntag[2], in welchem außerdem noch die einschlägige Literatur zu finden ist.

Eine Reihe von Diskussionen, die in Amerika anläßlich starker Sturmkatastrophen und von Entwürfen für Vorschriften über Stahlbauten stattgefunden hat[3], zeigt ganz deutlich, wie verschiedenartig noch die Anschauungen über die anzunehmenden Windlasten sind.

Die Versuche C. F. Marvins[4] ergaben schließlich, daß der Winddruck

$$W = 0{,}004\, v^2$$

gesetzt werden könne (W = Winddruck in Pfund pro Quadratfuß, v = Windgeschwindigkeit in Meilen pro Stunde).

Für unsere Einheiten W in kg/m² und v in m/sec wird

$$W = 0{,}0975\, v^2 \doteq 0{,}1\, v^2 .$$

In unseren Gegenden ist die höchste Windgeschwindigkeit gemessen worden: in Wien 37 m/sec, an der Meeresküste 40 bis 45 m/sec. Das waren auch die Ziffern der jüngsten Orkane 1929.

Es ist auch bekannt, daß die spezifische Windpressung bei größeren Flächen kleiner war als bei kleineren Flächen (Bakers Messungen bei der Firth of Forth-Brücke)[5]. Eine

---

[1] Bernhard, R. Dr.: Beitrag zum Hochhausbau in New York. Dt. Bauzg. 1926/II. Konstruktion und Ausführung S. 157.

[2] Sonntag, R. Dr.: Windsaugwirkungen an Gebäuden. Dt. Bauzg. 1924/I. Konstruktion und Ausführung S. 38.

[3] Turner, C. Schneider: Transactions of Civ. Engineers Bd. 54, S. 31, 371. 1905.

[4] Engg. News 1890, 13. Dezember. [5] Engg. 1890, 28. Febr.

25 m² große Fläche erhielt einen maximalen Winddruck von 125 kg/m², eine bloß 1,4 m² große Fläche hingegen 190 kg/m².

Wirbelstürme (Tornados) erreichten in St. Louis 1896 eine Windbelastung von 296 kg/m² bei einer Länge des Bauwerkes von 60 m.[1]

Ein Orkan im Jahre 1926 beschädigte in Florida u. a. das Mayer-Kiserhaus[2] und brachte die Front um 60 cm aus dem Lot, weil die Aussteifungen der Ecken völlig gefehlt haben.

Im übrigen finden sich in den letzten Jahren in der amerikanischen Zeitschrift Engineering News Record zahlreiche Beispiele von Gebäuden, die durch Orkane beschädigt oder zerstört worden sind.

Ç. Shaler Smith[3] meint, wenn auf dem etwa 18 m breiten Wegstreifen des Windes lokal 252 kg/m² Winddruck vorhanden waren, so wurden hierbei größere Bauwerke nicht mit einer größeren verglichenen Windbelastung als 147 kg/m² (30 lbs pro Quadratfuß) in Mitleidenschaft gezogen.

Auch wurde festgestellt, daß der Winddruck von 147 kg/m² bei Tornados gleichzeitig höchstens auf eine Länge von 45 bis 60 m wirkte.

Wie man solchen Kräften in Amerika zu begegnen gesonnen ist, wird im Maiheft der Proceedings Am. Soc. CE. 1928 von Ross, Chyde und Morris dargelegt.

Unter anderem will man eine größte zulässige Ausbiegung hoher Gebäude vorschreiben. Gewiß fehlen noch manche Untersuchungen, die die tatsächliche Windwirkung völlig klarstellen sollen. Es ist unzweifelhaft, daß der gleichartige gleichmäßige Luftstrom, wie er im Windkanal beim Versuch zur Verfügung steht, mit der Windwirkung im Freien nicht identisch ist. Selbstverständlich müssen vor allem, um Gesetze der Windpressungen zu finden, alle Voraussetzungen vereinfacht werden. Aber in Wirklichkeit ist der Wind eine Aufeinanderfolge von intermittierenden Luftstößen, die sicherlich nicht gleich sind, sondern deren Stärke noch Schwankungen unterworfen ist. Wie groß diese sind, ist unbekannt.

Die bisher im Gebrauch befindlichen Anemometer, die nicht die Windpressung geben, sondern die Windgeschwindigkeit, sind für diese Zwecke unbrauchbar, da in Florida und Kuba bei den Orkanen die meisten Apparate weggeblasen worden sind und sie die größte Windgeschwindigkeit also nicht mehr angegeben haben.

Es mögen noch die Vorschriften über die Windbelastungen in Amerika angeführt werden.

Im Building Law für New York ist für Gebäude unter 30 m Höhe und wenn diese kleiner ist als die vierfache Hausbreite die Berücksichtigung des Windes nicht vorgeschrieben.

Sonst ist in den meisten Großstädten die Windlast für Gebäude mit 147 kg/m² (30 lbs pro Quadratfuß) vorgeschrieben. Nur Philadelphia schreibt bei Gebäuden für das 10. Geschoß 122 kg/m² vor und für jedes weitere Geschoß 12,2 kg/m² mehr bis höchstens 172 kg/m², aber für jedes unter dem 10. Geschoß liegende 12,2 kg/m² weniger.

In Milwaukee sind im 12. Geschoß und allen darüber liegenden 147 kg/m² anzunehmen, nach abwärts ist pro Geschoß eine Ermäßigung um 12,2 kg/m² vorzusehen[4].

2. Literatur. Quellen über Windwirkung.

Irminger, J.: Windsaugwirkung. Ingeniören Kopenhagen 1894, S. 101.
Loeßl, F. v.: Die Luftwiderstandsgesetze. Wien 1896.
Irminger, J.: Windsaugwirkung. Zentralbl. Bauverw. 1898, S. 505.
Eiffel, G.: Nouvelles recherches sur la résistance de l'air de l'aviation au laboratoire d'Auteuil 1914.
Baumhauer, A.: Drukmeting op het model vanieens gashouder in an kunstmatigen windstroom. De Ingenieur 1920, Nr. 18.

---

[1] Transactions Am. Soc. Civ. Eng. Bd. 37, S. 221.

[2] Merkle, G.: Bauing. 1927, S. 138; Engg. News Rec. 1926, 7. u. 14. Oktober.

[3] Transaction Am. Soc. Civ. Eng. Bd. 24, S. 37.

[4] Die jüngst zugelassenen Ermäßigungen des Winddrucks für Bauten in New York sind in Abschnitt 24 Punkt 5 wiedergegeben.

Grüning, M.: Versuche über Winddruck. Bauing. 1920, S. 39.
Betz: Wirbel und Begriffe der Aerodynamik. Z. Flugtechn. 1921.
Rein: Bauingenieur 1921, S. 587.
Wieselsberger: Neuere Feststellungen über die Gesetze des Flüssigkeits- und Luftwiderstandes. Physik. Z. 1921, S. 321.
Buchegger: Windgeschwindigkeit und Winddruck. Bauing. 1922, S. 491.
Süring: Art und Verteilung des Windes in Deutschland. Betrieb 1921, S. 709.
Prandtl: Allgemeines über Luftwiderstandsgesetze II/1, II/2 Ähnlichkeitsgesetze. Ergebnisse der Aerodynamischen Versuchsanstalt Göttingen Lief. 1.
Weber: Ähnlichkeitsmechanik (Theorie der Modelle), Hütte I, 24. Aufl., S. 401. 1923.
Vorschriften Winddruck, Rußland. Zentralbl. Bauverw. 1924, S. 471.
Sonntag, R.: Windsaugwirkungen an Gebäuden. Zentralbl. Bauverw. 1924, S. 57; Dt. Bauzg. 1924/I Beilage Konstr. S. 38.
Normenvorschlag, Deutschland, für Windbelastung. Zentralbl. Bauverw. 1924, Nr. 8, 10.
Morris, T.: The Design of Tall Building Frames to resist Wind. Transaction of Society of Civ. Eng. Columbus 1927.
Cajar: Die Aufnahme der Windkräfte in Turmhäusern. Bauing. 1928, H. 30, S. 547.

3. Verbände in Wänden und Decken.

Zur Aufnahme und Übertragung der Windkräfte sind in Stahlskelettbauten Windverbände einzubauen oder steife Eckverbindungen, Rahmenverbände anzuordnen, wenn nicht auf andere Weise die Seitensteifigkeit erzielt werden kann.

a) Bauten ohne Verband. Bei sehr großen geschlossenen Baublöcken, deren Abmessungen in einer Richtung nicht zu klein sind, kann der Windverband völlig entfallen. Es sind schon sehr viele Stahlbauten dieser Art ohne Verbände ausgeführt worden. Solche Verbände verteuern den Bau, verlängern die Montierungszeit und geben allerhand Schwierigkeiten bei der Herstellung der Wandverkleidung.

Es müssen dann allerdings, sobald einzelne Teile des Gebäudes sofort hochgeführt werden, später abnehmbare Montageverbände angeordnet werden, welche die beste Überführung der Windkräfte während der Aufstellung des Stahlgerüstes nach den Stützenfundamenten sichern.

Deshalb ist bei der Entscheidung, ob und welche Verbände einzuziehen sind,

1. die Berechnung des Gerippes für Eigengewicht des Stahlbaues allein samt Wind für verschiedene Baustadien;

2. die Berechnung für Eigengewicht des Baues samt Decken- und Wandherstellung und Wind erforderlich; eventuell

3. die Berechnung für Eigengewicht, Nutzlasten und Wind nötig, wenn auch letztere mehr für die Ermittlung der größten Stützenlasten maßgebend ist.

Im wesentlichsten ist man oft von der Erwägung ausgegangen, daß die in das Stahlgerippe eingezogenen Decken die Windlasten auf die fertiggestellten Außenwände oder auch Zwischenwände übertragen, so daß dann ein Verband entbehrlich ist.

Ist ein Bau ziemlich langgestreckt, so wird man, nachdem die Decken oder wenigstens einige fertiggestellt sind, zweckmäßig die Ausmauerung der Außenwände an den Schmalseiten zuerst vornehmen lassen.

Die eingebauten Decken übernehmen die Verteilung und Übertragung der Windkräfte auf die Säulen. Baut man keine Verbände ein, oder stehen noch keine Quermauern zur Verfügung, so werden die Stützen auf Biegung beansprucht, was Zusatzspannungen ergibt. Besteht die Möglichkeit, in der Richtung der kleineren Ausdehnung des Gebäudes durch alle Geschosse außer den Außenmauern durchgehende und mindestens 15 cm starke Zwischenquermauern mit möglichst wenigen Durchbrechungen einzubauen, so werden die Windkräfte bei sonstiger waagerechter Steifigkeit des Gerippes durch diese Mauern eine noch bessere Übertragung finden. Das läßt sich aber nicht oft machen.

Man kann sich helfen und an Stelle einer oder mehrerer durchgehender Querwände solche durch einige Geschosse gehende Mauern in anderen Geschossen versetzen, wenn es die Raumdisposition erlaubt. Jedenfalls sollten alle Geschosse solche Mauern erhalten.

Aufzugschachtmauern allein reichen gewöhnlich für die Übertragung der Windkräfte nicht aus, weil sie im Vergleich zur Höhe des Gebäudes schmal sind und auch meist erst später hochgeführt werden, höchstens wenn man zwei passend gelegene kuppeln kann.

Sind solche Mauern unmöglich, so muß man Verbände einziehen.

b) Bauten mit Verband. Es soll vorerst die Lage der Verbände im Grundriß des Gebäudes besprochen werden. Am einfachsten gelingt die Anordnung der Verbände im eingebauten Haus, wo angrenzend an die Nachbarmauern der Verband in die eigene Abschlußmauer eingelegt und verkleidet werden kann, denn dort ist es am einfachsten möglich. Er muß nicht über die ganze Tiefe des Gebäudes gehen. (Abb. 174.)

Bei Eckgebäuden wird die Anordnung in Abb. 175 zweckmäßig sein, da hierbei allen Windrichtungen bei knappster Austeilung Rechnung getragen ist und außerdem gerade bei Windangriff von der Stirnseite des Gebäudes die Hofaußenmauern unterstützend eingreifen. Eventeull kann noch in der Ebene *a—b* ein Verband mit steifen Ecken angeordnet werden.

Abb. 176 zeigt die Anordnung bei einem einfachen Eckbau.

Liegen Gebäude mit nicht rechteckigen, sondern schiefen Begrenzungen im Grundriß vor, so ist grundsätzlich analog vorzugehen. Handelt es sich um freistehende Gebäude, so wird es meist wegen der seitlichen Fensterfronten nicht möglich sein, in die Giebelwände Verbände zu legen, außer Rahmenverbände. Ist das Gebäude außerdem lang, so sind Zwischenverbände noch nötig. In der Längsrichtung des Gebäudes wären dann keine Wind-

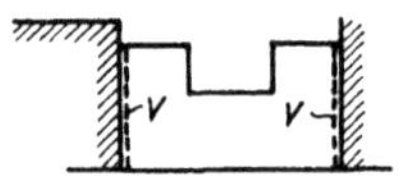

Abb. 174

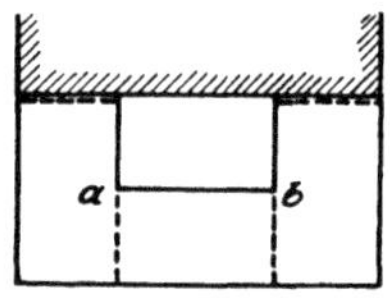

Abb. 175.

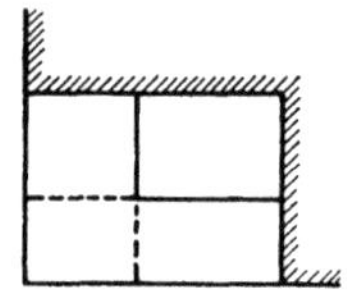
Abb. 176.

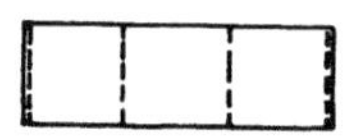
Abb. 177.

verbände anzuordnen, da bei vielen Säulen die waagerechten Zusatzlasten in den einzelnen Stützen schon klein sind (Abb. 177).

Solche lange Gebäude erhalten oft Dehnungsfugen, dann müssen außer den Querverbänden noch rahmenartige Längsverbände in die beiden äußersten Gebäudeabschnitte eingebaut werden, wenn nicht etwa die Säulen selbst den Horizontalkräften gewachsen sind.

Abb. 20 gibt die Möglichkeit der Anordnung von drei Verbänden *V*, die versetzt in die Stiegenhausmauern verlegt werden können oder die Stiegenhausmauern selbst für die Windübertragung heranzuziehen. An den Giebelseiten konnten keine Verbände angeordnet werden. Diese Anordnung wurde beim Bau des Lagergebäudes der Oberpostdirektion Stettin[1] angewendet. Sehr günstig ist die Lösung der Windübertragung, wie etwa bei dem 174,7 m langen, nur 17,4 m breiten und 43 m hohen Schaltwerk-Hochbau der Siemens-Schuckert-Werke Berlin-Siemensstadt[2]. Die Windkräfte werden durch Verbände in den vier außenliegenden turmartigen Stiegenhäusern, die die ganze Länge in fünf Abschnitte teilen, aufgenommen (Abb. 21).

Wo es nicht angeht, einen Strebenverband anzuordnen, muß man besonders bei schmalen Gebäuden die Quersteifigkeit in der Richtung der schmalen Abmessung durch Anordnung der Unterzüge *U* in der Querrichtung erhöhen. Die Deckenträger *D* liegen dann in der Längsrichtung des Gebäudes. Viele Hochbauten in Stahl mit solcher Anordnung der Unterzüge sind ohne Windverband ausgeführt.

In Abb. 178 sind zwei Möglichkeiten gezeichnet. Abb. 178a gibt die Anordnung durch drei getrennte, an die Stützen angeschlossene Unterzüge *U*, Abb. 178b einen über alle Stützen durchgehenden Unterzug. Letztere Anordnung trägt zur Aussteifung des Gebäudes bei entsprechender Konstruktion viel bei, sie ist besser als die Ausführung nach Abb. 178a

[1] J. Gollnow & Sohn. Bauing. 1929, S. 889. Ausführung: J. Gollnow & Sohn, Stettin.

[2] Stahlbau 1928, S. 177. Ausführung: Dortmunder Union.

und kann auch konstruktiv bei einer Verkeilung der Unterzüge in die Stützen für die Aufnahme der Windkräfte wirksamer durchgebildet werden.

Lichthofmauern wird man für Verbände nur selten ausnützen können, da diese oft mit vielen Fenstern oder mit durchgehenden Lichtbändern versehen sind.

Sonst wird die jeweils vorliegende Grundrißform für die Wahl der lotrechten Verbandebene entscheidend sein.

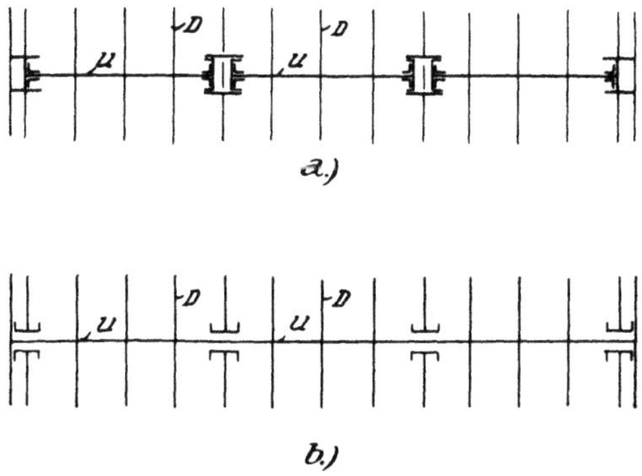

Abb. 178.

Strebenverbände. Was die Anordnung der Windverbände im Aufriß betrifft, so wird der Grundsatz maßgebend sein, die Windkräfte so rasch als möglich herabzuleiten und die Zwischenkonstruktion bald zu entlasten. Diesem Prinzip ist in der Anordnung des Windverbandes in Abb. 179 Rechnung getragen, wo in dem dreifeldrigen Bau die Verbände auf die beiden Außenfelder beschränkt sind und nur im obersten Geschoß eine Windverbindungsbrücke angeordnet ist. Dabei werden die im Mittelfeld liegenden Riegel entlastet, da sie nur etwa die halben Lasten nach der Hinterseite zu überführen haben. Die Windstreben sind in K-Form angeordnet, was insofern gegenüber gekreuzten Streben zweckmäßig ist, als bloß drei Anschlüsse in jedem Fache notwendig werden. Man kann natürlich auch einfache Diagonalen anordnen, diese liegen aber bei den üblichen Geschoßhöhen und Stützenentfernungen oft sehr schräg, erhalten größere Kräfte und Eigengewichtsspannungen; außerdem werden sie sehr lang.

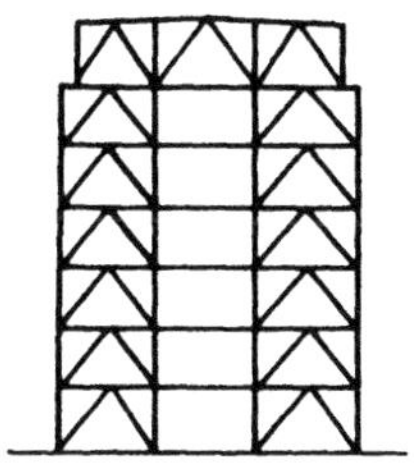
Abb. 179.

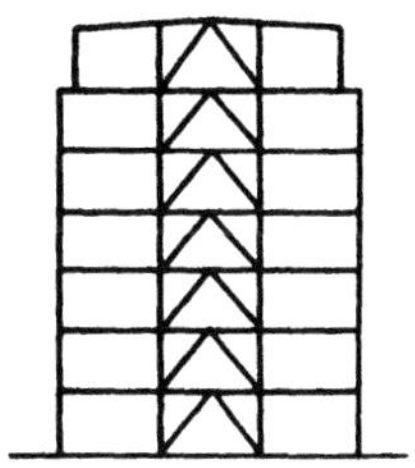
Abb. 180.

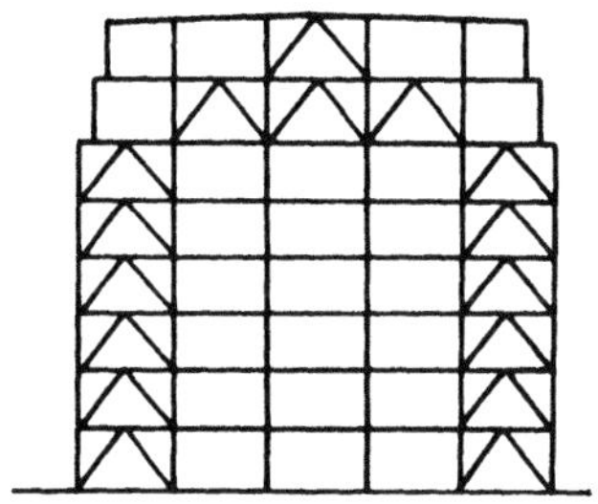
Abb. 181.

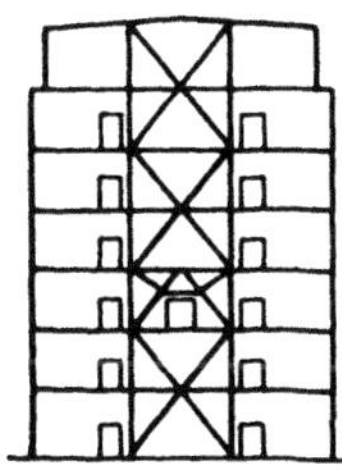
Abb. 182.

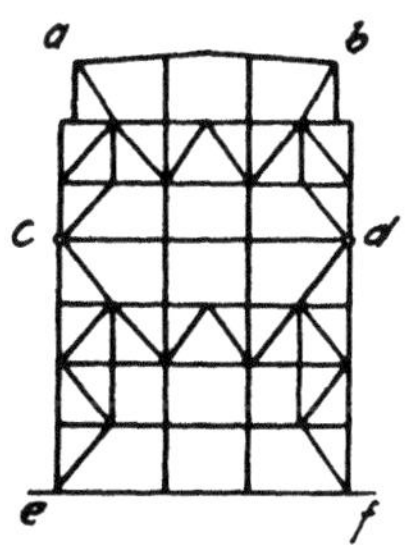

Abb. 183.

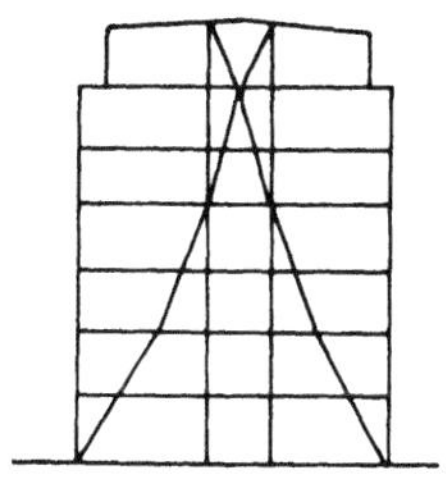
Abb. 184.

Abb. 179 bis 184. Wind- und Querverbände.

Die Lösung nach Abb. 180 findet sich sehr häufig. Der Verband ist bloß zwischen den Mittelstützen angeordnet, was schon für die Wandauskleidung günstiger ist, die Windstrebenquerschnitte können wegen der größeren Strebenkräfte besser ausgenützt werden, es sind weniger Anschlüsse erforderlich, was einen Zeitgewinn bei der Montage bringt. Allerdings müssen die Riegel der Seitenfelder bei freistehenden Gebäuden beiderseits die Windlasten als Axialkräfte übernehmen. Die Stützenzusatzlasten werden größer. Außerdem sind beide Stützen bis in die Kellerfundamente zusätzlich beansprucht, während Außenstützen gewöhnlich erst in Terrainhöhe auf den Umfassungswänden ansetzen.

Man wird deshalb bei Gebäuden mit zwei oder mehr Kellergeschossen zweckmäßig die Anordnung nach Abb. 179 wählen, wenn dies sonst angeht. In Abb. 181 ist die Anordnung für einen fünffeldrigen Querschnitt mit Verbänden in den Außenfeldern gegeben, wobei in den obersten Geschossen, wo die Gesamtwindlasten noch klein sind, ein Feld bzw. drei Felder Verbände aufweisen. Abb. 182 zeigt gekreuzte Windstreben in den Mittelfeldern, die über je zwei Geschosse reichen, mit einer Fachwerkrahmenkonstruktion, die Raum für eine Türöffnung freihalten soll. In den Außenfeldern ist die Anordnung von Verbänden wegen der Durchgangstüren nicht möglich gewesen.

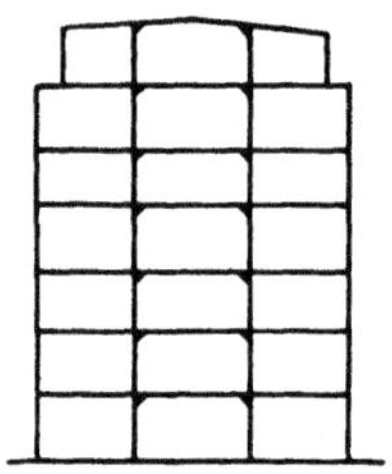

Abb. 185.

Eine eigenartige Anordnung wurde vom Verfasser für den Bau des Hochhauses der **Berg- und Hüttenwerksgesellschaft in Prag** gewählt (Abb. 183). Es sind zwei Rahmenfachwerkträger mit den Fußgelenkstellen *c d* für den oberen, und *e f* für den unteren Zweigelenkrahmen. Jeder dieser Rahmen besitzt in den oberen Ecken noch zweistäbige Dreieckszwickel *a b* beim oberen, *c d* beim unteren Rahmen. Die Punkte *c d* sind beiden Rahmen gemeinsam.

Auf diese Weise werden die Windlasten in die Fußpunkte der Außensäulen geleitet und tiefergehende Kellersäulen der Mittelstränge entlastet. Die Windangriffskräfte werden durch die unmittelbar an der Außenwand ansetzenden Fachwerke übernommen.

Es können auf diese Weise ganze Geschosse einen durchgehenden Fachwerkverband erhalten, der schon in diesem Fall nach Montage von drei Geschossen einen vollen Rahmen gibt. Man kann Geschossen mit vielen Tür- und Fensteröffnungen bei der Verbandsanordnung ausweichen, die Randfachwerkstiele durch beliebig viele Geschosse laufen lassen, entlastet außerdem die schwereren Mittelstützen, weil sie nicht Windfachwerkgurte sind, kann bei mehreren Montageabschnitten, besonders bei Hochhäusern, mehrere abschließende Rahmenfachwerke zur Verfügung haben, die die Seitensteifigkeit des bis dahin errichteten Teiles gewährleisten, wenn Montagekrane an anderen Teilen zu arbeiten haben. Dies sind alles Vorteile, die die bisher besprochenen Anordnungen nur teilweise aufweisen.

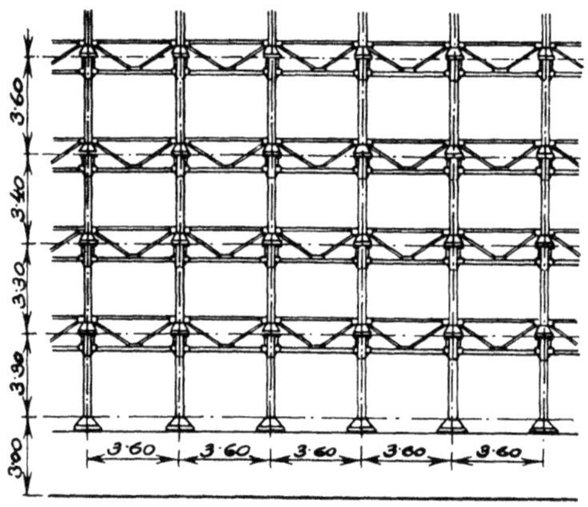

Abb. 186. Wandverbande. (Nach Timm: Der P-Trager 1930.)

Eine andere Lösung ist noch durch Einziehen von zwei Strebensträngen möglich, die zu den Außenstützenfüßen, etwa nach dem Verlauf von Seillinien, führen. Auf diese Weise ist in jedem Geschoß ein Strebenpaar vorhanden, das mit den Riegeln (Unterzügen) fest zu verbinden ist (Abb. 184).

Solche Verbände sind oft für große Wandflächen ausgeführt worden. Manchmal bereitet es Schwierigkeiten, die Streben der Verbände in die Kreuzungsstellen von Stützen und Unterzügen einzuleiten. In solchen Fällen hat man zu exzentrischen Anschlüssen seitlich dieser Punkte gegriffen, was allerdings zusätzliche Biegungsbeanspruchungen zur Folge hat. Bisher wurden jene einfachen Verbandsanordnungen besprochen, die Strebenfachwerke betreffen.

Sind solche unmöglich, so muß man zur Ausbildung steifer Rahmenecken greifen, die in Abb. 185 angegeben ist, also im Mitteltrakt einen Stockwerkrahmen bildet. Mit dieser Anordnung ist jedoch der Nachteil verknüpft, daß die Ecken an den Decken in der Ummantelung der Deckenträger sichtbar werden, wenn nicht gerade an dieser Stelle auch eine Quermauer angeordnet ist. Wenn solche Verbände in die Außenmauern fallen, bilden solche

Eckaussteifungen, die dann sowohl ober- wie unterhalb der Unterzüge liegen können, kein wesentliches Hindernis für die Ausführung der Mauerfüllungen. Es können dann auch

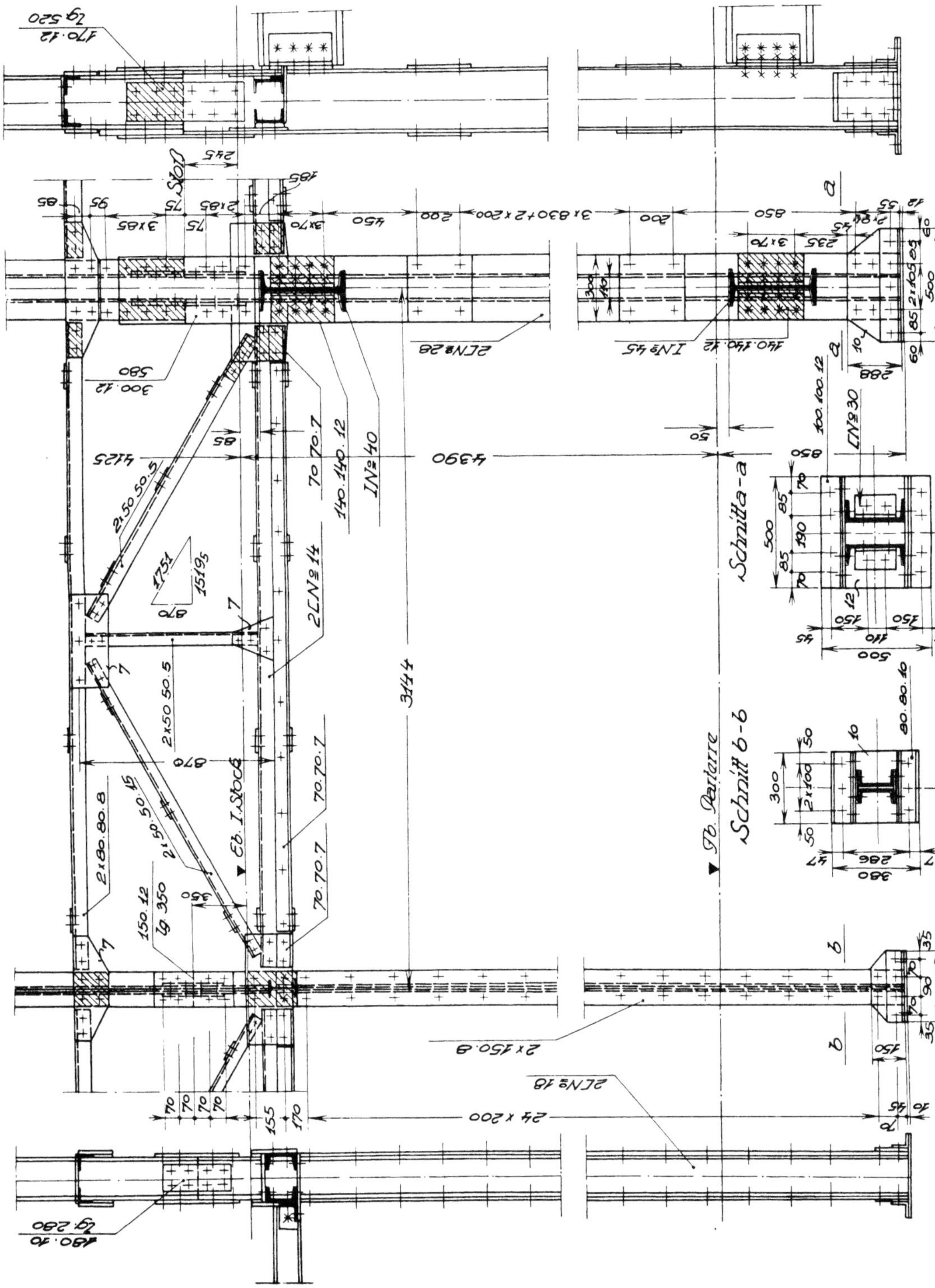

Abb. 187. Stahlskelettbau „Textilia-A.-G." in Mähr.-Ostrau. Si-St. Frontsäulen und Parapetträger. Ausführung: Eisenwerk Witkowitz.

Kniestreben ohne Eckbleche angeordnet werden. Solche Ausführungen findet man besonders bei amerikanischen Ausführungen von Hochhäusern in Wolkenkratzern, sie wurden aber unter anderem beim Lochnerhaus in Aachen angewendet.

Andere Ausführungen gehen vom Gesichtspunkte aus, in jedem Stockwerke in den Frontwänden einen Fachwerkverband in Form eines Parallelträgers auszuführen, dessen Obergurt in Fensterbrüstungshöhe liegt. Diese Anordnung zeigt Abb. 186 vom Verwaltungsgebäude des Deutschnationalen Handlungsgehilfenverbandes in Hamburg[1]. Bei diesem Bau waren die Decken so leicht ausgefallen, daß die Baubehörde ihnen die Übertragung der Windkräfte nicht zumuten wollte und die Anlegung von Frontverbänden verlangte, die in Profileisen ausgeführt sind.

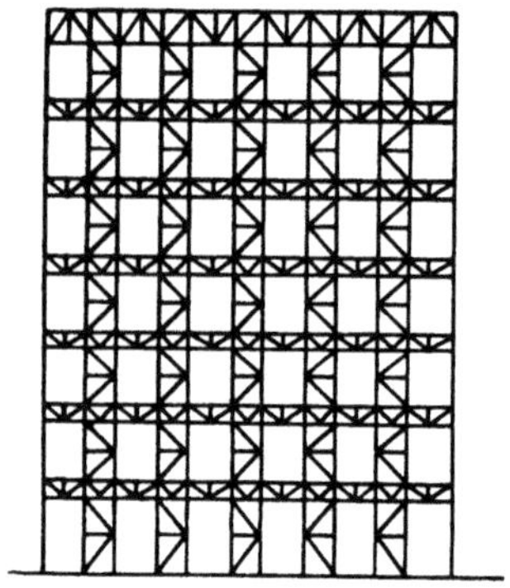

Abb. 188. Wandverbände.

Die Ausbildung einer Frontwand mit ausgefachten Parapetträgern findet sich in Abb. 187 vom Geschäftshaus „Textilia A. G." in Mähr. Ostrau (Ausführung: Eisenwerk Witkowitz). Es handelt sich dabei um eine im Grundriß mehrfach gebrochene Wandführung. Der Obergurt der Ausführung besteht aus zwei Winkeln, der Untergurt aus zwei C-Eisen und die Füllungsstäbe aus je zwei Winkeleisen. Jedes Paar ist durch Bindebleche verbunden. Die Stützenstöße liegen zwischen den Gurten der Ausfachung, die sonst derartig ausgebildet ist, daß die Montage der oberen Stützenteile ungehindert erfolgen kann. Sonst sind in der Abbildung noch die Unterzuganschlüsse und Stützenfußausbildungen ersichtlich. Das Skelett ist in Si-Stahl ausgeführt.

Eine ganz ähnliche Ausführung, jedoch mit Hinzufügung von lotrechten Fachwerkträgern, wurde für das Europahaus in Leipzig vorgesehen (Abb. 188). Es entstand auf diese Weise ein System gekreuzter Fachwerkträger, die rechteckige Flächen für die Fensteröffnungen freiließen. Diese Ausführungsweise ist gewiß ziemlich teuer und bei der Herstellung der Mauerfüllung sehr hinderlich; sie gibt allerdings eine gute Aussteifung der ganzen Wand, die hier aus Bimsbeton hergestellt ist.

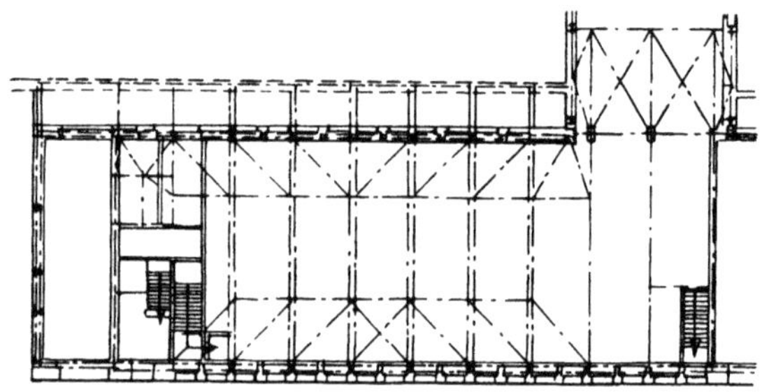

Abb. 189. Waagerechte Verbände. Verwaltungsgebäude des Deutschnationalen Handlungsgehilfen-Verbandes, Hamburg. (Nach Timm, G.: Z. P-Trager 1930, S. 5.)

Und nun sollen noch zwei Beispiele der Anordnung von waagerechten Verbänden vorgeführt werden.

So wurden bei dem schon vorher erwähnten Verwaltungsgebäude in Hamburg, das bei 15 m Breite keine Mittelstützen aufweist, wegen der leichten Decken, außer den lotrechten Verbänden noch waagerechte Fachwerkträger an beiden Langfronten in Deckenhöhe eingebaut (Abb. 189), aber auch die übrigen Teile des Gebäudes mit Strebenverbänden durchsetzt. Die Stützendrücke dieser Horizontalverbände gehen einerseits in die Stiegenhausmauern, andererseits in die querliegenden Hofmauern. Hat man wiederum große Räume ohne Zwischendecken und ohne Trägerrost auf große Höhen freizuhalten, so müssen waagerecht liegende geschlossene Rahmen in Zwischenhöhen angeordnet werden, um die bedeutenden Winddrücke auf die Vorderwand aufzunehmen. Der Fall lag beim Bau des Kesselhauses der Überlandzentrale für Brünn in Oslawan vor, wo die etwa 20 m hohen Kessel samt den zugehörigen Stahlgerüsten keinen Quereinbau zuließen außer in den Außenwänden und in der Längsrichtung der 10 m weit voneinander liegenden Mittelstützen (Abb. 190). Verfasser hat etwa in halber Gebäudehöhe einen Horizontalrahmen

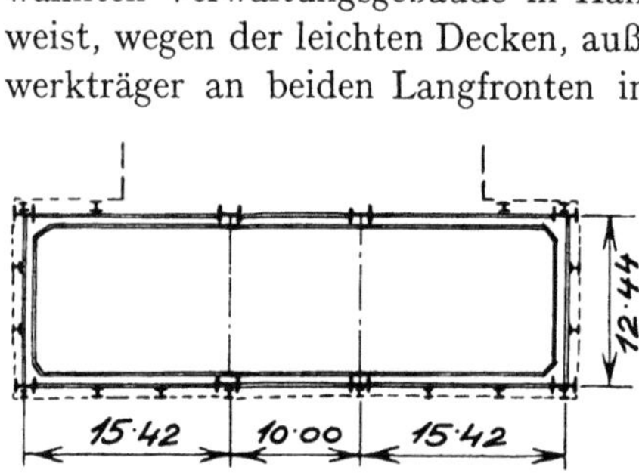

Abb. 190. Waagerechter Rahmen. Kesselhauszubau Oslawan W. E. A. G., Brünn.

[1] Timm, G.: Z. P-Träger 1930, S. 8.

von 40,82 m Länge und 12,44 m Breite als Blechträger mit steifen Ecken angeordnet, der in den Eck- und Mittelsäulen seine Lagerung fand, gegen den sich die lotrechten Fassadenträger stützen. Er dient gleichzeitig als Bedienungssteg.

c) Eckaussteifungen. Die Ausbildung der Eckaussteifungen bei Stahlskelettbauten ist in den meisten Fällen durch die Größe der Fensteröffnungen bedingt. Wo jedoch die Fenster nicht bis an die Säulen oder Unterzüge reichen, ist eine Anordnung mit Hilfe von Eckblechen möglich. In Abb. 191 bis 193 sind zwei Anschlußmöglichkeiten eines Blechträgers an eine Säule wiedergegeben. Für den Eckanschluß ist ein abgeflanschter I-Träger, dessen Steg trapezförmig geschnitten ist, verwendet. Das Stegblech des Blechträgers hat dieselbe Dicke wie der Steg der Eckverbindung. Die Stoßstelle ist gedeckt, die bis zur Stütze geführten Winkel sind noch mit Hilfswinkeln an dem Steg der Eckaussteifung befestigt (Abb. 192). Wenn es nicht möglich ist, das Stegblech in gleicher Dicke zu erhalten, wie es der Eckanschluß verlangt, kann man das Stegblech des Unterzuges seitlich an dem abgeflanschten Träger befestigen; die Unterzugwinkel müssen dabei auf einer Seite abgeschnitten werden (Abbildung 193). Der abgeflanschte Träger ist mit Schrauben an der Stütze befestigt.

In Abb. 194 ist der Anschluß gezeigt, wenn die Eckaussteifung auf der Oberseite des Unterzuges nicht möglich ist. In diesem Falle erfolgt der Anschluß des trapezförmigen Stegbleches mit Hilfe zweier Anschlußwinkel.

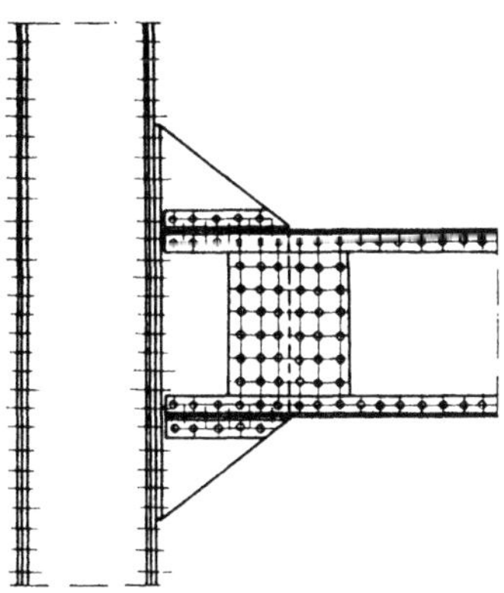

Abb. 191.

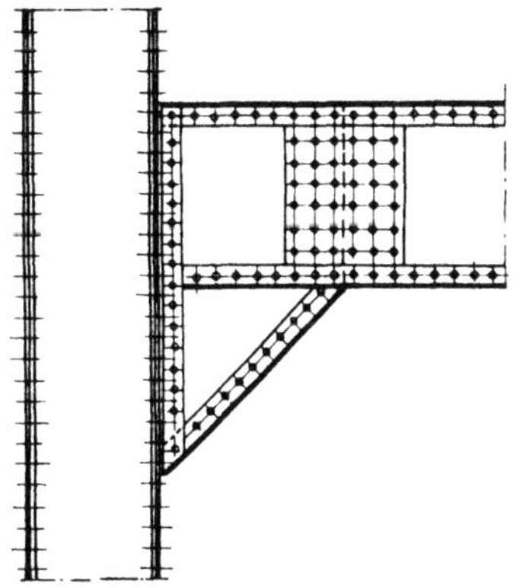

Abb. 194.

Abb. 192.

Abb. 193.

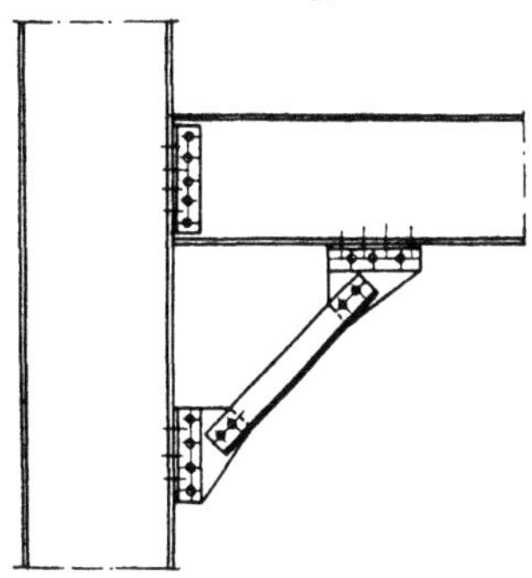

Abb. 195.

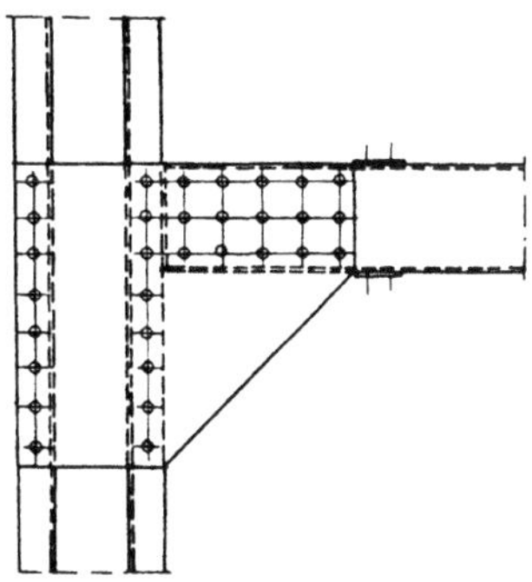

Abb. 196.

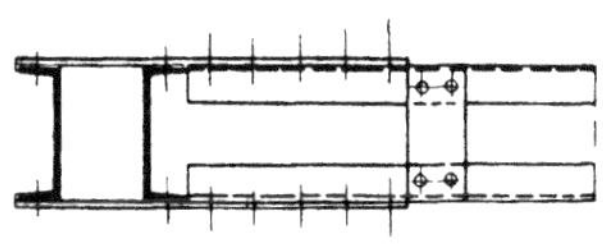

Abb. 197.

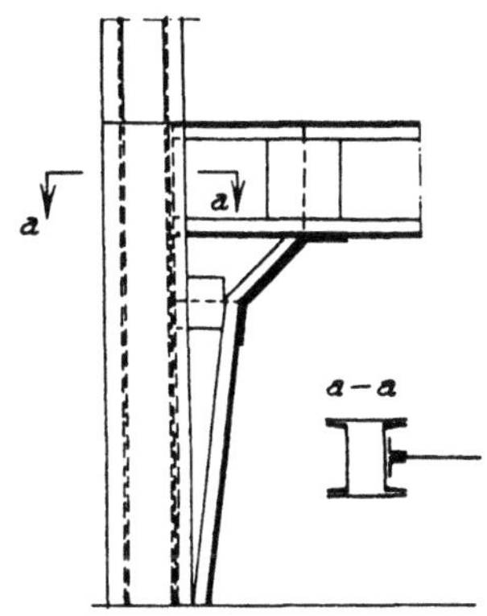

Abb. 198.

Abb. 191 bis 198. Eckaussteifungen.

Ist die Anbringung einer Eckverbindung an einen Walzträger notwendig, so kann eine Kniestrebe mit Hilfe zweier Knotenbleche und von vier Winkeln an Träger und Stützen angeschlossen werden (Abb. 195). Es ist aber auch möglich, für den Anschluß abgeflanschte Trägerprofile zu verwenden.

In den bisher erwähnten Fällen sind die Anschlußschrauben der Unterzüge auch auf

Zug beansprucht. Eine günstige Lösung, bei welcher die Anschlußschrauben oder Nieten auf Scherfestigkeit beansprucht sind, zeigt Abb. 196, 197. Hierbei besteht der Unterzug aus zwei mit den Flanschen nach innen gestellten U-Eisen. Die beiden Eckbleche reichen über beide Teile der Stützen und sind an den Stegen der U-Eisen befestigt. Solche Anordnungen haben auch den Vorteil der leichteren Möglichkeit der Ummantelung der Unterzüge.

In Abb. 198 endlich ist eine Anordnung wiedergegeben, welche den Einbau eines ganzen Rahmens zwischen die beiden Stützen veranschaulicht. Der Unterzug ist als Blechträger gedacht, dessen Stegblech an der Eckstelle vieleckig ausgebildet und gestoßen ist. Die unteren Winkel des Unterzuges laufen bis zur Säule durch. Die Fußausbildung erhält noch Saumwinkel sowie Lamellen in den inneren Rahmenecken. Eine solche Anordnung kann auch in allen übereinander liegenden Stockwerken angewendet werden, um eine Feldweite über die gesamte Gebäudehöhe rahmenartig auszusteifen.

8. Abschnitt.

Treppen, Aufzüge, Krag- und Erkerträger, Schächte.

1. Treppenanlagen.

In Stahlskelettbauten können sowohl Treppenanlagen in einheitlicher Eisenbetonbauweise zwischen Stahlwangen oder Podestträgern verwendet, als auch Stufen aus Eisenbeton oder Stein auf ein Stahlgerüst aufgelegt werden. Die erste Ausführungsweise ist etwas unorganisch und läßt auch nicht die sofortige, aber notwendige Begehbarkeit von Treppen zu. Man soll trachten, die Treppenhäuser so bald als möglich definitiv auszubauen, um provisorische Treppenanlagen soviel als möglich zu vermeiden. Allerdings muß dann für den Schutz solcher schon eingebauter Stufen während der weiteren Montage gegen Beschädigung Sorge getragen werden. In modernen Bauten wurde sehr oft seitens der Architekten die Forderung gestellt, die Wangenkonstruktion so niedrig als möglich zu halten, so daß nicht nur zwei Wangenträger, sondern mehrere, aber niedrigere angewendet werden müssen, deren Zwischenraum mit Beton ausgefüllt die Grundlage für das Auflegen der Stufen bildet. Bei dieser Forderung darf nicht vergessen werden, daß Stiegenwangenträger dann, wenn sie niedrig gehalten worden sind, große Durchbiegungen zeigen. Deshalb ist es unbedingt notwendig, bei derart gestellter Forderung nach schlanker Ausführungsweise sich von der Größe der Durchbiegung unter Eigengewicht und Nutzlast zu überzeugen, da eventuelle nachträgliche Einbauten gerade das Gegenteil dessen bewirken, was früher beabsichtigt war. Soll eine Steinverkleidung der Stiegenwände vorgenommen werden, so muß auch die Art und Weise der Befestigung auf der Stahlkonstruktion oder Ummantelung vorher festliegen. Man wird in diesem Falle gut tun, die Wangenträger mit Löchern zu versehen und entsprechend lange Rundeisen durchzuziehen, damit die Platten gehalten werden können.

Sehr oft wird der Unterbau für die Stufen als auch für die Podeste in derselben Bauweise durchgeführt wie die der Deckenkonstruktion (beispielsweise als Kleinesche Decke). Sie wird dann zwischen die Wangen bzw. Podestträger eingebaut, wobei auch auf die höhere Belastung in den Treppenhäusern Rücksicht zu nehmen ist.

Bei der konstruktiven Durchbildung der Treppenanlagen ist es notwendig, die in Stahl erforderlichen Hilfssäulen auf das geringste Maß zu beschränken. Dies ist meist jedoch nur dann möglich, wenn man die Wangenträger entweder schief abbiegt, was man heute im warmen Zustand bis etwa zum Profil Nr. 26 anstandslos machen kann, oder, sobald höhere Träger erforderlich sind, diese geknickten Träger an der Stelle des stumpfen Winkels stößt und deckt. Man kann sowohl einfach geknickte Wangenträger als auch zweifach geknickte anordnen. In letzterem Fall ist es möglich, ohne Hilfsstützen auszukommen. Man kann die für das Stiegenhaus sonst erforderlichen Haupttragsäulen benützen. Manch-

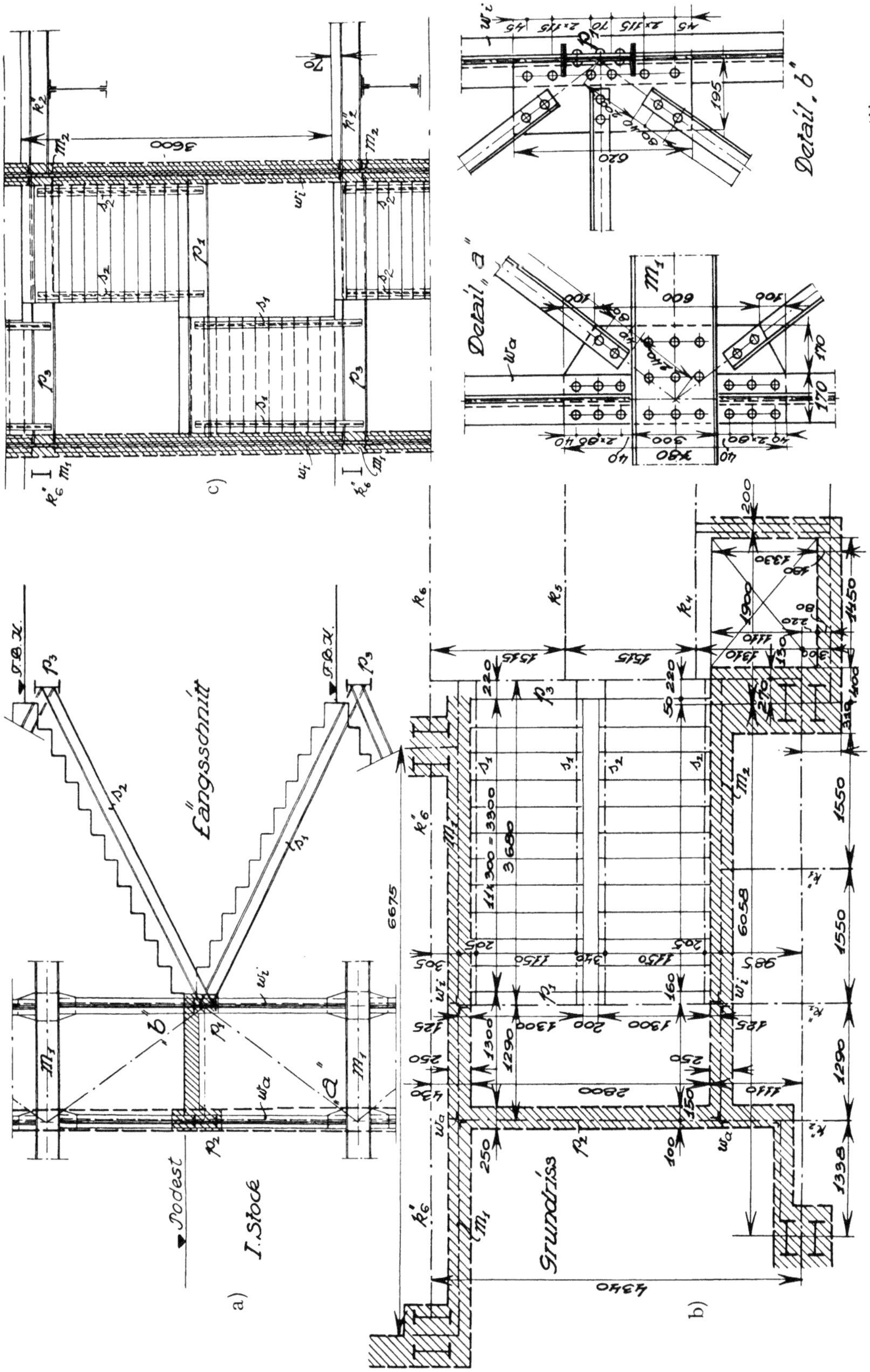

Abb. 199.

Abb. 200.

Abb. 201.

Abb. 199 bis 201. Treppenkonstruktion (Nebentreppe), Hochhaus „Berg- und Hüttenwerksges." in Prag.

mal ist es jedoch erwünscht, leichte Hilfssäulen in der Treppenwand zu erhalten, um einen Windverband dort einbauen zu können. Liegen die Hauptsäulen eines Gebäudes verhältnismäßig weit von der Begrenzung des Treppenhauses, so wird man auch selbst bei doppelt geknickten Wangenträgern zu Hilfsstützen greifen müssen.

Ein Beispiel einer einarmigen Treppenanlage ist in Abb. 199 in drei Projektionen wiedergegeben, Abb. 199a, b, c. Es ist dies ein Fall, wobei die Hauptabmessungen des Treppenhauses sowohl der Länge wie der Breite nach von den Hauptstützenentfernungen abweichen. Es müssen dann deshalb für die Aufnahme eines Podestes eigene Hilfssäulen in den Treppenhausenden angeordnet werden (W_a W_i — Abb. 199a). Die Stützen W_a und W_i sind in halber Geschoßhöhe durch zwei Unterzüge verbunden, wobei die Anschlußstellen der letzteren, gleichzeitig auch Knotenpunkte für den Windverband bilden. In Abb. 200, 201 sind diese Anschlüsse an die Stützen, und gleichzeitig ist auch die Einbindung der Hauptunterzüge in der Längsrichtung der Treppenhausmauer ersichtlich gemacht. Die Hilfsstützen bestehen in diesem Fall aus zwei übers Eck gestellten Winkeleisen.

Zur Aufnahme der Stufen sind nicht nur in der Nähe der Mittelachse, sondern auch neben den Treppenhauswänden Wangenträger s_1 und s_2 angeordnet, deren Anschluß an

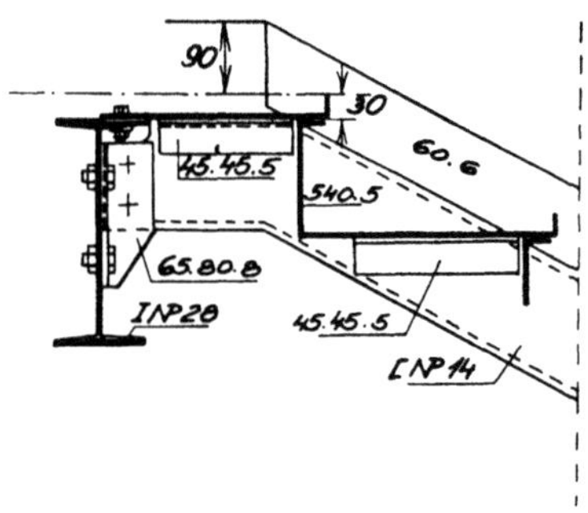

Abb. 202.

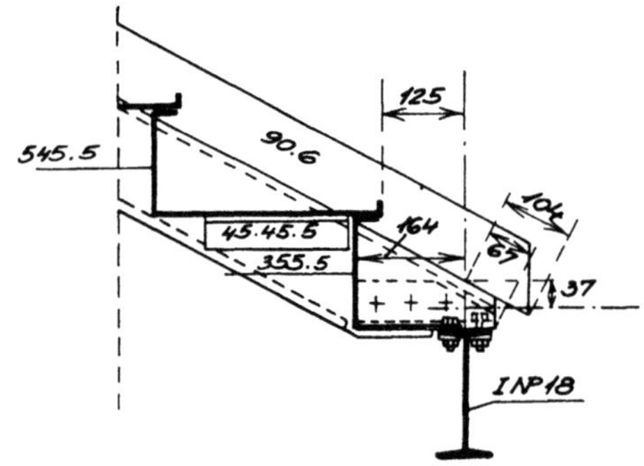

Abb. 203.

Abb. 202 u. 203. Geschäftshaus Prerau. Treppenanlage. Ausführung: Eisenwerk Witkowitz. Pat.

die Podestträger p_1, p_3 in normaler Weise erfolgt. In den Abbildungen ist auch die Ausmauerung der Stiegenhauswände ersichtlich gemacht. Die Stiegenwangenträger werden an den Podestträger in den allermeisten Fällen verschraubt und nicht genietet.

Um die Eigengewichtslasten bei Geschäftshäusern und auch in Wohngebäuden zu verringern, sind verschiedene Sonderausführungen von Treppenanlagen versucht worden. Eine Ausführungsweise, die vom Eisenwerk Witkowitz bei einem Geschäftshaus in Prerau verwendet worden ist, kann aus den Abb. 202, 203 entnommen werden. In diesem Falle sind die Wangenträger auch U-Eisen, ähnlich wie bei einer eisernen Treppe hergestellt, zwischen welchen sich kleine winkelförmig gepreßte Flacheisen von 5 mm Stärke abstützen, welche die Stufenform aufweisen und die auf der Vorderkante noch um etwa 4 cm aufgebogen sind. Auf diese waagerecht liegende Stahltreppe wird ein Beton eingebracht, auf den gleichzeitig oben ein Linoleum- oder sonstiger Stufenbelag aufgebracht werden kann.

Solche Anordnungen haben den Vorteil, daß sie schon, bevor noch die Betonlagen eingebracht werden, während der Montagezeit verwendbar sind. Die beiden Abbildungen zeigen den Antritt der Stufe sowie den Auftritt auf den Podest.

2. Aufzüge.

Aufzüge werden entweder einzeln oder in Gruppen, gewöhnlich unmittelbar neben den Treppenanlagen angeordnet, und zwar trennt man Personenaufzüge von Lastenaufzügen. Für hohe Gebäude ist es erforderlich, besondere Aufzüge mit großer Geschwindigkeit einzubauen, um rasch die Obergeschosse zu erreichen. Es empfiehlt sich jedoch im Interesse der Aufrechterhaltung der Ruhe in Gebäuden, schwere Lastenaufzüge in Höfen an die Hoffront anzubauen, so daß sie für die Zustreifung der Güter durch Wagen und Autos leichter zugänglich sind. Die lichten Abmessungen der Schächte sind verbindlich von den Aufzugfirmen zur Verfügung zu stellen, ebenso die örtliche Lage gegenüber der Stützen- bzw. Trägeraustellung. Liegen mehrere Aufzüge nebeneinander, so wird man sie, soweit sie Personen befördern, stets durch Zwischenwände trennen.

Was die Konstruktion betrifft, so ist es zweckmäßig, in die Nähe der Aufzugschächte keine Stützen aufzustellen, da diese wegen ihrer größeren Querschnittsabmessungen nach der Umhüllung gegenüber den Stärken der Schachtwand entweder Schwierigkeiten für die Errichtung der Abgrenzungswände ergeben, oder die Führungsschienen weit ausladend verankert werden müssen, was für den ruhigen Betrieb der Aufzüge nicht günstig ist. Es ist daher richtiger, Aufzugsschächte bzw. ihre Abgrenzungs- und Trennungswände entfernt von den Säulen auf den Trägerrost und Hilfsträger zu stellen. Zur Befestigung der Führungsschienen sind in den erwähnten Trägern und Unterzügen Löcher für die Anschlüsse der Befestigungswinkel vorzubohren, während man die Montage der Führungsschienen den Aufzugfirmen überläßt. Im untersten Geschoß ist unter der Decke für die Aufzugskabine noch eine etwa 0,70 bis 1,00 m tiefe Ausnehmung freizuhalten.

Nachdem die Maschinen des Antriebes bei den modernen Aufzugtypen oben angeordnet sind, ist es notwendig, über Dach einen Aufbau von etwa 2,50 bis 3,00 m vorzusehen. Die Lagerung des Antriebsmotors und der Winde erfolgt gewöhnlich auf einem U-Eisenrahmen, der von der Aufzugsfirma zu liefern ist. Dieser U-Eisenrahmen liegt mit seiner Unterkante etwa 70 bis 80 cm über der Dachoberkante (bei einem flachen Dach). Dieser U-Trägerrost stützt sich dann auf eine Trägerlage, die nach den von der Aufzugfirma angegebenen Belastungen zu rechnen ist.

Dieser Trägerrost ist mit einer wesentlich kleineren zulässigen Inanspruchnahme zu rechnen, als es sonst für Stahlbauten üblich ist. Man wird in diesem Falle diesen unteren Trägerrost nur mit etwa 400 kg pro cm^2 beanspruchen, damit etwaige Durchbiegungen gering werden und bei der Bewegung der Kabine nicht allzu große Schwankungen entstehen, sondern ein ruhiges Fahren gewährleistet ist.

Diese Trägerlage wird man, um ein tunlichst geräuschloses Fahren zu sichern, mittels schallisolierender Platten abstützen, die imstande sind, auch größere Druckkräfte zu übertragen. Für solche Zwecke wird man Antivibritplatten von 10 bis 20 mm Stärke verwenden. Wird auf ein besonders geräuschloses Fahren der Aufzüge besonderes Gewicht gelegt, muß man auch die Befestigungsstücke der Führungsschienen beim Heraustreten aus den Schachtwandungen isolieren. Das kann durch Einstampfung von Asphalt nach vorheriger Umhüllung der Anschlußstücke mit dicht anliegender Asphaltpappe bewirkt werden.

3. Kragbauten.

Die Anordnung von Galerien, Rängen und Balkonen in Theatern, Konzertsälen, Kinos und Vergnügungsstätten erfordert behufs Ermöglichung des freien Ausblickes der Besucher zur Bühne Konstruktionen, die in einer Neigung von etwa 1 : 3 bis 1 : 4 gelegen sind und über die rückwärtigen oder seitlichen Saalsitze hinüberreichen. Es sind deshalb Konsol- oder Kragbauten erforderlich, die auf die sonstige Stahlkonstruktion gelagert werden müssen.

Je nach der vorkragenden Länge, Stützweite und Belastung werden hierzu in der Richtung zur Bühne Walz-, Vollwand- oder Fachwerkträger angewendet oder Rahmenkonstruktionen eingebaut. Die Anordnung und Ausbildung des Trägernetzes ist vom vorhandenen Grundriß abhängig.

Handelt es sich um einfache Saalbauten von rechteckigem Grundriß und nicht allzu großer Breite, so wird man, wie Abb. 204 zeigt, einen Träger *I* in der Rückwandebene und einen Unterzug *II* anordnen und die Kragträger *K* in die Längsrichtung des Saales legen. Es sind dann in den Saal reichende Zwischenstützen nicht nötig, die sonst die freie Sicht beeinträchtigen.

Infolge der Brüstungsausrundung werden aber die Enden der Träger *K* verschiedene Höhenlagen haben, die im Fußboden oder bei dem Brüstungsträger ausgeglichen werden können. Ist dies aber nicht möglich, so müssen die freien Kragenden der Träger etwas aufgebogen werden.

Für größere Saalbreiten oder für starke Ausrundungen der Brüstung ist es erforderlich, Zwischenstützen anzuordnen (Abb. 205), die allerdings in den Saal reichen. Sie können entweder mit den Wandsäulen in einer Reihe stehen oder sich der Brüstungslinie anpassen. In letzterem Falle tragen diese Stützen mit stumpfem Winkel anschließende Unterzüge, auf welche sich dann die radial angeordneten Kragträger abstützen. Bei dieser Anordnung ist der Übelstand der verschieden hohen Enden der Kragträger vermieden. Da sich dabei auch windschiefe Kreuzungen der Kragträger mit den Unterzügen ergeben, ist es konstruktiv zweckmäßig, die Kragträger nicht unmittelbar auf die Unterzüge zu lagern, sondern einen Zwischenraum zu lassen, um den Ausgleich der Flanschenebenen beider Träger an der Kreuzungsstelle durch einen eigenen Sattel bewirken zu können.

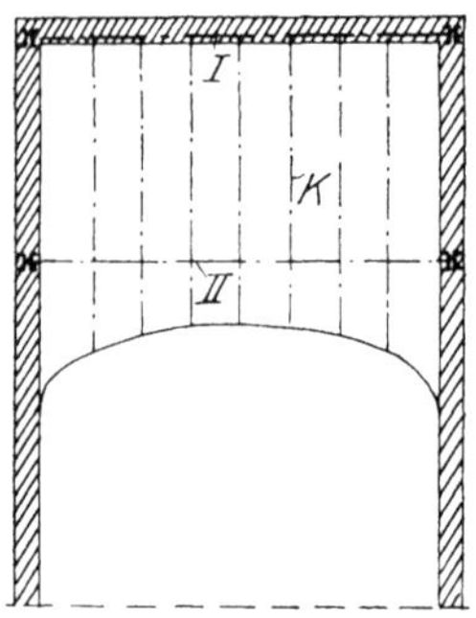

Abb. 204.

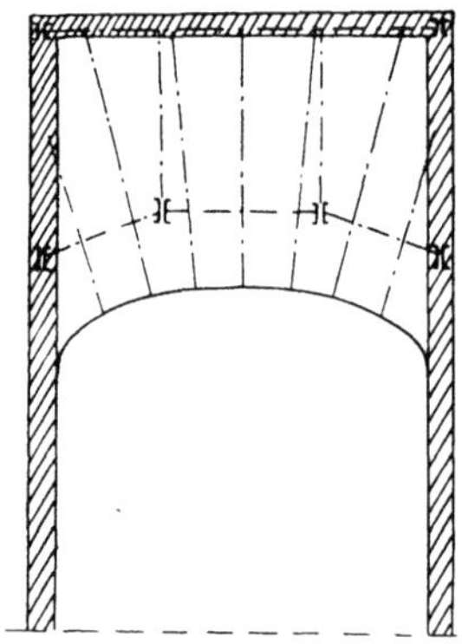

Abb. 205.

Abb. 204 u. 205. Grundrißanordnungen fur Balkone in Kinos.

Ein anderes Beispiel wird in Abb. 206 vorgeführt, das die Rangkonstruktion für das Kino im Roxy-Palast in Berlin betrifft. Hierbei ist eine Kombination mit längslaufenden

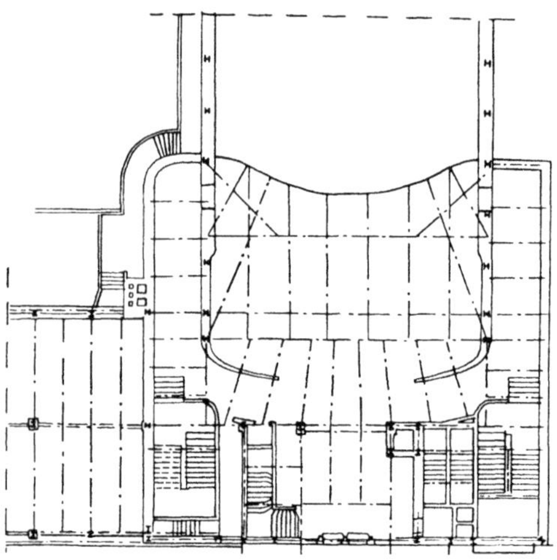

Abb. 206. Roxy-Palast, Berlin. (Nach Straßberg, E.: Stahlbau 1929.)

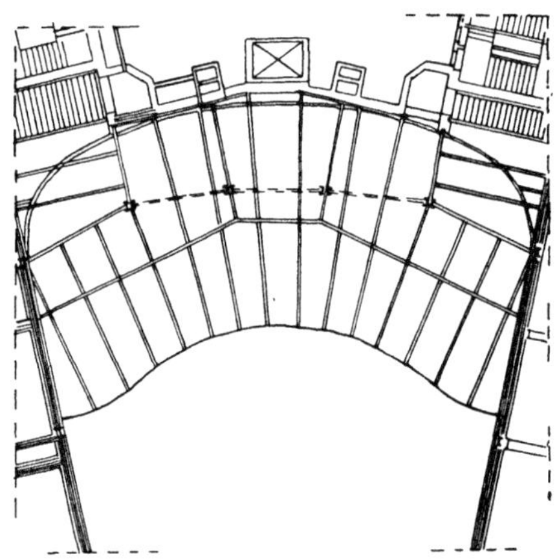

Abb. 207. Gloria-Palast, Berlin. (Nach Kaiser, E.: Kinobauten in Stahl. Stahlbau 1928.)

Kragträgern und schiefen in den Ausrundungen verwendet, wobei noch für letztere eigene sekundäre Unterzüge erbaut sind[1].

Mit einer anderen Austeilungsweise sind die Träger beim Bau des Gloria-Palastes in Berlin[2] (Abb. 207) angeordnet, die durch den vorliegenden Gesamtgrundriß und die anschließenden Raumausteilungen bedingt war.

[1] Straßberg, E.: Roxy-Palast. Stahlbau 1929, S. 223.

[2] Kaiser, E.: Kinobauten in Stahl. Stahlbau 1928, S. 175.

Was die Konstruktion der Rangträger und Unterzüge betrifft, so wird in den meisten Fällen eine tunlichst geringe Bauhöhe, namentlich der Unterzüge, eingehalten werden müssen, damit bei den so weit ausladenden Rängen die in der letzten unteren Saalreihe sitzenden Zuschauer unter den Unterzügen noch bis zur oberen Bildbegrenzung freie Sicht haben.

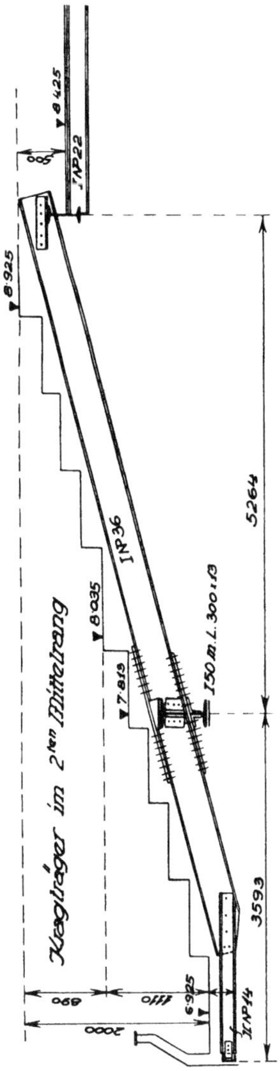

Abb. 208.

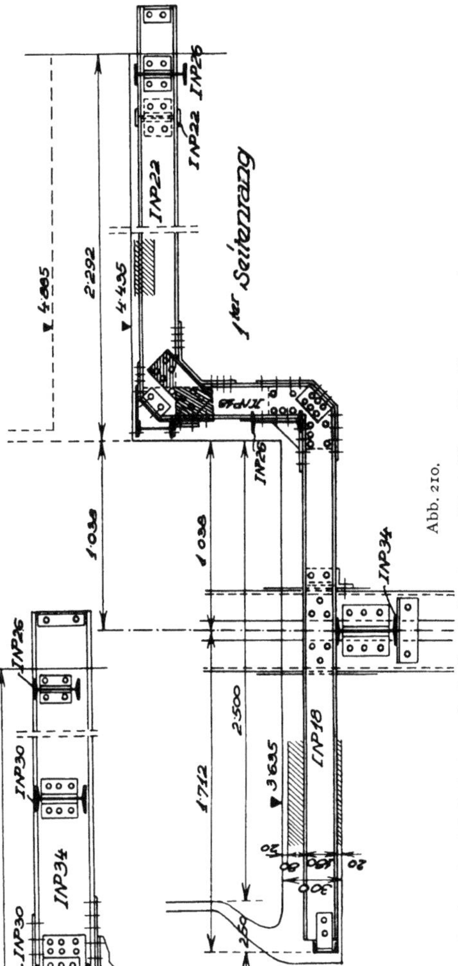

Abb. 210.

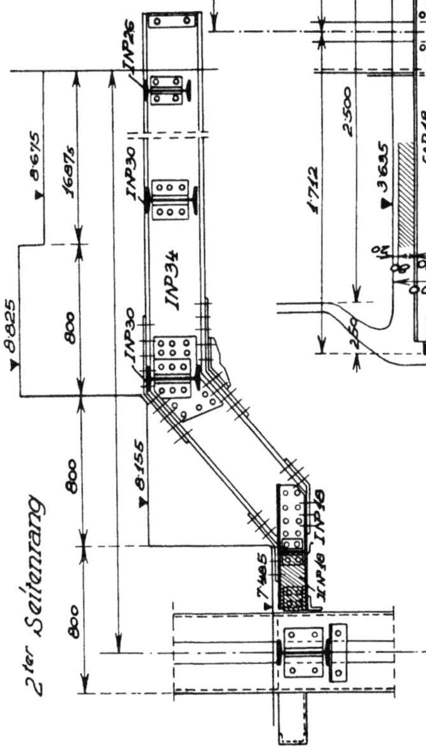

Abb. 209.

Abb. 208 bis 210. Umbau des Admiralpalastes in Berlin. Balkonträger. (Nach Heun: Dt. Bauzg. 1923.)

Es müssen aber auch die Kragträgerendteile waagerecht abgebogen werden, damit die Brüstungsunterkante diese freie Sicht ermöglicht. Außerdem ist der Boden des Saales mit mäßiger Neigung gegen die Bühne zu versehen.

Beim Umbau des Admiralpalastes in Berlin[1] sind die Rangträger aus drei Teilen zusammengesetzt (Abb. 208). Der geneigte I-Träger Nr. 36 stützt sich am rückwärtigen Ende mit angeschlossenen Sitzwinkeln ab, am anderen Ende auf den Hauptunterzug jedoch

[1] Heun, G.: Admiralpalast, Berlin. Dt. Bauzg. 1923, S. 248.

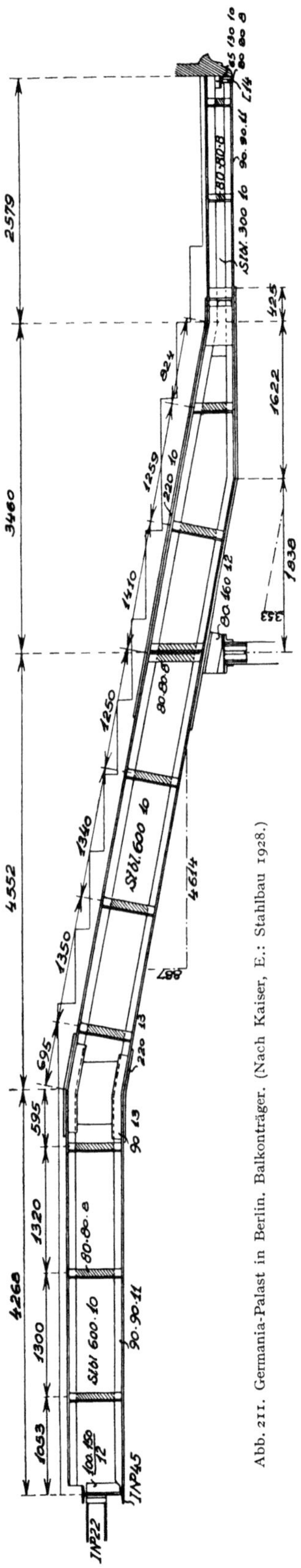

Abb. 211. Germania-Palast in Berlin. Balkonträger. (Nach Kaiser, E.: Stahlbau 1928.)

derart, daß von diesem unten nur wenig vorsteht. Das zweite Fortsetzungsstück ist mit dem ersten doppelseitig verlascht, während das waagerechte Trägerendstück, aus zwei C-Eisen bestehend, direkt im Winkel an den Steg angeschlossen ist. Die freie Ausladung beträgt 3,59 m.

Die Ausbildung des Seitenranges im selben Palast benützt die Abstützung auf Unterzügen, die auf schlanken Säulen aufruhen und über diese hinaus noch vorkragen. In diesem Falle sind die Kragträger geknickt und an den Knickstellen im Steg wie in den Flanschen gestoßen (Abb. 209). Die waagerechten Endstücke dieser Träger bestehen gleichfalls aus zwei C-Eisen.

Ganz ähnlich ist die Ausbildung im 1. Seitenrang (Abb. 210), wo jedoch der Knick rechtwinklig angeordnet ist. Die Ausladung beträgt 1,71 m über die Stützenachse. Die Enden aller Kragträger sind behufs Absetzung der Brüstungskonstruktion mit einem U-Eisen verbunden.

Da die Seitenränge gewöhnlich eine kleinere Ausladung haben und die Sicht nicht gestört wird, ist die Abstützung der Kragträger unmittelbar auf die Unterzüge möglich.

Bei größeren Ausladungen der Ränge ist es notwendig, Vollwandträger oder Fachwerkkonstruktionen für die Kragträger einzubauen.

Ein Beispiel eines Vollwandträgers von 600 mm Höhe mit mäßiger Knickung bei 8,82 m Stützweite und 6,04 m Ausladung gibt Abb. 211 vom Germaniapalast in Berlin[1]. Die Abstützung erfolgt auf der Kragseite auf einer Säule. Das Endstück ist bloß 300 mm hoch, waagerecht angeordnet. Die beiden Stöße sind gedeckt, die Abstützung auf der Säule erfolgt mittels eines Sattels aus Profileisen.

Für Theaterbauten ist die Ausbildung der Rangkonstruktionen ganz ähnlich durchzuführen.

Manchmal ist man genötigt, für die Kragträger Fachwerke zu verwenden; dies ist aber nur bei großer verfügbarer Höhe möglich. Entweder sind sie dann aus parallelen Gurten oder mit einem waagerechten Untergurt ausgebildet worden. Gewöhnlich wurde die Deckenkonstruktion an den Untergurt angehängt, so daß solche Träger nicht sichtbar sind.

4. Erkerträger.

Bei kreisförmig oder nach Korbbogen gekrümmten Fassaden, bei Ausrundungen oder bei Anordnung von Erkern, Balkonen und Galerien müssen gekrümmte Träger angewendet werden, die die Frontwände oder Erkermauern und sonstige Belastungen aufzunehmen haben. Sie sind dann auf Biegung und Drillung beansprucht und übertragen an den Einspannstellen Biegungs- und Drillungsmomente. Liegen die Einspannstellen solcher Träger an den Stützen, so werden diese zusätzlich beansprucht; sie können aber im allgemeinen solche Zusatzspannungen leichter übernehmen als in dem Falle, daß

[1] Kaiser, E.: Kinobauten in Stahl. Stahlbau 1928, S. 174.

solche gekrümmte Träger in Unterzüge eingespannt sind, die dann große Drillungsspannungen aufnehmen und wesentlich stärker ausgebildet werden müssen.

Dann wird es zweckmäßiger sein, für diese Anschlüsse noch benachbarte Unterzüge, Decken- oder Hilfsträger für die Momentenübertragung heranzuziehen, oder auch zwei im Abstand übereinander liegende gekrümmte Träger durch Ausfachung oder nur durch steife Vertikalverbindungen zu hohen Trägern behufs gemeinsamer Wirkung zu kuppeln, deren Einspannung gegen Verdrehung dann leichter konstruktiv bewältigt werden kann.

Auch die Einbettung solcher Doppelträger als Bewehrung in einem Betonbalken mit entsprechender Drillungsbewehrung hilft in schwierigen Fällen, die bei großen Stützweiten eintreten.

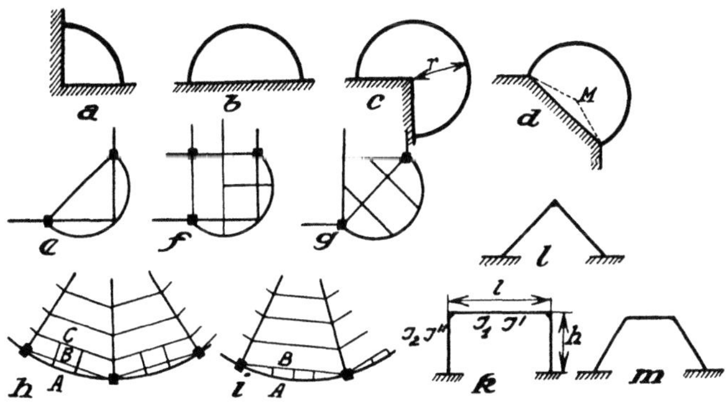

Abb. 212a bis m. Verschiedene Formen von Erkerträgern.

Anordnungen gekrümmter Träger verschiedener Art gibt Abb. 212a bis i, die Viertel-, Halb- und Dreiviertel-Kreisform haben oder einen beliebigen Sektorwinkel, aber keine Zwischenunterstützung aufweisen. Die Abb. 212e, f, g zeigen solche Erkerträger mit Zwischenlagerungen auf Trägern, die an Stützen anschließen und sonstige Trägerlagen mitbenützen. In Abb. 212h, i sind gekrümmte Frontwandträger A mit geradem, stützenverbindendem Träger B gekuppelt oder noch Nachbardeckenträger C behufs Anschlusses von Zwischenunterstützungen herangezogen. Endlich finden sich in Abb. 212k, l, m Erkerträger von rechteckigem, dreieckigem und trapezförmigem Grundriß in Stabzugform.

Zu allen diesen Formen können noch Kombinationen verschiedenster Art vorkommen.

Berechnung der Erkerträger.

Die Berechnung solcher Träger mit beliebig gekrümmter Achse kann man nach der allgemeinen Methode des Verfassers[1] für beliebige Belastungen auch durch Momente durchführen. Weitere Quellen finden sich in den unten[1] angegebenen Abhandlungen. Bei symmetrischer Belastung und Anordnung ist das System einfach statisch unbestimmt. Als statisch unbestimmte Größe wählen wir das Scheitel-Biegungsmoment X, das um eine Waagerechte in der Trägerebene liegende Querschnittsachse dreht, und durchschneiden den Ringträger von sonst beliebiger, aber symmetrischer Form im Scheitel Abb. 213.

Die stetige Last, die auch veränderlich sein kann, sei w, das Biegungsmoment an irgend einer Stelle (xy) sei M_{bx}, das Drillungsmoment M_{tx}.

Mit den Bezeichnungen der Abb. 213 wird im statisch bestimmten Grundsystem im Punkte (xy) infolge der Belastung w das Biegungsmoment M^0_{bx} und das Drillungsmoment M^0_{tx}

$$\left.\begin{aligned} M^0_{bx} &= \int_0^{\varphi} w\,ds\,p = p', \\ M^0_{tx} &= \int_0^{\varphi} w\,ds\,q = q'. \end{aligned}\right\} \qquad (1)$$

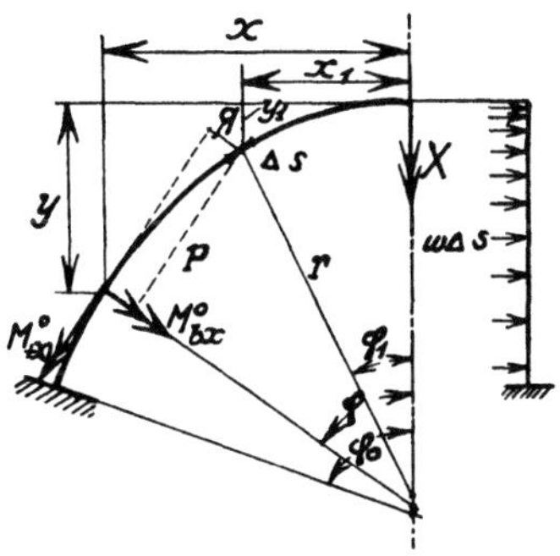

Abb. 213.

[1] Hawranek, Dr.: Berechnung von Bogenbrücken bei Beanspruchung in der Querrichtung. Mitteilungen des deutschen Ing.-Vereines in Mähren H. 3. Brünn 1917. — Nebenspannungen von Eisenbetonbogenbrücken Berlin: Ernst & Sohn 1919. Siehe auch Dr. G. Unold: Der Kreisträger. Berlin: Verl. d. V. I. 1922.

Für die Belastung mit $X = 1$ im statisch bestimmten Grundsystem sind die bezüglichen Momente M'_{bx}, M'_{tx}

$$\left.\begin{aligned} M'_{bx} &= \cos\varphi\,, \\ M'_{tx} &= \sin\varphi\,. \end{aligned}\right\} \tag{2}$$

somit im gegebenen statisch unbestimmten System

$$\left.\begin{aligned} M_{bx} &= p' + X\cos\varphi\,, \\ M_{tx} &= q' + X\sin\varphi\,. \end{aligned}\right\} \tag{3}$$

Aus der Gleichung der virtuellen Arbeiten mit den Verbiegungs- und Drillungselementen $\varDelta\varphi_{bx}$, $\varDelta\varphi_{tx}$

$$\int_0^{\varphi_0} M'_{bx}\cdot\varDelta\varphi_{bx} + \int_0^{\varphi_0} M'_{tx}\cdot\varDelta\varphi_{tx} = 0$$

erhält man allgemein

$$X = -\frac{\int_0^{\varphi_0} p'\cos\varphi\,\frac{ds}{EJ} + \int_0^{\varphi_0} q'\sin\varphi\,\frac{ds}{GJ_1}}{\int_0^{\varphi_0}\cos^2\varphi\,\frac{ds}{EJ} + \int_0^{\varphi_0}\sin^2\varphi\,\frac{ds}{GJ_1}}, \tag{4}$$

wobei E und G den Elastizitäts- bzw. Gleitmodul bedeuten, J das Trägheitsmoment für eine in die Trägerebene fallende waagerechte Querschnittsachse, J_1 den Trägheitsmodul gegen Drillung bezeichnet.

Letzterer kann nach Föppl für I- und C-Träger wie für Winkeleisen gleichgesetzt werden:

$$J_1 = \frac{1}{3}\sum b d^3,$$

wobei b die Längenabmessungen der Stege und Flanschen, d ihre Dicke bezeichnet[1].

Ist die Belastung stetig, aber streckenweise verschieden, so sind die Zählerintegrale in Gl. (4) je nach dem Bereich der verschieden großen Belastungen zu teilen.

Die in irgend einem Punkte des Trägers auftretenden Biegungs- und Drillungsmomente sind aus Gl. (3) zu errechnen, wobei für die Einspannstellen φ durch φ_0 zu ersetzen ist.

Für eine über den ganzen Erkerträger gleichmäßig verteilte Last und konstantes J und J_1 wird mit dem Hilfswert

$$\nu = \frac{EJ}{GJ_1} \quad \text{und} \quad \frac{E}{G} = \frac{10}{3}, \tag{5}$$

$$X = -\frac{\int_0^{\varphi_0} p'\cos\varphi\,ds + \nu\int_0^{\varphi_0} q'\sin\varphi\,ds}{\int_0^{\varphi_0}\cos^2\varphi\,ds + \nu\int_0^{\varphi_0}\sin^2\varphi\,ds}. \tag{6}$$

Kreisträger. Für den Kreisträger vom Halbmesser r wird

$$\left.\begin{aligned} p' &= w r^2(1 - \cos\varphi)\,, \\ q' &= w r^2(\varphi - \sin\varphi) \end{aligned}\right\} \tag{7}$$

und das Biegungsmoment im Scheitel

$$X = \frac{w r^2[\varphi_0(1+\nu) + \sin\varphi_0\cos\varphi_0(1-\nu) + 2\nu\varphi_0\cos\varphi_0 - 2\sin\varphi_0(1+\nu)]}{\varphi_0(1+\nu) + \sin\varphi_0\cos\varphi_0(1-\nu)}. \tag{8}$$

Für den Halbkreisbogen ist $\varphi_0 = \frac{\pi}{2}$ und

$$X = -w r^2\left(\frac{4}{\pi} - 1\right). \tag{9}$$

[1] Föppl: Z. V. d. I. 1917, S. 694.

Für den Viertelkreisbogen mit $\varphi_0 = 45^0$

$$X = -wr^2 \frac{0{,}1287 + 0{,}0182\,\nu}{1{,}2854 + 0{,}2854\,\nu}. \tag{10}$$

Für den Dreiviertelkreisbogen

$$X = -wr^2 \frac{1{,}8904\,\nu - 0{,}4422}{2{,}856\,\nu + 1{,}8564}. \tag{11}$$

Um die Auswertung der Formeln zu erleichtern, sind die ν-Werte für einige I-Profile (deutsche und österreichische) berechnet worden. (Tabelle 14.)

Tabelle 14. ν-Werte.

	I 12	16	20	24	28	32	40	50
I-Träger, deutsch. Pr.	0,0227	0,0193	0,0173	0,0161	0,0161	0,0159	0,0159	0,0169
I-Träger, österr. Pr.	0,0237	0,0197	0,0194	0,0197	0,0194	0,0195	0,0197	0,0197

Die ν-Werte schwanken, wie man sieht, bei den höheren Profilen nur wenig.

In Abb. 214 sind für drei mittlere Werte von $\nu = 0{,}016$, $0{,}0195$ und $0{,}023$ die Biegungsmomente X für verschiedene Winkel φ (von 10 zu 10⁰) und für $w = 1$ sowie $r = 1$ gerechnet worden und in Kurven aufgetragen (φ_0 als Abszisse, X als Ordinate). Handelt es

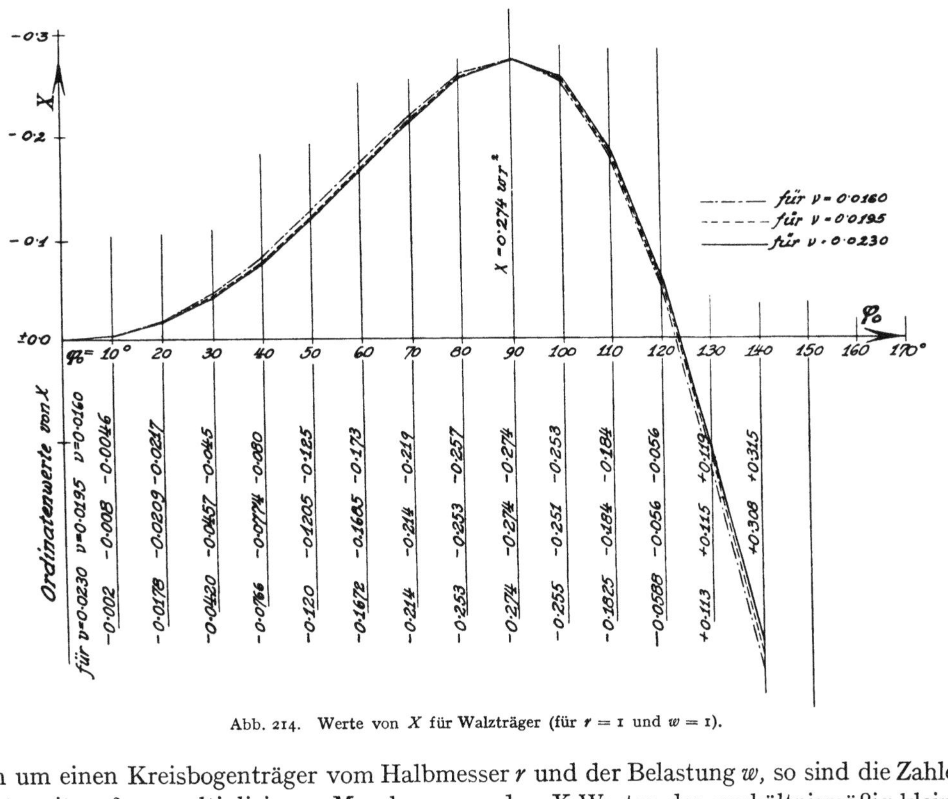

Abb. 214. Werte von X für Walzträger (für $r = 1$ und $w = 1$).

sich um einen Kreisbogenträger vom Halbmesser r und der Belastung w, so sind die Zahlenwerte mit wr^2 zu multiplizieren. Man kann aus den X-Werten den verhältnismäßig kleinen Unterschied bei den verwendeten ν-Werten entnehmen.

Erkerträger mit rechteckigem Grundriß. Mit den in Abb. 212k angegebenen Bezeichnungen wird das Biegungsmoment X in der Riegelmitte für die stetige Belastung w

$$\dot{X} = -\frac{\dfrac{w\,l^3}{48\,E J_1} + \dfrac{w\,l^2\,h}{8\,G J''}}{\dfrac{l}{2\,E J_1} + \dfrac{h}{G J''}}. \tag{12}$$

Das Eckbiegungsmoment ist $M = X + \frac{w l^2}{8}$, das auch gleichzeitig das Drillungsmoment für die Einspannstelle ist.

Ist eine Erkerausbildung mit Zwischenstützung vorliegend, so kann diese nach den Ermittlungen von Habel[1] gerechnet werden.

5. Ventilationsschächte und Rauchabzüge.

Der Querschnitt der Ventilationsschächte und Rauchabzüge ist für die Gebäude nach den Berechnungsweisen zu ermitteln, die für solche Schläuche maßgebend sind. In konstruktiver Hinsicht wird an jenen Stellen, wo diese Schächte anzuordnen sind, in den Trägerrost der Deckenkonstruktion ein Wechsel derart einzulegen sein, daß die Schachtwandungen völlig frei von Stahlteilen bleiben. Die Bemessung der Wechsel hat nach den Gewichten der Schachtwandungen zu erfolgen. Über die zweckmäßige Art der Ausführung solcher Schächte ist im 18. Abschnitt Ausführliches mitgeteilt.

9. Abschnitt.

Baustoffe für Dächer, Decken und Wände.

A. Leichtbaustoffe für Decken und Wände.

Im nachfolgenden sollen nicht die vielen Leichtbaustoffe und patentierten Erzeugnisse besprochen werden, die im Hochbau verwendet werden; ihre Zahl ist zu groß. Deshalb sollen nur jene Baustoffe behandelt werden, die sich heute im Stahlskelettbau besonders bewährt haben, die zu seiner günstigen Entwicklung beigetragen, zu vielen Ausführungen geführt haben und die heute dort allgemeine Anwendung finden.

1. Bimsbeton.

Zur Herstellung des Bimsbetons wird Bimskies vornehmlich aus dem vulkanischen Neuwieder Becken verwendet, in Korngrößen vom feinsten Sand bis zu 40 mm Durchmesser. Er ist durch zahllose feine Zellen und Röhrchen gekennzeichnet, die eine große Isolierfähigkeit besitzen. Die Wärmedurchlässigkeitsziffer von getrocknetem grobem Bimskies beträgt 0,066 und das Raumgewicht des Grubenkieses 0,85 t. Er enthält Kieselsäure 58 bis 62%, Eisenoxyd 3 bis 5%, Tonerde 20 bis 22%, Kalk 2 bis 3%, Alkalien 6 bis 10% und hat einen Glühverlust von 2 bis 4%.

Er wird zur Herstellung von Kalkschwemmsteinen mit Kalk zu einem Mörtel verarbeitet, in Formen geschlagen und getrocknet. Bei Verarbeitung mit Zement und Zementkalk werden die Zementschwemmsteine, unbewehrte und bewehrte Bimszementdielen und Hohlsteine gewonnen, wobei sich die Erzeugnisse von Friedr. Remy Nachf. A. G., Neuwied am Rhein, besonders bewährt haben.

Als wesentlicher Vorteil gegenüber dem normalen Stampfbeton ist das viel niedrigere Raumgewicht des porösen Bimsbetons zu bezeichnen, das je nach dem Mischungsverhältnisse innerhalb 30% schwankt.

Der Bimsbeton ist sowohl für die Herstellung von Leichtdecken als auch als Aufbeton für Eisenbetondecken, namentlich bei der Dacheindeckung in Gebrauch, wobei er an Ort und Stelle erzeugt wird. In der Tschechoslowakei findet er seltener Verwendung, weil Fracht und Zoll eine Rolle spielen und Bimsstein wenigstens vorläufig im Lande nicht gewonnen wird.

Die Bimsbetonhohlsteine finden für Wände im Stahlskelett- und Wohnhausbau Verwendung.

---

[1] Habel, Dr.: Berechnung symmetrischer mehrstieliger Rahmen bei stetiger Belastung in der Querrichtung. Bautechnik 1926, I. Vierteljahrheft.

2. Schlackenbeton.

Der Schlackenabfall von Elektrizitäts- und Gaswerken, Müllverbrennungsanstalten, Hochofen- und Lokomotivbetrieben wird gereinigt und aufbereitet zu Leichtbausteinen oder Hohlsteinen verarbeitet. Sie dienen dann gewöhnlich zur Aufbetonierung auf Decken und Dächer und sind als Wandfüllbaustoff in Gebrauch. Jedenfalls soll man hierbei auf eine gute Entschwefelung der Schlacke sehen, da der Schwefel bei eventueller Auslaugung dem Beton schädlich werden könnte, und den Schlackenbeton nur für untergeordnete Zwecke verwenden.

3. Aerokret-Gasbeton.

Dem schwedischen Architekten Axel Erikson[1] ist es auf Grund eines amerikanischen Patentes[2] gelungen, einen für den Stahlskelettbau wichtigen Leichtbaustoff zu erzeugen. Durch Zusetzen von Al oder Zn wird Wasserstoff beim Abbinden des Zementes frei, der den Zement aufbläht.

Der Gasbeton besteht aus einem Gemisch von Zement und Schieferkalk mit einem geringen Zusatz von Aluminium-Präparat. Beim Rühren der Masse mit Wasser entwickelt sich Gas, macht den Beton porig und bleibt so beim Erhärten. Der Prozeß dauert etwa eine Stunde.

Bei den ersten Versuchen waren 40 Gewichtsteile Zement und 60 Teile Schieferkalk verwendet und dabei Hohlräume von 75% erzielt worden. Das spez. Gewicht des gewöhnlich verwendeten Gasbetons beträgt 700 kg/m³, es kann aber je nach den Mischungsverhältnissen zwischen 300 und 1500 liegen.

Er kann mit der Säge geschnitten, mit Holzbohrern angebohrt und in Platten- oder Steinform erzeugt werden. Putz hält außerordentlich gut an Gasbetonkonstruktionen.

Im Laboratorium wurden nach 6 Wochen Druckfestigkeiten von 25 bis 30 kg/cm² erreicht. Schon damals hat Stockholm für Wohnhäuser Mauern von 15 bis 20 cm Stärke zugelassen. Die Druckfestigkeit ist aber sehr vom Raumgewicht abhängig. Man erhält nach 28 Tagen Erhärtung nachstehende Druckfestigkeitswerte s_d:

Raumgewicht 0,4 t	$s_d = 5{,}0$ kg/cm²	Raumgewicht 0,8 t	$s_d = 23{,}0$ kg/cm²
„ 0,5 t	$s_d = 7{,}5$ „	„ 0,9 t	$s_d = 31{,}5$ „
„ 0,6 t	$s_d = 11{,}0$ „	„ 1,0 t	$s_d = 42{,}4$ „
„ 0,7 t	$s_d = 16{,}0$ „		

Die Wärmeleitzahl wurde bei 0,8 Raumgewicht mit 0,2 gemessen. Es läßt also eine 15 cm starke Wand aus Gasbeton nicht mehr Wärme durch als eine 45 cm starke Ziegelmauer.

Auch die Wärmeleitzahl λ ist vom Raumgewicht abhängig.

Für ein Raumgewicht 0,4 t	ist $\lambda = 0{,}06$	1,0 t	ist $\lambda = 0{,}27$
0,6 t	$\lambda = 0{,}13$	1,2 t	$\lambda = 0{,}34$
0,8 t	$\lambda = 0{,}20$	1,4 t	$\lambda = 0{,}41$

Vom Standpunkt der Wärmeleitung kann man bei Anwendung einer Aerokretwand von 20 cm Stärke mit 170 kg/m² Gewicht gegenüber einer 38 cm starken Ziegelwand von 650 kg/m², 480 kg/m² an Gewicht ersparen[3].

Gasbeton ist frostbeständig, wie Versuche gezeigt haben, wobei mit Wasser gesättigte Probekörper 20mal von Normaltemperatur auf — 10° C gebracht und wieder aufgetaut wurden, ohne Frostbeschädigungen zu zeigen.

Die Feuersicherheit wurde durch einseitiges Erhitzen von Körpern erprobt, indem sie bis zur Rotglut gebracht und mit Wasser abgeschreckt wurden; es entstanden hierbei wohl Risse, sie waren aber nicht tiefgehend. Abblätterungen kamen nicht vor.

---

[1] S., Dr.: Zentralbl. Bauverw. 1923, S. 488, 514; 1928, S. 192. [2] Zement 1920, H. 47.

[3] Fraenkel, E.: Leichtbeton als Baustoff. Bericht der 32. Hauptversammlung des Deutschen Betonvereines 1929, S. 505.

Was das Schwinden betrifft, wurde als Maß vom Beginn der Erzeugung bis zur völligen Austrocknung ca. 0,1‰ festgestellt, ist also außerordentlich gering. Nichtsdestoweniger empfiehlt es sich, nur gut ausgetrocknetes Material zu verwenden, wozu 6 Wochen genügen.

Auf der Tagung des Deutschen Betonvereins in Berlin 1929 wurden Mitteilungen über die Ergebnisse von Brandversuchen in Berlin-Dahlem gemacht. Eine in der Mitte des Versuchsraumes stehende, mit Aerokret ummantelte Stahlsäule erfuhr bei 3 cm Flanschdeckung und 1000 bis 1200° C Temperatur des Versuchsraumes nur eine Temperaturerhöhung von 111°. Eine eingebaute Platte von 10 cm Stärke hatte nach einer Stunde eine Außentemperatur von 90° C.

Stockholmer Vorschriften verlangen für ein Raumgewicht von 0,7 eine Druckfestigkeit an Würfeln von 25 kg/cm² nach 28 Tagen. Außenwände sollen mindestens 15 cm stark sein und verputzt werden. Für Rauchkanäle ist Gasbeton nicht zu verwenden.

Solche Wände erfordern innen auch keinen Putz, da die glatten Flächen unmittelbar als Malgrund dienen und bei Tapezierung die Makulatur darauf geklebt werden kann[1].

Man stellt Einheiten in Gasbetonplatten von 33 × 60 cm in Stärken von 7, 10, 15 und 20 cm her und verwendet sie bei Außenwänden mit 20 cm Stärke, bei Trennungswänden mit 7 cm bzw. 10 cm. Auch Hohlplatten werden verwendet.

Es wurden aber auch 20 cm starke Wände zwischen Schalungen gegossen, was wegen seines sehr geringen Schwindmaßes zulässig ist.

Zahlreiche Ausführungen sind in Aerokret schon erfolgt; man ging sogar in Breslau bei Stahlskelettbauten auf 16 cm Wandstärke herab.

Für Isolierungen hat man Aerokret mit einem Raumgewicht von 0,4 bis 0,45 verwendet, das fertige Gemisch in Säcken verpackt auf die Baustelle versendet und den mit Anmachewasser versehenen Brei auf die Dachfläche gestrichen.

4. Zellenbeton.

Zellenbeton besteht aus einer Mischung von rasch bindendem Zement und Sand im Mischungsverhältnis 1 : 2 bis 1 : 3 mit einem besonderen zähen Seifenschaum, der mit einer an den Mischer angeschlossenen Peitschmaschine hergestellt wird und nach dem Erhärten einen porigen Baustoff gibt, dessen Hohlräume nicht untereinander verbunden sind. Die Herstellung ist patentiert.

Das spezifische Gewicht beträgt je nach der Art der Mischung 0,25 bis 1,2. Hierbei sind die Zellenbetongattungen mit kleinem spez. Gewicht für Isolierungszwecke in Gebrauch, für tragende Teile ist etwa das mittlere spez. Gewicht von 0,8 üblich und ausreichend. Für Zellenbeton mit geringem Raumgewicht (0,2 bis 0,5) wird kein Sandzusatz und nur frühhochfester Zement verwendet.

Die Würfelfestigkeit beträgt bei einem spez. Gewicht von

Tabelle 15. Würfelfestigkeiten von Zellenbeton.

Spez. Gewicht	Mischungsverhältnis			
	1:1	1:1½	1:2	1:3
0,8	23 kg/cm²	18 kg/cm²	15 kg/cm²	—
1,0	47 kg/cm²	37 kg/cm²	32 kg/cm²	23 kg/cm²
1,1	—	—	43 kg/cm²	33 kg/cm²

Die Wärmeleitzahl einer 20 cm starken Zellenbetonmauer vom spez. Gewicht 1,1 aus Steinen 20 × 15 × 40 cm ohne Verputz beträgt nach Versuchen $\lambda = 0{,}40$, während eine 1½ Stein starke Ziegelmauer, außen aus hart gebrannten, innen aus mittel gebrannten Steinen, beiderseits verputzt, $\lambda = 0{,}80$ ergab.

[1] Schmuckler, H.: Der Stahlskelettbau. Stahlhauskorrespondenz Düsseldorf, März 1928.

Nach Mitteilung der Patentinhaber (Christiani & Nielsen G. m. b. H., Hamburg) ergibt Zellenbeton mit anderen Baustoffen verglichen nachstehende Wandstärken mit gleicher Isolierfähigkeit:

Tabelle 16. Wandstärken gleicher Isolierfähigkeit.

	Wandstärke cm	Gewicht kg/m³	Wärmeleitzahl
Feinster Kork	2,5	150	$\lambda = 0{,}035$
Zellenbeton für Wärmeisolierung	3,4	300	$\lambda = 0{,}049$
Zellenbeton für Kälteisolierung	3,8	300	$\lambda = 0{,}055$
Trockenes Holz	10,0	600	$\lambda = 0{,}140$
Zellenbeton für Dachplatten	11,0	800	$\lambda = 0{,}160$
Zellenbeton für Scheidewände	13,0	900	$\lambda = 0{,}190$
Zellenbeton für Bausteine	18,0	1100	$\lambda = 0{,}250$
Mauerwerk aus Ziegeln	46,0	1750	$\lambda = 0{,}660$
Zementmörtel	70,0	2000	$\lambda = 1{,}000$
Beton	84,0	2200	$\lambda = 1{,}200$

Die Wasserfüllungszahl beträgt für Zellenbeton von 0,7 bis 0,9 spez. Gewicht, Mischung 1 : 2, 0,3 bis 0,31. Er ist demnach frostbeständig. Versuche haben dies auch bestätigt. Es wurden Probekörper, spez. Gewicht 1,1. Mischung 1 : 2½, 24 Stunden in Wasser gelegt, dann bei -10^0 C 25mal zum Gefrieren gebracht und 25mal in Wasser von $+40^0$ C aufgetaut, ohne Schäden zu bekommen.

Im Feuer erleidet er, bis 500^0 C erhitzt, in der Struktur und Festigkeit keine Änderungen; bis 800^0 erhitzt, vermindert sich die Festigkeit.

Die Schalldichtheit des Zellenbetons wurde von Prof. Kreuger, Stockholm, untersucht und vergleichsweise eine relative Schallenergie gefunden:

Tabelle 17. Schallenergie und Schalldämpfung verschiedener Baustoffe.

	Relative Schallenergie	Physiologische Schalldämpfung
5 cm Korkschlackenplatten unverputzt	32	1,5
7 „ Korkschlackenplatten unverputzt	81	1,91
10 „ Korkschlackenplatten unverputzt	2066	3,32
10 „ Zellenbetonwand mit verkitteten Fugen	347200	5,54
10 „ Zellenbetonwand mit je 1 cm Putz	874200	5,95

Diese Ziffern zeigen die zunehmende Abweisung der Schallenergie beim Zellenbeton und in der zweiten Reihe die für das menschliche Ohr maßgebende Vergleichsziffer der physiologischen Schalldämpfung. Die Probewände waren bei diesen Versuchen 2,55 m breit und 2,17 m hoch.

Als Isoliermittel hat er sich nach amtlichen Prüfungszeugnissen sehr gut bewährt, beispielsweise bei Gefrierraumisolierungen, wo bei $-1{,}7^0$ bis $-5{,}7^0$ C Innen- und $+22{,}4^0$ bzw. $9{,}8^0$ C Außentemperatur sich keine Gewichtszunahme nach 6 Monaten zeigte. Die Isolierfähigkeit wächst mit der Verringerung des Raumgewichtes.

Der Zellenbeton läßt sich mit allen Werkzeugen des Zimmermannes bearbeiten.

Die Vorteile des Zellenbetons liegen neben anderen in dem geringen Gewicht, das sich bei gleicher Isolierfähigkeit gegenüber einer Ziegelmauer wie 1 : 4,2 verhält[1]. Der Preis des Zellenbetons beträgt derzeit nach der gleichen Quelle 45 bis 60 RM/m³. Zellenbetonsteine sollen, wenn nicht eine künstliche Trocknung durchgeführt wird, nicht vor 3 Monaten Ablagerung verwendet werden, weil sich sonst Schwindrisse zeigen.

[1] Schmuckler, H.: Wandfüllbaustoffe für Stahlskelettbauten. Z. V. d. I. Bd. 73, Nr. 12. 1929. Luft, Dr.: Leichtbeton als Baustoff und hochwertiger Isolierstoff. Bericht der 32. Hauptversammlung des Deutschen Betonvereines 1929, S. 461. Fraenkel, E.: Leichtbeton als Baustoff. Zentralbl. Bauverw. 1925, S. 536.

Für Zellenbeton von 500 bis 800 kg Raumgewicht wird das Mischungsverhältnis 1 : 1 bis 1 : 2 verwendet, für schwereren bis 1 : 3 oder mehr. Der Gehalt an Seifenschaum beträgt bei den leichteren Mischungen höchstens 1½%, bei schwereren nur ½% des Raumgewichtes. Die Poren können bis 90% des Rauminhaltes ausmachen.

Mit Rücksicht auf seine guten Eigenschaften, die durch mehrere Versuchsanstalten geprüft wurden, eignet sich der Zellenbeton für bewehrte Decken- und Dachplatten, als Deckenfüllkörper, für Zwischenwände, als Füllmauerwerk, für tragende Mauern und schließlich als Wärme- und Kälteschutzmittel für verschiedene Zwecke. Der Magistrat der Stadt Wien hat durch die Prüfungsanstalt für Baustoffe für die Verwendung von Zellenbeton nachstehende Bedingungen vorgeschrieben[1]:

Zwischenwände, die unmittelbar auf den Fußboden aufgestellt werden, Wandstärke höchstens 7 cm, max. Raumgewicht 600 kg/m³, Würfelfestigkeit mindestens 15 kg/cm².

5 cm starke Wände sind höchstens auf 3 m Länge und 3,5 m Höhe zulässig, bei mindestens 25 kg/cm² Festigkeit. Zwischenwände zur Trennung von Wohnungen mindestens 10 cm stark. Raumgewicht mindestens 1000 kg/m³ und kreuzweise mit 5 mm Rundeisen (Maschenweite höchstens 15 cm) bewehrt. Brandmauern mindestens 10 cm stark ohne Bewehrung.

Nichttragende Außenwände bei Räumen für dauernden Aufenthalt von Menschen haben mindestens 15 cm stark zu sein. Der Zellenbeton muß hierbei ein Raumgewicht von 700 bis 1000 kg/m³ und eine Mindestfestigkeit von 20 kg/cm² nach 4 Wochen haben.

Tragendes Mauerwerk muß aus Steinen oder Platten aus Zellenbeton von 1000 kg/m³ Mindestraumgewicht und einer Mindestfestigkeit von 40 kg/cm² nach 4-wöchiger Luftlagerung hergestellt werden, bei 20 cm Mindeststärke. Für die Berechnung gelten die Vorschriften für Beton. Die Höchstzahl der Stockwerke ist bei Verwendung von Zellenbeton als tragendes Mauerwerk auf zwei Geschosse und das Dachgeschoß beschränkt. Der Nachweis der Tragfähigkeit ist zu erbringen.

Sämtliche Zellenbetonsteine oder Platten sollen mit Zementmörtel vermauert und, so weit das Mauerwerk nicht unverputzt gelassen wird, nur mit verlängertem Zementmörtel verputzt werden. Bei Außenmauern ist unbedingt Zementmörtel zu verwenden.

Bei Dach- und Deckenplatten ist die 4-fache Sicherheit nachzuweisen. Andere konstruktive Teile außer Mauern sind in Zellenbeton nicht erlaubt.

Für Zwischenwände kann die Herstellung des Zellenbetons auch aus Gips und Sand erfolgen (Zellengipsbeton). Die Mindestwürfelfestigkeit muß nach 4 Wochen 15 kg/cm² betragen.

Für Rauchfänge und freitragende Stiegen darf Zellenbeton nicht verwendet werden.

Deckenhohlsteine dürfen nur zwischen Deckenrippen als nichttragendes Füllwerk verwendet werden.

5. Schimabeton.

Der chemische Gasbeton Schima[2] wird durch einen Zusatz von Kalzium erzeugt, das gleichfalls mit Wasser zusammengebracht die Eigenschaft hat, Gas zu bilden. Nähere Angaben liegen nicht vor. Er wurde vorerst in der Mischmaschine erzeugt und vom Gießturm aus gegossen; er kann aber auch im einfachen Handmischverfahren erzeugt werden. Das spez. Gewicht ist etwa 1400 kg und hatte der Schimabeton dabei eine Wärmeleitzahl von 0,39. Der Schimabeton ist nagelbar.

Nach diesen Darlegungen sind für den Stahlskelettbau vor allem Bimsbeton und für besonders leichte Ausführungen Aerokret und Zellenbeton zu empfehlen, denn es liegen für alle Arten große und gute Erfahrungen bereits vor. Der Schimabeton hat sich noch nicht so eingebürgert wie die erstgenannten Leichtbetonbaustoffe. Er besitzt auch ein viel höheres Raumgewicht.

---

[1] Hasch, Dr.: Mitteilung der Prüfungsanstalt für Baustoffe, Wien, Folge 4/28.

[2] Asmus, E.: Tagungsbericht des Deutschen Betonvereines 1929, S. 521.

6. Kieselgur-Baustoffe.

Calofrig — Isostone. Leichtziegel. Das Fehlen von Bimsstein in Österreich und in der Tschechoslowakei und die Verteuerung anderer Stoffe, wie Kork, haben zur Verarbeitung und Anwendung anderer Leichtbaustoffe in diesen beiden Ländern geführt. Sie sind unter dem Namen Calofrig und Isostone bekannt und fanden im Stahlskelettbau für Decken und Wände schon reichliche und erfolgreiche Verwendung, ebenso im Wohnbauwesen und für Isolierzwecke; sie werden von der Calofrig A. G. Prag erzeugt.

Calofrig besteht aus Kieselgur (Infusorienerde) unter Beisatz von Zement und Sägespänen. Es werden im Härtekessel Platten und Steine erzeugt. Diese Bauelemente lassen sich mit der Säge bearbeiten, sind nagelbar, feuerhemmend und erwiesen sich als gute Putzträger; sie zeichnen sich durch ein kleines Raumgewicht aus, das etwa mit 800 kg/m³ für Bauzwecke angenommen werden kann.

Die Calofrigplatten wurden vielfach mit einem Zwischenraum zu Doppelwänden mit Stahlklammern zur Sicherung des Zusammenhanges und der Einhaltung der lichten Entfernung verarbeitet. Sie haben eine gute Schalldämpfung bewirkt. Die Normen der Plattengrößen sind 108×28 cm bei 2, 2½, 3, 4, 5, 6 cm Stärke.

Solche Calofrigplatten haben ein Raumgewicht von 600 bis 650 kg/m³, eine Druckfestigkeit von 65 kg/cm², Biegefestigkeit von 14 kg/cm² und die Wärmeleitzahl 0,11 (Techn. Hochschule, München).

Isostone besteht aus den gleichen Stoffen wie Calofrig und wird fabriksmäßig als Hohlstein in Normalformat $49 \times 24 \times 24$ cm bzw. $49 \times 24 \times 14$ cm sowie in einigen Typen als Spezialformstein, als Eck-, Fenster- und Halbstein hergestellt. Zur Herstellung der Wände ist wenig Zementmörtel erforderlich, die Hohlräume gestatten das Einlegen von Rundeisen in lotrechter und waagerechter Richtung und die Ausbetonierung zu Eck- und Zwischensäulen.

Das Gewicht einer solchen Wand beträgt bloß ca. 85 kg/m² ohne Putz.

Isoliertechnich entspricht Isostone einer Ziegelmauer von ungefähr 52 bis 56 cm Stärke.

Die Druckfestigkeit des Isostone liegt nach Versuchen des Festigkeitslaboratoriums der tschechoslowakischen technischen Hochschule in Prag bei 29,4 kg/cm². Das Bauamt der Stadt Prag hat auch Feuerproben mit diesem Stoffe ausgeführt und ihre vollständige Feuerbeständigkeit festgestellt. Bei unverputzten Calofrigplatten wurden, nachdem sie der Flammenglut ausgesetzt waren, die Sägespäne nur auf etwa 1 mm Tiefe abgesengt, sonst zeigte sich höchstens auf 2 cm Tiefe eine Änderung der Färbung laut Bericht des Feuerwehrkorps der Stadt Prag.

Außer den Wandsteinen sind noch Deckensteine aus dem gleichen Baustoff 50×25 cm Grundfläche und 24 bzw. 18 cm Höhe in Verwendung.

Schließlich werden auch Leichtbauziegel unter Zusatz von Kieselgur und Lehm ererzeugt, und zwar Voll- und Hohlsteine, im Normal- und deutschen Format, die ein Stückgewicht von 1,8 bis 2,5 kg haben.

B. Bauelemente für Dächer, Decken und Wände.

1. Dächer.

Je nach dem Verwendungszweck des Gebäudes werden verschiedene Ausführungen der Dachdecke in Stahlskelettbauten vorzusehen sein.

Für einfache Industriebauten hat sich die Abdeckung mit fertigen Platten und darauf erstelltem wasserdichtem Belag bewährt.

Als Platten kommen Remysche bewehrte Vollplatten aus Bimsbeton (Abb. 215) von 50 cm Breite und 6,5 bis 9,0 cm Stärke und Länge von 1,80 bis 2,40 m in Betracht. Man hat dabei mit einem spez. Gewicht von 1,5 zu rechnen, eine obere Feinschichte von etwa 10 kg/m² Gewicht, einen unteren Glattstrich vorzunehmen und dann Dachpappe aufzubringen. Bei 8 cm Stärke ergibt sich ein Deckengewicht von 155 kg/m². Die mit Hohlräumen versehenen Stegplatten aus Bimsbeton der gleichen Firma sind einschließlich Bewehrung (Abb. 216) bei 8 cm Stärke ca. 25 bis 27% leichter und eignen sich besonders wegen ihrer Hohlräume und besseren Wärmehaltung dort, wo es auf eine Isolierung ankommt. Die Stegplatten haben bei einer mittleren Temperatur von 10° C eine Wärmeleitzahl

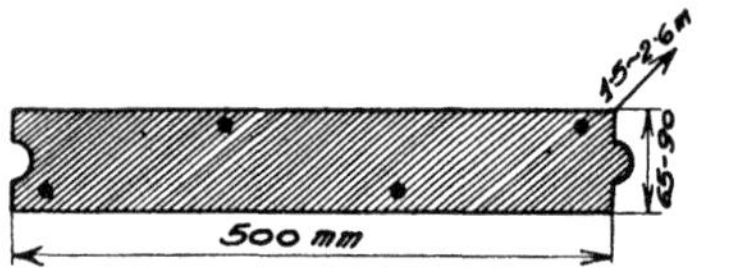

Abb. 215. Vollplatte.

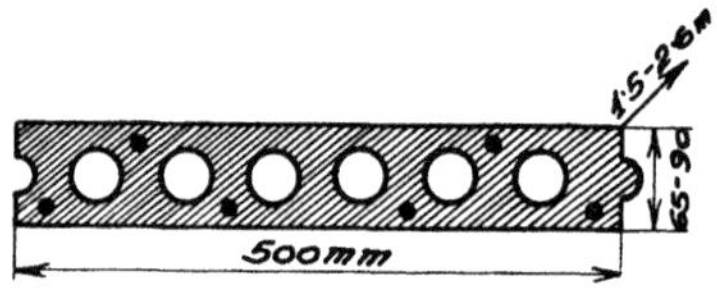

Abb. 216. Stegplatte.

Abb. 215 u. 216. Dacheindeckung „Remy-Bimsbetonplatten".

$\lambda = 0{,}19$ für 6 cm starke, $\lambda = 0{,}194$ für 8 cm starke Platten und ein Raumgewicht von 0,799 bzw. 0,745. Beide Plattenarten haben Feder und Nut. Abb. 217 zeigt den Querschnitt der bewehrten Tekton-Leichtdielen, die 50 cm breit und 3,5 m lang, sowie in Stärken von 3, 4, 6 cm hergestellt werden. Die Gewichte betragen für diese Stärken 11, 14, 17 kg/m². (Erzeugung: Tekton- und Sägewerk A. G., Poggenhagen). In der Tschechoslowakei sind auch patentierte, mit Stahldraht bewehrte Betonbretter in Verwendung bei drei verschiedenen Bewehrungsstärken. Die Brettgröße beträgt 48 × 198 cm, die Stärke 1,5 bis 5 cm. Teilstücke können auf Maß geschnitten werden, die Außenschichten sind in Beton hergestellt, innen aus Leichtbeton mit Verwendung von Hochofenschlacke oder Bimssand. Diese Innenschicht dient zur Isolierung. Das spez. Gewicht beträgt ca. 1,6, so daß ein 4 cm starkes Brett 57 kg/m² wiegt. Die Dächer werden mit Hematect IV eingelassen, bei flachen Dächern noch ein zweiter Anstrich mit Hematect III oder II (Erzeugung: Brüder Wettstein, Baustoffwerke, Brüx, Böhmen) vorgenommen.

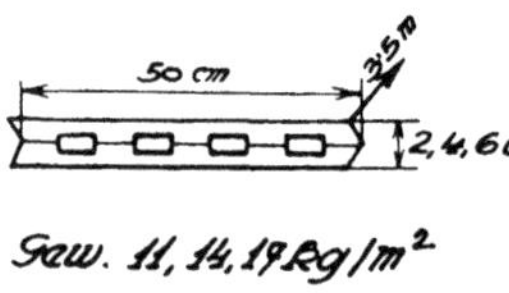

Abb. 217. „Tekton"-Leichtdielen.

Sonst können alle für Zwischendecken übliche Bauweisen verwendet werden.

2. Decken.

Die am meisten verwendete Deckenart für Stahlskelettbauten ist die Kleinesche Decke, die mittels des hohlen, rechteckigen Deckensteines (Abb. 218) auf Schalung hergestellt wird. Der gebrannte Tonstein hat die Abmessungen 10 × 15 cm, ist 25 cm lang, an den Außenflächen gerieft. Die Wandstärke und die des Quersteges ist 1 bis 1,5 cm. Diese Steine können flach und hochkantig verlegt werden. Gewicht eines Steines zirka 3,7 kg.

In der Tschechoslowakei ist die entsprechende Hohlziegeltype 7,0 × 14 × 29 cm, mit ca. 1 cm starken Wänden und Steg (Abb. 219) und einem Gewicht von ca. 2,1 kg (5000 Stück pro Waggonladung von 10 Tonnen). Außerdem sind noch Hohlblockziegel 14 × 14 × 29 und 14 × 29 × 29 cm (Abb. 220, 221) mit vier bzw. acht quadratischen Hohlräumen in Verwendung mit ca. 4,2 bzw. 8,3 kg Gewicht pro Stück. Die Preise der drei Typen derzeit 395, 650, 1100 K pro 1000 Stück.

Die Remy-Decke verwendet Normal-Hohlkörper aus Bimsbeton von 50 × 27 cm Grundrißabmessung, 12 bis 24 cm Höhe und 10 cm Rippenbreite. Eine zweite Type hat Grundrißabmessungen von 52 × 27 cm bei 12 cm Rippenbreite (Abb. 222).

Die Steine werden dicht verlegt und in dem verbleibenden Zwischenraum mit einer Rundeisenbewehrung versehen. Die Ausbetonierung dieser Zwischenräume, die die Deckenstege bilden, und der 4 bis 5 cm starke Aufbeton geben eine mit ebener Untersicht versehene Decke (Abb. 223). Auch eine Deckensteintype für kreuzweise Bewehrung, der U-Stein, findet Verwendung (Abb. 224). Sehr verbreitet im Stahlskelettbau ist die Ackermann-Decke, die einen Ziegelhohlkörper mit zwei Hohlräumen aufweist, mit den Abmessungen 30 × 25 cm und verschiedenen Höhen (Abb. 225). Ebenso der Zomak-Leichtstein 22 × 34 × 7 cm mit drei Hohlräumen bei einem Gewichte der porösen Steine von 50 kg/m², der halbporösen von 60 kg/m² (Abb. 226).

Der Wenko-Stein in zwei Ausführungen von 10 und 15 cm Höhe mit beiderseits kleinen Nasen, um die richtige Lage der Rundeisen zu sichern (Abb. 227, 228), dann der Wörner-Stein (Abb. 229) mit seiner Möglichkeit, größere Betonrippenstärken und Rippenabstände zu erzielen, gehören hierher.

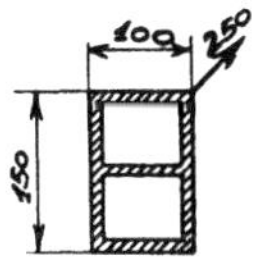

Abb. 218. Kleinescher Deckenstein.

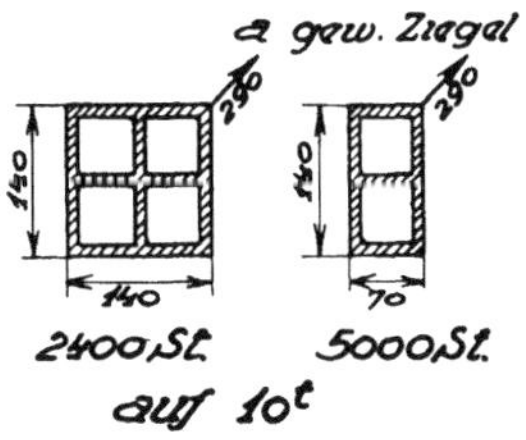

Abb. 220. Abb. 219.

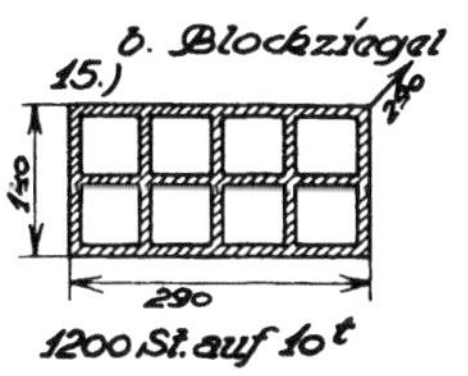

Abb. 221.

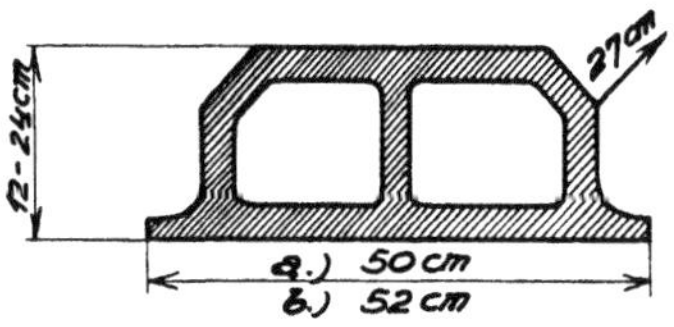

Abb. 222. Normalhohlkörper
a) 50 × 27 cm Rippenbreite 10 cm,
b) 52 × 27 cm „ 12 cm,
$g = 65 - 120$ kg/m².

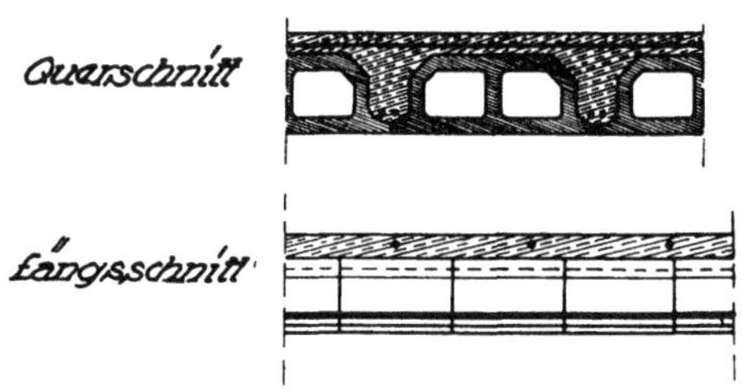

Abb. 223 a.

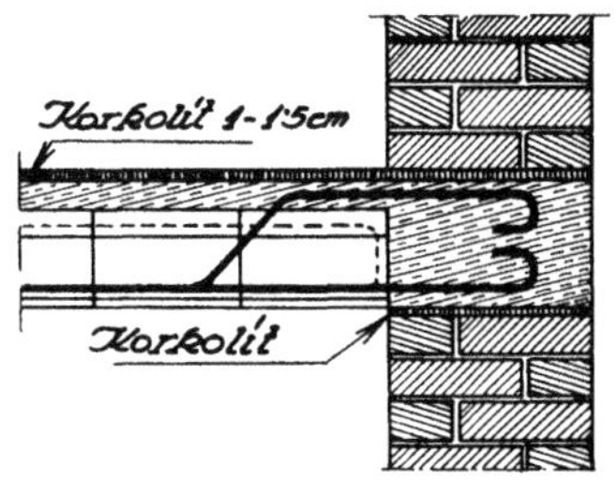

Abb. 223 b. Mauerauflager mit schalldämpfender Isolierung.

Abb. 223 a u. b. Einfach bewehrte Eisenbetonrippendecke.

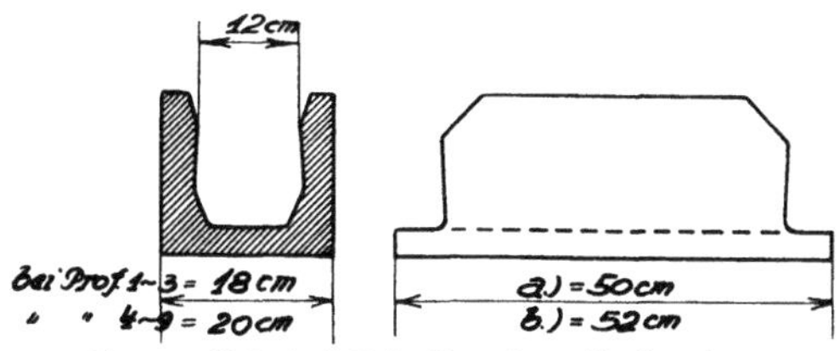

Abb. 224. *U*-Stein D.R.P. Nr. 226 154 für Querrippen. Zu sämtlichen Normalkörpern a) und b) passend.

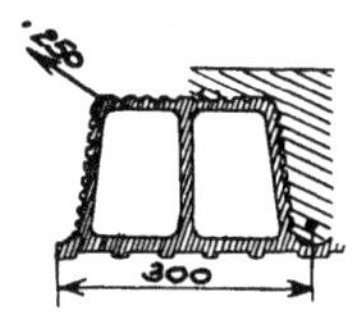

Abb. 225. Ackermann-Stein.

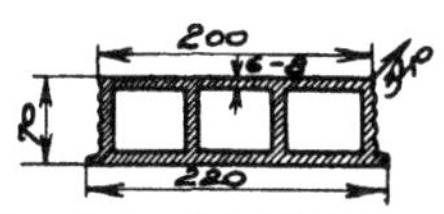

Abb. 226. Zomak-Leichtstein.
Gewicht: poröse Steine 50 kg/m²
halb- „ „ 60 kg/m²

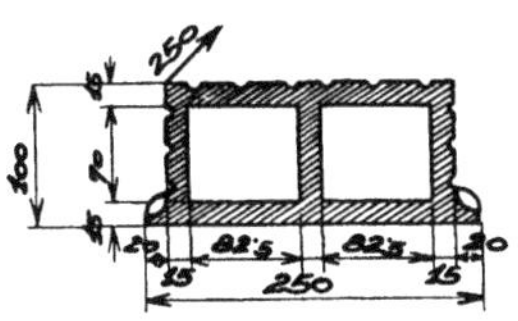

Abb. 227.

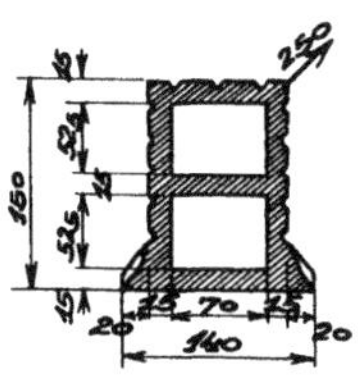

Abb. 228.

Abb. 227 u. 228. Wenko-Decke, Hannover.

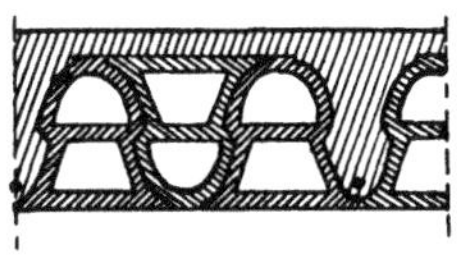

Abb. 229. Bauweise „Wörner“.

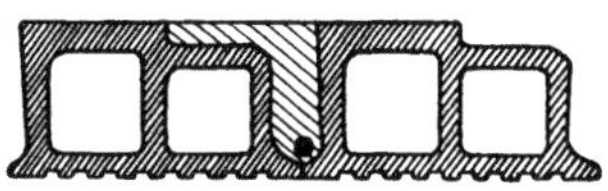

Abb. 230. Dedeco-Decke. Höhe 10 bis 24 cm.

Abb. 218 bis 230. Decken-Bausteine.

Im übrigen ist die Zahl der sonst noch patentierten Steinformen schon sehr groß; sie sollen nicht weiter angeführt werden, da es sich hier um die Aufzählung jener Steinformen handelt, die sich gerade im Stahlskelettbau bewährt haben.

Nur ein eigenartiger Stein, der Dedeco-Stein, soll noch Erwähnung finden, der keine durchlaufende obere aufbetonierte Platte erhält, sondern bloß die Betonrippe durchlaufend hat, dagegen die im Winkel liegenden Betondruckplatten abwechselnd über einem Stein und dem Nachbarstein liegt. Es übernehmen also in der Richtung der Bewehrungseisen abwechselnd der Beton und der Stein die Druckspannungen. Ergebnisse von Belastungsproben sind allerdings nicht bekannt geworden (Abb. 230).

In der Tschechoslowakei sind die Neo-Simplex-Deckensteine bei Stahlbauten mit gutem Erfolg verwendet worden.

Es werden drei Typen hergestellt: a) der Simplexstein 28 × 36 × 16 cm mit zwei Hohlräumen und einem Gewicht der Steine von 65 kg/m². Mit diesem Stein können Decken bis 5 m Stützweite ausgeführt werden (Abb. 231); b) der Duplexstein, der zum Stein der

Abb. 231. Simplex.
Spannweite bis 5 m.

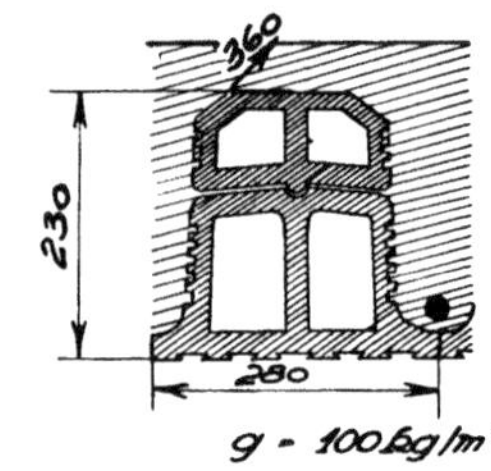

Abb. 232. Duplex.
Spannweite bis 7,50 m.

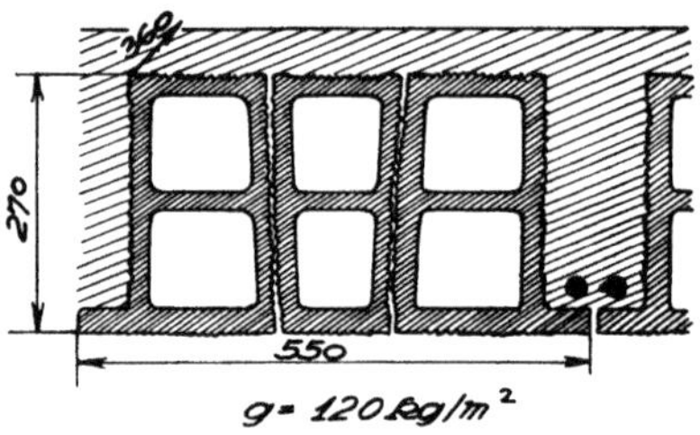

Abb. 233. Triplex.
Spannweite beliebig.

Abb. 231 bis 233. Deckenbausteine. Neo-Simplex (Göding).

ersten Type noch einen Aufsatzstein erhält, so daß bei sonst gleichen Abmessungen im Grundriß eine Höhe von 23 cm erreicht wird. Diese Steine mit einem Gewicht von 100 kg/m² lassen selbst Stützweiten bis zu 7,50 m zu (Abb. 232); und endlich c) die Triplexsteine[1], die zu einem Aggregat von drei Steinen zusammengelegt werden, von denen die beiden äußeren gleich, der mittlere keilförmig dazwischen liegt, so daß eine Hauptrippenentfernung von 55 cm entsteht, bei 27 cm Höhe. Diese Steine haben ein Gewicht von 120 kg/m² (Abb. 233). Von diesen Formen wären die beiden ersten Typen a und b zu empfehlen, da sie für die im Stahlbau üblichen Deckenträgerentfernungen völlig ausreichen und dabei noch eine geringe Bauhöhe besitzen.

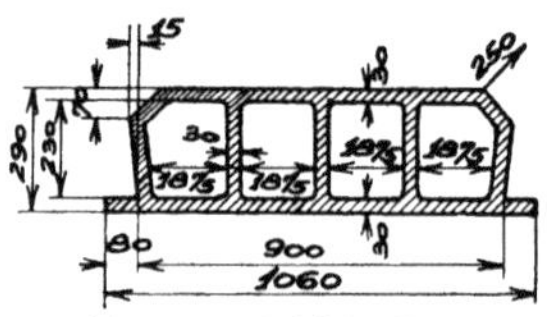

Abb. 234. Calofrig (Prag).

Eine besondere Steintype, auch in der Tschechoslowakei in Gebrauch, ist der Calofrig-Stein (Abb. 234), der vier Hohlräume besitzt und 106 cm breit ist bei 25 cm Länge, die Höhe beträgt 29 cm, die Rippenstärke 3 cm. Bei Nebeneinanderlegen der Steine bleibt für die Betonrippe eine Breite von 13 cm oben bzw. 16 cm unten zur Verfügung.

Eine ähnliche Type ist der „Kabe"-Stein (Erzeugung: Kleiner & Bokmayer, Wien), der in Österreich Verwendung findet, mit Abmessungen 50 × 25 cm bei 18 cm bzw. 24 cm Höhe, wobei die Steine pro m² im ersteren Falle 51 kg, im zweiten 62 kg wiegen.

Es sind also diese beiden Kieselgurprodukte außerordentlich leichte Steine mit sonst guten Eigenschaften.

3. Wände.

Für die Wandfüllungen und Zwischenwände sind gleichfalls mannigfache Baustoffe in Verwendung.

Alle Arten Leichtziegel werden hierbei wegen des günstigen Einflusses auf das Stahlgewicht zu bevorzugen sein, wiewohl bei manchen Stahlbauten auch gewöhnliche Ziegel für die Außenwände Anwendung fanden.

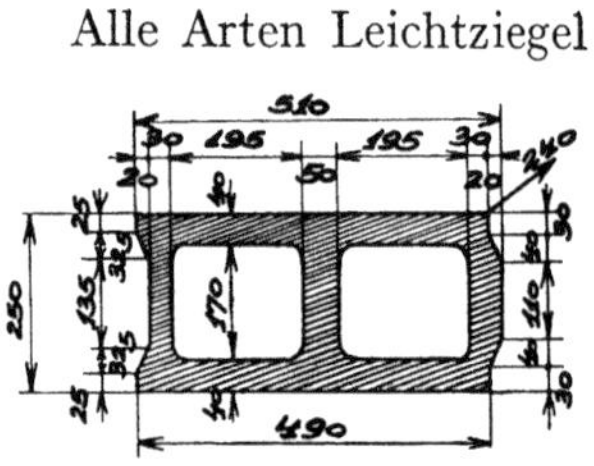

Abb. 235. Isostone-Wandstein (Prag).

Jedenfalls soll man sich für die Anwendung einer Steingattung entscheiden, damit nicht ein Vermischen der Steine beim Einmauern möglich ist.

Sehr gut haben sich auch Isostone-Formsteine bewährt (Abb. 235), die eine Hohlmauer von 25 cm Stärke bei außerordentlich geringem Gewicht von 85 kg/m² ohne Putz ergeben. Die Eigenschaften dieses Steines sind schon besprochen worden.

[1] Diese werden seit kurzem nicht mehr erzeugt, sind aber im Stahlbau verwendet worden.

Für Trennungswände ist auch der Kieselgur-Wandstein (Abb. 236) von 6 cm Stärke und 12,5 × 28,5 cm Grundrißabmessung sehr vorteilhaft zu verwenden, ebenso die gebrannten Tonhohlziegel Deva (Abb. 237) und Hodo (Abb. 238 bis 240). Gute Erfahrungen liegen für Wände auch mit Steinen aus Gas- und Zellenbeton vor.

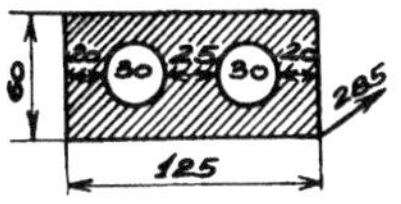
Abb. 236. Kieselgur-Wandstein.

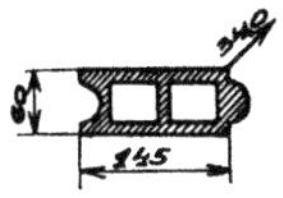
Abb. 237. Deva.

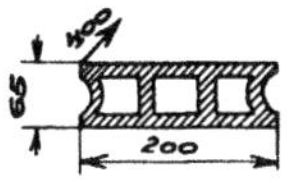
Abb. 238.

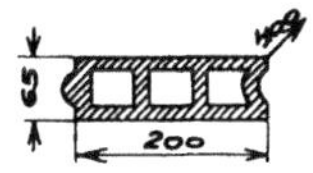
Abb. 239.

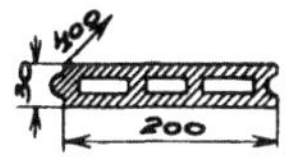
Abb. 240.

Abb. 238 bis 240. Hohlziegel (Göding).

Ein abschließendes Urteil über die Bauelemente für Decken und Wände, welche sich am besten bewährt haben, und eine Reihung dieser Stoffe je nach ihren Vorteilen und Vorzügen ist derzeit leider noch nicht möglich, weil die wohl schon gewonnenen Erfahrungen sich auf eine zu kurze Zeit erstrecken, in den verschiedenen Gebieten und Ländern andere Typen üblich und preiswert sind und schließlich doch auch das Verhalten solcher Baustoffe nach einer längeren Zeit die Entscheidung beeinflußt.

4. Glasbeton.

Heutzutage werden gerne an Stelle regelrechter aufgesetzter Oberlichten, wenn Räume von oben belichtet werden sollen, Eindeckungen in Glas zwischen Eisenbetonrippen vorgenommen, sobald nicht Wert auf eine besonders leichte Konstruktion gelegt wird. Diese Stahloberlichten werden jedoch oft selbst bei bester Verkleidung der Ichsen und Anschlußstellen mit Zinkblech mit der Zeit von Rost angegriffen. Andererseits sind es auch Forderungen des architektonischen Gesichtspunktes, die zu Glasbeton-Oberlichten führen.

Es werden in ein Eisenbeton-Rahmennetz rechteckige oder quadratische Glasprismen von 10 × 10 cm bis 17 × 17 cm Größe eingesetzt[1]. Die Betonrippen zwischen den Glas-

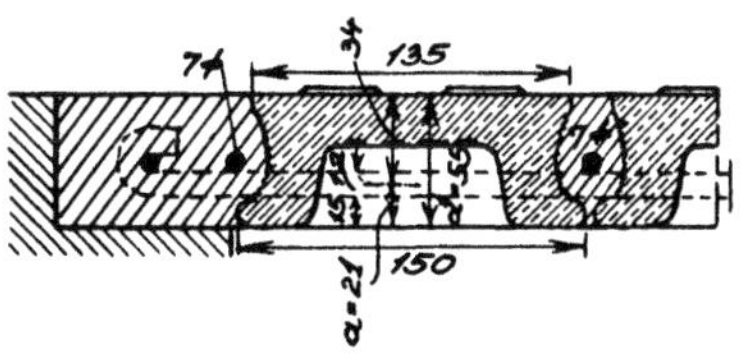
Abb. 241. Luxfer-Glasprismen.

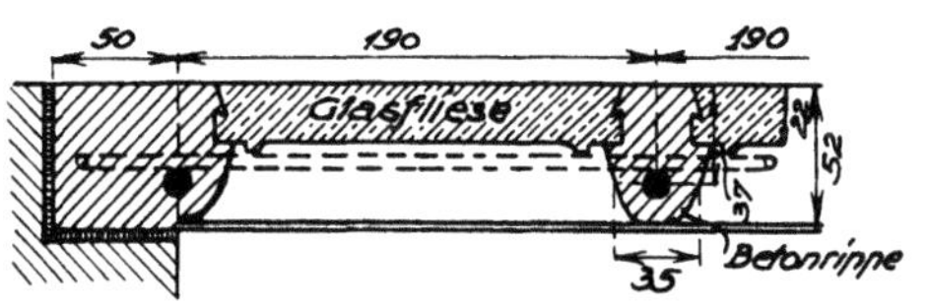

Abb. 242. Luxfer-Glaseisenbeton.

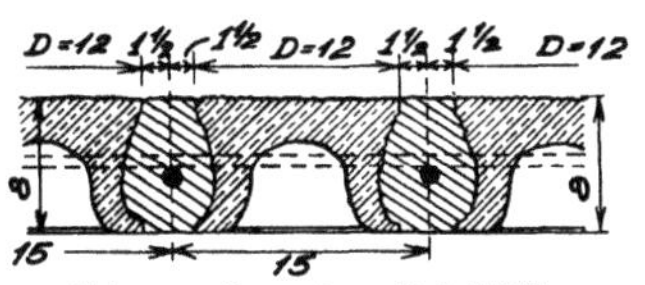
Abb. 243. Bauweise „Rotalith".

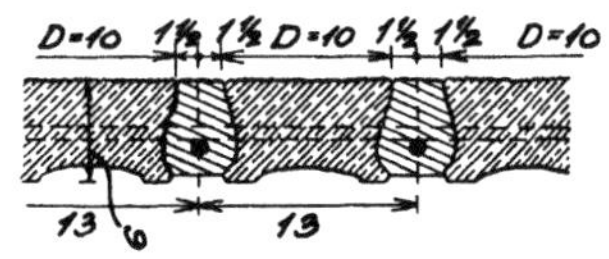
Abb. 244. Bauweise „Rotalith".

Abb. 241 bis 244. Glaskörper für Glasbetondecken.

körpern werden in beiden Richtungen mit Rundeisen bewehrt. In Abb. 241 ist eine solche Anordnung mit Luxfer-Glasprismen gegeben. Ein Bruchversuch mit dieser Bauart ergab eine Bruchlast von 6800 kg/m². Eine Ausführung mit Glasfliesen zeigt Abb. 242, die ein kleineres Eigengewicht hat als die erst angeführte Bauweise. Für beide Arten von Glasbetondächern sind seitens der Berliner Baupolizei Bestimmungen für die statische Berechnung herausgegeben worden; sie finden sich in der angegebenen Quelle Seite 32, 33.

Die Gewichte für 43 bis 55 mm dicke Platten der ersten Type sind mit 90 bis 120 kg/m² anzusetzen, für eine 65 mm starke Platte mit 135 kg/m². Dagegen ist für Glasfliesen-Beton das Gewicht 80 bis 100 kg/m² bei 52 bis 55 mm Stärke.

Abweichend von den bisher besprochenen Typen ist die Rotalith-Bauweise. Bei

[1] David, L. Dr.: Neuzeitliche freitragende Dacheindeckungen. S. 22. Berlin: Julius Springer 1927.

dieser sind die Glaskörper Rotationskörper; sie werden reihenweise versetzt und die Zwischenräume mit Kreuzlagen von Rundeisen versehen, die dann einbetoniert werden (Abb. 243, 244). Glaskörper sind voll oder mit einer unteren Höhlung versehen. Die Rippenentfernungen sind 13 cm bzw. 15 cm. Die Plattenstärken betragen 6 bzw. 8 cm.

Wichtig ist in allen Fällen die gute Einbindung der Rundeisen mittels Rundhaken in den Betonrandrahmen und dessen gute Lagerung.

10. Abschnitt.

Konstruktionen der Decken und Dächer.

1. Deckenkonstruktionen.

Im Stahlskelettbau können natürlich alle Deckensysteme Verwendung finden. Es haben sich aber begreiflicherweise, um an Gewicht für das Stahlgerippe zu sparen, die Hohlsteindecken und andere Decken aus Leichtbaustoffen eingebürgert, wobei verschiedene Systeme Anwendung finden und auf die ebene Untersicht besonderer Wert gelegt wird.

Eisenlose Steindecken wird man hier am besten ausschalten. „Steineisendecken" sind mit Eisen bewehrte Steindecken mit oder ohne Betondruckschicht, bei denen die Steine (Voll- oder Hohlsteine) zur Aufnahme von Druckspannungen herangezogen werden, und die Betondruckschicht 5 cm Dicke nicht erreicht. So lautet die Definition dieser Decken in den amtlichen Bestimmungen für Ausführung ebener Steindecken, die mit Erlaß vom 9. September 1925 für das Staatsgebiet Preußen herausgegeben worden und von allen deutschen Bundesstaaten übernommen worden sind[1].

Zu diesen Decken gehört vor allem die Kleinesche Decke mit 10 und 15 cm hohen Hohlsteinen, aus der sich dann durch Verbreiterung der Fugen zu einer Betonrippe die „Schiller"- und „Ackermann-Decke" als Hohlkörper-Rippendecke entwickelt hat.

Heute sind Steine bis 20 cm Höhe zugelassen; die Fugenbreite mindestens 2 cm.

Die Decken zwischen eisernen Trägern können teilweise eingespannt gerechnet werden mit $M = {}^1/_{10}\, q l^2$, wenn sie beiderseits auf den Unterflanschen aufliegen und dicht an die Stege der Träger anschließen. Auch bei gestelzten Auflagern aus Beton 1 : 4 und höchstens 3 : 1 Anzug können die Decken bei Einbindung von Decke und Trägeroberflansch durch Beton teilweise eingepsannt gerechnet werden.

Als Druckquerschnitt gilt der volle Beton- und Steinquerschnitt ohne Abzug etwaiger Hohlräume in den Steinen.

Tabelle 18. Zulässige Inanspruchnahmen für Steineisendecken.

	Bei Steineisendecken		
	ohne stat. wirksame Betonschicht	mit Betondruckschicht von mindestens 3 cm, aber weniger als 5 cm kg/cm²	Eisenspannung kg/cm²
a) Decken in Hochbauten mit vorwiegend ruhenden Lasten.	$^1/_7$ der Druckfestigkeit des Steines „S", höchstens 36 kg/cm²	36	1200
b) Decken in Fabriken und dgl., die unmittelbaren Einwirkungen von Erschütterungen ausgesetzt sind, Treppen.	$^1/_8\, S$, höchstens 30 kg/cm²	30	1000
c) Decken in Durchfahrten und Hofunterkellerungen und stark erschütterte Decken.	$^1/_9\, S$, höchstens 22 kg/cm²	27	900

Dabei ist Zementmörtel 1 : 4 mit höchstens 7% Kalkzusatz zu verwenden und die Betondruckschicht von mindestens 3 cm im Mischungsverhältnis 1 Raumteil Zement auf

[1] Bautechnik 1925, S. 521; Beton Eisen 1925, S. 230.

4 Raumteile Kiessand herzustellen. Die Spannungen sind nach den Vorschriften für Berechnung von Eisenbetonbauten zu ermitteln.

Auf diese Weise kann man Decken mit 10 cm hohen Hohlsteinen, je nach der Höhe des Aufbetons und der Nutzlast bis 3,80 m, bei 15 cm hohen Hohlsteinen bis 4,80 m Stützweite ausführen. Diese Zahlen gelten für 4½ cm Aufbeton und einer Deckengesamtbelastung von 500 kg/m².

Für 500 kg Nutzlast kann man als obere Grenze der Spannweite bei 4½ cm Aufbeton für 10 cm hohe Steine 2,80 m, für 15 cm hohe Steine 3,80 m annehmen.

Eine Zusammenstellung der zulässigen Stützweite für verschiedene Belastungen, Inanspruchnahmen findet sich im Taschenbuch „Stahl im Hochbau", das vom Verein Deutscher Eisenhüttenleute herausgegeben ist.

Versuche des Materialprüfungsamtes in Groß-Lichterfelde mit einer Kleineschen Decke von 10 cm Steinhöhe, 5 cm Sandschüttung, 5 cm Schlackenbeton und 2 cm Zementestrich haben bei 1,5 m Stützweite (Entfernung der Träger) nach 32 Tagen eine Bruchbelastung pro m² von 3900 kg, nach 56 Tagen von 4157 kg ergeben.

Hierbei war das Mischungsverhältnis des Mörtels 1 : 3, des Schlackenbetons 1 Raumteil Portlandzement und 8 Raumteile Koksasche.

Die Bewehrung mit Bandeisen 20 × 3 mm lag in jeder zweiten Fuge. Die mittlere Druckfestigkeit des glatten Ziegelhohlsteines betrug 202 kg/cm².

Für solche Decken, wo auch die Steine im Druckteil statisch mitwirken und deren Anteil rechnerisch berücksichtigt werden soll, müssen für diese Zwecke druckfeste Steine mit genügend starken Wandungen herangezogen werden.

Als Bewehrungseisen werden vornehmlich Rundeisen verwendet, manchmal auch Bandeisen; im Preise sind beide Arten, pro 1 m² Decke eingeführt, gleich. Das Rundeisen läßt sich aber schräg abbiegen und um den Trägerflansch hakenförmig legen. Man erzielt dadurch eine gute Verankerung der Eisen. Gewöhnlich werden die Eisen abwechselnd auf dem linken und rechten Trägerflansch verankert, während das jeweilige andere gerade Ende bis an den Trägersteg in der Decke herangeführt wird.

Die Steine werden auf einer Schalung verlegt, die gewöhnlich an die Träger angehängt ist.

Die Stadt Berlin hat für ihren Bereich Richtlinien für die Ausführung ebener Steindecken mit dem 7. November 1929[1] erlassen, welche folgendes besagen:

1. In belasteten Decken sollen Fugen ohne Eiseneinlagen nicht ausgeführt werden.
2. In jeder Fuge muß, wenn nicht rechnerisch mehr erforderlich ist, als geringste Eisenbewehrung ein Rundeisen von 6 mm Durchmesser vorhanden sein.
3. Es sind die genormten Durchmesser 6, 7, 8, 10, 12, 14 mm usw. zu verwenden, mit der Ausnahme, daß vorläufig auch noch 9 mm starke Rundeisen zugelassen werden.
4. Bei Anwendung verschiedener Eisenquerschnitte in einem Deckenfelde dürfen auf je 1 m Breite nur Rundeisen von zwei unmittelbar aufeinanderfolgenden Durchmessern verlegt werden.
5. Die rechnerische Verteilung der Querschnitte darf höchstens auf 1 m Breite erfolgen.
6. Für die Berechnung der Schubspannungen in Decken Kleinescher Art ist als Scherbreite von 1 m Deckenplatte:

a) bei Flachziegeln (10, 12, 13 bis 15 cm Deckenhöhe) $b_0 = 42$ cm;

b) bei Hochkantziegeln (15, 18 bis 20 cm Deckenhöhe) $b_0 = 47{,}2$ cm

anzusetzen. Hierbei wird eine geringste Stegstärke der Steine von 1,7 cm und eine Fugenbreite von 2 cm (flach) bzw. 2,5 cm (hochkant) vorausgesetzt.

Die reinen Hohlkörper-Rippendecken sind nach den Eisenbetonvorschriften zu berechnen, da die Hohlkörper nur Füllung sind.

[1] Bautechnik 1929, S. 858.

Was die Kosten der Steineisendecken zwischen eisernen Trägern betrifft, so sind nach Roll[1] bei 10 cm hohen Decken, die am Unterflansch lagern, die geringsten Kosten bei einer Trägerteilung von 1,0 bis 1,5 m, für gestelzte Decken bei 1,5 bis 2,0 m zu erwarten. Kleine Schwankungen dieser günstigen Deckenstützweite bringen die verschiedenen Nutzlasten.

Für die Wahl der im gegebenen Falle zweckmäßigsten Deckenkonstruktion ist vor allem die zugestandene Bauhöhe, neben den Kosten, maßgebend.

Die Forderung nach einer geringeren Bauhöhe mit ebener Untersicht führt zur Anwendung niedriger Deckenträger, die aber bei gegebener Stützweite, selbst wenn sie nahe gestellt werden, in der großen Durchbiegung eine Grenze haben.

Andererseits wird bei Forderung der ebenen Untersicht bei höheren Deckenträgern die notwendige Ausfüllung das Deckengewicht und damit das Träger- und Stützengewicht vergrößern. Weiters wird, wie in Abschnitt 4 gezeigt wurde, das Deckenträgergewicht mit wachsendem Abstand der Träger kleiner, die Träger aber höher.

Die ebene Untersicht ist natürlich eine Forderung, die für Büro- und Wohnungsräume gerechtfertigt ist, aber in Gebäuden für rein industrielle Zwecke wohl nicht notwendig ist.

Dann ist aber die gestelzte Decke möglich, die im allgemeinen unter gleichen Verhältnissen leichter sein kann, besonders im Falle der Wahl einer größeren Deckenstützweite.

Natürlich spielt außerdem die Nutzlast hierbei eine Rolle. Übrigens läßt sich auch bei einer gestelzten Decke ohne Ausfüllung eine ebene Untersicht mittels angehängter Rabitzkonstruktion oder sonstwie erreichen.

Es lassen sich in diesem Fall auch Hölzer (Bretter stehend) auf die Unterflanschen der Deckenträger legen, die in die Stelzung hineinragen und auf die dann unten eine Berohrung aufgebracht werden kann oder ein Drahtnetz, das verputzt wird, wie dies bei Wohnhausbauten in Berlin ausgeführt worden ist.

Hierbei wird außerdem infolge des zwischen Verputz und Decke liegenden Luftraumes die erwünschte Schalldämpfung erhöht.

2. Besondere Deckenarten.

Neben den bereits besprochenen Decken sind bei dem Bestreben, besonders leichte Deckenkonstruktionen für den Wohnhausbau anzuwenden, einige Formen entstanden, die auch im sonstigen Stahlbau Verwendung finden können.

Erwähnt seien zwei Ausführungen von Zellenbetondecken. In einem Wohnhaus in Hamburg kam eine Decke zur Ausführung, die zwischen I-Trägern eingebaut ist. Diese

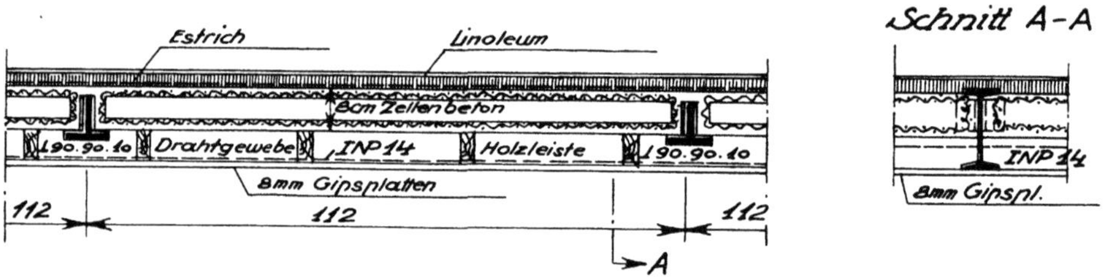

Abb. 245. Deckenkonstruktion. Aus „Der Zellenbeton".

Träger erhalten in 1,12 m Entfernung ⊥-Eisen 90 × 90 × 10, auf deren Flanschen 8 cm starke, mit Rundeisen ∅ = 6 mm und einem Drahtgewebe bewehrte Zellenbetonplatten verlegt werden. Darüber kommt ein Zementestrich und dann ein Linoleumbelag. Die ebene Untersicht ist durch Holzleisten, die 8 mm starke Gipsplatten tragen (Abb. 245), hergestellt, und auf den Trägerflanschen aufruhen.

Eine ähnliche Ausführung ist für die Dachdecke angewendet worden, bei welcher die ⊥-Profile 80 × 80 × 9 mit dem Steg nach abwärts verlegt worden sind. Die Zellenbeton-

[1] Roll, Dr.: Kritische Betrachtungen über Hohlsteindecken. Beton Eisen 1925, S. 230.

platten stützen sich auf die Flanschen dieses Profils ab, sind auf diesem mit Ankerschrauben befestigt, erhalten dann eine Ausgleichschicht und eine doppelte Papplage.

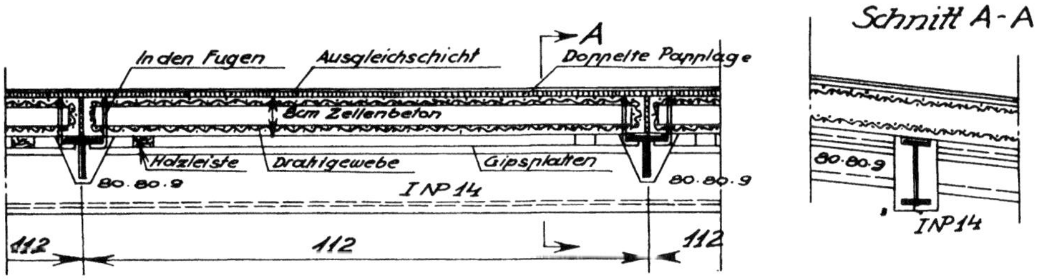

Abb. 246. Dachkonstruktion eines Hamburger Hauses. Aus „Der Zellenbeton".

Die Untersicht ist gleichfalls mit Gipsplatten bewirkt worden, die Deckenträger sind einbetoniert und sehen unten heraus, ebenso wie die ⊥-Eisen (Abb. 246).

In Abb. 247 ist eine Decke ersichtlich gemacht, die in Amerika Eingang gefunden hat, einer Reihe sehr schwerer Proben auf Belastung, Feuerbeständigkeit unterzogen worden ist und deren Verhalten bei einer darauffolgenden Wasserprobe geprüft wurde. Die Deckenträger wurden mit Schlackenbeton umhüllt und darauf fertige Aerokretplatten mit einer nutartigen Einbindung verlegt. Entfernung der Deckenträger 2,40 m, Plattenstärke 10 cm. Es handelt sich also um eine besonders leichte Decke[1].

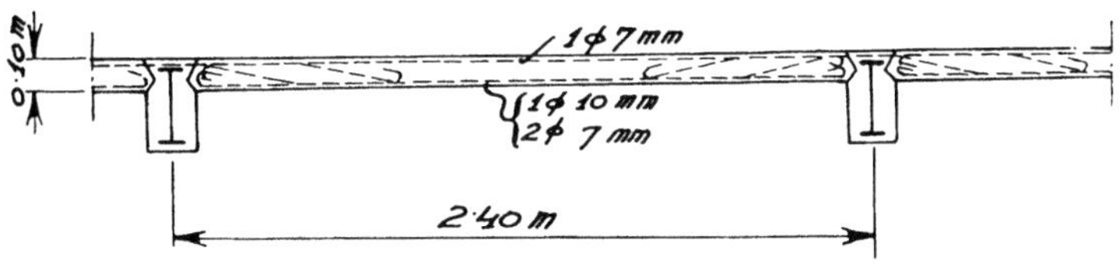

Abb. 247. Einzelheiten der vorgegossenen „Acrokrete-Platten" und der verstärkten Schlackenbetonrippen.

3. Dachdecken.

Für diese lassen sich alle bei Geschoßdecken übliche Bauweisen verwenden, nur muß man bei der heute vornehmlich üblichen Anwendung des flachen Daches besondere Maßnahmen treffen.

Man hat mit flachen Dächern nicht immer die besten Erfahrungen gemacht, ja bei Wohnhausbauten sogar nachträglich einen Holzdachstuhl aufgesetzt, um die Dachdecke den schädlichen Einwirkungen der Witterung zu entziehen.

Die Ursachen von Mißerfolgen liegen aber vornehmlich in der nicht richtigen und vielfach sehr sparsamen Ausführung der Isolierung. Bei großen Bauten, bei welchen die Kosten einer wirklich guten Dachdeckenkonstruktion nicht gescheut wurden, hat sich das flache Dach, soweit bisher bekannt, gut gehalten. Es muß nur für eine vorzügliche Dichtung und eine gute Entwässerung gesorgt werden. Hier sollen bloß zwei Ausführungsweisen hervorgehoben werden. Eine derselben betrifft die Anordnung beim Bau des Schaltwerkhochhauses Siemensstadt in Berlin[2]. Die Dachdecke ist eine gestelzte Hohlsteindecke zwischen I-Trägern. Auf diese wurden 3 cm Torfoleumplatten aufgebracht und mit einer 4 cm starken Betonschutzschichte gedeckt. Darüber liegt eine Isolierschichte und dann eine Lage von 5 cm hohen Stegzementdielen (Abb. 248). Die Torfoleum- und die Betonschichte sind bis in die Dachrinne hinaufgezogen. Das Dach hat ein Gefälle von 1 : 20.

Beim Bau des Hochhauses der Berg- und Hüttenwerksgesellschaft Prag ist die Dachdecke in nachstehender Weise ausgeführt: Die Hohlsteindecke erhält eine Lage von 2 cm Schlacke, dann 5 cm Schlackenbeton, zwei Lagen Dachpappe mit Asphalt und eine Pflasterung mit Fliesen in Zementmörtel.

[1] Mitteilungen der Reichsforschungsgesellschaft für Wirtschaftlichkeit im Bau- und Wohnungswesen E. V. Nr. 17.

[2] Hertlein, H.: Industriebau 1929, S. 62.

Eine andere empfehlenswerte Abdeckung der Dachdecke, die allerdings teuer ist, jetzt aber doch häufiger Anwendung findet, ist eine Kupferblecheindeckung, die den Wärmeänderungen besser nachgibt, dicht ist und den Witterungseinflüssen standhält.

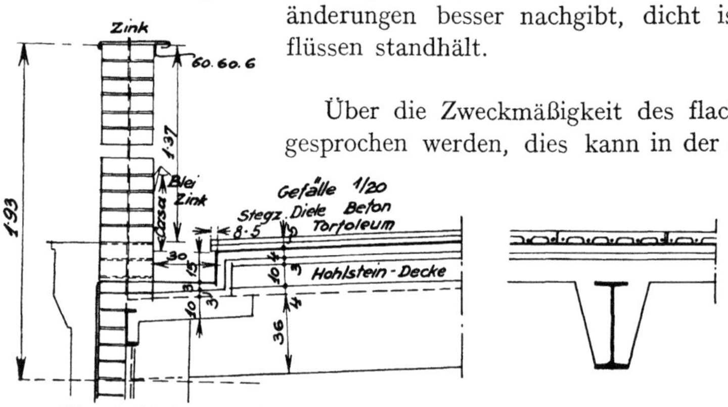

Abb. 248. Schnitt durch die Dachdecke, „Schaltwerk-Hochhaus", Siemensstadt. (Nach Hertlein: Industriebau 1929.)

Über die Zweckmäßigkeit des flachen Daches soll hier nicht gesprochen werden, dies kann in der einschlägigen Literatur verfolgt werden.

Wenn aber in besonderem Falle die Voraussetzungen für eine gute Ausführung solcher Dächer nicht vorhanden sind, kann man ohne weiteres ein ganz niedriges und mäßig geneigtes Holzdach mit entsprechender Eindeckung machen, ohne daß es von unten sichtbar sein muß. Eine solche Maßnahme ist allerdings doch ein nicht organischer Teil im Bauwerk und stört den sonstigen im Stahlbau verfolgten einheitlichen Baugedanken, den man nicht ohne triftigen Grund verlassen soll.

II. Abschnitt.

Ausmauerung der Wände und Umhüllung der Deckenträger.

1. Ausmauerung der Wände.

Die Ausmauerung der Wände erfolgt mit Ziegeln aller Art, deren Stärke nach statischen Gesichtspunkten, dem Widerstand gegen Wind und nach dem zu erzielenden Wärmeaufspeicherungsvermögen zu bemessen ist. Gewöhnlich wird eine 1 Stein starke Ziegelmauer verwendet die aber auch durch andere Füllbaustoffe, die mindestens obigen Gesichtspunkten entsprechen sollen, ersetzt werden können. Die Leichtbaustoffe ermäßigen das Wandgewicht und damit das Gewicht der Stahlteile, die sie stützen. Wie schon in Abschnitt I hervorgehoben, muß das Gewicht des zu verwendenden Füllmaterials der Wände bekannt sein oder sorgfältig ermittelt werden, um nachträgliche Verstärkungen der Tragkonstruktion zu vermeiden. Besonders bei neuen Baustoffen sind die Angaben über Gewichte gewissenhaft zu kontrollieren.

Für das gewöhnliche Mauerwerk sind die Gewichte nach den deutschen Vorschriften: „Berechnungsgrundlagen für die statische Untersuchung von Hoch- und Eisenbauten", Erlaß vom 24. Dezember 1919 zu verwenden. Danach hat man anzunehmen für Mauerwerk aus

Klinkern	1900 kg/m³	Schwemmsteine . . .	1000 kg/m³
gewöhnl. Ziegel	1800 „	Korkstein	600 „
porige Vollziegel	1100 „	Kalksandstein	1800 „
Lochziegel	1300 „	Kunstsandstein . . .	2100 „
porige Lochziegel . . .	1000 „		

Immerhin darf nicht vergessen werden, daß diese Gewichte je nach dem Feuchtigkeitsgehalte stark schwanken und bei frischem Mauerwerk sich größere Gewichte ergeben, die bei wandtragenden Stahlteilen Überbeanspruchungen, wenigstens eine Zeitlang ergeben. Wenn auch die Nutzlasten erst im fertigem Bau in Frage kommen, sobald die Mauern schon einen gewissen Grad der Austrocknung erreicht haben, so dürften einige Zahlen in diesem Belang von Interesse sein.

Im Laboratorium der Versuchsanstalt für Prüfung von Baumaterialien an der tschechischen technischen Hochschule in Prag sind von Prof. J. Klokner im Jahre 1929 eingehende Versuche über die Gewichte von Ziegeln und Mauerwerk durchgeführt worden, deren Ergebnisse angeführt werden sollen.

Es wurden die Gewichte von Ziegeln im Anlieferungszustand, bei 105 bis 110° C getrocknete und in genäßtem Zustand untersucht und folgende Mittelwerte erhalten:

a) Ziegelgewichte.

Tabelle 19. Gewichte von Ziegeln.

	Ausmaß mm	Gewicht kg			Gewicht kg/m³		
		Anliefer.-Zustand	getrocknet	genäßt	angeliefert	getrocknet	genäßt
Gewöhnl. gebrannte Ziegel	288 115 66	3,551	3,362	4,182	1628	1529	1902
Poröse Leichtziegel, voll . .	281 135 62	2,856	2,793	3,793	1210	1187	1612
Isostone. Steine	490 250 240	8,256	5,870	12,100	545 1001	387 710	795[1] 1465[2]

[1] Mit Berücksichtigung des Hohlraumes.

[2] Ohne Hohlraum. Die Durchnässung erhöht das Gewicht gegenüber dem getrockneten Zustand bei gewöhnlichen Ziegeln um 24,4%, bei Leichtziegeln um 35,7%, bei Isostone-Steinen um 106,5%.

b) Ziegelmauerwerk. Es wurden Blöcke aus den verschiedenen Ziegeln, deren Einzelgewichte unter a) bestimmt worden sind, mit den in der Tabelle angegebenen Abmessungen gemauert, die Gewichte der Blöcke nach 7, 14, 21, 38 Tagen bestimmt und die Mauergewichte pro m³ ermittelt.

Tabelle 20. Gewichte von Ziegelmauerwerk.

	Abmessungen in cm	Gewicht des Mauerwerkblockes in kg (nicht gefugt)				
		nach Fertigstellung	nach 7 Tagen	nach 14 Tagen	nach 21 Tagen	nach 38 Tagen
Block I	41,5 42,5 56,0	132,9	141,6	140,6	139,8	135,8
Block II	43,0 46,0 49,5	153,3	157,1	155,4	154,7	153,4
Block III	42,0 45,0 57,0	162,0	164,7	164,5	163,1	160,0
Block IV	66,5 33,5 101,0	207,3	198,3	197,4	197,2	196,6
Block V	63,5 44,0 103,0	241,8	248,8	245,8	244,7	241,3

Tabelle 21. Änderung des Raumgewichtes von Mauerwerkskörpern mit der Zeit.

	Abmessungen in cm	Gewicht pro 1 m³ Mauerwerk kg				
		nicht gefugt			gefugt	
		nach Fertigstellung	nach 7 Tagen	nach 14 Tagen	nach 21 Tagen	nach 38 Tagen
Block I	41,5 42,5 56,0	1342	1432	1420	1412	1373
Block II	43,0 46,0 49,5	1568	1602	1586	1580	1566
Block III	42,0 45,0 57,0	1501	1532	1525	1515	1485
Block IV	66,5 33,5 101,0	925	900	890	888	886
Block V	63,5 44,0 103,0	842	866	857	851	842

Die untersuchten Blöcke in obigen Tabellen waren in nachstehender Weise hergestellt:
Block I aus Leichtziegeln,
Block II aus gewöhnlichen Ziegeln,
Block III zur Hälfte aus gewöhnlichen, zur Hälfte aus Leichtziegeln,
Block IV gemischtes Mauerwerk aus Leichtziegeln und Isostonesteinen, wobei kein Hohlraum freigelassen worden war. Isostone auf einer Mauerseite, Ziegel auf der anderen satt angemauert, über jedem Isostonestein eine durchlaufende flache Ziegelschar.

Block V gemischtes Mauerwerk aus Steinen, wie bei Block IV, aber zwischen den verschiedenen Steingattungen ein 6,5 cm breiter Hohlraum auf jede Isostonesteinhöhe. Auch hier ist eine durchgehende Binderschar über jedem Isostonestein.

Das Gewicht des Kalkmörtels mit geringem Zementzusatz war mit 1700 kg/m³ festgestellt worden, nach der Austrocknung mit 1530 kg/m³. Im besonderen ist festgestellt worden, daß die Leichtziegelmauern ein höheres Gewicht hatten, als sonst angenommen wird. Dies hängt natürlich von der Herkunft und der Herstellungsweise ab. Immerhin zwingt dies zur Nachprüfung. Alle Blöcke sind mit denselben Maurern angefertigt worden, die die Arbeiten auf einem Baue, der zu überprüfen war, ausgeführt haben.

2. Wandausbildungen einfacher Art.

Als Wandauskleidung kann bei einfacheren Gebäuden, wie sie bei Riegelwandbauten üblich ist, die gewöhnliche Ausmauerung mit Ziegeln verwendet werden, und zwar ohne Verputz. Die Wandträgerflanschen bleiben dann sichtbar. Wählt man diese Ausführungsweise und verputzt die Felder, so ist es zweckmäßig, den Verputz nicht auch auf die Träger zu geben, da er sich mit der Zeit ablösen kann, außer man verwendet Drahtnetze. Ein Beispiel dieser Art gibt Abb. 249 vom Lagerhaus Lindt & Sprüngli, Kilchberg[1] wieder, bei welchem die Fensteröffnungen bis zur Decke reichen und deshalb auch die Verbindung von Wand und Decke konstruktiv einfach zu bewältigen ist. Die Auskleidung zwischen den Stützen erfolgte 12 cm stark in Ziegeln. Eine Einzelheit des Fensteranschlusses an dem Riegel ist gleichfalls aus der Abb. 249 zu ersehen.

[1] Eisenbau W. Koch & Co., Lagerhaus Lindt & Sprüngli, Kilchberg. Schweiz. Bauzg. Bd. 93, S. 213. 1929.

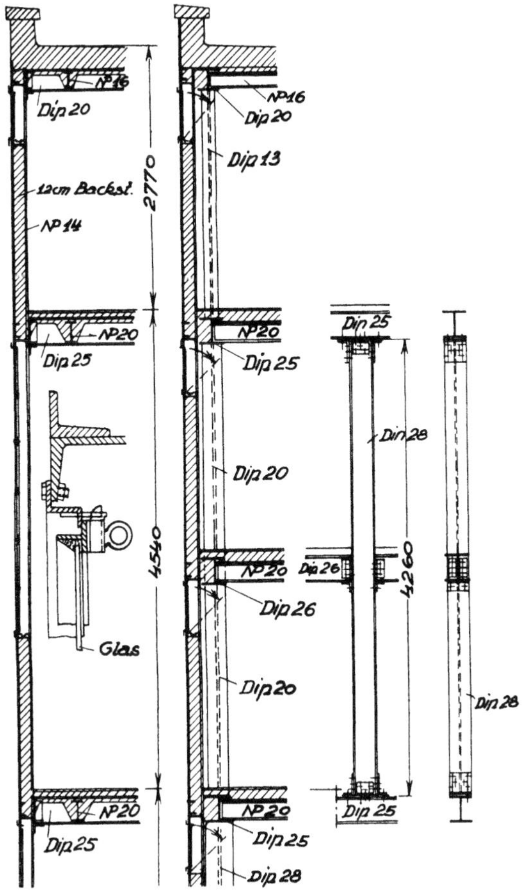

Abb. 249. Abb. 250.

Abb. 249 u. 250. Lagerhaus „Lindt u. Sprüngli“, Kilchberg. (Nach Eisenbau W. Koch & Co., Zürich: Schweiz. Bauztg. 1929.)

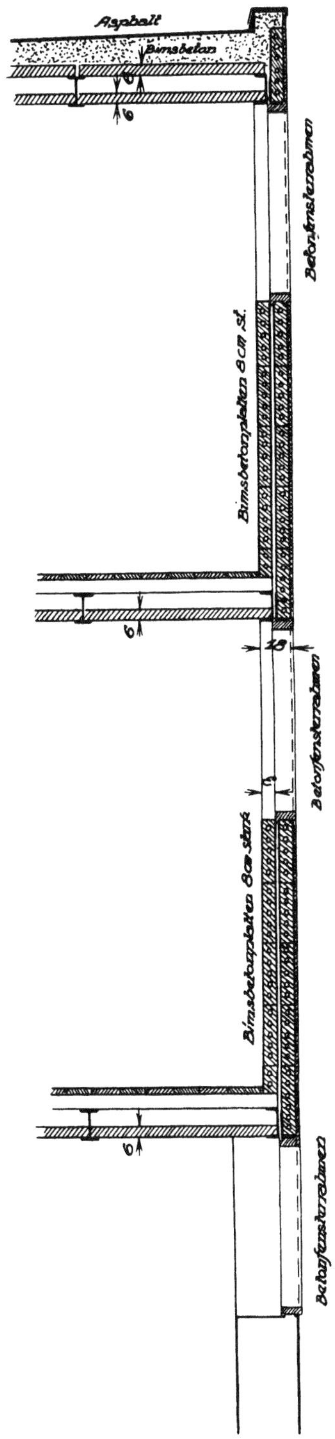

Abb. 251. Wohnhaus „Wenkenhalde“, Riehen. (Nach Artaria & Schmidt, Basel: Schweiz. Bauzg. 1928.)

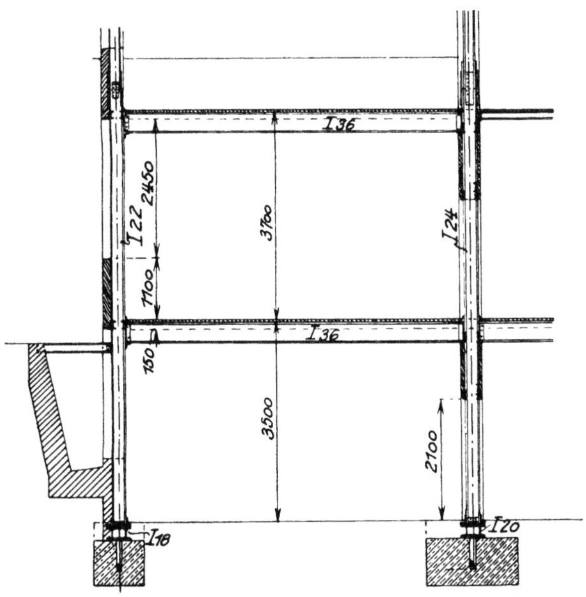

Abb. 252. Kunstgewerbeschule Stettin. (Nach Dr. Weißhaupt: Stahlbau 1929.)

Abb. 249 bis 252. Wandausbildungen.

Abb. 250 veranschaulicht die Ausbildung einer Wand, die später behufs Erweiterung des Gebäudes abgenommen und neu versetzt werden kann. Sie ist außerhalb der letzten Stützenreihe angeordnet, an diese angeschlossen, sonst aber in gleicher Weise ausgebildet.

Diese schwache Ausmauerung war von dem Gesichtspunkte aus gewählt, daß die Lagerräume in diesem besonderen Falle keines wesentlichen Kälte- oder Wärmeschutzes bedürfen.

Die Kosten des Stahlgerippes betragen 21,6% der Gesamtkosten.

Eine andere, ebenfalls einfache Ausführung für ein Wohnhaus[1] in Basel gibt Abb. 251. Die Stützen bestehen aus zwei C-Eisen N.P. 16 in 4,19 m Abstand. Die Ausmauerung der Wände geschah ohne Gerüst von innen aus; sie besteht aus zwei Bimsbetonplatten von je 8 cm Stärke und 100 × 33 cm Abmessung, voll auf Fug versetzt. Sie sind beiderseits verputzt und außen mit einem Ölanstrich versehen. Dieser ist wohl wasserabweisend, dürfte aber doch die Luftzirkulation behindern. Diese Wandausmauerung stützt sich auf C- und Winkeleisen, die in Deckenhöhe liegen. Die Fenster reichen oben bis zu diesen Frontträgern.

Auch die Decken bestehen aus 6 cm Bimsbetonplatten, die auf den Trägerunterflanschen liegen, und außerdem solchen von 8 cm Stärke, die oben aufliegen, so daß ein Hohlraum vorhanden ist. Oben ist dann ein Zementglattstrich und darauf Inlaid-Linoleum aufgebracht. Die Dachdeckenkonstruktion ist aus der Abb. 251 ersichtlich. Die Wandkosten waren bei dieser Ausführung geringer als bei einer tragenden, einen Stein starken Wandmauer. (Es kosteten pro 1 m² Wandfläche die Stützen 5 frcs, die besprochene Ausmauerung in Bimsbeton 10,8 frcs, zusammen also 15,8 frcs gegen 19 frcs bei einer Mauerung in Ziegeln.)

Von den einfacheren Ausführungen sei noch jene bei der Kunstgewerbeschule Stettin[2] besprochen, wo wegen der bis an die Stützen reichenden Fenster nur die Fensterparapete zu mauern waren und diese wegen des geringen Gewichtes auf einfachen Winkeln aufsitzen (Abb. 252). Die Umhüllung der Stützen ist in Abschnitt 12 angegeben.

3. Ummantelung von Deckenträgern und Unterzügen.

Das Deckenträgergerippe bedarf einer Ummantelung wegen des erforderlichen Feuerschutzes. Die Deckenträger erhalten entweder bei tiefliegender Decke durch diese den nötigen Schutz, bei hochliegenden durch die Stelzung in Beton. Nur die Unterkanten der Flansche bleiben auf diese Weise frei. In vereinzelten Fällen, wo voraussichtlich keine Brandgefahr vorliegt, bleiben sie auch für die Anbringung von Leitungen ungeschützt, wie beim Schaltwerkhochhaus Siemensstadt. Sonst jedoch sind sie zu schützen.

Abb. 253 zeigt eine Umhüllung eines Deckenträgers der Kunstgewerbeschule Stettin[3]. Man sieht die hakenförmige Verankerung der Deckeneisen am Oberflansch und die Bügelbewehrung zum Festhalten der Stelzung in Beton. Um den Unterflansch ist ein Ziegeldrahtgewebe geschlungen und dann ein 2 cm starker Putz angebracht. Eine ähnliche Ausbildung eines Unterzuges vom Geschäftshaus „Samt und Seide" in Mannheim ist in Abb. 254 wiedergegeben, die eine Anordnung eines Drahtnetzes vorsieht, das am Oberflansch angehängt und mit Putz versehen ist.

Solche Putzverkleidungen haben bisher immer ausgereicht und wurden früher sehr oft bei Kappendecken zwischen Trägern ohne Schaden ausgeführt, weil der Hauptteil des Trägers eingebettet ist. Neuartig ist die Trägerverkleidung (Abb. 255), die bei Brandversuchen an der Columbia-Universität in New York angewendet wurde[4]. Hier beträgt die Schutzschichtstärke am Unterflansch 5 cm. Es wurden vorher fabrikmäßig in Schlackenbeton gegossene, eisenbewehrte Winkelstücke von 2,5 cm Stärke auf Schalung verlegt. Sie hatten nach innen ragende Eisen. Dann wurde die Aerokret-Balkendecke eingebracht und der verbleibende Hohlraum ausgegossen. Dies gibt natürlich eine vollkommene Umhüllung, die sich auch bei der Brandprobe der mit 735 kg/m² belasteten Decke gut bewährt hat.

[1] Schweiz. Bauzg. Bd. 92, S. 147. 1928. [2] Stahlbau 1929, S. 278.

[3] Weißhaupt, Dr.: Berufsschulen und Kunstgewerbeschule Stettin. Stahlbau 1929, S. 278.

[4] Reichsforschungsgesellschaft für Wirtschaftlichkeit im Bau- und Wohnungswesen. Mitteilungen 1928, Nr. 17, Gruppe II 3 B, Nr. 3, S. 15.

Die erzielte Temperatur war 955° C. Der so erhitzte Balken wurde mit einem Wasserstrahl mit 27 kg Druck bespritzt. Nachdem die Decke eine halbe Stunde unter Feuer stand, begann der 1 cm starke Putz abzufallen, der restliche Putz fiel durch den Wasserstrahl ab. Oberhalb der Decke wurden 102° C Wärme nach 3 Stunden gemessen. Der Brandversuch dauerte 4 Stunden. Die Schlackenbeton-Umkleidung blieb völlig intakt, im Gasbeton waren Abbröckelungen von 12,7 bis 19 mm eingetreten. Die große Hitze war schon 25 Minuten nach Beginn des Feuers erreicht worden.

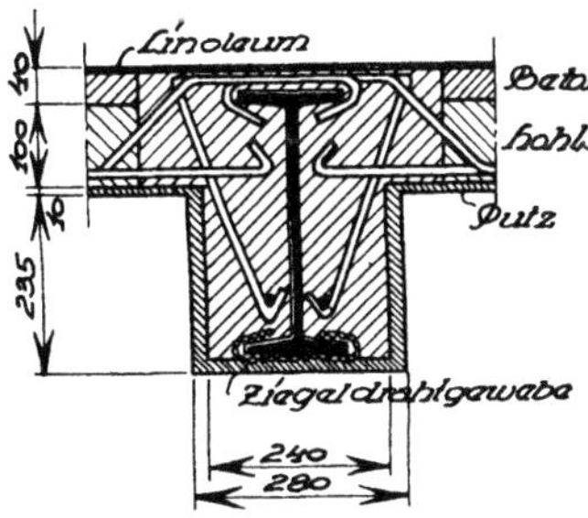

Abb. 253.

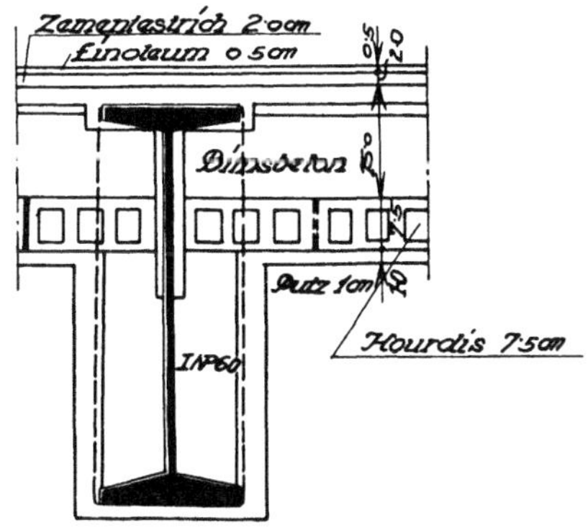

Abb. 254.

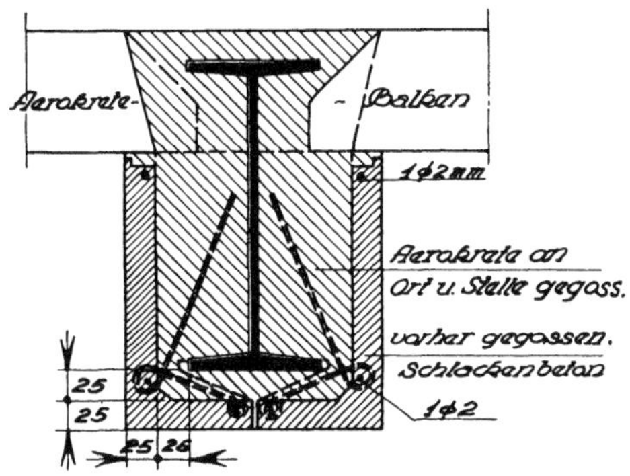

Abb. 255.

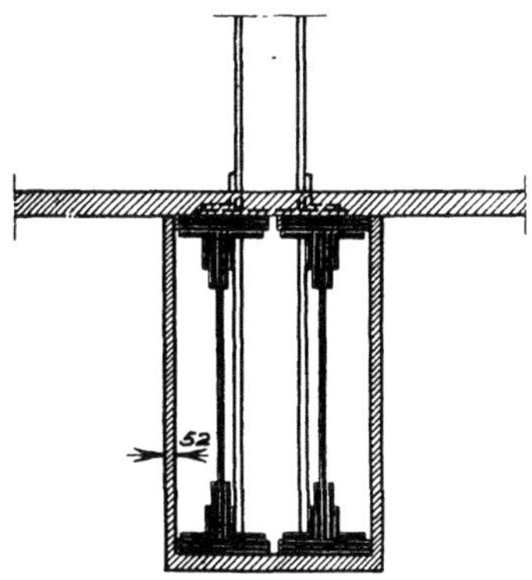

Abb. 256.

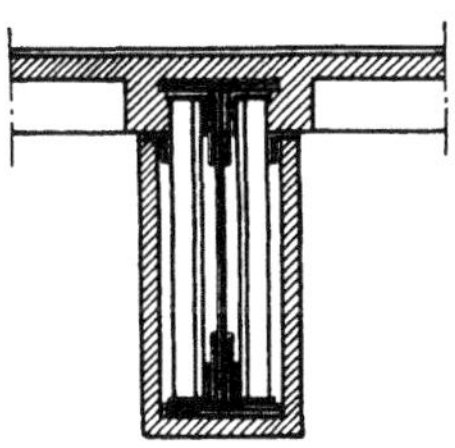
Abb. 257.

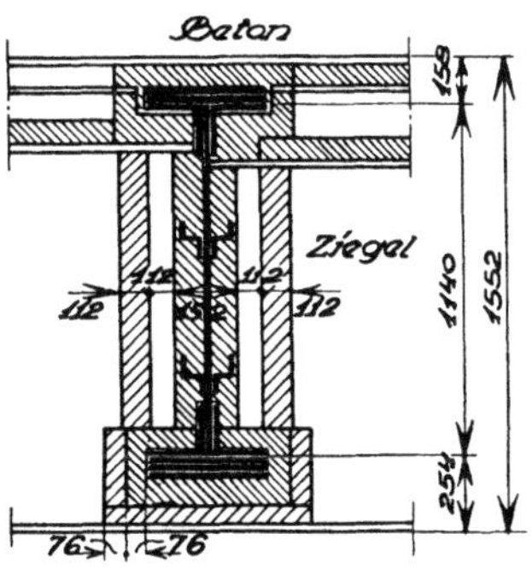

Abb. 258.

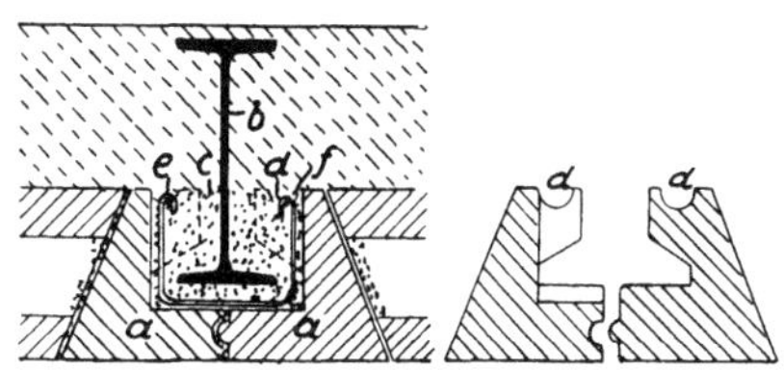
Abb. 259.
Eisenbewehrter Formstein für Trägerunterzüge.
(Patent Ober-Ing. Kilp, Neuwied: Bauwelt 1930.)

Abb. 253 bis 259. Ummantelung von Unterzügen.

Die Abb. 256, 257 zeigen amerikanische Ausführungen von Umhüllungen größerer Unterzüge, wobei eine Zementmörtelschichte von 5,2 cm auf ein Drahtgewebe aufgebracht worden war. Der Innenraum blieb hierbei hohl.

Aus Abb. 258 ist eine andere Ausführungsweise zu ersehen, wobei der schwere Träger von 1,24 m Höhe vollständig torkretisiert war, aber außerdem unter Freihaltung eines Luftraumes von je 11,2 cm beiderseits, unten noch eine Ziegelverkleidung ausgeführt wurde.

Die in Amerika übliche Ummantelung der Träger mit Formsteinen hat auch in Deutschland zu mannigfachen Ausbildungen geführt. Ein solcher eisenbewehrter Formstein ist in Abb. 259 ersichtlich gemacht, der den Unterflansch umschließt, zwei schräge Außenflächen aufweist, in welche sich keilförmig Hohlsteine einlegen lassen. An den Innenseiten der Formsteine sind Nasen angeordnet, die die richtige Lage der Betonrundeisen sichern sollen. Die beiden Steine sind unten mittels Feder und Nut angeschlossen und werden nach dem Versetzen innen mit Zementmörtel ausgegossen[1].

12. Abschnitt.

Ummantelung der Säulen.

Für den Bestand eines Stahlskelettbaues, soweit er zur Aufbewahrung und Erzeugung von leicht brennbaren Stoffen und zum Schutz der darin beschäftigten Personen dient, ist die Ummantelung von Säulen von größter Wichtigkeit.

Durch diese Ummantelung wird auch die Masse des Bauwerkes vergrößert, so daß es dadurch auch Erschütterungen besser widerstehen kann.

Bei den Bränden in San Francisco haben Stahlsäulen ohne Ummantelung bei hoher Temperatur nicht standgehalten und sind gesackt. Lamellen haben sich S-förmig überschoben, so daß die Tragfähigkeit der Säulen verlorenging.

Von ummantelten Säulen ist ein ähnliches Verhalten, wenigstens in Europa, nicht bekannt.

Mit der Einführung des Stahlskelettbaues in Europa sind bezüglich der Ummantelung von Säulen zwei Standpunkte vertreten worden. Einmal war man der Ansicht, die Ummantelung derart vorzunehmen, daß Hohlräume zwischen ihr und der Säule vorhanden sind. Diese Anordnung sollte isolierende Luftschläuche geben, welche neben der Ummantelung die Erhitzung der Stahlsäule vermeiden oder mäßigen sollte. Es hängt hierbei vom Wärmeleitvermögen des Ummantelungsstoffes und von der Art der Herstellung ab, ob der gewünschte Zweck ausreichend erfüllt ist. Bei lang andauernden Großfeuern werden diese Luftschichten gewiß auch wesentlich erwärmt und die Wärme an die Stützen abgegeben.

Der andere Standpunkt sieht eine Ummantelung in Ziegeln oder in irgendeiner anderen Weise vor und verlangt die völlige Ausbetonierung des inneren Hohlraumes. Es handelt sich also in diesem Falle um eine völlige Einbettung in die Umhüllung.

Diese letztgenannte Anordnung ist heute die übliche und von den Behörden verlangte. Auch bei den Bränden in San Francisco im Jahre 1906 haben mit einem Betonmantel versehene Stützen besser dem Feuer standgehalten als nur mit Ziegelmauerwerk umkleidete.

Der preußische Ministerialerlaß[2] II, 9. 161 vom 16. März 1925, betreffend baupolizeiliche Bestimmungen über Feuerschutz, besagt:

„Die feuerbeständige Ummantelung der an sich nicht feuerbeständigen walzeisernen Träger, Unterzüge oder Stützen erreicht man durch allseitiges feuerbeständiges Ausmauern oder Ausbetonieren der Eisenprofile, wobei die Flanschflächen wenigstens 3 cm Deckung von Beton mit eingelegtem Drahtgewebe oder von gebranntem Ton oder anderen als gleichwertig erprobten Baustoff erhalten müssen."

Bei wiederholt vorgekommenen Bränden in der Textilindustriestadt Brünn wurden vom Verfasser an Ziegelmauern, die im Feuer gestanden waren, nur feine Risse beobachtet. Bei den Mauerecken an Fensteröffnungen, die lange in Flammen standen, waren die Ziegel auf etwa 2 cm abgesprungen, feinere Risse drangen nicht tiefer als 2,5 bis 3 cm vor. In dem tieferen Innern des Ziegels war keine Wirkung des Feuers zu konstatieren.

[1] Patent Ing. Kilp, Neuwied: Bauwelt 1930. [2] Zentralbl. Bauverw. 1925, S. 159.

Nun sollen einige Arten der Ummantelung besprochen werden. In Abb. 260 ist eine I-Profil-Stütze vorerst mit einem Rabitznetz umhüllt, worauf der Zementmörtel aufgebracht ist. Darauf erfolgt der Verputz in gewöhnlichem Mörtel. Die kleinste Gesamtstärke des Schutzes ist 6,5 cm vom Flanschende der Stütze. Eine Ausmauerung einer Stütze mit I-Profil zeigt Abb. 261. Es wird mit Ziegelstücken ganz an das Profil angemauert, außen an die Flanschen noch eine Hochkantschichte gegeben, alles mit Zementmörtel verputzt und dann die Verblendung aufgebracht.

Einschließlich der Verblendung beträgt die kleinste Umhüllungsstärke 5 cm.

Abb. 262 zeigt eine Ausmauerung einer schweren Säule vom gleichen Bau, ohne Verblendung ist die kleinste Stärke der Umhüllung 9,5 cm.

Die in Abb. 260 bis 262 wiedergegebenen Ummantelungen stammen von der Brotfabrik Wittler, Berlin[1], Ausführung: H. Gossen, Berlin. Eine andere Ausführungsart[2] ist aus Abbildung 263 zu ersehen, die eine 5 cm starke Auskleidung erhält, während das Innere der Säule, die aus zwei C-Eisen besteht, ausbetoniert wurde.

Endlich ist in Abb. 264 das Beispiel einer völligen Ausbetonierung gegeben, die einen kleinsten Abstand der Stütze von der Außenkante von 4,5 cm zeigt.

Das Ausbetonieren von Stahlstützen mit eigener Schalung soll man vermeiden, da die Kosten der Schalung hinzukommen, die bei einer vorherigen Ummantelung in Ziegeln oder Mauerputz entfallen.

Sehr vorteilhaft ist die Ummantelung in Zellenbeton. Abb. 265 stellt eine Ausführung vom

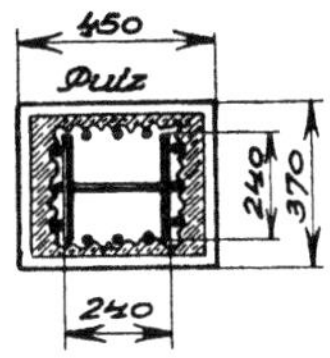

Abb. 260. II. Dachgeschoß.

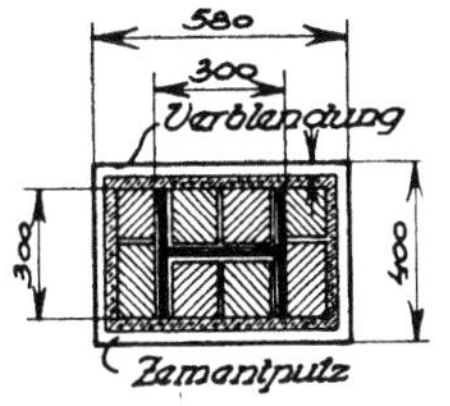

Abb. 261. III. Obergeschoß.

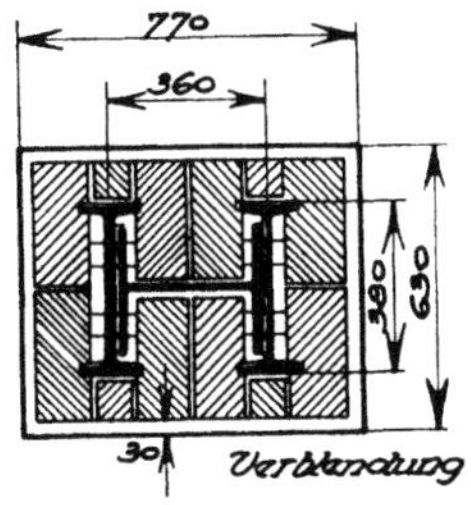

Abb. 262. Erdgeschoß.

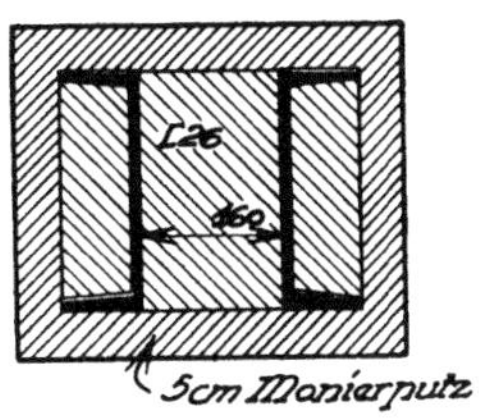

Abb. 263.

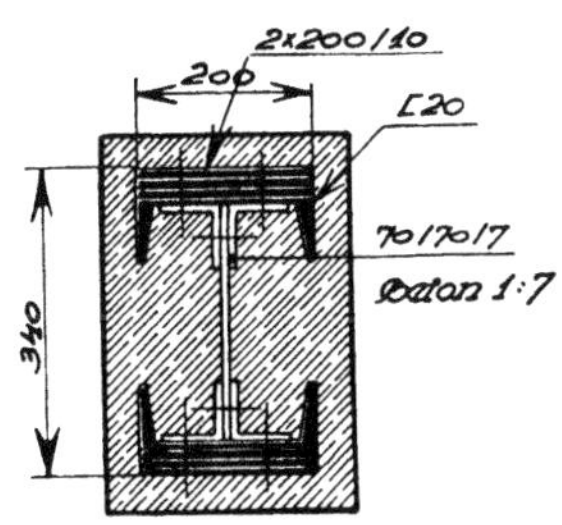

Abb. 264.

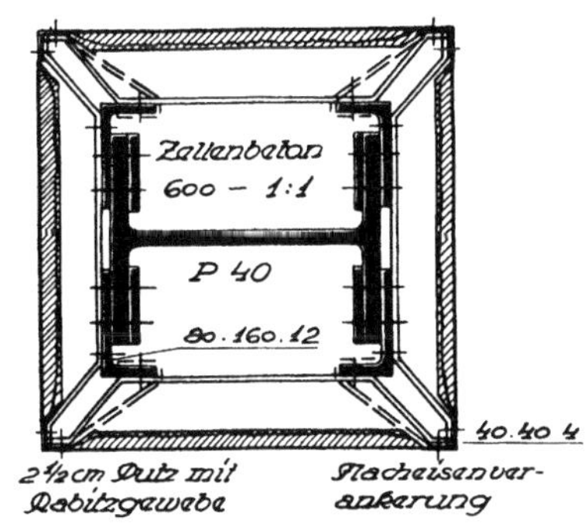

Abb. 265. „Zellenbetonumhüllung“.

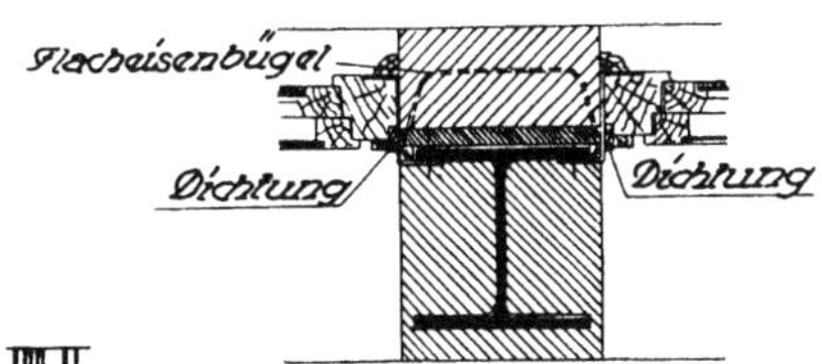

Abb. 266. Verkleidung der Stütze und Befestigung der Fenster.

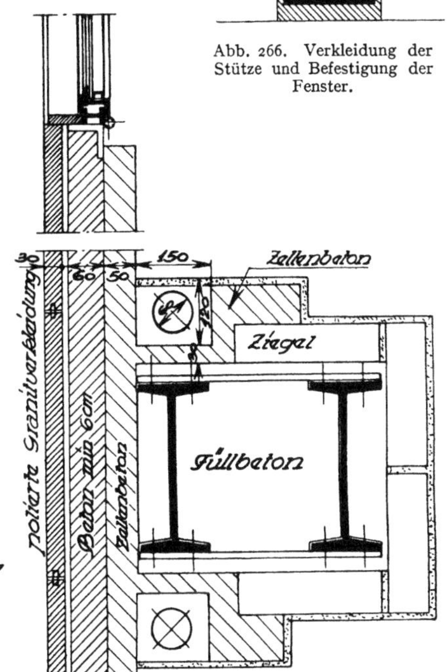

Abb. 267. Palais der Berg- u. Hüttenwerks-Gesellschaft in Prag.

Abb. 260 bis 267. Ummantelung von Säulen.

[1] Pohl, Dr.: Neubau der Brotfabrik Gebr. Wittler, Berlin. Stahlbau 1928, S. 102.

[2] Rahn, A.: Entwicklung des Stahlskelettbaues in Hamburg. Bautechnik 1929, H. 13.

Kühlhaus beim Roßkai in Hamburg[1] dar, wobei zunächst auf ein Rabitznetzgewebe ein 2½ cm starker Zementmörtelputz aufgebracht wurde. In diesem Falle sind die Säulenecken zum Schutz gegen Abschlagen noch mit Winkeleisen 40 × 40 × 4 gesichert, die in Abständen von etwa 1 m durch Flacheisenanker an die Stahlstütze befestigt sind. Der gesamte entstandene Innenraum ist mit Zellenbeton von 600 kg Raumgewicht im Mischungsverhältnis 1 : 1 ausgegossen. Die kleinste Schutzstärke beträgt 9 cm.

Infolge des geringen Raumgewichtes des Zellenbetons ist das Gewicht des Füllstoffes gegenüber einer Betonausfüllung 3½ mal kleiner, was die Säulengewichte und die Fundamentpressung stark entlastet. Das Gewicht der umhüllten Säule beträgt 612 kg/m gegenüber einer Ausfüllung mit Beton von 1110 kg/m. Es werden also 500 kg/m an Säulengewicht erspart.

Eine andere Ausführung einer Verkleidung der Stützen zeigt Abb. 266, die vom Bau der Kunstgewerbeschule Stettin[2] herrührt. Die Außenstützen sind mit ½ Stein starken Sommerfelder Klinkern verblendet. Damit diese mit dem Stützenprofil in einen Verband gebracht werden, sind in jeder Fuge Rundeisenbügel angeordnet, die an der Flanschinnenseite verankert sind. Außerdem sind Flacheisenbügel zum Festhalten der Fensterrahmen angeordnet.

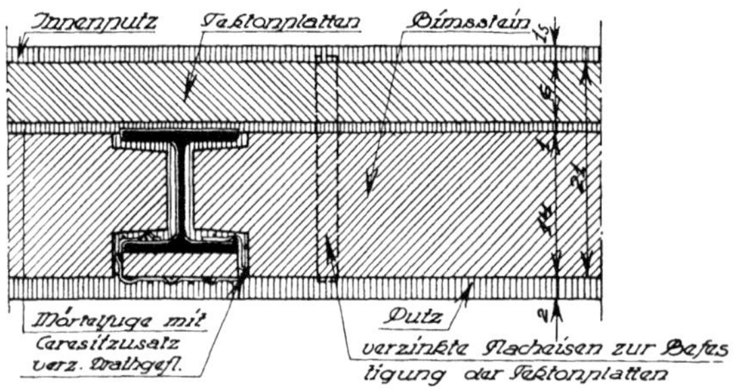

Abb. 268. Wohnhausbau. Schnitt durch Außenwand und Stütze. (Nach Haesler: Zentralbl. Bauverw. 1929.)

In Abb. 267 ist eine der Anordnungen der Ummantelung einer Außenstütze des Palais der Berg- und Hüttenwerksgesellschaft Prag wiedergegeben. Innen erfolgt die Umkleidung mit Leichtziegeln und Zellenbetonsteinen. Außen Zellenbeton, innen Füllbeton. Für die Leitungen sind eigene Kanäle freigelassen. Außen ist auf einer Mörtelschicht eine Granitsteinverkleidung mit Hakenbefestigung angebracht.

Befindet sich in der Verbindungsebene der Stützenachsen eine Trennungswand, so kann diese bis zu den Stützen herangemauert werden. Die noch etwa vorstehenden Stahlprofile werden dann mit 3 cm Rabitzwand umhüllt. Zur Festhaltung des Drahtnetzes werden waagerecht etwa alle 80 cm Drahtbügel um die vorstehenden Säulenteile mit etwa 2 cm Abstand gebogen, mit Drahtstiften in die Fugen der fertigen Mauer befestigt und dann das Drahtnetz gespannt, worauf die Herstellung der Ummantelung in Zementmörtel erfolgen kann.

Alle bisher angeführten Bauweisen können auch bei kreisförmiger oder vieleckiger Ummantelung von Säulen angewendet werden. Die Ummantelung ersetzt die Schalung für die Innenausfüllung mit Beton.

Bei den oberen Enden der Stützen, in der Höhe der oberen Decke, muß die Betonausfüllung besonders vorsichtig gemacht werden, damit der Feuerschutz durchwegs vorhanden ist. Zu diesem Zwecke muß dann nach Ausfüllung des Stützeninnern im letzten Stadium der Beton erdfeucht hineingestampft und mit dem letzten Ziegel die Ummantelung geschlossen werden.

In allen Fällen werden die Stahlsäulen nicht gestrichen.

In Amerika werden manchmal die Stahlstützen in Schalung einbetoniert, dann können aber diese Säulen als Eisenbetonstützen mit steifer Bewehrung berechnet werden, wie dies bei uns manchmal bei offenen Stiegenhausstützen gemacht worden ist.

Im Wohnhausbau werden kleinere Stützenprofile IP oder][verwendet, so daß es gelingt, die Stützen völlig in die Wände einzubeziehen. Architekt Otto Haesler[3] stellt die Wände aus Bimssteinen von 14 cm Stärke her, Abb. 268, wobei die Innenflucht dieser

[1] Zellenbeton, der neue Bau- und Isolierstoff S. 24.
[2] Weißhaupt, Dr.: Stahlbau 1929, H. 24, S. 278.
[3] Haesler: Stahlskelettbauweise für den Wohnungsbau? Zentralbl. der Bauverw. 1929, S. 760.

Steine mit den Flanschrücken flüchtig ist. Außen erhält der Flansch der Stütze ebenfalls dünne Bimssteine, die mittels eines verzinkten Drahtgeflechtes angepreßt werden. Die Zwischenräume werden mit Mörtel, der einen Ceresitzusatz erhält, ausgefüllt. Zur Isolierung der Außenmauer kommen auf eine Mörtelschichte noch 6 cm starke Tektonplatten, die durch verzinkte Flacheisen in die Wand eingebunden sind. Schließlich werden die Wände außen und innen verputzt. Die Wandstärke beträgt 24,5 cm und soll, auf die Isolierwirkung einer massiven Ziegelwand bezogen, eine Wärmehaltung wie eine solche von 95 cm Stärke haben.

Eine andere Bauweise führt die Torkret G. m. b. H., Berlin, aus[1], Abb. 269. Die Wand zwischen den Außenstützen wird mit fabriksmäßig erzeugten Bimsbetonhohlplatten, die

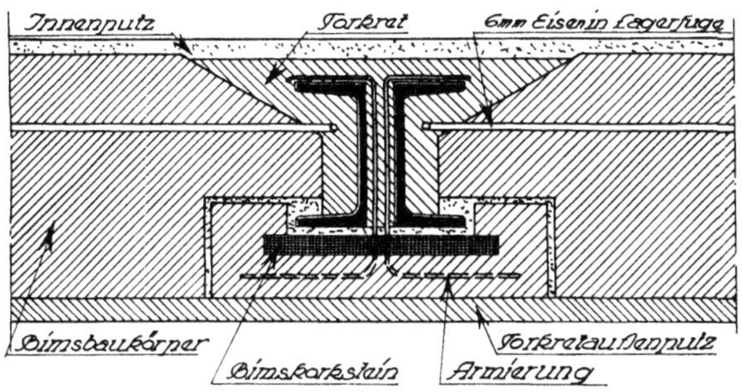

Abb. 269. Wohnhausbau. Torkret-Bauweise. Konstruktion einer Stutze.

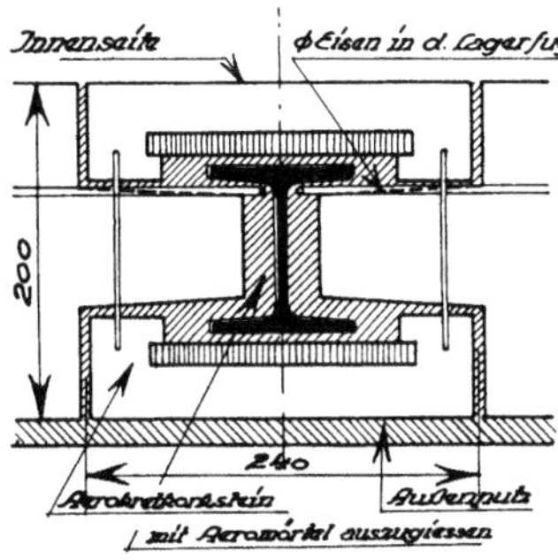

Abb. 270. Skelettbauweise „Torkret". Stützendetail.

vier ovale Löcher haben, hergestellt. Außen wird eine hakenartige Platte, die eine in der Fabrik schon eingebrachte Bimskorksteinplatte erhält, an die Stützen angelegt und mit Drähten an die zwei C-Eisen befestigt. Die restlichen Zwischenräume werden mit Torkret ausgefüllt, innen gewöhnlicher Putz, außen Torkretputz angebracht.

Die Bimsbaukörper werden voll auf Fug versetzt und mit 6 mm Rundeisen in den Lagerfugen eingebunden.

Die gleiche Gesellschaft hat eine patentierte Ausbildung[2] ähnlicher Art, nur mit Aerocretplatten in Gebrauch. Auch die Hakensteine, aus Aerocret mit Korkeinlagen hergestellt, finden aber sowohl innen wie außen Anwendung und sind zur besseren Zusammenfassung mit Rundeisen verklammert. Sie umschließen die aus einem IP-Eisen bestehende Stütze. Die Zwischenräume um die Stütze werden mit Aeromörtel ausgegossen (Abb. 270). Die Aerocretplatten sind nicht hohl, sie haben nur in den Wandfugen Hohlkehlen zur Aufnahme der Lagereisen und des Mörtels.

13. Abschnitt.

Schutzmittel gegen Feuer, Rost, Schall und Erschütterungen.

1. Feuersicherheit.

Der Baustahl verliert bekanntlich bei hohen Temperaturen zwischen 500 und 600° C seine Festigkeit, diese beträgt bei 600° C nur mehr ca. 1000 kg/cm². Am deutlichsten zeigen dies die Veröffentlichungen der British Fire Prevention Commission Nr. 65, die

[1] Schmuckler: Der Stahlskelettbau. Stahlhauskorrespondenz Nr. 4, März 1928, S. 10.

[2] Spiegel, H. Dr.: Mitteilungen der Reichsforschungsgesellschaft für Wirtschaftlichkeit im Bau- und Wohnungswesen. Mitteilung Nr. 27, 2. Jg., Nr. 5. 1929.

nachstehende Beziehungen zwischen der Temperatur und den Eigenschaften des Baustahles angeben:

Temperatur (° C)	−20°	+20	100	200	300	400	500	600	800
Zugfestigkeit kg/cm²	4100	3850	3950	5100	4750	3300	1900	1070	400
Elastizitätsziffer t/cm²	2070	2070	2010	1950	1880	1790	1510	1340	—

Nach Bach ergab sich ziemlich übereinstimmend mit den obigen Werten für gewöhnlichen Baustahl:

Temperatur	+20	100	200	300	400	500° C
Zugfestigkeit kg/cm²	4013	4254	5177	4932	3818	2698
Obere Streckgrenze kg/cm²	3608	3354	3492	2401		
Untere Streckgrenze kg/cm²	2810	2592	2365	2100		

Da bei Bränden Temperaturen bis 1000° C erreicht werden, muß in solchen Fällen eine ungeschützte Stahlkonstruktion zusammenbrechen. Daher ist ein Schutz des Stahls notwendig.

In großen Städten häufen sich Brände in letzter Zeit, was durch die Vermehrung der Betriebe mit feuergefährlichen Stoffen, Massenanhäufungen von brennbaren Gebrauchsgegenständen in Warenhäusern und Kurzschluß begründet ist. So hat derzeit Berlin nach Statistiken durchschnittlich ein Großfeuer täglich.

Die heute in Bürohäusern und Banken, manchmal in Garagen und industriellen Unternehmungen üblichen langen Raumfluchten ohne Zwischenwände tragen dazu bei, daß sich Brände rascher ausbreiten. Auch die Zunahme der Gebäudehöhen zwingt zu besonderen baulichen Maßnahmen, sobald sie höher sind, als die Verschubleitern der Feuerwehr (23 m) reichen, oder der Druck der Wasserleitung in Städten für solche Höhen nicht mehr ausreicht. Der Wasserschutz moderner Motorspritzen reicht in deutschen Städten etwa bis 30 m Höhe. Seitens der Feuerpolizei werden deshalb besondere Forderungen gestellt, die vornehmlich auf die Möglichkeit der raschen Rettung von Menschen hinzielen, und verlangen für jedes über dieser Höhe liegende Geschoß sogar eine eigene Treppenanlage mit feuersicheren Abschlüssen, um die Rauchausbreitung und Verqualmung der Rettungswege zu vermindern. Diese Forderung geht aber zweifellos zu weit.

Es ist ja bekannt, daß Lichthöfe und Aufzugschächte für Rauch und Feuer bei Bränden wie Schornsteine wirken.

a) Feuerbekämpfung. Als Schutz gegen eine Ausbreitung von Bränden wird in Gebäuden mit besonderer Brandgefahr oder dort, wo sich viele Menschen ansammeln können, gewöhnlich eine Sprinkleranlage ausgeführt, die durch Rohrleitungen in oder an der Decke bei bestimmter Temperatur selbsttätig eine Wasserberieselung an der Brandstelle bewirkt. Zu diesem Zwecke muß ein Wasserbehälter im obersten Geschoß untergebracht werden.

Eine solche Anlage ist natürlich teuer, aber sie erfüllt wohl in den meisten normalen Fällen den Zweck und setzt schließlich die Versicherungsgebühren der Gebäude herab.

Besondere Bedeutung gewinnt die Feuersicherheit bei Turmhäusern. Hier bereitet eigentlich die Wasserbeschaffung für Feuerlöschzwecke eine Schwierigkeit. Hochbehälter mit ausreichendem Wasserinhalt sind schwer, erhöhen die Säulenlasten und geben in den oberen Geschossen für Löschzwecke zu wenig Druck.

Andererseits haben bei Großfeuern die Motorpumpen manchmal so viel Wasser angesaugt, daß die vorhandenen Straßenrohrleitungen nicht ausreichten, weil die von ihnen in natürlichem Strömen zugeführte Wassermenge zu klein war.

Es wurde von Dr. Kalaß[1] festgestellt, daß der in Hochhäusern erforderliche Haus- und Betriebswasserverbrauch nur einen kleinen Bruchteil jener Wassermenge ausmacht, die für Löschzwecke bei Hochhäusern erforderlich ist, und schlägt im Boden außerhalb der Gebäude zu errichtende Wasserbehälter vor, die Wasser mittels Hochdruck-Zentrifugal-

[1] Kalaß, P. Dr.: Die Brandbekämpfung in deutschen Turmhäusern. Bautechnik 1926, S. 418.

pumpen in 10 bis 15 cm starke Steigleitungen pumpen, von denen dann Schlauchanschlüsse in die einzelnen Geschosse ausgehen. Um die Wirkung noch günstiger zu machen, sollen Druckwindkessel unmittelbar hinter die Pumpen[1] eingeschaltet werden. Die Steigrohre wären in den Treppenhäusern anzulegen.

Solche Anlagen würden auch bei sehr erheblichen Kältegraden, bei welchen das Wasser sonst schon im Spritzenschlauch gefriert (— 15° C), völlig betriebssicher bleiben.

b) Maßnahmen zum Feuerschutz. Als solche müssen jene baulichen Maßnahmen angesprochen werden, die den Feuerherd beschränken, wie Mauern, oder den unmittelbaren Schutz des Baustahls in der Konstruktion bewirken. Nach Erlaß des Ministers für Volkswohlfahrt vom 12. März 1925 ist zwischen feuerbeständigen und feuerhemmenden Bauweisen zu unterscheiden. Deckenunterzüge und Wände dürfen unter der Wirkung des Feuers und des Löschwassers ihre Tragfähigkeit und das Gefüge nicht wesentlich ändern.

Am besten feuerbeständig ist der gebrannte Ziegel, der schon bei der Erzeugung sehr hohen Temperaturen ausgesetzt ist und im Feuer nach Einwirkung des Löschwassers infolge plötzlicher Abkühlung Abblätterungen, Sprünge, Risse bekommt, die aber sehr oft nicht allzu tief reichen.

Löhmann[1] hat in einem Vortrage „Zur Verhütung der Brandkatastrophen" auch auf die Eigenschaften von Quarz hingewiesen, der sich bei seiner kritischen Temperatur von 600° C sprunghaft ausdehnt, daher Granit und sonstige quarzreiche Steine bei Gebäuden mit Brandgefahr nicht günstig sind. Deshalb soll man auch Zuschlagstoffe für Mörtel und Beton mit geringem Quarzgehalt anwenden. Von Zuschlagstoffen weisen alle bei hohen Temperaturen Raumänderungen auf, außer Hochofenschlacke. Als feuerbeständige Wände sind solche aus vollfugig gemauerten Steinen von mindestens ½ Steinstärke, Betonwände von 10 cm Stärke oder bewehrte Kiesbetonwände von 6 cm Stärke anzusehen. Letztere sind in Pfeiler oder Wände zu verankern.

Ummantelungen von Säulen, ob in Ziegeln oder Beton, können bei starker Erhitzung und darauffolgender Abkühlung auch abspringen oder sich schalenförmig ablösen. Dies hat sich jedoch nur bei verheerenden Bränden und minder sorgfältiger Ausführung gezeigt.

Bei den Hamburger Brandversuchen haben sich Umhüllungen mit Asbestkieselgur von 5 cm Stärke am besten bewährt, und zwar besser als 4 cm starke Monierkonstruktionen; Gipsdielen und Xylolith am wenigsten. Ein Luftraum zwischen Umhüllung und Stütze hat die Widerstandsdauer nicht erhöht. Beim Brand in San Francisco 1908 haben sich kräftige Ummantelungen mit Beton besser bewährt als Terrakottasteine. Nicht mit Drahtnetzen angebrachter Putz springt bei hohen Temperaturen ab.

Dehnungsfugen müssen mit einer nicht brennbaren elastischen Masse ausgefüllt sein, wenn sie nicht die Flammen in das Obergeschoß durchschlagen lassen sollen, was geschehen ist, sobald dieser Forderung nicht entsprochen wurde.

Schließlich wird heute richtigerweise vielfach verlangt, daß die Decken unter dem Dachgeschoß auch feuersicher und wasserdicht gemacht werden sollen. Dies kann bei Dachstuhlbränden die unteren Geschosse schützen. Gegen Verqualmung der Treppenhäuser sind Entlüftungsanlagen an höchster Stelle notwendig.

2. Rostschutz des Stahls.

Wegen der Rostgefahr des Stahls in Skelettbauten müssen die Umhüllungen des Gerippes derart durchgeführt werden, daß ein Rosten der Tragwerkteile vermieden wird. Dabei sind jene Teile mehr gefährdet, die sich in den Außenwänden befinden, weil diese mit der feuchten Luft unmittelbarer in Berührung kommen als die innen liegenden Deckenkonstruktionen.

Immerhin sind, um der Rostgefahr zu begegnen, Schutzmaßnahmen bei den neueren Bauten getroffen worden, die bei zweckmäßiger Wahl völlig ausreichend sind. Langjährige

---

[1] Löhmann: Gesichtspunkte zur Verhütung von Brandkatastrophen. Bauing. 1930, S. 70.

Erfahrungen liegen noch nicht vor. Aber in Amerika, wo diese Bauweise schon lange heimisch ist, hat man beispielsweise bei der Abtragung des Madison Square Building die Stahlteile nach 35jährigem Bestehen noch frei von Rostansätzen gefunden[1]. Eine amerikanische Firma, die schon eine große Zahl von Gebäuden abgetragen hat, fand nirgends gefährliche Rosterscheinungen und konnte sogar 90% der ausgebauten Deckenträger wieder verwenden. Dabei muß man bedenken, daß damals allgemein die Umhüllung mit Terrakottasteinen mit Luftzwischenräumen üblich war. Auch bei uns sind bei Umbauten, die alte Stahlkonstruktionen freigelegt haben, keine nachteiligen Rosterscheinungen festgestellt worden. Abb. 271 gibt den Zustand der Stahlkonstruktion des Waldorf Astoria Building in New York bei der Abtragung des Gebäudes wieder, die 39 Jahre nach dem Bau erfolgte. Die Stahlteile sind rostfrei befunden worden, sogar die Firmenaufschriften sind noch auf den Trägern sichtbar[2].

Abb. 271. Zustand der Stahlkonstruktion des Waldorf Astoria Building in New York nach 39 Jahren. (Nach F. H. Frankland: Engg. News Rec. 1930, Bd. 104, S. 807.)

Der Rost stellt bekanntlich eine Oxydierung des Eisens in Gegenwart von Sauerstoff, Kohlensäure und Wasser dar. Die gleichzeitige Anwesenheit von Säuren (Säuredämpfe oder Gase, schweflige Säure) wirkt befördernd, die Anwesenheit von Basen und basischen Salzen in nicht allzu großer Verdünnung (Kalkwasser) wirkt verzögernd[3]. Ein Schwefelgehalt in der Luft über 0,6% beschleunigt das Rosten.

Man muß vor allem die Feuchtigkeit vom Stahl abhalten, deshalb soll der Außenputz der Gebäude mit gutem Zementmörtel hergestellt werden, der entsprechend dicht ist. Der Luftzutritt ist außerdem bei einer umhüllten Konstruktion wesentlich anders als bei im Freien befindlichen Stahlbauten, wo an Stellen mit losgelöstem Anstrich geradezu durch das in viel höherem Maße erfolgende Festsetzen von Wasser und Feuchtigkeit Herde für die Rostbildung entstehen.

Die Bildung von Schwitzwasser im Innern der Ummantelungen der Säulen muß vermieden oder auf ein Mindestmaß zurückgeführt werden.

Beide Schädlinge des Stahls, Luft und Wasser, hält man am besten durch eine Ausbetonierung der Stützen fern, die man innerhalb der Ummantelung der Stützen mit Ziegeln vornimmt. Das Stahlgerippe ist dabei nicht mit einem Anstrich zu versehen, da er das Anhaften des Betons verhindert.

Anstriche mit Kalkmilch sind nicht dauerhaft, sie blättern sehr bald ab und werden bei der Montage beschädigt.

Jedenfalls ist eine Torkretisierung der Stahlteile vor der Ummantelung oder vor dem Ausgießen mit Beton sehr zweckmäßig, da sie ziemlich dicht ist und bei Nachbehandlung mit Wasser die Schwindwirkung verringert wird. Sie ist allerdings kostspielig und wird wohl nur in besonders wichtigen und heiklen Fällen angewendet werden. Dabei soll die Ummantelung und der Verguß mit Beton schon bald nach der Tor-

[1] Iron Age 1926, S. 1200; Illies, H.: Korrosion von Eisenkonstr. u. deren Verhütung. Bauing. 1927, S. 188.

[2] Eng. News Rec. Bd. 104, S. 807. 1930.

[3] Mathesius: Die physikalischen und chemischen Grundlagen des Eisenhüttenwesens.

kretisierung vorgenommen werden, damit der Verbund zwischen Torkret und Beton inniger wird.

Die Bildung von Schwitzwasser im Innern von Ummantelungen, wenn kein sattes Anmauern an Stützen erfolgt, wird offenbar sehr überschätzt. Natürlich darf nicht vielleicht in das Säuleninnere Feuchtigkeit oder gar Wasser von oben, etwa infolge von Undichtigkeiten der Dacheindeckung, eindringen. Deshalb ist auf die Isolierung der Dachdecke und aller Wasserabflußrinnen sowie aller Verschneidungen der Dachdecke mit über das Dach noch hinausragenden Bauteilen (Aufzugsaufbauten usw.) besondere Sorgfalt zu verwenden.

Ein erhöhter Rostschutz kann auch durch geeignete Wahl des Stahlmaterials für die Stahlskelettbauten erzielt werden.

In letzter Zeit sind viele Versuche mit schwerrostenden Stahlsorten durchgeführt worden. Ein Zusatz an Kupfer vermindert die Rostgefahr. Es sind Zuschläge an Kupfer von 0,25 bis 0,5% angewendet worden. Größere Zusätze an Kupfer beeinträchtigen jedoch die Festigkeit.

Auch für St 48 hat ein geringer Kupfergehalt die Rostgefahr vermindert, ebenso bei Si St. Aber selbst der nicht mit Kupfer legierte Si-Stahl besitzt einen größeren Rostwiderstand als der gewöhnliche Baustahl.

Auch das Armco-Eisen, das technisch rein mit sehr geringen Beimengungen (nur 0,15%) ist, rostet wenig, besitzt aber geringere Festigkeit und ist außerdem auch teuer, so daß es im großen nicht verwendet werden kann.

Erheblichen Rostwiderstand bietet der Union-Baustahl mit 0,7 bis 0,8% Kupfergehalt. Löslichkeitsversuche mit solchem Stahl in stark verdünnten Säuren mit und ohne Walzhaut haben eine Gewichtsabnahme von nur $^1/_{10}$ bis $^1/_{12}$ jener bei St 37 ergeben[1].

Bisher wurde vom Rostschutz jener Baustoffe gesprochen, die zur Herstellung des Trägergerippes von Stahlbauten verwendet werden. Weniger für solche Konstruktionen als mehr für die architektonische Ausschmückung und im Freien ohne Schutzmittel verwendbar ist der von Krupp erzeugte nichtrostende Sonderstahl V 2 A — Nirosta. Er bleibt auch bei Witterungseinflüssen blank. Für reine tragende Konstruktionsteile ist er derzeit noch zu teuer.

Ohne auf die Rostschutzmittel einzugehen, die bei Stahlkonstruktionen, welche nicht ummantelt werden, angewendet werden können, wie etwa bei Glasdächern, und bei denen sich bisher ein guter Anstrich bei entsprechender zeitgerechter Erneuerung am besten bewährt hat, sei nur auf die jüngste Entwicklung auf diesem Gebiete hingewiesen.

Man hat versucht, und zwar mit Erfolg, die Sprossen der Glasdächer mit einem Emailüberzug zu versehen. Solange der Stahl die Streckgrenze nicht überschritten hat, soll kein Abspringen des Emails erfolgt sein[2].

3. Schallschutz.

Die sich immer steigernden Verkehrsgeräusche in großen Städten durch Autos, Fuhrwerke, Straßen- und Hochbahnen und andere, die Industrie- sowie Hafenanlagen begleiten, erfordern besondere Maßnahmen, um die Übertragung und Fortleitung in die Gebäude zu hindern oder wenigstens zu dämpfen. Zu diesen Geräuschen treten noch jene im Innern entstehende durch Aufzüge, Wasserleitungen, Ventilatoren bedingte, sowie die Arbeitsgeräusche. Es ist für Stahlgebäude schon deshalb ein erhöhter Schutz notwendig, weil die Wände wesentlich geringere Stärken besitzen als im Mauerwerkbau, wenn auch die Einwirkung des Lärmes bei Stahlbauten geringer ist als bei Eisenbetonbauten, da erstere nicht so ein großes Fortleitungsvermögen besitzen wie die homogenen Eisenbetongerippe.

---

[1] Schulz u. Buchholz: Hochwertige Baustähle für den Großstahlbau. Z. V. d. I. 1929/II, S. 1573.

[2] Eberspächer, P.: Glasdächer und Korrosion. Bericht über die 2. internat. Tagung für Brückenbau und Hochbau S. 604. Wien 1929.

Man kann da in Eisenbetonbauten in dieser Hinsicht sehr ungünstige Beobachtungen machen. Schon im Wohnhausbau oder in Schulen und Hotelbauten, wo Eisenbetondecken bei mangelnden Vorkehrungen verwendet worden sind — und solche Maßnahmen werden wegen der Kosten oft unterlassen —, übertragen sich Geräusche in unliebsamer Weise in alle Stockwerke. Diese Hellhörigkeit solcher Bauten kann sich manchmal zur Unerträglichkeit steigern. Sie tritt da in besonderem Maße auf, wo große, ausgedehnte Räume mit nicht allzu großer Höhe geschaffen werden, wie in Cafés oder Restaurants, Versammlungsräumen, die in oberen Geschossen untergebracht sind. Der Gesprächslärm reflektiert mit ungedämpfter Kraft an den Wänden und besonders an den Eisenbetondecken oft mehrere Male, was bei hohen Räumen nicht in dem Maße der Fall ist, so daß ein primäres und sekundäres störendes Stimmengewirr entsteht. Auch Räume mit kreisrunder oder elliptischer Form sind in dieser Hinsicht sehr empfindlich, namentlich in der Nähe der Wände oder den Brennpunkten.

In Theater- oder Konzertsälen kann man bei Ausführung in Eisenbeton ähnliche Erfahrungen machen, sobald die kahlen Wände unverkleidet bleiben. Auch hier sind die Störungen oft doppelter Art, einmal durch Geräusche, die von außen kommen (elektrische Straßenbahn, Autos) oder von anschließenden Nebenräumlichkeiten (Restaurationsbetrieb) herrühren, und andererseits durch die starke Reflexion des gesprochenen Wortes oder der Musik in den Sälen selbst. Musikalischen Darbietungen fehlt der warme, geschlossene Ton, der bei getäfelten Wänden so charakteristisch ist, während er in nackten Eisenbetonbauten hart und kalt wirkt. Fehlende Resonanz und starker Nachhall sind solchen Bauten eigen. Die Tonwirkung ist nicht geschlossen, sondern gelangt analysiert und leider oft mit starker Phasenverschiebung bei mehrfacher Reflexion an das Ohr.

Zu diesen Übelständen kommen sehr häufig noch die Geräusche von nicht gut isolierten Ventilatoren, so daß von einem musikalischen Genuß in solchen reinen Eisenbetonbauten nicht gesprochen werden kann.

Alle diese Nachteile liegen bei Stahlbauten mit Ziegeldecken, -wänden und mit Ziegeln umkleideten Stützen nicht vor oder sind erheblich geringer. Der Stahlbau ist in diesem Belange viel günstiger, selbst wenn keine weiteren schalldämpfenden Maßnahmen getroffen werden.

Um in solchen Fällen den Straßenlärm von Konzertsälen abzuhalten, wurden manchmal noch durchgehende, schallisolierende Wände zwischen den Gebäudeaußenwänden und den Saalwänden zwischengeschaltet, die gute Erfolge zeitigten. Solche Wände müssen allerdings die Säle nach allen in Frage kommenden Seiten konsequent abschließen und in schallsichere Decken eingebunden sein, so daß sie eine Schale um den Saalkern bilden. Die Ventilationsschläuche geben wohl noch eine Verbindung mit der Außenluft, aber bei entsprechender Hochführung über das Dach ist die Lärmsphäre der Straße schon von geringerem Einfluß.

Man unterscheidet den Luftschall, wobei die Luft das übertragende Medium für die Schallfortpflanzung darstellt, und den Körperschall, der in den festen Körpern weitergeleitet wird und durch Luftschall ausgelöst werden kann oder durch unmittelbare Stöße, Erschütterungen, Reibung von Gegenständen, des Menschen auf festen Decken oder Wänden.

Aufgabe der Bautechnik ist es, die Fortleitung des Körperschalles zu hindern.

Als Maßstab für zweckmäßige Anordnungen zur Verhinderung der Schallverbreitung ist der Schallwiderstand maßgebend; er wird nach Michel[1] als Produkt der Schallfortpflanzungsgeschwindigkeit v in m/sec und der Materialdichte γ in kg/dm^3 definiert. Einige Zahlen sollen der angegebenen Quelle entnommen werden. (Tabelle 22.)

---

[1] Michel, Dr.: Der Schallschutz im Hochbau. Zentralbl. Bauverw. 1929, S. 633. Kreuger, A.: Untersuchung über das Schallisolierungsvermögen von Baukonstruktionen. Schalltechnik 1928, S. 29. Chrisler u. Snyder: Transmission of sound through wall and floor structures, Bureau of Standards journal of research 1929, S. 541. Reiher, H.: Heizung und Schallschutz. Gesundhtsing. 1927, S. 699.

Gegen Körperschall sind nach dieser Tabelle Kork, Kautschuk, Filz, Gummi und Luft geeignete Schutzmittel.

Tabelle 22. Schallwiderstand.

Stoff	v	γ	$v\gamma$
Blei	1500	11,3	14700
Glas	5000	2,6	13000
Stahl	5100	7,85	40000
Eisenbeton	4000	1,5	6000
Ziegel	3600	1,5	5400
Holz	4000	0,4—1,0	1600—4800
Kork	450	0,24	108
Kautschuk	40	0,9	36
Luft	330	0,0013	0,43

Die bautechnischen Maßnahmen zur Erzielung eines ausreichenden Schallschutzes haben sich zu erstrecken:

1. Auf die Unterbindung der Schallfortpflanzung in Decken, Wänden, die bei Betrieb von Maschinen durch Lagerung auf diesen, durch Bewegung und Arbeitsvorgänge von Menschen entstehen, sowie bei Stößen und Erschütterungen, die die Decken unmittelbar erleiden.

2. Auf die Abbremsung des Luft- und Bodenschalls.

3. Auf die Begrenzung des Nachhalls in Räumen, wo dieser besonders störend empfunden wird, durch Wahl richtiger Verhältnisse in den Raumabmessungen, der geeignetsten Raumform von Einbauten, Verkleidungen, Stoffbehängen. Diese Fragen sind aber mehr bauakustischer Art.

Decken leiten nicht nur den Körperschall fort, sie erzeugen vielmehr durch Schwingungen bei der Belastung noch Luftschallschwingungen.

Die beste Bekämpfung der Schallfortleitung liegt in dem unmittelbaren Zusammenschluß von Baustoffen mit sehr verschiedenem Schallwiderstand und Zwischenschaltung von Isolierstoffen bei Lagerungen von Trägern, Maschinen und Motoren, weil dann eine Reflexion der Wellen an den Trennungsflächen erfolgt, deren Grad von dem angewendeten Isoliermittel abhängt. Die Tabelle über den Schallwiderstand gibt da guten Aufschluß.

Feste Baustoffe leiten den Schall auf große Entfernungen leicht fort, und zwar um so mehr, je geschlossener die Konstruktion ist. Eisenbeton ist in dieser Hinsicht infolge des monolithischen Zusammenhanges und des ungestörten Weiterleitungsvermögens für die Schallfortpflanzung sehr empfindlich.

Erfolgt nun eine Ausfüllung der Wandfache bei Eisenbetonbauten durch Ziegel, so kommen zwei Baustoffe zusammen, die keinen allzu großen Unterschied zwischen den Schallwiderständen ergeben (6000 gegen 5400).

Dahingegen ist bei einer Ausfüllung der Wände von Stahlgerippbauten mit Ziegeln dieser Unterschied viel größer (40000 gegen 5400), was die günstigere Isolierfähigkeit solcher Bauten deutlich zeigt. Hierzu kommt noch, daß auch die Stützen von Stahlbauten umkleidet werden, während das bei Eisenbetonbauten nicht erfolgt. Treten noch sonstige isolierende, bauliche Maßnahmen hinzu, so wird dies noch günstiger.

Haben solche Isolierstoffe bei Stützenfüßen oder in Fundamenten größere Drücke aufzunehmen, so müssen sie dafür geeignet sein. Sie müssen, sobald sie porös sind, den Luftaustritt durch dichte, dauernde Imprägnierung verhindern, denn wenn dies nicht der Fall ist, so werden sie mit der Zeit unwirksam. Man verwendet da Preßkork (Korsil) oder bei einer Beanspruchung von mehr als 15 kg/cm² Antivibrit, der bis 200 kg/cm² belastet werden kann[1].

Luftgefüllte Hohlräume werden heute nicht mehr als Schallschutz angesehen, sondern es erfolgt zweckmäßig eine Ausfüllung der Hohlräume mit isolierenden Stoffen (Schlacke, Kieselgur, Torfmull), oder man verwendet überhaupt einschalige Wände, die mit Isolierstoffen unmittelbar verbunden werden, und zwar mit solchen, die einen sehr verschiedenen Schallwiderstand haben, so daß an den Berührungsflächen solcher Stoffe Schallabsorption eintritt.

[1] Lindenau: Schallisolierung im Hochbau. Bauing. 1928, S. 316. — Schalldämpfung, Schalltechnik 1928, S. 1.

Auch die Porosität der Baustoffe spielt hier eine Rolle, je poröser der Stoff ist, desto größer die Schalleitung.

Wo es sich um einen besonderen Schallschutz handelt, wie in Krankenhäusern, Sanatorien, auch in Hotels, kann man bei Decken durch Zwischenschaltung von Dachpappe auf Steg und Flansch von Deckenträgern die unmittelbare Berührung der Deckensteine mit den Stahlteilen vermeiden. Auch bei Wänden kann durch Auflegen solcher Isoliermittel auf die obere Trägerflansche ein guter Schallschutz erzielt werden.

In Gebäuden für Radio-Sendeanlagen hat man sogar an den Stützenstößen solche Zwischenlagen von mit Draht bewehrten Asbestplatten eingeführt, um die Schallisolierung zu erzielen (Prag).

Solche Anordnungen kann man auch bei Deckenträgern treffen, die auf Mauerwerk aufruhen. Sie sind dann mit dem weiteren aufgehenden Mauerwerk nicht zu verbinden, es sollen vielmehr Luftzwischenräume an den Trägerstirnen gelassen werden.

Auch der Fußbodenbelag kann bei Verwendung von Linoleum und Gummi gute Schallisolierung bringen. Fußbodenestriche sollen an den Wänden eine Fuge mit Goudron- oder Teerausfüllung erhalten. Polsterhölzer können auch auf Dachpappestreifen verlegt werden.

Überhaupt muß, um Decken schallsicher zu machen, zwischen Belag und der Tragkonstruktion eine durchgehende Isolierung vorgesehen werden (Schlackenausfüllung). Sand ist unbedingt zu vermeiden. Antiphon soll sich gut bewährt haben. Bei 2 cm Stärke isolierte es 19mal besser als Sand und 2½mal besser als Torf gleicher Stärke.

Jede Unterbrechung durchgehender Isolierungen schwächt ihre Wirkung.

Die Luftschall-Fortleitung wird durch undichte Türen und Fenster sowie die Schlüssellöcher in ersteren begünstigt. Die neueren eisernen Konstruktionen für Türen und Fenster ermöglichen ein viel satteres Anliegen, der doppelte Anschlag wirkt schallisolierend. Der Nachteil des Schwindens wie bei hölzernen Konstruktionen kommt hier nicht in Frage, so daß auch solche Stahlfenster und Türen bei guter Ausführung und Erhaltung eine dauernde Schallsicherheit verbürgen. Wesentlich ist eine gute Falzdichtung und überall gleichmäßiger Anschlag.

Wasserleitungsrohre müssen in Gebäuden, wo auf gute Schalldichtheit Wert gelegt wird (Hotels, Sanatorien), an allen Durchgangsstellen durch Decken und an den Befestigungsstellen mit einer Gummiisolierung versehen sein. Abteilungswände für Klosette und Badezimmer an den Anschlußstellen bei Decken und Fußböden sollen mit einer isolierenden Zwischenschichte ausgestattet werden.

Durch entsprechende düsenartige Ausbildung des Ausflußhahnes bei Waschtischen ist es möglich, einen durchwegs geschlossenen Wasserstrahl bis zum Auftreffen auf die Waschmuschel zu erzielen, der völlig geräuschlos fließt. Ein gutes Dichthalten und eine häufige Beseitigung der Luft in den Leitungen vermindern das Strömungsgeräusch.

4. Schutz gegen Vibrationen und Erschütterungen.

Die Vibrationen und Erschütterungen des Straßen- und Bahnverkehrs, von Kranen und sonstigen Maschinen im Betriebszustand werden durch den Boden fortgeleitet. Zur Behebung dieser Verkehrsbeben sind sowohl Maßnahmen bei der Herstellung der Straßen durch geräuschlose Pflasterung, elastische Gleisbettung notwendig, als auch bei den Gebäuden selbst. Um den Einfluß der Erschütterungen auf Stahlgebäude zu vermindern oder zu beseitigen, ist es nötig, Isolierungen anzuordnen, und zwar dort, wo diese am wirksamsten werden, in den Fundamenten. Man wird die Stahlstützen selbst oder bei Anordnung von Trägerrosten diese auf Schall absorbierende Zwischenlagen aufstellen, welche also unmittelbar auf die Fundamentblöcke verlegt werden.

Gewöhnliche Dachpappe reicht zu diesem Zwecke nicht aus, weil die Stützenfußpressungen zu groß sind. Es sind also druckfeste Platten zu verwenden. Als gute Isolierung ist eine Hartblei-Zwischenlage (die einen Zusatz zum Blei von etwa 5 bis 10%

Antimon erhält) anzusehen. Maßgebend für die Wahl des Vibrationsschutzes ist die Größe und Häufigkeit der auftretenden Erschütterungen und der Verwendungszweck der Gebäude.

Auch hier gilt weiter der Grundsatz, sobald sehr starke Vibrationen unschädlich zu machen sind, mehrere Stoffe mit sehr verschiedenem Schallwiderstand zusammenzuschalten.

Gegen starke Hochbahn- oder Straßenbahngeräusche hat man unter die Stützenfüße im Fundament fünf Lagen verwendet, und zwar der Reihe nach 3,2 mm starke Bleiplatten, 9,3 mm Asbestosplatten, 2 mm galvanisiertes Eisen, 9,5 mm Asbestosplatten und endlich 3,2 mm starke Bleiplatten; auf diese Isoliermatte wurden die Trägerroste gestellt.

Tragende Konstruktionen von Eisenbahnen dürfen mit dem Stahlgerüst der Gebäude in keinen Zusammenhang gebracht werden. Ihre Fundierung soll auch unabhängig von den Fundamenten des Stahlbaues erfolgen und ein genügender Abstand der Konstruktionsteile vorgesehen sein, damit auch nicht Luftschallschwingungen übertragen werden.

Die Einfügung schallsicherer Zwischenwände kann die Anordnung noch verbessern; sie müssen nach den Gesichtspunkten, die unter Punkt 3 angegeben sind, ausgeführt sein.

14. Abschnitt.

Das Stahlskelett im Wohnhausbau.

1. Das Wohnhaus mit Stahlgerippe.

Hier soll weniger der wohnungsgesundheitliche, baupolitische oder soziale Standpunkt oder die architektonische Lösung besprochen werden, als die konstruktive und wirtschaftliche Seite dieser Frage. Die Zahl der Bauten ist schon zu groß, um einen vollen Erfolg der Anwendung des Stahlgerippes im Wohnungsbau zu bezweifeln, und die Vorteile, die die Stahlskelettbauweise selbst kennzeichnen, wie die Raschheit der Herstellung und die billigere Ausführung der Bauten, wirken sich auch im Wohnhausbau aus und haben gewiß mit anderen Umständen zusammen den Anstoß zu dieser Bauweise gegeben.

Nicht unerwähnt mag bleiben, daß die moderne Entwicklung der Architektur im Stahlskelettbau die großen Fensterbänder gebracht hat, auf große Längen durchgehende Fensteröffnungen, Fensteranordnungen an Ecken von Gebäuden, tunlichste Verkürzung der Fensterparapete. Auch die Auflösung freistehender Gebäude in Teile mit verschiedenen Höhen und mannigfacher Gruppierung, zurückspringende Fassadewände, all dies kann auch im Wohnhausbau vorkommen.

Solche Forderungen lassen sich im Ziegelbau natürlich gar nicht oder schwer erfüllen, während sie im Stahlbau leicht zu bewältigen sind. Auch die vielfache Beibehaltung von Ziegel- oder Steindecken im Skelettbau, gegenüber der hellhörigen Eisenbetondecke haben viel dazu beigetragen, diese Bauweise im Wohnhausbau zu versuchen.

Die Anwendung des Stahlskelettes erfolgt sowohl im ein- oder zweigeschossigen Siedlungsbau wie auch beim mehrstöckigen Zinshaus ohne oder mit Keller und meist mit flachem Dach.

Neben den Außenwandsäulen ist eine Zwischensäulenreihe angeordnet, so daß die etwa 8 bis 9 m weite Tiefe des Gebäudes in zwei Teile geteilt wird, die nicht gerade gleich sein müssen. Auch in der Längsrichtung sind die Säulen etwa 4 bis 4,5 m weit entfernt.

Sie sind vornehmlich aus I-Breitflanschträgern gebildet oder aus zwei C-Eisen. In der Längsrichtung sind dann Unterzüge angeordnet, zwischen welche die Deckenträger gespannt werden, wenn die Bauhöhe tunlichst eingeschränkt werden soll, oder diese auf die Unterzüge einfach aufgelegt sind. Die Langseite der Säulenfüße liegt in der Wandrichtung, so daß sie nicht Raum wegnehmen. Deshalb sind die Säulen-I-Träger mit ihren Flanschen parallel zur Wandflucht gestellt. Windverbände sind nicht angeordnet und werden nur provisorisch während der Montage eingeschoben.

Im Siedlungshaus sind die Geschosse mindestens 2,8 m hoch, so daß eine lichte Höhe der Räume von ca. 2,6 m verbleibt, wie sie beispielsweise Gropius bei der Dammerstocksiedlung in Karlsruhe[1] angenommen hat. Im Mehrgeschoßhaus empfiehlt sich eine größere Geschoßhöhe 3 m bis 3,2 m.

Die Wände eines Wohnhauses in Berlin-Dahlem sind mit Aerokret-Gasbeton[2] von 20 cm Stärke in Platten 60/33 cm ausgefacht. Die Decken nach Kleine sind mit Koksaschen bzw. Gasbetonaufschüttung versehen.

Das Holzdach ist mit 7 cm starken Gasbetonplatten isoliert und der Außenputz torkretisiert.

Die Wandausbildung im Geschoßbau kann mit den gleichen Baustoffen wie beim Großbau erfolgen. Sie wurde außen halbsteinstark mit Hohlziegeln oder Schwemmsteinen ausgefacht, nach innen mit 6 cm starken Isolierplatten verkleidet und die ca. 21 cm starke Wand innen und außen verputzt.

Die Wärmehaltung dieser Wandausbildung soll einer Ziegelwand von 95 cm entsprechen. Dieser Wert dürfte wohl zu hochgegriffen sein. Jedenfalls stellt aber die hier vorgeführte Wandausbildung eine gute Type dar. Haesler[3] empfiehlt stärkere Isolierungen, die die Anlagekosten und die laufenden Heizkosten einer Zentralheizanlage herabdrücken können.

Was die Wirtschaftlichkeit von Geschoßbauten betrifft, so ist diese, wenn mehr als 4 Geschosse angeordnet werden, vorhanden. Bei einer geringeren Geschoßzahl entscheidet die Art der Ausbildung der Wände. Soll auch da eine besondere Ersparnis erzielt werden, müssen billige Füllstoffe für die Wände verwendet werden. Prof. Siedler schlägt den fünfseitig geschlossenen Hohlstein und die mit Thermolit gefüllte Hestiaplatte vor, und verspricht sich eine größere Wirtschaftlichkeit von einer Bekleidung des Stahlskelettes, nicht von einer Ausfüllung. Man sollte da aber nicht zu weit gehen, weil durch solche Bekleidungen die notwendige Wärmeaufspeicherung gewiß nicht zu erzielen ist, wie bei Ziegelwänden.

Was die Schalldämpfung betrifft, so hat sich eine ordentlich steife Ausführung der Anschlüsse aller wesentlichen Träger und Säulen als besonders zweckmäßig erwiesen.

2. Das Stahlhaus.

Das Stahlhaus ist eine kleine Wohnhaustype, deren Wände aus Blechplatten bestehen; für das innere Gerippe sind verschiedene Anordnungen unter Verwendung von Stahl und Holz im Gebrauch.

Diese Bauart entstand aus dem Bedürfnis heraus, die allseitige Wohnungsnot zu mildern und rasche, sowie billige Abhilfe zu schaffen. Ob sich diese Bauweise überall eignet, ist noch eine Frage, jedenfalls wird sie sich für Länder mit nicht allzu hohem Wärmedurchschnitt besser eignen als für solche, in denen im Sommer große Hitze und im Winter große Kälte vorkommt, da zum mindesten die strahlende Wärme im Sommer den Aufenthalt nicht angenehm machen dürfte. Allerdings hängt hierbei viel von der Stärke und Art der Ausführung von Isolierungen im Inneren solcher Gebäude ab.

Der Ausgang für diese Bauweise liegt in England, wo versuchsweise eine große Zahl solcher Häuser entstand. Auch in anderen Ländern, so in Deutschland, Österreich, finden sich Ausführungen dieser Art nach verschiedenen Systemen, die alle ohne Keller ausgeführt werden.

Bedenken bestehen noch wegen der Schwitzwasserbildung auf der Innenseite der Wandbleche, deren Rostwirkung unkontrollierbar bleibt. Dieser Niederschlag der Feuchtigkeit wird geringer, wenn man an Stelle der Tektonplatten Gipsdielen verwendet. Für die Wandausbildung können Gipsdielen, Tekton-, Torfgipsplatten, Heraklitplatten, Lignat, Cellot usw. verwendet werden.

---

[1] G. L., Dr.: Die Dammerstocksiedlung in Karlsruhe, Zentralbl. Bauverw. 1929, S. 725.
[2] G.: Stahlskelett und Gasbeton. Zentralbl. Bauverw. 1929, S. 761.
[3] Haesler: Stahlskelettbauweise für den Wohnhausbau? Zentralbl. Bauverw. 1929, S. 757.

Solche Gebäude sind blitzschutz- und feuersicher, wenn die Stahlwände durch die Wasserleitungsrohre in das Grundwasser geerdet sind. Infolgedessen sind die Versicherungsprämien gegen Feuer gering.

Wegen des geringen Gewichtes sind auch die Transportkosten geringer als bei anderen Bauweisen, daher bei entsprechender Normung auch die Ausfuhrmöglichkeit vorhanden. Die Bauweise eignet sich für Siedlungsbauten und im Bergbaugebiete, deren Senkungen solchen Stahlhäusern weniger anhaben können, als nicht so homogenen Bauten.

Ungelöst ist jedenfalls noch die Frage der Wärmeaufspeicherung der Wandkonstruktionen. Vorschläge sind bereits gemacht und streben eine Verwendung von kachelartigen Platten für die innere Wandausbildung an. Die reinen Wärmedurchgangszahlen dünner Wände können allein nicht den Ausschlag geben, weil auch die sonstigen Eigenschaften des verwendeten Wandbaustoffes eine Rolle spielen. Dr. Friedrich[1] wirft mit Recht die Frage auf, ob die Verwendung von Stahlblech überhaupt nötig ist, und zwar an solchen Stellen, wo weniger wärmeleitfähige Stoffe am Platze sind und solche noch hinzukommen müssen.

Die Bauweise kann sich nur durchsetzen, wenn alle ihr noch anhaftenden Nachteile beseitigt werden und sie dabei noch immer billiger bleibt als andere bewährte Ausführungsweisen, in denen man sich wohlfühlt, und wenn weiterhin auch die laufenden Auslagen, besonders die Heizkosten, nicht größer werden.

Nach dem Erlaß des Preußischen Ministers für Volkswohlfahrt[2] vom 20. Dezember 1929 sind Erleichterungen der Vorschriften bei Stahlhausbauten möglich unter folgenden Bedingungen:

1. Umfassungswände der Gebäude müssen einen Abstand von mindestens 3 m von den Nachbargrenzen haben.

2. Die Wände sind auf der Innenseite mit einer mindestens feuerhemmenden Verkleidung zu versehen, wobei darauf zu achten ist, daß die Wärmedurchlässigkeit der Außenwände nicht größer sein darf als die einer 1½ Stein starken, beiderseits verputzten Ziegelmauer.

3. Die tragenden Eisenkonstruktionsteile sind feuerbeständig zu umkleiden. Eine feuerbeständige Umkleidung dieser Teile auf der Außenseite der Umfassungswände ist nicht erforderlich.

4. Die Eisenkonstruktion ist zu erden.

Konstruktiv sind die Systeme in verschiedener Weise ausgebildet, es entstehen immer neue Konstruktionsanordnungen.

Einige sollen besprochen werden, ohne dabei eine Vollständigkeit im Auge zu behalten.

a) System Blecken, Duisburg. In der Umgebung von Dortmund ist eine Type mit quadratischem Grundriß 7,9 × 7,9 m ausgeführt[3]. Das Gerippe besteht aus Holzständern, die unter 45° gegen die Bauflucht gestellt sind, auf welche mit einer Überlappung die 3 mm starken Stahlplatten von 3 m Höhe und 0,8 bis 1,35 m Breite geschraubt werden. Dieser Holzpfosten dient innen zur Befestigung der 3,5 cm starken Tektondielen (Leichtdielen), die einen Luftraum zwischen Außenhaut von 8 cm freilassen. Auf diesen Tektondielen ist der Putz unmittelbar aufgebracht, so daß die ganze Wand 14 cm stark ist (Abb. 272). (Erzeuger der Leichtdielen: Tekton- und Sägewerk A. G. in Siglingen an der Jagst.)

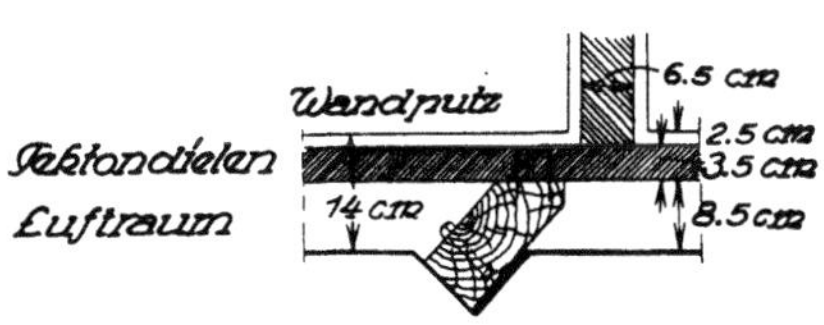

Abb. 272. Stahlhaus System ,,Blecken''. Normalstoß der Blechtafeln.

[1] Friedrich, E. Dr.: Das Stahlhaus und der Wohnhausbau. Zentralbl. Bauverw. 1928, S. 189.

[2] Zentralbl. Bauverw. 1930, S. 75.

[3] Blecken, Baudirektor: Stahlhäuser. Dt. Bauzg. 1926. Beilage Konstruktion und Ausführung, S. 149; Zentralbl. Bauverw. 1928, S. 193.

Vom wärmetechnischen Standpunkte entspricht eine solche Wand einer Backsteinwand von 50 cm. Die Zwischenwände bestehen aus 6,5 cm starken Tektondielen und sind beiderseits geputzt.

Das Dach besteht gleichfalls aus Blechbahnen, die keilförmig umgebördelt und verschraubt sind, dem Dach die ausreichende Steifigkeit geben, so daß Sparren entfallen. Im First und an der Dachhaut sind Anordnungen behufs Versteifung und Einspannung der Dachhaut getroffen (Abb. 273).

Türen und Fenster von 1,20 m Breite werden als Type ausgebildet, in einen Z-Eisenanschlag eingebracht (Abb. 274). Die ganze Stahlkonstruktion kann in der Werkstätte angearbeitet und eingepaßt werden, so daß die Aufstellung an Ort und Stelle nur noch die Verschraubung zu leisten hat und eine rasche Herstellung möglich ist (bei der vorliegenden Type 1 Monat).

Innen sind die Blechwände mit Hermarost, außen mit Mennige und Bleiweiß mit Zinkoxyd gegen Rost gestrichen.

In Abb. 275 findet sich ein eingeschossiges Haus der Düsseldorfer Siedlung nach dem System Blecken im Querschnitt und einem Fensteranschlußdetail (Abb. 276) wiedergegeben[1].

Für die innere Auskleidung sind hierbei 7 cm

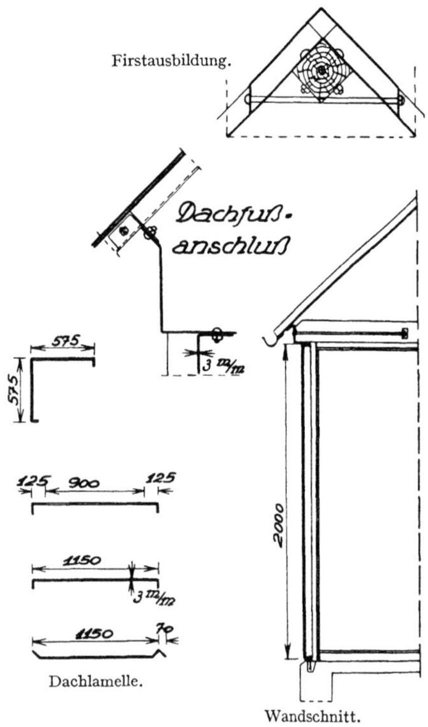

Abb. 273. Stahlhaus System „Blecken“. (Nach Dt. Bauzg. 1926.)

Abb. 274. Stahlhaus „Blecken“. Fensterstoß.

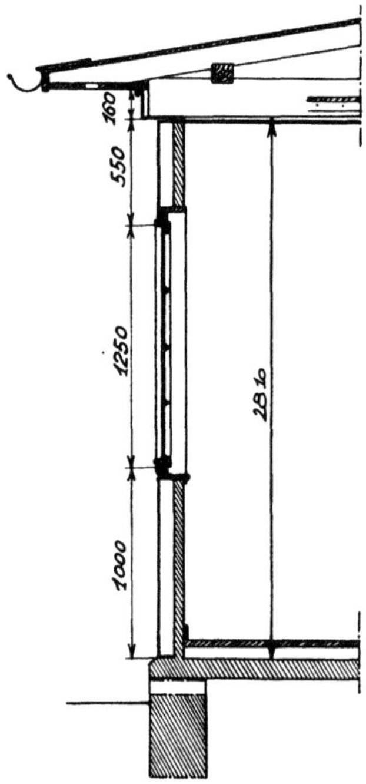
Abb. 275. Stahlhaus System „Blecken“, Düsseldorf.

starke Gipsschenkelplatten angewendet. Bauzeit 2 Monate. Herstellungskosten pro Wohnung 4500 Mark.

In neuerer Zeit wird für die Blechhaut gekupfertes Eisen mit einem Cu-Zusatz von 0,2 bis 0,3% verwendet oder das Armco-Eisen. Die Anstriche erfolgen überdies.

b) System Braune & Roth, Leipzig. Bei dieser Type ist auch das tragende Gerüst aus Stahl. Es besteht aus CNP 8 und 10 und INP 16 und 18. Die Bekleidung erfolgt außen durch 2 × 3 m große Stahlplatten. In Abb. 277 ist die Wandausbildung wiedergegeben. Die 4 mm starke Blechhaut wird unter Verwendung einer Zwischenlage von Holzlatten durch ein ⊥-Eisen angepreßt und verschraubt, ohne daß in den Blechen Löcher gebohrt sind. Innen bilden 6 cm Bimsbetondielen die Wand. Diese Dielen sind mit Außen-⊥-Eisen durch die Verschraubung an die Säuleneisen angepreßt und erhalten den Innenputz. Zwischen die Flanschen der Säulen-⊏-Eisen ist eine 3 cm-Torfoleumisolierung eingebracht und mit Klammern befestigt. Die Gesamtwandstärke beträgt 8 cm. Die Eisenteile erhalten einen zweimaligen Rostschutzanstrich. Fenster und Türen werden in Aus-

[1] Batz, R.: Stahlhäuser und Stahlhaussiedlungen bei Düsseldorf. Zentralbl. Bauverw. 1929, S. 415.

schnitte der Blechhaut eingesetzt[1]. Eine andere Anordnung der Wandausbildung zeigt Abb. 278[2].

c) System Schmid, Gebrüder Böhler & Co. A. G., Wien[2]. Auch bei dieser Bauweise ist das Gerippe aus Stahl, aber in Kombination mit Holz. Als Ständer werden dreimal gebogene Stahlbleche verwendet und die Stahlblechwandteile umgebördelt mit den Blechständern verschraubt. Sie sind an die Innenseite der Wand verlegt. Es sind also bei dieser Anordnung (Abb. 279a) außen keine Schrauben verwendet. Auf an die Holzpfosten angenagelte

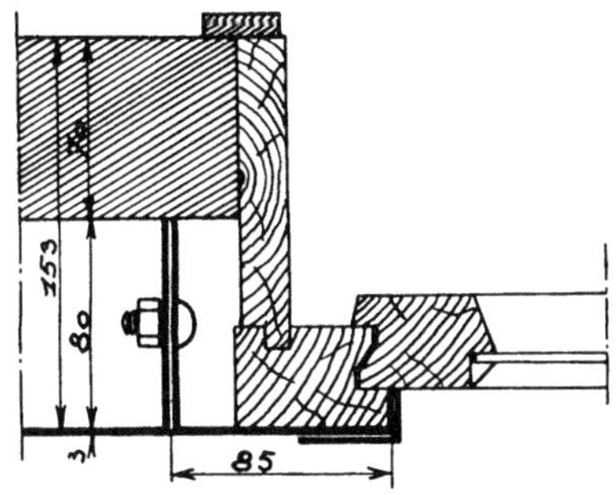

Abb. 276.
System „Blecken". Fensteranschluß.

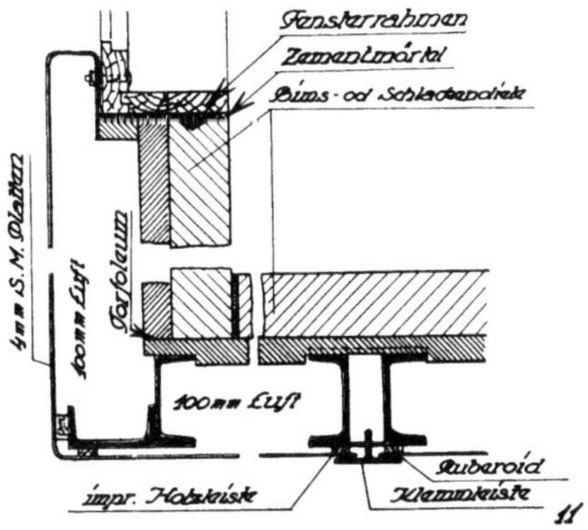

Abb. 277. Bauweise „Braune u. Roth".
(Nach Schmuckler: Stein Holz Eisen 1929.)

Tragbretter sind außen die Isolierplatten genagelt, die den Putz tragen. Die erwähnten Tragbretter gestatten die Holzfensterbefestigung. Die Blechständer sind in Entfernungen von 1 m angeordnet.

Da das Blech innen liegt, ist jede Befestigung oder Aufhängung von Gegenständen an der Wand mit Schwierigkeiten verbunden, denn es müssen in das Blech Löcher gebohrt werden, in die Haken eingesteckt werden. Auch die Schwitzwasserbildung ist nicht unbedenklich, selbst bei bester Ausführung des Außenputzes.

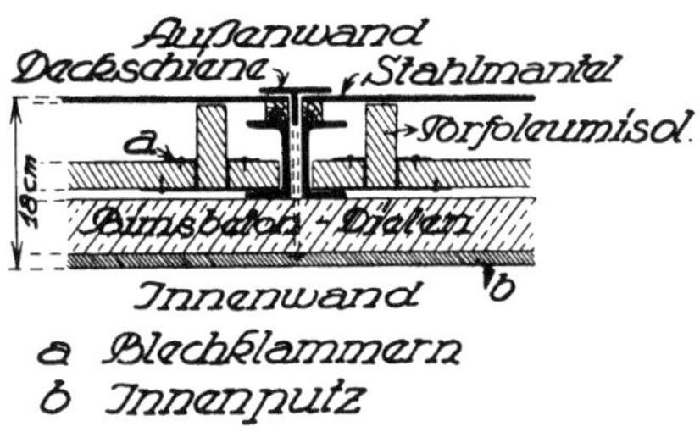

Abb. 278. Stahlhaus Braune u. Roth. Wandausbildung.

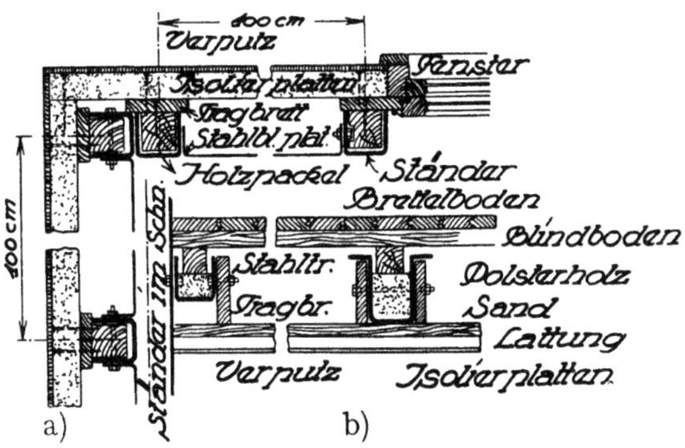

Abb. 279. Bauweise „Geb. Böhler". a) Grundriß; b) Deckenschnitt.

Als Deckenkonstruktion werden gleichfalls rinnenartige, gebogene Bleche benützt, die mit Sand gefüllt werden, auf die das Polsterholz gelegt wird und darüber der Blindboden und der Brettelboden. Unterhalb dieser Träger ist eine Lattung angebracht, die die Isolierplatten und den Verputz trägt (Abb. 279b).

Bei dieser Ausführungsweise werden während der Heizperiode die inneren Blechwände die empfangene Hitze bald an die Luftisolierung abgeben. Die Heizkosten dürften deshalb nicht geringe sein.

---

[1] Schmuckler, H.: Der heutige Stand des Stahlskelettbaues für Wohnungszwecke. Stein Holz Eisen 1929, Woche 9.

[2] Friedrich, E. Dr.: Das Stahlhaus und der Wohnungsbau. Zentralbl. Bauverw. 1928, S. 191.

d) System Spiegel[1]**, Düsseldorf.** Bei diesem System ist gleichfalls ein Stahlgerippe vorhanden, das die Haut bildende Stahlblech von min. 0,5 mm ist eigentlich nicht raumabschließend, es dient einmal durch elektrisch angeschweißte, zylindrisch gekrümmte Beibleche bloß dem Außenputz als Stütze und zur Haftung. Dessen Innenseite bildet die einseitige Schalung für die eigentliche Mauer aus Bimsbeton, an die wiederum die 6 cm starken Bimsdielen befestigt sind. Diese Dielen tragen innen einen Anstrich.

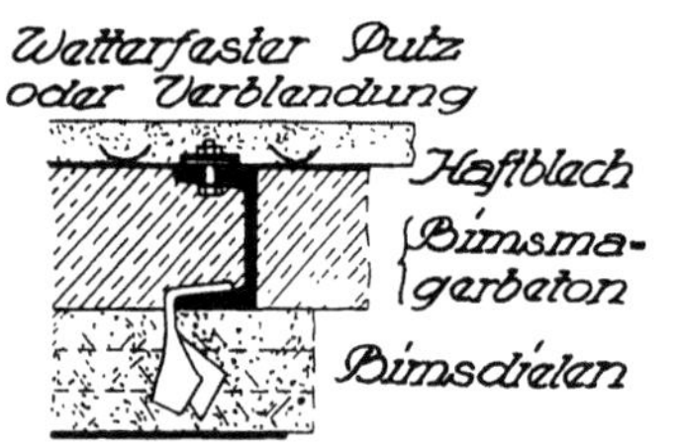

Abb. 280. Bauweise „Spiegel“. Wandschnitt.

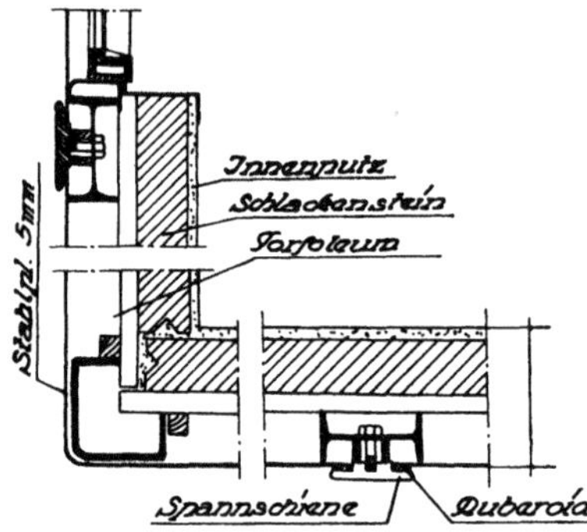

Abb. 281. Querschnitt durch die Wand des „Kästner-Hauses“.

Die Gesamtstärke der Wand beträgt 15,6 cm. Diese Wand besitzt keine Hohlräume. Die Stahlteile sind ganz mit Beton oder Putz umhüllt[2], so daß die Rostgefahr nahezu ganz beseitigt ist. Auch hier muß man abwarten, ob sich diese Bauweise bewährt. Es fragt sich, ob diese dünne Blechhaut überhaupt notwendig ist, da der in diesem Falle übrigbleibende Teil eigentlich allein schon eine Abschlußwand gibt (Abb. 280).

e) System Kästner, Leipzig[3]**.** Das Stahlgerippe dieser patentierten Bauweise besteht aus I-Profilen, deren Stege parallel zur Außenwand liegen (Abb. 281). Die Hausecken sind aus gebogenen Blechen hergestellt. Die Außenhaut aus Stahlblech von 5 mm Dicke wird mit Spannschienen und Zwischenlagen von Ruberoidstreifen an die Stege des Hausgerippes mittels Schrauben befestigt.

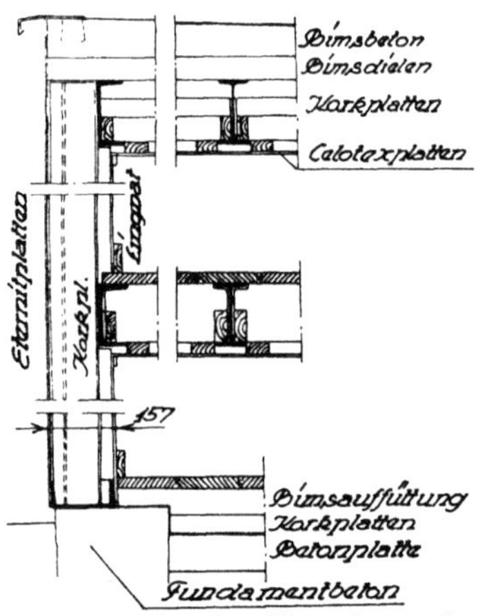

Abb. 282. Versuchsstahlhaus „Stuttgart“. Arch. Gropius. Querschnitt durch die Wand-, Decken- und Dachkonstruktion. (Nach Spiegel, H.: Der Stahlhausbau, S. 192.)

Innen sind vorerst Torfoleumplatten von 2 cm Stärke teilweise mit Holzleisten auf den Trägern befestigt, darauf 5 cm Schlackensteine, die den Innenputz tragen. Die Abb. 281 gibt außerdem ein Fensterdetail. Die Gesamtstärke der Wand beträgt 14,3 cm.

f) System Gropius. Hier ist das Wandskelett aus Z-Eisen, die im Abstand von 1,06 m stehen, ausgebildet, zwischen deren Stege hochwertig gepreßte Expansit-Korkplatten 8 cm eingeschoben und mit Pech vergossen sind. Die Stützen tragen Holzleisten zur Befestigung der Wandplatten (Abb. 282). Die Außenwände bestehen aus 6 mm starken Asbestschieferplatten, innen sind je nach der Bestimmung der Räume Celotex- (Zuckerrohrfaser-) Platten von 11 cm Stärke oder Lignatplatten (silikatgebundener Zellfaserstoff) angeordnet. Es sind zwei Luftschichten von je 3 cm vorhanden.

Gesamtstärke der Wand 15,7 cm.

Die Konstruktionen von Fußboden, Decke und Dach sind aus Abb. 282 zu ersehen.

g) Englische Stahlwohnhäuser[4]**.** In England sind einige Firmen mit der Herstellung von Stahlhäusern hervorgetreten. Braithwaite & Co. in Birmingham, Consteelwood Co. Ltd., London, G. u. I. Weir Ltd. in Cardonald bei Glasgow.

[1] Spiegel, H.: Der Stahlhausbau 1928 gibt eine zusammenfassende Darstellung der Stahlhausbauten.

[2] Friedrich, E. Dr.: Das Stahlhaus und der Wohnungsbau. Zentralbl. Bauverw. 1928, S. 189.

[3] Spiegel: Stahlhausbau, S. 92.

[4] Fest, C.: Stahlwohnhäuser in England. Dt. Bauzg. Beilage: Konstruktion und Bauausführung 1925, S. 154.

Die Type Braithwaite ist in Abb. 283a wiedergegeben. Sie ist dem Tankbau ähnlich. Es wird kein Fachwerk als Hilfskonstruktion verwandt. Die Blechtafeln sind 3 mm stark, je nach der Geschoßhöhe ca. 2,55 m lang und an beiden Enden 6 cm umgebördelt. Zwei anschließende Bleche erhalten eine Zwischendichtung und werden mit Z-artigen Blechstreifen verschraubt, die in ihrem durch die Flanschen gebildeten Zwischenraume Holzleisten 4 × 4 cm aufnehmen und die lotrechte Aussteifung geben. An diese werden Asbestschiefertafeln von großer Breite über die ganze Geschoßhöhe laufend angebracht und durch Fugenleisten gedeckt (Abb. 283c).

In der Höhe der Geschoß- und Dachdecken laufen U-förmige Rinnenprofile aus Stahl außen ringsherum, an welche die umgebördelten Enden der Blechtafeln geschraubt sind und in die Köpfe der hölzernen Deckenbalken eingeführt sind und dort tragend aufliegen. Diese Deckenbalken sind einfach aus zwei einzölligen Brettern mit Blechzwischenlage (Abbildung 283d) zusammengeschraubt und hochkant (20 cm) verlegt. Diese Bretterbalken tragen oben den Bretterfußboden, unten die Asbestschieferplatten zur Deckenbildung (Abb. 283b).

Die Fußböden sind in gleicher Weise wie die Decken ausgebildet, die Außenwandplatten unmittelbar in den Sockelbeton einbetoniert.

Eine Eckausbildung dieser Stahlhaustype zeigt Abb. 284.

Die Dachstahlplatten greifen an der Traufe gleichfalls mit den Deckenbalken in ein C-förmiges Gesimsprofil ein, dessen oberer Flansch der Dachneigung entsprechend abgebogen ist, und sind dort verschraubt. Grate und First sind blechrinnenartig ausgeführt, die mit der hohlen Seite nach unten liegen, und sich über die nach oben geführten Bördel der Dachplatten stülpen. Auf diese Weise entsteht die für das Dach nötige Versteifung; es sind also keine Dachbinder nötig.

Die Zwischenwände sind aus gewöhnlichem Holzfachwerk hergestellt.

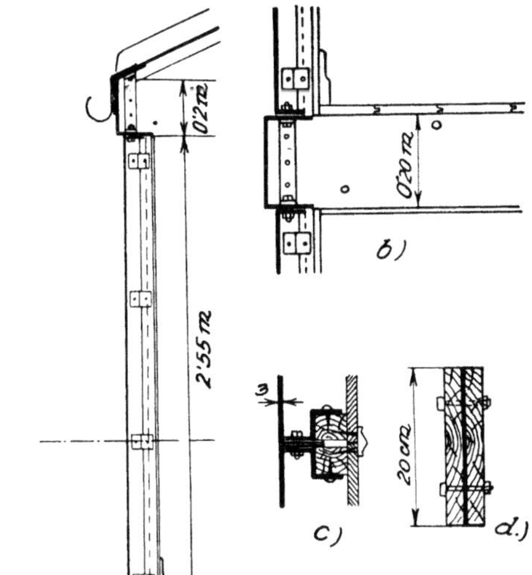

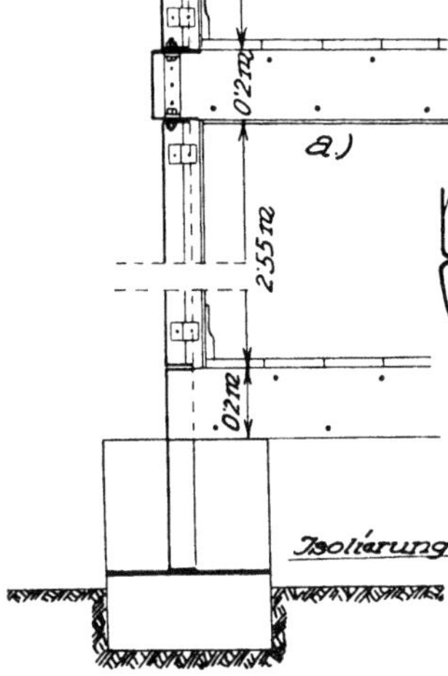
Abb. 283 a—d.

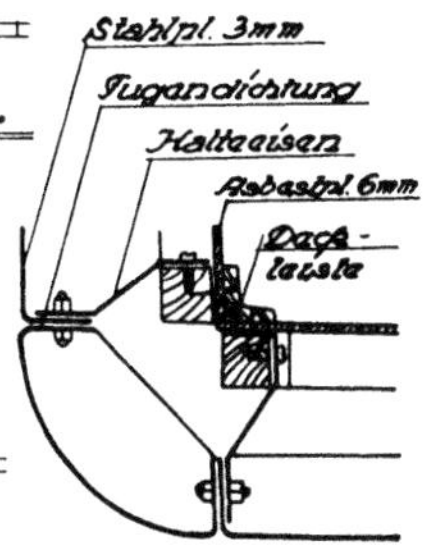

Abb. 284.

Abb. 283 a—d. Englisches Stahlwohnhaus Braithwaite. (Nach Fest: Dt. Bauzg. 1925.)

Der Fußboden im Erdgeschoß besteht entweder aus einer isolierten Betondecke mit Linoleum oder aus einem Holzfußboden auf Polsterhölzern.

Türen und Fenster sind aus Stahl.

Der Preis eines solchen Hauses 7,8 × 10 m beträgt etwa 8000 RM. Da im Wesen eigentlich nur eine Luftisolierung vorhanden ist, dürfte sich die Anwendung in Gegenden mit kontinentalem Klima nicht besonders eignen[1].

Die Stahlhausbauten sind im allgemeinen dem Bedürfnis entsprungen, für die Zeit der großen Wohnungsnot und der Geldknappheit Abhilfe und Ersatz zu schaffen. Auch die Umstellung großer Industriebetriebe auf Friedensproduktion und die Sorge um neue Absatzmöglichkeiten haben bei der Entwicklung des Stahlhausbaues mitgewirkt. Ob sich solche Bauten dauernd halten werden, ist eine Frage. Sie dürften, ebenso wie die „Ersatz-

[1] Fest, C.: Stahlwohnhäuser in England. Dt. Bauzg. 1925, Beilage Konstruktion und Bauausführung S. 154.

baustoffe" der Kriegszeit, wenigstens im Kleinhausbau, normalen Ausführungen Platz machen. Vorläufig müssen noch Erfahrungen mit solchen Bauweisen gewonnen werden, die sich auf eine längere Zeit erstrecken. Möglicherweise erweist sich eine oder die andere Bauart allen Ansprüchen und Forderungen entsprechend.

15. Abschnitt.

Fenster, Türen, Schaufenster und Lichtreklame.

1. Fenster.

Im modernen Stahlskelettbau ist es nicht nur wegen der Konsequenz der Verwendung des gleichen Baustoffs, sondern aus anderen Erwägungen heraus zweckmäßig, das Stahlfenster an Stelle der Holzfensterrahmen zu setzen. Die Nachteile, die das Holz hat, das Quellen bei Nässe und Feuchtigkeit, das Austrocknen, Verziehen und Schwinden im Lauf der Zeit führt zu Undichtheiten und damit zu Wärmeverlusten während der Heizperioden. Handelt es sich um einfache Fenster mit einer Glasfläche, so ist der Übelstand noch größer. Mit der in neuerer Zeit bevorzugten Anwendung langer, oft über die ganze Front laufender Fenster ergeben sich bei Ausführung in Holz große Schwierigkeiten, ja, es ist in vielen Fällen praktisch unmöglich, Holz zu verwenden, da die dabei auftretenden Formänderungen, besonders Durchbiegungen, zu groß werden und das Schließen der Fenster erschweren oder unmöglich machen. Man müßte starke vertikale Stützen einführen, um dem Übelstand abzuhelfen, wodurch wieder an Lichtfläche verlorengeht und die oft vom Architekten wegen der Einheitlichkeit der Flächenwirkung gewünschte möglichst geringe Sichtbarkeit des Gerippes und Betonung der Fensterumrahmung nicht erzielbar ist.

Sollen große Glastafeln wie etwa bei Schaufenstern verwendet werden, so ist schon wegen der Bruchgefahr bei Pressungen, die vom oberen Fensterrahmen herkommen können, und des Verziehens des Rahmens infolge des Gewichts beim Öffnen der Fenster das Holz ganz ausgeschaltet, und man hat Stahl oder eine Metallegierung gewählt.

Im Industriebau hat man schon lange vom Holz bei Fenstern abgesehen und Stahlkonstruktionen eingebaut, schon um einem Brande nicht weitere Nahrung zu geben.

Im Wohnhausbau hingegen hat sich der Fenster-Holzrahmen noch erhalten. Viele Wohnhausbauten in Stahlskelettausführung weisen aber schon immer mehr Stahlfenster auf, weil bei guter Ausführung und Anwendung der schon so verschiedenartigen und präzis passenden Stahlprofile eine größere Dichtung erzielt werden kann. Außerdem sind beim Stahlfenster die verschiedensten Öffnungsweisen, die heute verlangt werden, viel besser konstruktiv zu lösen als in Holz und alle Gelenke, Drehachsen, Riegel, Einschnappvorrichtungen dauernd ganz anders festsitzen, als es bei den besten Verschraubungen in Holz möglich ist. In Stahl wird auch in diesem Belange heute von den verschiedensten Firmen die beste Präzisionsarbeit geleistet. Hierzu hat natürlich die Anwendungsmöglichkeit der Schweißung und Nachbehandlung, die glatte Anlageflächen für das Glas schafft, vielfach beigetragen.

In jüngster Zeit hat die Einführung nichtrostenden Stahls, des Kruppschen Sonderstahls V_2A-Nirosta, für Fenster in Warenhäusern, Läden, Hotels, Cafés einen neuen Aufschwung gebracht. Er ist von Witterungseinflüssen unabhängig, behält den vollen silbrigen Glanz dauernd, ohne geputzt werden zu müssen und läßt sich bei zweckmäßiger Farbenwahl für Fassade oder Stein zu harmonischer Wirkung heranziehen.

Fensterrahmen und Zierverkleidungen in Messing, Bronze, Aluminium oder anderen Legierungen müssen fast täglich geputzt werden, wenn die Wirkung nicht verlorengehen soll; sie verursachen tägliche Arbeit und Kosten. Auch bei diesen Stoffen sind Bestrebungen zur Verhütung gegenüber Witterungseinflüssen vorhanden, um solche Erhaltungsarbeiten zu ersparen.

Jedenfalls können alle Metall-Fensterrahmen und Zwischenstäbe mit verhältnismäßig schmalen Abmessungen angewendet werden Sie nehmen auch sehr wenig Lichtfläche weg. Alle Profile haben einen doppelten Anschlag, so daß die Dichtung gut und Zugluft bei guter Einpassung völlig ausgeschlossen ist. Außerdem ermöglichen Stahlfenster, die über die ganze Stützenentfernung reichen, eine Verbindung mit den Stützen selbst und sind deshalb dann steif verbunden, was einen Vorteil gegenüber den eingemauerten Rahmen gibt.

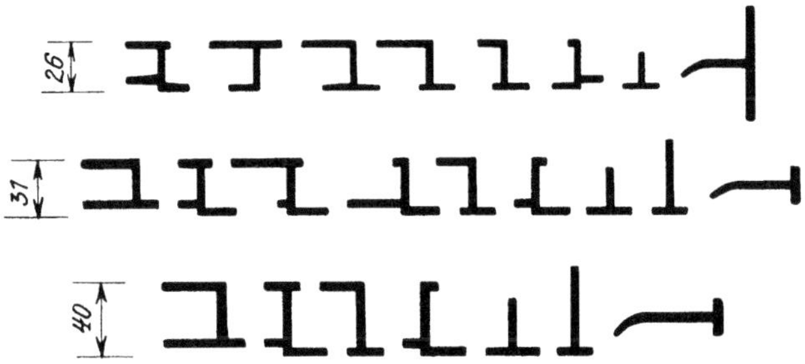

Abb. 285. Profile fur Repal-Stahlfenster. (Repal-Stahlfenster G. m. b. H., Leipzig N 25.)

Für alle Stahlfenster mit Ausnahme jener aus Nirosta-Stahl ist ein Anstrich erforderlich, der etwa alle 3 Jahre erneuert werden soll.

Die Kosten solcher Stahlfenster sind natürlich höher als bei Holzfenstern.

Von den vielen erzeugten Spezialprofilen für Fenster seien nur einige herausgegriffen:

a) Repal-Stahlfenster. In Abb. 285 ist eine Reihe von Fensterprofileisen wiedergegeben. Die Grundformen werden in mehreren Serien erzeugt. Drei solcher mit 26, 31, 40 mm Höhe sind in den Abbildungen vorgeführt. Die Ausführungen sind standardisiert. Man verwendet:

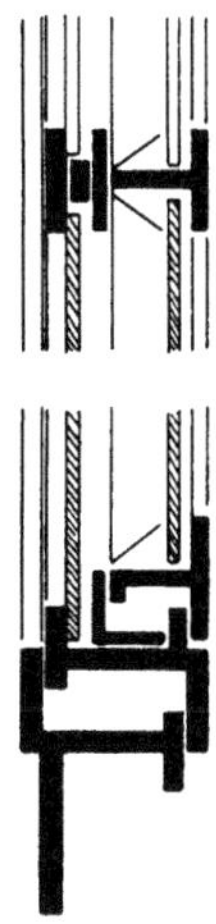
Abb. 286. Repal-Stahlfenster. (Nach: Stahl in der Architektur, Stahl uberall.)

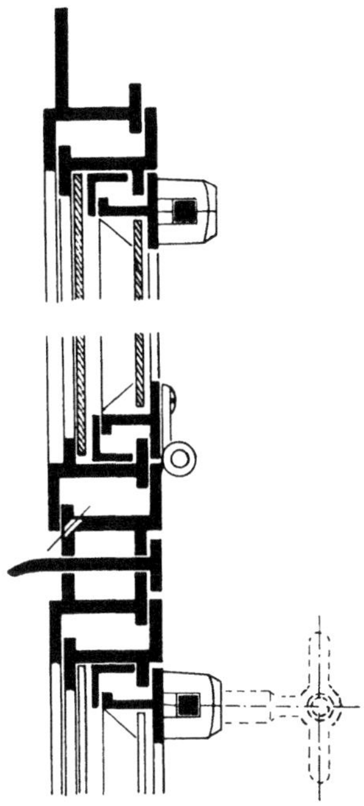
Abb. 287.

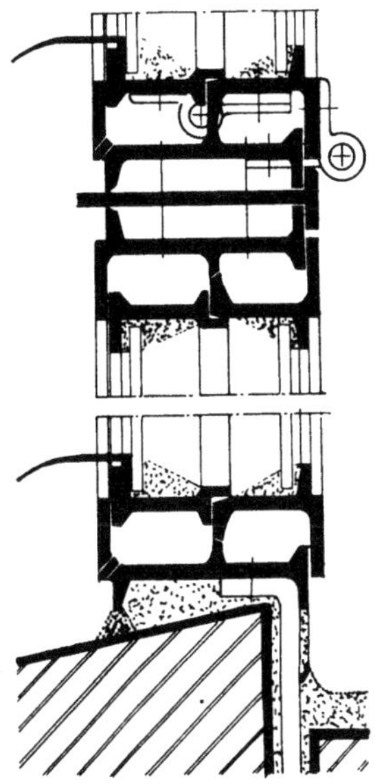
Abb. 288. Höhenschnitt.

a) Kippflügel mit waagerechter Drehachse und Stangenverschluß;

b) Gleitausstellflügel;

c) horizontal gelagerte Wendeflügel mit Schnappverschluß;

d) Ausstellungsflügel mit obenliegender waagerechter Drehachse; diese Anschlagarten sind für obere Fensterflügel in Gebrauch. Weiter sind noch:

e) Vertikal gelagerte Wendeflügel;

f) Drehflügel seitlich gehangen, nach außen schlagend mit Feststeller;

g) Drehflügel seitlich gehangen, nach innen schlagend.

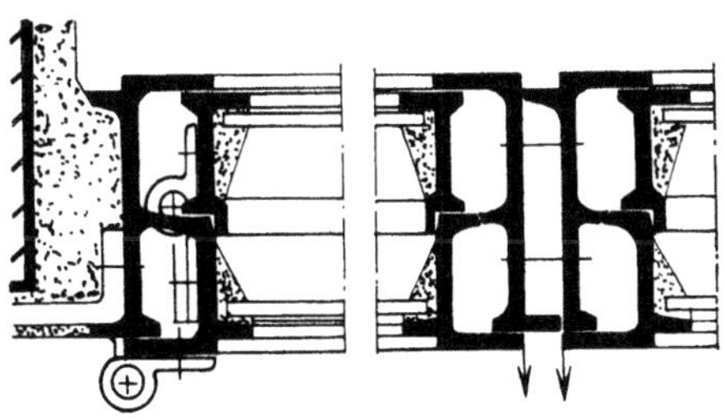
Abb. 289. Querschnitt.

Abb. 285 bis 289. Repal-Stahlfenster (Verbund-Fenster).

Abb. 286 gibt im Grundriß die Anordnung eines Doppelfensters mit Außenrahmen und vierfachem Anschlag.

Abb. 287 zeigt den Aufriß eines Doppelfensters mit einem Flügel mit waagerechter Drehachse und horizontal liegendem Basquillverschluß, einem Wasserabflußloch und Wasserschenkel im Zwischenriegel.

Sonst sind Flügelfeststeller verschiedener Konstruktion im Gebrauch.

Abb. 288 zeigt den Höhenschnitt eines Repalverbundfensters und Abb. 289 den Querschnitt für ein zweiflügeliges Fenster. In beiden Fällen ist die Einbindung in die Wand ersichtlich gemacht.

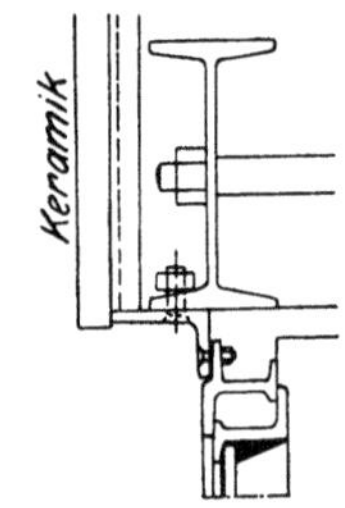

Abb. 290. Verwaltungsgebäude der Volksstimme in Frankfurt a. M., Fensterschnitt. „Fenestratype". (Lehr: Zentralbl. Bauverw. 1930.)

Am zweckmäßigsten ist es, wenn die Befestigung der Fensterrahmen unmittelbar am Stahlgerippe erfolgen kann. Ein Beispiel gibt Abb. 290 wieder, wobei der Rahmen mit Hilfe eines auf den Unterflansch des I-Trägers der Fensterüberlage angeschraubten Winkeleisens befestigt ist[1] (Fenestra-Type).

b) Fenestra-Stahlfenster. Diese weit verbreitete Fenstertype zeichnet sich durch besondere Einfachheit, geringe Zahl der Profile, die entsprechend geformt sind, aus.

Abb. 291 gibt die Anordnung eines einfachen Fensters, das bloß einen Rahmen und mit Winkelbesatz versehenes Flügelprofil aufweist Es findet auch im Wohnhausbau und bei Siedlungsbauten Anwendung, für welche das Fenestra-Standard-Fenster einheitlich ausgebildet ist.

c) Nord-Draht-Fenster. Die von der Norddeutschen Eisen- und Drahtindustrie „Nord-Draht", Rostock, in Sondermaschinen erzeugten Fenster haben Profile mit ebenen, parallelen Doppelfalzen und werden auch im Vollbade feuerverzinkt geliefert. Zum Halten der Glasscheiben werden Kupferstifte benützt. Die Scheiben werden in einem besonderen Kitt (Schlemmkreide, Bleimennige, zur Hälfte rohes, zur Hälfte gekochtes Leinöl) verlegt. Es werden auch Normalfenster erzeugt, von denen zwei in den Abbildungen 292, 293 wiedergegeben sind. Abb. 292 zeigt einen Aufriß, Abbildung 293 den Grundriß einer anderen Type.

Sprossenkreuzungen werden ungeschwächt durchgeführt.

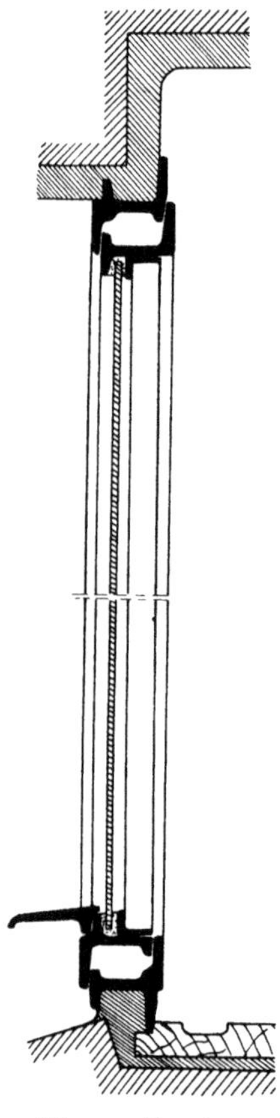

Abb. 291. Fenestra-Stahlfenster. (Nach: Stahl überall.)

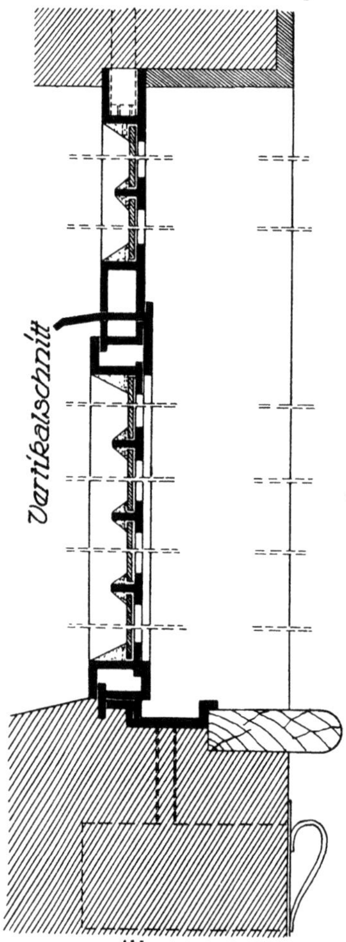

Abb. 292.

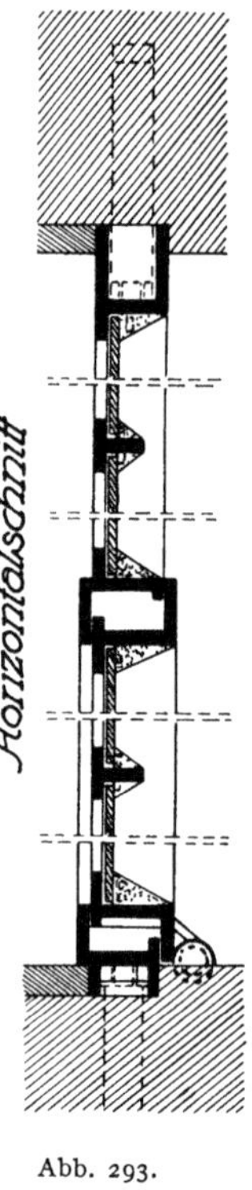

Abb. 293.

Abb. 292 u. 293. Norddraht-Normalfenster für Wohnhausbauten.

Abb. 291 bis 293. Stahlfenster.

d) Durchlaufende Fensterbänder. Nun sollen noch Ausführungsweisen von durchlaufenden Fensterbändern besprochen werden.

Solche werden gern vor die Stützen gesetzt,

[1] Lehr, J. W.: Verwaltungsgebäude der „Volksstimme" in Frankfurt a. M. Zentralbl. Bauverw. 1930, S. 318.

um außen von der Stützenkonstruktion nichts sehen zu lassen und eine gleichmäßige Wirkung der Glasflächen und der Sprossenteilung zu ermöglichen. Eine Reihe von Ausstellungsbauten, die eine besonders gute Beleuchtung verlangen, weist solche Fensteranord-

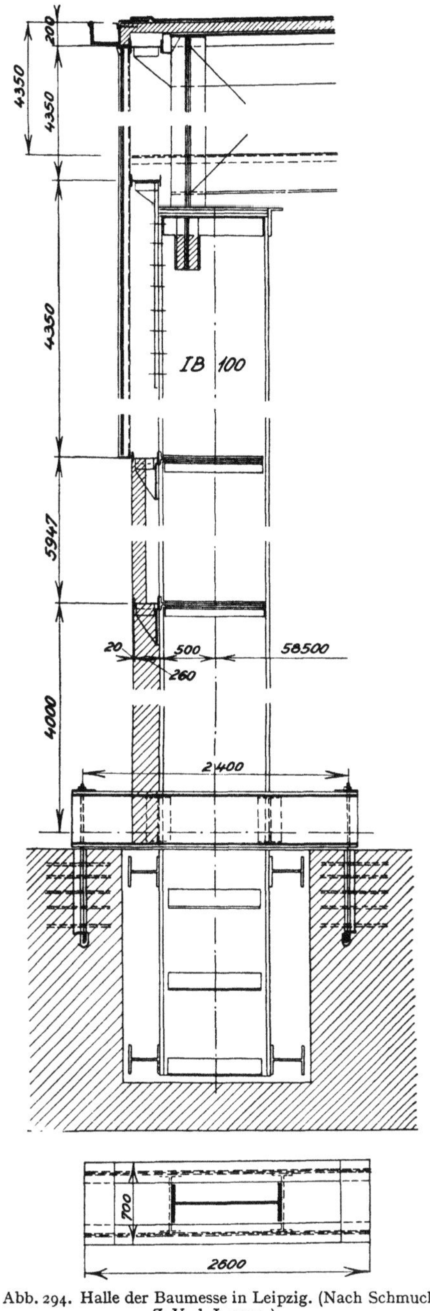

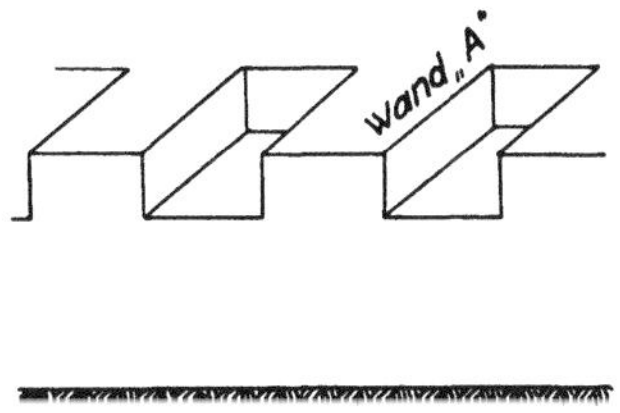

Abb. 295.

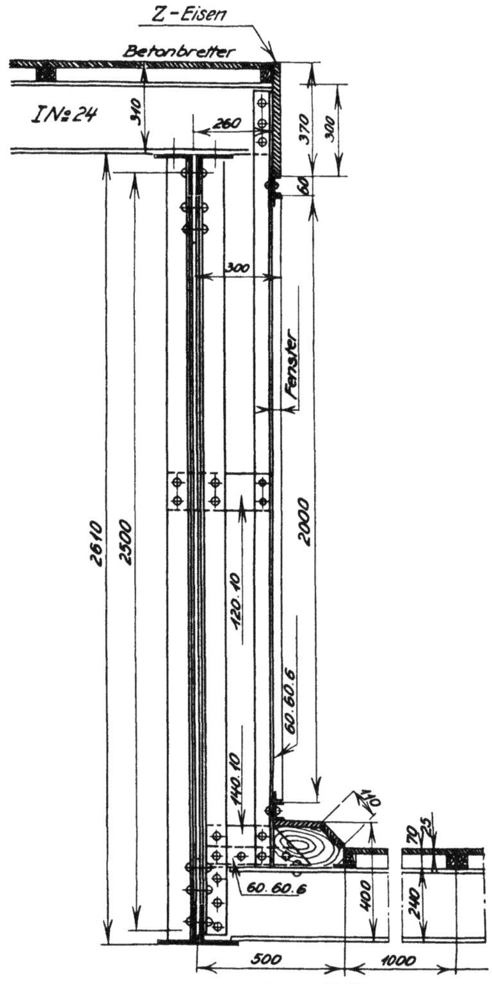

Abb. 294. Halle der Baumesse in Leipzig. (Nach Schmuckler: Z. V. d. I. 1929.)

Abb. 296. Walzwerkhalle.

Abb. 294 bis 296. Anordnung durchgehender Fenster.

nungen in den Wänden auf, und zwar auch in den Giebelwänden. Abb. 294 bringt die Anordnung bei der Halle der Baumesse in Leipzig. (Ausführung: Breest & Co., Berlin[1].)

Die waagerechten Wandriegel sind in diesem Falle außen an den Säulen angebracht und tragen zur Abstützung für die Fenster vorgesetzte Winkeleisen, auf die sich die Glas-

[1] Schmuckler, H.: Halle der Baumesse Leipzig. Z. V. d. I. 1929, S. 1639.

tafeln (in diesem Falle Drahtglas) abstützen. Am Dachriegel oben ist gleichfalls ein waagerechtes Winkeleisen angeordnet. Dieser Dachriegel ist auf dem Dachbinder befestigt. Der in halber Höhe des Lichtbandes liegende Zwischenriegel ist an einer Flachlasche der Säule befestigt, so daß die möglichen Bewegungen des Binders bei Belastung des Daches und bei Wärmewirkung auf die Glasflächen weniger von Einfluß sind. Die Lichtbänder haben die ansehnliche Höhe von 8,70 m.

Nebenbei bemerkt ist der Dachbinder auf der Säule zum Zwecke der Entlastung der Säulenmomente exzentrisch nach der Außenseite gelagert. Die Stütze erhielt am Fuße eine provisorische Verankerung, die nach der Montage und Ausrichtung weggenommen und wieder verwendet werden konnte.

In jüngster Zeit ist man manchmal von der Anordnung von dachförmig aufgesetzten Oberlichtern abgekommen und hat selbst im Industriebau die Dachlösung zum Zwecke guter Belichtung der Innenräume in Form von Zahnschnitten gewählt, Abb. 295. Die Frontwände zeigen oben eine zahnschnittartige Begrenzung, wobei in den waagerechten Linien die Dachtraufen liegen, während in den lotrechten Zahnbegrenzungen die oberen Fensterflächen (Wände *A*) angeordnet sind. Auf diese Weise entfallen die geneigten Fensterflächen, die den Schnee hielten und auf denen sich Ruß und Schmutz abgelagert hat.

Dies erfordert allerdings eine eigenartige Konstruktion. Die Dachbinder müssen dann innerhalb der Wände *A* liegen (Abb. 296), wie dies auch bei einem Entwurf des Verfassers für die Walzwerkhallen „Karlshütte“ in Freistadt vorgesehen war. Die Dachpfetten liegen auf dem Binderobergurt und kragen um 26 cm vor, während die Pfetten der niedrigeren Teile des Gebäudes auf dem Untergurt gelagert und angeschlossen sind. Diese Pfetten sind noch durch lotrechte Winkeleisenpaare auf den Kragenden der oberen Pfetten aufgehängt, so daß erstere noch eine Zwischenstützung erhalten. An die Vertikalwinkel sind dann waagerechte Winkel befestigt, die die Fensterrahmen aufnehmen können.

Die Dachsparren liegen in 1,0 m Entfernung, es sind ⊥-Profile und tragen die 2,5 cm starken Betonbretter zur Bildung der Dachhaut. Auf die Betonbretter kommen noch zwei Papplagen.

Behufs Ablauf der Regenwässer sind bei den Übergängen von der lotrechten Fensterwand zur Dachdecke schräge Bretter mit Gefälle verlegt.

Eine ähnliche Ausbildung haben auch die anderen, parallel mit dem Dachfirst laufenden lotrechten Fensterwände, die auch die Entlüftungsjalousien erhielten.

2. Türen.

Heute werden bei Stahlskelettbauten, selbst dort, wo es sich nicht um feuerbeständige handelt, Türen vielfach in Stahl angewendet. Viele Stahlbaufirmen haben die serienweise Herstellung eingeführt und erzeugen, durch stete Vervollkommnung der Fabrikation, Qualitätsware. An feuerbeständige Türen werden auch jetzt viel höhere Anforderungen gestellt als früher. Es werden nun nur solche Türen als feuerbeständig von den Behörden angesehen, die bei amtlicher Probe einer Feuersglut von etwa 1000° C mindestens eine halbe Stunde Widerstand leisten und sonst selbsttätig zufallen und rauchdicht schließen. Der Rahmen muß aus feuerbeständigen Stoffen bestehen, der Falz muß mindestens 5 cm betragen (Erlaß des preuß. Ministeriums für Volkswohlfahrt vom 12. März 1925, betrifft baupolizeiliche Bestimmungen über Feuerschutz). Als feuerhemmend gelten Türen aus Hartholz oder aus 2½ cm gespundeten Brettern mit allseitig aufgeschraubter oder aufgenieteter Bekleidung von mindestens ½ mm starkem Eisenblech und mit unverbrennlicher Wandung und Schwelle, sofern die Türen selbsttätig in wenigstens 5 cm tiefe Falze schlagen.

Solche Türen müssen entsprechend ihrer Beanspruchung konstruiert werden. Sie werden im Brandfall einseitig erhitzt und verziehen sich dabei nur dann nicht, wenn sie wenigstens an den Anschlagseiten oder durchweg doppelwandig sind, also ein großes Trägheitsmoment haben.

Man baut sie daher gewöhnlich aus zwei Stahlplatten[1], die gepreßt oder gefalzt und zwischen einem Doppelrahmen an ein besonders geformtes Stahlprofil angeschweißt sind. Zweiflügelige Türen erhalten eine dicht anliegende Doppelschlagleiste

Vielfach werden die Zwischenräume zwischen den Platten mit einer Isolierung aus Kieselgur und Bindemitteln ausgefüllt, die gewöhnlich vor dem Einbringen in Öfen getrocknet werden. Dadurch, daß die Platten nicht eben verwendet werden, sondern verschiedene kassettenartig gepreßte Füllungen erhalten, ist die Ausbeulung bei Bränden auf die tiefliegenden Felder zum großen Teil beschränkt, während die dem Anschlag benachbart liegenden Teile der Türwandung dadurch bei der Erhitzung entlastet sind.

Schiebe- und Pendeltüren erfüllen selbst bei bester Konstruktion den Zweck nicht ganz, weil sich die Dichtung doch nicht in dem Maße bewirken läßt, als es notwendig ist, und die Verqualmung der Gänge und Treppen nicht ganz verhindert werden kann, welche eigentlich für die Rettung der Menschen bei Bränden so gefährlich ist. Viele Baufirmen erzeugen Türen mit normalisierten Abmessungen. Gute Erfahrungen sollen auch mit der neuen Stahlholztür gemacht worden sein, die eigentlich eine aus sechs Lagen bestehende Sperrholztür ist, die allseitig durch Zwischenschaltung eines wasserunlöslichen Bindemittels mit einem Stahlmantel eingefaßt und unter großem hydraulischem Druck aufgepreßt ist. Sie ist als feuerhemmend anerkannt. Außerdem wird sie gewöhnlich mit einer mehrfach gekröpften maueruMfassenden Türzarge oder einer Eckzarge in Stahl zusammen angewendet, die wegen der guten Einbindung nicht so stark zu sein braucht. Diese Zargen haben nur dort eine Verstärkung, wo die Türangeln befestigt sind. Eine andere Ausführung ist die patentierte „Porta nigra"-Tür, die gleichfalls aus Sperrholz besteht, das mit einer dünnen beiderseitigen Stahlhaut versehen ist.

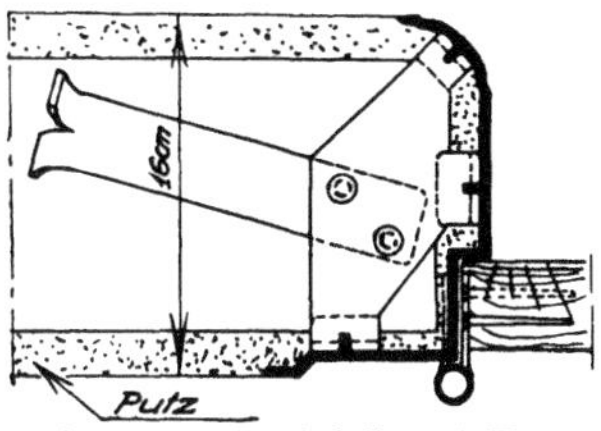

Abb. 297. Stumpf einliegende Tür.

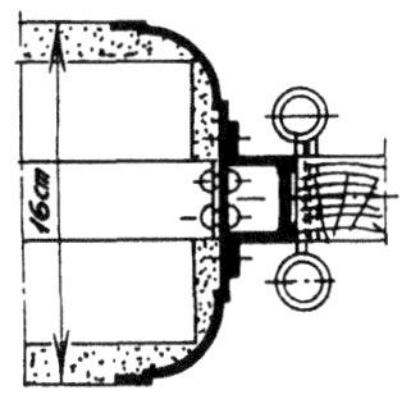

Abb. 298. Pendeltür.

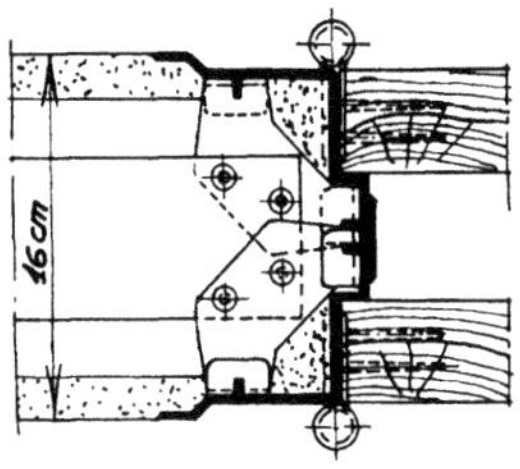

Abb. 299. Doppeltür.

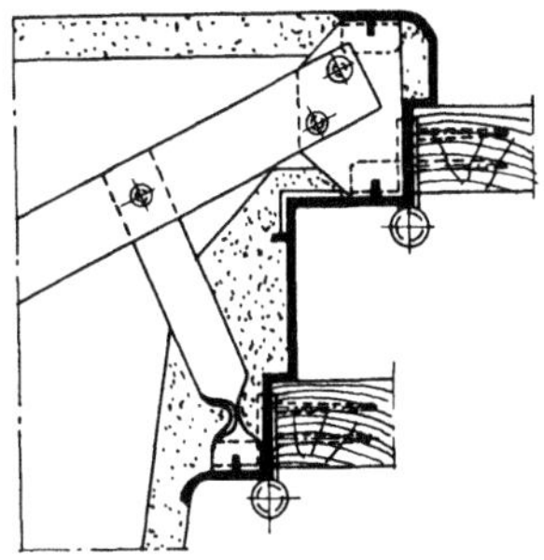
Abb. 300. Doppeltür.

Abb. 297 bis 300. Klöckner-Mannstaedt-Patent-Türzargen.

Andere Typen sind die Stahltore „Marke Atlas", die „Frica"-Tür und die „Nord-Draht-Tür".

Soll durch die Türen eine Belichtung ermöglicht werden, so werden heute selbst feuerbeständige Türen mit sogenanntem Elektroglaseinbau hergestellt, welcher die Eigenschaft hat, selbst bei hohen Temperaturen standzuhalten; das Glas kann wohl springen, aber nicht herausfallen.

Was die Stahltürzargen anbetrifft, so seien einige Typen angeführt, die von den Klöckner-Mannstaedt-Werken erzeugt und patentiert sind. Sie haben den Vorteil, daß sie nicht aus mehreren Einzelprofilen zusammengesetzt sind. Sie sind aus einem Stück hergestellt, ermöglichen einen bündigen Anschluß an den Wandputz. Die Gehrungen sind geschweißt. Die Profile umschließen an der Türseite beide Wandseiten, wobei die beiden Zargenschenkel an mehreren Stellen durch Versteifungsbrücken steif verbunden sind; an diese Rippen werden dann die Maueranker angenietet. Auf diese Weise ist ein guter Verbund zwischen Türzarge und Mauer gewährleistet.

Von den zahlreichen erhältlichen Profilen seien nur einige herausgegriffen.

In Abb. 297 ist die Anordnung für eine einfache Tür gegeben, die gleichzeitig die Ein-

[1] Stahl überall 1929, H. 8, 9 (Stahltore und Türen).

bindung der Türzarge in die Mauer veranschaulicht. Abb. 298 zeigt die Anordnung für eine Pendeltür, Abb. 299 wiederum gibt die Türzargenlösung für eine Doppeltür bei scharfkantiger Eckausbildung und Abb. 300 den Fall einer nach einer Seite aufgehenden Doppeltür.

3. Schaufensteranlagen.

Die Anwendung großer Fensterflächen in neueren Gebäuden, besonders in Geschäftshäusern, sowie der heute auch für die Kundenwerbung betonte Gesichtspunkt einer besseren Aufmachung der Schaufensteranlagen haben dazu geführt, den Holzrahmen für die Fassung der Glasscheiben zu verlassen und zu Stahlrahmen überzugehen oder andere Baustoffe wie Kupfer, Bronze, Messing, Tombak und Aluminium hierfür zu verwenden, die infolge ihrer Färbung auch eine bessere künstlerische Wirkung auslösen. Diese Legierungen lassen sich gut löten und in neuerer Zeit auch schweißen, so daß nun ganz glatte Oberflächen erhalten werden können.

Am billigsten ist natürlich der einfache Stahlrahmen, der allerdings einen Anstrich erforderlich macht, aber immerhin noch bei einfachen Bauten Verwendung findet.

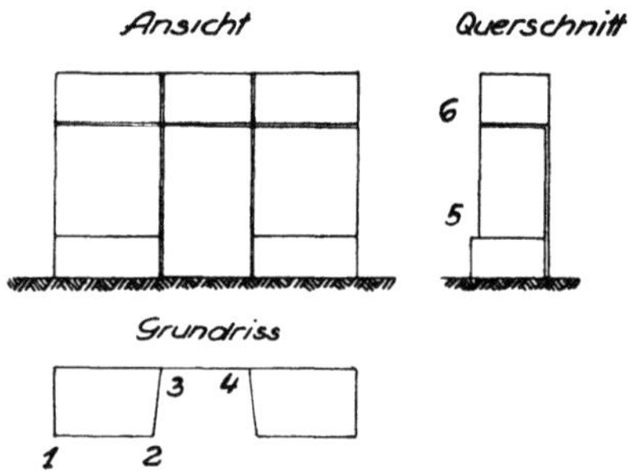

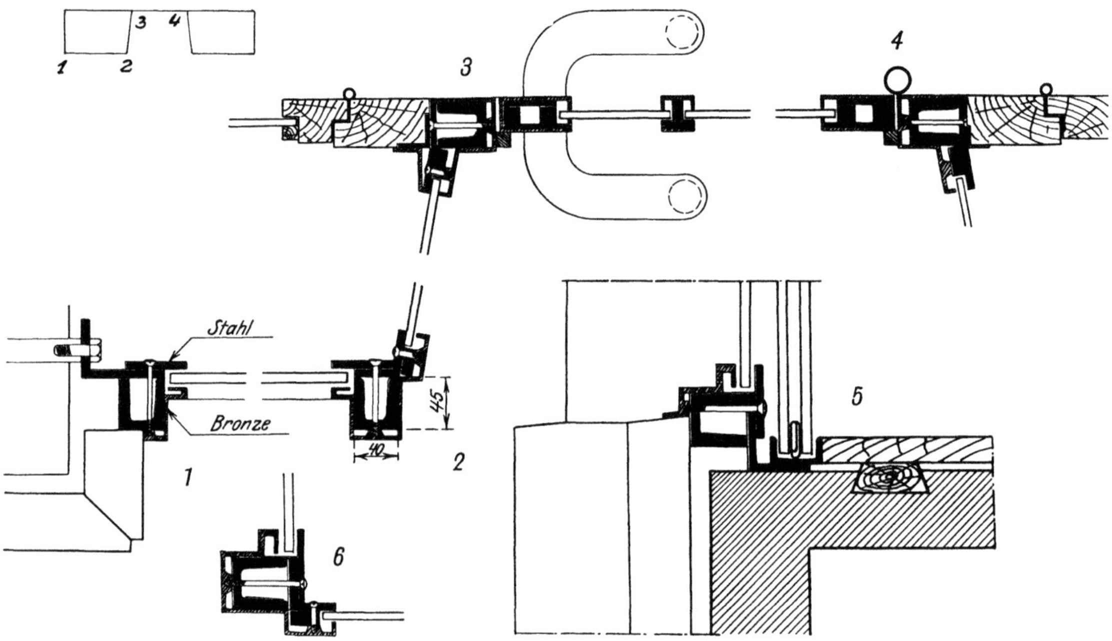

Abb. 301. Schaufensteranlage.

Die aus Legierungen hergestellten Rahmen sind natürlich teurer. Man kann aber sparen, wenn man die eigentlich tragenden Teile der Rahmen aus Stahl macht und außen nur dünne Verkleidungen aus legiertem Metall anwendet.

Wesentlich ist, der Glasscheibe eine gute durchgehende untere Lagerung im Rahmen zu geben und sie seitlich sicher zu halten.

In Abb. 301 ist die Konstruktion einer Schaufensteranlage samt Geschäftseingang und Ladentür wiedergegeben. In dieser Abbildung ist ein genereller Grundriß, Aufriß und Schnitt ersichtlich, während die Einzelheiten der Konstruktion für die in dieser Darstellung bezeichneten Punkte in sechs weiteren Abbildungen gezeigt werden.

Als tragende Teile sind die Rahmen aus kleinen C-Eisen zusammengesetzt mit Zuhilfenahme von Flacheisen, die einen Anschlag für die Spiegelscheibe geben, während der zweite Anschlag außen durch Bronzeprofile hergestellt wird, die verhältnismäßig dünnstegig sind (2 bis 3 mm). Die Verbindungen sind durch Schrauben erzielt, deren Köpfe auf der Innenseite liegen, die durch die Stahlprofile hindurchgehen und mit ihren Gewinden an den Enden in die gewöhnlich an dieser Stelle verdickten Bronzeprofile eingreifen.

Solche Bronzeleisten lassen sich ganz der gewünschten Profilierung anpassen. Auch schiefe Anschlüsse sind möglich und bei der Anwendung der Schweißung jede verlangte Formgebung. Ein lotrechter Schnitt durch die Ladenanlage zeigt auch die Anordnung des Schaufensterbodens in Holzkonstruktion (5).

Der Türrahmen ist gleichartig ausgebildet und von Bronzeprofilen bis in das Innere des Ladens voll eingefaßt. Ebenso ist der Türanschlag aus Bronze von quadratischem Querschnitt hergestellt (4).

Die Tür selbst ist aus Stahlprofilen, und zwar aus zwei Quadrat- und aus zwei Flacheisen bestehend, die ganz mit Bronze verkleidet sind; ebenso die Zwischensprosse.

Eine analoge Ausführung wie die Schaufensterrahmen zeigt auch die Abbildung für die Stelle 6 oberhalb des Einganges.

Andere Ausführungsweisen sind in Abbildung 302, 303 wiedergegeben. Sie betreffen Anwendungen der von dem Klöcknerwerke A. G. Abt. Mannstaedt-Werke in Troisdorf bei Köln erzeugten Zierprofile. Diese Werke stellen Profile in so großer Zahl her, daß hierbei jeder Geschmacksrichtung und jeder künstlerischen Bestrebung Rechnung getragen ist.

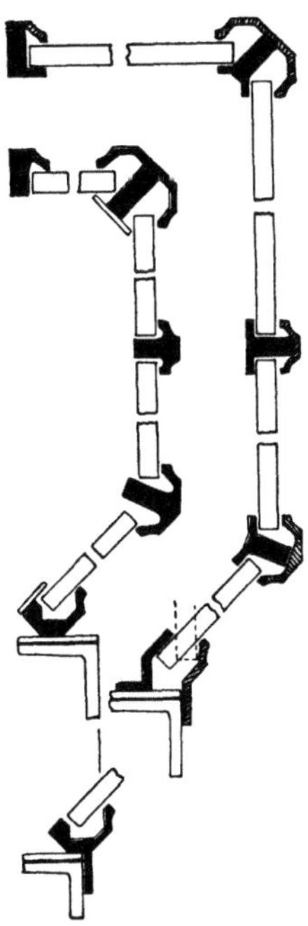

Abb. 302.

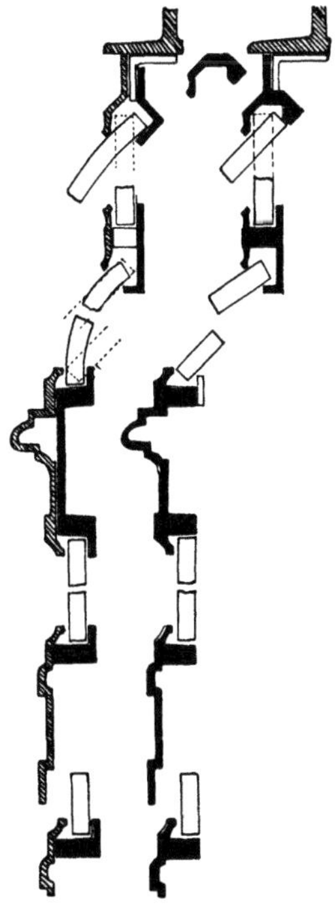

Abb. 303.

Abb. 302 u. 303. Ausbildung von Ladenfenstern. Klöckner-Mannstaedt-Werke.

Abb. 302 zeigt einen Horizontalschnitt einer Schaufensteranlage mit recht- und stumpfwinkligen Ecken, den Anschluß an die Säule, einmal in reiner Stahlkonstruktion und dann eine Ausführung mit einfacheren Stahlprofilen, die außen noch aufgeschraubte Bronzeprofile erhielten. Die Verschraubung geschieht von innen.

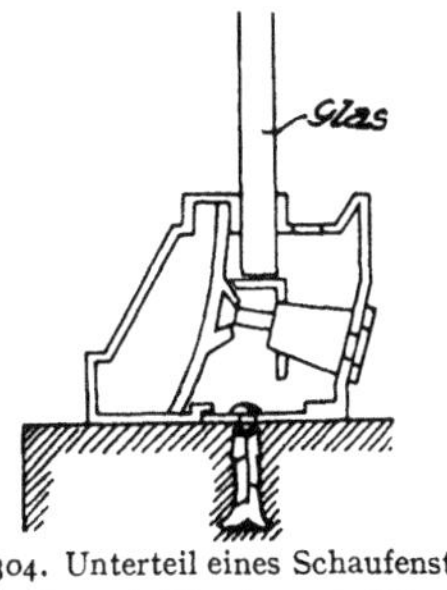

Abb. 304. Unterteil eines Schaufensters.

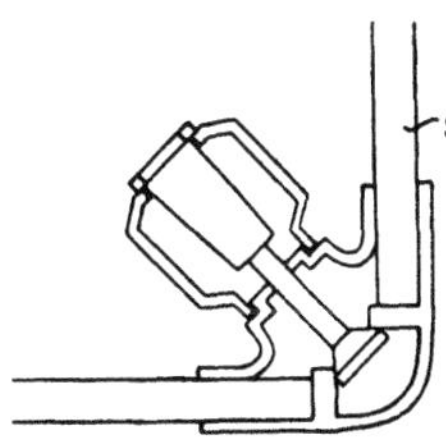

Abb. 305. Schaufensterecke.

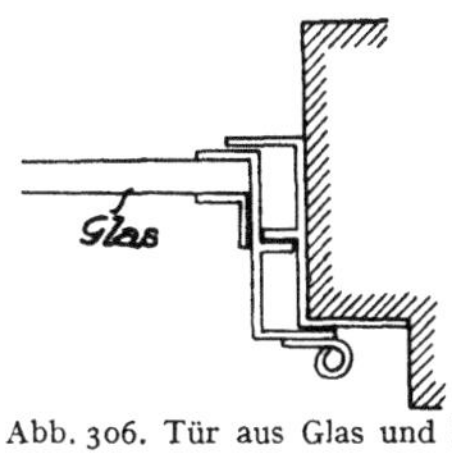

Abb. 306. Tür aus Glas und Metall.

Abb. 304 bis 306. Wand- und Schaufensterverglasung bei Geschäftshäusern. (Hirsch: Kupfer- u. Messingwerke A. G. Eberswalde.)

Abb. 303 ist ein Vertikalschnitt einer Anlage gleichfalls in beiden Ausführungsweisen, wobei nicht nur der Anschluß an die oberen Abschlußträger ersichtlich ist, sondern auch die Möglichkeit zeigt, gebogene Glastafeln oder geneigt liegende anzuordnen.

Neue Profile für Schaufensterrahmen erzeugt die Firma Hirsch, Kupfer- und Messingwerke A. G., Eberswalde, bei welchen die Abdichtung durch die Federwirkung der dünnen, etwa 2,75 mm starken Schenkel mittels Schrauben erzielt wird[1].

[1] W. G.: Technisches von der Glasausstellung. Zentralbl. Bauverw. 1928, S. 842.

Die dreiteiligen Profile (Abb. 304 bis 305) werden durch Schrauben, deren Enden kegelstumpfartig ausgebildet sind und sich gegen vorstehende Leisten klemmen, zusammengezogen. Die Schraubenmutter ist konisch und wirkt als Distanzhalter für das dritte Profilstück. Den Abschluß bildet eine flache, sechskantige Mutter, die im Fensterinnern sitzt.

Abb. 304 gibt den Unterteil eines Schaufensters, Abb. 305 eine Schaufensterecke wieder. Außerdem ist noch in Abb. 306 eine einfache Glastür für Ladenzwecke ersichtlich gemacht.

Abb. 307. Laden des Orient-Teppichhauses, Berlin. Arch.: Joh. E. Schaudt, Berlin. (Aus Paulsen: Kupfer, Messing, Bronze in Geschäftshäusern.)

Eine gute untere Lagerung für große Spiegelglasscheiben verbürgt die auch in Europa nachgebildete Ausführung nach der Detroit Show Case Comp., wobei federnde Bleche auf schlittenartigen Kufen zur Unterstützung der Glasscheiben herangezogen werden, die zwischen den Außen- und Innenprofilen des Schaufensterrahmens liegen. Diese Lagerung kann sich den Erschütterungen und Dehnungen anpassen[1].

Ein Beispiel einer modernen Schaufensteranordnung mit großen Fensterflächen gibt die Abb. 307, die den Laden des Orient-Teppichhauses, Berlin darstellt (Architekt J. E. Schaudt, Berlin).

Alle Legierungen lassen sich bei entsprechender Ab stufung der Mengen der Einzelstoffe in verschiedenen Farbentönungen herstellen. Aber auch die Verfahren zur künstlichen Färbung solcher Legierungen bei höheren Temperaturen sind schon sehr vervollkommnet, so daß solche Farben auch allen Witterungseinflüssen widerstehen können und sich nicht ändern, wenn man eine tägliche Reinigung der aus solchen Stoffen hergestellten Rahmen vornimmt.

4. Lichtreklame.

Die für eine wirksame Kundenwerbung bei Tag und Nacht bei Geschäftshäusern, Hotels, Kinos und Zeitungspalästen früher verwendeten Mittel sind heute wohl meist nicht mehr im Gebrauch. Die Gebäude wurden da in brutaler Weise durch verschiedenartige, weit ausladende Schilder, Beleuchtungskörper an den Wänden, durch große tafelförmige Aufsätze auf den Dächern, deren Konstruktion und Absteifung weithin sichtbar war und Un-

[1] Paulsen, F.: Kupfer, Messing, Bronze in Geschäftshäusern. Deutsches Kupferinstitut E. V. Berlin-Halensee.

ruhe in das ganze Straßenbild gebracht haben, verunstaltet. In dem Wirrwarr der Reklame in den großen Straßenzügen töteten sie ihre Wirkung gegenseitig.

Heute paßt man die Lichtreklame organisch an das Bauwerk an, sie bildet bei guter Ausführung mit ihm eine Einheit. Die waagerecht aus der Gebäudefront ausladenden Reklamemaßnahmen werden vermieden und dafür vornehmlich in lotrechter Richtung angeordnete Lichtkästen, die nicht weit aus der Gebäudefront heraustreten, verwendet. Das Straßenbild wird dabei nicht mehr zerschnitten wie früher, und die Fassaden kommen besser zur Geltung.

Ein Beispiel einer solchen guten Anordnung einer Lichtreklame, die gewissermaßen mit dem Gebäude verwachsen ist, zeigt ein Bild vom Deukohaus in Berlin vom Architekten Erich Mendelsohn (Abb. 308).

Abb. 308. Reklameanordnung vom Deukohaus, Berlin. Arch.: Dipl.-Ing. Erich Mendelsohn, Berlin. (Aus Paulsen: Kupfer, Messing, Bronze im Geschäftshausbau.)

Solche Reklamekonstruktionen bestehen aus einem Winkeleisengerippe von rechteckigem Gesamtquerschnitt, in dessen Hohlraum die elektrischen Beleuchtungskörper einmontiert sind. Je nach der Höhe solcher Kästen, die oft über die ganze Gebäudehöhe laufen, sind noch Zwischenriegel aus Winkeleisen angeordnet. Die Verbindungen sind meist geschweißt. An zwei oder mehreren Stellen erfolgt die Einbindung in das Stahlskelett, gewöhnlich mittels Winkeleisen oder U-Eisen. Die entstehenden Flächenteilungen der Lichtkästen werden dann mit 3 bis 4 mm starken Milchglas- oder Opakglasscheiben ausgefüllt, die mit den einzelnen großen Buchstaben der Reklameworte versehen sind.

Die Berechnung der Konstruktion und der Anschlüsse hat für Eigengewicht und Winddruck zu erfolgen.

In Abb. 309 ist die Konstruktion einer Lichtreklame von bedeutenden Abmessungen für das Ambassador-Theater in St. Louis[1] vorgeführt. Sie ist an einer Gebäudeecke doppelt ausgeführt und hat die beträchtliche Höhe von rund 24 m und eine Breite von 2,40 m. Sie kragt über die Wandstütze ca. 3,50 m vor, reicht etwa 3,0 m vor die Gebäudefront und wiegt 12,5 t.

Der aus Winkeleisen bestehende

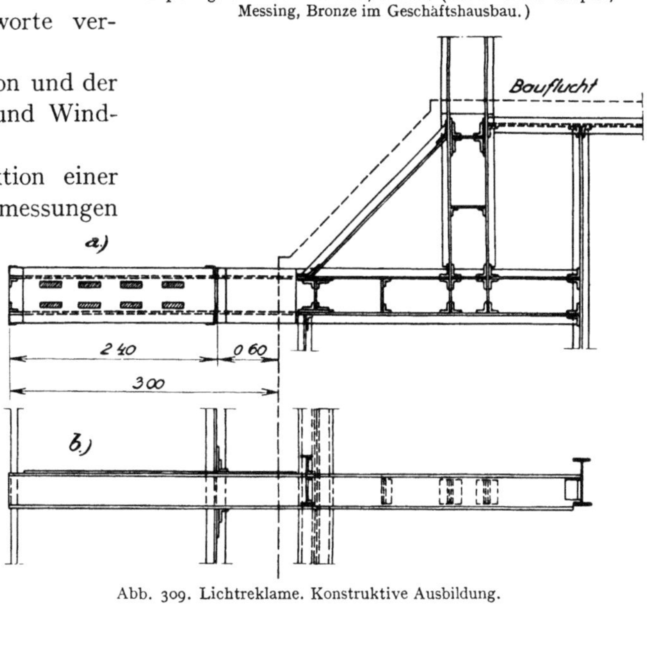

Abb. 309. Lichtreklame. Konstruktive Ausbildung.

[1] Engg. News Rec. 1926/II, S. 106.

Kasten ist an einigen Stellen durch zwei U-Eisen an die Flanschen der Wandstützen befestigt; diese U-Eisen reichen weiter und finden ihre zweite Stützung an einem Träger. Die Reklamekonstruktion in der zweiten Straße ist an der zweiten Eckstütze in gleicher Weise befestigt, das U-Eisenpaar ist an dem gleichen Paare der rechtwinklig dazu liegenden Reklamekonstruktion angeschlossen.

Zur Aussteifung der U-Eisen sind noch Querschotten angeordnet. Oben sind die Lichtkästen durch Bleche abgedeckt.

Dieses Beispiel wurde als Typus solcher Konstruktionen gebracht; bei kleineren Ausführungen werden aber die gleichen Gesichtspunkte bei der Konstruktion maßgebend sein.

In ganz ähnlicher Weise kann man die Reklame für Geschäftsläden ausführen oder selbst ganze Fassadenteile ausbilden, sobald für solche eine durchgehende Beleuchtung vorgesehen werden soll, wie dies in Großstädten bei manchen Bauten zu sehen ist. Wichtig ist immer bei größeren Ausführungen die gute Einbindung in die Stahlkonstruktion des Gebäudes.

II. Ausführung der Stahlskelettbauten.

16. Abschnitt.

Einrichtung der Baustelle.

Die Vorbedingung für eine klaglose Montage und weitere Fertigstellung eines Stahlskelettbaues ist eine zweckmäßig eingerichtete Baustelle. Die vorangehenden Fundierungsarbeiten werden die Baustelle etwas in Unordnung bringen. Es müssen daher vorerst Vereinbarungen zwischen den ausführenden Firmen, welche die Fundierung bzw. die Montage und die weiteren Herstellungen bewirken, zu treffen sein, welche Plätze für die notwendigen Einrichtungen jeder Firma zugewiesen werden. Dabei muß natürlich darauf Rücksicht genommen werden, welche Stellen den erforderlichen Gleisanlagen vorbehalten sein sollen und muß man dabei alle Baustadien im Auge behalten. Man soll auf möglichste örtliche Trennung der Plätze für beide Hauptfirmen hinarbeiten.

Etwa vorhandene Eisenbahngleise werden bestimmend für die zu treffenden Maßnahmen sein.

Es sind Plätze für die Schotter-, Sand-, Holzlagerung vorzusehen, die Standorte der Betonmischmaschine, des Zementmagazins zu wählen und Maßnahmen für die Wasserzufuhr zu treffen. Vom Baubüro soll der ganze Bau tunlichst übersehen werden. Für größere Bauten sind dann noch Werkzeug- und Materialmagazine, Schmieden, Sägeeinrichtungen erforderlich und in vorübergehend erbauten Holzbuden unterzubringen.

Für die Montage wird vor allem der Lagerplatz auszuwählen sein, nachdem die Gleisanlagen festliegen oder auch umgekehrt. Sonst werden noch gebraucht: ein Büro ein Werkzeug- und Materialmagazin und für größere Bauten eine Schmiede, eventuell eine Reparaturwerkstätte. In Städten können die beiden letzteren entfallen. Die nötigen Zufahrten und Rampen sind unbedingt freizuhalten.

Vor Beginn der Montage müssen alle erforderlichen Gleisanlagen gebrauchsfertig liegen. Dann sollen alle Kranbestandteile angeliefert und der Kran selbst betriebsbereit montiert sein. Man muß, um keine Zeitverluste zu haben, die Dauer dieser Arbeiten vorher richtig einschätzen und einen kleinen Sicherheitsfaktor für Unvorhergesehenes dazuschlagen. Auch alle Leitungen für die elektrische Stromzufuhr müssen fertiggestellt sein.

Außerdem sollen alle erforderlichen Hilfswerkzeuge, Winden, Flaschenzüge, Seilrollen, Seile usw., die doch anfangs benötigt werden, an Ort und Stelle und schließlich ein Vorrat einzubauender Werkstücke am Bauplatz sein.

Jedes Werkstück hat eine Bezeichnung, die dem Montageplan entspricht, und die Stützen haben auch eine Kennzeichnung der Stellungsrichtung zu erhalten. Auf den schwereren Stücken soll auch das Gewicht verzeichnet sein; besser ist es, wenn es auf allen Stücken ersichtlich gemacht ist. Alle Einleitungsarbeiten sind von einem erfahrenen Ingenieur, wenigstens am Anfang, oder von einem guten und verläßlichen Monteur zu beaufsichtigen, der die gesamten Arbeiten und den Arbeitsvorgang genau überblicken muß.

Er soll auch jene Arbeitsstellen kennen, welche die in Betracht kommenden Reparaturen ausführen können, damit sie bei Bedarf nicht erst gesucht werden müssen, sowie jene Quellen, die Materialien liefern, welche vom Werk nicht mitgegeben werden.

Eine vorherige Orientierung über die Preisverhältnisse für solche Arbeiten und Lieferungen wird von Vorteil sein, ebenso die Kenntnis der Preise von Transportunternehmungen.

17. Abschnitt.

Montage der Stahlskelettbauten.

1. Allgemeines.

Grundsätzlich sollen alle Anordnungen und Einrichtungen auf der Baustelle vor Montagebeginn derart getroffen werden, daß eine rasche, sichere Montage ohne Unterbrechung durchgeführt werden kann.

Es müssen daher alle Bauteile rechtzeitig fertig sein und auf systematischen Abruf zur Verfügung stehen. Die Bauteile müssen nach einem Montageplan bezeichnet und numeriert sein, daß keine Verwechslung möglich ist; die Lagerung derselben soll derart auf der Baustelle erfolgen, daß ohne Umstellungen die Stücke der Reihe nach, wie sie eingebaut werden sollen, vom Kran gehoben und versetzt werden können. Nicht immer ist der für solche Zwecke notwendige Platz zur Verfügung, besonders in nicht allzu breiten Straßen oder in solchen mit starkem Verkehr. Höfe soll man zu diesem Zwecke nicht ausersehen, da dort gewöhnlich nicht ausreichend Platz ist und die Zufuhr besonders beim weiteren Verlauf der Arbeit durch viele Umstände gehindert werden kann.

Es muß vor allem eine genaue Verteilung des gesamten verfügbaren Platzes erfolgen, für die Lagerung der Stahlteile, Baumaterialien, von Gerüstholz, Zement usw., so daß die Disposition für die Montage nach Maßgabe des zugewiesenen Platzes eindeutig getroffen werden kann. Diese betrifft die für den vorliegenden Fall richtige Lage des Krans sowie jene der anderen, gleichzeitig oder später einzusetzenden Krane, gegebenenfalls auch der notwendigen Hilfshebezeuge.

Die Beförderung der anderen Baustoffe in die Höhe soll gesondert geschehen, damit unabhängig gearbeitet werden kann. Dies wird wohl in den meisten Fällen von vornherein der Fall sein, da gewöhnlich die Ausführung der Stahlkonstruktion und jene der Mauerung in verschiedenen Händen ist.

Ein Zureichen der Stahlbauteile vom Transportwagen mittels Hand in die Baugrube, um sie in den Kranbereich zu bringen, ist gewiß bei großen Bauten und den damit in Zusammenhang stehenden Entfernungen unwirtschaftlich. Bei Umbauten kommt man allerdings manchmal über diese Art Transport nicht hinweg. Er erhöht jedenfalls die Kosten. Eine Gleisanlage und Verwendung von Plateauwagen kann die Kosten des lokalen Transportes herabsetzen.

Liegt die Erzeugungswerkstätte der Stahlkonstruktionen im selben Ort wie der Bau, so läßt sich auch der Zutransport der Stücke täglich nach Maßgabe des Bedarfes regeln, wodurch der Lagerplatz an der Baustelle wesentlich entlastet ist. Dies setzt allerdings einen entsprechend großen verfügbaren Lagerplatz im Werke selbst voraus. Die Werke werden im allgemeinen dieser Art Zustreifung nicht sympathisch gegenüberstehen, da jede Stahlbauwerkstätte die fertige Konstruktion wegbringen will, da sie gerne selbst freien Platz haben will und außerdem oft für das angelieferte Material Teilzahlungen geleistet werden; es geht aber vielfach doch und wurde wiederholt in großen Städten so gemacht, wenn der Raum an der Baustelle beschränkt war.

Jedes überschüssige Lagern von Bauteilen ist ungünstig. Bei Bahnverfrachtung muß deshalb die Zeit des Eisenbahntransportes von der Erzeugungsstelle bis zum Ort der Baustelle erhoben werden, wobei auf etwaige stärkere Belastung der Bahnen mit Saisonfrachten Rücksicht zu nehmen ist. Mit einem Zeitzuschlag zur Sicherheit wird sich der ganze Transport derart regeln lassen, daß nach Maßgabe des Montagefortschrittes stets ausreichend Konstruktionsteile auf der Baustelle sind.

Der Fall kann allerdings auch anders liegen; so bei schmalen und langgestreckten Bauten, die außerdem freistehen, wo gegebenenfalls die systematische Lagerung der Bauteile auf der ganzen Länge des Baues möglich wird und daher ein größerer Teil der Konstruktion gelagert werden kann.

2. Montagekrane.

Die für die Montage verwendeten Krane sind von mannigfacher Art. Einige Typen, die bei Skelettbauten mit Vorteil verwendet worden sind, mögen kurz beschrieben werden.

a) Der Standbaum oder einfache Derrick. Solche Standbäume können für einfache Ausführungen aus Holz hergestellt werden und bestehen aus einem lotrechten Mast, der nach drei Seiten bzw. manchmal nur in zwei aufeinander senkrechten Richtungen durch Schrägen abgesteift ist und dessen Standsicherheit bei der Arbeit entweder durch ein Gegengewicht bei kleineren Ausführungen oder durch eine Seilabspannung am oberen Mastende bewirkt wird. Ein Ausleger, der am unteren Mastende befestigt ist, ermöglicht im ersten Abstützungsfall des Mastes nur eine Drehung um etwa 170° bzw. im zweiten Fall von etwa 260°. Dessen Wirkungsweise beim Ausschwenken ist etwas beschränkt. Der Ausleger muß eine solche Länge haben, daß dessen Haken die Werkstücke von unten aus erreichen und sie in alle Lagen bringen kann, die erforderlich sind. Ist der Ausleger nicht imstande, von einem Standort aus alle Stellen zu erreichen, so muß entweder eine Umstellung des Standbaumes vorgenommen oder es müssen mehrere eingestellt werden, deren Aktionskreise einander schneiden.

Solche Schwenkmaste aus Holz werden bloß bei leichteren und kleineren Bauten Verwendung finden, wo sie auch nicht maschinell bzw. elektrisch angetrieben werden müssen. Gerade bei kleinen Bauten können sich solche Derricks gegenüber anderen überlegen zeigen, weil sie leicht gestellt, verschoben und gehoben werden können und im übrigen bezüglich der erforderlichen Tragkraft ausreichen. Man wird dabei höchstens mit einer Leistungsfähigkeit von 1 t rechnen können.

Der Ausleger kann bei den Schwenkmasten dieser Art auch länger als der Mast sein.

b) Viel häufiger jedoch findet heute der **abgespannte Schwenkmast** im Skelettbau Verwendung. Er kann auch in Holz hergestellt werden, die modernen Schwenkmaste sind aber vornehmlich in Stahl konstruiert. Der Mast wie auch der gewöhnlich unten ansetzende Ausleger sind dann entweder vollwandig oder als Fachwerkträger gebaut.

Wesentlich bei dieser Type ist die Möglichkeit, den lotrecht stehenden Mast um 360° zu drehen. Dann ist aber der Ausleger nur gelenkig, d. h. nur in der vertikalen Ebene bewegbar eingebaut. Die Fußlagerung des Mastes und damit des ganzen Kranes erfolgt in einem Kugelgelenk. Am Kopfende des Mastes ist auf lotrechtem Zapfen sitzend eine tellerförmige Haube angebracht, in deren Ösen die Halteseile befestigt werden können, die zu festen Ankerpunkten führen. Es ist zweckmäßig, in diese Spannseile lange Schraubenschlösser einzubauen, damit eine gute Nachspannung möglich ist. Auch soll man solche Spannseile erst vordehnen, sobald sie neu sind.

Zur Drehung des Mastes ist gewöhnlich unten eine kreisförmige Seilscheibe angebracht, um welche sich die Trossen legen, die mit Hand oder von einer elektrischen Winde aus bewegt werden können. Bei dieser Ausführungsweise ist auch die Hubseilführung und jene für die Auslegerbewegung leichter. Die Seile werden in diesem Falle nicht tordiert und alle Umlenkungen der Seilführung können über Leitrollen mit waagerechter Achse erfolgen, was einen geringeren Seilverschleiß zur Folge hat.

Der Ausleger muß dann allerdings, wenn er nicht durch die Seilverspannung in der Bewegung behindert werden soll, kürzer sein als der Mast. Er kann aber auch etwa gleich lang sein. In letzterem Falle ist die Arbeit nur in Sektoren möglich. Der Ausleger muß die Lasten in möglichst waagerechter Lage aufnehmen, in dieser Lage drehen und dann erst in dem betreffenden Sektor einbauen.

In dieser Weise kann man aber nur dann zweckmäßig arbeiten, wenn der Kran gleich hoch gestellt wird, weil sonst die eingebauten Stützen und Träger den Aktionsradius beschränken. Das Gesagte gilt nur bei Aufstellung des Kranes in der Mitte des Baues.

Es ist also zweckmäßiger, den Ausleger kleiner zu wählen als den Mast.

Ein anderer Umstand möge noch Berücksichtigung finden. Weil beim vorgeschrittenen Montierungsstadium der Ausleger nach und nach in der freien Bewegung mehr behindert ist, kann es sehr zweckmäßig sein, die Gelenkstelle des Auslegers höher zu setzen, wenn möglich höher als das zu montierende Gebäude. Dies erfordert allerdings besonders hohe Maste und weite Abspannmöglichkeiten. Die Auslegeransatzstelle muß dann eine Seilabspannung erhalten, damit der Mast entlastet wird. Ein solcher Kran wird in Abschnitt 17, Pkt. 4 beschrieben werden.

Die Winden für das Hubseil und die Auslegerbewegung sind gewöhnlich mit jener der Drehbewegung des Mastes in einem Gehäuse untergebracht, um von einer Stelle aus betätigt werden zu können. Der Antrieb ist wohl heute durchwegs elektrisch.

Ohne auf die Berechnung solcher Baukrane einzugehen, sei doch auf einen Umstand aufmerksam gemacht, der manchmal nicht berücksichtigt wird und der dann für lange Ausleger Unannehmlichkeiten bringen kann.

Der Ausleger ist nicht axial beansprucht. Er erhält erstens infolge seines Eigengewichtes eine Durchbiegung und damit ein zusätzliches Biegungsmoment, zweitens schneiden sich bei der üblichen hammerkopfartigen Endausbildung die Richtungen des Last- und Rückhaltseiles nicht immer in der Auslegerachse und bringen eine Exzentrizität hervor, deren Größe vom Stellungswinkel des Auslegers abhängig ist.

Endlich spielt die Reibung und die Seilsteifigkeit hierbei auch eine Rolle.

Dies soll bei den zu verwendenden Kranen vor Baubeginn nachgeprüft werden und die Nachprüfung auch auf die Schraubenverbindungen der Stoßstellen ausgedehnt werden.

Der Ausleger ist also auf Druck (P) und Biegung infolge des Eigengewichtes beansprucht. Lassen wir die oben erwähnte Exzentrizität, die von der Konstruktion des Kranes abhängt, außer Betracht, so wird sich der Ausleger von der Länge l infolge des Eigengewichtes g und der Druckkraft P um das Maß y durchbiegen.

$$y = \frac{g\,l^2}{8\,P} + \frac{g\,E\,J}{P^2}\left(1 - \sec\frac{\pi}{2}\sqrt{\frac{P}{P_1}}\right),$$

wobei

$$P_1 = \frac{\pi^2\,E\,J}{l^2}.$$

Damit ist auch die Auslegerbeanspruchung errechenbar. Die Wirkung der Exzentrizität kommt noch hinzu.

Einige Montagebilder mit Derricks finden sich im Abschnitt 17, Pkt. 4.

Die Vorteile solcher Krane zeigen sich besonders bei einem verwickelten Grundriß des Baues. Sie sind im allgemeinen schneller aufgestellt als andere schwere Krane, lassen sich überall hinstellen, sind von dem Gefälle des Terrains ziemlich unabhängig. Große Vorteile werden dann erzielt, wenn die erste Aufstellung schon auf einem hohen, hölzernen Gerüst erfolgt, da man dann länger von einer Stelle aus montieren kann.

c) Der Turmdrehkran. Mit Vorteil werden im Stahlbau, selbst bei sehr großen Bauten, Turmdrehkrane verwendet. Es sind mehrere Bauarten in Gebrauch.

Sie sind vornehmlich in ebenem Gelände verwendbar und fahrbar eingerichtet, auf Gleisen, die nahe der Baufront verlegt werden. Es werden solche Krane mit Hakenstellungen bis 42 m Höhe und bis 20 m langen Auslegern hergestellt, so daß sie in den meisten Fällen, mit Ausnahme von Hochhäusern, die über diese Höhe hinausgehen, Verwendung finden können.

Eine Bautype der Firma Jul. Wolff & Co. G. m. b. H., Heilbronn a. N. ist in Abb. 310 im Aufriß wiedergegeben. Außerdem ist in Abb. 311 das Portal mit den Maßen in etwas größerem Maßstabe gebracht. Der Wolffkran besteht aus einem Portal von 3 m Höhe und 2,5 m lichter Weite, auf welches sich, steif verbunden, eine Fachwerk-Turmkonstruktion aufsetzt. Oben sitzt drehbar eingerichtet ein Ausleger mit Gegengewicht. Für leichtere Lasten sind auch Ausführungen ohne Gegengewichtsausleger vorgesehen, die aber einen kleineren Aktionsradius haben. Es werden Ausleger von 12, 15 und 20 m benützt. Der Turm kann durch Einpassen von Zwischenstücken um 5, 10 bzw. 12 m erhöht werden.

Das Windwerk und der Führerstand liegen oberhalb des Portals. Letzterer dreht sich nicht mit dem Kran. Damit die Stabilität gesichert ist, befindet sich über dem Portal ein Raum zur Einbringung von Ballast, der gegen starke Stürme schützen soll.

Gewöhnlich ist eine normale Hubwinde von 11 PS und einer Hubgeschwindigkeit von 35 m pro Minute für Lasten bis 1 t (und 11 m bei 3 t) eingebaut, es können aber auch Schnellhubwinden mit einer Hubgeschwindigkeit von 45 m pro Minute für Lasten bis 2 t vorgesehen werden. Die Winde ist mit einer elektromagnetischen Bremse ausgestattet, außerdem mit einer Schnellablaßvorrichtung, die es ermöglicht, den nicht belasteten Haken mit einer Geschwindigkeit bis zu 5 m in der Sekunde herabzulassen.

Der Kran ist mit drei Motoren ausgerüstet, die alle drei Bewegungen auch gleichzeitig verrichten können. Der Antrieb zum Kranfahren ist nur an einem Portalfuß angeordnet.

Die höchste Leistung beträgt bei 12 und 15 m Ausleger 4 t, mit 20 m Auslegern 3 t in den jeweils steilsten Stellungen und nimmt mit der Vergrößerung der Ausladung ab.

Tabelle 23 gibt für die verschiedenen Ausladungen der Wolffkrane die Tragkraft, Ausladung, Rollenhöhe und höchste Hakenstellung an.

Behufs Aufstellung des Kranes wird der Turm nahe am Boden zusammengebaut, samt Motoren und Winden, und dann mit Zuhilfenahme des Auslegers um eine untere Kante über dem Portal aufgekippt und schließlich der Ausleger hochgezogen. Im ganzen wird nur ein einfaches Bockgerüst hierzu benötigt. Das Gewicht eines solchen Kranes beträgt 12 bis 14 t.

Näheres über die Detailkonstruktion eines solchen Kranes und dessen Berechnung findet man in dem soeben erschienenen Buche von Cajar[1].

Außer der beschriebenen Type bauen andere Firmen etwas abweichende Turmdrehkrane, wie Voß & Wolter, Maschinenfabrik Otto Kaiser, Gaube, Gockel & Co. mit ungefähr der gleichen Leistungsfähigkeit.

Solche Krane haben bei guter Baudisposition wiederholt bei Montagen von Skelettbauten mit Vorteil Verwendung gefunden. Man wird gut tun, in Arbeitspausen bei Stürmen den Turm mit Seilen zu verankern.

Für nicht allzu schwere Stücke eignet sich dieser Krantyp vorzüglich; der Lagerplatz kann sich auf der Außenseite befinden, es kann aber auch das Krangleis oder ein auf dessen Schwellen befestigtes Zubringergleis für den Zutransport der Werkstücke benützt werden. Auch das Fahren quer zum Gebäude kann bei bestimmten Grundrißformen von Vorteil sein. Beispiele von Montagen mit solchen Kranen folgen.

d) Der Portalkran (Montagebockkran). Er besteht aus zwei Stützenfüßen, die in der Fahrtrichtung eine bis zur Spitze reichende Dreiecksausfachung aufweisen, welche die Stabilität in dieser Richtung sichern. Darüber liegt ein Riegel, gewöhnlich in Form von Doppelfachwerkträgern, die sich beiderseits außen an die Stiele anlegen und die Katze aufnehmen. Die Steifigkeit in der Kranebene wird noch durch eine Strebe erzielt, die unten an

[1] Cajar, R.: Baukrane. Berlin-München 1930.

einen Stiel ansetzt und zu dem Kragende des Katzenträgers führt. Ein Bild eines solchen Trägers findet sich im Abschnitt 17, Punkt 4.

Die Portalständer ragen gewöhnlich über den oberen waagerechten Riegel hinaus, etwa 3 bis 4 m, damit die Montage des Riegels bequemer durchgeführt werden kann.

Zum Kranfahren müssen bei solchen Konstruktionen beide Kranfüße motorisch angetrieben werden, und zwar mit synchronischer Schaltung.

Es finden solche Krane mit 5 bis 10 t Leistung Verwendung, die sogar bis 40 m Höhe haben und darüber. Auch große Stützweiten bis 45 m wurden angewendet.

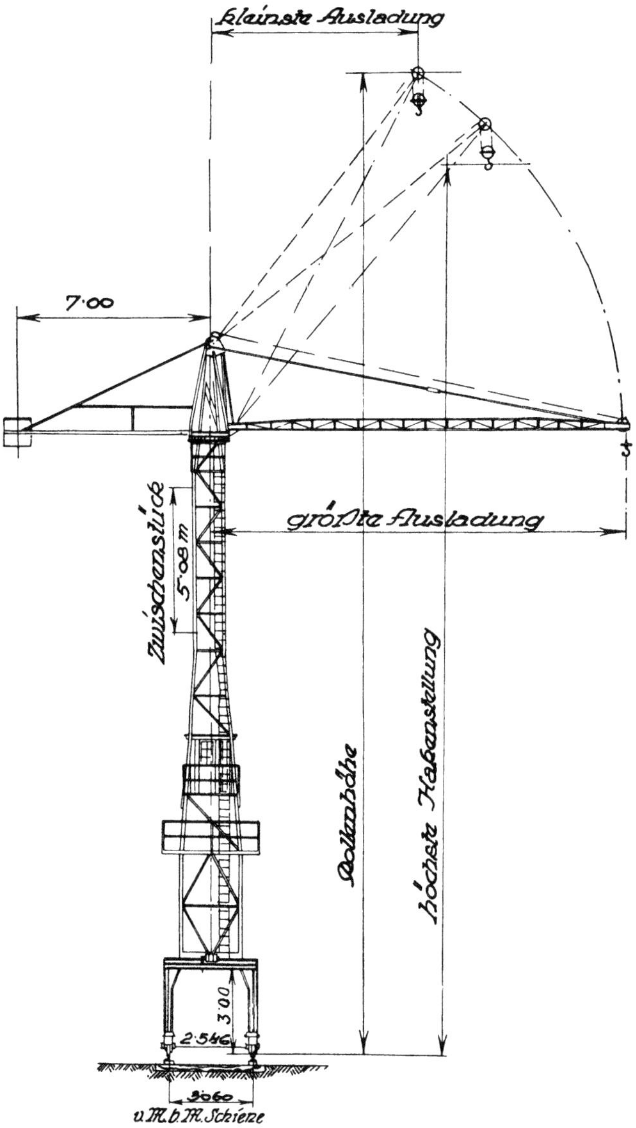

Abb. 310. Wolffkran.

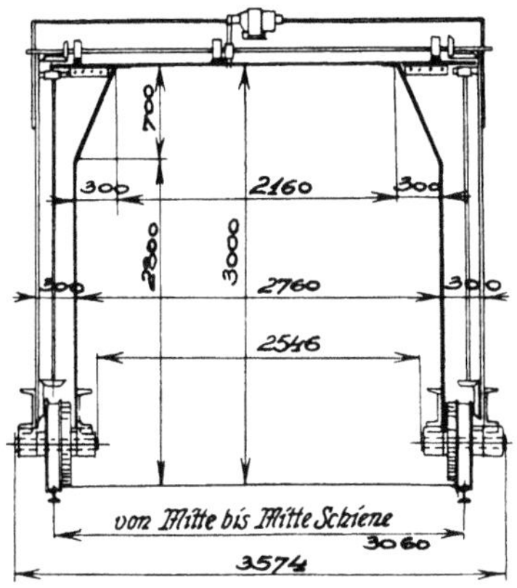

Abb. 311. Maßlinien für das Portal.

Tabelle 23. Maße des Wolffkrans mit 15 m langem Ausleger.

Tragkraft in kg	Ausladung in m	Rollenhöhe in m			Höchste Hakenstellung in m		
		o. Zwst.	m. 1 Zwst.	m. 2 Zwst.	o. Zwst.	m. 1 Zwst.	m. 2 Zwst.
4000	4,5	30,32	35,40	40,48	29,1	34,2	39,3
2000	7,0	29,52	34,60	39,68	28,4	33,5	38,6
1000	12,0	25,72	30,80	35,88	24,6	29,7	34,8
700	15,0	18,42	23,50	28,58	17,3	22,4	27,5
mit Gegengewichtsausleger							
4000	7,5	29,12	34,2	39,28	28,0	33,1	38,2
3000	10,0	27,52	32,6	37,68	26,4	31,5	36,6
2000	15,0	18,42	23,5	28,58	17,3	22,4	27,5
mit 20 m langem Ausleger und Gegengewichtsausleger							
3000	10	33,4	38,48	43,56	32,1	37,2	42,6
1800	15	29,7	34,78	39,86	28,5	33,6	38,7
1200	20	18,4	23,48	28,56	17,3	22,4	27,5

Auch hier wird man für die Konstruktion die Stiele und Riegel in einzelne herausnehmbare Schüsse zerlegen, damit solche Krane auch anderweitig unter anderen Bedingungen verwendet werden können.

Solche Krane sind für die Montage, sobald sie den gesamten Bau bestreichen, außerordentlich günstig, da sie ungestört arbeiten können, keine Schwenkungen der Lasten notwendig werden, die Platz erfordern, Zeitverluste bringen und einer besonderen Vorsicht bedürfen. Dafür muß das Zubringergleis für die Werkstücke zwischen den Portalfüßen liegen.

Auch diese Krane verlangen ein mehr ebenes Terrain, höchstens mit mäßiger Steigung, die auf beiden Seiten ziemlich gleich sein muß. Es sind große Tagesleistungen bei solchen Kranen möglich.

e) Lokomotivkrane. Solche Krane werden in großen Industriezentren Verwendung finden können und wenn es sich um schwere Bauten handelt. Eine Neuanschaffung ist teuer. Es werden viele Typen von verschiedener Tragfähigkeit gebaut.

Sie bestehen aus einem Fahrgestell für Normalspur mit vier Achsen, je zwei sind gekuppelt und haben einen Abstand von 3,35 m (bei der amerikanischen Type L 7, 40 t Tragkraft), die Räder selbst von 1,625 m. Auf dem Plateauwagen sitzt der Königstuhl mit einem Zahnkranz für die Drehung des ganzen Kranes samt Maschine. Diese Type hat einen Ausleger von 21,34 m. Solche Krane sind mit Dampf angetrieben, auch das Fahrwerk. Der mechanische Antriebsmechanismus ist als Gegengewicht wirksam.

Zur Erhöhung der Stabilität bei der Drehung während der Arbeit sind noch vier ausziehbare Trägerstücke am Wagen angebracht, die außerhalb der Schienen unterstützt werden können, so daß während der Arbeit die aufzunehmenden Kippmomente besser auf den Boden übertragen werden können.

Die Maschine dieser Type hat 230 PS. Das Dienstgewicht beträgt 89,7 t. Die Gesamthöhe ohne Schornstein beträgt 4,51 m, Schornstein 1,30 m, die Kranbreite 3,20 m. Für jede Krantype ist ein Diagramm ausgearbeitet, das für verschiedene Auslegerlängen und Neigungen die Tragfähigkeit angibt. Es gibt aber auch kleinere Typen.

Außer den amerikanischen Ausführungen, die in Europa vielfach anzutreffen sind, bauen auch deutsche Firmen Fahrzeugdrehkrane. Orenstein & Koppel, Berlin, bauen Krane mit Raupenkettenfahrgestell und Dampf- oder Verbrennungsmotorenantrieb von 3 bis etwa 10 t Leistungsfähigkeit.

Man wird Lokomotivkrane nur bei sehr ausgedehnten und schweren Bauten verwenden. Die Zustreifung der Werkstücke auf Gleisen oder mit Lastautos ist wegen der vollen Drehung des Auslegers um 360^0 von allen Seiten möglich. Der Kran ist selbstfahrend, bedarf also, um die Arbeit zu beginnen, nur des Einbaues des Auslegers, eventuell des Schornsteins, wenn er über Brücken oder durch Tunnels zu transportieren war.

Für sehr hohe Gebäude würden die Seillängen der Krane und damit ihr Gewicht schon groß werden. Damit im Zusammenhang stände eine lange Dauer des Hochziehens von Stücken. Deshalb hat man in solchen Fällen in etwa halber Höhe des Gebäudes Plattformen geschaffen, auf welche die Werkstücke der höheren Geschosse vorerst gelagert und von einem zweiten hochgelegenen Kran erst hochgezogen wurden. Dies gilt für Turmhäuser und Wolkenkratzer.

Vor Beginn der Montage soll, namentlich mit bereits gebrauchten Kranen, eine Belastungsprobe durchgeführt und der Antriebsmechanismus genau untersucht werden, damit man nicht Überraschungen erlebt und Menschenleben in Gefahr kommen.

3. Hilfsgerüste.

Im allgemeinen soll man trachten, bei der Ausführung von Stahlskelettbauten so wenig Gerüstkonstruktionen als möglich zu verwenden. Alle Arbeiten, welche die Montage betreffen, sollen von den Kranen bewältigt werden. Es gibt aber immerhin, wenn auch kleinere, so doch nachträgliche Arbeiten an solchen Bauten, die Hilfsgerüste erfordern, oder vereinzelte Stellen, die von den Kranen nicht erreicht werden.

In diesen Fällen wird man Holzgerüste dem entsprechenden Erfordernis anpassen.

Das Aufsetzen von hohen Blechschornsteinen für Kesselhäuser von Überlandzentralen erfordert gleichfalls Gerüste, die auf die fertig montierten Hallen aufgesetzt werden, da man für solche Zwecke die Montagekrane nicht allzu hoch machen wird.

Auch im Anfangsstadium der Montage von Hallenbindern werden provisorische Gerüste oder sonstige Abstützungen oder Verstrebungen notwendig werden, die man in Holz ausführen wird. Ebenso die Gerüste, die für die Montage der Krane nötig werden.

Auch bei der Hochstellung von Montagekranen wird man zur Entlastung bereits eingebauter Stützen und Träger, auf welche diese Krane gesetzt werden, Verstärkungen oder einfache Gerüstungen benötigen. Werden Krane in ihrer ersten Stellung hoch aufgestellt, so wird man gleichfalls einen Holzgerüstturm bauen, sobald nicht eine mehrfache Wiederholung solcher Hochstellungen ein Stahlgerüst wirtschaftlicher werden läßt.

Abb. 312. Hochhaus der Berg- und Huttenwerkgesellschaft in Prag. Anordnung der Aufzugtürme.

Für die Ausmauerung der Frontwände soll man jedoch keine festen Gerüste verwenden, da sie teuer und wenig ausgenützt sind, höchstens ausnahmsweise. Da werden einfache Leitergerüste, deren Elemente bei hohen Bauten sachgemäß gestoßen werden müssen, für Fassadenputz und Färbelung Verwendung finden können. Hierbei ist aber größte Sparsamkeit am Platze. Gerade in diesem Punkte liegen die Ursachen manchmal zu teurer Ausführungen. Auch die Torkret-Stahlrohrgerüste finden zweckmäßige Anwendung.

Die Behörden schreiben vielfach in belebten Straßen die Anordnung von Schutzgerüsten gegen herabfallende Gegenstände (Werkzeuge, Nieten, Schrauben, Ziegel u. ä.) vor. Eine Abplankung der Baustelle oder eine teilweise Einengung der benützten Straßenbreite, solange an Frontwänden gearbeitet wird, ist billiger und manchmal leichter zu erzielen.

Kann solchen Forderungen nicht ausgewichen werden, so wird man die Schutzgerüste bloß auf das Erdgeschoß beschränken und nicht in jedem Stockwerk anordnen, wie das leider oft zu sehen ist.

Im großen und ganzen soll aber der Grundsatz gelten: So wenig Hilfsgerüste als möglich!

Etwas anders liegt es bei den Materialaufzügen. Diese werden bei kleinen Höhen in Holz, bei großen wohl am besten in Stahl konstruiert. Es sind aber auch im letzteren Falle Holzgerüste ausgeführt worden. Diese Gerüste werden gewöhnlich verschalt. In Abb. 312 ist die Anordnung von zwei Aufzugsgerüsten vom Bau der Berg- und Hüttenwerksgesellschaft in Prag mit den Abzweigungen in die einzelnen Geschosse ersichtlich.

Schnellbau-Rüstung Torkret.

Die Außenrüstung in Holz mit Arbeitsbühnen in jedem Stockwerk wird bei hohen und im Grundriß ausgedehnten Gebäuden außerordentlich kostspielig und bei Turm- und Hochhäusern unmöglich, weil die Holzabmessungen schon zu groß werden und die Einstellung der Arbeiter in allen Geschossen höchst unrationell wäre. Es stünden dann viele Geschosse außer Benützung. Andererseits ist der Maurer genötigt, für die Arbeit in größeren Höhen in jedem Stockwerk noch Bockgerüste zu verwenden, wenn er bis zur Deckenhöhe sorgfältig arbeiten soll. Dies nimmt Zeit in Anspruch, erfordert noch viel Inventar, wenn die Außenmauern rasch fertiggestellt werden sollen, und verursacht erhebliche Kosten. Sind solche Zusatzeinrichtungen nicht in genügender Menge vorhanden, so geht die Arbeit langsam vor sich. Auch die Sicherheit für den Arbeiter gegen Unfälle ist hierbei viel geringer.

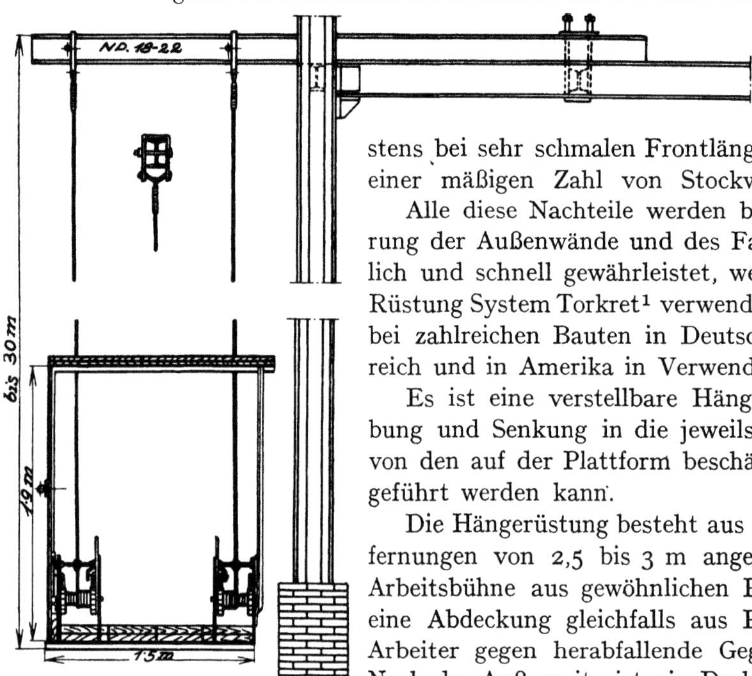

Abb. 313. Torkret-Schnellbaurüstung D.R.P. a. Querschnitt.

Man wird mit solchen voll ausgebauten Außenrüstungen höchstens bei sehr schmalen Frontlängen der Gebäude und bei einer mäßigen Zahl von Stockwerken rechnen können.

Alle diese Nachteile werden behoben und die Ausführung der Außenwände und des Fassadenputzes wirtschaftlich und schnell gewährleistet, wenn man die Schnellbau-Rüstung System Torkret[1] verwendet. Sie ist patentiert und bei zahlreichen Bauten in Deutschland, England, Frankreich und in Amerika in Verwendung.

Es ist eine verstellbare Hängerüstung, wobei die Hebung und Senkung in die jeweils erforderliche Höhenlage von den auf der Plattform beschäftigten Arbeitern durchgeführt werden kann.

Die Hängerüstung besteht aus Stahlrahmen, die in Entfernungen von 2,5 bis 3 m angeordnet sind, unten die Arbeitsbühne aus gewöhnlichen Pfosten tragen und oben eine Abdeckung gleichfalls aus Pfosten besitzen, die die Arbeiter gegen herabfallende Gegenstände schützen soll. Nach der Außenseite ist ein Drahtgitter als Schutz angeordnet, das an einem Gasrohre befestigt werden kann, welches als Geländerholm dient. Diese Plattform ist so nahe als möglich an die Frontwand gerückt, so daß noch ein ungehindertes Heben und Senken möglich ist (Abb. 313).

Die Rahmen der Rüstung sind auf auskragenden I-Trägern NP 18 bis 22 im obersten Deckengeschoß an zwei Stellen mittels Drahtseilen an Stahlbügeln angehängt. Unten laufen diese Seile über Windentrommeln, die mit doppelten Sperrklinken versehen sind. Bevor die Seile an die Trommeln gelangen, sind sie an einer Rolle vorbeigeführt. Die Winden sind in Flachbügeln eingebaut, welche mit den Gerüstrahmen verbunden sind.

Das Drahtseil besitzt eine Zugfestigkeit von 5600 kg, während bei voller betriebsfähiger Belastung höchstens 660 kg zur Übertragung gelangen[2]. Der Schäkel, der die Windenseile oben aufnimmt, hat eine Bruchfestigkeit von 11500 bis 15000 kg. Durch die zweifache Zahnsicherung ist ein Herabfallen der Rüstung verhindert, aber selbst wenn beide Sicherungen, wie ein Versuch zeigte, zertrümmert werden, war infolge der Verspreizung der Abdeckbohlen und Anliegen der oberen Bohle an den Zahnkranz höchstens eine lokale Senkung der betreffenden Gerüsteinheit um 30 cm möglich, dann kam die weitere Senkung zum Stillstand.

[1] Torkret G. m. b. H., Berlin SW 48. [2] Biswanger: Torkret-Schnellbaurüstung. Flugschrift.

Selbst wenn beide Klinken einer Winde sich gleichzeitig auslösen würden, kann sich die Rüstung nur so weit senken, bis der Bügel der Antriebsklinke gegen den Windenrahmen anschlägt, was nach einer Umdrehung um etwa $^1/_3$ des Windenumfanges erfolgt.

Die Ausleger für die Gerüstaufhängung sind in die Deckenträgerkonstruktion verankert. Die Seile gestatten eine Aufhängung auf 30 m Höhe. Ist das Gebäude höher, so muß die Aufhängung in zwei oder mehr Etappen erfolgen. Die Gerüstungsarbeitsbühne zeigt Abb. 314. Abb. 315 zeigt den Vorgang beim Senken.

Abb. 314. Torkret-Schnellbaurüstung D.R.P. a.

Bei Anwendung solcher Hängegerüste bleibt der Platz an der Gebäudefront frei von Gerüsten, der für Materiallagerung benützt werden kann. Auch die Zufahrten in das Innere der Gebäude können dann ungestört erfolgen. Außerdem ermöglichen diese Gerüste die Zugänglichkeit an jeder Stelle der Front und einen vollkommenen Arbeiterschutz während des Baues.

Für die Verwendung solcher Hängegerüste haben Behörden und Berufsgenossenschaften eine dauernde Überwachung eingeführt und für Berlin nachstehende Vorschriften festgelegt:

1. Alle Teile der Rüstung müssen der geprüften Zeichnung und statischen Berechnung entsprechen.

2. Als Kragträger sind I-Träger in der Regel nicht unter NP 18 zu verwenden. Die größte Auskragung der Träger darf 2,5 m nicht überschreiten. Die Kragträger müssen mit standsicheren Gebäudeteilen kippsicher verankert werden. Sind Hilfskonstruktionen zur Aufnahme der Kragträger notwendig, so müssen diese statisch nachgewiesen werden.

Abb. 315. Torkret-Schnellbaurüstung D.R.P. Handhaben der Winden.

3. Am vorderen Ende jedes Kragträgers muß vor dem Tragbügel (Schäkel) ein Sicherheitsbolzen eingezogen werden (Mindestabstand vom Ende 75 mm).

4. Die Bolzen der Tragbügel sind durch Federringe bzw. Gegenmuttern zu sichern. Dasselbe gilt für die Bolzen der Tragwinkel des Gerüstrahmens.

5. Es sind nur Seile zu verwenden, die auf mindestens 8 fache Sicherheit geprüft sind und deren Festigkeit 135 kg/mm² betragen muß.

6. Um das Abschwingen des Gerüstes vom Gebäude zu verhindern, sind die inneren Seile mit Neigung gegen die zu berüstende Front anzubringen. Außerdem ist die Rüstung an standsicheren Bauteilen in ausreichenden Abständen zu befestigen.

7. Die Winden mit allem Zubehör müssen geölt und die Seile geschmiert sein.
8. Der Abstand der 1,50 m breiten Gerüstrahmen darf voneinander 3 m nicht überschreiten.
9. Für den Gerüstbelag (Arbeitsboden) sind Bohlen von mindestens 5 cm Stärke und mindestens 20 cm Breite zu verwenden. Die auf den Gerüstrahmen verlegten Bohlen müssen über ihr Auflager etwa 50 cm hinausragen. Für die Bohlen darf nur gutes und möglichst astfreies Material verwendet werden.
10. Um ein Herabfallen von Gegenständen zu verhindern, sind die Außen- und Stirnseiten der Rüstung mit Bordbrett und Brustwehr zu versehen. Dazwischen ist entweder ein Drahtnetz zu spannen oder eine dichte Holzverschalung anzubringen.
11. Die oberen Schenkel der Aufhängerahmen sind zum Schutz der auf der Rüstung befindlichen Personen mit einer Schutzabdeckung zu versehen. Von dieser Schutzabdeckung kann Abstand genommen werden, wenn in anderer gleichwertiger Weise dieser Schutz gewährleistet ist (z. B. Absperrung der Frontwände oberhalb der Arbeitsrüstung in etwa 1 m Breite.
12. Bei der Verwendung als Arbeitsrüstung dürfen über der Rüstung Montagearbeiten nicht ausgeführt werden.
13. Der Abstand zwischen Rüstung und Gebäude darf 10 cm nicht überschreiten.
14. Vor dem Heben und Senken der Rüstung ist festzustellen, ob deren Bewegungsfreiheit nicht behindert ist.
15. Alle auf der Rüstung beschäftigten Personen müssen mit der Bedienung derselben vertraut sein.
16. Die Höchstbelastung darf für 1 m² Fläche des Arbeitsbodens 200 kg, gleichmäßig verteilt, nicht überschreiten.

Zum Beispiel für ein Gerüstfeld von 3,00 × 1,50 cm:

a) bei Verwendung als Putzgerüst
2 Mörtelkästen (100 Liter Inhalt pro Kasten),
1 Sack Zement,
2 Putzer,
1 Mann (Polier usw.);

b) bei Verwendung als Maurergerüst
1 Mörtelkasten (100 Liter Inhalt),
1 Sack Zement,
100 Steine à 3,5 kg,
2 Maurer,
1 Mann (Polier usw.).

17. Stein- und Mörtelträger mit Lasten dürfen den Arbeitsboden nicht betreten, andernfalls sind die unter Ziffer 16, Absatz a) und b) angegebenen Mengen für Steine und Mörtel nur zur Hälfte zulässig.
18. Auf der Rüstung sind an geeigneten Stellen dauerhafte Tafeln mit folgenden Angaben anzubringen:
a) „Abwerfen von Baustoffen aller Art ist verboten."
b) Die höchstzulässige Belastung in anschaulicher Form (vgl. Ziffer 16).
19. Die Rüstung ist in jedem Monat mindestens einmal zu überprüfen. Das Ergebnis ist auf der Baustelle zur Einsichtnahme bereitzuhalten (Bauleitung) oder bei längerer Arbeitsunterbrechung dem Baupolizeiamt einzureichen.
20. Die Verkehrswege und Arbeitsplätze unterhalb der Rüstung müssen mit einer mindestens 2 m breiten Schutzrüstung gegen herabfallende Gegenstände gesichert werden. An den übrigen Stellen des Luftraumes unterhalb der Rüstung genügt eine Absperrung.
21. Die Unfallverhütungsvorschriften der Berufsgenossenschaft sind zu beachten.

4. Besondere Ausführungen der Montage.

In diesem Abschnitte sollen wiederum nur einige typische Ausführungsweisen besprochen werden.

Kesselhausbau für das Großkraftwerk Gersteinwerk der Vereinigten Elektrizitätswerke Westfalen in Dortmund[1].

Es handelt sich um ein Kesselhaus von 41,7 m Breite und 37,5 m Höhe, von 3600 t Gesamtgewicht, dessen Montage in 5 Wochen beendet sein sollte, so daß also täglich etwa 120 t einzubauen waren, eine Leistung, die den größten amerikanischen Rekorden bei solchen Bauten gleichkommt (Abb. 316). Mit Rücksicht auf die Lage des Baues im Senkungsgebiet wurde der gesamte Kesselhausquerschnitt in eine Reihe von Einzelwinkelrahmen und Träger unterteilt, wie aus der Abbildung ersichtlich ist. Die schweren Montagebedingungen zwangen zur Anwendung eines Portalkranes, der das ganze Gebäude bestreichen konnte.

[1] Müller, A.: Stahlbau 1928, S. 209. Ausführung: C. H. Jucho, Dortmund; Hein, Lehmann & Co. A. G., Düsseldorf; A. Klönne, Dortmund. Montage: Hein, Lehmann & Co.

Er hatte eine Stützweite von 45,4 m und eine Höhe von 43,5 m. Der Riegelträger, auf dem die Katzen laufen, die 25 t fördern konnten, kragt über eine der Kranstützen 7,5 m hinaus

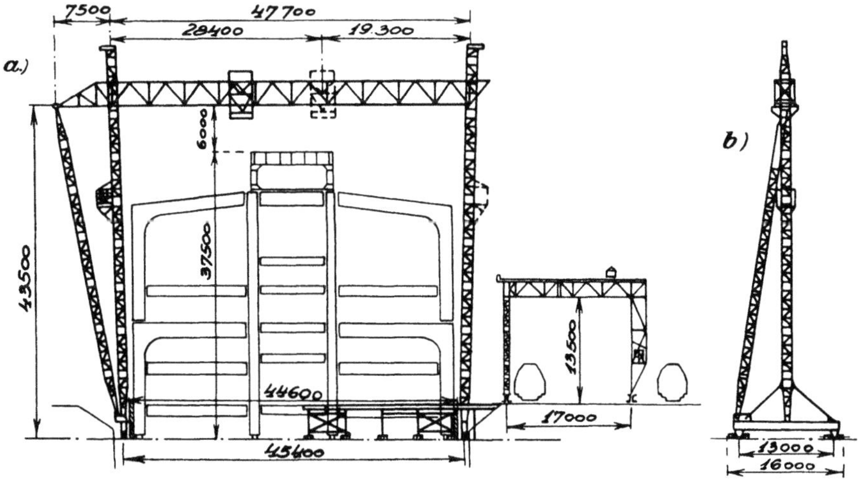

Abb. 316. Montage- und Entladekran, Großkraftwerk „Garsteinwerk". (Nach Müller, A.: Stahlbau 1928.)

und faßt dort eine schräge Strebe in der Kranebene. In der Fahrtrichtung sind gleichfalls Schrägstäbe angeordnet. Die Radsatzachsen liegen 13,0 m voneinander entfernt. Der Kran hatte eine Tragfähigkeit von 20 t und war elektrisch angetrieben. Ebenso erfolgte das Heben und Senken der Last und das Verfahren der Katze elektrisch. Er läßt durch seine Konstruktion auch eine Verwendung für kleinere Stützweiten und Höhen zu.

Abb. 317. Schaltwerk-Hochhaus der Siemens-Schuckertwerke in Berlin-Siemensstadt. Montagebild. (Nach Hertlein, H.: Industriebau 1929.)

Über einem Baugleis wurde ein kleinerer Portalkran von 17,0 m Stützweite und 20 t Hubkraft parallel zum Gebäude fahrend angeordnet, um die täglich anlangenden sechs bis zehn Waggonladungen abheben und lagern zu können. Die Werkstücke wurden mit Hilfe von quergestellten, klappbaren Gleisbrücken in den Montagekranbereich gebracht.

Die schweren Stücke erhielten Anschlüsse für die Anbringung von Schäkeln mit Bolzen, um sie rasch heben zu können. Die betriebsfertige Aufstellung des Portalkrans erforderte vier Wochen. Die verlangte Leistung wurde dank der getroffenen Maßnahmen in der vorgeschriebenen Zeit erzielt, was infolge des nicht gehinderten Betriebes möglich war.

In ähnlicher Weise bzw. mit einem über das Gebäude reichenden 5-t-Portalkran von 42 m Höhe wurde das Schaltwerkhochhaus der Siemens-Schuckertwerke in

Berlin-Siemensstadt montiert[1]. Das Gebäude ist 175 m lang, 16 m breit und 45 m hoch. Die große Länge des Gebäudes war für diese Bauweise bestimmend gewesen. Vorerst

Abb. 318. Postlagergebaude Stettin. Montage mittels Portalkrans. Ausführung: J. Gollnow & Sohn, Stettin.

wurde auf halbe Länge etwa auf die halbe Höhe gebaut, dann ist in dem bis dahin fertigen Teil die oberste Decke eingebaut und gleichzeitig die obere zweite Hälfte montiert werden. Unter dem Schutze der Mitteldecke konnten die darunter befindlichen hergestellt werden.

Abb. 319. Deutsches Museum in Munchen. Neubau des Bibliothek- und Saalbaues. Architekt: Prof. Dr. Bestelmeyer, München. Ausführung: Vereinigte Stahlwerke A. G. Dortmunder Union. Montagebild.

Abb. 317 gibt ein Bild der Montage in beinahe fertigem Zustand, zeigt den Kran, die Wandausmauerung, die in diesem Falle von einem leichten Leitergerüst aus vorgenommen worden ist. Auch der Bauaufzug ist darauf ersichtlich. Die Kranstützen waren so weit

[1] Hertlein, H.: Industriebau 1929, S. 41; Stahlbau 1928, S. 177. Ausführung: Dortmunder Union.

voneinander entfernt, daß die angebauten Treppenhäuser noch bestrichen werden konnten. Die Bauteile kamen mit Handzustreifung vom Lagerplatz mittels einer Drehscheibe auf einem Zubringergleis von 600 mm Spurweite unter den Montagekran. Der Entladekran fuhr an der Stirnseite des Gebäudes der Quere nach, hatte 28 m Spurweite und eine Tragkraft von 20 t.

Der Antrieb des Montagekrans erfolgte durch vier Gleichstrommotoren für 220 Volt Spannung. Die höchste Hakenstellung betrug 38,7 m. Da das Gebäude jedoch 46 m hoch ist, wurde für den obersten Aufbau die Kranlaufkatze mit einem Ausleger versehen. Das Gebäude im fertigen Zustand bringt Abb. 1 (Seite 5).

Abb. 318 zeigt den gleichen Montagevorgang für das Postlagergebäude Stettin[1]. Der Montagekran hat verschieden hohe Füße, da er einerseits auf einer Stützmauer läuft. Für den Weitereinbau des höherliegenden Gebäudeteiles sind noch hölzerne, abgespannte Derricks in Verwendung.

Endlich ist noch in Abb. 319 die Montage des Bibliotheksgebäudes des Deutschen Museums in München[2] vorgeführt. Die zwei Portalkrane von 34 m Höhe und 25 m Breite montierten die Längstrakte. Die Quertrakte des geschlossenen Baublockes wurden mit Schwenkmasten von den Längstrakten aus ausgeführt. Letztere sind im Hintergrund des Bildes zu sehen.

Eine andere Ausführungsweise bringt die Abb. 320 vom Bau des Umspannwerkes „Scharnhorst" der Bewag in Berlin[3]. Dieser imposante Bau von 27,26 m Höhe über Terrain wurde im Bauabschnitt I mit zwei 50 m hohen, 13,5 m voneinander entfernten, feststehenden Turmkranen montiert. Diese sind an den oberen Enden untereinander und gegen das Gebäude mit Seilen abgespannt. Die Maste konnten sich dabei um 360° drehen. Über dem Gebäude sind beide Maste mit je einem 13 m langen Ausleger von 3 t Tragkraft versehen, die nur in lotrechter Richtung bewegbar waren. Ihre Bewegung wurde in keinem Falle durch die Abspannseile behindert, die hier genügend weit im Gelände verankert werden konnten. (Siehe auch den Grundriß der Abbildung.) Die lotrechten Maste hatten einen quadratischen Querschnitt von 1,5 m Seitenlänge. Die Ausleger- und Lastwinden befanden sich unten unmittelbar über der Kugellagerung. Die

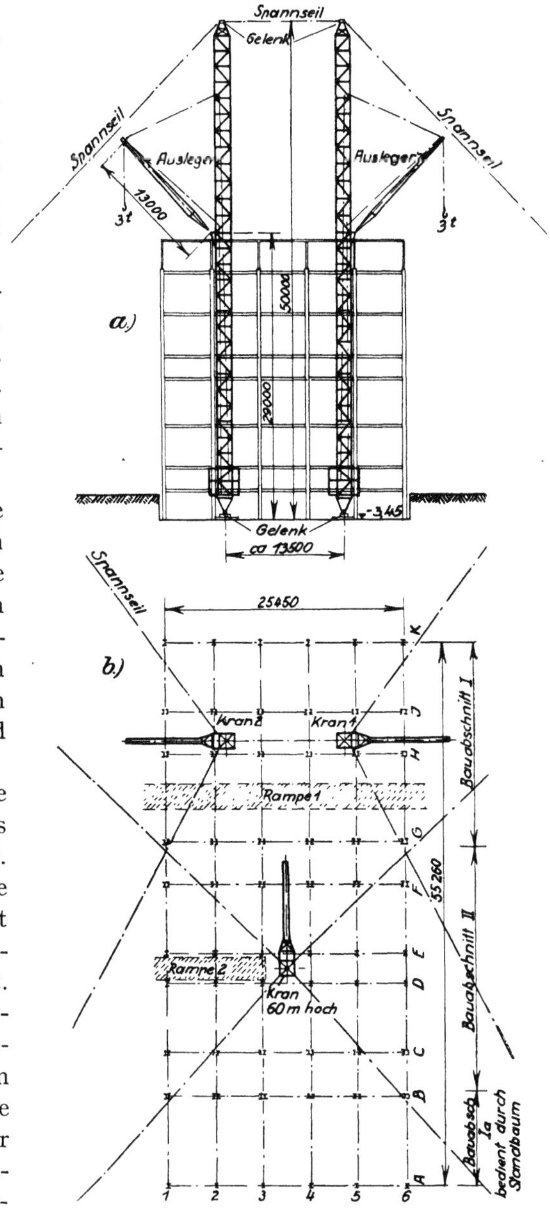

Abb. 320. Montageturm, Umspannwerk „Scharnhorst", Berlin. (Nach Herbst, F. Dr.: Stahlbau 1930.)

[1] Ausführung: J. Gollnow & Sohn, Stettin.

[2] Bäßler, K.: Stahlbau 1930, S. 109. Ausführung: F. Krupp A. G., Gutehoffnungshütte A. G., Hein, Lehmann & Co., Dortmunder Union.

[3] Herbst, F. Dr.: Stahlbau 1930, S. 97. Ausführung: Hein, Lehmann & Co. A. G.

Drehbewegungen erfolgten von Hand aus. Für die Drehung des Mastes war eine Doppelwinde, deren Seile an einem waagerechten Drehkranz angriffen, sonst waren elektrische Winden für Last und Ausleger vorgesehen.

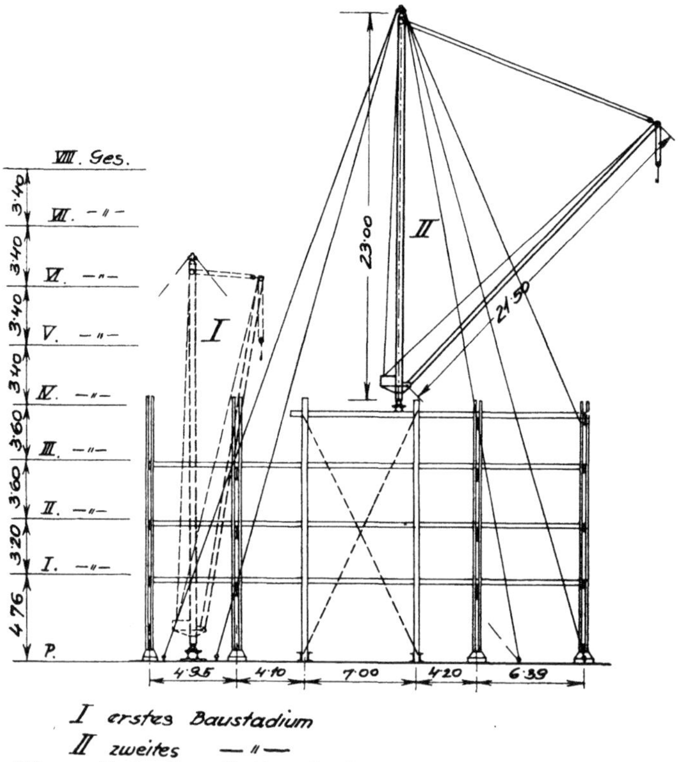

Abb. 321. Montage-Kran, Hochhaus der Berg- und Huttenwerks-Ges. in Prag.

Die Werkstoffe wurden auf einer quer durch das Gebäude angelegten Rampe mit Wagen angefahren; der Kran konnte sie unmittelbar fassen.

Im zweiten Bauabschnitt, der nachträglich vergeben worden ist, wurde ein 60 m hoher Kranturm benützt; er erhielt eine eigene Zufahrtsrampe für die Stahlteile.

Schließlich wurde der dritte Bauabschnitt mit einfachen Standbäumen montiert. Im ganzen wurden 1300 t Stahl eingebaut.

Der Bau des Bureaugebäudes der Berg- und Hüttenwerks-A. G. in Prag[1] erfolgte mit zwei abgespannten Schwenkmasten in Stahlkonstruktion. Abb. 321 zeigt den Arbeitsvorgang schematisch.

Die Krane hatten einen lotrechten Mast von 23 m Höhe und einen unten ansetzenden Ausleger von 21,5 m. Beide haben einen quadratischen Querschnitt und sind aus Winkel-

Abb. 322. Bau des Palais der Berg- und Hüttenwerks-Ges. in Prag. Montagebild. Erste Stellung der beiden Montagekrane. Entwurf des Verfassers. Ausführung: Brückenbauanstalt Karlshütte bei Friedek.

eisen und aus gestanzten Blechen konstruiert. Die Tragkraft des Krans beträgt bei 20 m

[1] Ausführung: Brückenbau Karlshütte bei Friedek.

Ausladung und 10 m Höhe 3 t, bei 16 m Ausladung und 16 m Höhe 4 t. Die Maste sind auf einem Kugellager in einen Gußstahlfuß gelagert (Abb. 322). Darüber befinden sich die beiden Winden hintereinander gelagert und wirken mit der Gehäusekonstruktion als

Abb. 323. Hochhaus der Berg- und Hüttenwerks-Ges. in Prag. Beide Krane in der ersten Stellung. Beginn der Montage des Trapez-Rahmenträgers, dahinter ein schwerer Unterzugtrager.

Gegengewicht. Der Ausleger ist nur in vertikaler Ebene bewegbar eingerichtet. Die tellerförmige Haube am oberen Mastende ist mit Drahtseilen abgespannt, die in diesem Falle durch die Decken, in vorgesehenen Löchern oder freigelassenen Deckenfeldern hindurchgehen und in der Eisenbetonkonstruktion verankert waren.

Abb. 324. Hochhaus Berg- und Hüttenwerks-Ges. in Prag. Ein Schwenkkran in der ursprünglichen Stellung, der andere bereits in seiner zweiten. Ein hölzerner Hilfsderrick fur die Eckständer.

Vorerst arbeiteten die beiden Krane im ersten Baustadium mit der Lagerung unten, errichteten vier Geschosse in ihrem Bereich, dann wurde ein Kran von dem anderen, unten verbliebenen, hochgestellt (Stadium II, Abb. 321), wobei die Verankerung schon teilweise in der fertig montierten Stahlkonstruktion erfolgen konnte.

Das Demontieren, Hochziehen und Zusammenstellen eines solchen Kranes nahm zwei bis drei Tage in Anspruch.

Abb. 325. Hochhaus Suschitzky Prag. Beginn der Montage. Erste Stellung des Schwenkkranes.

Für den hochgestellten Kran wurde die Stahlkonstruktion provisorisch mit Windstreben versehen. Die Lagerung erfolgte dabei in der Nähe einer schweren Stütze. Die beiden Kranstellungen veranschaulichen die beiden Abb. 323, 324. In diesen Abbildungen sind noch einfache Standbäume für die entlegeneren Stellen zu sehen. Die Montage des ganzen Gebäudes erfolgte in drei Hauptetappen: 1. der Seitenflügel, 2. die Hauptfront, 3. der zweite Seitenflügel, mit je zwei Kranstellungen. In der vierten Etappe wurden die Hof- und Lichthofeinbauten montiert.

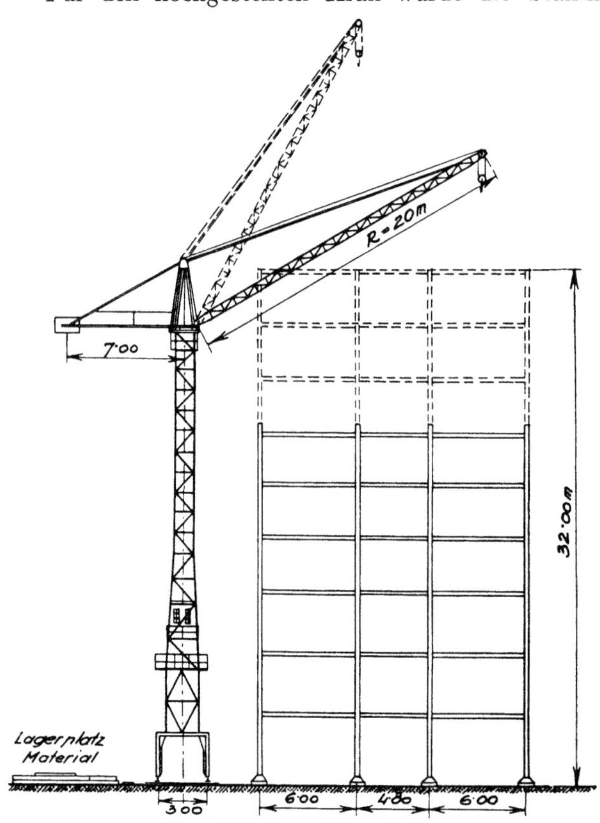

Abb. 326. Montage mit Turm-Drehkran.

Die mit Autos herangefahrenen Werkstücke konnten vielfach unmittelbar von den Kranen aufgehoben werden. Der sonstige Platz war wegen der verkehrsreichen Straße und des Straßenbahnverkehrs äußerst beschränkt.

Immerhin war die Montage programmäßig beendet worden. Es wurden ca. 1400 t eingebaut.

Eine andere ähnliche Ausführung zeigt die Montage des Kaufhauses Suschitzky in Prag[1]. Auch hier

[1] Ausführung: Brückenbauanstalt Eisenwerk Witkowitz.

wurde ein abgespannter Mast benützt (Abb. 325). Das Bild gibt den Beginn der Aufstellungsarbeiten und soll auch die Schwierigkeiten beim Bau veranschaulichen, die durch die notwendig gewordene schwere Bölzung in einer schmalen Straße, in der sich die Längsfront des Baues befindet, hervorgerufen worden sind. In dessen Nähe befand sich, auf dem Bilde ersichtlich, auch ein Eisenbetongebäude im Bau.

Abb. 327. Verwaltungsgebäude der I. G. Farbenindustrie A. G. in Frankfurt a. M. Montagebild. Architekt Prof. Dr. Ing. e. h. Poelzig, Berlin. Ausführung: C. H. Jucho, Dortmund, Flender A. G. Benrath und Eisenbau Bleichert Neuß a. Rh.

Endlich sei noch auf ein Montagebild vom Bau des Geschäftshauses „Textilia" in Mähr. Ostrau[1] hingewiesen (Abb. 7, Seite 8).

Hier konnte der Einbau der gesamten Si-Stahlmenge mit vier Standorten für zwei Krane bewältigt werden. Für das Abheben der Bauteile vom Wagen sind in der Außenfront Lücken freigelassen.

Nun sollen noch Beispiele mit Verwendung von Turmdrehkranen angeführt werden. Abb. 326 zeigt den Vorgang schematisch. Der etwa 33 m hohe Turmdrehkran mit einem 20 m langen Ausleger und 7 m weit entferntem Gegengewicht fährt auf zwei parallel mit der Längsfront laufenden Gleisen von 3,0 m Spurweite. Er kann das ganze Gebäude bestreichen. Der Zustreif- und Lagerplatz für die Werkstücke befindet sich auf der anderen Seite des Krans. Auf diese Weise ist schon durch die Anlage ein ungestörter Betrieb gesichert.

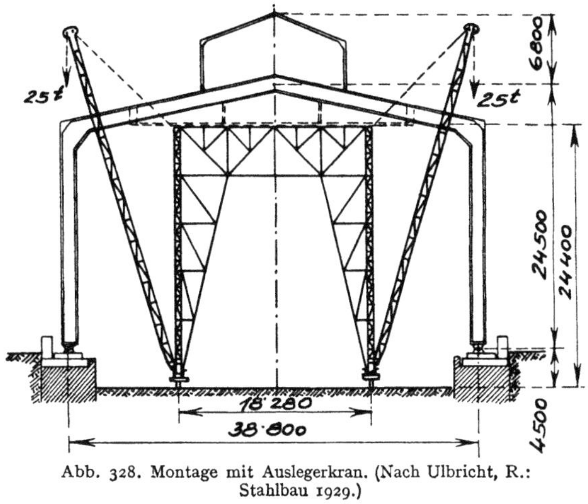

Abb. 328. Montage mit Auslegerkran. (Nach Ulbricht, R.: Stahlbau 1929.)

Abb. 327 zeigt einen solchen Turmdrehkran an der Arbeit beim Bau des Verwaltungsgebäudes der Farben-Industrie A. G. Frankfurt am Main[2]. Ein Teil des imposanten Gebäudes ist auf dem Bild bereits fertiggestellt zu sehen.

Ein anderer Montagevorgang, der sich für Hallenbauten eignet, ist in Abb 328 dargegestellt. Es handelt sich um die Aufstellung einer Gasgebläse-Maschinenhalle im Rheinisch-

[1] Ausführung: Brückenbauanstalt Eisenwerk Witkowitz.

[2] Ausführung: C. Jucho, Dortmund und Flender A. G., Benrath.

Westfälischen Industriegebiet[1]. Die Halle hat eine Stützweite von 38,8 m, 24,5 m Höhe, die Binder sind Zweigelenkrahmen in 12 m Entfernung. Für die Montage wurde ein fahrbares Gerüst von 18,28 m Spurweite, 5 m Breite und 24,4 m Höhe benützt, an dessen Ecken je ein 30 m langer Ausleger mit 25 t Tragkraft angebracht war. Während der Arbeit wurde das Fachwerkgerüst festgesetzt und mit Seilen abgespannt. Das Eigengewicht dieses Montagegerätes betrug 120 t. Von einem Standort des Krangerüstes wurden zwei Binder und die Verbindungsträger montiert.

Dieser Arbeitsvorgang eignet sich besonders bei langen Hallen.

Eine ähnliche Halle für das Kesselhaus der Überlandzentrale Brünn-Oslawan[2], welche eine Stützweite von 41,35 m bei 30,5 m Höhe aufweist, wurde, da Zwischenstützen vorhanden waren, mit Schwenkmasten montiert. Da eine forcierte Fertigstellung des Baues verlangt war, mußten gleichzeitig mit der Halle auch die Kessel montiert werden. Das Bild (Abbildung 329) zeigt den Zustand nach beendigter Montage und die beginnende Ausmauerung der Außenwände.

Abb. 329. Kesselhaus der Überlandzentrale in Oslawan bei Brünn. Entwurf von Dr.-Ing. A. Hawranek.

Sehr bequem läßt sich die Montage, besonders von langen Gebäuden, mit Hilfe eines Lokomotivkranes durchführen. Bedingung ist die Möglichkeit, mit dem Kran bis zur Baustelle heranzufahren. In Abb. 330 ist der Arbeitsvorgang eines normalspurigen Kranes mit 21,34 m Auslegerlänge dargestellt. Er fährt in der Längsachse des Gebäudes auf kurzen Gleisstücken und arbeitet rückwärtsschreitend. Die Drehung um den Königsstuhl ist um volle 360° möglich. Er besitzt ausziehbare Trägerstücke, die abgestützt dem Kran eine größere Stabilität gegen Kippen verleihen.

In vielen Fällen, bei einfacheren und leichteren Konstruktionen, werden hölzerne Schwenkmaste mit Abspannung verwendet. Zur Veranschaulichung dieses Arbeitsvorganges sei ein Bild (Abb. 331) von der Montage des „Hydrawerkes" AEG Berlin[3] gebracht, das gleichzeitig auch die schon weit gediehene Wandausmauerung mit Zuhilfenahme von leichten Außengerüsten zeigt, während die Montage weitergeht. Man sieht die Stellung zweier Schwenkmaste, die die Montage der restlichen Bauwerksteile von der Mitte aus fortsetzen.

Endlich werden noch zwei Bilder vom Bau des Verwaltungsgebäudes Wernerwerk X der Siemens & Halske A. G. und Siemens-Schuckert A. G., Berlin-Siemensstadt[4] vorgeführt (Abb. 332, 333), die den mächtig gegliederten Bau in zwei verschiedenen Stadien

[1] Ulbricht, R.: Stahlbau 1929, S. 180. Ausführung: Flender A. G. in Benrath a. Rh.
[2] Entwurf von Dr.-Ing. Hawranek. [3] Ausführung: J. Gollnow & Sohn, Stettin.
[4] Ausführung: Dortmunder Union, Dortmund.

zeigt. Aus diesen Abbildungen ist die Montage mit Schwenkmasten zu ersehen, wobei die Herstellung der Decken und Wände, letztere nur mit Hilfe eines in dem betreffenden Stockwerke angeordneten und ausladenden leichten Gerüstes, erfolgt. Einzubauen waren 3000 t.

Außer den hier vorgeführten Arbeitsmethoden gibt es noch eine ganze Reihe anderer, die die Verwendung von Kombinationen von Montagegeräten vorsehen. So wurden beim Bau der Turbinenhalle des Kraftwerks Klingenberg[1] auf einem fahrbaren Gerüst noch zwei Schwenkkrane mit unten liegenden Winden aufgesetzt.

In einem anderen Falle wurde ein Portalkran, der wohl den unteren Teil eines Kesselhauses bestreichen konnte, später auf einer höher liegenden Gleisbahn laufen gelassen. Diese Kranbahnschienen waren auf Konsolen abgestützt worden, die auf den schon fertig montierten Bauteilen vorübergehend angeordnet waren.

Liegend völlig zusammengebaute hohe Rahmenkonstruktionen sind auch um die Fußpunkte gedreht in die lotrechte Lage gebracht worden.

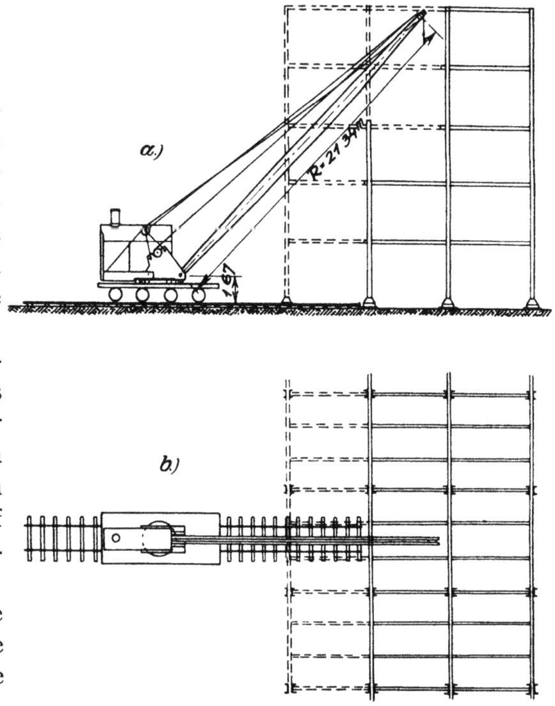

Abb. 330. Montage mit Hilfe eines Lokomotivkranes.

5. Arbeitszeiten für die Montage von Skelettbauten.

Es ist sehr schwer, allgemeine Angaben über die Arbeitszeiten der Montage zu machen. Maßgebend für die Dauer der Montage ist vor allem die Zahl und die Leistungsfähigkeit

Abb. 331. Hydrawerk der AEG Berlin. Montage mittels Derricks. Ausmauerung mit Hilfe von Außengerüsten. Ausführung: J. Gollnow & Sohn, Stettin.

der Krane, die Wahl der richtigen Krantype, ein zweckmäßiger Arbeitsplan, die recht-

[1] Rein: Die Eisenbauten des Großkraftwerkes Klingenberg. Bauing. 1928, S. 764.

zeitige Beistellung der Bauteile zur Baustelle und das Fortbleiben jeder sonstigen Störung.

Alle diese Bedingungen werden aber nicht immer gleichzeitig erfüllt werden.

Abb. 332. Verwaltungsgebäude Wernerwerk X. Berlin-Siemensstadt. Montagebild. Teilweise Fertigstellung der Wände.

Sehr oft besitzen Brückenbauanstalten Krantypen in genügender Zahl, aber sie eignen sich für einen vorliegenden Fall entweder gar nicht oder nicht ganz. Man muß sie dem Bauauftrag erst anpassen, was nicht immer reibungslos geht. Manchmal fehlt es auch an der erforderlichen Zahl von Montagegeräten. Ist der Bauauftrag groß, so rentiert sich in

Abb. 333. Verwaltungsgebäude Wernerwerk X der Siemens-Halske A. G. und der Siemens-Schuckert-A. G. Berlin-Siemensstadt. Montagezustand. Ausführung: Vereinigte Stahlwerke A. G. Dortmunder Union.

gewissen Fällen die Anschaffung eines eigenen Krans, der dann derart konstruiert werden kann, daß er, wie bei Portalkranen, durch Verkürzung der Stützweite oder der Höhe auch für andere Fälle zu verwenden ist. Auch Ausleger lassen sich durch Anordnung von Stößen in mehrere Abschnitte teilen, so daß sie mit verschiedenen Längen benützt werden können.

Bei Verwendung kleinerer Krantypen wird auch die Zahl der notwendigen Umstellungen eine Rolle für den Fertigstellungstermin spielen; ebenso die mehr oder weniger rasche Umstellung der Seilabspannungen.

Immerhin kommt man bei kleinen und mittleren Bauten mit Kranen mit einer Leistungsfähigkeit von 4 bis 8 t aus.

Hierbei konnten tägliche mittlere Leistungen von 6 bis 34 t erzielt werden. In letzter Zeit steigern sich diese Leistungen, die durch die mittlerweile erhaltenen Erfahrungen bei der Montage solcher Bauten begründet sind, andererseits auch die fortschreitende Normierung von Anschlüssen hierzu wesentlich beigetragen hat.

Es wurden aber auch schon viel größere tägliche Leistungen, sogar bis zu 120 t, in Deutschland erzielt, was schon den höchsten amerikanischen Leistungen bei solchen Bauten nahekommt.

Im übrigen hängt die erzielbare Leistung auch von der Gebäudeform und von der Zahl der einzubauenden Stücke ab. Schmale und lange Bauten mit gleichartiger konstruktiver Durchbildung werden sich schneller montieren lassen als sonst ausgedehnte und sehr unregelmäßige Trägerteilungen, Rahmeneinbauten und schwierige Anschlüsse. Große tägliche Leistungen hängen aber auch von dem einzubauenden Gesamtgewicht ab. Fünfstöckige Geschäftshäuser größeren Umfanges waren in 15 bis 26 Arbeitstagen montiert. In Prerau eines sogar in 10,5 Arbeitstagen.

Um über die möglichen täglichen Montageleistungen ein Bild zu haben, wurden in einer Zusammenstellung sowohl für europäische wie für amerikanische Bauten das eingebaute Gesamtgewicht, die Montagedauer, die Stockwerkzahl und Gesamthöhe des Gebäudes angegeben, dann die täglichen Leistungen, die Art der verwendeten Krane. Außer-

Tabelle 24. Montagezeiten für Geschoßbauten.

	Gesamtgewicht t	Montagedauer	tägl. Leistung t	Stockw.-Zahl	Gesamthöhe m	Montagekran	kg/m³ umbauter Raum
Kühlhaus, Hamburg	1400	3 M.	18,7	13	42		
Speicher, Hamburg	900	10 W.	16,4	9	30		
Singerneubau, München	180	5 W.	6,0	7			
Geschäftshaus Wronker, Hanau	360	26 Tg.	13,9	5	18,5	Turmdrehkr.	25,1
Farben Industrie A.-G., Frankfurt	5000	14,5 W.	26,4			Wolffkran 40 m hoch	21,7
Lagergebäude Post, Stettin	1800					Portalkran 6 t	34,3
Schaltwerk-Hochhaus, Siemensstadt	4000			10		Portalkran	31,0
Geschäftshaus, Köln-Kalk	180	15 Tg.	17,3	5	17,9	Schwenkmast	11,7
Geschäfts- u. Wohnhaus für Prerau	130	16 Tg.	8,1			Derrick	
Holzbearbeitungsbau Blohm & Voß, Hamburg	547	12 W.	8,3	4	18	Standbaum	15
Neubau Deutsches Museum, München	3100		ca. 34	5	23,55	2 Portalkrane	15,5
Barcley-Vesey Geb., New York	18000	300 Tg.	60	34		Derricks	
Chasimgebäude, New York	12200	104 Tg.	117	56	207		
Lowyers-Gebäude, Chicago	1956	36 Tg.	54,4	25		Derrick 15 t 26 m Ausl.	27,1
Poole Brothers B., Chicago	400	14 Tg.	26,6	7	30		
Whitehall Building, Chicago (Eisenbeton)		56 Tg.		22			

dem findet sich in der Endspalte auch das Stahlgewicht in kg pro 1 m^3 umbauten Raum verzeichnet. (Tabelle 24.)

Die Montageleistungen in Deutschland und der Tschechoslowakei bewegen sich in den schon oben angegebenen Grenzen, in Amerika zwischen 26,6 t und 117 t täglich.

18. Abschnitt.

Arbeitsvorgang bei der Herstellung der Decken, Wände, der Stützenumkleidungen.

Um an Kosten zu sparen, muß bei der Herstellung der Decken, Wände, der Stützenumkleidungen und bei den sonstigen Bauarbeiten eine genaue und systematische Arbeitseinteilung Platz greifen.

Die Ziegel, Steine, der Mörtel, der Zement oder Beton sind wenn möglich zentral zu lagern, wenn Höfe bei ausgedehnten Gebäuden zur Verfügung stehen bzw. dort, wo die Materialaufzüge angeordnet sind. Bei kleinen Trakttiefen und nicht umfangreichen Bauten wird wohl meist ein einziger Aufzug ausreichen, der nächst der Straße gelegen ist, um nicht unnütze Lagerungen, Abtransporte in den Kauf nehmen zu müssen, die die Arbeit verteuern, Abfall und Verluste von Baumaterialien zur Folge haben. Jedem dieser Baustoffe ist der entsprechende Platz zuzuweisen, wobei auf die Zufahrts- und Ablademöglichkeit Rücksicht zu nehmen ist, ohne daß andere Arbeiten gestört werden.

Jede nicht wohl überlegte Disposition rächt sich, verursacht Geld- und Zeitverluste. Anhäufungen von Baustoffen aller Art verstellen die Zufahrtswege und belegen oft die ganze freie Fläche. Es ist zu häufig beobachtet worden, daß der für solche Zwecke erforderliche Platzbedarf zuerst viel zu gering eingeschätzt wird und der dann später beanspruchte Raum im weiteren Verlauf der Arbeit immer größer wird, soweit solcher dann überhaupt ausreichend vorhanden ist.

Man kann diese Baustoffe nicht sehr in die Höhe stapeln, weil eine solche Lagerung wie der Abtransport Zeitverluste bringt. Es muß daher der Abruf der Lieferung solcher Baustoffe nach der zu verarbeitenden Menge geregelt werden, besonders bei beschränktem Raum.

Für umfangreiche Bauten wird der Grundsatz einer Lagerung der Stoffe in der Nähe des Verbrauches auch aufrechterhalten werden müssen. Sonst können aber Zufahrtsgleise von der Lagerstelle bis zu den Aufzügen angelegt werden.

Die tunlichste Lagerung unmittelbar neben den Materialaufzügen wird sich namentlich für die Ziegel empfehlen. Sand, Zementsäcke können bei Verwendung der heute schon vielfach in Gebrauch stehenden Gurtbandförderer unter Ausnützung ihrer Stellmöglichkeiten und Längsabmessungen auch etwas weiter abgelagert werden. Um die Kosten des Auf- und Abladens herabzudrücken, sollen natürlich nur gerade so viel Handlanger an solchen Plätzen eingestellt werden, als erforderlich, was eine stete Kontrolle erfordert.

Die Hebung der Baustoffe in die einzelnen Geschosse geschieht mit Aufzügen, deren Plattform, je nach der Ausdehnung des Baues, auch für die nötige Zahl beladener Schiebekarren oder Rollwagen eingerichtet sein muß.

Für kleinere Bauten, so auch im Stahlskelett-Wohnhausbau, haben sich Schnellbauaufzüge verschiedener Typen (Hexe, Original A.B.G.) bewährt, die ein Einschwenken der Fahrschale beiderseits um 180° in jeder Bauhöhe ermöglichen. Solche Aufzüge, deren Fahrschalen längs eines einzigen Führungsstiels hochgezogen werden können, der am Kopfende eine Seilverspannung oder eine Einbindung in die Stahlkonstruktion erhält, werden für Nutzlasten bis 600 kg gebaut und ermöglichen gegenüber Handarbeit beträchtliche Lohnersparnisse. Der Antrieb erfolgt entweder mittels einer eigenen oder an einer Betonmischmaschine angeordneten Winde, die natürlich mit allen Sicherheitsvorkehrungen

(Bandbremse, Klinken) ausgestattet sein muß. Für große Bauten sind natürlich regelrechte Aufzüge erforderlich. Die Verteilung der Baustoffe in den einzelnen Geschossen stößt oft auf Schwierigkeiten. Bei großen Entfernungen vom Aufzug werden Schmalspurgleise, die auf die Schalungen der Deckenstützen abgestützt werden, verlegt, sonst Pfostenbahnen für Schiebekarrenbetrieb. Bei verwickeltem Grundriß oder auch bei kleineren Bauten ist die Anwendung von Traggerüsten oder Tragbrettern üblich, die aber die Arbeit verteuern.

Als Grundsatz muß bei dieser Verteilung der Baustoffe gelten, daß sie zuerst zu den am entferntesten gelegenen Stellen zu erfolgen haben, damit nicht in Arbeit befindliche Decken durch Erschütterungen Schaden leiden. Auch sollen diese Arbeiten vor dem Verlegen der Eiseneinlagen etwaiger Eisenbetondecken erledigt sein, damit nicht ihre Lage geändert wird. Es wird dann eine unmittelbare Abstützung der Gangpfosten auf der Schalung erforderlich, die von den Eiseneinlagen unabhängig ist.

Am besten ist es, die Steine unmittelbar zu verlegen und nicht zu stapeln. Ausnahmen hiervon werden allerdings manchmal unvermeidlich sein.

1. Decken.

Vorerst wird die Deckenschalung auf die Träger mit Hilfe eiserner Haken, die am Unterflansch angreifen, aufgehängt, wobei die Schalkästen für eine nötige Stelzung in gleicher Weise aufgehängt werden. Abb. 334 zeigt die Untersicht einer Deckenschalung mit Stelzung, wobei einige Deckenträger schon ganz eingeschalt, andere noch uneingeschalt sind. (Bau: Berg und Hütte, Prag.) Die Schalbretter laufen parallel zu den Deckenträgern und werden in 1,4 bis 1,8 m Entfernung von Kanthölzern getragen.

Abb. 334. Hochhaus der Berg- und Huttenwerks-Ges. in Prag. Aufhängung der Decken- und Trägerschalung. Entwurf des Verfassers. Ausführung: Brückenbauanstalt Karlshütte bei Friedek.

Solche Garnituren von Schalungen sind einheitlich durchzukonstruieren, da sie mehrfach verwendet werden können.

Eine Draufsicht einer Decke, bei der die Deckensteine (System Simplex) auf der Schalung verlegt sind, samt Eisenbewehrung ist in Abb. 335 gegeben. (Bau: Suschitzky, Prag.) Die Deckenbetonierung ist teilweise hergestellt, die Stützen sind noch nicht ummantelt.

Auch die Fensterüberlagen in den Front- und Hofmauern können mit aufgehängter Schalung hergestellt werden. Betoniert man diese Überlagen, so kann auch eine Absprießung der Schalung auf den darunter liegenden Unterzug auf die Höhe eines Geschosses erfolgen. Solche Abstützungen sind auf das unbedingt notwendige Maß zu beschränken.

Ein Bild, das die ganze Arbeitsweise bei der Herstellung einer Decke ersehen läßt, ist in Abb. 336, die den neuen Saalbau des technischen Museums München betrifft[1], gegeben. Das Bild zeigt nicht nur die Deckenschalung, sondern auch die Stapelung der Steine sowie die Ausmauerung der Wände.

[1] Bäßler, R.: Die Neubauten des Deutschen Museums in München. Ausführung: Dortmunder Union. Stahlbau 1930, S. 109.

Ebenso wie die Stapelung der Bausteine in den von den Aufzügen am weitesten liegenden Deckenfeldern zuerst erfolgen soll, wird die Deckenherstellung von diesen Stellen aus begonnen werden müssen.

In welchem Stockwerk die Deckenherstellung beginnen soll, hängt vom Montagefortschritt ab. Es wurden wiederholt die Decken in einem höheren Geschosse begonnen, um unter Witterungsschutz die unteren Decken herstellen zu können.

Abb. 335. Hochhaus Suschitzky Prag. Herstellung der Hohlsteindecken.

Das Stahlträgergerippe gestattet für den Beginn der Arbeiten das Auflegen von Pfostenbahnen und provisorischen Abdeckungen von Deckenteilen, um die Zugänglichkeit und den Platz für die erste Baustofflagerung zu sichern. Über das Verlegen von Leitungen in Decken folgen Einzelheiten später.

2. Wände.

Die Außenwände werden von den fertigen Decken und von innen aus ohne äußere Gerüstung herzustellen sein. Die Abb. 336 veranschaulicht den richtigen Arbeitsvorgang und die gute Verteilung der Arbeitsstellen. Ist die Wandfüllung schon so hoch gediehen, daß der Maurer nicht mehr gut arbeiten kann, so sind im Innern kleine Bockgerüste für die obere Hälfte der Ausmauerung nötig, die von zwei Mann leicht aufgestellt und versetzt werden können.

Ist für die Fassadenherstellung die Benützung von Hängegerüsten geplant, so kann natürlich schon beim Herstellen der Außenwände auch diese Gerüstung verwendet werden.

Es ist bei dünnen Wänden notwendig, in Portlandzementmörtel zu arbeiten, auch bei stärkeren Wänden sollte man diesen Mörtel verwenden, da die bei Kalkmörtel unvermeidlichen Setzungen leicht oben Fugen erzeugen, die dann in der Fassade sichtbar werden. Dies gilt bei fensterlosen Wänden in noch erheblicherem Maße. Haben die Wandfache große Abmessungen, dann wird man in einzelne waagerechte Fugen des Mauerwerks Bandeisen oder Rundeisen zur Aussteifung einlegen und diese mit den Stützen verbinden.

Die Herstellung der Wände erfolgt am zweckmäßigsten erst, nachdem die Stützen umhüllt sind, denn die wichtige Umhüllungsarbeit an den Stützen kann, von allen Seiten zugänglich, sorgfältiger geschehen und die Einbindung der Wände besser erfolgen. Es ist aber auch eine gleichzeitige Arbeit an Stützen und Wänden möglich.

Die Einmauerung der Fenster hat erst nach vorheriger richtiger Versetzung und Unterkeilung sowie nach provisorischer oder definitiver Verbindung mit dem Stahlgerüst zu erfolgen. Diese Verbindung mit den Trägern oder den Stützen soll man, soweit sie möglich ist, durchführen. Zu dem Zwecke sind in Trägerüberlagen und Stützen Löcher vorzusehen und an den Fensterrahmen Flacheisen anzunieten oder anzuschweißen, die die Einbindung der Fenster in den Skelettbau ermöglichen. Reicht der Fensterrahmen bis an die obere Überlage heran, so ist eine unmittelbare Verbindung möglich, die immer von Vorteil ist. Das Fenster sitzt bei solchen Maßnahmen viel besser im Mauerwerk. Man darf nicht vergessen, daß bei den heute üblichen großen Fensterabmessungen der Winddruck gut übertragen werden muß.

Wo Windverbände in den Wandflächen liegen, eignet sich für die Ausmauerung besonders „Isostone", da dieser sich leicht wegen seiner Hohlräume und durch Wegsägen hinderlicher Teile dem Strebenwerk gut anpassen läßt und das gute Sitzen des derart bearbeiteten Steines immer noch gewährleistet bleibt. Natürlich können in einem solchen Falle auch andere Steingattungen mit gleichen oder ähnlichen Eigenschaften Verwendung finden.

Abb. 336. Deutsches Museum in Munchen. Herstellung der Decken und Wände. Ausführung des Stahlskelettes: Vereinigte Stahlwerke A. G. Dortmunder Union.

Das Einziehen von Zwischen- und Abteilungswänden ist an keine bestimmte Reihenfolge gebunden. Es wird sich aber empfehlen, damit die Kommunikation im Innern für andere Arbeiten, wie die Verlegung von Wasserleitungsrohren, Kabeln usw., das Aufstellen von Heizkörpern nicht gestört wird, solche Wände erst nach Fertigstellung dieser Arbeiten zu errichten, da sie dann weniger beschädigt werden und Umwege für die Arbeiter vermieden werden. In manchen Fällen wird das Einziehen von Zwischenwänden nach der Vermietung der Räume durchgeführt, wobei man sich den Sonderwünschen der Mieter bei der Raumeinteilung anpassen kann.

Die Wände für Aufzugschächte sollen erst dann hergestellt werden, wenn alle Führungsschienen, Träger und Unterzüge für die Aufzüge völlig in das Stahlskelett eingebaut sind.

Es wird sich sogar empfehlen, mit diesen Arbeiten zu warten, bis der ganze Antriebsmechanismus gelagert ist und auch die Fahrproben des Aufzuges mit der Kabine durchgeführt worden sind.

Überhaupt soll man den Grundsatz nicht aus dem Auge verlieren, die vertikalen Ausmauerungen erst dann auszuführen, wenn die Decken, Treppenanlagen fertig sind, damit sich die Formänderungen infolge des Eigengewichts schon ausgewirkt haben.

Selbstverständlich ist streng darauf zu achten, daß nur jene projektsmäßigen Mauerstärken, Abmessungen eingehalten und jene Baustoffgattungen angewendet werden, die der statischen Berechnung zugrunde liegen. Für eventuell notwendige Abänderungen gegenüber dem Plan sind natürlich die auftretenden Spannungen in den betreffenden Teilen nachzurechnen. Insbesondere ist bei solchen Anlässen Vorsicht am Platze, wenn diese Änderungen gleiche Stellen in mehreren Stockwerken betreffen.

Die Wände von Schornsteinen werden bei Anordnung im Innern sehr oft unmittelbar auf die Decken in jedem Geschosse aufgesetzt. Das ist nur dann zulässig, wenn eine gute innere Auskleidung durch Schamottesteine oder sonstigem feuerfestem Material erfolgt und die Wärmewirkungen sich dann nicht in dem Maße auf die Stahlkonstruktion übertragen können wie bei fehlender Auskleidung. In letzterem Falle können dann leicht Deckenrisse in der nächsten Umgebung des Schornsteins entstehen, abgesehen von der dabei auftretenden höheren Erwärmung benachbarter Räume.

Abb. 337. Europahaus in Leipzig. Verwendung eines Außengerüstes.

Man erhält allerdings beim Abstützen der Schornsteinmauern in jedem Geschoß kleinere Mauerstärken und damit eine kleinere Gesamtquerschnittsabmessung.

Werden die Schornsteinmauern in Keller- oder Erdgeschoßhöhe aufgesetzt, so sind sie gewöhnlich stärker zu halten. Solche Schornsteine müssen dann durch Öffnungen in den Decken hindurchgeführt werden und an den Berührungsstellen mit den Decken eine Asphaltschicht oder eine Umhüllung mit Dachpappe erhalten, die eine ungleichmäßige und unabhängige Längenänderung des Schornsteins und des Stahlbaues in lotrechter Richtung ermöglicht. Die Decken sind an solchen Stellen durch eingezogene Wechselträger abzuschließen, die den Raum für den Schornstein freilassen. Eine andere Möglichkeit besteht in der Anordnung der Schornsteine längs der Hofmauer, und zwar ganz außerhalb des Gebäudes. In solchen Fällen soll man aber die Einbindung in das Mauerwerk des Gebäudes durch Rundeisen bewirken und nicht durch Ziegelschmatzen.

Diese Bemerkungen gelten für die Schornsteine von Zentralheizungen.

Kleine Schornsteine und Rauchröhren wird man gleichfalls von der Eisenkonstruktion unabhängig halten. Die Aufmauerung kann aber in diesem Falle im Keller und auf den Zwischendecken, also mit Abstützung in jedem Geschoß, erfolgen.

Ventilationsschlauchmauern sollen auch tunlichst unabhängig von der Stahlkonstruktion eingebaut werden, da sie sonst Geräusche leicht in die anschließenden Räume verbreiten.

Im allgemeinen kann man bezüglich der Außen- und Hofmauern sagen, daß so wenig als möglich Gerüste benützt werden sollen, weil dadurch an Kosten gespart wird. Leider wird dieser Grundsatz noch nicht gehörig berücksichtigt. Um dies zu illustrieren, sei eine europäische Ausführung mit Außengerüst vorgeführt (Abb. 337) und dann eine amerikanische Ausführungsweise ohne Außengerüst (Abb. 338) für einen Stahlbau, auch eine Ausführung eines Eisenbetonbaues in Amerika sei gebracht[1] (Abb. 339).

Abb. 338. Ausführung eines Stahlhochhauses in Amerika. (Nach Griesel, H. Dr.: Z. V. d. I. 1929, S. 372.)

3. Stützen.

Die Ummantelung der Stützen erfolgt projektgemäß unter Einhaltung der richtigen Abstände von der Stahlkonstruktion. Für die oberen Teile der Stützen ist die Aufstellung eines Hilfsgerüstes notwendig. Ist die Ummauerung bis nahe an die Decke fertiggestellt, so kann der Verguß des Inneren der Säule mit Beton erfolgen. Der Stützenkopf ist dann sorgfältig auszumauern, die noch übriggebliebenen freien Räume mit erdfeuchtem Beton auszustampfen und schließlich mit Ziegeln zu verschließen. Die Ummantelung hat vor dem Einziehen der Wände zu erfolgen. Abb. 340 zeigt den Arbeitsvorgang bei Ummantelungen, wobei gleichzeitig auch noch die Aufhängung der Schalung auf den Deckenträgern ersichtlich ist.

Sollen in Säulen Leitungen angebracht werden, so sind die betreffenden Hohlräume schon bei der Ummantelung auszusparen. Nach Verlegung der Leitungen ist der Schlitz sorgfältig zu schließen. Man kann für das Schließen solcher Schlitze Sonderziegel oder Betonplatten in größeren Längenabmessungen verwenden, die herausgenommen werden können, damit bei Leitungsstörungen und Reparaturen der Schlitz leichter zugänglich ist.

Abb. 339. Ausfuhrung eines Eisenbeton-Hochbaues in Amerika. (Nach Griesel, H. Dr.: Z. V. d. I. 1929, S. 372.)

4. Betonpumpe System Torkret.

In jüngster Zeit wurde ein Verfahren ausgearbeitet, Beton auf große Höhen zu heben, das für die Herstellung der Decken auch bei Stahlskelettbauten, soweit es sich um die Ausführung von Eisenbetondecken handelt,

[1] Griesel, H. Dr.: Rationalisierung und Standardisierung in der Bau-Industrie der Vereinigten Staaten v. N.-Amerika. Z. V. d. I. 1929, I, S. 372.

eine große Rolle in der Zukunft zu spielen verspricht und geeignet ist, die Herstellungskosten der Decken zu verringern.

Dieses „Pumpkret-Beton-Förder-Verfahren D.R.P." der Torkret G. m. b. H., Berlin[1], System Giese-Hell, ermöglicht es, kostspielige Baueinrichtungen, Aufzüge, Gießtürme, Gleisanlagen zu ersetzen.

Man kann das Betongemisch bis zu 4 cm Korngröße aus der Mischmaschine in das Silo der Pumpe fließen lassen, von wo es durch ein Rührwerk in die Pumpenkammern geschleudert und durch Kolben in die Förderleitung von 12 cm Durchmesser in stetigem Strom gedrückt wird. Die Förderleitung besteht aus dünnwandigen Rohren von 3 m Länge mit Schnellkupplungen. Die Type A verarbeitet 8 bis 10 m³ Beton pro Stunde und erfordert einen Betriebsdruck von 15 bis 20 at sowie einen Kraftbedarf von 15 bis 20 PS. Der Antrieb kann durch einen Benzin- oder Elektromotor erfolgen. Hierbei kann der Beton sowohl in zähflüssigem wie in plastischem Zustand bis zu einer Höhe von 40 m und dann 100 m weit gefördert werden. Wird die Pumpe mit einem 25-PS-Motor ausgestattet, so kann sie sogar ein Gemisch von 8 cm Korngröße auf 65 m Höhe und 120 m waagerechte Entfernung befördern.

Abb. 340. Hochhaus Suschitzky, Prag. Ausmauerung einer Stütze. Ausführung: Eisenwerk Witkowitz.

Während des Transportes steht das Gemisch unter Druck und wird hierbei noch inniger durchgemischt, so daß sich auch eine Erhöhung der Festigkeit ergibt, die gegenüber auf anderem Wege gefördertem Beton bis 13% betragen soll.

Es bleibt noch abzuwarten, wie sich der Beton in den geschlossenen Rohrleitungen nach Betriebseinstellungen über Nacht oder für längere Zeit verhält, wie die unvermeidlichen Ansätze von erhärtetem Beton auf den Innenwandungen besonders nach längerem Betrieb beseitigt werden, ob eine einfache Wasserspülung genügt oder andere Maßnahmen getroffen werden müssen. Eine Vorführung des Betriebes in Berlin anläßlich der Tagung des Deutschen Betonvereins hat einen sehr guten Eindruck gemacht.

5. Kontrolle der Belastungen während der Arbeit.

Bei der Ausführung der Träger- und Säulenumhüllungen, sowie jener der Decken und Wände ist während der ganzen Bauzeit eine Kontrolle der aufgebrachten Belastungen durchzuführen, so daß die Träger höchstens jene Lasten beanspruchen, welche der statischen Berechnung zugrunde gelegt worden sind. Man wird sich überzeugen müssen, ob die angelieferten Baustoffe tatsächlich jene Gewichte haben, welche in der Offertstellung angegeben worden sind. Am besten überzeugt man sich davon, daß man mit dem angelieferten Material Probewände herstellt und ihr Gewicht einschließlich des Putzes ermittelt. Im besonderen muß dafür Sorge getragen werden, daß nicht andere, schwerere Bausteine eingebaut werden, wenn die angelieferten leichteren etwa ausgegangen sind.

[1] Die Frühjahrs-Baumesse Leipzig. Bauwelt 1930, H. 10, S. 327.

Auch ein Vermischen von Steinen mehrerer Typen soll bei der Wand- und Deckenherstellung nicht vorkommen.

Diese Kontrollmaßnahmen werden im besonderen dann notwendig, wenn leichte Baustoffe zur Verwendung gelangen, welche je nach dem Mischungsverhältnis bei der Erzeugung ein verschiedenes spezifisches Gewicht haben. Außer diesen Kontrollen ist aber auch eine strenge Überwachung notwendig, ob die Wände auch plangemäß hergestellt werden, d. h. ob nicht etwa Mauerpfeiler größer gemacht wurden, als früher vorgesehen war.

Bei Abänderungen während eines Baues muß vorher eine Überprüfung der Inanspruchnahme für Träger und Stützen durchgeführt werden. Dies ist im erhöhten Maß notwendig, wenn solche Änderungen durch mehrere Stockwerke reichen.

19. Abschnitt.

Stahl und hochwertiger Stahl im Skelettbau.

Für den Entwurf eines Skelettbaues ist vorerst die Entscheidung über die Wahl des zu verwendenden Baustoffes zu treffen. Bisher sind solche Bauten sowohl in St 37, wie in St 48 und in Si St ausgeführt worden. St 48 kommt aber heute nicht mehr in Frage. An Stelle des Si St wird künftighin St 52 treten.

Im Wohnhausbau wird die Anwendung von St 37 gewiß am wirtschaftlichsten sein, weil dabei die möglichst rasche Beschaffung des Baustoffes vom Lager eine Rolle spielt, kein Aufpreis zu zahlen ist (abgesehen von besonderen Profilen) und die einfache Anarbeitung hierbei in Betracht kommt, die auch kleinere Eisenkonstruktionswerkstätten gut bewältigen.

Im Geschoßgroßbau ist ebenfalls, wenn die Zahl der Geschosse nicht über vier steigt, St 37 im allgemeinen wirtschaftlicher. Dies trifft aber auch nicht immer zu. Der hochwertige Stahl empfiehlt sich in diesem Falle nur dann, wenn für die Decken eine sehr geringe Bauhöhe zur Verfügung steht oder schwer belastete Sonderkonstruktionen anzuwenden sind. Im allgemeinen ist auch auf die Durchbiegung der Träger zu sehen, denn ihre Größe kann leicht die Entscheidung auch für mehr Geschosse zugunsten des St 37 bringen.

Bei dieser Entscheidung soll nicht nur die behördliche Vorschrift bezüglich der Durchbiegung maßgebend sein, sondern auch der Umstand, daß Decken mit großer Durchbiegung Risse in der Untersicht bekommen können, die zum mindesten unliebsame Schönheitsfehler geben.

a) Decken. Die in Deutschland und in der Tschechoslowakei zugelassene größte Durchbiegung $\delta = {}^1/_{500}\, l$ für die Nutzlast wird bei Si St selbst bei kleinen Stützweiten leicht überschritten. In den Tabellen 25 u. 26 finden sich Zusammenstellungen der Durchbiegungen

Tabelle 25. Vergleich der Durchbiegungen von Deckenträgern für gewöhnlichen und hochwertigen Baustahl. Deutsche Normalprofile.

Stützweite m	Nutzlast kg/m²	Baustoff	Deutsche Normalprofile: Profil	Durchbiegung cm	Mehrdurchbiegung für Si St in %	Gewicht kg/m	Ersparnis bei Si St %
6,0	400	St 37	I 26	0,84	—	41,92	—
		St Si	I 23	1,34	60	33,52	20
	1000	St 37	I 32	0,97	—	61,07	—
		St Si	I 28	1,60	65	47,96	21,5
5,0	400	St 37	I 22	0,64	—	31,09	—
		St Si	I 19	1,11	73,3	24,02	22,7
	1000	St 37	I 26	1,17	—	41,92	—
		St Si	I 23	1,85	58	33,52	20,0

Tabelle 26. Vergleich der Durchbiegungen von Deckenträgern für gewöhnlichen und hochwertigen Baustahl. Tschechoslowakische (österreichische) Normalprofile.

Stützweite	Nutzlast	Baustoff	Tschechoslowakische Normalprofile				
			Profil	Durchbiegung	Mehrdurchbiegung für Si St in %	Gewicht	Ersparnis bei Si St in %
m	kg/m²			cm		kg/m	
6,0	400	St 37	I 25	0,88	—	43,41	—
		St Si	I 22	1,43	62	34,52	20,5
	1000	St 37	I 32	0,88	—	68,15	—
		St Si	I 28	1,43	64	53,27	21,8
5,0	400	St 37	I 21	0,68	—	31,77	—
		St Si	I 18	1,19	74	24,23	23,7
	1000	St 37	I 25	1,22	—	43,41	—
		St Si	I 22	2,14	75	34,52	20,5

von Deckenträgern für 400 kg/m² und für 1000 kg/m² Nutzlast, sowohl für St 37 mit $s_{zul} = 1200$ kg/cm², als auch für Si St mit $s_{zul} = 1800$ kg/cm². Dabei ist das Deckengewicht, wie dies für die üblichen Steineisendecken zutrifft, mit 350 kg/m² angenommen und die Rechnung für eine Stützweite der Deckenträger von 6,0 bzw. 5,0 m und für eine Entfernung derselben von 1,50 m bzw. 1,25 m durchgeführt.

Für $l = 6$ m Stützweite ist höchstens eine Durchbiegung von $\delta = 1{,}2$ cm, für $l = 5{,}0$ m $\delta = 1{,}0$ cm erlaubt.

Aus der Tabelle ersieht man vor allem, daß die Durchbiegung der Deckenträger in Si St für obige Fälle um 58 bis 75% größer ist als jene für St 37 und diese gerade bei den kleineren Spannweiten der Deckenträger größer ist. Diese große Durchbiegung ist unangenehm, namentlich bei Gebäuden mit großen, wechselnden Lasten, weil die Konstruktion etwas „weicher" ist und die Umhüllungen der Träger rissig werden können. Bei Bauwerken mit vornehmlich ruhender Last wird der Übelstand weniger zur Geltung kommen. Außerdem überschreiten die Durchbiegungen bei Si St durchweg jenes Maß, das manchmal als zulässig vorgeschrieben ist. Ist dies der Fall, so muß man die Träger auf Einhaltung der größten zulässigen Durchbiegung bemessen.

Die Ersparnisse an Gewicht bei Si St gegenüber St 37, die bei Bemessung auf Einhaltung der größten zulässigen Inanspruchnahme zwischen 20 und 22,7% bei deutschen und zwischen 20,5 und 23,7% bei tschechoslowakischen (österreichischen) Normalprofilen liegen, werden also bei Bemessung auf Einhaltung der größten zulässigen Durchbiegung noch kleiner werden. Um den Einfluß dieser Bedingung zu prüfen, wurden die Gewichte der Deckenträger für ein Feld 6,0 × 6,0 m und 5,0 × 5,0 m berechnet.

Tabelle 27. Deckenträgergewichte und Ersparnisse pro Feld.

Stützweite	Belastung	Baustoff	Deutsche Normalprofile			Tschechoslowak. Normalprofile		
			Gewicht d. Deckenträger eines Feldes	Ersparnis	Profil	Gewicht d. Deckenträger eines Feldes	Ersparnis	Profil
m	kg/m²		kg	%		kg	%	
6,0	400	St 37	1052	—	I 26	1085	—	I 26
		St Si	908	16 0	I 24	932	16,5	I 23
	1000	St 37	1524	—	I 32	1696	—	I 32
		St Si	1524	0,0	I 32	1504	12,8	I 30
5,0	400	St 37	658	—	I 22	671	—	I 21
		St Si	558	17,8	I 20	615	9,5	I 20
	1000	St 37	887	—	I 26	912	—	I 25
		St Si	824	7,5	I 25	912	0,0	I 25

In Tabelle 27 sind die Gewichte der Deckenträger samt vier Anschlußwinkeln und Nieten für ein Feld für die gleichen Stützweiten und Belastungen und für die Einhaltung der zulässigen Durchbiegung ermittelt; ebenso die Ersparnisse. Außerdem werden in den Tabellen 28 u. 29 die Gesamtgewichte der Deckenträger einschließlich der Unterzüge berechnet, und zwar

a) für den Fall einer freiaufliegenden Lagerung der Unterzüge und

b) für durchlaufende Unterzüge über drei Öffnungen.

Tabelle 28. Gewichte G der Deckenträger und Unterzüge pro Feld. (Freiaufliegend gelagert.)

Stützweite	Nutzlast	Baustoff	Deutsche Normalprofile		Tschechoslowak. Normalprofile		Gewichtunterschied G_1 gegen G in %
			G	Ersparnis	G_1	Ersparnis	
m	kg/m²		kg	%	kg	%	
6,0	400	St 37	1768	—	1879	—	6,2
		St Si	1434	12,3	1570	19,5	9,4
	1000	St 37	2553	—	2849	—	11,6
		St Si	2313	10,0	2533	12,5	9,4
5,0	400	St 37	1053	—	1090	—	3,8
		St Si	878	20,0	932	16,9	6,1
	1000	St 37	1487	—	1577	—	6,1
		St Si	1264	17,5	1447	9,0	14,3

Auch hier wurden die Berechnungen für je ein Deckenfeld 6,0 × 6,0 m bzw. 5,0 × 5,0 m durchgeführt und die Ersparnisse bei Anwendung von Si St gegenüber St 37 in Prozenten angeführt.

Tabelle 29. Gewichte G der Deckenträger und Unterzüge (durchlaufend) pro Feld.

Stützweite	Nutzlast	Baustoff	Deutsche Normalprofile		Tschechoslowak. Normalprofile		Gewichtunterschied G_1 gegen G in %
			G	Ersparnis	G_1	Ersparnis	
m	kg/m²		kg	%	kg	%	
6,0	400	St 37	1628	—	1723	—	6
		St Si	1383	17,5	1431	20,4	3,3
	1000	St 37	2396	—	2660	—	11,1
		St Si	2240	7	2297	16,0	2,2
5,0	400	St 37	1015	—	1028	—	1,3
		St Si	824	23,2	898	14,3	9,0
	1000	St 37	1422	—	1447	—	1,8
		St Si	1226	16,1	1334	8,5	9,0

Wenn auch aus den Ergebnissen der Gewichtsberechnungen kein allgemeiner Schluß gezogen werden kann, da die Ziffern für die Ersparnisse von dem Intervall der Trägheitsmomente der aufeinanderfolgenden Normalprofile in der Reihe abhängt und außerdem nur einige Fälle herangezogen worden sind, so ist vor allem ersichtlich, daß die Ersparnisse für die schweren Nutzlasten durchwegs kleiner sind als für leichte.

Die Ersparnisse an Gewicht bei Anwendung von Si St gegenüber St 37 liegen bei freier Auflagerung der Unterzüge zwischen 9 und 20%, bei Anordnung durchlaufender Unterzüge zwischen 7 und 23,2%; die deutschen Normalprofile ermöglichen kleinere Gewichte als die tschechoslowakischen, und zwar bis zu 14%; sie sind in den Tabellen 28, 29 ausgewiesen.

Ist die Frage zu entscheiden, welcher Baustoff gewählt werden soll, so ist vor allem der Einheitspreis für Si St maßgebend. Ausführungen in Si St sind etwa um 10% teurer.

Soweit die Deckengewichte in Frage kommen, wird man also bei leichten Decken 2 bis 10% an Kosten ersparen können bei freiaufliegend gelagerten Unterzügen, bei durchlaufenden etwas mehr, aber nicht viel mehr, da noch die Stoßdeckungen in den Unterzügen zu berücksichtigen sind.

Alle vorstehenden Rechnungen sind mit Normalanschlüssen der Träger durchgeführt; sind schwierigere Anschlüsse vorhanden, so werden die Ersparnisse geringer, aber bei über den Unterzügen liegenden Deckenträgern größer.

Es wird sich außerdem die Ersparnis bei einer großen Zahl von Geschossen und geringen Nutzlasten mehr auswirken, weil auch die Säulenlasten dann geringer werden.

Bei schweren Decken sind die Kostenersparnisse bloß 2 bis 7%, sie sind aber immerhin vorhanden.

Der Kostenvergleich, wie er hier vorgenommen worden ist, berücksichtigt die reinen Kosten der Stahlkonstruktion, also vom Standpunkte einer Offerteinholung von einer Stahlbaufirma.

Es ist aber ein anderer Standpunkt wichtiger, der die Gesamtkosten des Bauwerkes berücksichtigt. Dieser Standpunkt führt aber zu anderen Ergebnissen. In diesem Falle kann sogar eine schwerere Stahlkonstruktion wirtschaftlicher sein, die durch größere Säulenentfernungen bedingt ist.

In Amerika hat man bei Hochhäusern festgestellt, daß die Kosten des Stahlgerippes etwa 17 bis 20% der Gesamtkosten des Gebäudes betragen. Allerdings sind da die gewöhnlich hohen Gründungskosten, namentlich in New York, von größtem Einfluß. Es lassen sich also bei Bauten in Europa diese Schlußfolgerungen nicht anwenden. Bei größeren Säulenentfernungen ist der freie verfügbare Raum größer, es sind weniger Säulen zu umhüllen und weniger Pfeiler zu fundieren. Man kam so zu Säulenentfernungen von 7 bis 8 m und erreichte auf diese Weise die wirtschaftlichste Lösung.

Zusammenfassend kann gesagt werden, daß man bei einem Mehrpreis für Si St gegenüber St 37 von etwa 10% in hochwertigem Stahl dann bauen wird, wenn die Gewichtsersparnis größer als dieser Betrag ist, sobald nur die Kosten des Stahlgerippes berücksichtigt werden. Werden aber noch die anderen Vorteile, die mit einer Ausführung in Si St zusammenhängen, in Rechnung gezogen, so ist je nach Einschätzung dieser Vorteile selbst bei einer kleineren Gewichtsersparnis Si St anzuwenden.

20. Abschnitt.

Schweißen im Stahlskelettbau.

1. Allgemeines.

In jüngster Zeit beginnt sich im Stahlbau neben dem Nieten der Anschlüsse das Schweißen langsam durchzusetzen. Viele durchgeführte Versuche mit Schweißverbindungen, die günstige Ergebnisse brachten, haben das Vertrauen zu solchen Verbindungen gehoben. Andererseits sind die Arbeitsverfahren so wesentlich verbessert und die einschlägigen Apparaturen nun derart vervollkommnet worden, daß ein rascher Fortschritt in diesem Arbeitsgebiet erzielt worden ist.

Die Tatsache, daß in Amerika schon lange ganze Stahlgebäude durchwegs geschweißt werden und bei der Wahl zwischen Schweißen und Nieten sowie Verschrauben gewiß auch das wirtschaftliche Moment einen Ausschlag für das Schweißen in diesen Fällen gegeben zu haben scheint, zwingt zur Beschäftigung mit dieser Frage.

Gewiß liegen die Verhältnisse bezüglich der Anschaffungskosten von Schweißeinrichtungen und der Löhne in Europa etwas anders als in Amerika und lassen sich die Erfahrungen über Güte und Wirtschaftlichkeit der Schweißverbindungen nicht unmittelbar übertragen; aber man hat in Europa vielfach auf anderen Gebieten, im Kessel- und Behälterbau, mit der Schweißtechnik schon gute Erfolge erzielt.

Soweit es sich im Stahlskelettbau um die Werkstattarbeit handelt, ist der gleiche Erfolg zu erwarten, die Schweißarbeit bei der Montage ist aber mit größeren Schwierigkeiten verbunden, die namentlich in der erschwerten Zugänglichkeit der Schweißstellen an den Anschlüssen liegen und daher etwas mehr Hilfsgerüstung erfordern, wenn die Arbeit tadellos sein soll.

Die Apparatur für das Schweißen ist heute schon auf einem solchen Stand der Handlichkeit und Vollkommenheit, daß in dieser Hinsicht auch das Arbeiten in höheren Stockwerken keine besonderen Schwierigkeiten macht.

Durch geeignete Anordnungen bei der konstruktiven Durchbildung der Anschlüsse läßt sich übrigens die bessere Zugänglichkeit der Schweißstellen bei der Montage erzielen; sie ist aber wichtig, weil nur auf diese Weise die Gleichartigkeit und damit die Güte der Schweißnähte gewährleistet werden kann.

Vereinzelte Ausführungen von Schweißungen in Stahlskelettbauten liegen in Deutschland und der Tschechoslowakei schon vor; es läßt sich aber derzeit noch nichts über die Wirtschaftlichkeit solcher Arbeiten sagen. Die Ersparnisse an Gewicht werden heute noch durch die Mehrkosten der Schweißung wettgemacht. In Amerika sollen allerdings Gewichtsersparnisse von 12 bis 14% gegen genietete Konstruktionen erzielt worden sein. Füchsel gibt Ersparnisse an eingebautem Stahl und Löhnen von 15 bis 20% an.

Der Ausführung völlig geschweißter Konstruktionen stehen noch einige Baubehörden zurückhaltend gegenüber. In Deutschland, Österreich, Polen, Amerika, in der Schweiz sind sogar schon geschweißte Brücken ausgeführt worden.

Mit der Festlegung der Normen für die Schweißung, die mittlerweile in Deutschland erfolgt ist, dürften aber auch die entgegenstehenden Hindernisse und Bedenken seitens der Behörden beseitigt werden.

Diese Bedenken bestehen in der geringeren Zuverlässigkeit der Ausführung gegenüber der Nietung und damit in der befürchteten, nicht gleichmäßigen Festigkeit der Schweiße, in der Abhängigkeit von der Fertigkeit und Schulung des Schweißers, in der bisher nicht ganz geklärten Frage der gemeinsamen Auswirkung der Eigenschaften des Baustoffes und jener der Schweiße im Verhalten bei Beanspruchungen, auch von stoßweise wirkenden.

Schließlich stößt die Überprüfung der Güte einer Schweißung am Bauwerk auf Schwierigkeiten, wenn auch die Gleichartigkeit der Ausführung der Schweißnaht mit freiem Auge oder mittels Vergrößerungsglases feststellbar und für den völlig Eingeweihten auch die Güte der Schweißverbindung durch ihre äußerlichen Merkmale (den Typus der Schweißraupe) kontrollierbar ist. Dir. Schmuckler schlug jüngst Ausfräsungen zur Kontrolle vor.

Die Festigkeit der Verbindung läßt sich allerdings auf diese Weise nicht prüfen. Bisher ist es nur möglich, Probestücke dem Kaltbiegeversuch zu unterwerfen und den Biegewinkel als Maßstab für die Güte zu messen.

Werkstätten, in welchen der Schweißbetrieb schon durch viele Jahre gepflegt wird, haben durch systematische Unterweisung der Arbeiter in Werkschulen, durch dann erfolgte Auslese der Arbeiter, durch prinzipielle Vermeidung der Akkordzahlung bei Schweißarbeiten, durch die Fernhaltung der Schweißer von schwereren sonstigen Arbeiten, um ihnen eine ruhige Handführung zu erhalten, und richtige Auswahl der Schweißdrähte und Werkzeuge, sehr gute Erfolge zu erzielen vermocht.

2. Die Schweißverfahren.

Von den bisher im Stahlbau zur Anwendung gekommenen Schweißverfahren, der Azetylen-, Sauerstoff-, der elektrischen Lichtbogen- und der elektrischen Widerstandsschweißung kommt für den Stahlbau in erster Linie und vielleicht bald ausschließlich das Schmelzschweißverfahren mit dem elektrischen Lichtbogen in Frage, auch weil es sich für die Arbeiten bei der Montage am besten eignet und für starke Querschnitte am billigsten ist.

Hierbei wird die Durchhitzung des Werkstoffes in der Nähe der Schweißnähte am geringsten.

Ohne auf die Schweißverfahren besonders einzugehen, sollen nur zur Orientierung doch einige wesentliche Bemerkungen hier folgen.

Für die elektrische Lichtbogenschweißung stehen drei Verfahren zur Verfügung:

1. Das Zerener-Verfahren, das den elektrischen Lichtbogen zwischen Kohle und Kohle verwendet.
2. Das Bernados-Verfahren mit Lichtbogenübertragung zwischen Metall und Kohle.
3. Das Slawianoff-Verfahren mit dem Übergang von Metall zu Metall.

Von diesen drei Verfahren ist das letzte wesentlich vervollkommnet worden und ist fast ausschließlich im Konstruktionsstahlbau in Verwendung.

Man kann zum Schweißen Gleichstrom und unter bestimmten Bedingungen auch Wechselstrom für die Lichtbogenschweißung heranziehen. Der Übergangswiderstand zwischen Metallelektrode und Lichtbogen ist geringer als bei Kohlenelektroden. Für die Aufrechterhaltung des Metallichtbogens sind ungefähr 12 Volt Spannung mindestens erforderlich[1]. Bei den ersten zwei Verfahren wird der Schweißstab, der den Stoff für die Herstellung der Schweiße hergibt, in den Lichtbogen gehalten und geschmolzen, während beim dritten Verfahren der Schweißstab gleichzeitig Elektrode ist, und kann auch hierbei die Schweißung nach oben hin erfolgen, Überkopfschweißung.

Als Zusatzmaterial werden für Blecharbeiten und die im Stahlbau vorkommenden Schweißungen Schweißdrähte bis 6 mm Stärke benützt. Das Material soll dem zu schweißenden an Güte und Eigenschaften gleichwertig sein, um eine Einheitlichkeit von Schweißgut und Schweiße zu erzielen. Man verwendet wohl manchmal einen etwas höherwertigen Schweißstoff und kohlenstoffarme Schweißdrähte und arbeitet am häufigsten mit nichtummantelten, sogenannten blanken Drähten. Nur bei der Überkopfschweißung bewährt sich der ummantelte Schweißdraht. Versuche mit nickellegierten Schweißdrähten sind im Gange. AEG empfiehlt bei Stumpfschweißung nebenstehende Werte für Stromstärke, Stromspannung und Drahtdurchmesser (Tabelle 30).

Tabelle 30.

Zweckmäßige Stromstärke, Spannung und Drahtdurchmesser für Stumpfschweißung.

Blechstärke mm	Schweiß-stromstärke Amp	Schweiß-spannung Volt	Schweiß-draht-durchmesser mm
4—6	120	18	3
6—8	130	20	3
8—10	150	20	4
10—15	180	20	4
15—20	200	22	5

Bei Überlappungsschweißung:

Tabelle 31. Zweckmäßige Stromstärke, Spannung und Drahtdurchmesser für Überlappungsschweißung.

Blechstärken mm	Schweiß-stromstärke Amp	Schweiß-spannung Volt	Schweiß-draht-durchmesser mm
10 + 10	150	20	4
15 + 15	180	20	4,5
20 + 20	180	20	5

Bei der Ausführung der Schweißung ist die Elektrode so nahe als möglich dem Werkstück zu halten, um die Schweißspannung nicht unnütz zu erhöhen.

Sind lange Strecken zu schweißen, so pflegt man sie nicht in einem fortlaufenden Zuge herzustellen, sondern in einzelnen, voneinander getrennten Abschnitten, deren Zwischenräume später ausgefüllt werden. Dies geschieht, um dem Werkstück die Möglichkeit einer Abkühlung zu geben, da sich bei kontinuierlicher Erhitzung Teile verziehen könnten. Nicht unerwähnt möge bleiben, daß man in jüngster Zeit bei Kraftverbindungen die ununterbrochene Schweißung der Strichschweißung vorzieht[2].

[1] AEG: Elektrisches Schweißen. [2] Bondy: Schweißung im Stahlbau 1929. Stahlbau 1930, S. 161.

Alle Schweißungen im Stahlbau erfolgen kalt, das heißt, das Werkstück wird vorher nicht erwärmt.

Nach Angaben der AEG sind wohl die Anlagekosten von Gleichstromschweißapparaturen höher als Wechselstrom-Lichtbogen-Schweißtransformatoren, dafür werden bei Wechselstromschweißungen besonders präparierte Schweißstäbe benötigt, die teurer sind. Auch die Zuleitungen sind dann kostspieliger.

Für die Montage und auch in der Werkstätte sind transportable, selbsterregte Schweißgeneratoren üblich, die ein verhältnismäßig geringes Gewicht haben und auch fahrbar eingerichtet werden können; sie sind dann mit einem Gleich- oder Drehstrommotor gekuppelt.

Abb. 341. Lichtbogenschweißung eines Stahlskelettes. Fahrbarer Schweißumformer. (Aus V. d. I.-Nachrichten 1930.)

Abb. 341 zeigt die Schweißung eines Unterzuganschlusses und die Aufstellung des Schweißumformers auf einem Bohlenbelag über den Deckenträgern von einem Hotelbau in Atlantic City.

Zum Antrieb von Schweißgeneratoren können auch Benzinmotoren direkt gekuppelt oder mit Riemenantrieb verwendet werden. Die Schweißleistungen sind bei Verwendung von Gleich- oder Wechselstrom nahezu gleich, der Abbrand ist im letzteren Falle etwas größer.

Um ein Bild über den möglichen Arbeitsfortschritt und die stündliche Leistung beim Schweißen zu erhalten, seien einige Angaben nach AEG[1] für Blechkaltschweißungen gemacht (Tabelle 32).

Tabelle 32. Schweißleistungen.

Schweißdrahtdurchmesser	Amp	Volt	Gleichstrom		Wechselstrom	
			Stündl. Niederschlagsmenge kg	Hiervon Abbrand %	Stündl. Niederschlagsmenge kg	Abbrand %
2	60	22	0,364	8	0,352	13
3	130	26	0,729	10	0,720	15
4	180	27	0,921	11	0,942	16

Der Energieverbrauch, die Zeitdauer, der Schweißdrahtverbrauch und die Schweißkosten sind bei den im Stahlbau üblichen Blechstärken diesen proportional. Der jeweilige Proportionalitätsfaktor wird aber sehr von der Übung und Geschicklichkeit des Schweißers abhängen.

Zur Herstellung von geschweißten Anschlüssen in Stahlskelettbauten sind kleine, auf der Tragkonstruktion angehängte Hilfsgerüste erforderlich, um die gute Zugänglichkeit zu den Schweißstellen zu sichern. Nur in vereinzelten Fällen wird die Schweißung vom Arbeiter im Reitsitz durchgeführt werden können.

[1] a. a. O. S. 120.

Was die Darstellung der zu schweißenden Stellen in den Plänen betrifft, so sind heute noch verschiedene Bezeichnungsarten üblich. In Deutschland gelten aber die vom Fachausschuß für Schweißtechnik im Verein deutscher Ingenieure herausgegebenen Normen DIN 1912 für das Schmelzverfahren, Blatt 1, 2, 3, auf welche verwiesen wird[1].

Elektrisches Schneiden.

Ebenso wie das Schweißen ist auch das Schneiden mit elektrischem Lichtbogen möglich. Die Begrenzungen an den Trennungsstellen sind nicht so glatt wie beim autogenen Schneiden, sondern wellig. Man verwendet hierbei entweder Kohlenelektroden oder besser besondere, stark umwickelte Stahlelektroden. Stromstärke und Spannung sind beim Schneiden viel größer und können den drei- bis vierfachen Wert erreichen. Bei Blechen von 10 mm Dicke ist eine Schneidezeit von ungefähr 8 Minuten für 1 m Schnittlänge erforderlich und ein Energieverbrauch von etwa 5 kW. Für 20 mm dicke Bleche benötigt man 10 Minuten und braucht ca. 7 kW bei ca. 250 Amp.

Die Umhüllungen der Stahlelektroden sollen für die Arbeit mit Wasser durchtränkt sein, weil dies kühlend wirkt. Sie geben auch schwächere Trennfugen als Kohlenelektroden.

3. Festigkeit der Schweißverbindungen.

Die Versuche mit Schweißverbindungen reichen verhältnismäßig weit zurück. Ihre Zahl ist gerade in letzter Zeit sehr gestiegen und ihre Ergebnisse sind befriedigend ausgefallen, so daß man an die Aufstellung der zulässigen Inanspruchnahmen für die Berechnung von Schweißverbindungen schreiten konnte. Behufs Gewinnes eines Einblickes in die Festigkeitsverhältnisse seien einige Ergebnisse angeführt und das Wesentliche hervorgehoben.

Beispielsweise haben Versuche mit geschweißten Blechträgern ergeben, daß alle Schweißverbindungen, selbst wenn die Träger eine mehr als vierfache Beanspruchung als zulässig bei Belastung erfahren haben, völlig unverletzt geblieben sind[2], während im Druckgurt die plastische Verformung des Werkstoffes bereits eingetreten war. Die Durchbiegungen des Versuchsträgers waren bei einer Beanspruchung von 2526 kg/cm^2, also schon nahe der Streckgrenze, nur um weniges größer als die rechnungsmäßigen.

Hierbei ist die Scherkraft eines 24 mm starken, doppelschnittigen Halsnietes mit 27 t berechnet worden, während die Schubfestigkeit der durchgehenden Schweißnaht für einen Nietabstand mit 55 t ermittelt wurde, also gewiß ein sehr günstiges Ergebnis. Beim Zusammenbau dieses Trägers wurde ein mit einem Rosenberg-Schweißdynamo zusammengebauter Antriebsmotor von 8 kW verwendet.

Eine sehr ausführliche und lehrreiche Veröffentlichung über Versuche mit genieteten, teilweise geschweißten und völlig geschweißten Fachwerkträgern erfolgte von Professor Dr.-Ing. W. Gehler[3]. Aus diesen Dresdener Versuchen kann das verschiedenartige Verhalten der Versuchsträger und ihrer Anschlüsse, das im allgemeinen für die geschweißten Konstruktionen günstig war, studiert werden; es sei auf die Quelle verwiesen.

Die Gutehoffnungshütte[4] in Sterkrade hat einen 9,05 m langen, 1 m hohen Fachwerkträger, dessen Anschlüsse durchweg geschweißt waren, zum Bruch gebracht. Dieser erfolgte durch Ausknicken einer Schräge bei der 3,12-fachen Gebrauchslast. Alle Schweißstellen waren unbeschädigt geblieben.

Endlich sei noch der Versuch der Skodawerke in Pilsen[5] mit einem geschweißten Vollwandbinderpaar erwähnt, der bei einer Beanspruchung von 2000 kg/cm^2 keine Schäden der Schweißstellen aufwies.

---

[1] Zu beziehen: Beuth-Verlag G. m. b. H., Berlin SW 19, Beuthstraße 8.

[2] Rosenberg, E. Dr.: Elektrisch geschweißte Eisenkonstruktionen. Z. V. d. I. 1929, S. 1742.

[3] Gehler, W. Dr. Ing.: Versuche mit geschweißten Fachwerkträgern. Z. V. d. I. 1929, S. 1747.

[4] Neese, Dr.-Ing.: Stahlbau 1929, S. 161.

[5] Faltus, F. Dr.: Eine völlig geschweißte Stahlkonstruktion in Prag. Stahlbau 1930, S. 153.

Bisher wurden Versuche aus jüngster Zeit mit ganzen Trägern besprochen. Nun sollen die Festigkeiten der Schweißen selbst, die bei verschiedenen Versuchen erzielt worden sind, angeführt werden.

a) Zerreißfestigkeit einfacher Schweißnähte. Die Eidgenössische Materialprüfungsanstalt der E.T.H. in Zürich[1] veröffentlicht in ihrem Diskussionsbericht Nr. 12 Versuchsergebnisse mit Flußeisen. Die Zerreißstäbe hatten 45 mm Breite und verschiedene Dicke *s*. Die Zerreißfestigkeit betrug bei 148 Stäben und V-Nähten in t/cm²:

	Dicke $s = 1$ cm	1,7 cm	2,5 cm
Mittelwert	3,49—3,70	3,61—3,85	3,45—3,68 t/cm²
Größter Einzelwert	4,04 4,24	4,02 —4,18	4,00—4,19 ,,
Kleinster Einzelwert	1,90—2,90	2,17—3,34	2,02—3,28 ,,

Nach Dr.-Ing. Neese[2] ergaben sich, allerdings vor etwa 8 Jahren, Zerreißfestigkeiten bei V-Schweißung je nach der Schweißstromstärke mit 4-mm-Schweißdraht und 5 mm bei starken Profilen für Flacheisen:

50 × 6 mm von 3,03 bzw. 3,08 t/cm²
50 × 10 ,, ,, 2,85 ,, 2,98 ,,
50 × 20 ,, ,, 2,74 ,, 2,68 ,,

Mit der X-Schweißung wurden Festigkeiten erzielt für Flacheisen:

50 × 6 mm von 2,88—3,00 t/cm²
50 × 10 ,, ,, 2,88—3,31 ,,
50 × 20 ,, ,, 2,78—2,93 ,,

b) Festigkeit der Flankenschweißung. Die neuen Versuche über Flankenschweißung der Skodawerke in Pilsen[3] ergaben für Flacheisen von 60 × 6 bis 80 × 10 mm Scherfestigkeiten, auf den kleinsten Querschnitt der Schweiße bezogen, bei Schweißlängen von 50 bis 100 mm etwa 2,65 bis 3,03 t/cm², im Gesamtmittel von 2,86 t/cm². Auf den Stabquerschnitt bezogen für Stäbe bis 8 mm Stärke von 3,04 t/cm² bis 4,68 t/cm², die 10 mm starken Flacheisen wiesen Festigkeiten des Stabes von 2,34 bis 3,43 t/cm² auf.

Die Schweizer Versuche hatten nachstehendes Ergebnis der Scherfestigkeit der Flankennähte in t/cm² (Tabelle 33).

Tabelle 33.
Scherfestigkeiten von Flankennähten in t/cm².

Laschendicke	Laschenlänge = Schweißlänge		
cm	4 cm	6 cm	8 cm
0,6	1,66—2,86	1,66—2,83	1,69—2,23
0,9	1,59—2,29	1,59—2,22	1,67—2,18
1,2	1,37—2,24	1,33—2,09	1,33—1,92

Günstigere Ergebnisse zeigen die Versuche in Hamburg[4], die eine Scherbruchlast von 2,87 bzw. 3,54 t/cm² aufweisen.

c) Festigkeit der Stirnschweißung. Es wurden gleichfalls von den Skodawerken Versuche mit Flacheisen gemacht, die einmal mit Doppellaschen gedeckt und mit Stirnschweißung verbunden waren, dann sind noch Versuche mit einseitig angeordneten Laschen und Stirnnähten durchgeführt worden. Im ersteren Falle war der Mittelwert der Festigkeit für Flacheisen 50 × 6, 80 × 8 und 50 × 10 mm 3,23 t/cm² auf den kleinsten Schweißnahtquerschnitt bezogen. Die Stabbeanspruchungen waren dabei kleiner. Bei den 100 mm breiten Profilen erfolgte der Bruch im Stabe selbst bei 3,70 t/cm².

Hingegen zeigten die mit bloß einer Lasche gedeckten Flacheisen eine Festigkeit im kleinsten Querschnitt der Naht von 1,63 t/cm² mit Rücksicht auf die auftretende Biegungsbeanspruchung. Das Schweißmaterial hatte eine Festigkeit von 3,4 t/cm².

Die Schweizer Versuche ergaben eine Abreißfestigkeit der Stirnnähte bei Flacheisen von

0,6 cm Dicke von 2,3—3,3 t/cm²
0,9 ,, ,, ,, 2,1—3,1 ,,
1,2 ,, ,, ,, 1,7—3,3 ,,

[1] Höhn, E.: Über elektrisch und autogen geschweißte Konstruktionen. Zürich 1926.
[2] Stahleisen 1922, H. 26. [3] Stahlbau 1930, S. 154.
[4] Stelling, E. G.: Versuche und Berechnung von elektrisch verschweißten I-Trägern. Stahlbau 1928, S. 32.

d) Festigkeit von Winkeleisenanschlüssen. Außer den bisher erwähnten Versuchen sei noch auf das Programm der Dresdener Versuche 1924 (Professor Dr. W. Gehler)[1] hingewiesen und auf die Dahlemer Versuche[1] 1925, die mit angeschweißten Doppelwinkeln durchgeführt worden sind. Erstere sind nur mit Flankennähten oder nur mit Stirnnähten, die Dahlemer Versuche mit Flanken- und Stirnnähten durchgeführt worden.

Bezeichnet d die Stärke eines angeschlossenen Flach- oder Winkeleisens, b die Breite desselben, n die Zahl der Nähte und ϱ eine Gütezahl, so gilt für die Bruchlast Z

$$Z = \varrho\, d(n b).$$

Für die Stirnschweißung ergab sich nach den Dresdener Versuchen eine mittlere Gütezahl von $\varrho = 2{,}43\ \text{t/cm}^2$ (nach Neese $2{,}00\ \text{t/cm}^2$).

Für die Flankenschweißung $\varrho = 1{,}91\ \text{t/cm}^2$ (nach Neese $1{,}5\ \text{t/cm}^2$).

Die Bruchlast einer Stirnschweiße rechnet sich nach Neese

$$Z = 0{,}5\, d b \sigma,$$

für Flankenschweißung

$$Z = 0{,}375\, d b \sigma.$$

Z und σ sind in kg, d und b in cm einzusetzen.

Gehler entwickelt aus Versuchen die empirische Formel, wenn σ_W die Bruchlast der Versuchswinkel und ϱ jene der Schweiße bedeutet:

$$\varrho = (\sigma_W - 700)\ \text{kg/cm}^2.$$

Die Formel von Neese gibt die gerechnete Bruchlast geringer an als die Gehlersche. Die Unterschiede sind oben ersichtlich.

Um über die Spannungsverteilung bei symmetrischer Stirn- bzw. Flankenschweißung ein Bild zu gewinnen, sei die Abhandlung Neeses im Stahlbau 1929, S. 165 dem Studium empfohlen.

Wichtig ist, Biegungsbeanspruchungen von Schweißen zu vermeiden.

Mit Rücksicht auf die vielen zufriedenstellenden Versuche mit Schweißverbindungen wurden von einem Sonderausschusse des VDI Richtlinien für die Ausführung geschweißter Stahlbauten aufgestellt, die nun durch „Vorschriften“ ersetzt sind.

4. Vorschriften für die Ausführung geschweißter Stahlhochbauten[2].

I. Allgemeines.

1. Für geschweißte Stahlhochbauten gelten im allgemeinen die „Bestimmungen über die bei Hochbauten anzunehmenden Belastungen“ vom 24. Dezember 1919, soweit sie noch Gültigkeit haben, und die „Bestimmungen über die zulässige Beanspruchung und Berechnung von Konstruktionen aus Flußstahl usw. vom 25. Februar 1925“, sofern nicht im nachfolgenden Abweichungen festgelegt sind.

2. Die Ausführung geschweißter Stahlbauten setzt im besonderen Maße gründliche Kenntnisse und praktische Erfahrungen in dieser Bauweise voraus. Sie darf daher nur zuverlässigen Unternehmern übertragen werden, die Durchführung der vorgeschriebenen Prüfungen und der Bauüberwachung muß durch einen für die Schweißtechnik geeigneten Ingenieur, dem nur fachkundige Hilfskräfte beigegeben werden dürfen, erfolgen. (Vgl. § 222, 230, 330 und 367, Ziff. 14 und 14 RStGB. sowie § 831 BGB.)

3. Werkstoffe.

a) Als Baustoffe sind solche zugelassen, die den oben angeführten Vorschriften genügen, soweit ihre Eignung für die Schweißung feststeht, darüber hinaus auch die Baustoffe, die auf Grund von Versuchen sich für diese Bauweise eignen.

---

[1] Neese, H. Dr.: Schweißen im Stahlbau. Stahlbau 1929, S. 163; Z. V. d. I. 1926, S. 38.

[2] Vom Preußischen Ministerium für Volkswohlfahrt unter Ziffer II, 6200 h/24 vom 10. VII. 30 herausgegeben. Vgl. Stahlbau 1930, S. 235.

b) Die Schweißdrähte sind je nach räumlicher Lage der Schweißnaht (waagerecht, senkrecht, überkopf) so zu wählen, daß sie sich einwandfrei verschweißen lassen.

4. Schweißverfahren.

a) Es können Lichtbogenschweißung (Gleich- oder Wechselstrom), elektrische Widerstands- und Gasschmelzschweißung angewendet werden.

b) Die Wahl des Schweißverfahrens und der Schweißgeräte bleibt dem Unternehmer überlassen, jedoch soll sie so getroffen werden, daß im gegebenen Falle ungünstige Nebenerscheinungen beim Schweißen vermieden werden.

5. Aufstellung.

a) Die Lage der Schweißnähte, die auf der Baustelle hergestellt werden sollen, muß bereits in der Werkstatt an den einzelnen Bauteilen angezeichnet sein. Auch ihre Reihenfolge bei der Herstellung muß allgemein vorher durch den verantwortlichen Bauleiter der ausführenden Firma oder durch seinen Beauftragten so festgelegt sein, daß nach Fertigstellung keine schädlichen Nebenspannungen zurückbleiben. Als Richtlinien für das Schweißen auf der Baustelle sind zu beachten: Heftschweißen dürfen nur im spannungslosen Zustande gesetzt werden. Zusammenzwängen einzelner Teile ist unzulässig. Klammern und Schraubstöcke dienen nur dazu, die gegenseitige Verschiebung der Bauteile während der Schweißarbeiten zu hindern.

Oberflächen, die geschweißt werden sollen, müssen von Rost, Verunreinigungen usw. frei sein.

b) Bei Schweißarbeiten auf der Baustelle, die tunlichst zu beschränken sind, ist für geeignete Einrichtungen, z. B. Schutz des Schweißers gegen Witterungseinflüsse usw., zur Gewährleistung einwandfreier Schweißung zu sorgen.

II. Berechnung und zulässige Spannungen.

1. Hinsichtlich der statischen Berechnung, der Formgebung und der Ausführung gelten die gleichen Grundsätze wie bei genieteten Bauwerken, sofern nicht die Eigenart der Bauweise konstruktive Gesichtspunkte erfordert. So sind z. B. gegebenenfalls an den Knotenverbindungen usw. zum Schutz gegen Eindringen von Wasser Dichtungsnähte, die bei der Kraftübertragung unberücksichtigt bleiben, anzuordnen.

In den Bauvorlagen ist die gewählte Schweißung und die Art der Schweißdrähte anzugeben, die Schweißverbindungen sind stets in prüfbarer und übersichtlicher Form nach-

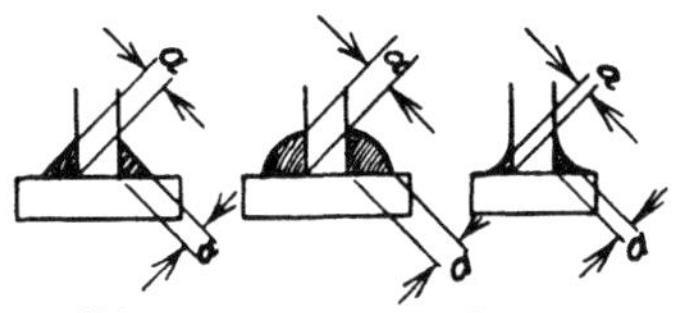

Abb. 342. Dicke von Kehlnähten.

Abb. 343. Dicke von Stumpfnähten.

zuweisen, und in den Zeichnungen sind die Schweißnähte unter Angabe der Positionsbezeichnung der statischen Berechnung eindeutig zu vermerken.

2. a) Für die Berechnung der Schweißnähte gilt bei Stäben, die Längskräfte übertragen, die Beziehung

$$P = F\sigma_{zul}\,, \quad \text{wobei} \quad F = a \cdot l \quad \text{ist.}$$

Hierin bedeuten:

P die durch die Schweißnaht zu übertragende Kraft (kg),

F den Bruchquerschnitt der Schweißnaht (cm²),

a die Dicke der Schweißnaht (cm),

bei Kehlnaht: die Höhe des eingeschriebenen gleichschenkligen Dreiecks der Kehlnaht, nicht einen Anlageschenkel (Abb. 342),

bei Stumpfnaht: die Dicke der zu verbindenden Querschnitte, bei verschiedenen Dicken die kleinere (Abb. 343),

l Länge der Schweißnaht abzüglich der Kraterenden, die mit je $2a$ einzusetzen sind.

b) Bei Bauteilen, die auf Biegung beansprucht sind, können zur Aufnahme der Schubspannungen unterbrochene Schweißnähte angeordnet werden.

3. Bei Verwendung von Flußstahl St 37 gelten als zulässige Spannungen in den Schweißnähten ohne Rücksicht auf die Beanspruchung des anzuschließenden Bauteiles folgende Werte:

auf Zug 720 kg/cm²,
auf Druck 900 kg/cm²,
auf Biegung wie auf Zug bzw. Druck,
auf Abscheren 600 kg/cm².

Bei zusammengesetzter Beanspruchung auf Zug bzw. Druck und Abscheren darf die Gesamtbeanspruchung die Grenzwerte für Druck und Zug nicht überschreiten. Für Bauteile, die Wechselbeanspruchungen oder Stoßwirkungen ausgesetzt sind, für Krane aller Art, sowie allgemein bei überkopf geschweißten Nähten sind die obigen Grundspannungen um ein Sechstel zu ermäßigen.

Im allgemeinen können die vorstehenden Grundspannungen unter gleichen Voraussetzungen erhöht werden, wie sie unter B Ziff. 1, 2, 3 der Bestimmungen über die zulässige Beanspruchung pp. von Stahlkonstruktionen vom 25. Februar 1925, unter Abschn. II, Zusätze zu B, Ziff. 1 u. 2 der „Grundsätze für die statische Berechnung der Fördergerüste" und unter Ziff. 3 des Erlasses vom 13. Mai 1929 — II C 1540 — über „Standfestigkeit für fliegende Bauten" angegeben sind.

III. Prüfungen und Abnahme.

1. **Prüfung der Schweißer.** Die Prüfung soll die Fähigkeit der am Bauwerk beschäftigten Schweißer nachweisen. Die Probeschweißung soll mit demselben Schweißdraht und möglichst auch mit derselben Maschinen- bzw. Geräteart erfolgen, die der Hersteller bei der Ausführung der Bauteile verwendet. Es ist folgende Prüfung zu verlangen:

Kehlschweißung. Es werden zwei Längsbleche genau senkrecht übereinander an ein Querblech angeschweißt, wie Abb. 344 zeigt, so daß im Querschnitt eine Kreuzform entsteht. Die Schweißnähte sind quer zur Walzrichtung zu legen. Die Länge des Stabkreuzes beträgt etwa 300 mm plus Blechdicke s.

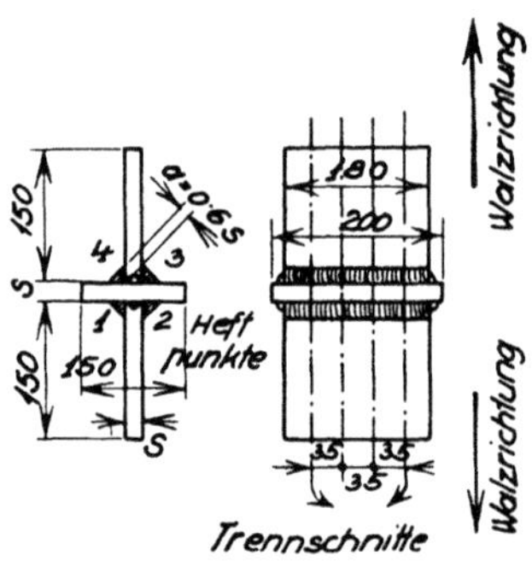

Abb. 344. Probestück zur Schweißerprüfung (Stirnkehlnähte).

Die dem Schweißer vorgeschriebene Nahtdicke a soll 0,6 mal Blechdicke s sein. Die an das Querblech anzuschweißenden beiden Längsbleche sind in ihrer Breite etwa 20 mm geringer als das Querblech zu wählen, so daß an den beiden zurückstehenden Stirnenden die Heftung erfolgen kann. Anfang und Ende der Schweißnaht bleiben beim Herausschneiden der Streifenkreuze außer acht. Von den vier Kehlnähten sind zwei (*1* und *2*) in waagerechter Richtung, und zwar bei lotrechter und waagerechter Lage der Bleche und zwei (*3* und *4*) in lotrechter Richtung zu verschweißen.

Aus diesem kreuzförmig verschweißten Blechgebilde werden drei Streifenkreuze von je etwa 35 mm Breite kalt herausgeschnitten und in der Prüfmaschine in Richtung $W—W$ zerrissen. Hierbei muß die Bruchlast, bezogen auf die Einheit des unter Ziff. 2. a) angegebenen Querschnittes F, mindestens 30 kg/mm² ergeben. Andernfalls ist der Schweißer zurückzuweisen.

Kommen an einem Bauwerk Überkopfschweißungen vor, so kann verlangt werden, daß zwei Nähte des Probestückes überkopf geschweißt werden.

2. **Güteprüfung der Schweißungen.** Unter Verwendung derselben Schweißart und gleicher Schweißdrähte wie bei der Herstellung des Bauwerks sind folgende Prüfungen vorzunehmen.

a) Prüfung einer Stirnkehlenschweißung wie unter Ziff. 1,

b) Prüfung einer Flankenkehlschweißung.

Es werden vier Flacheisen oder Blechstreifen entsprechend der Profildicke der Bauteile nach Abb. 345 durch Flankenkehlnähte in waagerechter oder senkrechter Richtung zu einem Probestück zusammengeschweißt. Die Länge der Nähte ist ungefähr gleich der

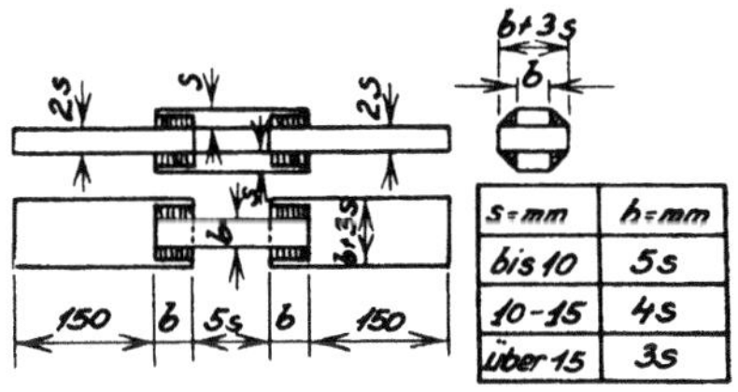

Abb. 345. Probestück zur Schweißungsprüfung (Flankenkehlnähte).

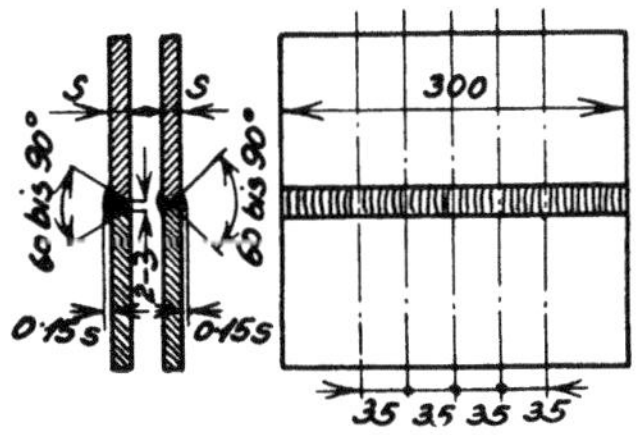

Abb. 346. Probestück zur Schweißungsprüfung (Stumpfnähte).

Breite der Laschen auszuführen. Hierbei muß der Bruchquerschnitt eine Scherfestigkeit von mindestens 24 kg/mm² ergeben.

c) Prüfung einer Stumpfschweißung. Es werden zwei Bleche von je 6 oder 12 mm Dicke entsprechend der Profildicke der Bauteile durch V- oder X-Nähte nach Abb. 346 zu einem Probestück zusammengeschweißt. Die Kanten der Einschweißfurche sollen einen Winkel von mindestens 60° bilden.

Die Probestücke können einem Zug- oder Biegeversuch nach DIN 1605 unterworfen werden.

Bei dem Zugversuch muß eine Festigkeit von mindestens 30 kg/mm² erreicht werden.

In besonders gearteten Fällen kann ein Biegeversuch angestellt werden. Bei Blechen bis zu 20 mm Dicke ist ein Biegestempel von zweifacher Blechdicke mit einem Abrundungsradius von Blechstärke genau auf die Mitte der Naht aufzusetzen, und zwar bei V-Nähten auf die Scheitelseite der Naht; die Scheitelschweißnaht ist vorher zu ebnen. Der lichte Abstand der Auflagerrollen beträgt 5 s (s. Abb. 347). Die Versuche sollen sich im allgemeinen auf Bleche von 6 und 12 mm Dicke beschränken.

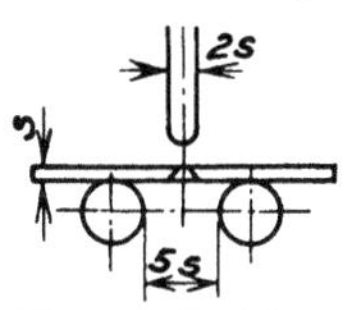

Abb. 347. Vorrichtung für den Biegeversuch.

Die Probe soll sich bis zum ersten Anriß um mindestens 60° biegen lassen.

3. **Abnahme.** Für die Abnahme, die hauptsächlich in der Werkstatt von der örtlichen Baupolizeiverwaltung vorzunehmen ist, sind sämtliche Schweißverbindungen leicht zugänglich zu halten. Geschweißte Bauteile dürfen vor dem Verlassen der Werkstatt, soweit sie nicht abgenommen sind, nur einen durchsichtigen Anstrich erhalten. Auch sind die auf der Baustelle ausgeführten Arbeiten nach sorgfältiger Prüfung abzunehmen. Ob in besonderen Fällen Probebelastungen notwendig sind, darüber entscheidet der abnehmende Beamte.

5. Schweißen von Trägern und Säulen.

Die guten Versuchserfahrungen mit Schweißungen sowie auch einige Ausführungen geschweißter Konstruktionen haben nunmehr zu gut durchgebildeten Verbindungen von Flacheisen oder Profileisen zu Trägern und Stützen geführt, welche durchwegs geschweißt waren. Vor allem ist es auf Grund der erzielten Festigkeiten der Schweißverbindungen nicht notwendig, über die ganze Länge laufende Schweißungen durchzuführen, denn es haben Strichschweißungen die Bedingung der Festigkeit des gesamten Querschnittes erfüllt.

Vor allem sollen Säulen und Träger behandelt werden.

In Abb. 348, 349 ist eine Säule, bestehend aus vier ungleichschenkligen Winkeleisen, deren Querschnitt in Abb. 350 ersichtlich ist, wiedergegeben[1]. Die Winkelschenkelenden sind im Querschnitt so nahe gerückt, daß gerade eine Schweiße untergebracht werden kann.

[1] Engg. News Rec. 1927/I, S. 105.

Diese Winkel haben paarweise einen solchen Abstand, daß auch an den Enden des freien Zwischenraumes die Schweißung möglich ist. Die Strichschweißung ist auf den beiden Enden der Säule 76 mm lang bei einer Entfernung der Schweiße von 152 mm; dann nehmen die Schweißlängen gegen die Mitte ab, oben 51 mm lang, unten 25 mm lang, wobei die früher erwähnte Entfernung der einzelnen Strichschweißungen von 152 mm dieselbe geblieben ist. Diese Schweißlängen entsprechen ungefähr den bei der Säule auftretenden Querkräften. Aus der Abb. 352 kann man entnehmen, daß bis auf eine kleine Unregelmäßigkeit am Kopfende die Säulenschweißlängen eingehalten worden sind, wie in der inneren Schweißnaht. Der Fuß der Säule steht unmittelbar auf einem stärkeren Stahlstück auf, mit welchem die Säule durch Kehlnähte verbunden ist. Anschlußwinkel für die Auflagerung von Trägern und Stoßlaschen für die Verbindung mit den Säulen der oberen Geschosse sind an den Flanken mit der Säule gleichfalls verschweißt. Es fehlen also bei dieser Säulenkonstruktion, die einer amerikanischen Ausführung entnommen worden ist, Fußknotenbleche zum Übergang von der Stütze zur Fußplatte.

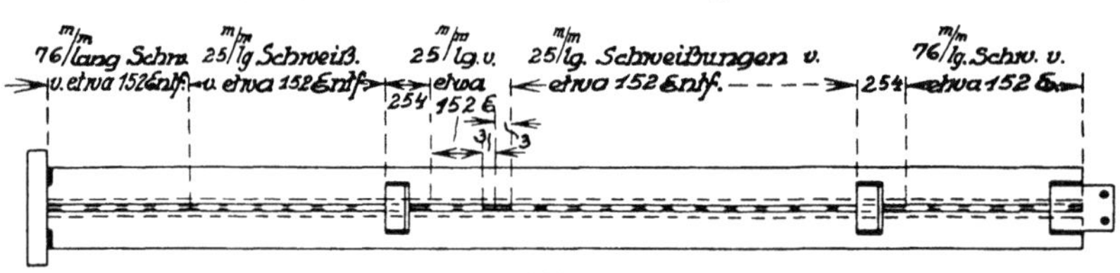

Abb. 348.

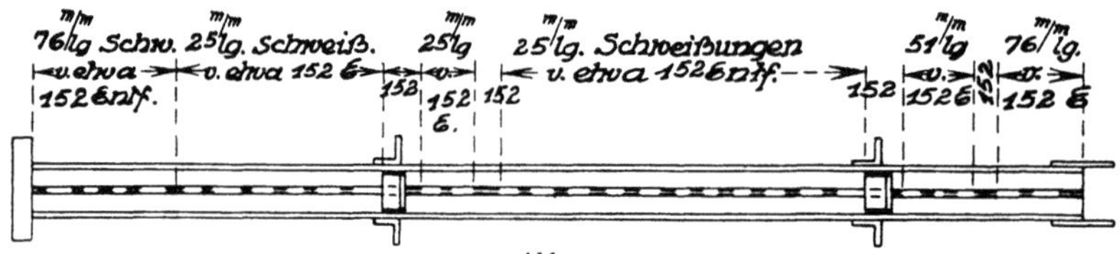

Abb. 349.

Abb. 350.

Abb. 348 bis 350. Werkstattschweißung einer Säule.

Was die Schweißung von Blechträgern betrifft, so ist eine Ausführung in Abb. 351, 352 gegeben. Abb. 351 zeigt die Draufsicht, Abb. 352 die Ansicht. Der Blechträger besteht einfach aus einem Stehblech und zwei Kopfplatten, die durch Kehlschweißnähte verbunden sind, wobei wiederum die Strichschweißung in Anwendung kam. Die Längen der Strichschweißungen betragen von Trägerende bis zur Mitte ca. 127 mm, 114 mm, 102 mm bei einer Entfernung von 152 mm. Zwei Kopfplatten, die schmäler als die erste gehalten sind und die nicht über die ganze Trägerlänge reichen, sind nur an den Enden auf eine längere Strecke in der entstehenden Hohlkehle durchgehend geschweißt, während gegen die Mitte zu wieder die Strichschweißung einsetzt und nur dort längere Schweißnähte Verwendung finden, wo stärkere Lasten auf den Träger abgestützt sind. Die Aussteifungen des Stegbleches erfolgen durch Querstege von gleicher Höhe wie das Stegblech und sind entweder einseitig oder doppelseitig angeordnet. Auch hier kommt die Strichschweißung in Anwendung, wobei die Längen der Schweißen in den Stegen über der Stütze größer sind als bei den Zwischenstäben. Neben den Berührungsflächen zwischen den Aussteifungsblechen der Kopf- und Fußplatten sind gleichfalls, und zwar durchgehende Kehlnähte angeordnet. Die Ausbildung der einzelnen Querschnitte dieser Blechträger ist aus den Abb. 353 bis 356 zu entnehmen.

Waren Blechträger mit mehreren Kopfplatten notwendig geworden, so hat man sie in der ersten Zeit in der Weise angeordnet wie bei genieteten Blechträgern. Man hat beispielsweise die zweite Kopfplatte mit der ersten verschweißt, die dritte mit der zweiten. In jüngster Zeit ist man jedoch dazu übergegangen, entsprechend dem Bedarf an Gurtdicken an jener Stelle, wo eine plötzliche Verdickung der Kopfplatten erforderlich war, einfach einen stumpfen Stoß mit einer Stumpfschweißnaht anzuordnen, so daß nun nicht wie bisher bei den Blechträgern zwei oder mehrere Lamellen mit verschiedenen Längen übereinanderliegen, sondern beim geschweißten Träger Kopfplatten mit verschiedenen Dicken der Länge nach hintereinander.

Nachdem bei geschweißten Trägern kein Nietabzug zu berücksichtigen ist, wird es möglich sein, Gewichtsersparnisse von etwa 10 bis 14% gegenüber genieteten Blechträgern mit normalen Abmessungen zu erzielen.

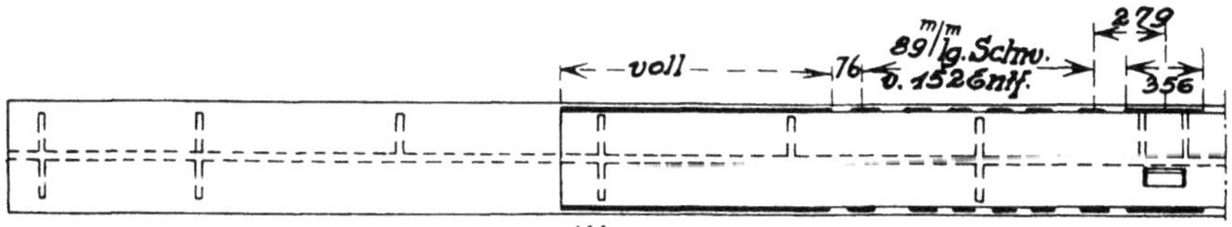

Abb. 351.

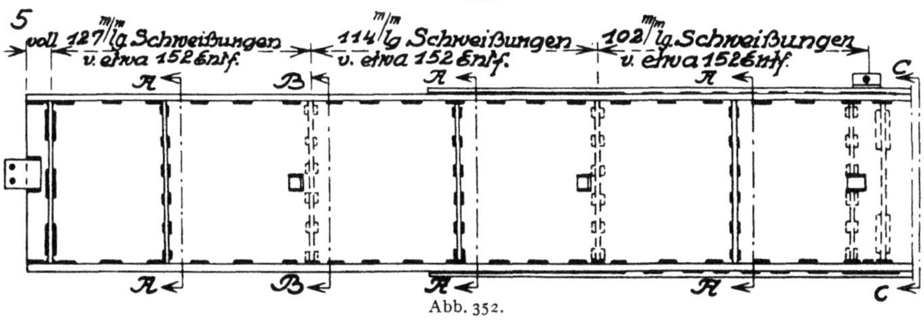

Abb. 352.

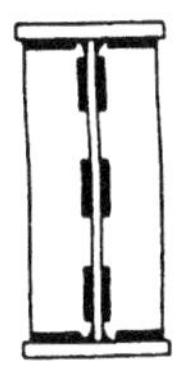

Abb. 353.

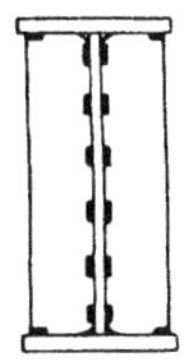

Schnitt A-A.
Abb. 354.

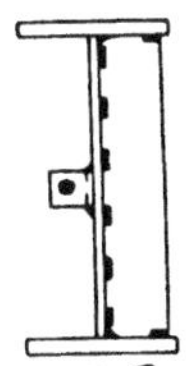

Schnitt B-B.
Abb. 355.

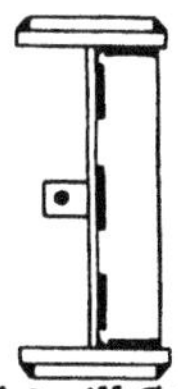

Schnitt C-C.
Abb. 356.

Abb. 351 bis 356. Werkstattschweißung eines Blechträgers.

Um bei der Werkstattarbeit beim Zusammenbauen eines Blechträgers eine sachgemäße Schweißung zu ermöglichen, ist es notwendig, die einzelnen Teile (Stegblech, Kopfplatten) durch Zwingen oder Bügel provisorisch zusammenzuhalten, bis die Schweißung vollendet ist. In einfacheren Fällen oder bei leichteren Konstruktionen wird es genügen, diese provisorischen Zwingen zu beseitigen, sobald einige Fixierungsschweißstellen angebracht worden sind. Immerhin ist bei der Arbeit auf das mögliche Verziehen der Teile sehr zu achten.

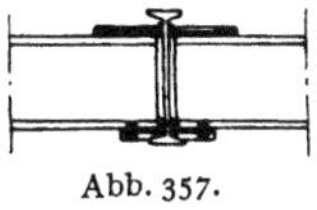

Abb. 357.

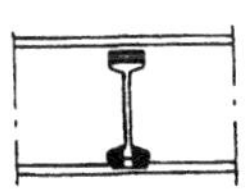

Abb. 358.

Abb. 357 u. 358. Verbindung zwischen Querträger und Längsträger.

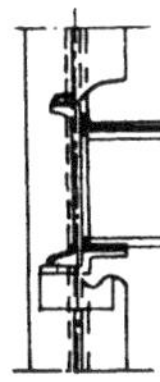

Abb. 359.

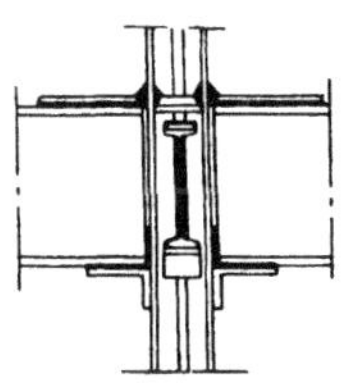

Abb. 360.

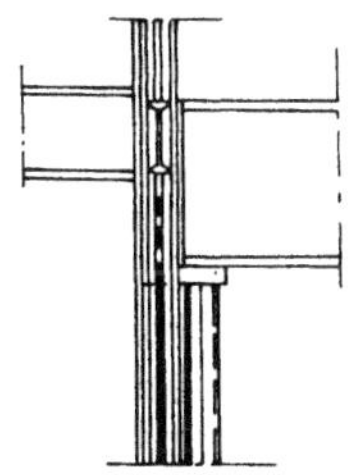

Abb. 361.

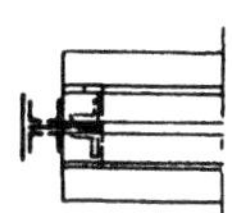

Abb. 362.

Abb. 359 bis 362. Typ. Säulenverbindungen.

Eine Überkopfschweißung soll man möglichst vermeiden; es ist bei der Schweißung von Blechträgern am zweckmäßigsten, sie in normaler Lage, das heißt mit vertikalstehendem Stehblech, aufzustellen, und die Schweißung am Untergurt vorzunehmen, dann den Träger um 180⁰ umzudrehen und wieder die Schweißung auf dem nun untenliegenden Obergurt zu beginnen. Die Aussteifungen werden wohl am zweckmäßigsten bei um 90⁰ umgelegtem Blechträger angeschweißt werden können.

Schweißen von Anschlüssen.

Die geschweißten Anschlüsse eines Deckenträgers an einen Unterzug sind in Abb. 357, 358 wiedergegeben. Dabei ist auf die Träger in der Nähe des Anschlusses je eine Kopfplatte angeschweißt, welche mit dem Träger an den Unterzug durch Kehlschweißung verbunden ist. Auf diese Weise ist es möglich, auch eine gewisse Einspannung des Trägers zu erzielen. Am Untergurt ist diese Platte mit dem Träger durch eine durchgehende Punktschweißung verbunden und außerdem mit dem Unterzug verschweißt. Die Abb. 359, 360 zeigen die Anschlüsse der Unterzüge an die Stütze. Sie lagern auf seitlichen Sattelwinkeln auf, mit welchen sie verschweißt sind; außerdem sind auch die Stege der Unterzüge an den Berührungsstellen mit der Stütze verschweißt. Die Oberflanschen des Unterzuges sind in gleicher Weise an die Stützen angeschlossen, wie die Deckenträger an den Unterzügen. Abb. 361 bzw. 362 zeigen noch die Auflagerung eines hohen geschweißten Blechträgers auf der Stütze.

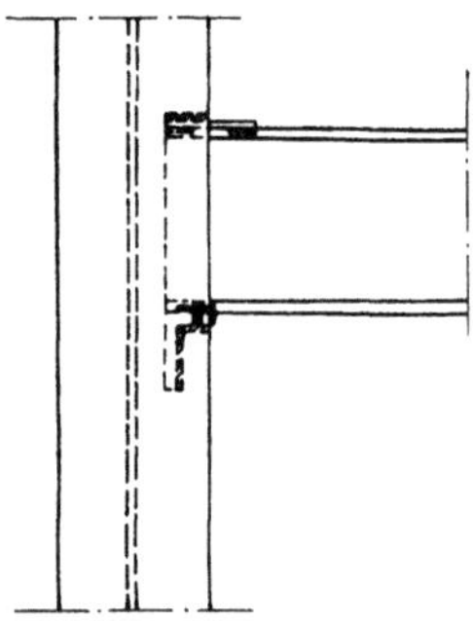

Abb. 363.

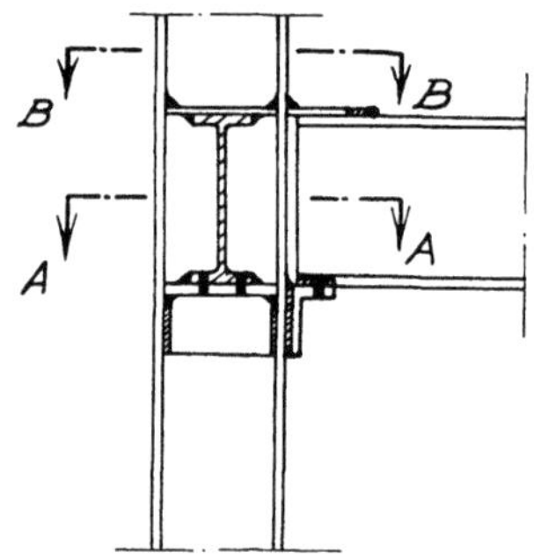

Abb. 364.

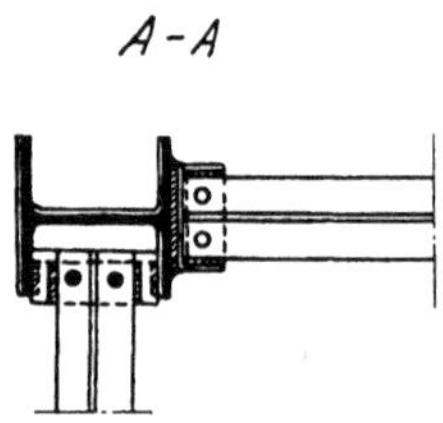

Abb. 365.

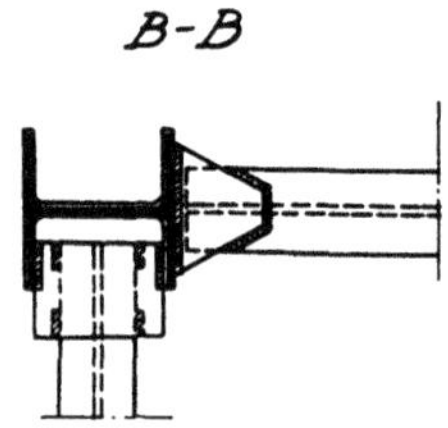

Abb. 366.

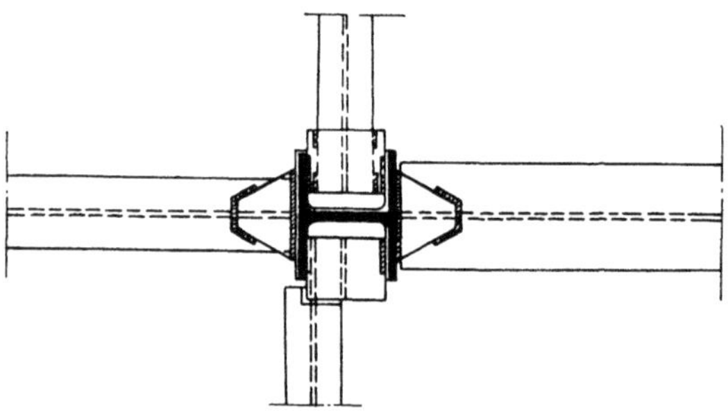

Abb. 367.

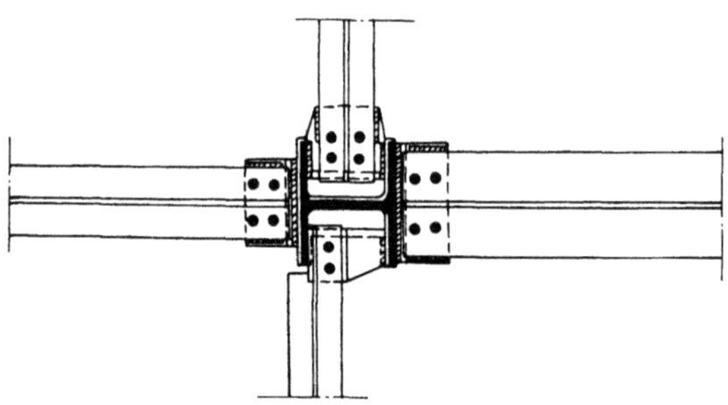

Abb. 368.

Abb. 363 bis 368. Schweißen im Stahlskelettbau. (Aus Engg. News Rec. 1929, S. 491.)

Eine andere Ausführung von Anschlüssen zeigen die Abb. 363 bis 366. An einen Ständer, aus einem Breitflanschprofil bestehend, sind zwei Unterzüge gleicher Höhe angeschlossen. Sie ruhen aus Montagegründen auf einem Sitzwinkel auf, der an die Säule mit zwei Kehlnähten angeschlossen ist. Der Unterzug wiederum ist an den Winkel sowohl mit Kehlschweißung als auch mit durchgehender Punktschweißung befestigt. Der Oberflansch des Trägers ist mit einem trapezförmig begrenzten Blech, das sowohl mit dem Träger als auch mit der Stütze verschweißt ist, angeschlossen (Abbildung 366). Der andere Unterzug sitzt gleichfalls auf einem eingebauten und angeschweißten Winkel und ist mit diesem mit durchgehender Punkt- und Flankenschweißung verbunden. (Abb. 365, Schnitt A—A). Der Obergurt ist gleichfalls mit Zuhilfenahme eines Flacheisens, das jedoch nicht bis zum Steg des Säulenprofiles reicht, angeschlossen, und zwar unter Zuhilfenahme beiderseitiger Flankenschweißung. Auf diese Weise ist gerade der zweitgenannte Unterzug zum Übertragen von Einspannmomenten besonders geeignet, da hier keine Beanspruchung der Schweißen auf Abreißen eintritt.

Abb. 367, 368 geben ähnliche Anschlüsse stärkerer Träger, in zwei Höhenlagen geschnitten, bei welchen namentlich die Anwendung zweier hintereinander liegender Punktschweißungen in jedem Flansch der Unterzüge bemerkenswert ist. Außerdem zeigen diese Abbildungen einen exzentrischen Anschluß eines Unterzuges.

In Abb. 369 ist die Ausbildung eines geschweißten, steifen Anschlusses von Verbindungsträgern zweier Säulen gegeben, die von den Skodawerken Pilsen beim Bau des Bürohauses des Wirtschaftsverbandes der Baumwollspinnereien in Prag[1] angewendet worden ist. An den Anschlußstellen sind vorerst Flacheisen mit Schrauben an die Säulenstege befestigt worden, die durch dreieckige Eckaussteifungen oben und unten mit dem Träger durch Schweißung verbunden sind. Die Schweißung erfolgte in der Werkstatt.

Auch die zur axialen Abstützung der durch die Säulen durchgehenden Unterzüge erforderlichen Sättel, die zwischen die Profile der Säule genietet sind, wurden oben mit Auflageplatten versehen, deren Anschlüsse geschweißt sind. Alle übrigen Einzelheiten, die Längen der Schweißnähte, sind aus der Abbildung zu entnehmen.

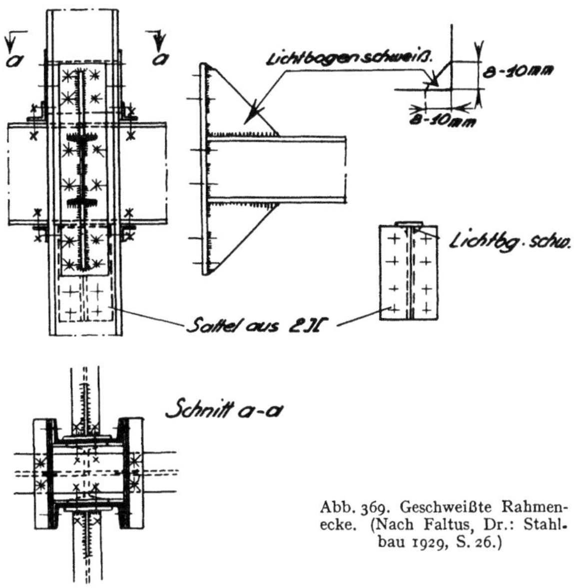

Abb. 369. Geschweißte Rahmenecke. (Nach Faltus, Dr.: Stahlbau 1929, S. 26.)

6. Neue Querschnittsformen für Träger und Stützen bei Anwendung der Schweißtechnik.

Bei den verschiedenen Ausführungen geschweißter Konstruktionen hat sich wiederholt gezeigt, daß man mit den bestehenden Querschnitts- und Anschlußformen bei Anwendung der Schweißtechnik nicht immer einwandfreie Konstruktionen erhält. Teilweise liegen die Übelstände in der schweren Zugänglichkeit der Schweißstellen, teilweise aber auch darin, daß abstehende Teile von Querschnitten nicht gut angeschlossen werden können, außer mit Zuhilfenahme sekundärer Beiwinkel oder Flacheisen, die immer nur eine mittelbare Kraftübertragung zur Folge haben und auch Exzentrizitäten mit sich bringen. Es ist deshalb notwendig, neue Formen von Querschnitten zu finden, welche diese Nachteile nicht aufweisen.

Für Stützen haben sich in der Schweißtechnik bei Stahlbauten Breitflanschträger gut bewährt, da sie breite Anschlußflächen bieten. Man kann aber auch durch Kombination von Profilen, die geschweißt werden, Querschnittsformen bilden, welche die gleichen Vorteile haben: einmal breite Anschlußflächen zu bieten und gleichzeitig auch ein großes Trägheitsmoment besitzen. In Abb. 370 sind zwei C-Eisen mit den Flanschenenden gegeneinander gestellt und dort geschweißt, geben daher einen geschlossenen rechteckigen Querschnitt. Abb. 371 zeigt eine ähnliche Anordnung, bei der die C-Eisen etwas weiter auseinander gerückt sind und die Zwischenräume durch zwei Flacheisen oder durch Bindebleche ausgefüllt werden. In allen Fällen sind die Verbindungen durch Stumpfschweiße hergestellt. Diese beiden Querschnittsformen haben aber außerdem noch den Vorteil, daß sie sehr leicht ummantelt werden können und daher die ummantelte Säule einen viel kleineren Querschnitt aufweist, als wenn man zwei C-Eisen mit den Flanschen nach außen stellen würde, wie es bisher im Eisenbau üblich war. Es stehen in diesen Fällen keine Bindebleche vor und außerdem auch keine Nietköpfe. Die Anschlußmöglichkeit ist nach allen vier Seiten die gleiche.

Ganz ähnlich sind die Querschnittsformen der Abb. 372, 373, die aus je zwei gleichschenkligen bzw. ungleichschenkligen Winkeln zusammengesetzt sind. Die Schweißstellen

[1] Faltus, F. Dr.: Ein neues Stahlhochhaus in Prag. Stahlbau 1929, S. 26.

liegen in diesem Falle in den Ecken des Rechteckes bzw. quadratischen Profiles. Bei Anwendung größerer Winkelprofile kann man auch auf diese Weise Säulen mit ziemlich großem Trägheitsmoment herstellen und wird bei Stützen in obersten Geschossen, die kleinere Lasten zu übertragen haben, mit einem kleineren Gewicht auskommen.

Sind die Säulendrücke größer, so kann man auch Breitflanschträger mit zwei parallel zu den Stegen liegenden Flacheisen durch Schweißen verbinden (Abb. 374) oder den so entstandenen Querschnitt noch durch zwei auf die Breitflanschträger aufgeschweißte Platten verstärken (Abb. 375).

Abb. 376, 377 zeigen die Möglichkeit der Verwendung breiter T-Profile mit Anschlußmöglichkeit nach zwei bzw. vier Seiten, wenn solche in besonderen Fällen notwendig werden würden.

In neuerer Zeit liefern die Peiner-Werke „Halbprofile", das sind in der Längsachse der Stege von I-Trägern im warmen Zustand entzweigeschnittene Profile, die neue Kombinationsmöglichkeiten für Querschnittsausbildungen geben.

Handelt es sich um Fachwerkträger, so ist es auch hier besser, mit geschlossenen Formen für die Füllungsstäbe zu arbeiten und für die Gurte entweder H-Profile oder aus drei

Abb. 370. Abb. 371. Abb. 372. Abb. 373.

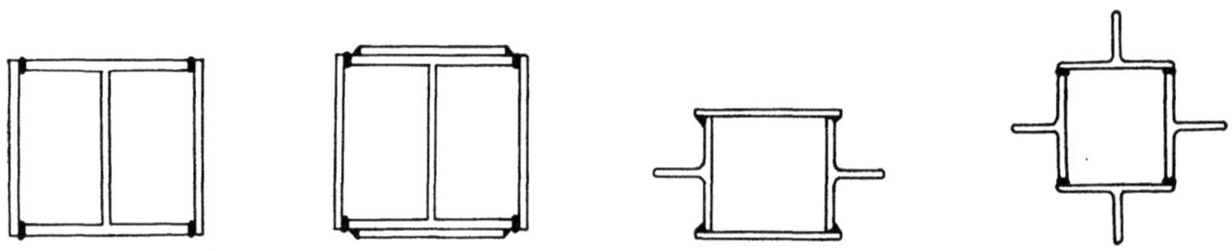

Abb. 374. Abb. 375. Abb. 376. Abb. 377.

Abb. 370 bis 377. Geschweißte Stützenquerschnitte.

Flacheisen zusammengeschweißte U-förmige Profile zu benützen. Bei geschweißten Konstruktionen wird wiederum die wegen der Schwierigkeit der Anschlüsse bei genieteten Verbindungen verlassene Stütze mit kreisringförmigem Querschnitt Verwendung finden können, wenn es sich um Stützen handelt, die auch kreisförmig ummantelt werden sollen. Die Schweißtechnik ermöglicht auch jeden Anschluß von Unterzügen und der Deckenträger sowie eine gute Ausbildung der Stützenfußkonstruktionen.

Hier mögen nun diese Hinweise auf neue Querschnittsformen genügen. Bei der weiteren Entwicklung des Stahlbaues unter Benützung der Schweißtechnik werden gewiß verschiedenartige und immer zweckmäßigere Formen noch entstehen, die sich den einzelnen Fällen gut anpassen werden.

Literatur.

Quellen über das Schweißen im Stahlbau.

Der Stahlbau 1928.

Verstärkung eines Stahlfachwerkbaues unter Anwendung des Schweißverfahrens. Seite 24.
Stelling, E. G.: Versuche und Berechnungen von elektrisch verschweißten I-Trägern. Seite 31.
Gewichtsersparnis durch Schweißung bei Stahlbauten. Seite 70.
Ein geschweißter Gasbehälter. Seite 196.
Die erste geschweißte Eisenbahnfachwerkbrücke. Seite 207.
Hoppe, C. J.: Versuche und Berechnung von elektrisch verschweißten I-Trägern.

Der Stahlbau 1929.

Schweißung von Stahlkonstruktionen bei einem Hotelumbau. Seite 119.
Neese, H. Dr.-Ing.: Schweißen im Stahlbau. Seite 161.
Cajar, R.: Sicherheit und Kontrolle von Schweißverbindungen für Stahlkonstruktionen. Seite 185.

Die Schweißung eines vierstöckigen Geschäftshauses. Seite 191.
Verstärkung von Brücken mit Hilfe des Lichtbogenschweißverfahrens. Seite 264.
Adrian, W. Dr.-Ing.: Richtlinien für Schweißen im Stahlhochbau. Seite 264.
Schweißung von Stahlkonstruktionen bei einer Krafthauserweiterung. Seite 299.
Ritter, H.: Fortschritte beim Schweißen von Stahlkonstruktionen. Seite 303.
Wernekke: Verstärkung einer Stahlbrücke mit Hilfe des Schweißverfahrens. Seite 305.
Boos, W. Dipl.-Ing.: Die elektrisch geschweißte Straßenbrücke bei Lowicz. Seite 308.

Der Stahlbau 1930.

Cajar, R.: Anwendung der Gasschmelzschweißung für Stahlbauten. Seite 80.
Der neue Entwurf zu: Richtlinien für die Ausführung geschweißter Stahlbauten. Seite 105.
Boos, W.: Amerikanische Richtlinien für die Ausführung von geschweißten Brücken. Seite 117.
Hilpert, A. Dr.-Ing.: Welche Vorteile erwachsen der deutschen Wirtschaft durch Schweißung im Stahlbau. Seite 121.
Kayser, Dr.: Versuche über das Zusammenwirken von Nietverbindung und Schweißnaht. Seite 145.
Faltus, F. Dr.-Ing.: Eine vollständig geschweißte Stahlkonstruktion in Prag. Seite 153.
Bondy, O.: Schweißung im Stahlbau 1929. Seite 160.
Kayser, Dr.: Ergänzungen zu dem Aufsatz „Versuche über das Zusammenwirken von Nietverbindung und Schweißnaht. Seite 204.
Burkij, J. F. W.: Zuschrift zu dem Aufsatz „Schweißung im Stahlbau 1929“. Seite 228.
Bühler: Versuche der Schweizerischen Bundesbahnen mit geschweißten und genieteten Stabverbindungen. Seite 229.
Hilpert, Dr.-Ing.: Geschweißte Stahlhochbauten. Die neuen Vorschriften über die Ausführung geschweißter Stahlhochbauten. Seite 235.
Bohny, F. Dr.-Ing.: Das Schweißen von Stahlhochbauten und von Stahlbrücken. Seite 248, 312.
Schultz, A.: Schweißung im Stahlbau. Seite 274.
Wernekke: Ein geschweißtes Schwimmbecken. Seite 312.

Zentralblatt der Bauverwaltung 1929.

Kuhnke, J.: Lichtbogenschweißung von Eisenkonstruktionen. Seite 57.
Kuhnke, J.: Schweißverbindungen. Seite 751.

Zentralblatt der Bauverwaltung 1930.

Kuhnke, J.: Die elektrische Schweißung im Stahlbau. Seite 491.
S., Dr.: Die elektrisch geschweißte Lowicz-Brücke in Polen. Seite 508.
Volkswohlfahrtministerium. Erlaß betreffend Vorschriften für die Ausführung geschweißter Stahlhochbauten. Seite 627.
S., Dr.: Die Schweißung im Dienste des Eisenbaues. Seite 822.

Der Bauingenieur 1924.

Neese, H. Dr.-Ing.: Neuzeitliches Schweißen. Seite 636.

Der Bauingenieur 1926.

Burghardt, Dipl.-Ing.: Schweißarbeit und Schweißen des Eisens für den Eisenbetonbau. Seite 224, 813.

Der Bauingenieur 1927.

Illies, H.: Das Schweißen von Eisenkonstruktionen. Seite 136.
Cajar: Die Schweißverbindungen der Eisenkonstruktion für das Fabrikgebäude der Westinghouse Electric & Nfg. Co. U. S. A. Seite 481.
— Prüfung von Schweißverbindungen. Seite 600.
Illies: Anwendung des Schweißverfahrens für ein Gebäude aus Eisenkonstruktion. Seite 813.

Der Bauingenieur 1928.

Mitteilungen des Fachausschusses für Schweißtechnik. Seite 106.
Lichtbogenschweißung eines eingeschossigen Gebäudes von 8000 m^2 Grundfläche. Seite 393.
Zwanglose Mitteilungen des Fachausschusses für Schweißtechnik. Seite 748.

Der Bauingenieur 1929.

Hilpert, A. Dr.: Schweißen an Stelle von Nieten im Eisenhochbau. Seite 753.
Bryla, Stefan Dr.: Geschweißte Straßenbrücke bei Lowicz. Seite 878.

Der Bauingenieur 1930.

Bohny, F. Dr.: Das Schweißen von Stahlhochbauten und von Stahlbrücken. Seite 860.
Gerhart, R. u. H. Treimer: Ausführung einer Lichtbogenschweißung im Hochbau. Probebelastung und Prüfung. Seite 595, 861, 817.
Pilgram, M. Dr.: Beitrag zur Berechnung von Schweißverbindungen. Seite 687, 905, 906.

Zeitschrift des österr. Ing. und Architektenvereines 1928.
Bryla, St. Dr.: Das elektrische Schweißen im Eisenbau. Seite 328.

Zeitschrift des Vereines deutscher Ingenieure 1929.
Rosenberg, F. Dr.: Elektrisch geschweißte Eisenkonstruktion. Seite 1742.
Gehler, W. Dr.: Versuche mit geschweißten Fachwerkträgern. Seite 1747.

Die Bautechnik 1930.
Schaper, G. Dr.: Schweißen von Stahlbauten. Seite 73.

21. Abschnitt.

Anordnungen von Gelenken in den Tragkonstruktionen. Dehnungsfugen.

Ebenso wie der durchlaufende Träger ermöglicht der Gelenkträger wirtschaftliche Vorteile. In beiden Fällen wird eine Klarheit in den auftretenden Stützendrücken und Momenten allerdings nur bei richtiger freier Auflagerung an allen Stützstellen vorhanden sein. Eine solche Lagerung ist aber nur selten möglich, weil die notwendige Quer- oder Längsverspannung des Stahlgerüstes dann nicht gut erzielt werden kann. Selbst bei zentrischer Lagerung von Unterzügen in den Stützen werden zusätzliche Schrauben- oder Keilverbindungen angewendet, die immer eine mehr oder minder große teilweise Einspannung zur Folge haben, deren Größe sich schwer berechnen und auch nicht gut einschätzen läßt. Es kann sogar bei einer solchen Anordnung leicht eine höhere Beanspruchung der Träger an den Stützen entstehen, als sich rechnungsmäßig bei Berücksichtigung der zentrischen Auflagerung von durchlaufenden oder von Gelenkträgern ergibt, weil dann die Biegung des Trägers an den Stützen teilweise gehindert ist.

Locker sitzende Schrauben zwischen Träger und den Anschlußwinkeln an den Stützen geben keine erwünschte Aussteifung, höchstens gut in den Löchern sitzende, wobei jedoch zwischen Träger und Anschlußwinkel an den Stützen ein freier Spielraum belassen wird, so daß diese Schrauben beim wechselnden Kräftespiel gebogen werden, und wohl die Verschiebung der Träger, nicht aber ihre Biegung besonders hindern.

Wie man schon sieht, ist bei Anwendung von Gelenkträgern ein Vorteil des Stahlskelettes, seine Steifigkeit, aufgegeben, wenigstens an jenen Stellen, die eine Gelenkanordnung aufweisen. Auch die scharfen Knicke in den Biegelinien der Gelenkträger an der Gelenkstelle sind den Deckenkonstruktionen nicht zuträglich, da dort leicht Deckenrisse entstehen. Bei Ortsveränderungen von Lasten ist der Winkel beim Knick größeren Änderungen unterworfen als die Neigungsänderung eines durchlaufenden Trägers.

Die Anordnung eines beweglichen Anschlusses des eingehängten Trägerteiles ist nur dann empfehlenswert, sobald die Beweglichkeit auch verbürgt ist. Dies erfordert aber in den Decken und Wänden Fugen, die nicht erwünscht sind.

Wird andererseits das erforderliche bewegliche Lager des Gelenkträgers durch ein festes ersetzt, dann geht auch die statische Bestimmtheit verloren; es sind nur die Nullstellen der Momente in jene Punkte verlegt, in welchen man sie haben will.

Es empfiehlt sich also im allgemeinen, alle Verbindungen im Stahlskelettbau steif zu machen. Dies gilt besonders von schmalen und hohen Gebäuden. Aber selbst bei mehrschiffigen Gebäuden bietet die steife Konstruktion immer den Vorteil der leichteren und wirksameren Winddruckübertragung. Die Anordnung von Gelenkträgern durchschneidet ganze Gebäudeteile, macht diese für die Windübertragung ungeeignet. Solche Konstruktionen erhalten deshalb größere Windzusatzkräfte.

Der Fall liegt natürlich anders, wenn aus bestimmten Gründen diese Durchschneidung und unabhängige Formänderung von Gebäudeteilen zur Notwendigkeit wird. Dies kann im Senkungsbereich der Bergbaugebiete, bei sehr verschiedenartiger Bodentragfähigkeit und in Fällen, wo in dem Gebäudeinnern sehr verschiedene Temperaturen herrschen, vorkommen.

Was die Dehnungsfugen betrifft, so wird ihre Anordnung von der Wärmewirkung abhängig sein. Die meisten Stahlskelettbauten weisen keine Dehnungsfugen auf. Im ummantelten Bau kann sich auch die Wärme im Stahlgerippe nicht in dem Maße äußern wie in einem freistehenden, nicht ummantelten Gebäude. Dehnungsfugen haben sich bei Bränden ohnehin meist nicht bewährt.

Nur in sehr langen Gebäuden kann man etwa alle 80 m eine durchgehende Dehnungsfuge anordnen.

Dagegen wird man bei der Montage in Gebäuden, wo sonst keine Dehnungsfuge vorgesehen ist, an passenden Stellen die Trägeranschlüsse noch offen lassen oder in einem Felde alle Träger erst später montieren, damit das fertiggestellte Stahlskelett den Wärmewirkungen ohne allzu große Längenänderungen folgen kann, solange es nicht ummantelt ist. Zumindest wird man mit der Anbringung des Fußbodenbelages und des Deckenputzes warten, bis das ganze Skelett ummantelt ist und die Wärme sich nicht mehr in dem Maße äußern kann, wie in der reinen Stahlkonstruktion.

Diese Maßnahme braucht keine Fristverlängerung der Fertigstellung des Gebäudes zu erfordern, da ohnehin das Einsetzen der Fenster, das Einziehen der Leitungen und das Aufstellen der Heizkörper erfolgt, bevor man den Fußboden und Deckenputz fertigstellt.

III. Wirtschaftliche Gesichtspunkte.

22. Abschnitt.

Wirtschaftlichkeit der Stahlskelettbauten. Verbesserungsvorschläge.

1. Allgemeines.

Um die Wirtschaftlichkeit der Stahlskelettbauten im Vergleich mit Eisenbetonkonstruktionen gleicher Art beurteilen zu können, muß vor allem eine gemeinsame Vergleichsbasis geschaffen werden. Urteile, die die eine oder die andere Bauweise wirtschaftlicher erscheinen lassen, entsprechen vielfach dieser Grundbedingung nicht. Meist wurden nur Teile der Gesamtkosten zum Vergleich herangezogen und nicht beachtet, daß der Kostenrest nicht gleichartige Arbeiten umfaßt.

Es sei gleich von vornherein gesagt, daß es in diesem Falle nicht leicht ist, eine einheitliche Vergleichsbasis zu finden, um objektive Werturteile abzugeben. Theoretisch könnte man annehmen, wenn nicht schon die Gesamtkosten zum Vergleich herangezogen werden, daß man alle jene Kosten und Arbeiten, die bei beiden Bauweisen gleich sind, ausschaltet und nur jene Summen heranzieht, die bei beiden Bauweisen den verschiedenartigen Ausführungen entsprechen. In diesem Falle darf man aber nur mit den tatsächlichen Kosten und nicht mit Prozenten operieren, wenn Kosten verglichen werden.

Es ist vielleicht bequem, die Kosten des Stahlskelettes einschließlich der Decken und jene eines Eisenbetonskelettes zu vergleichen, weil man auf dieser Grundlage rasch Angebote einholen kann. In diesen Ziffern stecken aber nicht jene Vorteile, die der Stahlskelettbau sonst bietet. Außerdem ist es nicht gleichgültig, ob es sich um einen großen oder kleinen Bau handelt, ob wenige oder viele Geschosse vorliegen, ob der Bau im Grundriß einfach oder verwickelt ist. In allen diesen Fällen verschieben sich die Kosten.

Man kann auch nicht Schlüsse auf die Wirtschaftlichkeit der Eisenbetonbauweise deshalb ziehen, weil anderenorts selbst hohe Gebäude in Eisenbeton erstellt worden sind. Solche Schlüsse sind nicht beweiskräftig. Nur ein Beispiel. Anläßlich des Entwurfes eines Hochhauses von 22 Geschossen in Europa wurde auf Ausführungen in Amerika in Eisenbeton hingewiesen mit der Begründung, daß sie wirtschaftlicher als Eisenbauten sein müßten. Eine Überprüfung der Tatsache hat ergeben, daß es sich bei dieser amerikanischen

Ausführung um einen überall freistehenden Bau mit erheblichem Grundriß und großem Innenhof handelte.

Bei dem zu bearbeitenden europäischen Entwurf handelte es sich jedoch um einen geschlossenen Bau mit schmalem Grundriß, so daß die Windkräfte und Windmomente die Ausführungen von Eisenbetonsäulen, wenn sie nach den bestehenden Bestimmungen bemessen werden sollten, unmöglich machten. Entweder erhielten diese Säulen so große Abmessungen, daß sie zuviel Nutzfläche wegnahmen oder waren sie zu teuer, wenn spiralumschnürte Gußeisensäulen in Betracht gezogen wurden.

Auch lassen sich die Kosten amerikanischer Ausführungen nicht unmittelbar mit europäischen vergleichen, weil die Kosten der Einzelarbeiten sehr verschieden sind.

Endlich darf nicht vergessen werden, daß die Kosten des Stahlgerippes gegenüber den Gesamtkosten nicht zu sehr in die Waagschale fallen und je nach der Stockwerkzahl, dem Verwendungszweck des Gebäudes sowie nach der Ausstattung desselben etwa 10 bis 20% der Gesamtkosten betragen.

Würde eine Stahlkonstruktion etwa um 10% teurer sein als ein analoges Eisenbetonskelett, so müßte man höchstens eine Gesamtkostensteigerung um 1 bis 2% in Kauf nehmen. Dieser Betrag wird aber schon durch die erzielbare größere Nutzfläche bei Stahlskelettbauten allein herausgebracht, von allen anderen Vorteilen abgesehen.

In der Literatur sind unter anderen zwei Abhandlungen erschienen, die das vorliegende Thema behandeln. Dr. Erich Frank: Vergleichende Betrachtungen über die Wirtschaftlichkeit der Verwendung von Eisen und Eisenbeton im Großgeschoßbau, 1926, und Dr. Gustav Spiegel: Stahl und Eisenbeton im Geschoßbau[1], 1928.

Der Erstgenannte kommt zum Schluß, daß Eisenbeton die wirtschaftlichere Lösung bietet. Dr. Spiegel beweist das Gegenteil. Allerdings sind diese Schlußfolgerungen für einen Bau von 60 × 66 m Grundriß (mit einem Hof von 24 × 18 m) und 7 Geschossen gezogen worden, wurden also auf einen besonderen Fall beschränkt. Mit Rücksicht auf die Form und Abmessung des Gebäudes kam der Winddruck für die Bemessung der Stützen und Träger hierbei nicht in Betracht. Dessen Berücksichtigung, die notwendig ist, verschiebt die Wirtschaftlichkeit besonders bei hohen und namentlich bei schmalen Gebäuden zugunsten des Stahlbaues.

Schon die entgegengesetzten Ergebnisse der beiden Untersuchungen bezüglich der Wirtschaftlichkeit von Stahl und Eisenbeton im Geschoßbau zeigen, daß eine oder die andere ziffernmäßige Verfolgung einen Mangel hat, oder daß das Ausmaß des untersuchten Objektes, besonders die Stockwerkzahl neben jener Grenze liegt, wo tatsächlich die Kosten des Skelettes ungefähr gleich sind.

In der Frankschen Abhandlung sind beispielsweise tatsächlich die Gewichte der Anschlußwinkel für Deckenträger einschließlich Kleinzeug mit 10% zu hoch eingesetzt, sie betragen höchstens 4 bis 5%, wenn man 6 m Feldlängen vorsieht. Die Geschoßhöhen sind mit Ausnahme des Erdgeschosses mit 4 m angenommen und damit auch die Knicklänge für die Stahlstützen mit 4 m in Rechnung gezogen, während heute vielfach die Regelgeschoßhöhen bloß 3,4 bis 3,6 m betragen, somit kleinere Knicklängen und damit auch kleinere Stahlquerschnitte in Frage kommen, während im Eisenbetonbau, wenigstens in den unteren Geschossen mit Rücksicht auf die Stärken der Stützen nicht mehr auf Knicken zu rechnen ist.

Deshalb ist, wenigstens vom rein statischen Standpunkte, die Untersuchung Spiegels der Wirklichkeit näher gekommen, was zugunsten des Stahlbaues spricht, allerdings bei den dort eingesetzten Einheitspreisen, die aber im allgemeinen den tatsächlichen Verhältnissen entsprechen.

Das Bild hätte sich sofort noch weiter zugunsten des Stahlbaues verschoben, wenn ein Gebäude mit 15 bis 20 Stockwerken zum Vergleich herangezogen worden wäre.

Was den Einheitspreis für das Stahlskelett betrifft, so ist dieser gewiß im Anfange der Entwicklung dieser Bauweise etwas höher gewesen. Viele Unternehmungen mußten

[1] Berlin: Julius Springer 1928.

sich für hohe Bauten neue Baukrane anschaffen oder alte adaptieren und haben einen Teil der Anschaffungskosten in den Einheitspreis des Stahlskelettes einbezogen. Das nunmehrige Vorhandensein solcher Montagegeräte ermöglicht aber Preisherabsetzungen. Endlich sind auch Erfahrungen bei Herstellung des Gerippes im Werk und bei der Aufstellung gesammelt worden, die auch einmal bezahlt werden mußten.

Wie sehr verschieden jedoch die Verhältnisse liegen können, zeigt ein Vergleich der Stahlskelettbauten in Deutschland und in der Tschechoslowakei. Die Kosten eines Stahlskelettbaues in der letztgenannten Republik sind fast ebenso hoch wie in Deutschland die Kosten des Stahlskelettes einschließlich der Decken. Die Ursache liegt zum Teil in dem Fehlen von Breitflanschträgern in der tschechoslowakischen Republik, was sich bei kleinen Bauten besonders auswirkt und in den Kosten für die Anarbeitung, die vielfach brückenbautechnisch mit größter Präzision, peinlichster Kontrolle und unter Vermeidung der Lochung durchgeführt werden muß. Hohe Frachtsätze und soziale Abgaben sowie Provisionen tun das übrige.

Die oben erwähnte Vergleichsbasis muß aber auch die Voraussetzungen für die statische Berechnung umfassen. Es geht nicht an, daß die Berechnung auf Wind bei Stahlbauten gewissenhaft durchgeführt und die Stabquerschnitte auch den auftretenden Windmomenten genügen, während man, wie dies manchmal der Fall ist, bei Eisenbetonbauten mit Rücksicht auf die Monolität, diese vernachlässigt und bloß die lotrechten Zusatzkräfte in den Stützen berücksichtigt oder in den Vouten sich auf die größere Tragfähigkeit der Unterzüge verläßt und sogar dort oft eine höhere zulässige Inanspruchnahme zuläßt als im übrigen Teil des Trägers.

Für Leitungen werden in Eisenbetonkonstruktionen oft Schlitze nachträglich gestemmt und der nutzbare Querschnitt geschwächt, während, wenn dies schon beim Stahlbau auch notwendig wird, bloß die Ummantelung und nicht das tragende Gerippe geschwächt wird.

Endlich kommt es vor, daß die statische Berechnung eines Eisenbetonbaues mit einer zulässigen Inanspruchnahme des Betons durchgeführt wird und der Beton hingegen in Wirklichkeit beim Bau nicht jene Würfelfestigkeit erreicht, die für die in Rechnung gesetzte zulässige Inanspruchnahme eigentlich maßgebend war. Das ganze Bauwerk oder Teile desselben haben also dann nicht jenen Grad der Sicherheit, den die zul. Inanspruchnahme des Betons eigentlich voraussetzt, während im Eisenbau dieser Sicherheitsgrad einwandfrei festliegt.

Eine Reihe von Eisenbetonbaueinstürzen, die zum Teil mit vielen Menschenopfern verbunden waren, bestätigen diese Tatsache.

Solche Umstände werden bei Vergleichen bezüglich der Wirtschaftlichkeit von Stahl- und Eisenbetonbauten oft übersehen, sie sind vielfach nur Eingeweihten bekannt, sie können aber natürlich das Urteil über die Wirtschaftlichkeit dieser oder jener Bauweise, sobald nur Gesamtkosten der Skelette verglichen werden, sehr verschieben.

Ein anderer Umstand darf bei der Beurteilung der Wirtschaftlichkeit eines Stahlbaues nicht vernachlässigt werden. Das sind die später verursachten Auslagen für Heizung, die bei sorgfältiger Wahl der Wandbaustoffe dauernde Ersparnisse bringen und dann müssen die kurze Herstellungsfrist von Stahlbauten und damit die frühere Beziehbarkeit und fruchtbringende Vermietung der Räume berücksichtigt werden.

Man kann auf Grund von Vergleichen bei ausgeführten Bauten sagen, daß im allgemeinen und in Deutschland im besonderen Stahlskelettbauten unter Einschätzung des Wertes aller Vorteile, die diese Bauweise mit sich bringt, wirtschaftlicher sind als Eisenbetonbauten. Die tatsächlichen Gesamtkosten werden vielleicht manchmal bei Stahlbauten überwiegen. Um wieviel hängt von der Verwendung und dem Preise hochwertiger Baustoffe ab, die gerade im Stahlbau häufiger anzutreffen ist als im Eisenbetonbau.

Mit wachsender Geschoßzahl ist der Stahlbau unbedingt wirtschaftlicher. Mit welcher Stockwerkzahl dies beginnt, hängt von der Grundrißform des Baues, von den Maßnahmen für Wärme- und Schallisolierung ab, ob eine ebene Deckenuntersicht verlangt wird, ob eine beschränkte Bauhöhe der Decken eingehalten werden muß und natürlich von den ortsüblichen Preisen für alle Baustoffe und Herstellungen. Im allgemeinen wird für mittlere Verhältnisse ein Stahlbau mit mehr als fünf Geschossen wirtschaftlicher sein. Die Wirtschaftlichkeit fängt aber schon bei einer geringen Geschoßzahl an, wenn nur die gerade notwendigen Maßnahmen für den Wärmeschutz getroffen und Frontwandausbildungen mit großen und teuren Fensteranordnungen vorgenommen werden.

Diese Ergebnisse können sich natürlich mehr oder weniger verschieben, sobald von den üblichen stark abweichende Einheitspreise für Baustoffe und Herstellung gezahlt werden müssen.

Beispielsweise erhält man in Deutschland heute eine Stahlskelettkonstruktion für mittlere Verhältnisse fertig montiert für etwa 300 Mk. = 2400 Kč pro Tonne, während in der Tschechoslowakei in diesem Falle ca. 380 Mk. = 3040 Kč gezahlt werden müssen. Nur bei besonders günstigen Verhältnissen ermäßigt sich der letztgenannte Einkaufspreis. Allerdings sind in der Tschechoslowakei die Eisenbetonkonstruktionen auch teurer als in Deutschland.

Für kleinere Ausführungen und eine geringe Zahl von Geschossen wurde in letzter Zeit beim Zollamtsgebäude in Stuttgart sogar das ganze Stahlskelett fertig aufgestellt mit 265 Mk. = 2140 Kč pro t angeboten[1].

Ein genauer auf Grund bindender Angebote durchgeführter Kostenvergleich ergab hierbei eine Ersparnis an Gesamtkosten ohne Gründung von 16% zugunsten des Eisenbetons. Wird die Ersparnis an nutzbarer Grundfläche beim Stahlbau berücksichtigt, so war die Kostenersparnis noch 15% zugunsten des Eisenbetons, während die Stützenfußdrücke beim Stahlbau um 19% geringer waren.

Für die Bemessung der Eisenbetonquerschnitte waren die zulässigen Inanspruchnahmen für Betondruck $\sigma_b = 60\ \text{kg/cm}^2$, für Stahl $\sigma_e = 1200\ \text{kg/cm}^2$ festgesetzt gewesen.

Um die Wirtschaftlichkeit von Stahlbauten zu erhöhen, sofern die Kosten der Skelettbauten in Stahl und Eisenbeton je nach den örtlichen Preisverhältnissen noch größere Unterschiede aufweisen, gibt es außerdem noch zwei Wege.

Vor allem kann man das Stahlgewicht und damit die Kosten des Stahlskelettes herabsetzen, indem man die Zahl der Deckenträger auf das allernotwendigste Maß beschränkt und weitgespannte Decken verwendet. Damit werden natürlich die Deckengewichte und ihre Kosten größer; aber bei großen Preisunterschieden zwischen der Stahlskelett- und Eisenbetonbauweise müßten die Kosten der weitgespannten Decken um weniger steigen, als der Verbilligung der Stahlkosten infolge geringeren Deckenträgergewichtes entspricht.

Durch diese Maßnahme werden nicht nur an Deckenträgergewichten Ersparnisse erzielt, sondern auch in der Anarbeitung der Unterzüge.

Ein einziger Zwischendeckenträger in jedem Feld dürfte da genügen, und bei nicht allzu großen Feldweiten könnte selbst dieser entfallen, so daß nur ein reines Stahlgerippe, bestehend aus Stützen, Längs- und Querunterzügen übrigbliebe.

Wie weit man da gehen kann, entscheiden lediglich die örtlichen Einheitspreise und die Deckenbelastung.

Das Ergebnis dieser Überlegung steht mit den Ausführungen über die wirtschaftliche Deckenträgerentfernung in einem der früheren Abschnitte nicht im Widerspruch, da es sich hier um abnormale größere Preisunterschiede für Stahl und Beton handelt.

Ein derart auf die Hauptverbindungen der Stützen beschränktes Ständergerüst hat noch die nötige Stabilität, das Ganze ist für sich montagefähig und vermindert die Anarbeitungskosten und Montagezeiten. Dafür büßt ein solches Hauptgerüst vielleicht etwas an Seitensteifigkeit ein.

Unter obigen Voraussetzungen führt noch ein anderer Weg zum Ziel: Die Stützen des Skelettes mit Beton zu umhüllen und ihn als tragenden Bestandteil mit steifer Bewehrung mitzurechnen. Es entstehen also auf diese Weise unter sachgemäßer Sicherung der Verbundwirkung stark bewehrte Eisenbetonstützen. In ganz gleicher Weise wären die Unterzüge zu behandeln, ohne den Vorteil aufzugeben, die Anschlüsse der Unterzüge stahlbau-

[1] Schächterle, Dr.: Stahlskelett- und Eisenbetonhochhausbau. Schweiz. Bauzg. Bd. 96, S. 115. 1930.

gemäß durchzuführen, und sie für die Aufnahme von Einspannmomenten ausnutzbar zu machen, so daß auf diese Weise ein allerdings schwächeres Stahlbaugerüst aufzustellen wäre, das die Bewehrung eine Eisenbetonbaukonstruktion darstellen würde.

In diesem Falle bleibt der Vorteil der Aufhängung der Deckenschalung auf die Unterzüge oder Deckenträger bestehen und kann sogar in geeigneter Weise zur Erzielung einer Vorspannung des Stahls benützt werden. Wieweit dies bei den Unterzügen möglich ist, wäre noch durch Versuche zu klären. Ebenso müßte die Stützenausbildung mit Rücksicht auf die zu fordernde Verbundwirkung und die Haftfestigkeit des Betons an den großen Stahlprofilen studiert werden. Letztere wäre auch schon deshalb versuchstechnisch zu erproben, weil im Interesse der Wirtschaftlichkeit größere Stahlprofile mit wenig Nietarbeit sich wenigstens für Stützen empfehlen würden. Solche auch bei den Unterzügen in wirtschaftlicher Weise zu verwenden, dürfte aber auf Schwierigkeiten stoßen. Die Grundidee dieses Vorschlages ist nicht neu (nebenbei bemerkt hat der Verfasser schon 1906 ein Prunktreppenhaus des Landesamtsgebäudes in Brünn in gleicher Weise berechnet und ausgeführt), nur müßte sich die bauliche Gestaltung der Anschlüsse den besonderen Forderungen anpassen und die einwandfreie Ausführung der Betonierung gesichert sein.

Zur Klärung der einschlägigen Fragen müssen Versuche durchgeführt werden, welche das Verhalten und die Tragfähigkeit von Stahlstützen, die bloß mit Beton umhüllt werden, und solche, die außerdem noch eine Bügelbewehrung erhalten, bei zentrischen und exzentrischen Belastungen prüfen; auch die Knickfrage müßte untersucht werden. Außerdem sind Versuche mit Balken erforderlich, die verschiedenartige steife Bewehrungen ohne Hinzufügung von Rundeisen erhalten.

Endlich müßten rahmenartige Trägerformen mit steifer Bewehrung geprüft werden.

In allen Fällen ist noch die Haftfestigkeit des Betons an den steifen Stahlprofilen zu untersuchen und der Schwindwirkung des Betons besondere Beachtung zu schenken, namentlich bei den Stützen.

Einige Schwierigkeiten bei der Durchführung dieser Versuche wird die Forderung bereiten, daß die Stahlquerschnitte eine Vorspannung vor der Betonierung erhalten müssen, die so lange anhält, bis die Versuchsstücke in der Prüfmaschine den gleichen Druck erfahren. Über diesen Druck hinaus darf erst der Beton mitwirken. Vorher soll er infolge äußerer Kräfte vollständig spannungslos bleiben, nur die Schwindspannungen sollen wirksam sein. Versuche solcher Art sind unter Leitung des Verfassers im Zuge.

Auf dem internationalen Kongreß für Eisenbau in Lüttich 1930 hat Dr. R. Sano[1] Mitteilungen über ähnliche Ausführungen, wie sie hier gedacht sind, gemacht. In Japan hat man mit Rücksicht auf die ungünstigen Erfahrungen bei den großen Erdbeben, die mit reinen Eisenbetonkonstruktionen gemacht wurden, steife Stahlgerippe mit Beton ummantelt. Das Stahlskelett bestand vornehmlich aus Winkeleisen mit verhältnismäßig dicht liegenden Bindeblechen. Auch Versuche wurden durchgeführt; die bewehrten Druckprismen waren jedoch nur 30 cm hoch, enthalten deshalb zu große Unsicherheiten für eine einwandfreie Beurteilung.

2. Größte wirtschaftliche Höhe von Hochhäusern.

Mit der steten Erhöhung der Grundpreise in Amerika ist man immer wieder genötigt, um eine annehmbare Verzinsung des angelegten Kapitals zu erreichen, die Zahl der Stockwerke in den Hochhäusern (Wolkenkratzern) zu erhöhen. Man ist schon bei einer Gesamthöhe von über 300 m angelangt; in diesen Höhen müssen die Gebäudequerschnitte in den nur mehr turmartigen oberen Teilen wegen des Windes kleiner gehalten werden. Die Aufzüge, die aber gerade in diesen Höhen besonders wegen der erforderlichen raschen Entleerung des Gebäudes bei Gefahr reichlich vorhanden sein müssen, nehmen dann schon viel dieser ohnehin eingeschränkten Grundrißfläche in Anspruch. So benötigen die Aufzüge

[1] Sano, R. Dr.: On steel concrete construction in Japan. Lüttich 1930. Kongreßbericht Nr. 43, VIIf.

und Nebenräume im Turmaufbau des Barcley-Vesey-Building in New York 23% der Turmgrundrißfläche, ohne Gänge.

Die Frage wurde von einem Ausschuß des American Institute of Steel Construction[1] studiert, ein Grundpreis im Zentrum von New York von 890 Mark pro 1 m² angenommen und die Kostenberechnung für acht Gebäude von 8 bis 75 Geschossen durchgeführt. Als Grundfläche des Gebäudes wurden 61 × 122 m angenommen. Es ergab sich eine Nettoverzinsung für Gebäude von

	8	15	22	30	37	50	63	75 Geschossen
von	4,22	6,43	7,75	8,50	9,07	9,87	10,24	10,06%

Die Kurvenordinaten (Verzinsung) wachsen etwa bis 20 Geschosse rascher, dann langsamer und erhalten bei 63 Geschossen einen Verzinsungsgrößtwert. Sehr große Kosten verursachen mit steigender Stockwerkzahl die Aufzüge (gewöhnliche und Expreßaufzüge). Die Gewichte der Seile werden schon schwer. Aber auch die notwendigen Fahrgeschwindigkeiten müssen wesentlich gesteigert werden, die, wenn man 600 m Gebäudehöhe erreichen wollte, schon mit einer Geschwindigkeit von 7,5 m/sek fahren müßten, wobei der menschliche Organismus der Luftdruckverminderung beim Hinauffahren nicht leicht gewachsen wäre.

Die Kosten der Stahlkonstruktion betragen bei 75 Geschossen etwa 14,08%, die der Aufzüge 14% der Gesamtkosten.

Aus diesen Untersuchungen kann man für europäische Verhältnisse die Schlußfolgerung ziehen, wenn auch die Preis- und Verzinsungsverhältnisse bei uns etwas anders liegen, daß derzeit die günstigste Höhe von Hochhäusern noch lange nicht erreicht ist und vorläufig wenigstens eine Steigerung der Stockwerkzahl gegenüber den derzeit üblichen Ausführungen immer noch wirtschaftlicher ist.

3. Erforderliche Stahlmengen im Stahlskelettbau.

Um einen Anhaltspunkt für die erforderlichen Stahlmengen eines Stahlskelettbaues zu haben, wird gewöhnlich der Stahlbedarf auf 1 m³ umbauten Raum herangezogen. Er gibt auch, wenn nicht ganz besondere Konstruktionen eingebaut werden müssen, eine gute Vergleichsgrundlage.

Durch die Normung von Stützen, Anschlüssen wurde dieser Raumbedarf gegenüber Ausführungen in früheren Jahren schon stark herabgedrückt; das Bauen in Stahl ist damit wirtschaftlicher geworden.

Dieses Einheitsgewicht ist abhängig von den Deckeneigengewichten, den Nutzlasten, von der Geschoßzahl und ihren Höhen, von den Stützweiten der Decken und Unterzüge, von der zulässigen Inanspruchnahme und schließlich auch von der Größe des umbauten Raumes. Die Konstruktionsweise spielt dabei natürlich auch eine Rolle.

Ein Versuch, dieses Einheitsgewicht ganz allgemein rechnerisch zu ermitteln bzw. eine Formel abzuleiten, stößt wegen der Mannigfaltigkeit der Bedingungen auf große Schwierigkeiten.

Man kann aber annehmen, daß für mittlere Verhältnisse und ziemlich regelmäßige Anordnungen des Trägergerippes pro 1 m³ umbauten Raum in Europa etwa 18 bis 22 kg/m³ Stahl (St 37) benötigt werden.

Für den Wohnhausbau steht heute die Ziffer von 12 bis 14 kg/m³ so ziemlich fest.

Wird für den Bau ein hochwertiger Baustahl herangezogen, so ermäßigen sich diese angegebenen Werte um jene Gewichte, die im 19. Abschnitt angegeben worden sind. Ersparnisse hierbei beziehen sich hauptsächlich auf die Deckenträger und Unterzüge, die etwa 60 bis 70% des Gesamtgewichtes ausmachen.

Die Einheitsgewichte wachsen mit der Zunahme der Trakttiefe ziemlich rasch, was sich wohl im Gewicht, nicht aber bei der Montagearbeit auswirkt. Diese kann sogar kleiner werden, so daß sich die Gesamtkosten des Stahlskelettes nicht in dem Maße erhöhen, als das Einheitsgewicht zunimmt.

[1] Iron Trade Rev. Bd. 85, S. 784. 1929; Illies, H.: Bauing. 1929, S. 866.

Für schwere Deckennutzlasten können die oben angegebenen Gewichte bis 30 kg/m³ steigen. Sind schwere Rahmenkonstruktionen einzubauen, so wird man mit etwa 22 bis 24 kg pro m³ rechnen müssen.

Um mit der Zeit noch genauere Anhaltspunkte bezüglich des Einheitsgewichtes und wegen der Lastenaufstellung über den Anteil der Stützen und der Konstruktionen für die Decken am Gesamtgewicht zu erhalten, empfiehlt es sich, stets eine Nachkalkulation durchzuführen.

Um einen Überblick über die Einheitsgewichte verschiedener ausgeführter Bauten zu geben, ist eine Zusammenstellung angefügt, die die Geschoßzahl, die Nutzlasten und die Einheitsgewichte enthält. Es sind neue Ausführungen von Geschäfts-, Bürohäusern, Hotels, Schulen, Industriebauten einbezogen worden. Die Angaben dieser Zusammenstellung können für die ersten Kalkulationsmaßnahmen herangezogen werden. (Tab. 34.)

Tabelle 34. Stahlmengen pro 1 m³ umbauten Raum *M* in kg/m³.

		Geschoß-zahl	Nutzlasten kg/m²	Stahl-menge *M* kg/m³	Decken-eigen-gewicht
1	Berufsschulen, Stettin	6	Schulr. 350 kg Treppen 500	19,1	275
2	Postbau, Lagergebäude, Stettin			33,62	
3	Hydrawerk, Berlin	6		23,95	
4	Gymnasium, Schneidemühl			20,95	
5	Kinderstation, Danzig			15,33	
6	Geschäftshaus Wronker, Hanau	5		25,1	
7	Farbenindustrie A.-G., Frankfurt		1 à 500; 6 à 350	21,7	
8	Schaltwerk-Hochhaus, Siemensstadt	10	1 à 1000; 6 à 750; 3 à 500	31,0	
9	Geschäftshaus. Köln	1 + 5		11,7	
10	Holzbearbeitungsbau Blohm & Voß, Hamburg	4		15,0	
11	Deutsches Museum, München	5		15,5	
12	Verband Wollwaren, Prag	3 + 7		14,6	
13	Verband Wollwaren Prag, Saalbau			7,0	
14	Hotel Zentral, Prag	3 + 7		21,0	
15	Geschäftshaus „Ara", Prag	9	450—550 Deckenl.	24	
16	Palais Berg- u. Hüttenwerksgesellschaft. Prag	3 + 9	250—800	24	
17	Hochhaus, Wien, Währinger Straße	2 + 17	250	20	
18	Postdienstgebäude, Coburg			21,6	

Es wurden ausgeführt:

Die Bauten 1 bis 5 von Gollnow & Sohn, Stettin; 6 von M. Lavis Söhne, Offenbach a. M.; 7 von Jucho, Flender; 8, 11 und 18 von der Dortmunder Union; 9 von Maschinenbauanstalt Humbold, Köln-Kalk; 12 bis 14 von Skoda-Werke, Pilsen; 15 von Ippen, Königgrätz, 16 von Berg- und Hütten-Werksgesellschaft, Prag; 17 von Waagner & Biro, Wien.

IV. Fundamente und Umfassungsmauern.

23. Abschnitt.

Ausbildung und Herstellung der Gründungen.

1. Gründungsmethoden für Stahlskelettbauten.

Eine vollständige Darlegung der Gründungen von Hochhäusern soll hier nicht gegeben werden, es sollen vielmehr nur einige grundsätzliche Gesichtspunkte und Bemerkungen angeführt sein, die zu berücksichtigen sind. Sonst wären Spezialwerke heranzuziehen.

Die Gründung von Stahlskelettbauten erfordert, solange es sich um einen guten Baugrund und ein einziges Kellergeschoß von normalen Höhen handelt, in den meisten Fällen keine besonderen Maßnahmen.

Es werden dann für die Mittelstützen Einzelfundamentblöcke in Kellersohle herzustellen sein, während die Wandstützen zweckmäßig auf die Umfassungswände aufgesetzt werden, wenn nicht die Stützenfußausbildungen zu groß ausfallen, um noch nach der Ummantelung schlanke Wandpfeiler zu erhalten. Werden diese Stützenfüße in den Grundrißabmessungen schon zu groß, so müssen die Stahlwandstützen ebenfalls bis hinab in die Kellersohle geführt werden.

Jedenfalls muß man aber zur Übertragung des Erddruckes in allen Fällen Umfassungswände in Ziegeln, Beton oder Eisenbeton errichten.

Schwieriger gestaltet sich die Lösung, wenn es sich um zwei oder mehrere Kellergeschosse handelt und eventuell die Bodenverhältnisse für die Gründung ungünstige sind. Diese ungünstigen Bodenarten sind Sand, Schwimmsand oder Lehm bei Durchsetzung mit Sand, oder wechselnde Schichtungen mit Sand, die oft auf dem ganzen Baugrund außerdem ganz unregelmäßig verlaufen.

Schon der Erdaushub ist in solchen Fällen schwierig zu bewältigen, da die große Tiefe und der Grundwasserandrang zu vorübergehenden Abstützungen und sonstigen Maßnahmen führt, die dann dem Einbau der Stützen und Wandfundamente im Wege stehen. Man konnte da oft völlig unzweckmäßige Arbeitsvorgänge sehen, die einen Wald von Streben zur Abbölzung erforderlich machten, und gerade dort, wo die künftige Gründung eingebaut werden mußte.

Vielfach wurde sofort die Ausschachtung des Bodens auf der gesamten Grundfläche des Baues vorgenommen, wie dies im gewöhnlichen Hausbau der Fall ist, was wohl vom Standpunkte des Aushubes gesehen wirtschaftlich ist, nicht aber vom Standpunkte der Gesamtkosten. Letzterer ist aber gerade der maßgebende.

Wird der Gesamtaushub forciert, so stellen sich neben den schon erwähnten Übelständen noch andere Unannehmlichkeiten ein. Es kommen Senkungen der Straßenbahngleise vor, die schwere Betriebsstörungen bewirken, wobei die Aufholungen dann hinter der Bölzung nicht einfach durchzuführen sind. Ähnliche Erscheinungen können vorüberfahrende schwere Lastautos bewirken.

Bei zunehmender Tiefe können infolge der notwendigen Wasserhaltung in sandhaltigem und sandreichem Baugrund Auswaschungen hinter der Bölzung entstehen, die dort ein Nachsinken des Erdreiches bewirken und Verstärkungen der Bölzung notwendig machen. Auch der Wasserandrang kann dabei erheblich größer werden.

Sehr ungünstig wirkt sich diese Ausführungsweise des Erdaushubes bei den Fundamenten von Nachbarhäusern aus, wo dann die vorübergehende Stützung der Nachbarmauern und deren Unterfangung bei gleichzeitiger Bölzung des Erdreichs außerordentlich erschwert ist.

Die Folge davon sind unerwünschte Setzungen solcher Nachbarmauern, Risse in den Mauern bestehender Häuser, die bei alten Gebäuden sogar zur völligen Baufälligkeit führen und gar zivilgerichtliche Prozesse auslösen können.

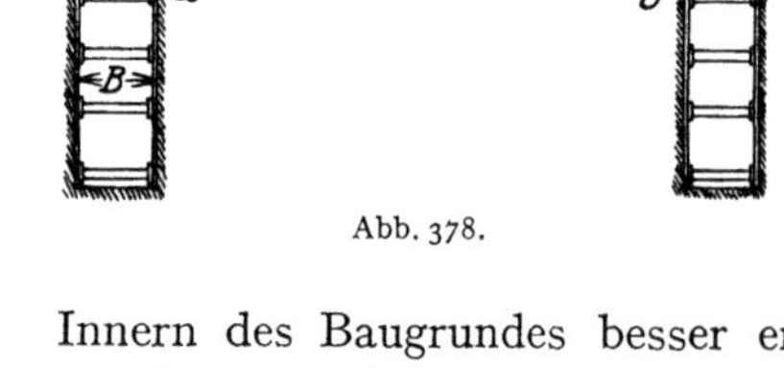

Abb. 378.

Für die Bewältigung solcher Schwierigkeiten sollen nicht einfache Baumeister herangezogen werden, sondern erfahrene Tiefbauingenieure.

Bei größeren Tiefen wird daher der Aushub für die Umfassungsmauern zweckmäßigerweise mit einer schachtartigen Abteufung ausgeführt, wie er im Straßenkanalbau üblich ist, weil die Schachtabbölzung hierbei auf dem noch nicht ausgehobenen Teil im Innern des Baugrundes besser erfolgen kann (Abb. 378) und eine gegebenenfalls notwendige Abstützung von Nachbarmauern gleichfalls auf den noch nicht ausgehobenen Baugrund möglich ist, wobei die Strebenlängen kürzer und wirksamer werden.

Bei einer systematischen Arbeit des Aushubes ist auch die Entwässerung in solchen Schlitzen leicht zu erreichen, der Wasserandrang für den schwierigsten Teil der Arbeit kleiner, die Herstellung eines ordentlich gezimmerten und sofort auf die ganze nötige Tiefe herabgeführten Brunnens ist immer wirtschaftlicher als der schrittweise nach dem augenblicklichen Bedarf vertiefte Brunnen, dessen Erhaltung und weitere Vertiefung mehr Kosten verursacht als ein von Beginn an vollständig fertiggestellter Brunnen. Solche Brunnen wird man im Grundriß 1,5 × 2,0 m oder 2,0 × 2,0 m machen, aber nicht kleiner.

Diese Ausführungsweise ist nicht nur zweckmäßig wenn die Umfassungen am Gebäudeumriß als reine Wände ausgeführt werden können, sondern auch bei aufgelöster Bauweise von Rippenwanden (Abb. 379) und Winkelstützmauern.

Keine Schwierigkeiten bereiten bei dieser Ausführungsweise die Unterfangungen oder Untermauerungen der Nachbarwände, die dann stückweise (Abb. 380) erfolgen können, wobei die Wahl der Längen l dieser herabgehenden Einzelpfeiler den vorliegenden Verhältnissen anzupassen ist. Gegen diese Untermauerungspfeiler kann man den eigentlichen Grenzmauerschacht unmittelbar abbölzen. Diese Untermauerung der Nachbarmauer ist mit dem allmählichen tieferen Aushub des Hauptschachtes leicht nach und nach ausführbar. Die Zwischenräume l_1 der Unterfangung sind mit seitwärts einzubringenden I-Trägern oder mit Eisenbetonbalken zu überbrücken. Durch die Wahl der Tiefe b (Abb. 380) hat man es in der Hand, den Bodendruck zulässig einzuhalten, der in der größeren Tiefe meist höher angenommen werden kann, als in den höheren Schichten der ursprünglichen Gründungstiefe des alten Gebäudes.

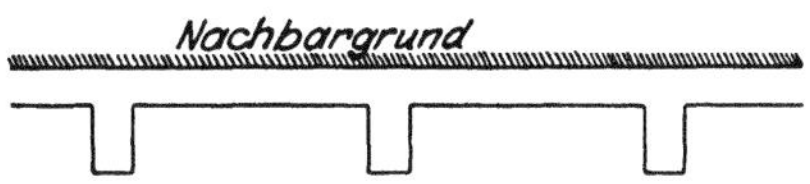

Abb. 379.

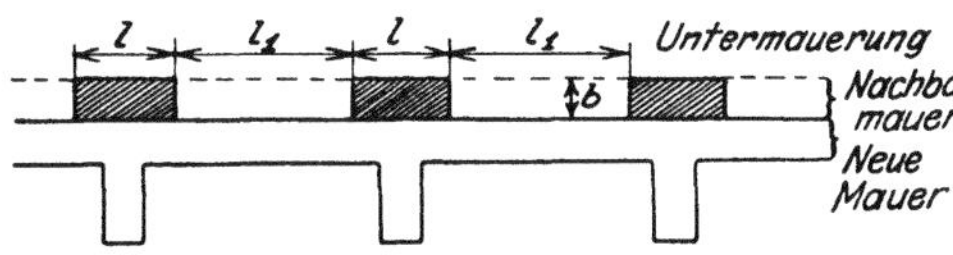

Abb. 380.

Die Schachtbreite B (Abb. 378) kann auch wesentlich größer gewählt werden, wenn man nicht nur die Umfassungsmauern, sondern auch eine weitere parallellaufende Mauer herstellen will, was oft erwünscht ist, und zwar dann, wenn bei größeren Tiefen die Umfassungsmauern allein nicht dem Erddruck widerstehen können und weiter innen gelegene Bauteile zur weiteren Abstützung benötigt werden. Es laufen sehr oft in den Kellern die Leitungen für Heizung und Lüftung in nicht allzu breiten Gängen parallel und neben den Umfassungswänden, so daß in diesem Falle Aushub und Herstellung der Wandpaare samt Decken und Streben in Eisenbeton möglich wird.

Ist die Abteufung der Schächte bis auf die notwendige Tiefe erfolgt, so kann mit der Betonierung der Wände oder Rippen begonnen werden, wobei die Bölzungssprießen nach und nach zu beseitigen oder durch kürzere, zwischen der neuen Wand und dem Erdreich zu ersetzen sind. Für eine gute Abfuhr der Grundwässer während der Betonierung ist durch geeignete Drainierung vorzusorgen.

Nach Erhärtung des Betons können alle Sprießen entfernt und die Aushubarbeiten zwischen den Umfassungswänden begonnen und bis zur vorgeschriebenen Tiefe ausgeführt werden.

Manchmal wird es sich empfehlen, vor Beginn der Abteufung der Randschächte eine obere Schichte bis zu einer Tiefe t (Abb. 378) abzutragen. Diese Tiefe ist je nach dem geologischen Profil des Bodens zu bestimmen. Man wird dann so tief gehen, daß sich die eingeschnittenen Erdwände von selbst oder mit mäßiger Bölzung halten. Auf diese Weise wird an Schachttiefe und an Zimmerung gespart. Man darf aber nicht übersehen, daß bei lehmigem Boden, der sich bei trockener Witterung in lotrechten Wänden bis zu erheblicher Tiefe frei hält, bei Regengüssen Rutschungen eintreten, die in den Schächten unerwünschte Mehrarbeiten bringen. Wo also Rutschungen befürchtet werden müssen, soll man den teilweisen oberen Erdabhub nicht durchführen. Bei Bauten mit größerer Grundrißausdehnung könnte man in solchen Fällen die Randstellen in natürlicher Terrainhöhe belassen und nur im Innern den teilweisen oberen Abhub bewirken.

Liegen Erdaushub und Betonarbeiten in einer Hand, so wird das Nacheinander dieser Arbeiten keine besonderen Arbeitsunterbrechungen und Mehrkosten bringen. Aber selbst wenn diese Arbeiten verschiedenen Unternehmern vergeben worden sind, läßt sich wohl immer ein Abkommen über die Systematik und das Nacheinander der Arbeitsvorgänge treffen.

Der endgültige Erdaushub muß dann in systematischer, wohlüberlegter Weise erfolgen. Bei dem Bau der Umfassungswände wird man zur Erzielung einer guten Ausfahrt der Materialwagen Lücken freilassen, um Auffahrtsrampen für die Transportwagen anlegen zu können. Ist die Grundrißfläche klein, so wird man mit Pferdefuhrwerk und Rampe bei großen zu bewältigenden Tiefen nicht auskommen. Es wird sich da die Anlage eines lotrechten oder schrägen Aufzuges für Rollwagen empfehlen, der später für andere Zwecke benützt werden kann. Hierbei soll die Hebung so hoch erfolgen, daß die Rollbahnwagen das Erdreich unmittelbar in die Gefäße kippen können, die den weiteren Abtransport bewirken. Es sind dann für 1 bis 2 Rollbahnwagen Bühnen mit Schüttrinnen notwendig.

Ist hingegen die Grundrißfläche und der zu bewältigende Erdaushub groß, so wird das Pferdefuhrwerk nicht in Frage kommen, höchstens beim weiteren Abtransport. Auf der Baugrundfläche selbst ist eine Gleisanordnung erforderlich mit Weichen und Drehscheiben, die die Bestreichung der ganzen Fläche ermöglichen. Ecken, an die man nicht heran kann, sollen vermieden werden.

Man soll auch nicht mit verschiedenen Transportgeräten arbeiten. Die Entscheidung soll nach gründlicher Überlegung für die eine oder die andere Transportgefäßart fallen. Entweder nur Rollbahnbetrieb oder nur Lastkraftwagen oder nur Schubkarren. In den meisten Fällen wird wohl der Rollbahnbetrieb am wirtschaftlichsten sein. Die gemischte Verwendung verschiedenartiger Transportgefäße bringt Störungen im Baubetrieb und Zeit- und Geldverluste mit sich.

Der Aushub wird wohl in den meisten Fällen von Hand aus geschehen; nur bei großen Bauten wird man Greifbagger oder Löffelbagger einstellen. Die Entscheidung für die eine oder andere Lösung muß eine Rentabilitätsberechnung und ein Kostenvergleich bei Berücksichtigung der verfügbaren Zeit bringen. Sie hängt mit dem Vorhandensein oder der Beschaffungsmöglichkeit solcher Arbeitsmaschinen zusammen.

Immerhin soll man, wo es halbwegs möglich ist, einem maschinellen Betrieb den Vorzug geben und mit dem leider zu oft beobachteten Konservatismus in der Benützung veralteter und kostspieliger Methoden brechen. Was im Kleinen noch wirtschaftlich ist, muß es im Großen nicht sein.

2. Aussteifung der Baugrube.

Bei kleinen Tiefen der Umfassungsmauern werden diese infolge ihrer Breitenabmessung und richtiger Bemessung als Stützmauern wirken und bei Einspannung ihres Fußes und genügender Bewehrung werden sie allein dem Erd- bzw. Wasserdruck widerstehen.

Ist also die Standsicherheit der Mauern für diese Kräfte vorhanden, so wird bei dem folgenden Aushub keine Abspreizung der Wände notwendig. Dies wird etwa bis 4,5 oder bis 5,0 m Tiefe möglich sein.

Anders ist dies jedoch bei größeren Tiefen. Die Ausbildung der Mauerquerschnitte als für sich standsicheres Profil würde zu große Mauerstärken erfordern, Platz wegnehmen, die Herstellung solcher Wände würde teurer werden und längere Zeit in Anspruch nehmen.

Deshalb empfiehlt es sich, in diesem Falle die Wandstärken schwächer zu halten und diese in der Höhe der Kellergeschoßdecken durch die Unterzüge, also in Zwischenpunkten abzustützen. Ein Teil des Erddruckes wird damit in die künftige Stahlkonstruktion geleitet (als Druck), weshalb diese Bauglieder dann auf Biegung und Druck zu berechnen sind. Da jedoch diese Bauglieder während des Aushubes meist nicht vorhanden sind, so muß eine vorübergehende Absteifung der Wände gegeneinander vorgenommen werden (Abb. 381).

Es werden etwa in Abständen von 4 bis 6 m schräge Sprießen eingebaut, die sich auf dem Boden gegen aufgelegte Hölzer abstützen. Durch entsprechende Verkeilung und an den Wänden angeordnete waagerechte Verteilungshölzer wird der Erddruck durch diese umgekehrten Sprengwerke übertragen werden können. Diese Abspreizungen sind an solchen Stellen anzubringen, wo später keine Säuleneinbauten erfolgen, so daß die Montage der Stützen ungehindert durchgeführt und die verbindenden Unterzüge eingebracht werden können.

Abb. 381.

Je zwei benachbarte Sprengwerke wird man noch durch Diagonalverbände in Holz aussteifen und die freie Knicklänge der Streben wenigstens in einer Richtung vermindern.

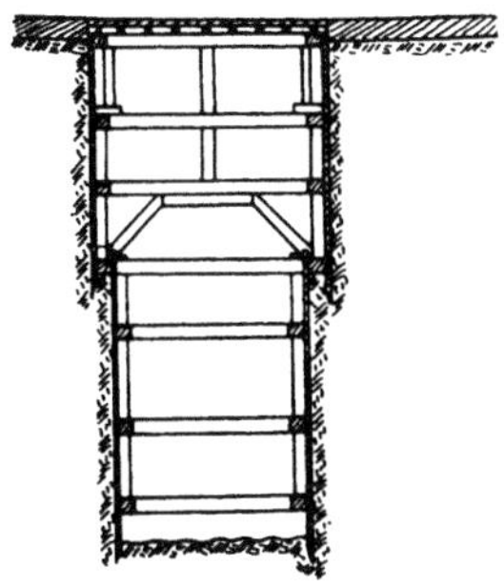

Abb. 382.

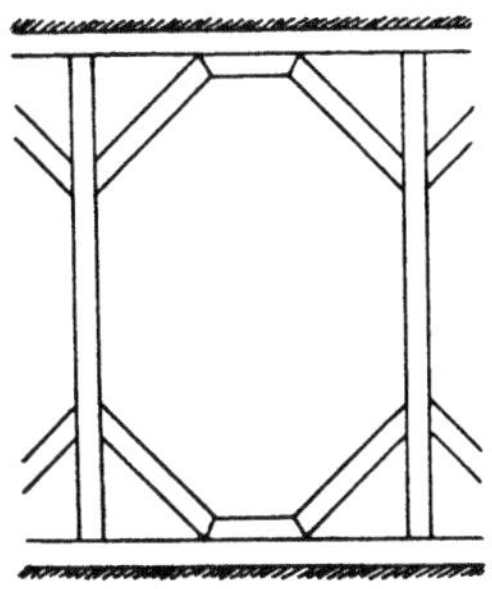

Abb. 383.

Abb. 384.

Bei größeren Tiefen der Umfassungsmauern kann auch eine absatzweise Ausschachtung erfolgen, die Abb. 382 zeigt. Sollen breitere Streifengründungen vorgenommen werden, so kann die waagerechte Aussteifung der Baugrube nach den Abb. 383 und 384 mit Zwischenschaltung von Trapez- oder Dreiecksprengwerken erfolgen.

Besondere Vorsicht ist bei alten seicht gegründeten Bauwerken nötig, in deren Nachbarschaft Neubauten errichtet werden. Ist zwischen zwei bestehenden Gebäuden ein Neubau auszuführen, so kann außer einer Unterfangung eine gegenseitige **Verstrebung** der alten Gebäude vorgenommen werden. Abb. 385 zeigt eine solche in Form eines Sprengwerkes mit ausgefachten Riegeln. Abb. 386 soll eine **Abfangung** einer Gebäudemauer durch Schrägstempel und Ausfachung veranschaulichen.

Abb. 385.

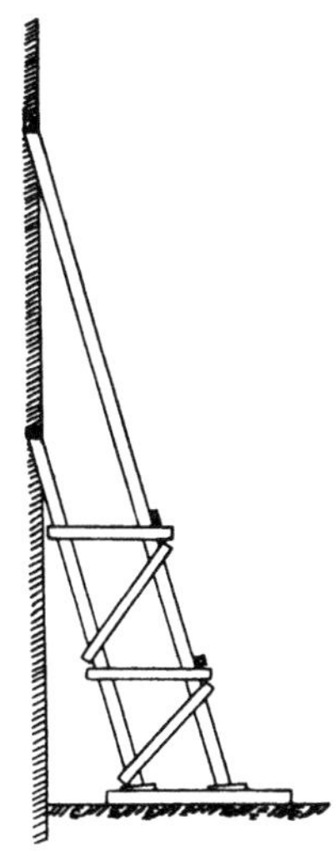

Abb. 386.

3. Amerikanische Gründungsmethoden bei Hochhäusern.

Wenn auch die verschiedenen in Amerika üblichen Gründungsmethoden in Europa nicht unmittelbar angewendet werden, so sollen diese doch wenigstens besprochen werden, da einiges hiervon, entsprechend angepaßt, bei uns Verwendung finden kann.

Die in Amerika üblichen Hochhäuser und Wolkenkratzer bringen oft sehr große Fundamentlasten. Im Gebiete der City von New York mit den zahlreichen Hochhäusern liegt der tragfähige Grund für solche Lasten ziemlich tief. Es wird dort bis auf den Fels gegangen, dabei sind nichttragfähige Schichten bis 30 m zu durchfahren, weshalb bei der Gründung nur Druckluftgründung in Frage kommt.

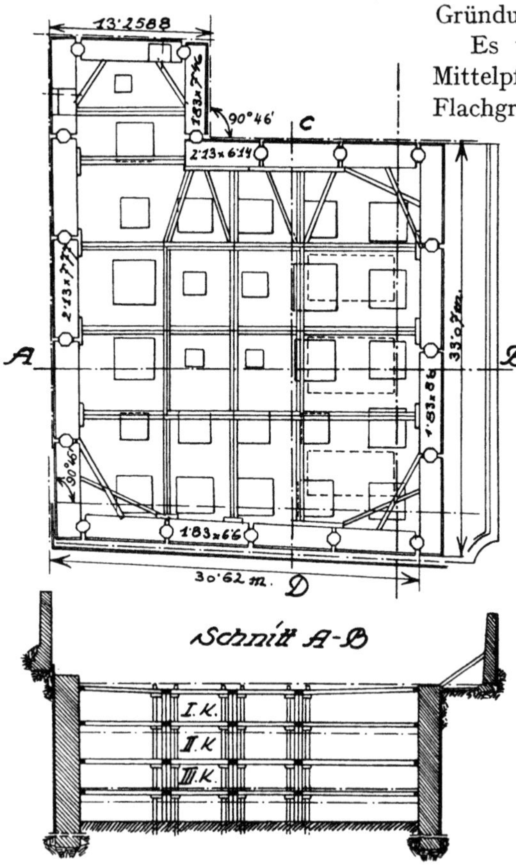

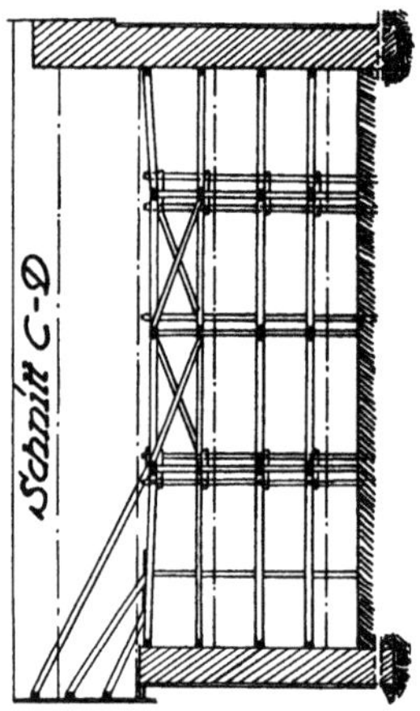

Abb. 387. Bankers Trust Building New York. (Aus Engg. Rec. Bd. 62, S. 678. 1910.)

Es werden sowohl die Umfassungswände wie die Mittelpfeilerfundamente, wenn nicht überhaupt eine Flachgründung erfolgen kann, mit Druckluft abgesenkt.

Die Umfassungswände bestehen dann aus einer Anzahl etwa 8 bis 10 m langen und ca. 1,8 bis 2,5 m breiten Senkkästen aus Stahl. Vielfach sind auch Holzsenkkästen in Gebrauch (Abb. 387).

Diese Senkkästen werden mit einem kleinen Zwischenraum versetzt, der dann in irgendeiner Weise durch Ton oder Beton abgedichtet wird, so daß eine durchlaufende Umfassungswand entsteht. Diese Dichtung der Trennungsstellen der Senkkästen erfolgt manchmal durch dort eingespülte Blechrohre, die dann mit Ton ausgestampft und nach und nach unter weiter vor sich gehender Stampfung herausgezogen werden. Dabei füllen die gestampften Tonmassen unterhalb der etwas hochgezogenen Rohre den Zwischenraum zwischen den Caissons aus, dichten ab, so daß nach völliger Dichtung über die ganze Tiefe später Ziegelmauerpfeiler in den Zwischenraum von innen aufgemauert werden können. In einem solchen Zwischenraum werden gewöhnlich zwei oder mehrere Röhren vorübergehend eingebracht. Die Caissons sind dabei von rechteckigem Grundriß.

a
b
c

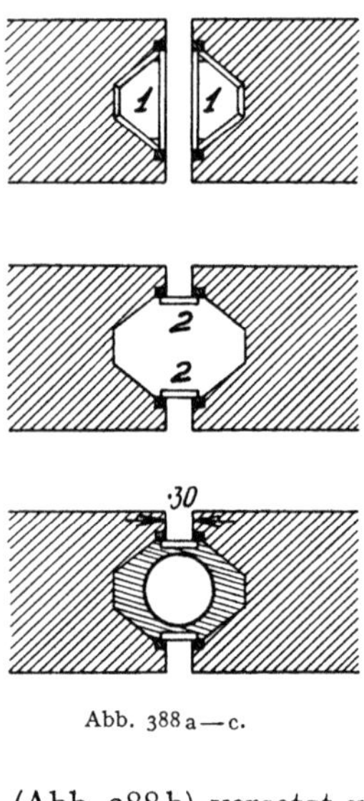

Abb. 388a—c.

In einem anderen Falle wurden an die rein rechteckigen Holzsenkkästen je zwei lotrechte Führungsleisten an den Schmalseiten angebracht, die klammerartig ineinander greifen, so daß zwischen diesen Holzleisten nur mehr ein kleiner, völlig geschlossener Raum entstand, in den dann das Spülrohr eingebracht, der Sand herausgespült wurde und die Dichtung dann auf gleiche Weise wie oben geschildert, durchgeführt worden ist. Auf diese Weise wird jedoch keine völlige Abdichtung erzielt, man ging deshalb dazu über, auch die Zwischenräume pneumatisch zu schließen.

In neuerer Zeit sind alle Caissons an den Schmalseiten nicht eben begrenzt, sondern dort mit einer trapezartigen, völlig verschalten Nut versehen (Abb. 388a, b, c).

Die Caissons werden in Entfernungen von ca. 30 cm versetzt. Nach ihrer Absenkung wird der Zwischenraum oben auf ca. 1,50 m ausgehoben, die Bohlen *1* beseitigt, nach Kürzung in die Lage *2* (Abb. 388b) versetzt und auf Leisten befestigt. In den achteckigen Schacht wird ein Rohr eingesetzt und der Raum zwischen den Caissons und dem Rohr auf ca. 1 m Höhe ausbetoniert (Abb. 388c). Auf dieses Rohr wird dann nach Erhärten des Betons die Luftschleuse aufgesetzt und die Schalungsbohlen auf den Trapezseiten beseitigt. Nun wird unter Luftdruck schrittweise das Material ausgehoben und der Arbeitsvorgang wiederholt: Beseitigen der Hölzer *1*, Versetzen nach *2*. Der weitere Aushub wird von der neu gebildeten Arbeitskammer mit langen Schaufeln bewirkt, bis man die Schneiden des Caissons erreicht hat, worauf der Zwischenraum ausbetoniert wird.

Um das Absenken des Caissons zu erleichtern, wird vor dem Versenken der ganze Pfeiler oder ein großer Teil aufgemauert oder betoniert, worauf erst die Absenkung eingeleitet wird. Vielfach wird noch eine künstliche Belastung mit Gußeisenbarren vorgenommen, um die Absenkung zu erleichtern. Um die Caissons in lotrechter Lage zu erhalten, sind seitlich Führungen angeordnet. Die Caissons werden oft an anderer Stelle völlig fertig gebaut, dann zur Baustelle befördert und dort mit Kranen hochgenommen und an der zuständigen Stelle versetzt. Die Senkkästen sind entsprechend den aufzunehmenden Biegungsmomenten infolge des einseitigen Erd- und Wasserdruckes zu bewehren. Abb. 389, 390 geben die Einzelheiten eines Caissons des 43-geschossigen Bankers-Trust Building in New York[1] wieder. Er ist mit den Abmessungen 6,80 × 1,90 × 11,80 m in Holz ausgeführt mit einer 1,8 m hohen Arbeitskammer. Die Schalung ist auf vier Holzlängsleisten und vier Eckwinkeln, sowie auf einer Anzahl Querleisten befestigt. Im Innern ist das 0,92 × 1,52 m weite ovale Rohr mit Aussteifungsringen angebracht, das später be-

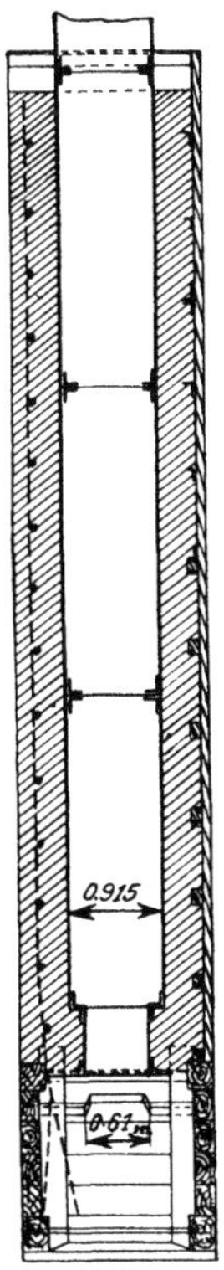

Abb. 389.

Abb. 389 u. 390. Bankers Trust-Building, New York. Wandcaisson.

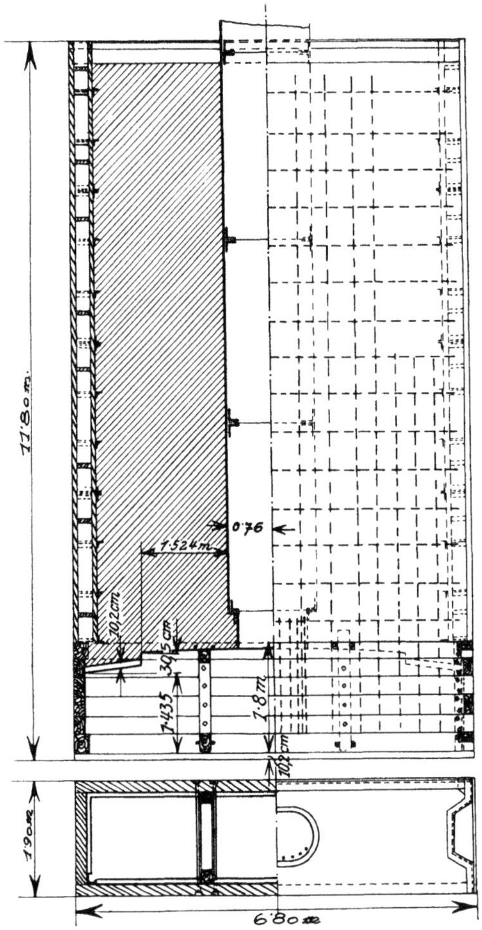

Abb. 390.

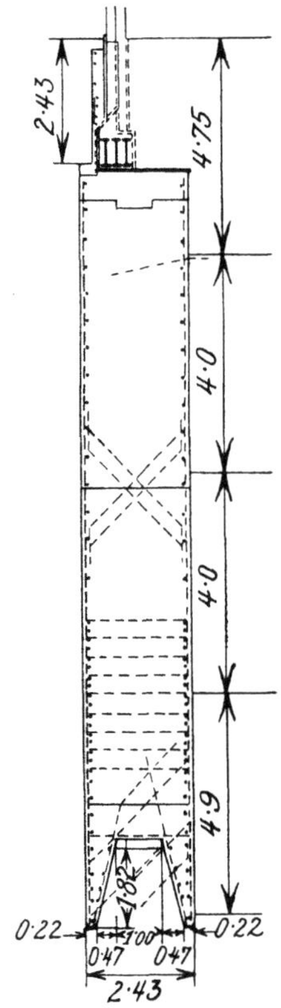

Abb. 391.

[1] Engg. Rec. 1910/II, Bd. 62, S. 678.

seitigt werden kann. In Abb. 390 ist auch die Schalung der trapezartigen Nuten zu sehen, die sich auf entsprechend abgebogene Winkeleisen abstützt. Auch die angeordnete Längs- und Querbewehrung ist in dieser Abbildung ersichtlich. Zur Absenkung aller Caissons in diesem Gebäude waren im ganzen 54 Tage einschließlich der Sonntage erforderlich, so daß etwa drei Arbeitstage für die Absenkung eines Caissons mit Druckluft gerechnet werden können.

Eine andere Ausbildung eines Wandcaissons des Barcley Vesey Building in New York[1] gibt Abb. 391, wobei auch die Caissonschneiden in Beton ausgeführt sind. Er hat eine Breite von 2,43 m und 16,4 m Höhe. Die Bewehrung ist aus der Abb. 391 ersichtlich.

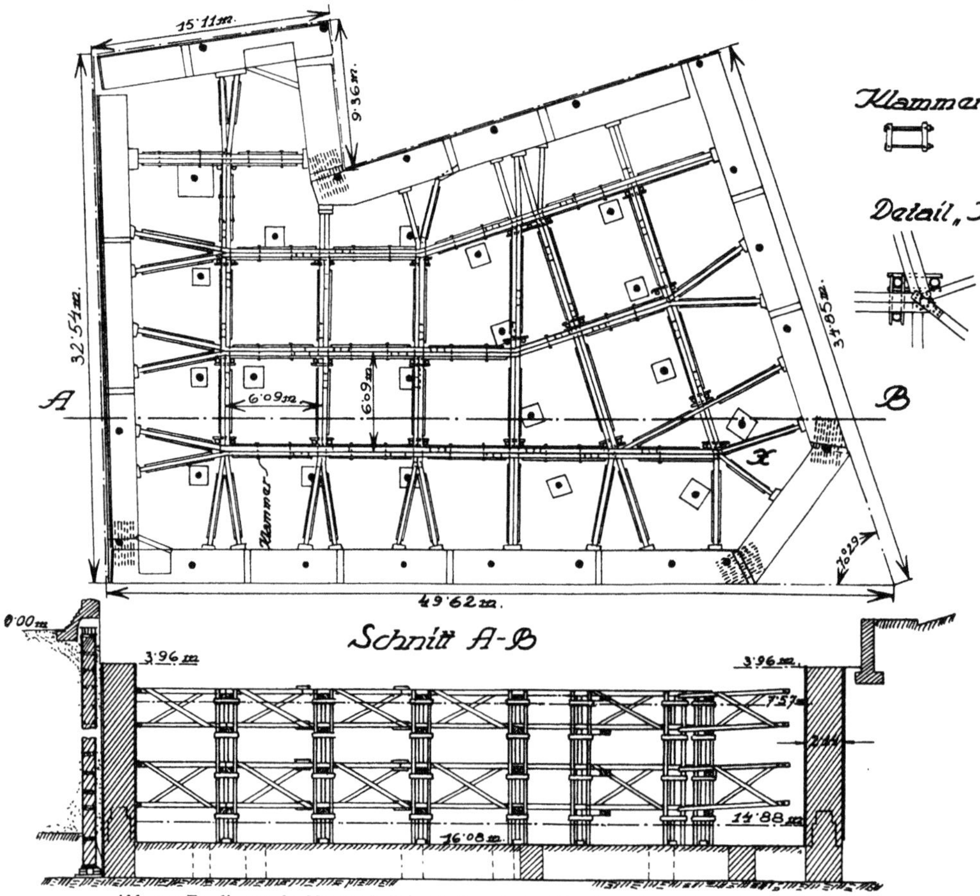

Abb. 392 Fundierung des Morgan-Building in New York, City. (Aus Engg. Rec. Bd.. 71, S. 70. 1914.)

Die gegenseitige Abspreizung gegenüberliegender Umfassungswände führt bei großen Tiefen zu einem regelrechten Absteifungssystem von Quer- und Längsstreben, die dann nur in waagerechten Ebenen liegen, wobei diese in verschiedenen waagerechten Ebenen liegenden Aussteifungen noch an den Kreuzungsstellen durch lotrechte Stäbe abgestützt werden.

Beispiele dieser Abstützung sind in der Abb. 387 zu sehen, wo die Absteifungen in vier Ebenen angeordnet sind (Bankers Trust Building). Es ist dabei der Grundsatz verfolgt, jeden Caisson mindestens an zwei Stellen einer Ebene zu fassen, um dort seine Erddruckreaktionen zu übertragen, und wo dies nicht durch die regelmäßige Kreuzlage von Hölzern möglich ist, schrägliegende Horizontalstreben nach festen Punkten zu führen. Man sieht weiter in Abb. 387, daß alle Pfeilermitten freiliegen und die Aufstellung der

[1] Bernhard, R. Dr.: Beitrag zum Hochhausbau in New York. Dt. Bauzg. 1926, Oktober.

Stahlstützen nicht gehindert ist. In den beiden Schnitten sieht man den stockwerkartigen Aufbau dieser Verstrebung und die ziemlich schweren lotrechten Ständer, die aus mehreren Hölzern bestehen, weil sie in vielen Fällen auch zur Aufbringung einer Plattform dienen, welche für den Zutransport oder das Abladen der Stahlkonstruktionen dient, und auch oft schwere Derricks auf solchen Plattformen gelagert werden. Wegen der bei solchen Anordnungen vorkommenden Erschütterungen und Stöße sind noch Diagonalverstrebungen in lotrechten Ebenen eingebaut. Die eigentlichen Horizontalstreben sind in diesem Falle aus zwei nebeneinanderliegenden verschraubten Balken von je 30 × 30 cm Querschnitt zusammengesetzt und stützen sich an den Umfassungswänden mit Zuhilfenahme waagerechter, den Druck verteilender starker Holzbalken.

Die waagerechten Kreuzlagen einer Ebene haben entweder alle Hölzer flüchtig, so daß diese in einer Richtung durchlaufen und die querlaufenden stumpf gestoßen sind, oder es laufen, wie Abb. 392 zeigt, die Hölzer in einer Richtung oben, die querlaufenden unterhalb der Längshölzer[1].

Wegen der notwendigen guten Druckübertragung sind die Sprießen ordnungsmäßig gestoßen und verlascht. Die lotrechten Ständer sind neben die Unterzüge gesetzt, die sich auf verbindende Querhölzer abstützen. Eine Einzelheit im Grundriß gibt Abb. 392, Detail.

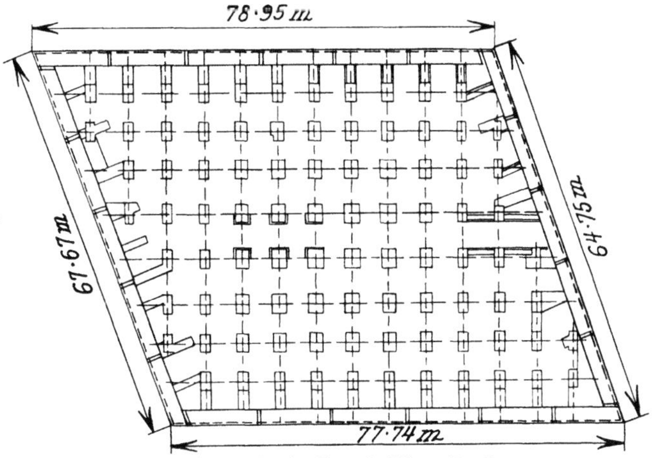

Abb. 393. Barcley Vesey-Building. Fundierung.

Auch in diesem Falle sind je zwei übereinander liegende Verstrebungen durch Diagonalverbände in lotrechter Ebene verbunden.

Die doppelte Anordnung von Unterzügen läßt die günstige Spreizung der Streben in den Randfeldern zu den Umfassungswänden zu, wodurch eine mindestens zweifache Stützung jedes Caissons gewährleistet ist. (Abb. 392)

Alle diese Aussteifungen können erst nach und nach mit fortschreitendem Aushub, von oben angefangen, eingebracht werden, so daß der Einbau der lotrechten Unterstützungen immer erst nach Einbau einer provisorischen Abstützung ergänzt werden kann.

Die Abb. 393 gibt die Anordnung des Caissons für das Barcley Vesey Building in New York bei ganz schiefwinkligem Grundriß und die radikale Lösung der Pfeilerstellungen im Innern.

4. Berechnung der Längskräfte in Kellergeschoß-Unterzügen infolge des Erddruckes der Umfassungsmauern.

Wenn mehrere Kellergeschosse vorhanden sind, so stützen sich Längs- und Querunterzüge der Zwischendecken in den Endfeldern auch auf die Umfassungswände. Dort übernehmen sie Teilkräfte des auf diese Wände entfallenden Erddruckes bzw. Wasserdruckes, durch welche sie axial in ihrer Längsrichtung beansprucht werden, außerdem übernehmen sie die Eigengewichts- und Nutzlasten der Decken.

Um diese Axialkräfte zu bestimmen, wurde in nachstehendem eine Berechnung für drei Kellergeschosse mit verschiedenen Höhen, dann für zwei und ein Geschoß durchgeführt. Schließlich sind die Formeln auch für gleichhohe Geschosse angegeben.

Hierbei wurde einmal angenommen, daß die Umfassungswände in die Fundamente

[1] Morgan Building. New York. Engg. Rec. Bd. 71, S. 70. 1914.

I. Umfassungsmauern unten eingespannt.

3 Geschosse: A. Geschoßhöhen verschieden.

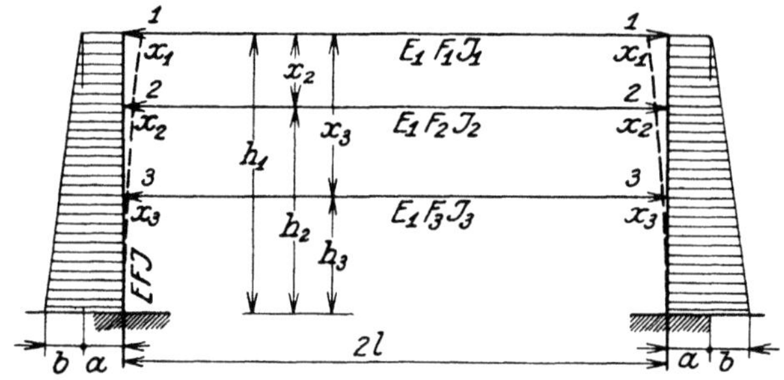

$\frac{x_2}{h_1} = \alpha$,

$\frac{x_3}{h_1} = \beta$.

Abb. 394.

1. Durchbiegungen infolge der Belastung durch Erddruck im stat. best. System. (Unten eingespannter Freiträger.)

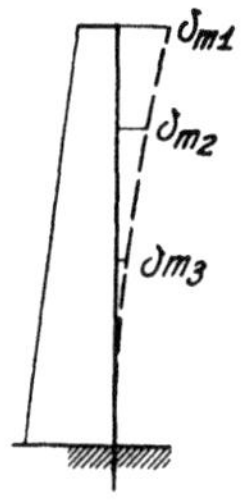

Abb. 395.

$$\left.\begin{aligned} \delta_{m1} &= \frac{h_1^4}{2EJ}\left(\frac{a}{4} + \frac{b}{15}\right), \\ \delta_{m2} &= \frac{h_1^4}{24EJ}\left[a(3 - 4\alpha + \alpha^4) + \frac{b}{5}(4 - 5\alpha + \alpha^5)\right], \\ \delta_{m3} &= \frac{h_1^4}{24EJ}\left[a(3 - 4\beta + \beta^4) + \frac{b}{5}(4 - 5\beta + \beta^5)\right]. \end{aligned}\right\} \quad (1)$$

2. Belastungsfall $X_1 = 1$.

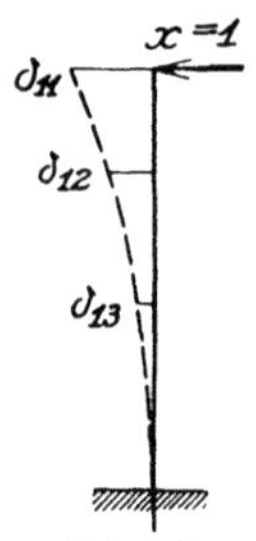

Abb. 396.

$$\left.\begin{aligned} \delta_{11} &= \frac{h_1^3}{3EJ}, \\ \delta_{12} &= \frac{h_2^2}{2EJ}\left(h_1 - \frac{h_2}{3}\right), \\ \delta_{13} &= \frac{h_3^2}{2EJ}\left(h_1 - \frac{h_3}{3}\right). \end{aligned}\right\} \quad (2)$$

3. Belastungsfall $X_2 = 1$.

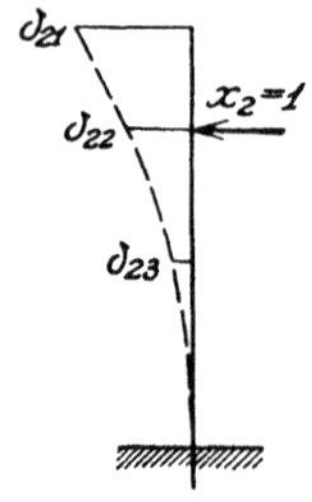

Abb. 397.

$$\left.\begin{aligned} \delta_{21} &= \frac{h_2^2}{2EJ}\left(h_1 - \frac{h_2}{3}\right), \\ \delta_{22} &= \frac{h_2^3}{3EJ}, \\ \delta_{23} &= \frac{h_3^2}{2EJ}\left(h_2 - \frac{h_3}{3}\right). \end{aligned}\right\} \quad (3)$$

4. Belastungsfall $X_3 = 1$.

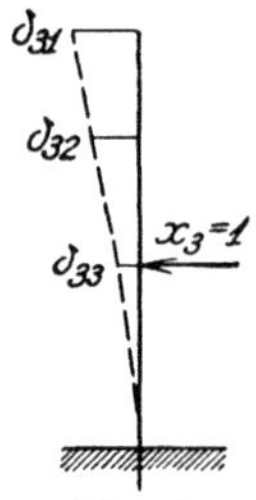

Abb. 398.

$$\left.\begin{aligned} \delta_{31} &= \frac{h_3^2}{2EJ}\left(h_1 - \frac{h_3}{3}\right), \\ \delta_{32} &= \frac{h_3^2}{2EJ}\left(h_2 - \frac{h_3}{3}\right), \\ \delta_{33} &= \frac{h_3^3}{3EJ}. \end{aligned}\right\} \quad (4)$$

Zusammendrückung der Unterzüge.

$$\left.\begin{aligned} \Delta l_1 &= \frac{X_1 l}{E_1 F_1} = X_1 \Delta_1, \\ \Delta l_2 &= \frac{X_2 l}{E_1 F_2} = X_2 \Delta_2, \\ \Delta l_3 &= \frac{X_3 l}{E_1 F_3} = X_3 \Delta_3. \end{aligned}\right\} \quad (5)$$

Elastizitäts-Gleichungen.

$$\left.\begin{aligned} \delta_{m1} &= X_1\delta_{11} + X_2\delta_{21} + X_3\delta_{31} - \frac{X_1 l}{E_1 F_1}, \\ \delta_{m2} &= X_1\delta_{12} + X_2\delta_{22} + X_3\delta_{32} - \frac{X_2 l}{E_1 F_2}, \\ \delta_{m3} &= X_1\delta_{13} + X_2\delta_{23} + X_3\delta_{33} - \frac{X_3 l}{E_1 F_3}. \end{aligned}\right\} \quad (6)$$

Bei dreieckiger Belastungsfläche ist in den Gleichungen (1) $a = 0$ zu setzen.

B. Gleiche Geschoßhöhen (3 Geschosse). Geschoßhöhe $h =$ konstant.

$$\left.\begin{aligned}
&\frac{x_2}{h_1} = \alpha = \frac{1}{3}, \quad \frac{x_3}{h_1} = \beta = \frac{2}{3}, \quad h_1 = 3h, \quad h_2 = 2h, \quad h_3 = h, \\
&\delta_{m1} = \frac{81 h^4}{2EJ}\left(\frac{a}{4} + \frac{b}{15}\right), \quad \delta_{11} = \frac{9h^3}{EJ}, \quad \delta_{21} = \frac{14 h_3}{3EJ}, \quad \delta_{31} = \frac{4h^3}{3EJ}, \\
&\delta_{m2} = \frac{h^4}{3EJ}\left(17a + \frac{71b}{15}\right), \quad \delta_{12} = \frac{14h^3}{3EJ}, \quad \delta_{22} = \frac{8h^3}{3EJ}, \quad \delta_{32} = \frac{5h^3}{6EJ}, \\
&\delta_{m3} = \frac{h^4}{24EJ}\left(43a + \frac{194b}{15}\right), \quad \delta_{13} = \frac{4h^3}{3EJ}, \quad \delta_{23} = \frac{5h^3}{6EJ}, \quad \delta_{33} = \frac{h^3}{3EJ}.
\end{aligned}\right\} \quad (7)$$

Werden die 3 Elastizitätsgleichungen angeschrieben und alle mit $\frac{6EJ}{h^3}$ multipliziert, so erhält man diese in nachstehender Form:

$$\left.\begin{aligned}
243\left(\frac{a}{4} + \frac{b}{15}\right)h &= 2X_1(27 - \varphi_1) + 28X_2 + 8X_3, \\
2\left(17a + \frac{71b}{15}\right)h &= 28X_1 + 2X_2(8 - \varphi_2) + 5X_3, \\
\frac{1}{4}\left(43a + \frac{194b}{15}\right)h &= 8X_1 + 5X_2 + 2X_3(1 - \varphi_3)X_3,
\end{aligned}\right\} \quad (8)$$

wobei

$$\varphi_1 = \frac{3EJl}{E_1F_1h^3}, \quad \varphi_2 = \frac{3EJl}{E_1F_2h^3} \quad \text{und} \quad \varphi_3 = \frac{3EJl}{E_1F_3h^3}.$$

2 Geschosse: A. Geschoßhöhen verschieden.

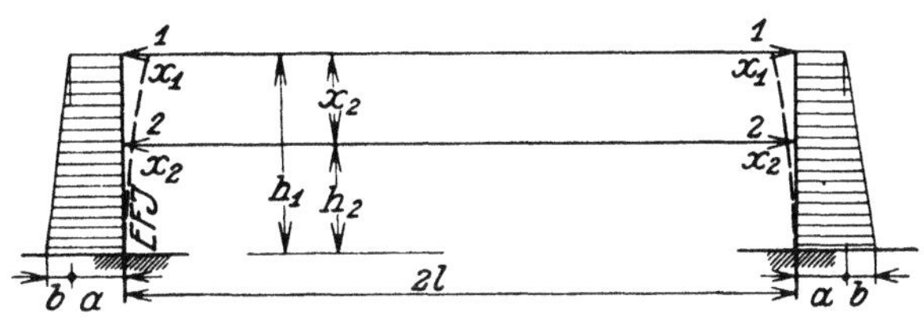

$$\frac{x_2}{h_1} = \alpha.$$

Abb. 399.

1. Durchbiegungen infolge der Belastung durch Erddruck im stat. best. System. (Unten eingespannter Freiträger.)

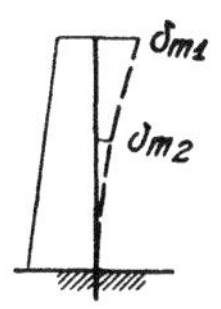

Abb. 400.

$$\delta_{m1} = \frac{h_1^4}{2EJ}\left(\frac{a}{4} + \frac{b}{15}\right),$$

$$\delta_{m2} = \frac{h_1^4}{24EJ}\left[a(3 - 4\alpha + \alpha^4) + \frac{b}{5}(4 - 5\alpha + \alpha^5)\right]. \quad (9)$$

2. Belastungsfall $X_1 = 1$.

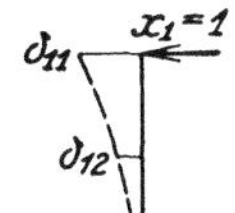

Abb. 401.

$$\delta_{11} = \frac{h_1^3}{3EJ}, \qquad \delta_{12} = \frac{h_2^2}{2EJ}\left(h_1 - \frac{h_2}{3}\right).$$

3. Belastungsfall $X_2 = 1$.

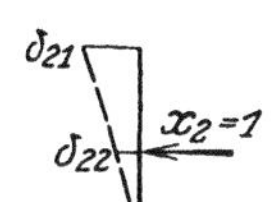

Abb. 402.

$$\delta_{21} = \frac{h_2^2}{2EJ}\left(h_1 - \frac{h_2}{3}\right), \qquad \delta_{22} = \frac{h_2^3}{3EJ}.$$

Gleichungssystem.

$$\left.\begin{aligned}
\frac{h_1^4}{2EJ}\left(\frac{a}{4} + \frac{b}{15}\right) &= X_1\left(\frac{h_1^3}{3EJ} - \frac{l}{E_1F_1}\right) + X_2\frac{h_2^2}{2EJ}\left(h_1 - \frac{h_2}{3}\right), \\
\frac{h_1^4}{24EJ}\left[a(3 - 4\alpha + \alpha^4) + \frac{b}{5}(4 - 5\alpha + \alpha^5)\right] &= X_1\frac{h_2^2}{2EJ}\left(h_1 - \frac{h_2}{3}\right) + X_2\left(\frac{h_2^3}{3EJ} - \frac{l}{E_1F_2}\right).
\end{aligned}\right\} \quad (10)$$

B. Gleiche Geschoßhöhen.

$$\left.\begin{array}{llll} h_1 = 2h, & h_2 = h, & \alpha = \dfrac{x_2}{h_1} = \dfrac{1}{2}, & x_2 = h, \\ \delta_{m1} = \dfrac{8h^4}{EJ}\left(\dfrac{a}{4} + \dfrac{b}{15}\right), & & \delta_{11} = \dfrac{8h^3}{3EJ}, & \delta_{21} = \dfrac{5h^3}{6EJ}, \\ \delta_{m2} = \dfrac{h^4}{24EJ}\left(17a + \dfrac{49}{10}b\right), & & \delta_{12} = \dfrac{5h^3}{6EJ}, & \delta_{22} = \dfrac{h^3}{3EJ}. \end{array}\right\} \qquad (11)$$

Werden die 2 Elastizitätsgleichungen angeschrieben und alle mit $\dfrac{6EJ}{h^3}$ multipliziert, so erhält man diese in nachstehender Form:

$$\left.\begin{array}{ll} 48h\left(\dfrac{a}{4} + \dfrac{b}{15}\right) = X_1(16 - \varphi_1) + 5X_2, & \varphi_1 = \dfrac{6EJl}{E_1F_1h^3}, \\ \dfrac{h}{4}\left(17a + \dfrac{49b}{10}\right) = 5X_1 \qquad + X_2(2 - \varphi_2), \quad \text{wobei} & \varphi_2 = \dfrac{6EJl}{E_1F_2h^3}. \end{array}\right\} \qquad (12)$$

1 Geschoß.

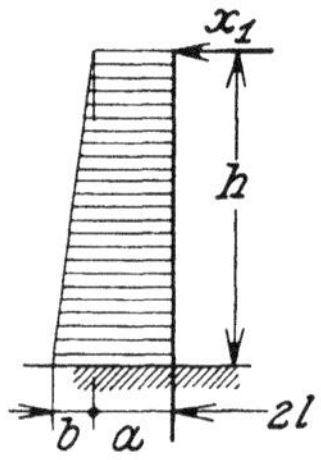

Abb. 403.

$$\delta_{m1} = \frac{h^4}{2EJ}\left(\frac{a}{4} + \frac{b}{15}\right), \qquad \delta_{11} = \frac{h^3}{3EJ}, \qquad (13)$$

$$\frac{h^4}{2EJ}\left(\frac{a}{4} + \frac{b}{15}\right) = X_1\left(\frac{h^3}{3EJ} - \frac{l}{E_1F_1}\right),$$

$$X_1 = \frac{3h\left(\dfrac{a}{4} + \dfrac{b}{15}\right)}{2 - \dfrac{6EJl}{E_1F_1h^3}}, \qquad (14)$$

II. Berechnung der Längskräfte in Kellergeschoßunterzügen infolge des Erddruckes der Umfassungsmauern bei unten nicht eingespanntem Wandfuß.

3 Geschosse: Clapeyronsche Gleichung.

$$M_{K-1}l_K + 2M_K(l_K + l_{K+1}) + M_{K+1}l_{K+1} = -\left(\frac{6L}{l_K} + \frac{6R}{l_{K+1}}\right),$$

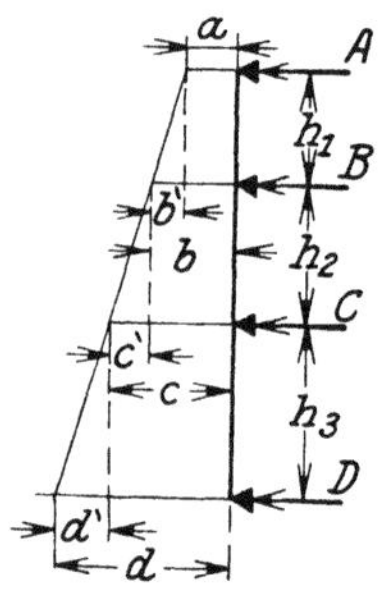

Abb. 404.

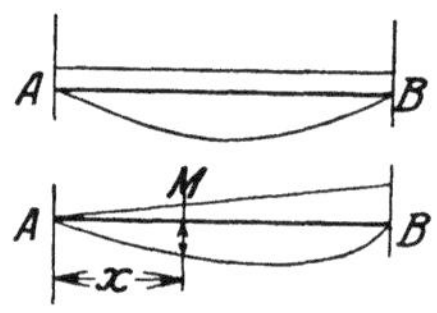

Abb. 405 u. 406.

$$\mathfrak{M}_A = \frac{1}{24}gl^4 = \mathfrak{M}_B,$$

$$M = \frac{px}{6l}(l^2 - x^2),$$

Stützmomente

$$\mathfrak{M}_A = \frac{p}{6l}\int_0^l x \cdot x\,(l - x)(l + x)\,dx = \frac{pl^4}{45},$$

$$\mathfrak{M}_B = \frac{p}{6l}\int_0^l x\,(l - x)(l + x)(l - x)\,dx = \frac{7pl^4}{360}.$$

$$\left.\begin{array}{l} 2M_B(h_1 + h_2) + M_C h_2 = -h_1^3\left(\dfrac{a}{4} + \dfrac{2}{15}b'\right) - h_2^3\left(\dfrac{b}{4} + \dfrac{7c'}{60}\right) = K_1, \\ M_B h_2 + 2M_C(h_2 + h_3) = -h_2^3\left(\dfrac{b}{4} + \dfrac{2}{15}c'\right) - h_3^3\left(\dfrac{c}{4} + \dfrac{7d'}{60}\right) = K_2. \end{array}\right\} \qquad (15)$$

$$M_C = \frac{2K_2(h_1 + h_2) - K_1h_2}{4(h_1 + h_2)(h_2 + h_3) - h_2^2}, \qquad M_B = \frac{2K_1(h_2 + h_3) - K_2h_2}{4(h_1 + h_2)(h_2 + h_3) - h_2^2}. \qquad (16)$$

$$\left.\begin{array}{l} A = \dfrac{M_B}{h_1} + \dfrac{h_1}{2}\left(a + \dfrac{b'}{3}\right), \\ B = \dfrac{M_C}{h_2} - \dfrac{M_B(h_1 + h_2)}{h_1h_2} + h_1\left(\dfrac{a}{2} + \dfrac{b'}{3}\right) + \dfrac{h_2}{2}\left(b + \dfrac{c'}{3}\right), \\ C = \dfrac{M_B}{h_2} - \dfrac{M_C(h_2 + h_3)}{h_2h_3} + \dfrac{h_3}{2}\left(c + \dfrac{d'}{3}\right) + h_2\left(\dfrac{b}{2} + \dfrac{c'}{3}\right), \\ D = \dfrac{M_C}{h_3} + h_3\left(\dfrac{c}{2} + \dfrac{d'}{3}\right). \end{array}\right\} \qquad (17)$$

B. Gleiche Geschoßhöhen: $h_1 = h_2 = h_3 = h$.

$$\left.\begin{aligned} 4M_B = M_C &= K_1, \\ M_B + 4M_C &= K_2. \end{aligned}\right\} \quad (18) \qquad K_1 = -\frac{h^2}{3}\left(a + \frac{d}{2}\right), \qquad K_2 = -\frac{h^2}{3}\left(\frac{a}{2} + d\right)$$

$$\text{mit} \quad b = a + \frac{d-a}{3}, \quad c = a + \frac{2}{3}(d-a), \quad b' = c' = d' = \frac{d-a}{3},$$

$$M_B = \frac{4K_1 - K_2}{15h}, \qquad M_C = \frac{4K_2 - K_1}{15h}, \tag{19}$$

$$\left.\begin{aligned} A &= \frac{M_B}{h} + \frac{h}{18}(8a + d), & B &= \frac{M_C - 2M_B}{h} + \frac{h}{3}(2a + d), \\ C &= \frac{M_B - 2M_C}{h} + \frac{1}{3}(a + 2d), & D &= \frac{M_C}{h} + \frac{h}{18}(a + 8d). \end{aligned}\right\} \tag{20}$$

2 Geschosse.

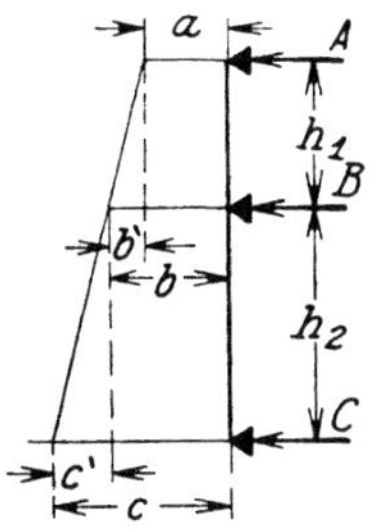

Abb. 407.

$$2M_B(h_1 + h_2) = -h_1^3\left(\frac{a}{4} + \frac{2}{15}b'\right) - h_2^3\left(\frac{b}{4} + \frac{7}{60}c'\right) = K_1, \tag{21}$$

$$M_B = \frac{K_1}{2(h_1 + h_2)}, \tag{22}$$

$$\left.\begin{aligned} A &= \frac{M_B}{h_1} + \frac{h_1}{2}\left(a + \frac{b'}{3}\right), \\ B &= -\frac{M_B(h_1 + h_2)}{h_1 h_2} + h_1\left(\frac{a}{2} + \frac{b'}{3}\right) + \frac{h_2}{2}\left(b + \frac{c'}{3}\right), \\ C &= \frac{M_B}{h_2} + h_2\left(\frac{b}{2} + \frac{c'}{3}\right). \end{aligned}\right\} \tag{23}$$

Gleiche Geschoßhöhen.

$$h_1 = h_2 = h, \qquad b' = c' = \frac{c-a}{2}, \qquad b = a + \frac{c-a}{2}, \qquad c = c.$$

$$4M_B = K_1. \tag{24}$$

$$K_1 = -\frac{h^2}{4}(a + c), \qquad M_B = -\frac{h^2}{16}(a + c). \tag{25}$$

$$\left.\begin{aligned} A &= \frac{M_B}{h} + \frac{h}{12}(5a + c), \\ B &= -\frac{2M_B}{h} + \frac{h}{2}(a + c), \\ C &= +\frac{M_B}{h} + \frac{h}{12}(a + 5c). \end{aligned}\right\} \tag{26}$$

1 Geschoß.

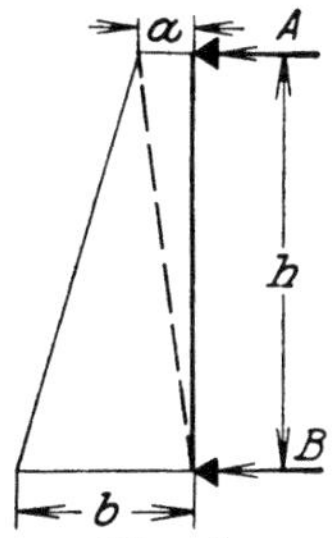

Abb. 408.

$$\left.\begin{aligned} A &= \frac{h}{6}(2a + b), \\ B &= \frac{h}{6}(a + 2b). \end{aligned}\right\} \tag{27}$$

eingespannt, also mit der untersten Kellersohlenkonstruktion biegungssteif verbunden sind, was bei Ausführung der Wände und Sohlenkonstruktion in Eisenbeton häufig geschieht, und dann der zweite Fall behandelt, daß die Umfassungswände unabhängig von der Kellersohle gegründet und dort befähigt sind, die waagerechten Fußdrücke in die Sohlenkonstruktion zu übertragen.

Im ersteren Falle wurden auch die elastischen Verkürzungen der Unterzüge bei den Formänderungen berücksichtigt, im zweiten Falle jedoch nicht, sondern die Wand als auf mehreren gleichhohen Stützen als durchlaufender Träger für die bezügliche Erddruckbelastung berechnet.

Diese Berechnung gilt auch für die Kräfte, welche eine vorübergehende Abbölzung in Holzkonstruktion während des Aushubes aufnehmen müssen.

Der Gang der Berechnung ist der für statisch unbestimmte Systeme übliche. Für den gegebenen Belastungszustand (3 Riegel Abb. 394, 2 Riegel Abb. 399, 1 Riegel Abb. 403) wurden vorerst die Verschiebungen der unten eingespannten Wand (statisch bestimmtes Grundsystem) in den 3 Riegelanschlußstellen gesucht (Abb. 395), dann die Verschiebungen an den gleichen Stellen für $X_1 = 1$ (Abb. 396), $X_2 = 1$ (Abb. 397), $X_3 = 1$ (Abb. 398) ermittelt, die Elastizitätsgleichungen (6) aufgestellt und schließlich die Gleichungsgruppe (8) für gleiche Geschoßhöhen angeschrieben, die aufzulösen ist.

Der analoge Vorgang ist dann für 2 Kellergeschosse (Abb. 399) eingehalten worden und für ein Kellergeschoß (Abb. 403).

Die Rechnung für unten nicht eingespannte Wände wurde mit Hilfe von Dreimomenten-Gleichungen durchgeführt. (3 Riegel Abb. 404, 2 Riegel Abb. 407, 1 Riegel Abb. 408). Die Berechnungen finden sich auf Seite 246 bis 249.

5. Ausbildung der Umfassungswände in den Kellergeschossen.

Je nach der Zahl der Kellergeschosse, die in einem Stahlskelettbau untergebracht sind, werden die Umfassungswände, die den Erddruck aufzunehmen haben, verschiedenartig ausgebildet sein. Ist das Kellergeschoß niedrig und die Erdgeschoßdecke etwa höher als Terrain, wird eine einfache Betonmauer als Umfassungswand ausreichend sein. Abb. 409 zeigt eine solche Ausführung, wobei die Stützen auf Piloten stehen und im Keller eine durchgehende Betonfundamentplatte angeordnet ist.

Abb. 410 zeigt die Ausbildung einer Umfassungsmauer in Eisenbetonkonstruktion, die sich gegen Rippen stützt, welche gleichzeitig die Fassadesäulen aufnehmen. Diese Anordnung zeigt weiterhin die Anwendung einer im Gehsteig ausgeführten Oberlichte und ein in die Frontmauer eingebautes Fenster. Die Kellersohle besteht gleichfalls aus einer einfachen Betonplatte. Solche Ausführungen werden natürlich nur möglich sein, solange keine Grundwasser beim Fundamentaushub angetroffen werden.

In Abb. 411 findet sich eine Ausführung eines Stahlbaues, bei welchem die Stahlsäulen nicht bis in das Kellergeschoß reichen. Sie stützen sich auf einzelne Betonpfeilerfundamente ab und sind durch eine Eisenbetondecke im Erdgeschoß verbunden. Die Mauerpfeiler an der Umfassungsseite zeigen entsprechend der Aufnahme des Erddruckes eine nach innen geneigte Böschung.

In Abb. 412 ist die Ausbildung der Umfassungsmauer in Verbindung mit dem Lichtschacht gebracht. Er konnte deshalb auch im oberen Teil etwas schwächer gehalten werden; für den unteren Teil ist die Umfassungsmauer als Eisenbetonkonstruktion ausgeführt, die sich in die Rippen einbindet, welche in dem Fall unterhalb der Straße angeordnet sind, so daß auch im Kellergeschoß durch die Rippen kein Platz weggenommen wird. Die Rippen und Umfassungswände stützen sich auf einen durchlaufenden Betonfundamentklotz ab.

Eine etwas schwierigere Ausbildung der Umfassungswände ist aus Abb. 413a, b zu ersehen. a bringt den Querschnitt, b den Grundriß der Kellergeschosse für das Hochhaus Berg und Hütte, Prag. Da es sich in diesem Fall um eine Tiefe von ca. 13 m unter Straßenniveau handelt und 3 Geschosse unterirdisch angeordnet sind, konnte man den Erddruck nicht durch einfache Umfassungswände mit Vorpfeilern aufnehmen. Es mußten vielmehr auch den, den Umfassungswänden zunächststehenden Pfeilern, teilweise Erddruckkräfte durch Unterzüge zugeführt werden. Wo dies möglich war, sind auch die Vorpfeiler (siehe Grundriß) kleiner ausgefallen. Wo jedoch gegenüber den Vorpfeilern keine Säule stand, mußten die Vorpfeiler und Umfassungswände den ganzen Erddruck übernehmen. Die Umfassungswände sind zwischen den Vorpfeilern als Eisenbetonplatte mit Vouten eingebaut. Die Vorpfeiler erhielten bei diesen Anschlüssen der Umfassungswände in der Nähe der neutralen Achse lotrechte Schlitze, welche zur Aufnahme der vertikalen Leitungen ausgenützt worden sind. Außer den vertikalen Vorpfeilern stützen sich die Umfassungswände auch gegen waagerechte Riegel ab, wie man aus dem Schnitt *a* ersehen kann. Die Fundierung der Vorpfeiler erfolgt auf stark ausladenden Eisenbetonbanketten. Da der Bau in das Grundwasser zu stehen kommt, mußte für eine gute Isolierung der ganzen Kellersohle und auch der Umfassungswände Sorge getragen werden. Eine andere Ausführung gibt die Abb. 414 wieder, bei welcher zwei Untergeschosse angeordnet sind. Es betrifft die Ausführung des Hotel Zentral in Prag, für welche die Stahlkonstruktion durch die Skodawerke Pilsen aufgestellt worden ist; in diesem Falle wurde wiederum das unterste Kellergeschoß vollständig in Eisenbeton ausgeführt, wobei sich die Umfassungswände in demselben oben auf die Unterzüge der Kellerdecke einerseits, unten an die Kellerfundamentplatte andererseits abstützen konnten. Die Stahlstützen sind in diese Umfassungswände bzw. Pfeiler so tief eingebaut, daß die

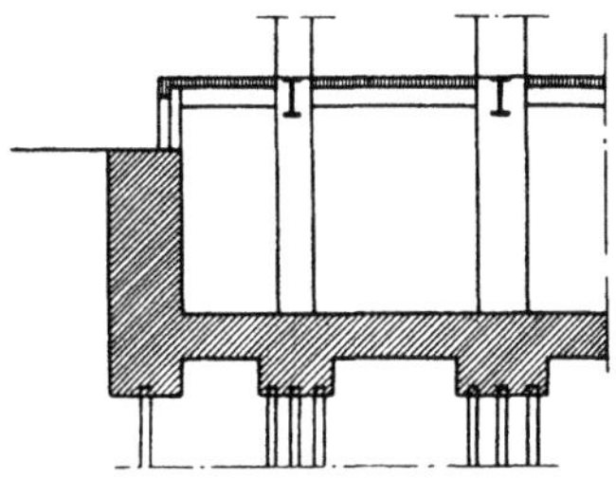
Abb. 409.

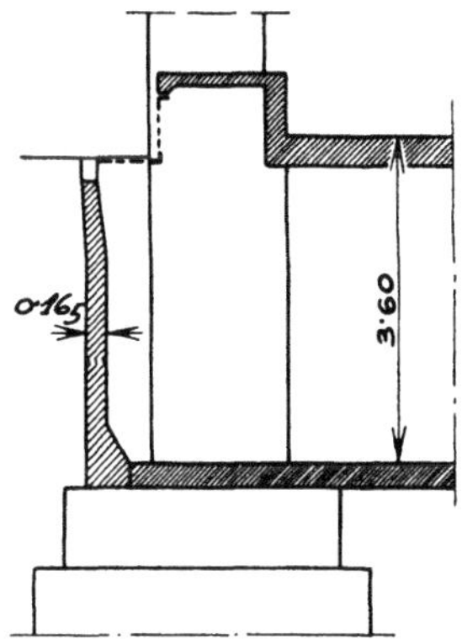

Abb. 410.

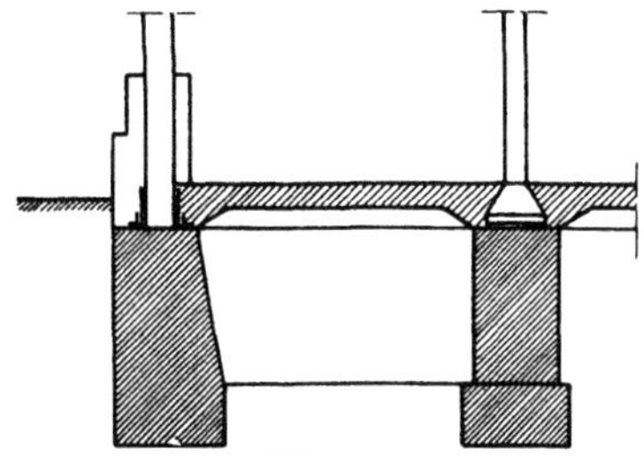
Abb. 411.

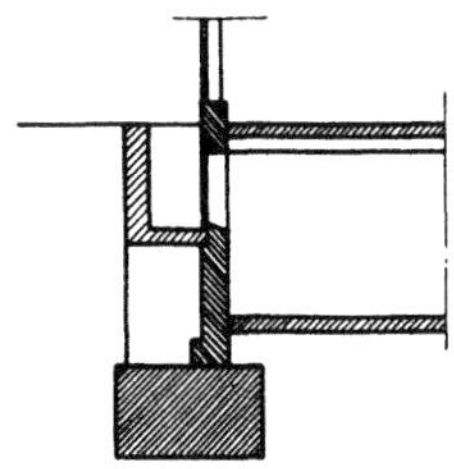
Abb. 412.

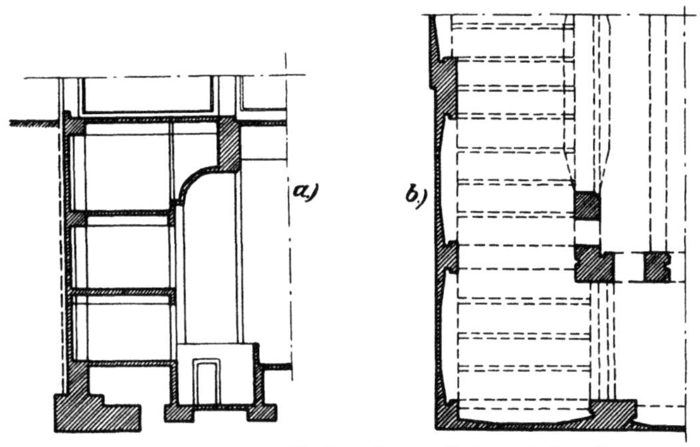

Abb. 413a und b. Hochhaus Berg- u. Huttenwerks-Ges., Prag.

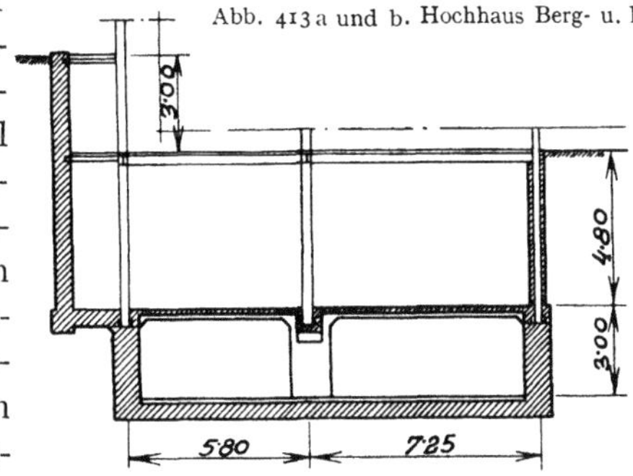

Abb. 414. Hotel Central, Prag. Ausfuhrung: Skodawerke Pilsen.

Abb. 409 bis 414. Anordnung von Umfassungswänden in Kellergeschossen.

Fußknotenbleche der Stützen über die Kellersohlen nicht herausragen. Die weitere Umfassungswand gegen die Straße zu ist nicht so tief fundiert wie die vorher besprochenen Umfassungswände. Auch sie leitet die Erddrücke in die Unterzüge der Eisenbetondeckenkonstruktion, andererseits in die Decke des oberen Kellergeschosses ab, so daß auch in dem Fall die Umfassungswände verhältnismäßig schlank ausgebildet werden konnten. Außerdem ist noch bei dieser Anlage auch ein Lichtschacht möglich geworden.

6. Isolierungen der Fundamente.

Nur allzu oft kommt man mit den Fundamenten in das Grundwasser oder mit den Kellergeschossen, ganz besonders aber bei zwei oder mehreren Kellergeschossen. Im letzteren Falle ist dann der Wasserüberdruck ganz bedeutend. Das Eindringen des Grundwassers bietet schon beim Aushub der Baugrube Schwierigkeiten, die durch Pumpen während des Baues bewältigt werden müssen.

In solchen Fällen wird man bei Bauten eine durchgehende Fundamentplatte anwenden, die mit den Umfassungswänden in statischem Zusammenhang stehen soll, so daß das Ganze also eine Art Trog bildet. Gewöhnlich wird man aber für die Aufzüge oder die Heizanlage tieferliegende Ausnehmungen dieser früher erwähnten Platte machen müssen, die eigene tieferliegende Fundamentplatten erfordern.

Gerade diese Stellen können bei schlechten Ausführungen Wassereinbrüche bringen.

Sobald also bei Bauten Räume unterhalb des höchsten Grundwasserstandes liegen, müssen sie isoliert werden. Anstriche mit bituminösen Massen reichen gewöhnlich nicht aus. Das Anbringen ist auch, wenn sie bei kleinem Überdrucke genügen sollten, sehr schwierig auszuführen, da die betreffenden Flächen vollständig rein und trocken sein müssen, was nie erzielbar ist.

Von solchen Anstrichen ist abzuraten, da sie auch mit der Zeit ihre Wirkung verlieren können, Blasen bekommen und bei ungleichen Setzungen reißen.

Am besten eignen sich mehrfache Papplagen mit dazwischen gestrichenen bituminösen Klebestoffen. Die Zahl der Lagen ist vom Überdruck abhängig, sie kann sogar bis fünf steigen. Außer Papplagen sind auch imprägnierte Jutegewebe, Bleifolien, Ruberoid und ähnliche Stoffe verwendbar. Die einzelnen Bahnen der verwendeten Isolierpappen sind mit starkem Übergriff zu versehen. Die größten Schwierigkeiten entstehen dann bei den aufgehenden Mauerpfeilern. Ungleiche Setzungen von Pfeilern und Fundamentplattenrisse sind Feinde der Isolierung. Die Isolierung ist tunlichst an den Außenstellen oder nahe daran anzuordnen. Gewöhnlich geschieht in unrichtiger Weise das Umgekehrte; sie wird an den Wänden innen angeordnet und dann werden einfache Ziegelwände vorgelegt, die mit den tragenden Wänden und Pfeilern keinen Zusammenhang haben und daher auch bei einem Isolierungsrisse keinen Widerstand mehr bieten.

Die Anordnung einer Isolierung nahe der Außenseite der Wände oder ganz außerhalb hat den Vorteil, daß selbst bei einem Bersten derselben noch starke Mauern gegen das Innere vorliegen und daß sie von der Straßenseite her in Schächten leichter repariert werden können.

Eine solche Anordnung setzt allerdings eine Zugänglichkeit beim Bau von der Außenseite her voraus, die nicht immer möglich ist.

Die einzelnen zur Verwendung gelangenden Isolierstoffe sollen nicht angegeben und besprochen werden; ihre Zahl ist zu groß. Übrigens sind darüber Spezialwerke vorhanden[1].

Jedenfalls wird aber empfohlen, für Isolierungen bei belangreicheren Bauten nur erstklassige Firmen mit reichen Erfahrungen heranzuziehen.

Endlich sei noch eines Umstandes Erwähnung getan, dem leider oft nicht genügend Rechnung getragen wird.

Sind Brunnen für die Fassung des Grundwasserzustromes errichtet worden, die während des Baues zur Wasserhaltung benützt werden, so müssen gerade diese Stellen nach

[1] Weiher, H. Dr.: Richtig isolieren. Stuttgart: Dr. F. Wedekind.

Einbringung der Isolierung unbedingt druckdicht geschlossen werden. Diese Abpfropfung solcher Brunnen muß unter die Isolierebene der Kellersohle reichen. Natürlich sind die Brunnenwände an den Stoßstellen ganz besonders zu isolieren.

Solche Maßnahmen sind besonders dann erforderlich, wenn Kinos, Theater oder sonstige Versammlungsräume in den Kellergeschossen liegen. Die Aufstellung einer Pumpe empfiehlt sich als Reserve.

7. Bauten in Senkungsgebieten des Bergbaues.

Der Stahlbau bietet im Senkungsbereich von Bergwerken große Vorteile. Da die dort auftretenden Senkungen und Setzungen im allgemeinen nicht gleichmäßig erfolgen, diese andererseits oft beträchtliche Größen erreichen können, sind Stahlbauten geeigneter, da sie gegen Setzungen nicht so empfindlich sind, andererseits ihr Hochbringen in die ursprüngliche Lage keine Schwierigkeiten bereitet. Es sei nur an die erfolgreich durchgeführte Sanierung einer großen Setzung bei den Kugelmühlen des Werkes **Klingenberg in Berlin** erinnert. Die Setzungen hatten dort allerdings andere Ursachen und waren in der Art des Betriebes der Kugelmühlen gelegen. In Bergbaugebieten wurden wiederholt Stahlgebäude gehoben.

Ein Beispiel der Gesamtanordnung eines Gebäudes im Senkungsgebiet sei in Abb. 415 gegeben. Es betrifft das Hauptlagerhaus der Gutehoffnungshütte in

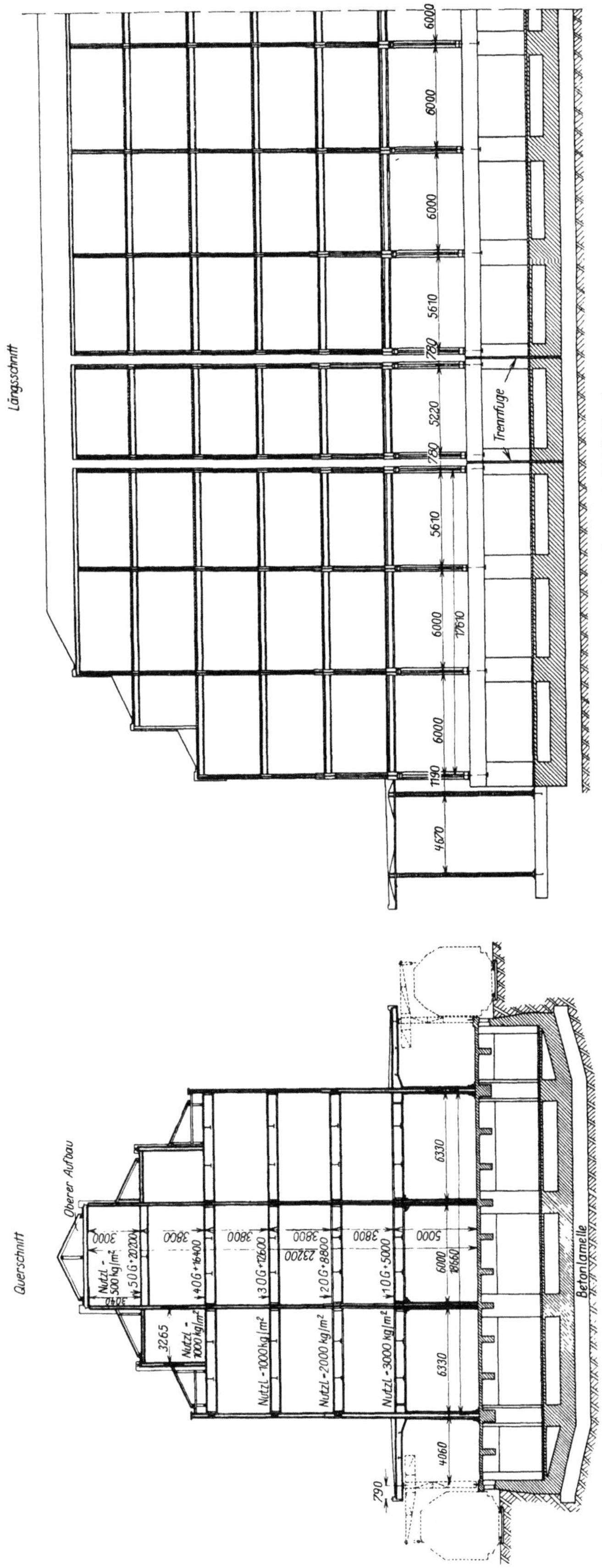

Abb. 415. Hauptlagerhaus Gutehoffnungshütte Oberhausen. Querschnitt, Längsschnitt. Ausführung G. H. H. Oberhausen.

Abb. 416. Hauptlagerhaus der G. H. H. Oberhausen. Ansicht des fertigen Baues. Architekt Peter Behrens. Ausführung: Gutehoffnungshutte Oberhausen.

Abb. 417. Hauptlagerhaus der G. H. H. Oberhausen. Ausfuhrung: Gutehoffnungshütte Oberhausen.

Oberhausen, ausgeführt von der Gutehoffnungshütte, das im Querschnitt und im Längsschnitt gegeben ist.

Die Fundierung und das Kellergeschoß sind in Eisenbeton ausgeführt. Auf eine 90 cm starke Betonplatte, deren seitliche Enden etwas nach aufwärts abgeschrägt sind, setzt sich trogartig das Kellergeschoß von 27 m Breite mit der schweren Kellerdecke (5000 kg/m^2 Nutzlast) auf. In der Längsrichtung des 84 m langen Baues erhält dieses Geschoß noch 4 Trennfugen, von denen je zwei ein Stützenfeld begrenzen, und zwar jenes, das die Aufzüge enthält.

Diese Trennung ist auch in der Stahl-Oberkonstruktion ausgeführt, so daß die Aufzugfelder samt ihren eigenen Stützen selbständige Baukörper darstellen und damit leichter angehoben werden können, wenn eine Setzung den empfindlichen Aufzugbetrieb stört.

Aus dem Querschnitt ist auch die Gesamtdisposition des dreischiffigen

Stahlbaues mit den schweren Deckenauflasten von 3000, 2000, 1000, 500 kg/m² ersichtlich. Die Dächer sind in Holz aufgesetzt; die Geschoßhöhen betragen 3,80 m.

Die Architektur des Baues stammt von Arch. Peter Behrens (Abb. 416). Einen Einblick in den Stahlbau gibt Abb. 417.

Verwendet wurden für das Stahlgerippe etwa 1000 t.

V. Turm-, Hochhäuser und Wolkenkratzer.

24. Abschnitt.

Allgemeines. Statische und konstruktive Maßnahmen. Windverteilung. Ausführungen.

1. Allgemeine Bemerkungen.

Nach dem Runderlaß des Preußischen Ministers für Volkswohlfahrt vom 29. September 1921 sind Neubauten, die geschäftlichen Zwecken dienen — Fabrikbauten, Speicher und ähnliche Gebäude ausgenommen — und wenn sie mehr als 6 Vollgeschosse erhalten, als Hochhäuser anzusehen.

Ragen einzelne Teile solcher Bauten noch darüber hinaus, so spricht man von Turmhäusern.

Die europäischen Turm- und Hochhäuser sind von zwei Gesichtspunkten aus zu betrachten, vom baukünstlerischen und vom wirtschaftlich-konstruktiven Standpunkte.

Vom baukünstlerischen Standpunkt wird die Zulässigkeit von Hochhäusern in erster Linie davon abhängen, ob es sich um eine Einzelausführung im Stadtbild oder in einzelnen Stadtteilen handelt, oder ob eine mehrfache Ausführung solcher hoher Bauten in mehr oder weniger naher Nachbarschaft geplant ist.

In ersterem Falle wird bei richtiger baukünstlerischer Eingliederung des Hochhauses in die Umgebung, bei zufriedenstellender architektonischer Lösung und bei richtiger Einschätzung und Berücksichtigung der Verkehrsfragen an der betreffenden Stelle und so weit sie sich noch auswirken, grundsätzlich nichts einzuwenden sein, im Gegenteil, solche Bauwerke sind erwünscht, weil sie den Straßen und Plätzen dominierende Punkte bringen, die selbst durch neuere Bauten und sonst an sich gut abgestimmten Baumassen nicht geschaffen wurden, aber zur Belebung des Eindruckes des Stadtbildes erforderlich sind. Die große Mannigfaltigkeit der Lösungen kann das Stadtbild abwechslungsreicher gestalten, als es die früheren Hilfsmittel ermöglichten.

Wenn der entwerfende Architekt obige Gesichtspunkte berücksichtigt, so wird er zum mindesten für das in Frage stehende Einzelobjekt das Richtige treffen. Die Behörden werden hingegen in vorausschauender Weise mit Berücksichtigung der Entwicklungsmöglichkeiten in dem betreffenden Stadtteil und unter Beachtung der eigenen öffentlichen Bau- und Regulierungsvorhaben entscheiden müssen, ob das geplante Hochhaus an diese Stelle paßt und ob die Höhe zur Straßenbreite richtig abgestimmt ist.

Auf diese Weise kann dann ein harmonisches Ganzes entstehen. Es wäre durchaus verfehlt, den Bau von Hochhäusern grundsätzlich abzulehnen. In der kurzen Zeit, die seit dem Auftauchen des Gedankens verstrichen ist, Hochhäuser zu bauen, haben schon viele Städte diese Frage im positiven Sinne gelöst, und es hat sich gezeigt, daß die überall nach dem Kriege entstandenen Hochhäuser einem gebieterischen Bedürfnisse entsprossen sind, das die Zeitverhältnisse und die Forderungen des Tages mit sich gebracht haben.

Selbstverständlich wird man ein Hochhaus nicht in Stadtteilen errichten, die noch in geschlossener Weise jahrhundertealte Gebäude verschiedener Stilepochen von künstlerischer oder historischer Bedeutung aufweisen. Dort wird man die Erhaltung des Zustandes und der Stimmung befürworten müssen.

Anders liegt der Fall, sobald sich eine Häufung hoher Gebäude im Geschäftsmittelpunkt von Städten ergeben sollte. Hier sind die Aufgaben und Entscheidungen viel schwieriger. Auch hier wird die Individualität der betreffenden Stadt Maßnahmen diktieren, die anders ausfallen, ob es sich um eine Stadt mit allseitig gleicher und unbehinderter Ausdehnungsmöglichkeit handelt (etwa Berlin, Leipzig), oder um Städte, die von großen Flußläufen oder zahlreichen Gleisanlagen durchsetzt sind (wie etwa Hamburg, Rotterdam, Amsterdam, Chicago). In den letztgenannten Fällen wird die zukünftige Entwicklung der Stadt und der Verkehrsverhältnisse in weit höherem Maße berücksichtigt werden müssen, als bei der Entscheidung für den Bau vereinzelt stehender Hochhäuser.

Amerikanischen Verhältnissen in diesem Belange darf man da nicht zustreben, weil ihre Nachteile sich mit der Zeit verdichten und später schwer behoben werden können. Allerdings sind wir heute in Europa noch nicht so weit.

Abb. 418. Wolkenkratzer auf Manhattan in New York. Fliegeraufnahme aus „Der Querschnitt“ 1930.

Wie sich ein dichter Bestand einer Stadt mit Hochhäusern vom Standpunkte des Stadtbildes ausnimmt, wird an einer Fliegeraufnahme von New York, die der Zeitschrift „Der Querschnitt“ 1930 entstammt, gezeigt (Abbildung 418). Der ganze Stadtteil auf Manhattan ist mit Hochhäusern besetzt, mit der Wirkung eines zerrissenen Dolomitencharakters, der sich wohl zu einem ausgesprochenen Typus entwickelt hat, aber bei uns nicht nachgeahmt werden soll. Viel ruhiger wirkt schon das Stadtbild von Philadelphia.

Manchmal hat sich auch in Europa eine solche Häufung von Hochhäusern ergeben, wie in Hamburg, wo sich das Chile-, das Ballinhaus und der Sprinkenhof in unmittelbarster Nähe befinden, die nur 10 Obergeschosse aufweisen, aber doch gegenseitig harmonisch abgestimmt sind. Diese Bautengruppe bildet aber eine Ausnahme in Deutschland. Ähnliche Fälle liegen in Antwerpen und in Charkow vor.

Eine andere Frage bei Hochhäusern ist die wirtschaftlich-konstruktive. Eine eingehende Untersuchung über den Einfluß der Bebauungshöhe auf die Citybildung in großen Städten hat Oberbaudirektor Leo in Hamburg angestellt[1], nach welcher er zum Ergebnis gelangt, daß Verkehrsverhältnisse und Straßenbreiten am günstigsten sind, wenn die Bauten eine mittlere Geschoßzahl nicht überschreiten. Er sagt, daß „mehr als 7 bis 11 Geschosse oberhalb der Erdgleiche nur dann angebracht seien, wenn die Verkehrskonzentration bei der Höhenentwicklung durch wirtschaftlich nützliche Verkehrsanlagen reibungslos aufgenommen werden kann“. Architekt Hermann Distel[2] meint, daß nur dann ein Anreiz zum Bau von hohen Geschäftshäusern besteht, wenn die jährlichen Einnahmen

[1] Faulwasser, J.: Freie Deutsche Akademie des Städtebaues, Jahrestagung Hamburg. Dt. Bauzg. 1927, Beilage Stadt und Siedlung, S. 122.

[2] Dt. Bauzg. 1927, Beilage Stadt und Siedlung, S. 122.

nicht nur die Ausgaben decken, sondern auch ein Überschuß als Sicherheit und Gewinn erzielbar ist. Natürlich!

Die reinen Nutzflächen betragen nach Ermittlungen Distels für viele Geschäftshäuser 73% der Grundfläche, wobei sich der verlorene Totraum im Mittel nachstehend zusammensetzt: 9% Mauern, 5% Stützen, 4,2% Treppen, 2,7% Aufzüge, 3,6% Hallen und Gänge, 2,5% Aborte und sonstige Nebenräume; die Fensterflächen sollen $^1/_6$ bis $^1/_7$ der Mietfläche betragen, so daß noch eine ausreichende Belichtung der Räume gewährleistet ist.

Nach den heutigen Einheitspreisen errechnet Distel die Kosten eines Geschäftshauses einschließlich Nebengebühren mit 40 RM. pro m^3 für 7 Geschosse, 48,4 RM. bei 14 Geschossen, 57,8 RM. bei 21 und 67,9 RM. für 28 Geschosse. Als Durchschnittsmietpreise ermittelt er für 7 Geschosse 44 RM., bei 14 Geschossen 38 RM., bei 21 Geschossen 36 RM. und bei 28 Geschossen 34 RM., und kommt bei einem Normalhaus zum Ergebnis, daß die beste Wirtschaftlichkeit bei einem Keller- und 11 Obergeschossen erzielbar ist.

In diesen Grenzen bewegen sich auch im allgemeinen die Hochhäuser Deutschlands, wenn auch die übliche Zahl von 11 bis 12 Stockwerken den augenblicklichen Bedürfnissen eher angepaßt erscheint, als den zukünftigen Forderungen.

Zu ganz anderen Ergebnissen führen eingehende Untersuchungen, die W. C. Clark und I. L. Kingston[1] für vielstöckige Gebäude in Amerika angestellt haben. Unter Mitwirkung zahlreicher erfahrener Fachmänner für die einzelnen Arbeitsleistungen wurden für einen Einheitsgrundriß von 124 m × 61 m gemäß den einschlägigen Bestimmungen 8 Entwürfe für Hochhäuser im Detail ausgearbeitet und dabei 8, 15, 22, 30, 37, 50, 63, 75 Geschosse berücksichtigt. Zur Untersuchung kam der in Abb. 419 wiedergegebene Hochhaustypus.

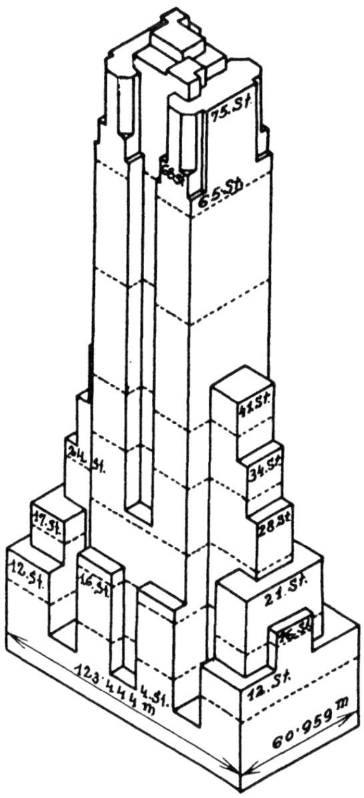

Abb. 419. Hochhaus-Typus nach Clark u. Kingston.

In dieser Abb. 419 ist die stufenförmige Abtreppung der Baumassen vom Grundriß des Erdgeschosses zum Turm, wie sie in Amerika üblich ist, ersichtlich, und die strichlierten Linien geben die obere Gebäudebegrenzung für alle Typen an, die für zunehmende Geschoßzahlen untersucht worden sind.

Es wurde festgestellt, daß ein Hochhaus mit 63 Geschossen die günstigste Verzinsung von 10,33% abwirft, also am wirtschaftlichsten ist, während mit weiter steigender Geschoßzahl die Verzinsung sinkt. Bei 131 Geschossen ergibt sich überhaupt keine Verzinsung mehr. Nichtsdestoweniger ist in New York ein Super-Skyscraper mit 110 Geschossen und 374 m Höhe, das Larkin Tower Building geplant.

Einen wesentlichen Anteil für die Beurteilung der wirtschaftlichsten Höhe eines Wolkenkratzers haben auch die Grundkosten. Vom American Institute of Steel Construction wurde festgestellt, daß bei einem Preise des Baugrundes von 16400 RM./m^2, das sind 132000 K/m^2, der Bau von 75 Geschossen, bei 8200 RM./m^2, das sind 66000 K/m^2, 63 Geschosse am wirtschaftlichsten sind.

Es dürften die Kosten für die einzelnen Herstellungen zwecks Vergleichs mit europäischen Verhältnissen Interesse erwecken, weshalb die bezügliche Tabelle aus der angegebenen Quelle hier angeführt werden soll (Tabelle 35).

[1] The Skyscraper. Am. Inst. of Steel construction. Inc. New York 1930.

Tabelle 35. Baukosten von amerikanischen Hochhäusern in 1000 RM.

Zahl der Stockwerke	8	15	22	30	37	50	63	75
Aushub und Gründung	1577	1589	1635	2001	2375	2716	3091	3095
Stahlkonstruktion	1531	2667	3557	4618	5512	7143	9289	12867
Eisenbetondecken	1298	1939	2355	2775	3187	3740	4297	4788
Innenwände und Abteilungswände	478	778	1048	1331	1564	1988	2450	2879
Ziegelwerk	379	840	1327	1789	2242	2924	3540	4110
Äußere Fertigstellung (Stein, Terrakotta, Kupfer, Bronze)	849	1660	2109	2575	2825	3149	3478	3836
Dachdeckung	129	191	196	196	204	220	220	220
Fenster und Verglasung	407	612	798	973	1139	1368	1583	1786
Innenausstattung und Schmuck	3884	5830	7310	8755	9860	11480	13020	14230
Mechanische Ausrüstung	3771	6057	8402	11741	14740	18460	22480	27002
a) Aufzüge und Aufzugmauern	1312	2176	3550	4486	6030	7724	9690	12330
b) Entwässerung u. Wasserleitung	928	1672	2174	2748	3500	4140	4930	5700
c) Elektr. Licht- und Kraftanlage, Leitungen, Befestigungen	574	1018	1322	1705	1988	2380	2760	3128
d) Heizung und Lüftung	957	1191	1356	2802	3222	4216	5100	5844
Mieter-Änderungen	1268	2210	2808	3390	3822	4335	4762	5128
Verschiedenes	848	957	998	1497	1539	1588	1639	1691
Summe	16419	25330	32543	41641	49009	59111	69849	81632
Generalunkosten, Unvorhergesehenes	1518	2164	2600	3132	3562	4128	4723	5310
Summe der Arbeits- u. Materialkosten	17937	27494	35143	44773	52571	63239	74572	86942
Gewinn des Generalunternehmers	1078	1622	1936	2240	2632	2844	3203	3480
Architekten u. Ingenieure	821	1273	1644	1960	2249	2726	2877	3410
Gesamtbaukosten	19836	30389	38723	48973	57452	68809	80652	93832

Zu beachten wären in dieser Tabelle die Anteile der Kosten für das Stahlskelett und für die Aufzüge an den Gesamtkosten der Hochhäuser verschiedener Höhen. Erstere steigen von 7,7% bis 13,71%, die Aufzugkosten von 6,6% bis 13,18% für 8 bzw. 75 Geschosse (Tabelle 35).

Tabelle 36. Verschiedene Angaben für Hochhäuser mit steigender Geschoßzahl.

	Geschosse	8	15	22	30	37	50	63	75
1	Gebäudehöhe in m	35	59,4	86,4	119,7	144,4	191,0	238,0	280
2	Rauminhalt in 1000 m³	253,4	286,0	477,2	567,6	635,5	736,8	835,0	908
3	Zunahme des Rauminhaltes (Einheit 100)	100,0	152	189,0	223,0	251	291	330	358
4	Nutzbare Gesamtfläche in 1000 m²	47,6	74,5	91,3	108,1	122,0	138,5	153,5	166,1
5	Zunahme an Nutzfläche (Einheit 100)	100,0	157	192,0	227	256	291	322	350
6	Zahl der Personenaufzüge	8	14	20	26	32	40	48	56
7	Anteil der Fläche für die Aufzüge von der Gesamtfläche in %	1,9	2,66	3,88	4,82	5,61	6,96	8,35	9,78
8	Stahlmenge in kg pro 1 m³ Raum	15,9	18,4	20,1	22,2	23,7	26,8	29,2	35,6
9	Gesamtkosten pro 1 m³ umbauten Raum in RM.	78,3	79,4	80,9	86,6	90,3	93,3	96,6	103,3
10	Verzinsung d. Anlagekosten in %	4,22	6,44	7,33	8,50	9,07	9,87	10,25	10,06
11	Anteil der Kosten des Stahlskelettes an den Gesamtkosten in %	7,7	8,8	9,18	9,45	9,05	10,38	11,52	13,71
12	Anteil der Aufzugkosten an den Gesamtkosten in %	6,6	7,18	9,18	9,20	10,50	11,22	12,10	13,18

In dem genannten Werke von Clark und Kingston ist außerdem eine Reihe sehr wertvoller Tabellen enthalten, ihre Endergebnisse sind hier in einer zweiten Tabelle 36 zusammengefaßt worden, die einen Einblick in verschiedene Einzelheiten geben, die für eine Beurteilung der Wirtschaftlichkeit von Hochhäusern wichtig sind und wiedergegeben werden, weil das Werk vielleicht nicht leicht zugänglich ist.

Beachtenswert ist, daß die relative Steigerung an Nutzfläche im Bereiche der Vergrößerung der Stockwerkzahl von 8 auf 15 am größten ist, dann abnimmt und bei einer fast 10fachen Stockwerkzahl der Gewinn an Nutzfläche nur mehr das 3,5fache jener eines Gebäudes von 8 Geschossen beträgt.

Auch die durch die Aufzüge verlorene Nutzfläche ist für verschiedene Gebäudehöhen in der Tabelle ersichtlich gemacht.

Für europäische Verhältnisse werden vor allem jene ziffermäßigen Angaben in Frage kommen, welche Hochhäuser bis 22 Geschosse betreffen, denn solche stehen heute schon in Ausführung.

Nach den früher erwähnten Angaben Distels bezüglich der auf 1 m^3 umbauten Raum bezogenen Gesamtkosten steigern sich diese bei 28 Geschossen gegen 7 Geschosse um 70%, während diese Steigerung bei den amerikanischen Bauten bloß 11% beträgt. Dabei sind die Kosten pro 1 m^3 für die bei diesen Untersuchungen angenommenen kleinsten Gebäudehöhen (7 bzw. 8) in Amerika um 95% höher als in Deutschland.

Deshalb liegt die wirtschaftlichste Höchstzahl von Geschossen bei uns gewiß viel tiefer als in Amerika.

Noch ein Umstand soll erwähnt werden, der sich bei Hochhäusern gegenüber Flachhäusern vorteilhaft auswirkt. Es werden die Rohrleitungen, Kabellängen viel kürzer, die Leitungskosten werden also billiger und die Energieverluste kleiner.

2. Einfluß der großen Geschoßzahl auf die statischen und konstruktiven Maßnahmen.

Es hat auf den ersten Blick den Anschein, daß eine Vermehrung der Geschoßzahl in einem Hochhaus bloß eine Wiederholung konstruktiver Anordnungen bringt, die gegenüber einem Gebäude von 7 bis 8 Geschossen keine anderen Maßnahmen verlangen. Dem ist aber nicht so. Die Stützenfußdrücke werden mit zunehmender Geschoßzahl nicht nur durch die hinzukommenden Deckenlasten, sondern auch durch die Windlasten erhöht. Ist der Baugrund solchen erhöhten Lasten gewachsen, so wird den Stützenentfernungen und damit der Fassadegestaltung kein neu hinzutretendes Hindernis entstehen. Im gegenteiligen Falle zwingt aber die vorliegende begrenzte Tragfähigkeit des Bodens zu einer engeren Stützenentfernung. Mit den großen Stützenlasten werden dann auch die Querschnittsabmessungen der Stützen größer. Immerhin lassen sich dann solche schwere Stützen in Stahl mit einer unwesentlichen Vergrößerung der Gesamtumrißfläche ausführen, was im Eisenbetonbau nicht mehr so leicht möglich ist. Man sieht daher auch bei den Hochhäusern in Eisenbeton wesentlich kleinere Stützenentfernungen als im Stahlbau.

Eine andere Frage ist die zu erwartende seitliche Ausbiegung der Spitzen hoher Gebäude, die besonders bei Wolkenkratzern eine Begrenzung erhalten muß und einen maßgebenden Einfluß auf die Bemessung der Bauglieder mit sich bringt. Man hat als Grenze der waagerechten Durchbiegung von Turmhäusern infolge von Wind $^1/_{500}$ der Höhe angenommen. Das würde beim derzeit höchsten Gebäude, dem Empire Building, bei 318 m Höhe eine Ausbiegung von 64 cm ergeben, was schon bei den Personen in den obersten Stockwerken sehr unangenehme Gefühle der Unsicherheit hervorrufen dürfte.

Die Ausmauerung der Wände vergrößert wohl das Trägheitsmoment des Gebäudes, aber bei Stürmen während der Montage erhöht sich die Gefahr für die beschäftigten Arbeiter, so daß man gezwungen war, den Bau in den obersten Geschossen wegen der Stürme auf eine Zeit einzustellen. Nach amerikanischen Erfahrungen kann der Einbau der Wände die waagerechten Ausbiegungen der Gebäude im obersten Geschoß auf etwa ⅓ jener des Stahlskelettes herabsetzen.

Die Windangriffslasten hat man nach den bezüglichen Vorschriften einzusetzen. Es empfiehlt sich aber, keinesfalls weniger als 150 kg/m^2 anzunehmen.

Es kommt manchmal bei Hochhäusern vor, daß in den hohen Geschossen durch zwei oder mehrere Stockwerke reichende große Säle anzuordnen sind, die durchlaufende Windverbände stören. Bei der Ausbildung der Windverbände muß dann für eine gute Umlenkung der Windkräfte gesorgt werden, die waagerechte Verbände in Decken- bzw. Fußbodenhöhe solcher Säle nötig machen.

Mit der gesteigerten Geschoßzahl ist die Frage der Standsicherheit von Hochhäusern bei schmalem Grundriß zu klären und mindestens eine 1,3- bis 1,6fache zu fordern.

Endlich sind durchgehende Lüftungsschläuche in solchen hohen Gebäuden erforderlich und bis über Dach zu führen.

3. Verteilung der Windwirkung bei Turmhäusern.

Da der Turm auf Turmhäusern nur über einen Teil des Grundrisses herauswächst, kann man zur Entlastung der Wirkung der Windkräfte und -momente das Tragwerk des anschließenden niedrigeren Gebäudeteiles mit heranziehen, sobald beide Bauwerksteile in fester Verbindung sind.

Diese Entlastung der Turmteile im Unterbau gegenüber einer Beschränkung der Windwirkung auf den Turm allein kann erheblich werden. Die Tragwerkteile des Unterbaues werden allerdings außer dem Wind auf ihre eigene Angriffsfläche noch den Anteil am Turmwind zu übernehmen haben. Diese erhöhte Windwirkung auf den Unterteil ist aber gewöhnlich leichter konstruktiv zu bewältigen, weil diese Teile oft eine größere Querausdehnung im Grundriß haben.

Ein Weg zur Berechnung solcher Turmhäuser für Winddruck sei in nachfolgendem angegeben. Er wurde vom Verfasser beim Entwurf des Turmhauses der Firma T. & A. Bată in Brünn bei dem Bestreben eingeschlagen, die schweren Turmstützen und Unterzüge zu entlasten.

Das Turmhaus weist im ganzen 23 Geschosse über einem trapezförmigen Grundriß auf. Es ist in Punkt 4h dieses Abschnittes kurz beschrieben. Abb. 420, 421 geben den Grundriß und den Aufriß des Baues wieder. (Mittlerweile ist für die Ausführung eine kleine Kürzung in der Längsrichtung des Grundrisses behördlicherseits vorgenommen worden.) Im Aufriß ist die Anordnung der Abtreppung der Geschosse und der Übergang zum Turme ersichtlich. Im Grundriß sehen wir den eigentlichen Turmteil „*M*“ und die beiden Seitenteile „*L*“ und „*R*“.

Als Windlast wurden für 7 über der Straße liegende Geschosse auf 25,45 m Höhe (h_1) 100 kg/m² (Teil *A*), darüber hinaus auf 50,40 m Höhe (h_2) 150 kg/m² (Teil *B*) angenommen.

Das Gebäude wurde als unten eingespannter Freiträger angesehen. Vorerst wurden die Trägheitsmomente des Gebäudeskelettes für verschiedene Geschosse ermittelt, und zwar ohne Wände. Dabei wurden die Säulenquerschnitte aus einer Vorberechnung herangezogen. Die Ergebnisse sind in den bezüglichen Geschossen (Abb. 421) eingetragen, wobei im Unterbau auch die Trägheitsmomente für die Teile „*M*“, „*L*“, „*R*“ getrennt angegeben sind.

Da der Grundriß des Gebäudes ziemlich unregelmäßig ist, außerdem die Schwerachse des Turmes sich nicht mit jener des Unterbaues deckt, so daß bei Windbeanspruchung noch eine Torsion in Frage kommt, konnte nur eine Näherungsrechnung bezüglich der Windverteilung vorgenommen werden. Die Außenwände, die allerdings etwa 1 m vor die Außenstützen gestellt sind, beeinflussen gleichfalls die Rechnung in nicht genau verfolgbarer Weise.

Immerhin wurde versucht, die Berechnung der Windverteilung durchzuführen.

Wollte man genauer vorgehen, so könnte man durch lotrechte Schnitte jeden Stützenstrang für sich behandeln, in jeder Deckenhöhe eine Unbekannte X einführen und alle waagerechten Durchbiegungen ermitteln. In gleicher Weise auch waagerechte Schnitte in jedem Geschosse führen, diese Träger statisch bestimmt stützen, die Formänderungen für die bezüglichen X-Kräfte bestimmen und diese an den Stützenköpfen den zuerst ermittelten waagerechten Verschiebungen gleichsetzen. Dieser Weg wäre aber wegen der großen Zahl der Unbekannten mühevoll, weshalb er in diesem Fall nicht beschritten wurde.

Er würde aber bei einem regelmäßigen Grundriß und symmetrischer Turmanlage wesentliche Erleichterungen bringen.

Um nun den Anteil der Windlasten, die auf die Unterteile entfallen, näherungsweise zu berechnen, wurden für einen Träger mit den errechneten, veränderlichen Trägheitsmomenten die Durchbiegungen für Wind quer zur Längsfront des Gebäudes ermittelt.

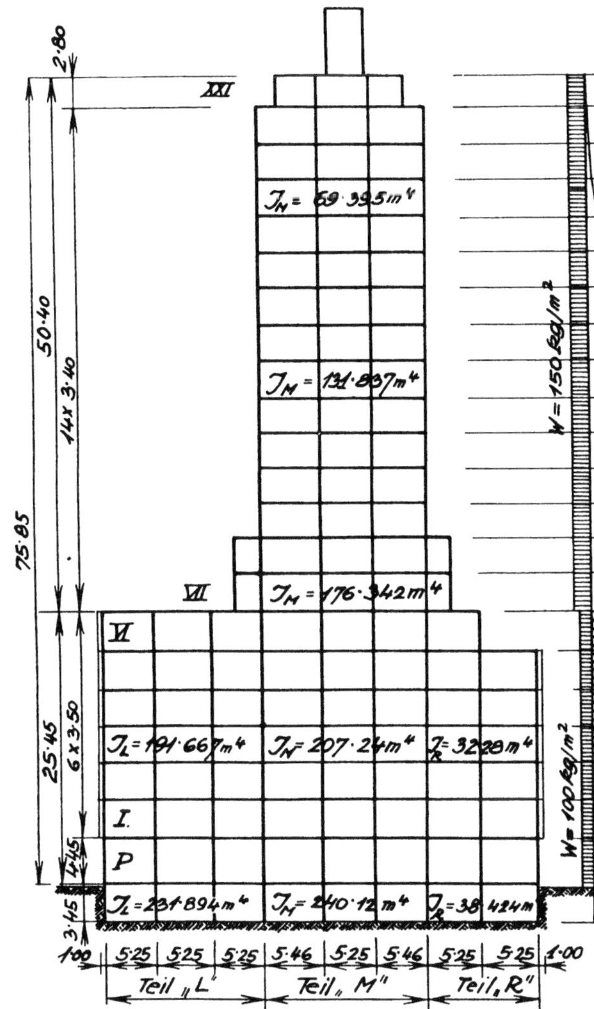

Abb. 421. Aufriß.

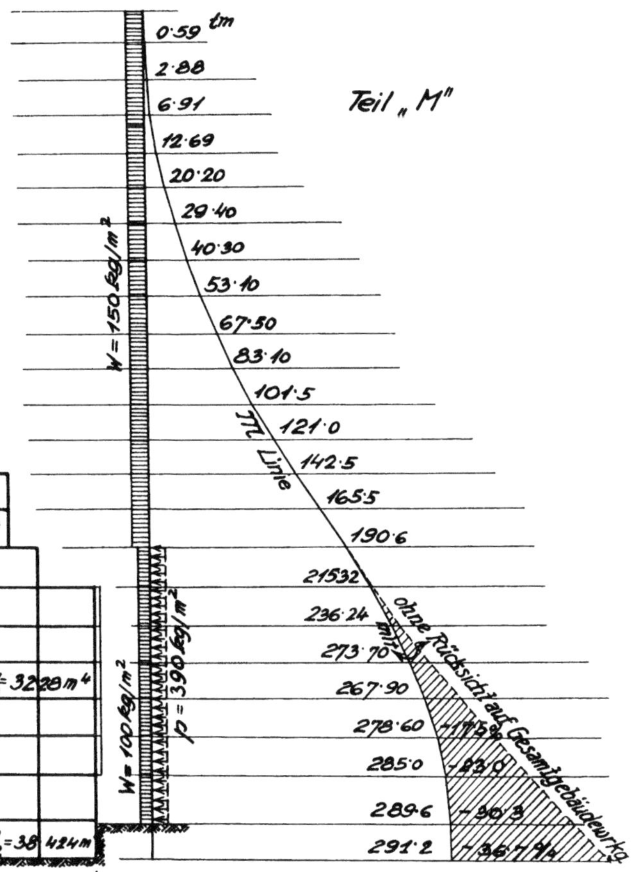

Abb. 422. Windmomente in tm im Mittelteil „M“.

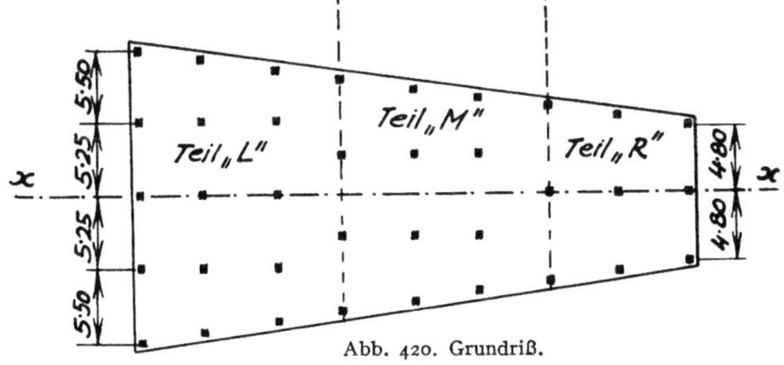

Abb. 420. Grundriß.

Abb. 420 bis 422. Windbeanspruchung eines Hochhauses.

J_L = Trägheitsmoment des Teiles „L“
J_M = „ „ „ „M“
J_R = „ „ „ „R“
bezogen auf $x - x$

Dabei wurden die Trägheitsmomente der Stützen einmal in allen Teilen voll genommen, wie sie in der Abb. 421 eingetragen sind, und ein anderes Mal eine allmähliche Verteilung der Windlasten und damit des Anteils der Trägheitsmomente in den niedrigen Gebäudeteilen angenommen, die also von Null (an jener Stelle, wo der Turm über das niedrigere

Gebäude aufzusteigen beginnt) bis zum vollen Wert (im untersten Geschoß) in den Seitenteilen L, R ansteigen.

Im folgenden soll die zuletzt angegebene Berücksichtigung der Trägheitsmomente für die Rechnung herangezogen werden.

Es ist für den

1. Turmteil M allein

Belastung:	auf den Unterbau von 29,18 m Höhe	$w_u = 2{,}142$ t/m
	„ „ Turm „ 50,40 m „	$w_o = 2{,}42$ t/m
Durchbiegung:	am oberen Ende des Unterbaues	$\delta_{m1} = 0{,}496$ cm
	am Turmdach	$\delta_{m1} = 2{,}381$ cm

2. Turm M und Gebäudeteile L und R

Belastung:	auf den Unterbau	$w_u = 4{,}442$ t/m
	„ „ Turm	$w_o = 2{,}42$ t/m
Durchbiegung:	am oberen Ende des Unterbaues	$\delta_{g1} = 0{,}273$ cm
	am Turmdach	$\delta_{g2} = 1{,}75$ cm

3. Teil L allein

Belastung:	über der Straße auf 25,45 m Höhe	$w_l = 1{,}412$ t/m
Durchbiegung:	am oberen Ende des Unterbaues	$f_l = 0{,}0365$ cm

4. Teil R allein

Belastung:	wie vorher	$w_r = 0{,}887$ t/m
Durchbiegung:	oben	$f_r = 0{,}145$ cm

Werden unter Berücksichtigung des veränderlichen Trägheitsmomentes die seitlichen Durchbiegungen in den niedrigen Gebäudeteilen gerechnet, die vorstehend angegeben sind und aus diesen die verglichenen J gesucht, so erhält man für eine stetige Belastung $J_L = 167\ \text{m}^4$, $J_R = 26{,}4\ \text{m}^4$.

Nun bezeichnen wir die Anteile an Winddruck, die die Gebäudeteile L und R vom Wind auf den Turm noch hinzuerhalten mit p_l und p_r. Der Turm wird also um $(p_l + p_r)$ im unteren Teil entlastet, so daß er dort mit $[w_u - (p_l + p_r)]$ belastet ist, der obere Turmteil mit w_o.

Wird auf den Mittelteil M unten die Last $p = 1$ t/m wirksam angenommen, so ist in Höhe des Turmansatzes (B) die Verschiebung $\delta_1 = 0{,}02015$ cm. Wird hingegen der Turm nur im oberen Teil mit $w_o = 2{,}42$ t/m beansprucht, so ist an der gleichen Stelle (B) die Durchbiegung $\delta_t = 0{,}496$ cm.

Die waagerechte Verschiebung des Teiles L für die stetige Last $p = 1$ t/m im Punkte B ist $\delta_l = 0{,}0258$ cm.

Die waagerechte Verschiebung des Teiles R für die stetige Last $p = 1$ t/m im Punkte B ist $\delta_r = 0{,}1635$ cm.

Wir erhalten demnach folgende waagerechte Ausbiegungen in Höhe B:

Im Turmteil M: $\delta_{BM} = \delta_t + [w_u - (p_l + p_r)]\,\delta_1$

Seitenteil L: $\delta_{BL} = (w_l + p_l)\,\delta_l$

„ R: $\delta_{BR} = (w_r + p_r)\,\delta_r$

aus der Gleichsetzung von $\delta_{BM} = \delta_{BL}$

und $\delta_{BM} = \delta_{BR}$

ergeben sich nachstehende zwei Gleichungen, welche die Unbekannten p_l und p_r errechnen lassen. Die waagerechte Steifigkeit der Decken begründet die vorstehende Gleichsetzung der Verschiebungen.

Sie lauten:

$$\left.\begin{aligned} p_l(\delta_l + \delta_1) + p_r\delta_1 &= \delta_t + w_u\delta_1 - w_l\delta_l \\ p_l\delta_1 + p_r(\delta_r + \delta_1) &= \delta_t + w_u\delta_1 - w_r\delta_r \end{aligned}\right\} \qquad \text{(A)}$$

Werden die Werte für die Verschiebungen eingesetzt, so erhält man

$$p_l(0{,}0258 + 0{,}02015) + p_r \times 0{,}02015 = 0{,}496 + 2{,}142 \times 0{,}02015 - 1{,}412 \times 0{,}0258$$

$$p_l \times 0{,}02015 + p_r(0{,}1635 + 0{,}02015) = 0{,}496 + 2{,}142 \times 0{,}02015 - 0{,}887 \times 0{,}1635$$

oder

$$p_l \times 0{,}04595 + p_r \times 0{,}02015 = 0{,}50273$$

$$p_l \times 0{,}02015 + p_r \times 0{,}18365 = 0{,}39414$$

woraus $p_l = 10{,}505$ t/m $\qquad p_r = 0{,}993$ t/m.

Der Turm wird also unten um $p_l + p_r - 11{,}499$ t/m entlastet.

Das gibt für den Teil *M* auf 21,42 m Breite eine Windentlastung von 0,535 t/m²
„ „ „ „ „ *L* „ 14,12 m „ „ Windzusatzlast von 0,744 t/m²
„ „ „ „ „ *R* „ 8,37 m „ „ Windzusatzlast von 0,112 t/m²

Werden die nicht abgeminderten Trägheitsmomente für die Berechnung herangezogen, so ergeben sich die Zusatzbelastungen der Teile *L* und *R* mit 10,8 t/m bzw. 1,18 t/m oder 765 kg/m² und 133 kg/m² und die Turmentlastung 390 kg/m². Der Unterschied ist hier gegenüber früher nicht sehr groß.

In Abb. 422 bis 424 sind nun für die tatsächlichen Windbeanspruchungen der 3 Teile die Windmomente gerechnet und eingetragen; für den Turm ergibt sich eine Entlastung, die im Fundament 36,7% beträgt und bis zur Höhe der niedrigeren Gebäudeteile zu Null abnimmt. Die Ersparnis an Windmomenten für den Turmteil ist durch Schraffierung in

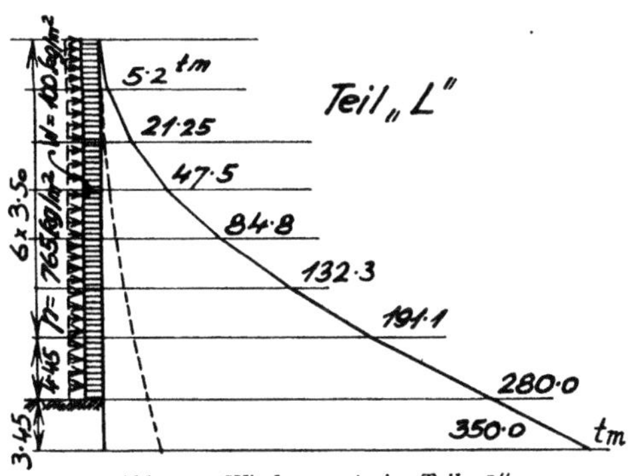

Abb. 423. Windmomente im Teil „*L*".

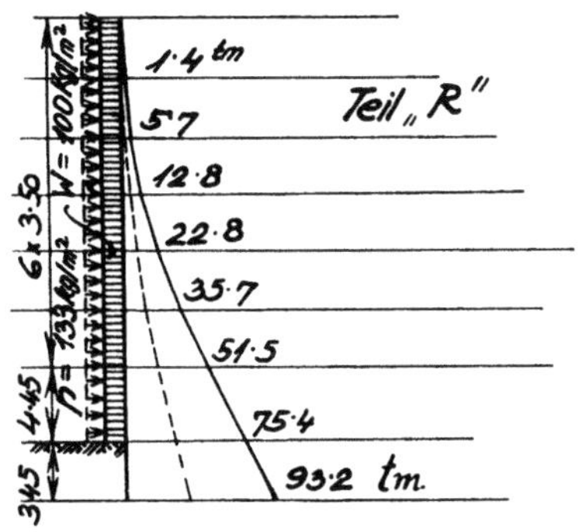

Abb. 424. Windmomente im Teil „*R*".

Abb. 422 ersichtlich gemacht. In gleicher Weise sind in den Abb. 423, 424 für die Gebäudeteile *L* und *R* einmal die Windmomente für die eigenen Windlasten gegeben (strichliert) und die Gesamtwindmomente, die die Mitwirkung dieser Teile an den Windlasten des Turmes verursacht, eingetragen (voll). Man kann die erheblichen Zusatzmomente im Teile *L* ersehen. Dort sind allerdings drei Stützenreihen mit je fünf Stützen zur Übertragung vorhanden, gegenüber zwei Reihen von je drei Stützen im Teile *R*.

Wie sich nun die Windzusatzkräfte in den Seitenteilen *L* und *R* auf die einzelnen Stützenstränge verteilen, kann nur eine genaue Rechnung lehren. Wenn man sie jedoch von außen nach innen im linken Teil wie 1 : 2 : 3 für die einzelnen Stützenstränge, oder wie $J_1 : 2\,J_2 : 3\,J_3$ (wobei J_1, J_2, J_3 die Trägheitsmomente der 1., 2., 3. Stützenreihe bedeuten) verteilt, so wird man dem richtigen Verteilungsverhältnis nahekommen.

Mit den Werten $J_1 = 86{,}76$ m⁴, $J_2 = 76{,}80$ m⁴, $J_3 = 68{,}3$ m⁴ für das Kellergeschoß würde die Verteilung der Zusatzwindkräfte im Teil *L* 1 : 1,66 : 2,36 betragen.

Im rechten Teile *R* wird die Verteilung 1 : 2 bzw. $J_1 : 2\,J_2$ entsprechen. (Die Ordnungsziffern 1 und 2 wiederum von außen nach innen gezählt.) In letzterem Falle wäre das Verteilungsverhältnis mit $J_1 = 16{,}56$ m⁴, $J_2 = 21{,}8$ m⁴ etwa 1 : 2,58.

Wesentlich günstiger stellt sich die Übertragung der Windmomente bei Wind in der Längsrichtung des Gebäudes dar, die jedoch hier nicht behandelt werden soll, weil sie einfacher ist. Sind bei Turmhäusern mehrere Absätze vorhanden, so wäre das oben angegebene Verfahren in gleicher Weise anzuwenden, nur sind dann soviel verschiedene Werte p einzuführen, als Abstufungen vorhanden sind.

4. Europäische Ausführungen von Hochhäusern.

Anschließend an die allgemeinen Bemerkungen über Hochhäuser sollen nur einige solcher Bauten herausgegriffen und in den wesentlichen Einzelheiten besprochen werden. Von anderen Hochhäusern finden sich schon in den früheren Abschnitten bemerkenswerte oder wichtigere konstruktive Ausbildungen, weshalb in den folgenden Ausführungen mehr auf die Gesamtdisposition eingegangen ist.

Abb. 425. Europahaus Leipzig. Arch. O. P. Burghardt. (Nach Rohrer: Der Stahlbau 1930, S. 186.)

a) Europahaus in Leipzig. Es ist über einem rechteckigen Grundriß 33,42 × 21,9 m errichtet und als Turmhaus ausgebildet. Der niedrigere Teil des Gebäudes hat über Straßenhöhe 7 Geschosse und eine Höhe von 25,75 m, der Turm im ganzen 13 Geschosse und eine Gesamthöhe von 45,53 m. Seine Grundrißfläche beträgt ca. 38% der Gesamtbaufläche[1]. Abb. 425 gibt den Bau in fertigem Zustand.

Als Nutzlasten sind für das Dach 250 kg/m², für alle Decken 500 kg/m² angenommen worden. Die Eigengewichte betragen für die Dachdecke 620 kg/m², für die Decken 380 kg/m² einschließlich des Trägergewichtes, das 20 kg/m² beträgt.

Im Turmaufbau, wie auch im niedrigeren Unterbau, wurden für die drei obersten Decken die vollen Nutzlasten angenommen, für die nächstfolgenden Decken eine Abminderung von je 10% vorgenommen. Der Winddruck wurde für den Turmbau mit 140 kg/m², für den Unterbau bis zur Straße hinab mit 125 kg/m² berücksichtigt.

Die Stützenentfernungen in der Vorderfront des Turmteiles betragen 3,54 m, quer hierzu 3,60 m. Die gesamte Anordnung ist im Aufriß und Grundriß in Abb. 426, 427 gegeben. In dem Grundriß sind mit Doppellinien alle lotrechten Windverbandanordnungen des Gebäudes eingetragen. Der Aufriß zeigt die Ausbildung der vorderen Frontwand. Mit Ausnahme des Verbandes in Reihe *V*, der in Rahmenform angeordnet ist (Abb. 428), sind alle anderen Verbände als Fachwerk konstruiert.

Außer den lotrechten sind auch waagerechte Fachwerkverbände eingebaut. Die Decke des 6. Obergeschosses weist in den 4,34 m breiten Feldern zwei bis zur Rückwand reichende Ausfachungen auf, neben zwei über die ganze Gebäudebreite durchgehenden Längsfachwerkträgern. Außerdem sind solche Verbände in den Flügelbauten vorhanden.

Eine solche Maßnahme muß wohl als sehr reichliche Aussteifung angesehen werden. Die Windstrebenanordnungen im einzelnen und ihre Wirkung sind in der unten angegebenen Quelle sehr ausführlich wiedergegeben.

Der größte Fundamentdruck einer Stütze beträgt 650 t. Die Stützenfußdrücke wurden durch Trägerroste auf Einzelfundamente übertragen.

---

[1] Rohrer, Hans: Das Europa-Haus in Leipzig. Der Stahlbau 1930, S. 181.

Abb. 429 zeigt einen Teil der Steifrahmenkonstruktion zwischen dem 11. und 12. Obergeschoß der Reihe 6. Für die Eckaussteifung sind beiderseits der Breitflanschträger-Stützenprofile rechtwinklig ausgeschnittene Eckbleche zu den Querriegeln hinübergezogen, die allerdings hohe Beanspruchungen erhalten dürften. Die Außenwände der Gebäude sind in der Stahlbeton-Bauweise des Architekten Frank (Stuttgart) ausgeführt. In jedem Frontpfeiler sind zweiteilige ausgefachte Stützen aus dem schwalbenschwanzförmig gebogenen Sonderprofil mit Flacheisenausfachung in zwei Ebenen aufgestellt (Abb. 430). Sie werden mit Bims- oder Kiesbeton eingehüllt und übertragen die Wand- und Parapetgewichte unmittelbar auf die Grundmauern, so daß die eigentlichen Stützen entlastet sind.

Im ganzen wurden 1153 t Stahl für das Trägergerippe, 257 t für die Wandkonstruktion, also zusammen 1410 t Stahl verwendet und in 15 Wochen aufgestellt. Der Entwurf stammt von Arch. Otto P. Burghardt in Leipzig, die Stahlkonstruktion wurde von den Vereinigten Hüttenwerken Burbach-Eich-Düdelingen geliefert, die Wandkonstruktion stammt von Arnoth & Bäcker in Saarbrücken.

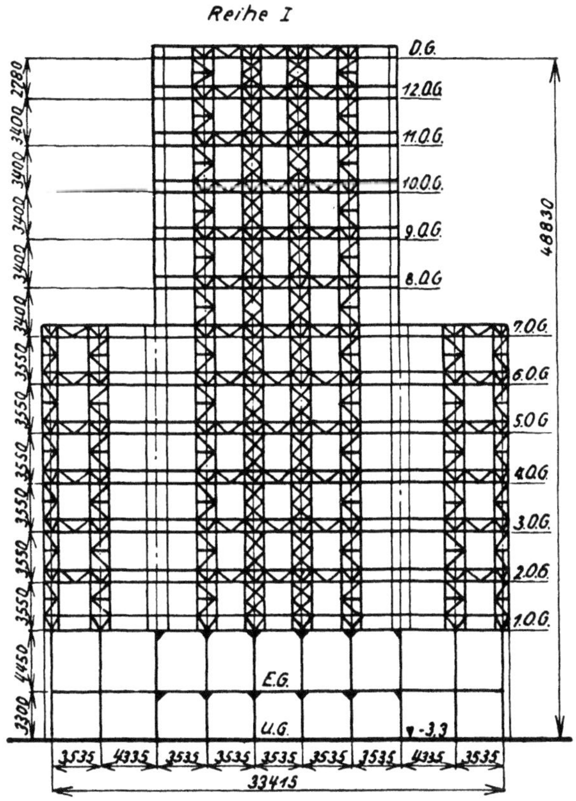

Abb. 426. Aufriß. Wandverbände.

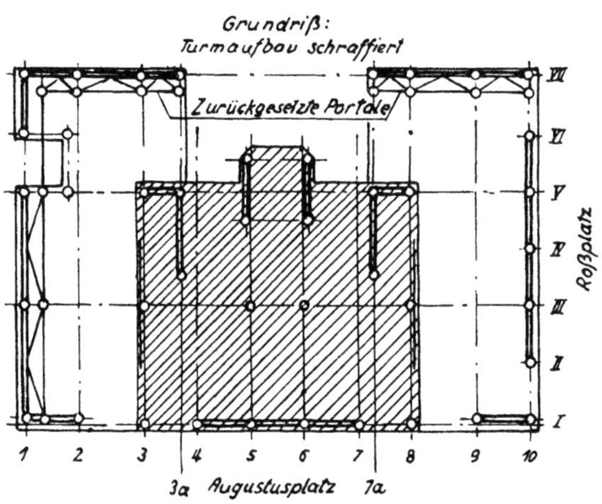

Abb. 427. Grundriß.

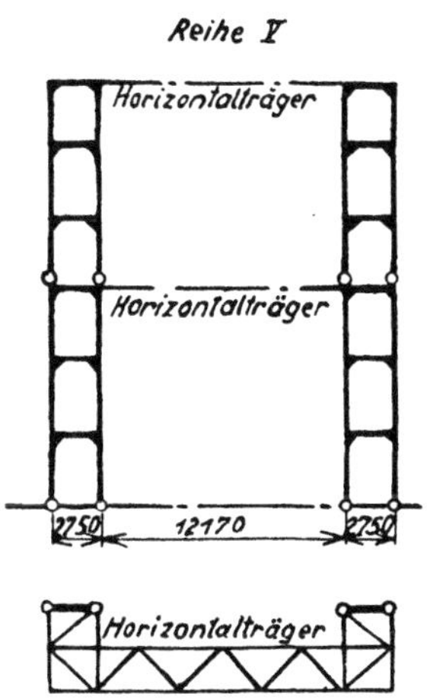

Abb. 428. Rahmenverbände. Horizontalträger.

Abb. 426 bis 428. Europahaus Leipzig. Anordnung der Verbände. (Nach Rohrer, H.: Der Stahlbau 1930.)

b) Haus Grenzwacht Aachen (Lochnerhaus)[1]. Das Lochnerhaus wurde von Arch. Prof. E. Fahrenkamp, Düsseldorf, entworfen und die Stahlkonstruktion von der Gesellschaft

[1] Teichmann, E.: Das erste deutsche Hochhaus mit vollständig eiserner Tragkonstruktion. Dt. Bauzg. 1926 I. Beilage: Konstruktion und Bauausführung, S. 41.

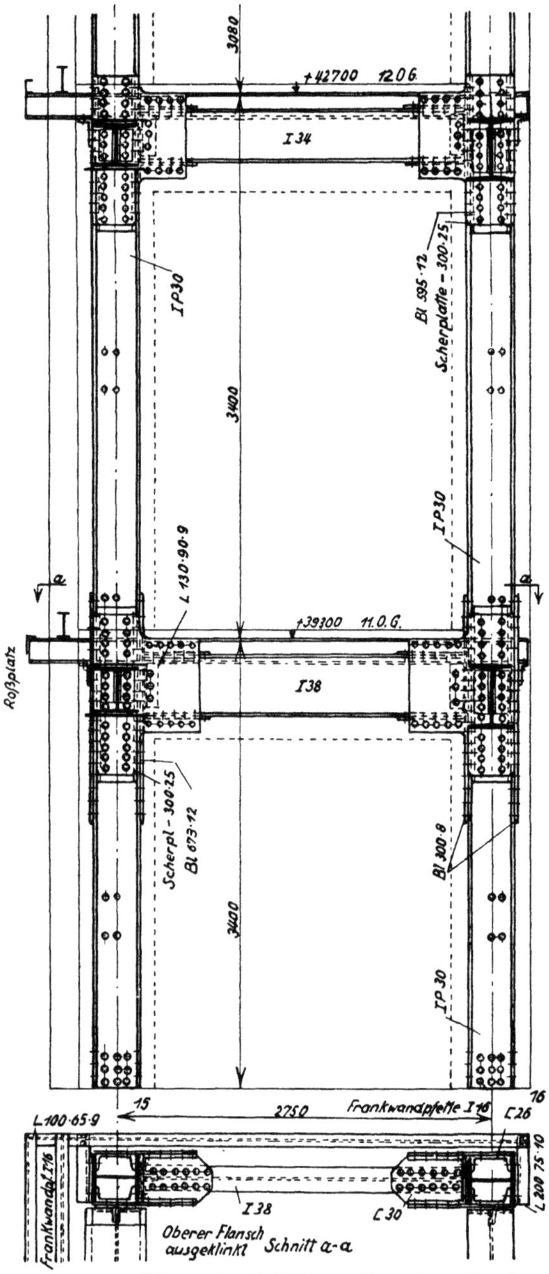

Abb. 429. Ausbildung der Steifrahmen. Europahaus, Leipzig. (Nach Rohrer, H.: Der Stahlbau 1930.)

Harkort in Duisburg hergestellt. Nachträglich ist eine Änderung vorgenommen und ein Anbau in Eisenbetonkonstruktion durchgeführt worden. Im Wesen besteht es aus dem 12stöckigen Turmbau von 40 m Höhe in rahmenartiger Ausführung, daran schließt sich ein 48 m langer 7stöckiger Bau von 20 m Höhe, und am Ende noch ein Kinoanbau gleicher Höhe an.

In jeder der Turmseiten sind 4 Stützenstränge angeordnet (Abb. 431), von denen je zwei mittels Eckblechen und Riegeln zu Steifrahmen verbunden und untereinander gekoppelt sind. Einzelheiten dieser Eckversteifungen und die Stützenprofile sind in Abb. 432 ersichtlich gemacht. Die Eckbleche waren der Ausmauerung nicht hinderlich. Die Berechnung des 36fach statisch unbestimmten Systems ist durch geschickte Wahl der Unbekannten auf ein 12fach statisch unbestimmtes System zurückgeführt worden, was schon im Abschnitt 6 besprochen wurde. (Seite 84.)

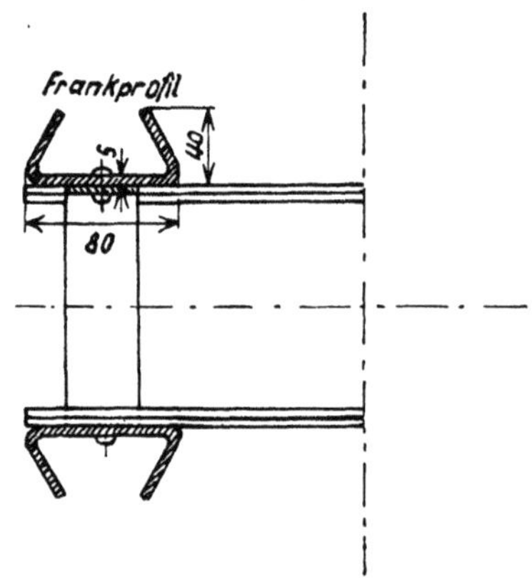

Abb. 430. Wandstützenquerschnitt nach Frank.

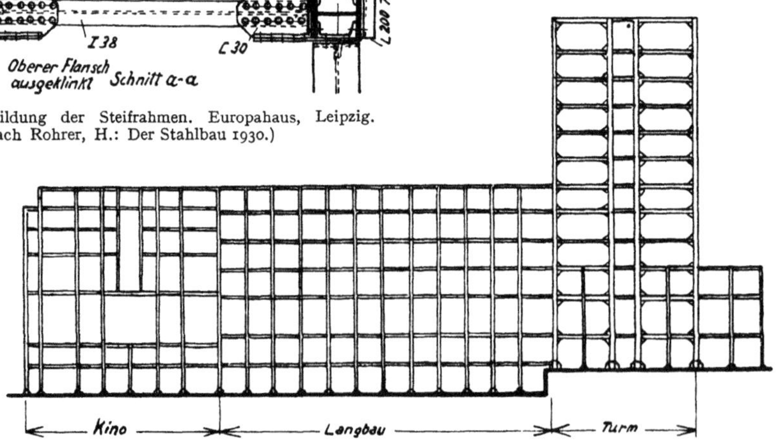

Abb. 431. Haus Grenzwacht, Aachen. Längsschnitt des Stahlskelettes. (Nach Teichmann, E.: Dt. Bauzg. 1926.)

Die Montage des Turmes erfolgte mittels eines zentral gelegenen Schwenkkranes, der dreimal umgestellt wurde. Alle Anschlüsse und Stöße sind vernietet. Die Stützen erhielten keine Fußverankerung.

c) Verwaltungsgebäude der Sozialversicherung in Paris. Von der Gutehoffnungshütte in Oberhausen und der Gesellschaft Harkort in Duisburg wurde in Paris ein Hochhaus der Sozialversicherung für das Arbeitsministerium gebaut, das 1 Keller- und 9 Obergeschosse mit einer Gesamthöhe von 33,8 m aufweist. Die 3 obersten Geschosse sind so-

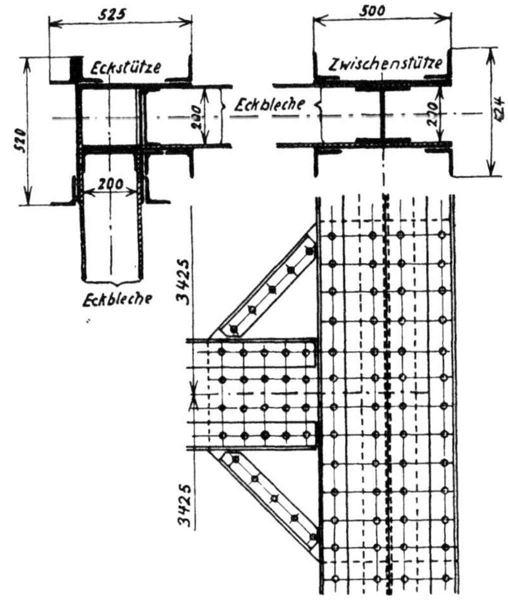

Abb. 432. Steifer Eckanschluß vom Haus Grenzwacht, Aachen. (Nach Brunner: Der Stahlbau 1930.)

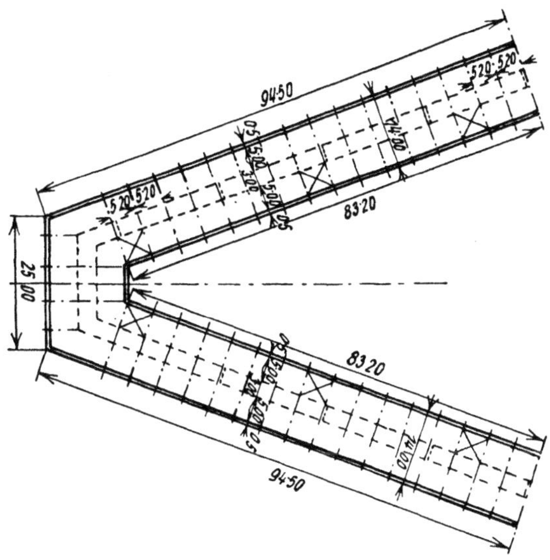

Abb. 433. Verwaltungsgebaude der Sozialversicherung in Paris. Grundriß. Ausführung: Gutehoffnungshütte Oberhausen.

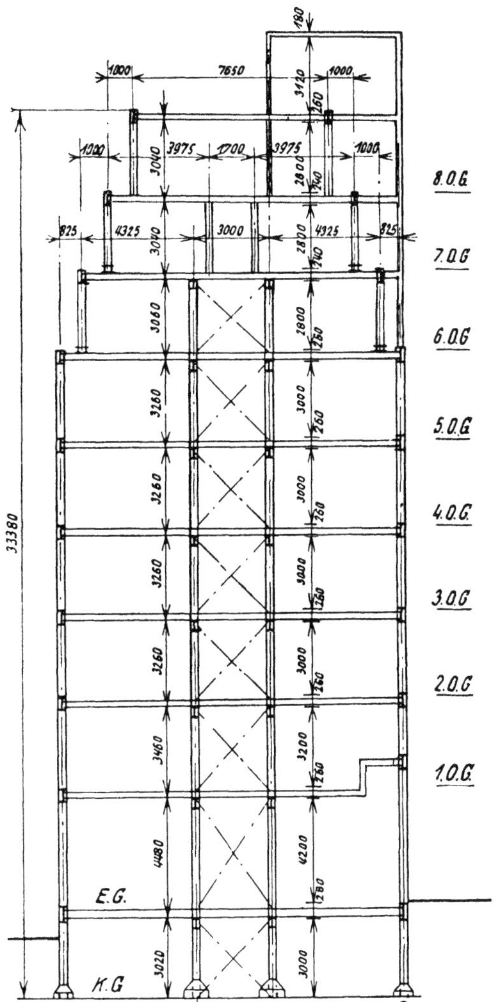

Abb. 434. Verwaltungsgebäude der Sozialversicherung in Paris. Querschnitt. Ausführung: Gutehoffnungshütte Oberhausen.

wohl auf der Straßen- wie auf der Hofseite abgetreppt. Der Grundriß (Abb. 433) zeigt zwei im spitzen Winkel anschließende je 94,5 m lange Flügelbauten und eine vordere Abschrägung von 25 m Länge. Die übersichtliche Grundrißteilung sieht 2 Mittelstützenreihen in 3,0 m Abstand vor, die von den Außenstützen je 5,15 m entfernt sind. Die Frontstützen haben 5,20 m Abstand. Die querlaufenden Deckenträger sind bei den Mittelstützen über die Unterzüge geführt, während sie an den Unterzügen an den Außenwänden im Steg angeschlossen sind, so daß eine sehr wirtschaftliche Lösung erzielt werden konnte. Für die Stützen sind Breitflanschträger verwendet worden. 6 Felder auf der Hofseite sind für Aufzüge frei gehalten, die oben für die Unterbringung der Aufzugwinden noch um 3,30 m über die Dachdecke überbaut sind. Die Deckenstärke beträgt in den Obergeschossen bloß 26 cm, über dem Kellergeschoß 28 cm (Abb. 434).

Die Montage erfolgte mit 2 Baumastkranen, die an den Außenseiten des Gebäudes längs einer Schiene laufen und in etwa 12 m Höhe an einen parallel zur Laufschiene angebrachten Träger ihre waagerechten Kräfte abgeben. Dieser Träger ist durch waagerechte Pfosten mit dem Gebäude verankert; außerdem sind noch schräge Streben, die zum Boden führen, angeordnet. In Abb. 435, die ein Montagebild gibt, sind diese Krane und die Hilfs-

Abb. 435. Verwaltungsgebäude der Sozialversicherung, Paris. Montage der beiden Flügelbauten. Ausführung: Gutehoffnungshütte Oberhausen und Gesellschaft Harkort, Duisburg.

tragkonstruktion ersichtlich. Auch die fortschreitende Ausmauerung des Stahlskelettes ist auf dem Bilde zu sehen.

Bei jeder 4. Stützenreihe ist in den Mittelfeldern ein provisorischer Montageverband angeordnet.

Das Gesamtgewicht des Skelettes beträgt 2240 t.

d) Geschäftshaus Bamberger in Bremen. Dieses Hochhaus mit 9 Obergeschossen ist in Abb. 436 gezeigt und wird wegen der eigenartigen künstlerischen Gestaltung und Kontrastwirkung gegen die niedrigeren Nachbarbauten gebracht. Das Stahlskelett ist von der Gutehoffnungshütte in Oberhausen A. G. geliefert und wiegt im ganzen 600 t. In dem Gebäude ist eine Rolltreppe angeordnet. Um diese und ihren Mechanismus anzubringen, ist eine Anzahl von Lagerungen nötig. Um diese aufzunehmen, sind einige Konstruktionen angeordnet, die an die Horizontalunterzüge eines für die Treppe erforderlichen langen Schachtes angehängt sind. Abb. 437 gibt diese Anordnung wieder. Die Hängestäbe sind seitwärts auf der inneren Seite der Unterzüge mit ungleichschenkligen Winkeln befestigt und tragen zwei Querriegel. Der obere dient für die Stützung der Treppe bei der Aufwärtsfahrt, der untere für die Rückfahrt und Motorlagerung. Zur Aufnahme von Längskräften sind unter den Unterzügen starke und ausladende Winkelstücke befestigt, die mit den Hängestäben verbunden sind.

Wegen des eigenartigen Grundrisses des Gebäudes sind außerordentlich verwickelte Anschlüsse erforderlich gewesen.

e) Geschäftshaus Vesterport in Kopenhagen. Auf einem 112 m langen und 46 m tiefen Grundriß mit beiderseits verschieden schiefen Seitenbegrenzungen ist ein Bau mit 6 Obergeschossen errichtet, der in der Hauptfront 28 Stützen in Entfernungen von etwa 5 m und 12 Stützen quer hierzu aufweist. 12 Treppenanlagen und 16 Aufzüge ermöglichen den Verkehr in die oberen Stockwerke. Alle Anschlüsse der Träger an die Stützen mit Ausnahme an einer Seitenfront sind schief.

Abb. 436. Geschäftshaus Bamberger, Bremen. Ausführung: Gutehoffnungshütte, Oberhausen.

Die Abb. 438 zeigt eine Seitenansicht des Stahlskelettes von links, während von der Hauptfront nur ein Viertel ersichtlich ist. Das gesamte Stahlgewicht beträgt 2700 t. Das Stahlskelett wurde von der Gutehoffnungshütte Oberhausen A. G. entworfen und im Jahre 1930 ausgeführt. Es ist eines der größten europäischen Bauwerke dieser Art.

f) Hochhaus Faberverlag, Magdeburg. Im Zentrum von Magdeburg wurde das Hochhaus der Magdeburgischen Druckerei und Verlagsgesellschaft über einem nahezu rechteckigen Grundriß von 31,09 × 14,13 m erbaut. Es hat 1 Keller- und 11 Obergeschosse und eine Turmhöhe von 41 m. Ein Teil des Gebäudes ist niedriger gehalten; außerdem ist ein Treppenturm vorgesehen, der ein Geschoß mehr als der Hauptturm enthält[1] (Abb. 439). Der Entwurf stammt von

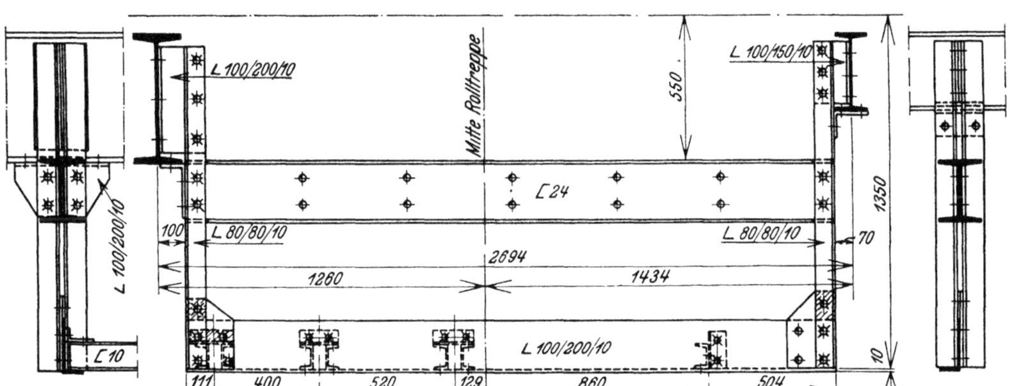

Abb. 437. Aufhängekonstruktion für eine Rolltreppe. Geschäftshaus Bamberger, Bremen (Gutehoffnungshütte, Oberhausen).

Arch. Paul Schaeffer, Magdeburg, beratender Ingenieur war Ing. G. Mensch, Berlin. Ausgeführt wurde der Stahlbau von Aug. Klönne, Dortmund.

[1] Schaeffer, P. und G. Mensch: Hochhaus Faberverlag, Magdeburg. Der P-Träger 1930, S. 58.

Die unteren 6 Geschosse sind für den Druckereibetrieb mit 1500 kg/m² Nutzlast, die Turmgeschosse für 350 kg/m² berechnet. Die Entfernung der Kappenträger beträgt 2,10 m.

Abb. 438. Geschäftshaus Vesterport in Kopenhagen. Stahlskelett 2700 t. Ausführung: Gutehoffnungshütte Oberhausen.

Das Stahlskelett wiegt 830 t, davon sind 315 t P-Träger verwendet worden.

g) Das Hochhaus in Wien, Währinger Straße. Nach Überwindung einiger Schwierigkeiten bekommt nun auch Wien ein Stahlhochhaus, dessen Entwurf von Waagner-Biro A.G., Wien herrührt. Es weist im Grundriß einen rechteckigen Mittelblock von 23,64 m Länge und 11,26 m Breite auf, an den sich beiderseits zwei rechteckige, rund um 3 m rückspringende Seitenblöcke von 18,13 m Länge und 11,20 m Breite anschließen (Abb. 440). In jedem der Trakte ist eine Mittelstützreihe angeordnet, die Hauptstützenentfernungen betragen 5,91 bzw. 6,90 m. Die Deckenträger liegen senkrecht zu den Fronten und haben 1,97 m Abstand. Die zwei Treppenhäuser sind in die äußersten vorderen Ecken des Grundrisses verlegt, die Aufzüge nahe den vorderen einspringenden Ecken.

Abb. 439. Hochhaus der Magdeburgischen Druckerei- und Verlagsges. m. b. H., Magdeburg. Arch. Paul Schaeffer, Magdeburg. Ber. Ing. G. Mensch, Berlin. Ausführung: Aug. Klönne, Dortmund.

Das Hochhaus besitzt 2 Keller- und 18 Obergeschosse. Das Erdgeschoß ist 5,88 m hoch, die Obergeschosse 3,35 m, das oberste 4,4 m hoch. Die Höhe des Hochhauses über dem Terrain beträgt 61,65 m, die Gesamtkonstruktionshöhe 67,07 m. Die beiden Seitenflügel sind nur unbedeutend niedriger gehalten als der Mittelteil; es ist also kein turmartiger Aufbau vorhanden. Im ganzen sind 35 Stahlstützen, die im Mittelteil einen über 4 Felder reichenden, durch 11 Geschosse hindurchgehenden Windverband mit gekreuzten Streben aufweisen (teilweise exzentrisch angeschlossen), der sich in den obersten 4 Geschossen auf 2 Felder beschränkt. In den unteren 4 Geschossen ist ein einfacher Strebenverband angeordnet (Abbildung 441). Die Anschlüsse dieser Streben an die Unterzüge sollen geschweißt werden.

Als Deckenkonstruktion wurden Platzldecken mit 8 cm Überschüttung, Blind- und Brettelboden gewählt (Gewicht 270 kg/m² einschließlich 14 kg/m² Deckenträgergewicht). Für die Decken wurde noch eine Variante aus Hohlsteinen Bauart Kleiner und Bockmayer bei 1,10 bis 1,20 m Trägerentfernung und einem Gesamtgewicht von bloß 140 kg/m² in Betracht gezogen. Über dem Kellergeschoß ist eine Ast-Moulin-Decke (Gewicht 340 kg/m²) angeordnet.

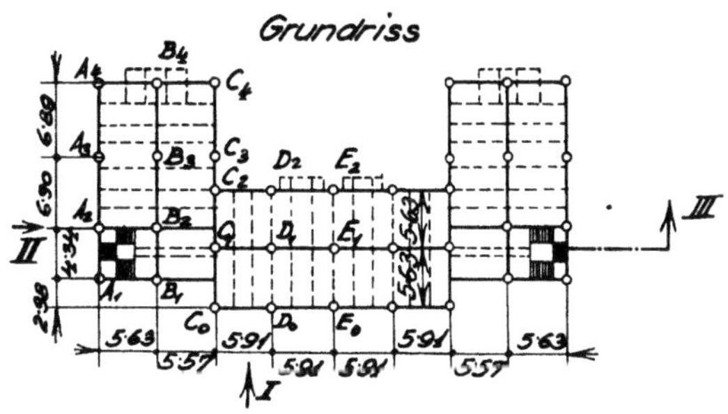

Abb. 440. Grundriß.

Die Wände sind aus Isostonesteinen mit Verputz bzw. Verkachelung hergestellt, nur die unteren Teile der Außenmauern samt Steinverkleidung bis zum Fußboden des ersten Stockes sind unmittelbar auf den Umfassungsmauern aufruhend, belasten also das Stahlgerippe nicht. Die Stiegenhauswände sind als Verbund-Hohlwände von 15 cm Stärke ausgebildet (120 kg/m²), Scheidemauern 12 cm stark aus Schlakkenbeton (120 kg/m²), Scheidewände aus zwei 5 cm starken Gipsdielenlagen mit Hohlräumen (100 kg/m²).

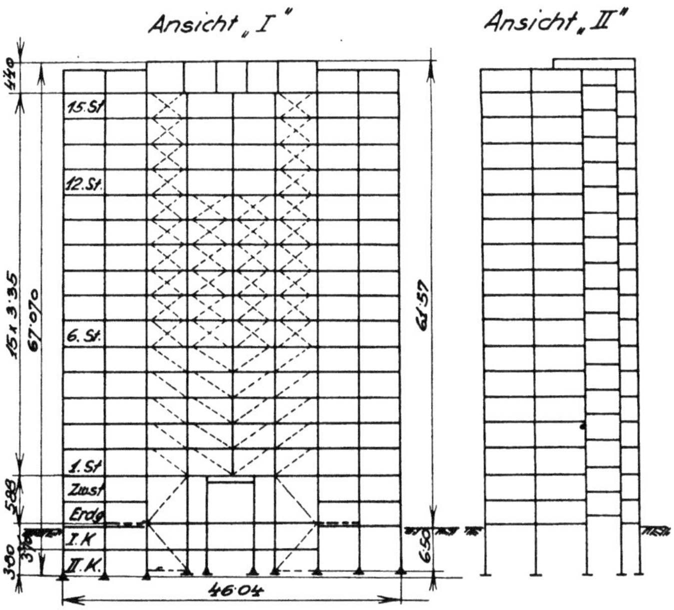

Abb. 441. Aufriß und Querschnitt.

Der Winddruck wurde für die statische Berechnung mit:

75 kg/m²	bis	7 m	Höhe
100 ,,	,,	15 m	,,
125 ,,	,,	25 m	,,
125 + 0,6 *h* ,,		darüber	

angenommen.

Die Deckenunterzüge sind als Durchlaufbalken nach der deutschen Vorschrift mit $M = Ql/16$ in den Mittelfeldern und $M = Ql/11$ in den Endfeldern gerechnet. Die Nutzlasten sind für Wohnräume mit 275 kg/m², für Büros mit 300 kg/m² angenommen. Als Baustoff ist Stahl St 44 (Schiffbaustahl) vorgeschlagen, der 44 bis 52 kg/mm² Festigkeit und 24% Dehnung am Kurzstab und 20% am Langstab aufweisen soll. Die Streckgrenze beträgt etwa 55% der Mindestfestigkeit.

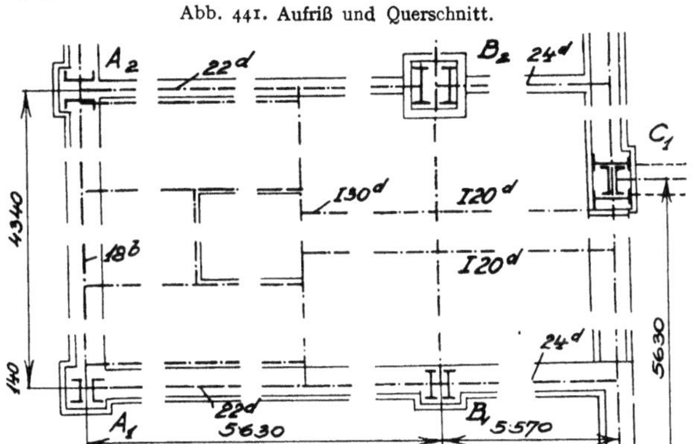
Abb. 442. Grundriß der Ecke beim Stiegenhaus.

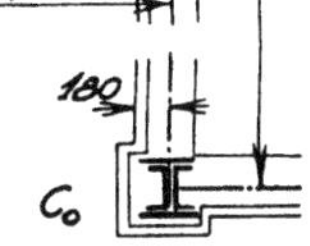

Abb. 440 bis 442. Hochhaus, Wien, Währinger Straße. (Waagner Biro A. G., Wien.)

Mit Rücksicht auf den höherwertigen Baustoff werden die zulässigen Inanspruchnahmen gegenüber St 37 erhöht. Nach den Normen in Österreich ist für Hochbauten zulässig:

für St 37.	zul. Inanspruchnahme	1400 kg/cm²
	eine zul. Erhöhung um 1/7	200 ,,
	$s =$	1600 kg/cm²

in analoger Weise hat man für St 44 zugelassen

$$\begin{aligned} \text{zul. Inanspruchnahme } \frac{44}{37}\,1400 &= 1665\ \text{kg/cm}^2 \\ \text{eine Erhöhung um } {}^1/_7 &= 235\ \text{,,} \\ \hline s &= 1900\ \text{kg/cm}^2 \end{aligned}$$

Für die reinen Deckenträger wurden nur 1665 kg/cm² angenommen. Alle Stützen sind für zentrischen Druck bzw. Knicken aus der Wandebene gerechnet. Das Gewicht der Stahl-

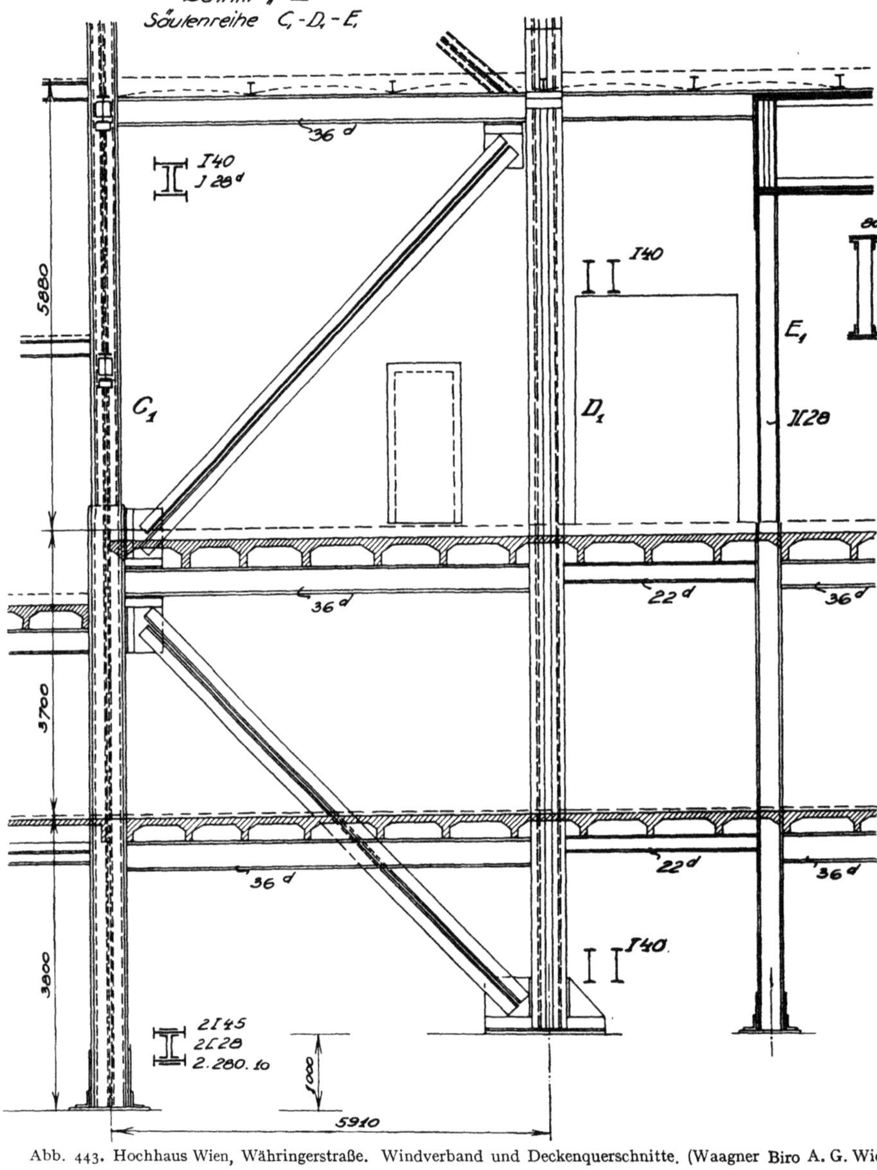

Abb. 443. Hochhaus Wien, Währingerstraße. Windverband und Deckenquerschnitte. (Waagner Biro A. G. Wien.)

konstruktion beträgt pro 1 m² Decke 70 kg, pro 1 m³ umbauten Raum 20 kg. Die Ummantelung der Wandstützen erfolgt mit feuerfester KB-Isolierung (Kieselgur), die in Lagen von mindestens 3 cm aufgebracht ist; für die Innenstützen ist eine Ummantelung mit 7 cm starken Leichtbetondielen vorgesehen. Die Deckenunterzüge erhalten eine Rabitzummantelung.

Wird die Ummantelung der Stützen berücksichtigt, so beträgt der Prozentsatz der

Säulenfläche zur Feldfläche im Keller 0,967% und nimmt in den oberen Geschossen bis auf 0,435% ab, also ein sehr günstiges Ergebnis, was die Raumausnützung betrifft.

In Abb. 442 sind die Stützenstellungen, die Träger und Unterzüge sowie die Stiegenhausträgeranordnungen für eine Gebäudeecke wiedergegeben. Außerdem bringt die Abb. 443 einige Einzelheiten, Stützenquerschnitte, Deckenausbildungen und Windverbände für die unteren drei Geschosse.

h) Geschäftshaus T. & A. Bată in Brünn. Das Hochhaus Bată in Brünn ist wohl ein Eisenbetonbau, es wurden aber hier, in der Tschechoslowakei wenigstens, zum erstenmal, und vielleicht auch in Europa, für die stark belasteten Turmstützen schwere steife Stahlbewehrungen vorgesehen, die einen großen Teil der Lasten übernehmen, während der Rest vom umschnürten Beton aufgenommen wird.

Diese Anordnung, welche in diesem besonderen Falle und bei den ortsüblichen Einheitspreisen für Stahl bzw. Beton eine sehr wirtschaftliche Lösung gibt, wurde vom Verfasser als beratender Ingenieur vorgeschlagen und ausgeführt.

Eine perspektivische Ansicht des Turmhauses ist in Abb. 444 wiedergegeben.

Abb. 444. Hochhaus T. & A. Bată in Brünn. Architekt V. Karfík.

Der Grundriß des Gebäudes ist trapezförmig. Die parallelen Schmalseiten sind 23,5 m bzw. 12,02 m lang, die Längsseite 42,33 m. Über diesem Grundriß bauen sich 10 Geschosse einschließlich des Kellergeschosses auf. Die letzten 3 Geschosse sind abgetreppt. Ungefähr über der Mitte wächst der Turm heraus, der ebenfalls einen trapezförmigen Grundriß aufweist, mit 18,5 m bzw. 13,5 m langen Parallelseiten und 18 m Frontlänge in den Langseiten des Gebäudes. Er enthält 13 weitere Geschosse und außerdem einen Dachaufsatz für einen Wasserbehälter. Die Gebäudehöhe von der Straße bis zum Gesimse des 7. Obergeschosses beträgt 26,42 m, der 23geschossige Turm hat 76,22 m Höhe.

Die Nutzlasten der Decken in den einzelnen Geschossen wurden nachstehend angenommen:

Kellergeschoß	550 kg/m²
1. bis 5. Obergeschoß	450 ,,
6. bis 23. Turmgeschoß	250 ,,
Dachdecke	300 ,,

Alle Decken haben ebene Untersicht und eine Konstruktionsstärke von 55 cm.

Die Fundierung erfolgte auf einer durchgehenden 60 cm starken Eisenbetonplatte mit Längs- und Querrippen von 1,40 m Höhe. Außerdem sind noch Eisenbetonpiloten 36 × 36 cm vorgesehen. Die Geschoßhöhen betragen im Erdgeschoß 4,55 m, im niedrigen Gebäudeteil 3,45 m, im Turm 3,35 m.

Als Winddruck wurde 150 kg/m² vom Fußboden des 8. Geschosses bis zur Turmspitze angenommen. Unterhalb wurde kein Winddruck berücksichtigt.

In jeder Stützenebene des Turmes sind Windrahmen eingebaut.

Für die Berechnung der Stützen wurde eine stufenförmige Abminderung der Deckennutzlasten berücksichtigt, und zwar wurde die Nutzlast im obersten Turmgeschoß voll gerechnet, in jedem weiter unten liegenden Geschoß eine Abminderung der Nutzlast von je 5% vorgenommen, und zwar so lange, bis im ganzen 40% der Abminderung erreicht waren, die dann weiter unten beibehalten wurde.

Die schweren Turmstützen haben bis 575 t zu tragen und mußten, da man die Querschnitte nicht zu groß machen wollte, mit steifer Bewehrung konstruiert werden. Sie ist in hochwertigem Stahl St 52 vorgesehen.

In Abb. 445 ist ein kreisförmiger Querschnitt einer schweren Stütze wiedergegeben, die die steife Bewehrung durch U-Eisen und Rundeisen, sowie die Umschnürung zeigt. Der Durchmesser der Stütze ist 70 cm. Die Eisenbewehrung der anschließenden Unterzüge ist durch die Zwischenräume des Stützenprofiles hindurchgeführt; außerdem gehen auch Rundeisen um die steife Bewehrung herum. Die Stütze hat einen Gesamtquerschnitt von 3848 cm² und eine Bewehrung von 331,68 cm², also 8,6%. Bezüglich der Tragfähigkeit solcher Säulen auch bei Momentenbeanspruchung werden erst Versuche Aufschluß geben.

Außerdem sind noch zwei andere Ausführungsweisen in Abb. 446, 447 wiedergegeben, die von dem gleichen Gesichtspunkt ausgehen und ungefähr die gleichen Bewehrungsstärken in anderer Formgebung aufweisen.

Die zuerst angegebene Lösung dürfte die zweckmäßigste sein, da sie auch die Anschlüsse von Unterzügen in Walzprofilen besser bewirken läßt.

Der neue Vorschlag für eine Verbilligung der Stahlskelettbauten geht dahin, das ganze Gerippe aus steifen Profilen aufzustellen und dieses dann einzubetonieren, wobei der Beton tragend mitwirkt.

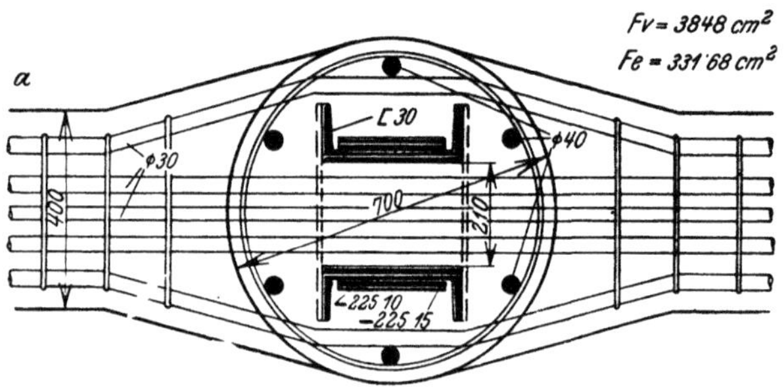

Abb. 445.

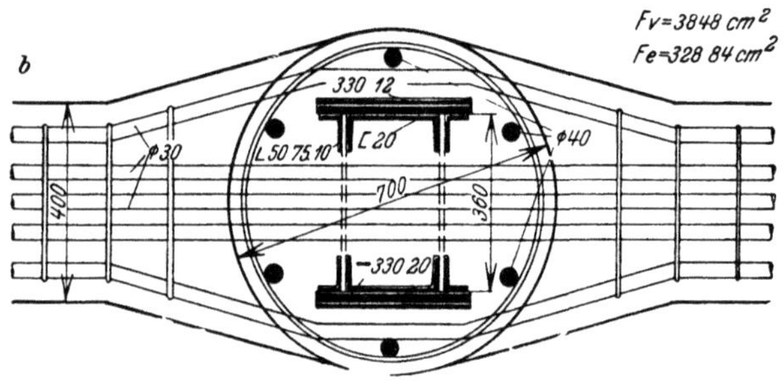

Abb. 446.

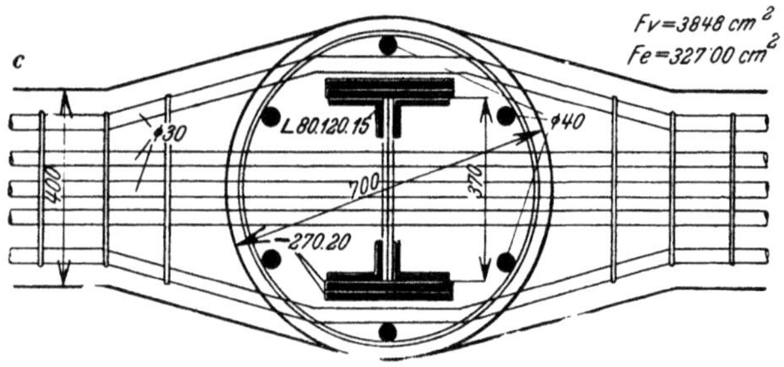

Abb. 447.

Abb. 445 bis 447. Eisenbetonsäulen mit steifer Bewehrung.

i) Hochhaus der Allgemeinen Bankvereinigung in Antwerpen. Das derzeit größte Stahlhochhaus in Europa wurde dieses Jahr für die Allgemeine Bankvereinigung in Antwerpen fertiggestellt. Es soll künftig einen ganzen Häuserblock umfassen und ist derzeit nur über einem Teil des dreieckigen Gesamtgrundrisses errichtet. Es hat einen niedrigeren Bauteil von 33,84 m Höhe über dem Erdboden, der ein Kellergeschoß und 10 Obergeschosse enthält und eine Frontlänge von 80,60 m. Darüber hinaus erhebt sich ein rechteckiger Turm von 22,8 × 16,8 m Grundrißfläche, der weitere 10 Geschosse aufweist, und setzt sich dann abgetreppt noch durch 5 Geschosse fort, um endlich eine 7,70 m hohe Krönung zu erhalten.

Im ganzen sind 26 Geschosse vorhanden. Die Gesamthöhe des Stahlskelettes des Hochhauses beträgt 92,40 m. Der Turm selbst hat eine Höhe von 87,20 m über dem Straßenpflaster (Abb. 448). Die Geschoßhöhen sind in der Abb. 448 zu ersehen. Die Stützenentfernungen im Turmteil liegen zwischen 4,40 bis 4,70 m.

Das Gebäude weist 7 Treppenhäuser und 3 Aufzugsgruppen auf.

Abb. 449 zeigt die Ausführung eines Stützenfußes im Turmteil mit der Verankerung

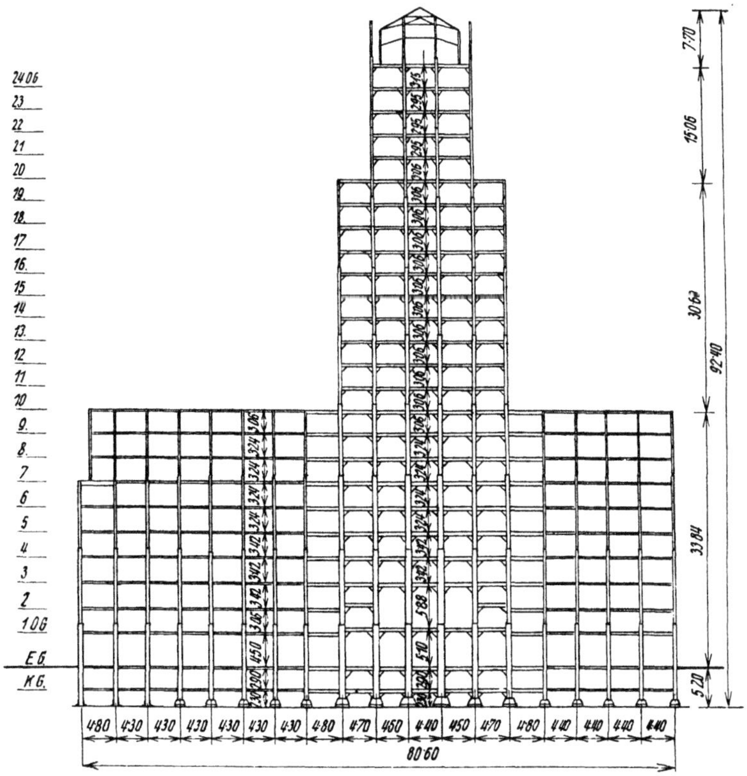

Abb. 448. Hochhaus der Allgem. Bankvereinigung in Antwerpen. Längsschnitt. Ausführung: DEMAG Aktienges. Duisburg.

Abb. 449. Hochhaus der Allgem. Bankvereinigung in Antwerpen. Ausbildung eines Turmstutzenfußes. Ausführung: DEMAG Aktienges. Duisburg.

Abb. 450. Hochhaus der Allgem. Bankvereinigung in Antwerpen. Anschlüsse der Unterzuge und Stützenstoßdeckung. Ausfuhrung: DEMAG Aktienges. Duisburg.

und den Aussteifungen der Trägeranschlüsse mit verstärkten Eckblechen und kleine Kniestreben im waagerechten Sinn.

Die Querschnitte der Turmstützen bestehen aus einem großen I-Profil, an dessen Steg sich beiderseits kleinere I-Profile mit deren Flanschen anschließen. Der Stoß dieser Profilteile ist versetzt. Er wurde in jedem dritten Geschosse angeordnet.

In Abb. 450 sieht man die Trägeranschlüsse im Turmteil eines oberen Geschosses.

Für die Montage der niedrigen Teile wurden Turmkrane benützt (Abb. 451), während der Turm selbst mittels eines in der Turmmitte gelegenen Derricks aufgestellt wurde.

Abb. 451. Hochhaus der Allgem. Bankvereinigung in Antwerpen. Montagebild. Ausführung: DEMAG Aktienges. Duisburg.

Abb. 452 zeigt das fertiggestellte Stahlgerüst, im Hintergrunde den schönen Turm der Kathedrale von Antwerpen. Ein Teil der Wandverkleidung des Stahlbaues ist gleichfalls ersichtlich. Außerdem sieht man noch einen anderen in Montage begriffenen Stahlbau für ein Hotel.

Abb. 453 endlich zeigt den nahezu fertigen Zustand des Bankgebäudes mit einer ansprechenden einfachen Architektur.

Das Stahlgerüst wurde von der DEMAG Aktiengesellschaft in Duisburg ausgeführt.

5. Amerikanische Hochhäuser (Wolkenkratzer).

Im nachstehenden soll nicht eine Darstellung der amerikanischen Wolkenkratzer gegeben, sondern es sollen nur einige gerade in jüngster Zeit ausgeführte Hochhäuser kurz besprochen werden, die augenblicklich die höchsten Bauten Amerikas bzw. New Yorks sind. Bei jedem der Wolkenkratzer sind tunlichst andere Einzelheiten in den folgenden Beschreibungen hervorgehoben, die bei dem Vergleich mit europäischen Hochhausbauten von Interesse sein dürften, die aber doch für die amerikanischen Ausführungen typisch sind. Vor allem ist hierbei die konstruktive Seite betont.

Die Vorschriften für den Entwurf von Hochbauten aus Stahl sind in Amerika im großen und ganzen milder als in Europa, die neueste Regelung erfuhren die Vorschriften für die Stadt New York durch die Bill vom 25. März 1930, welche Ergänzungen zum „Building Code“ mit sofortiger Wirksamkeit enthält[1].

Wiewohl die Festigkeit des gewöhnlichen Baustahls in Amerika zwischen 3870 und 4570 kg/cm² und die Mindeststreckgrenze nur mit 2110 kg/cm² vorgeschrieben ist, wird ohne Berücksichtigung der Windkräfte die zulässige Inanspruchnahme bei Zug mit

[1] Engg. News. Rec. I, Bd. 104, S. 622. 1930. Siehe auch Dr. Maier-Leibnitz: Stahlbau 1930, S. 214.

Abb. 452. Hochhaus der Allgem. Bankvereinigung in Antwerpen. Ansicht des fertigen Stahlskelettes. Ausführung: DEMAG Aktienges. Duisburg.

1265 kg/cm² festgesetzt. Die Knicksicherheiten sind für Druckglieder wesentlich niedriger als die in Deutschland vorgeschriebenen, dafür ist für Hauptdruckglieder der Schlankheitsgrad von höchstens 120 zulässig.

Einschneidend ist aber die neue Vorschrift über die anzunehmende Windlast.

Für Gebäude über 30,5 m Höhe ist der Winddruck mit 98 kg/m² von der Spitze bis zur Höhe von 30,5 m herab zu berücksichtigen (früher 147 kg/m²); unterhalb dieser Höhe ist kein Winddruck anzunehmen.

Gebäude, die niedriger als 30,5 m sind, werden im allgemeinen ohne Winddruck bemessen, außer wenn ihre Höhe größer als die 2½fache Breite ist.

Die Standsicherheit des durch die ständige Last belasteten Gebäudes bei Wind soll mindestens 1,25 betragen; im ungünstigeren Falle sind die Stützenfüße zu verankern.

Ist die Beanspruchung der Bauteile bei Wind allein geringer als ein Drittel jener für Eigengewicht und Nutzlast, so ist sie nicht zu berücksichtigen. Bei der

Abb. 453. Hochhaus der Allgem. Bankvereinigung in Antwerpen Ansicht des nahezu fertigen Baues. Ausführung: DEMAG Aktienges. Duisburg.

Gesamtbeanspruchung durch Eigengewicht, Nutzlast und Wind kann die zulässige Inanspruchnahme um ein Drittel vergrößert werden, sobald sich dadurch nicht kleinere Querschnitte ergeben als für ständige Last und Nutzlast allein.

Eine Anpassung in europäischen Staaten an diese wesentlich erleichterten Bedingungen für die Ausführung von Stahlhochbauten dürfte sich derzeit noch nicht empfehlen, weil die Zahl der Stockwerke in Europa vorläufig noch nicht jene Höhe erreicht wie in Amerika, und die für die Wolkenkratzer angenommenen Nutzlasten in den Geschossen wohl im allgemeinen größer sind, als selbst ein voller Betrieb und Belag ergibt. In diesem Punkte dürfte also eine Reserve vorliegen.

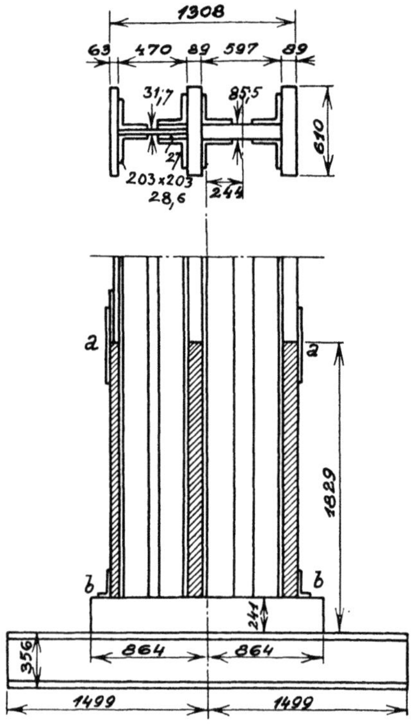

Abb. 454. Stützenfuß vom Chrysler Building New York. (Nach Engg. News. Rec. 1930.)

a) Chrysler Building. Der Grundriß ist trapezoidförmig mit ungefähr 66 m Seitenlänge, aus dem nach 3facher Abstufung über dem 31. Geschoß der Turm mit einer Rechteckfläche von 32,8 × 26,8 m hervorwächst. Das 60. Geschoß ist wieder abgesetzt, und über dem 66. ist eine weiterhin abgetreppte Turmspitze aufgebaut. Die Turmspitze liegt 318 m über dem Straßenpflaster. Im ganzen sind 71 Geschosse vorhanden. Das Stahlgewicht beträgt 21000 t. Die größte Stützenlast erreicht eine Höhe von 3170 t. Der Querschnitt dieser Stütze am Fußende ist in Abb. 454 gegeben[1]. Er zeigt die nun bei einigen Wolkenkratzern ausgeführte Anordnung schwerer Stützen mit starken Profilen und Blechen. In diesem Falle sind 2 Stehbleche von 31,7 bzw. 85,5 mm Stärke mit 4 Winkeln 203/203/28,6 zusammengefaßt und 3 Querplatten von je 610 mm Breite und 63, 89, 89 mm Dicke angefügt. Die erforderlichen Kopfplattenstärken sind also nicht durch Zusammenlegen mehrerer schwächerer Einzelbleche erzielt. Am Fußende sind die erforderlichen trapezförmigen Verteilungsbleche (in der Abbildung schraffiert) oben und unten gefräst, passen genau auf die ebenso bearbeiteten Fußbleche und übertragen also den Druck unmittelbar durch Berührung. Es sind nur des Zusammenhangs wegen bei *a* kurze nichttragende Verbindungslaschen angeordnet. Unten sitzt der völlig gefräste Fuß unmittelbar auf einer 241 mm starken Blockplatte auf, die sich wiederum auf einen I-Trägerrost abstützt. Die unteren Saumwinkel bei *b* sollen nur das Aufsetzen der Stütze an der richtigen Stelle erleichtern. Die Stützen sind mit Nieten von 33 mm Stärke in der Werkstätte vernietet.

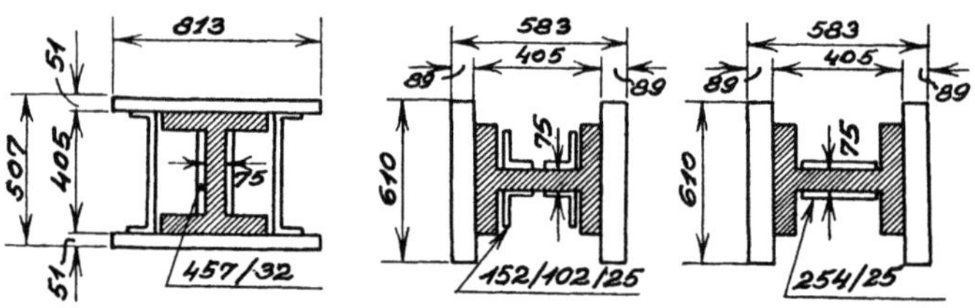

Abb. 455. Stützenquerschnitte vom Lincoln Building New York. (Nach Engg. News. Rec. 1930.)

Diese Fußkonstruktion überträgt die Lasten unmittelbar durch Druck auf die Berührungsfläche, was im allgemeinen nur bei so schweren Konstruktionen empfehlenswert ist. Bei europäischen Ausführungen wird man höchstens bei sehr breiten Gebäudegrundrissen die unmittelbare Stützung der Säulen durchführen können.

Das unterste Stück dieser Säule wiegt ca. 25 t. Die Stützen sind in jedem zweiten Geschosse gestoßen. Der Montagevorgang war ähnlich wie bei den anderen Wolkenkratzern.

[1] Engg. News. Rec. Bd. 104, S. 150. 1930/I.

Der grundsätzliche Vorgang wird später beschrieben. Die obere ausgefachte 57 m hohe und 27 t schwere Turmspitze wurde aus Teilen am Turm zusammengenietet und in einem von einer oberen Hilfsplattform hinaufgezogen und aufgesetzt.

b) Lincoln Building. Von diesem Gebäude mit 53 Stockwerken sollen nur einige Stützenprofile angeführt werden, weil sie die Anwendung von 405 mm hohen I-Profilen mit großen Flansch- und Stegstärken zeigen (75 mm) (Abb. 455)[1]. Die Kopfplatten weisen die ansehnliche Stärke von 89 mm auf.

Diese Stützenprofile sind genietet und mit eigens konstruierten Maschinen gebohrt. Auch die Fußblöcke der Stützen sind von erheblicher Stärke (bis 178 mm). Das Gesamtgewicht von 16941 t war in 89 Arbeitstagen aufgestellt, dies gibt eine tägliche Leistung von 191 t.

c) Manhattan Company Building. Dieses 282 m hohe Gebäude mit 71 Stockwerken hat eine Grundrißfläche von 64,0 × 45,8 m, und ist in Abb. 456 wiedergegeben[2]. Das Gesamtgewicht des Stahlskelettes beträgt 17000 t. Es wurde in 96 Tagen bzw. 75 reinen Arbeitstagen aufgestellt. Im ganzen sind 45 Aufzüge eingebaut. Für etwa die Hälfte befinden sich die Antriebsmotoren im 40. Geschoß, 13 Aufzüge reichen bis zum 56. Geschoß, zwei gehen auf die oberste Plattform und einer zur obersten Gallerie. Die Aufzüge samt Gängen nehmen in den untersten Geschossen eine Fläche von 30,5 × 11,3 m ein.

Abb. 456. Manhattan Company Building, New York. (Aus Engg. News. Rec. Bd. 104. 1930.)

Die größte Stützenlast beträgt 2040 t, die größte Stützenentfernung in den vier untersten Geschossen für die Bank- und Schalterhalle beträgt 10,10 m.

Die Windverbände sind in die Aufzugswände verlegt, sind in dem unteren Teil des Gebäudes in zwei Feldweiten angeordnet. Teilweise wird noch ein drittes Feld herangezogen. Im oberen Schaftteil sind Eckaussteifungen vorgesehen. Der Winddruck wurde über dem 60. Geschoß mit 147 kg/m², unterhalb bis zum 8. Flur mit 98 kg/m², von der Straßenhöhe bis zum 8. Geschoß wurde kein Wind berücksichtigt. Zulässige Inanspruchnahme einschließlich Wind 1406 kg/cm². Die große Schalterhalle wurde auch durch waagrechte Windverbände ausgesteift.

Die Montage wurde auch in 2 Abschnitten durchgeführt, indem im 26. Geschoß eine Zwischenlagerung der Bauteile erfolgte. Für den unteren Gebäudeteil waren 5 Derricks, davon 2 mit 50 t Tragfähigkeit eingestellt. Einer hatte die schweren Turmstützen von den Lastwagen abzuheben, der andere besorgte den Einbau, die anderen 3 Derricks hatten eine Tragfähigkeit von 15 t. Für den Einbau in den oberen Geschossen reichten die leichten Krane aus und erhielten die Stücke von dem 26. Geschoß mittels eines Zubringerkranes, der nahe der Frontwand aufgestellt war.

[1] Engg. News. Rec. Bd. 104, S. 390. 1930/I.

[2] Engg. News. Rec. Bd. 104, S. 756, 800. 1930/I.

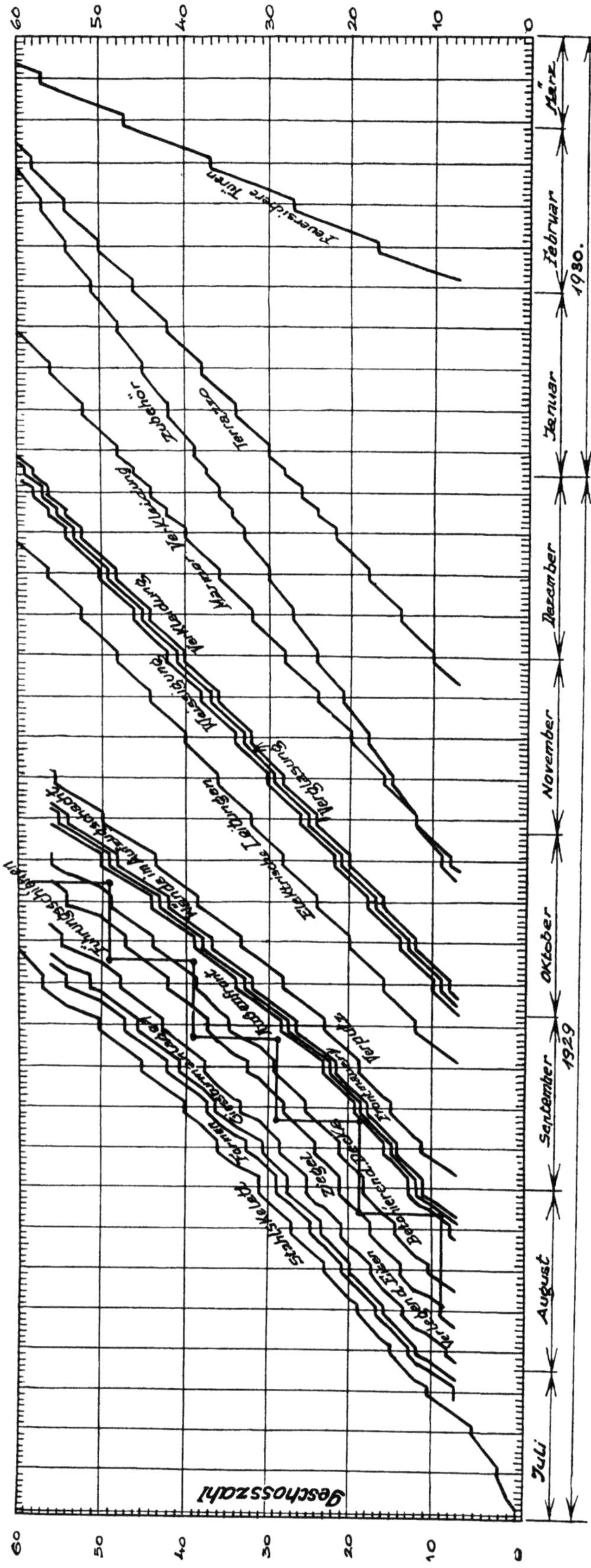

Abb. 457. Arbeits-Fortschrittsplan vom Manhattan Company Building, New York. (Nach Engg. News. Rec. 1930.)

Die Lieferung des Stahlbaues bis zum 20. Geschoß war an 5 Konstruktionswerkstätten vergeben. Diese Gebäudeteile waren schon in Arbeit bevor die Detailpläne der oberen Geschosse fertig waren. Jede Lieferungsgruppe war bei der Aufstellung einem der Krane zugewiesen; die Zufuhr der benötigten Teile erfolgte wegen Platzmangels erst auf Abruf.

Eine Anzahl von Aufzügen für die verschiedenen sonstigen Baustoffe war rechtzeitig zur Verfügung, während die künftigen Gebäudeaufzüge so rasch als möglich in Tätigkeit gesetzt wurden, um die Arbeiter ohne wesentlichen Zeitverlust an die hochgelegenen Arbeitsstellen zu bringen. Dies war schon deshalb notwendig, da die amerikanischen Arbeiter beschlossen hatten, nicht mehr als 15 Stockwerke zu ihrer Arbeitsstelle hinauf zu steigen. Diese Aufzüge besorgten auch teilweise den Materialtransport. Die Aufzugsmauern wurden von hängenden Gerüsten in den Aufzugschächten aus hergestellt.

Für die 50 Subunternehmer war eine straffe Organisation mit genau ausgearbeiteten Zeitplänen geschaffen. War die Arbeit an irgendeiner Stelle durch Umstände aufgehalten worden, so wurden die Architekten um Mitternacht auf die Baustelle gerufen um sofort die Entscheidung zu fällen, damit nächsten Morgen wieder zielbewußt weitergearbeitet werden konnte. Um das Ineinandergreifen der einzelnen Arbeiten mit der Zeit zu veranschaulichen, wird in Abb. 457 der F o r t s c h r i t t s p l a n des Manhattan-Gebäudes wiedergegeben. Als Abszissen sind die Zeiten, als Ordinaten die Geschosse eingetragen. Man

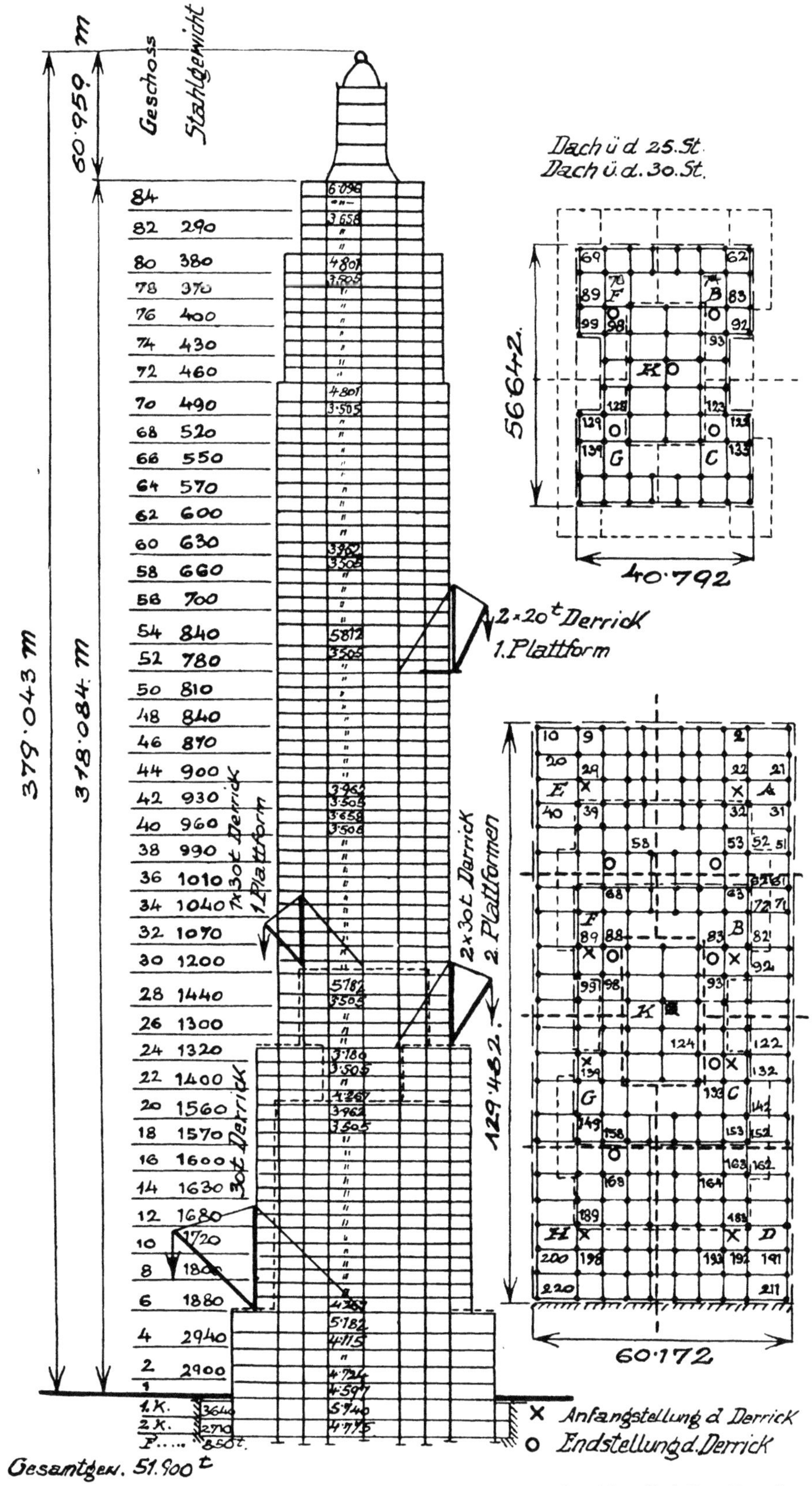

Abb. 458. Empire State Building in New York. Querschnitt mit Kranstellungen. Grundrisse. (Nach Engg. News. Rec. 1930.)

kann daraus den Beginn jeder Arbeitsgattung entnehmen, welche Arbeiten gleichzeitig vorgenommen worden sind, und um wieviel Stockwerke die Montage weiter fortgeschritten war als die anderen Arbeiten.

Es ist auch aus dem Verlauf der Linien für die verschiedenen Herstellungen ersichtlich, daß die Hauptarbeiten ungefähr dasselbe Tempo einhielten wie die Montage des Stahlgerüstes; es ist dies ein Beweis der ausgezeichneten Organisation.

Aus dem weniger steilen Verlauf der Linien für elektrische Leitungen, Weißigung, Verglasung und Verkleidung kann entnommen werden, daß diese Arbeiten einen größeren Zeitaufwand benötigten als die erstgenannten Hauptarbeiten. Im ganzen wurden für die Fertigstellung des Gebäudes 33 Wochen benötigt.

Das Baubüro beschäftigte 90 Personen, 17 Telefonleitungen dienten dem Baubetrieb. Für den Entwurf des Gebäudes waren ca. 30000 Pläne erforderlich. Das Baubüro wurde nach Maßgabe des Baufortschrittes siebenmal in andere Räume verlegt.

d) Empire State Building in New York. Es ist derzeit der höchste Wolkenkratzer der Welt mit einer Höhe bis zum obersten Gesims von 318 m und außerdem einem weiteren Dachaufbau von rund 61 m, so daß die Spitze 379 m über der Straße liegt[1]. Das Gebäude erhebt sich über einem Grundriß von 129,48 × 60,17 m und enthält 2 Keller- und 85 Obergeschosse. Die Stützenausteilung ist nicht ganz gleichmäßig, die schwereren haben eine mittlere Entfernung von 5,8 m bis 6,2 m, einige Feldweiten sind größer. In der Abb. 458 ist ein Schnitt durch das Stahlgerippe sowie die Grundrißanordnung für das Erdgeschoß bzw. über dem 22. Geschoß gegeben. Außerdem sind die für die Montage erforderlichen Zwischenstellungen der Derricks und ihrer Plattformen in dem Schnitte ersichtlich gemacht[1]. Auch die Leistungsfähigkeit dieser Derricks ist in der Abbildung eingetragen. Außerdem sind noch die Gewichte der Stahlkonstruktion für je 2 Geschosse und die Geschoßhöhen angegeben. Das Gesamtstahlgewicht beträgt 51900 t. Im Mittel wurden 4 Geschosse in einer Woche mit fünf Arbeitstagen ohne Nachtbetrieb montiert; im mittleren Schaftteil des Gebäudes kam ein Geschoß pro Arbeitstag zur Aufstellung. Jedem Derrick waren im ganzen 9 Mann zugewiesen, davon 4 bis 5 an der Stelle, wo die Stücke von dem Derrick gefaßt wurden, der Rest war auf der Plattform eingestellt. Für das Umstellen der fünf Derricks auf weitere 2 Geschoßhöhen wurden im Mittel 3 Stunden benötigt.

Das schwerste Stützenstück hatte 30 t. Die große Höhe des Gebäudes machte es notwendig für das Aufholen der Stücke nach den höheren Geschossen Zwischenstellungen der Derricks (Relais-Derricks) auf vorkragenden Plattformen vorzusehen. Sie sollen die Hubseillängen kürzen und auch die Zeit des Hochhebens der einzelnen Stücke vermindern. Die Stellung und Ausladung der Derricks war derart vorgesehen, daß die Lasthaken in der ersten Kranstellung über die Frontenrücksprünge noch die Straße erreichen konnten. Den Einbau der Stücke besorgten andere Krane, deren Stellungen in den Grundrissen ersichtlich sind.

Zu Beginn der Montage waren 9 Derricks verwendet worden mit 23 m langen Auslegern und 25 m hohen Masten. Die 4 in den Ecken stehenden Krane waren für 20 t, die mittleren für 30 t Last bemessen. Nach Erreichen des 60. Geschosses wurden die vier leichteren Krane abmontiert, die restlichen besorgten den Weiteraufbau, bis diese über dem 50. Geschoß wieder durch leichtere Derricks von 20 t Tragkraft ersetzt worden sind. Die schweren Krane waren mit 100 PS, die leichteren mit 80-PS-Elektromotoren ausgestattet.

Jedes zweite Geschoß wurde während der Arbeit mit Pfosten vollständig abgedeckt, um das Herabfallen von Gegenständen aus großer Höhe, besonders auf die Aufzugswinden, zu vermeiden.

Vorerst wurden alle Stützen und danach alle Träger eingebaut. Die Stützenstöße wurden jeweils in 4 Geschossen unterhalb des gerade in Montage begriffenen vernietet. Im ganzen waren höchstens 38 Nietkolonnen beschäftigt, anfänglich 16.

Es hat sich herausgestellt, daß das Hochheben der Bauteile in einem Zuge auf mehr als 30 Geschoßhöhen unwirtschaftlich ist.

[1] Engg. News. Rec. Bd. 105, S. 280. 1930/II.

VI. Schluß.

25. Abschnitt.

Erzielbare Vervollkommnung im Stahlskelettbau.

Will man Ersparnisse bei Stahlskelettbauten gegenüber den jetzigen Kosten erzielen und außerdem diese noch entwicklungsfähige Bauweise vervollkommnen, so müssen noch nachstehende Maßnahmen getroffen und Verbesserungsvorschläge berücksichtigt werden:

1. Die behördlichen Vorschriften (die Bauordnung, die Vorschriften für statische Berechnungen) müssen dem Stahlskelettbau, besonders dem vielstöckigen, angepaßt werden. In dem derzeit vorliegenden Entwurf der Bauordnung kommt das Wort Hochhaus überhaupt nicht vor.

2. Es ist eine genaue Festlegung erforderlich, und zwar sowohl für Stahl- wie für Eisenbetonbauten in ganz gleicher Weise, welche stufenweise Abminderung der Nutzlasten für die Berechnung der Stützen in den einzelnen Geschossen zulässig ist.

3. Die zulässigen Inanspruchnahmen sind für solche Bauten für beide Bauweisen festzulegen, und zwar derart, daß in beiden Fällen die gleichen Sicherheiten bestehen.

4. Es wären, soweit dies nicht schon geschieht, breitflanschige Träger, einige dünnstegige Profile sowie Leichtprofile aus Blech zu walzen und zu verwenden. Das Fehlen solcher Träger verursacht die immerhin heute merkliche Differenz der Kosten der Stahlbauten gegenüber jenen bei Verwendung derartiger Träger, weil dann im ersteren Falle ein hoher Anteil der Anarbeitungskosten, besonders bei Säulen, die dann genietet werden, fortfällt.

5. Herabsetzung der Abgaben an Verkaufsorganisationen der großen Werke für erstandene Aufträge.

6. Verwendung von hochwertigem Stahl, soweit er wirtschaftlicher ist.

7. Einvernehmliche Zuweisung der Ausführung von Stahlbauten auf wenige, aber dafür dann vollkommen ausgerüstete Werke, da auf diese Weise die Ausführung billiger und die Gesamtinvestitionen kleiner werden. Dies kann nicht als Zwang empfunden werden. Ähnliches ist ja im Handel sonst häufiger üblich.

8. Weitestgehende und für alle Werke einheitliche Normalisierung aller Teile solcher Bauten, Anschlüsse, Stöße, Kopf- und Fußausbildungen von Stützen; dies verbilligt und beschleunigt die Projektierung, Offertstellung und Ausführung. Anwendung der Schweißung.

9. Vorherige Verfassung von Detailentwürfen im Einvernehmen mit dem Architekten. Solche Entwürfe sollen der Preiseinholung zugrunde gelegt werden.

10. Konzentration der Bauaufsicht mit entscheidender Befugnis in eine mit der Bauweise völlig vertraute Person, die auch alle anderen Arbeiten beurteilen kann. Es kann dies meiner Ansicht nach nur der Ingenieur sein.

11. Herstellung der Wandfüllungen vom Innern des Gebäudes aus ohne Außengerüste, Verwendung von Hängegerüsten für die Fassadenherstellung und entsprechende Arbeitseinteilung der Ausmauerungen, damit solche Gerüste wiederholt benützt werden können.

12. Beschränkung der Ummantelungsstärke der Stützen und Träger auf das ausreichende, aber unbedingt notwendige Maß, das festzulegen wäre.

13. Genaue vorherige Festlegung der Lage und Führung aller Leitungen sowie die Art der konstruktiven Durchbildung der Schlitze.

14. Ermöglichen der Heranziehung von Straßengrund für die ausladende Fundierung hoher Gebäude, was in Amerika zugelassen ist.

15. Erhöhte Verwendung von maschinellen Einrichtungen, Arbeitsmaschinen, Kranen für Transport und Hebung aller Baustoffe.

16. Genaue Feststellung der Mitwirkung des Betons bei ausbetonierten und umhüllten Stützen eines Stahlgerippes durch Versuche und Aufstellung von Vorschriften für die Berechnung solcher Stützen.

Literatur über ausgeführte Stahlskelettbauten.

Stahlbau 1928.

Fabrikerweiterung der Salamander-Schuhfabriken J. Sigle & Co. Seite 9.

Der Wettbewerb von Stahl und Eisenbeton im Geschoßgroßbau. Seite 27.

Schmuckler, Hans Dir.: Das neue Kühlhaus der Firma Behr & Mathew im Hamburger Freihafen. Seite 39.

Wolff, L. Oberingenieur: Achtgeschossiges Geschäftsgebäude für die Firma Samt & Seide, G. m. b. H., Mannheim. Seite 45.

Reiner, W. Oberbaurat a. D.: Das Aufstocken großstädtischer Geschoßbauten und der Umbau bestehender Gebäude nach einem neuen Verfahren. Seite 55.

Scharnow, C. Dr.: Das Hauptlagerhaus der Gutehoffnungshütte in Oberhausen. Seite 57.

Die Windversteifung vielgeschossiger Fachwerksbauten nach den Lehren amerikanischer Wirbelstürme. Seite 72.

Pirlet, Prof. Dr.-Ing.: Der Turm der Kölner Messeanlagen. Seite 73.

Pohl, Prof. Dr.-Ing.: Neubau der Brotfabrik Gebr. Wittler A. G. Berlin. Seite 100.

Einige neuere Industriebauten in Stahlskelettbauweise der Firma J. Jansen Schütt in Hamburg. Seite 105.

Schneider, W.: Geschäftshausbauten in Stahl. Seite 119.

Das erste Kugelhaus der Welt. Seite 130.

Bau eines 25stöckigen Hauses in 36 Tagen. Seite 160.

Die Stahlkirche auf der Presse-Ausstellung in Köln 1928. Seite 169.

Kaiser, Eugen Oberingenieur: Kinobauten in Stahl. Seite 173 u. 189.

Die Stahlkonstruktion für das Schaltwerk-Hochhaus der Siemens-Schuckert-Werke in Berlin-Siemensstadt. Seite 177.

Müller, A. Oberingenieur: Kesselhaus für das Großkraftwerk der vereinigten Elektrizitätswerke Westfalen in Dortmund. Seite 209.

Kitz, W. Dr.-Ing.: Die Stahlbauten auf dem Gelände der Frankfurter Messe. Seite 221.

Herbst, F. Dr.: Das Stahlskelett im heutigen amerikanischen Hochhausbau. Seite 231.

Moosbrücker, R.: Geschäftshausneubau der Firma Hermann Wronker in Hanau. Seite 243.

Stahlbau 1929.

Faltus, Franz Dr.-Ing.: Ein neues Stahlhochhaus in Prag. Seite 25 u. 154.

Schmudde, H.: Stahlskelettbau für ein Geschäftshaus in Köln-Kalk. Seite 43.

Krause, M. Dipl.-Ing.: Um- und Erweiterungsbau der Detailistenkammer Hamburg. Seite 45.

Gottfeldt, H.: Stahlskelettbauten der Steffens & Nölle A. G., Berlin-Tempelhof. Seite 47.

Ulbricht, R. Oberingenieur: Das Stahlskelett für den Umbau des Stadttheaters in Hamburg. Seite 85.

Herbst, Fr. Dr.-Ing.: Stahlskelettbau als Ergänzung einer bestehenden Betriebsanlage. Seite 97.

Der Stahl im Hotelbau. Seite 106.

Mensch, A. Ing.: Die Stahlkonstruktionen für die Neu- und Umbauten der Allgemeinen Elektrizitäts-Gesellschaft im Kabelwerk Oberspree in Berlin-Oberschönweide in den Jahren 1927/28. Seite 101 u. 112.

Büttner, W.: Stählerne Abfange-Tragkonstruktion für das Kino im Messepalast Petershof in Leipzig. Seite 133.

Rahn, A. Ing.: Die Entwicklung des Stahlskelettbaues in Hamburg. Seite 145 u. 157.

Moosbruckner, R. Oberingenieur: Das neue Geschäftshaus der Debewa in Mannheim. Seite 172.

Maul, K. Oberingenieur: Stahlskelettbau für die Heimstätte G. m. b. H., Hamburg. Seite 177.

Kitz, W. Dr.-Ing.: Das Druckereigebäude Knorr & Hirth in München. Seite 205.

Straßberg, Dr.-Ing.: Roxy-Palast, Kino und Geschäftshaus in Berlin-Friedenau. Seite 222.

Neubau eines Bürogebäudes der Radioröhrenfabrik G. m. b. H. Hamburg, Werk Lokstedt. Seite 227.

Herbst, F. Dr.-Ing.: Über einen Stahlskeletthochbau moderner Zweckform. Seite 241.

Herbst, F. Dr.-Ing.: Das neue Lichtspielhaus „Capitol" in Breslau. Seite 260.

Weißhaupt, Dr. u. Bachmann: Der Neubau von drei Berufsschulen und einer Kunstgewerbeschule einschließlich Werkstättengebäude in Stettin. Seite 277.

Rohrer, H. Oberingenieur: Das neue Kraftwerk der Chade in Buenos Aires. Seite 284.

Weiß, Dr.: Ein neuzeitlicher Stahlskelett-Geschäftswohnhausbau in Kaufbeuren. Seite 311.

Stahlbau 1930.

Gottfeld, Harry Dipl.-Ing.: Haus Vaterland. Seite 1.

Guttmann, A. Dr.: Rostschutz. Einwirkung der verschiedenen Füllbaustoffe auf die Stahlteile der Konstruktion beim Stahlskelettbau. Seite 15.

Seidemann, L. Oberingenieur: Das Stahlskelett der Gasentschwefelungsanlage der Ruhrgas Akt.-Ges. auf Zeche Minister Stein in Dortmund-Eving. Seite 23.

Herbst, Friedrich Dr.-Ing.: Über den Neubau der Antoniuskirche in Schneidemühl (Kirche in Stahlskelettbauweise). Seite 40.

Eine neue Stahlkirche im Ruhrgebiet. Seite 59.

Frömling, H.: Stahlbaukonstruktion für ein Kesselhaus (Kammgarnspinnerei Stöhr & Co. A. G. Leipzig). Seite 68.

Herbst, Friedrich Dr.-Ing.: Stahlskelettbau des neuen Umspannwerkes Scharnhorst der Bewag zu Berlin. Seite 97.

Bäßler, K. Chefarchitekt: Die Neubauten des Deutschen Museums in München. Seite 109.

Friedrich, E. G. Dr.: Das neue Warenhaus Wertheim in Breslau. Seite 113.

Rüter, Otto Dipl.-Ing.: Neubau eines Lager- und Versandhauses der Senkingwerk A.-G. in Hildesheim. Seite 127.

Weiß, W. Dr.-Ing.: Die Aufstockung des Grandhotels Fürstenhof in Nürnberg. Seite 140.

Timm, G.: Das Verwaltungsgebäude des Deutschnationalen Handlungsgehilfenverbandes in Hamburg. Seite 147.

Faltus, Franz Dr.-Ing.: Eine vollständig geschweißte Stahlkonstruktion in Prag. Seite 153.

Hülsen, Ferd.: Das Stahlskelett zum Verwaltungsgebäude der V. D. K. Hamburg. Seite 176.

Rohrer, Hans: Das Europahaus Leipzig. Seite 181.

Siegert, Dipl.-Ing.: Turnhalle in Stahlskelettbauweise in Grünberg. Seite 191.

Brunner, Dr.-Ing.: Statische und konstruktive Betrachtungen über den Stahlskelettbau. Seite 193.

Maushake, H.: Neubau der Großbäckerei für den allgemeinen Konsumverein Braunschweig. Seite 224.

Hilpert, A. Dr.-Ing.: Geschweißte Stahlhochbauten. Seite 235.

Döcker, Richard Dr.: Die Stahlskelettkonstruktion zum Bezirkskrankenhaus Waiblingen. Seite 251.

Ulbrich, Rudolf: Lagergebäude in Stahlskelettbauweise. Seite 253.

Dürbeck, A.: Neubau „Woga-Hotel“, Berlin W, Kurfürstendamm. Seite 260.

Zentralblatt der Bauverwaltung 1927.

Lion, A. Dipl.-Ing.: Englische Stahlhäuser der Bauart Weir. Nr. 16, Seite 181.

Die neue Gewächshausanlage im botanischen Garten der Universität Bonn. Nr. 35, Seite 437.

Zentralblatt der Bauverwaltung 1928.

Friedrich, E. G. Dr.: Das Stahlhaus und der Wohnungsbau. Nr. 12, Seite 189.

Blecken: Stahlhäuser. Nr. 12, Seite 193.

Neufeld, Oberb.: Hanseatischer Land- und Seeflughafen Lübeck-Travemünde. Nr. 17, Seite 269.

Die Stahlkirche. Nr. 43, Seite 689.

Zentralblatt der Bauverwaltung 1929.

Stegemann, Rud. Reg.-Baurat: Die Leipziger Baumesse. Nr. 9, Seite 130.

Bademann, Reichsbahnrat: Schaltwerk Halensee der Reichsbahndirektion Berlin. Nr. 20, Seite 318.

Wittig, H. Dipl.-Ing.: Der konstruktive Aufbau der Stadthalle Magdeburg. Nr. 25, Seite 403.

Batz, Rich. Architekt: Stahlhäuser und Stahlhaussiedlungen bei Düsseldorf. Nr. 26, Seite 415.

Ausstellungssiedlung Breslau 1929. Nr. 29, Seite 461.

Haesler, Otto Arch.: Stahlskelettbau für den Wohnhausbau? Nr. 47, Seite 757.

Zentralblatt der Bauverwaltung 1930.

Döcker, Rich. Arch. Dr.-Ing:. Krankenhaus Waiblingen. Nr. 15, Seite 285.

Nathan, Fritz Arch. Reg.-B.: Geschäftshausgruppe Mannheim. Nr. 36, Seite 629.

Haesler, Otto Arch.: Reichsbauforschung an Kleinwohnungen in Celle. Nr. 36, Seite 634.

Bauingenieur 1925.

Holtschmit, Oberingenieur: Ein neuzeitliches Hauptlagergebäude. Seite 53.

Dürbeck: Fachwerkgebäude aus geschweißten Rohren. Seite 654.

Bauingenieur 1927.

Cajar: Neues vom amerikanischen Hochhausbau. Seite 134.

Englische und amerikanische Vorschriften über die Verwendung von Beton, Eisenbeton und Eisen konstruktionen im Hausbau. B. Gebäude in Eisenkonstruktion. Seite 742.

Bauingenieur 1928.

Rein, W.: Die Eisenbauten des Großkraftwerkes Klingenberg. Seite 752.

Das Kugelhaus als neue Bauform für Großbauten. MAN, Werk Gustavsburg. Seite 766.

Gsell-Heldt, Ing.: Neubau der Großgarage Schlotterbeck in Basel. Seite 915.

Bauingenieur 1929.

Heideck: Ein neuer Eisenskelettbau. Seite 880.

Gollnow & Sohn, Berlin: Ein Lagergebäude in Stahlkonstruktion der Oberpostdirektion Stettin. Seite 889.

Wansleben: Das Stahlskelett im Kirchenbau.

Bauingenieur 1930.

Weiß, W. Dr.: Stahlskelett-Geschäftshaus-Neubau „Oberottl" in München. S. 827.

Stawski, A.: Interessantes vom Bau des Hochhauses der Salamander A. G. Berlin. S. 858.

Die Bautechnik 1926.

Karner, L. Dr.-Ing.: Eisenkonstruktion der Agglomerieranlage in Groß-Ilsede. Seite 711.

Zeitschrift des österr. Ing.- und Arch.-Vereines.

Jedliczka-Schneider, A.: Das amerikanische Hochhaus. Seite 41. 1928.

Heim ,R.: Stahl und Eisenbeton im Hochhausbau. Seite 194, 213. 1930.

GPSR Compliance

The European Union's (EU) General Product Safety Regulation (GPSR) is a set of rules that requires consumer products to be safe and our obligations to ensure this.

If you have any concerns about our products, you can contact us on ProductSafety@springernature.com

In case Publisher is established outside the EU, the EU authorized representative is:

Springer Nature Customer Service Center GmbH
Europaplatz 3
69115 Heidelberg, Germany

Batch number: 10684220

Printed by Printforce, the Netherlands